新能源应用技术丛书

# 晶体硅太阳电池制造技术

王文静　李海玲　周春兰　赵　雷　编著

机 械 工 业 出 版 社

本书不仅介绍了太阳电池每个工艺环节的工艺流程及参数，而且分析了该工艺环节的原理、控制难点，以及与其他工艺环节之间的关联性。此外，还在每章后给出了论文索引，便于读者继续学习。本书在结构上遵循晶体硅太阳电池制造的各个环节的步骤逐步介绍其原理、工艺技术、设备种类。在深入阐述其原理的同时，对于生产线的工艺技术及设备进行了论述。同时对于国际上该项技术的最新进展进行详细的讨论，既注重介绍其实用技术，也深入分析其原理，这对于目前太阳电池生产线建设中的技术人员很有帮助。

本书适合于晶体硅太阳电池生产线上的技术人员、高等院校相关专业的师生及研究单位研究人员阅读参考。

**图书在版编目（CIP）数据**

晶体硅太阳电池制造技术 / 王文静等编著. —北京：机械工业出版社，2013.12（2023.9 重印）

（新能源应用技术丛书）

ISBN 978-7-111-45272-0

Ⅰ. ①晶…　Ⅱ. ①王…　Ⅲ. ①硅太阳能电池—制造　Ⅳ. ①TM914.4

中国版本图书馆 CIP 数据核字（2013）第 312479 号

机械工业出版社（北京市百万庄大街 22 号　邮政编码 100037）
策划编辑：付承桂　责任编辑：任　鑫
版式设计：霍永明　责任校对：肖　琳
封面设计：陈　沛　责任印制：张　博
北京建宏印刷有限公司印刷
2023 年 9 月第 1 版第 7 次印刷
169mm×239mm・22 印张・423 千字
标准书号：ISBN 978-7-111-45272-0
定价：69.80 元

凡购本书，如有缺页、倒页、脱页，由本社发行部调换

| 电话服务 | 网络服务 |
| --- | --- |
| 社服务中心：（010）88361066 | 教材网：http://www.cmpedu.com |
| 销售一部：（010）68326294 | 机工官网：http://www.cmpbook.com |
| 销售二部：（010）88379649 | 机工官博：http://weibo.com/cmp1952 |
| 读者购书热线：（010）88379203 | **封底无防伪标均为盗版** |

# 前　言

目前晶体硅太阳电池在整个太阳电池产业中仍旧占据着 90%的市场份额，而且其成本和价格一直在大规模的下降，表明该种太阳电池仍具有强劲的竞争力。晶体硅太阳电池的产业化技术已经日趋成熟，但是仍不断有新的技术被开发出来，并被引入到产业中来，这就使得晶体硅太阳电池的制造工艺不断地创新和发展。

但是目前还没有一本详细论述晶体硅太阳电池制造工艺技术及工艺原理的书籍。由于整个太阳能发电行业所涉及的知识领域非常宽泛，而且太阳电池种类也十分繁复，许多书籍对太阳电池制造工艺技术的描述只是介绍性的，对其工艺原理的论述也只是浅尝辄止。许多该领域的技术人员不得不查阅大量的技术文件，来获取相关领域的专门知识。

本书针对晶体硅太阳电池工艺所涉及的各个方面进行了详细的论述，对于目前晶体硅太阳电池产业化技术所涉及的每一个技术环节都进行了详细的阐述。其中包括：硅片表面的清洗和陷光结构的制备、pn结制备所涉及的扩散技术、表面钝化技术、电极的制备、太阳电池的测试技术、组件封装技术。这些技术构成了晶体硅太阳电池一个完整的制造工艺链。对于每一个工艺环节，本书虽力争详细地介绍各种工艺细节，但是也并不想变成一本生产线的操作指南。因此在描述工艺操作细节的基础上，详细介绍了工艺的技术原理和较为深入的机理。这样的安排不仅使本书适合于太阳电池生产线上的技术人员，而且适合于高等院校相关专业师生和研究机构的学者。此外，本书还介绍了晶体硅太阳电池的基本原理，以及晶体硅太阳电池的技术发展趋势，并且专门用一章来介绍晶体硅太阳电池组件的认证。本书取材于晶体硅太阳电池领域中大量的研究论文，并且尽量选取最新的研究结果列于书中，在相关处都有文献索引，方便读者继续进行深入的阅读。同时本书还专门辟出一章讨论晶体硅太阳电池生产线控制和调试的经验，也是本书作者们经验的总结。

相信本书会对国内晶体硅太阳电池生产线上的技术人员以及研究单位和大专院校的师生有所裨益。

王文静

# 目　录

# 第 1 章　晶体硅太阳电池的原理及工艺流程

晶体硅太阳电池产业一直以来就是整个光伏产业中最成熟的，也是占比例最大的。2010 年，世界太阳电池产量中，33.2%为单晶体硅太阳电池，52.9%是多晶体硅太阳电池。2011 年，晶体硅太阳电池的份额更是上升到了 87.9%。近两年多晶体硅价格呈下降趋势。晶体硅太阳电池在未来相当长的时间内仍将是光伏市场的主流。因此，对光伏从业者而言，理解掌握晶体硅太阳电池的原理及其制备工艺将具有重要意义。本章将从定性描述半导体物理基本理论入手，使读者理解太阳电池光电转换所涉及的光生载流子的产生、复合、输运和收集等基本半导体物理过程，由此推出晶体硅太阳电池的原理和结构，最后给出制备晶体硅太阳电池的基本工艺流程和电池结构参数设计。

## 1.1　晶体结构与能带理论

太阳电池将光转换成电的基础是光生伏特效应，这种效应是指半导体在受到光照射时产生电动势的现象。要解释这种现象，首先需要理解晶体结构和能带理论。

固体材料可以分为晶体、准晶体和非晶体三大类，晶体的原子排列具有周期性，非晶体的原子排列具有无序性，准晶体中的原子排列呈定向有序排列，但不具有周期性。晶体材料因其结构的完整性而具有各种优异的性能，同时结构上的周期性也使其相比于非晶体和准晶体更加容易进行建模研究。

晶体内部原子排列的具体形式称为晶格，晶体具有什么样的晶格结构取决于其组成原子的成键性质。硅（Si）位于元素周期表第 IV 主族，原子序数为 14，电子在硅原子核的外围按能级由低到高第一级有 2 个电子，第二级有 8 个电子，达到稳定态，最外面有 4 个价电子。这决定了晶体硅中每个硅原子都与周围的4个硅原子构成共价键，结合成四面体的形式，即每个原子有四个键，每两个键之间的夹角为 109.5°。由此形成类金刚石晶格（碳也是第 IV 主族元素）排列的晶体结构，如图 1-1 所示。这种排列可以用两个相互贯穿的面心立方（fcc）晶胞来表示，其中，第二个 fcc 晶胞沿着第一个 fcc 晶胞的对角线平移

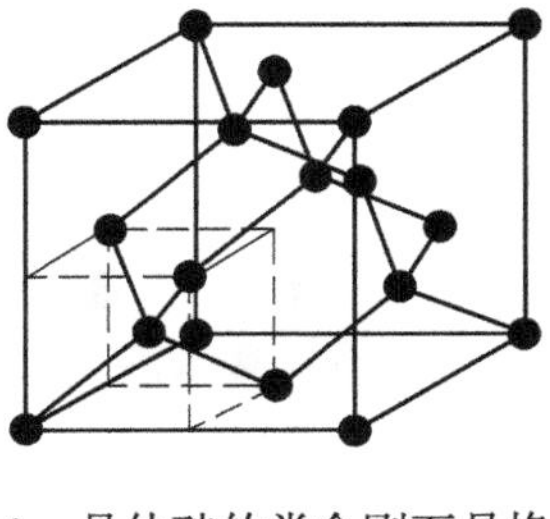

图 1-1　晶体硅的类金刚石晶格结构

1/4 的距离。所谓晶胞是指可以周期性排列构成晶格的最小结构单元。有关晶体结构的更详细的内容可以参见本章参考文献[1]。

晶体中电子的运动规律可以用能带理论来研究。能带理论是现代固体电子技术的理论基础。孤立原子的外层电子可取的能量状态是不连续的量子化的能级，即相邻能级之间具有一定的能量差，电子只能出现在这些量子化的能级上。根据能带理论，当很多原子彼此靠近形成晶体时，外层电子不但受原来所属原子的作用，还会受其他原子的作用，也就是这些电子已被晶体中的所有原子所共有，称为共有化。在晶体中，共有化的电子可以看成是在一个由周期性排布的原子所形成的周期性势场中做共有化运动。这种共有化运动使孤立原子的每个能级演化成由密集能级组成的准连续能带，如图 1-2 所示。这个准连续能带中密集的能级数量由共有化原子的个数决定。共有化程度越高的电子，其相应的能带就越宽。孤立原子的每个能级都有一个能带与之相对应，所有这些能带称为允许带。与孤立原子的相邻能级之间存在能量差一样，由其演化而来的相邻两个允许带之间也有可能存在能量间隙，这个间隙代表了晶体中所不被允许的能量状态，所以将这个间隙称为禁带。能带中所有量子态均被电子占满的能带称为满带。无任何电子占据的能带称为空带。未被电子占满的能带称为未满带。满带中的电子不能参与宏观导电过程。未满带中的电子能参与导电过程。在绝对零度下，电子总是从能量最低的能级开始填充。被价电子所填充的能带称为价带，价带可以是满带，也可以是未满带。价带以上的空带称为导带。在价带和导带之间如果存在禁带，则将这个禁带的宽度称为能隙或者带隙，用 $E_g$ 表示。固体的导电性能就由其能带结构决定。

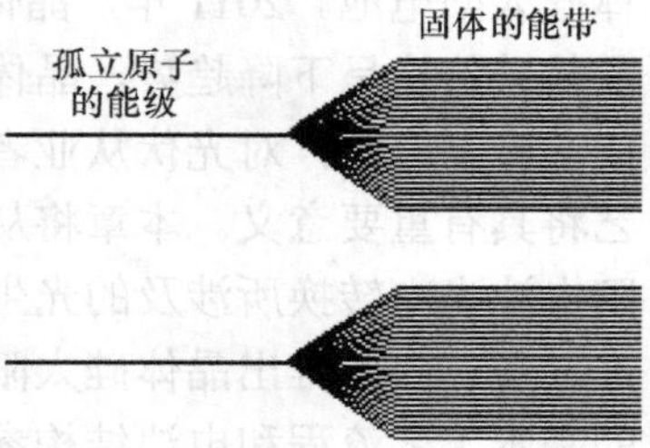


图 1-2 固体能带形成示意图

自然界中的固体按导电性能可以分为金属、半导体和绝缘体，三者的能带结构如图 1-3 所示。对一价金属，价带是未满带，故能导电。对二价金属，价带是

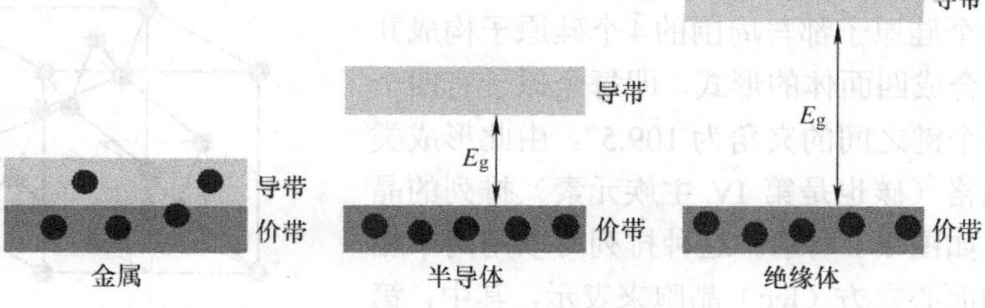


图 1-3 金属、半导体、绝缘体能带结构示意图

满带，但带隙为零，即价带与导带发生交叠，满带中的电子能够占据导带中的能级，因而也能导电。绝缘体和半导体的能带结构相似，价带为满带，价带与导带之间存在带隙。半导体的带隙较小，在 0.1～4eV（电子伏）之间，绝缘体的带隙较大，在 4～7eV 之间。导带中没有电子。因此，半导体和绝缘体在绝对零度（约 −273℃）下都不能导电。绝对零度是以开尔文（K）为单位的温度，在数值上比以℃为单位的温度小大约 273。

根据具体能带结构，半导体又可以分为直接带隙半导体和间接带隙半导体。直接带隙半导体的导带底 $E_C$ 和价带顶 $E_V$ 具有相同的动量，而间接带隙半导体的导带底和价带顶在不同的动量位置上。图 1-4 就给出了晶体硅（Si）、锗（Ge）和砷化镓（GaAs）三种常见半导体的能带结构图。一般的，能带结构图是能量-波矢图（即 $E$-$k$ 图），波矢 $k$ 就对应了电子的动量。对其进行的详细解释涉及电子的波粒二相性，具体请参阅本章参考文献[2，3]。这里只简单写出如下公式：

$$p = h/\lambda = \frac{h}{2\pi}\frac{2\pi}{\lambda} = \frac{h}{2\pi}k = \hbar k \tag{1-1}$$

式中，$p$ 为动量；$h$=6.63×10$^{-34}$m$^2$kg/s 为普朗克常数；$\hbar = \dfrac{h}{2\pi}$ 为约化普朗克常数，也称为狄拉克常数；$k$ 为波矢。

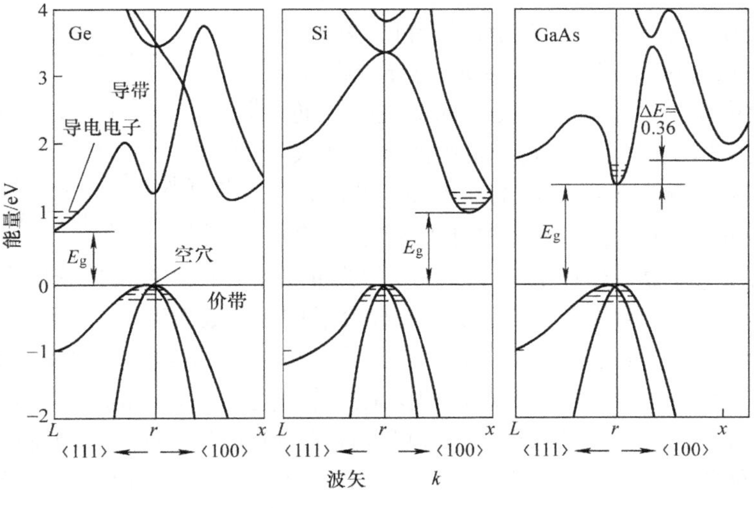


图 1-4　晶体硅（Si）、锗（Ge）以及砷化镓（GaAs）在<111>和<100>方向上的能带结构[2]

由式（1-1）和图 1-4 可以看出，晶体硅的导带底和价带顶对应于不同的波矢 $k$，因此是一种间接带隙半导体，间接带隙的大小约为 1.12eV。而 GaAs 是直接带隙半导体，其直接带隙大约为 1.43eV。

价带中的电子如果获得了大于带隙的能量就能被激发到导带，并在价带中留下一个电子的空位，称为空穴，空穴带正电。被激发到导带中的电子和在价带中留下的空穴就可以自由运动从而呈现出导电行为。电子和空穴统称为载流子，可以自由运动的称为自由载流子。将电子由价带激发到导带中的能量可以通过温度提供，也可以通过光照或者施加电场提供。温度导致的热能会使晶格振动，采用声子的概念将晶格振动的能量量子化，即声子是晶格振动的最小能量单元，晶格振动的总能量是很多声子的能量的总和。价带中的电子可以通过吸收很多声子的能量从而激发到导带中去。一般环境的温度为−30～40℃，所对应的声子的最大能量 $E$ 在 0.025eV 左右，（$E=kT$，其中 $k=8.625\times10^{-5}$eV/K 为玻尔兹曼常数，$T$ 为开尔文温度）。由于绝缘体的带隙较大，室温下依靠温度从价带激发到导带中去的电子数是微不足道的，宏观上仍表现为不导电。而半导体的带隙较小，由室温提供能量，价带中的电子总有一些被激发到导带中，从而表现出一定的导电性。但是，应该看到，半导体的带隙较小是相对于绝缘体而言的，相对于声子的能量而言仍然是很大的，所以纯半导体在室温下能够被激发的电子终归是不多的，这样的半导体表现得非常像绝缘体，称为本征半导体。

半导体的导电性可以通过掺杂来改变。如果在半导体中引入掺杂元素，则会在带隙内引入掺杂能级，如图 1-5 所示。这些掺杂能级都是局域态的。如果掺杂能级具有提供电子的能力，就称为 n 型掺杂，这样的掺杂剂称为施主（donor）。当施主能级 $E_D$ 与导带底 $E_C$ 之间的能量差小于室温可以提供的能量时，通过热激发由施主能级跃迁到导带中的电子就大大增加，从而导致半导体导电性增加。此时，半导体导带中的电子要远远多于价带中的空穴，导电性主要靠导带中的电子实现，称为 n 型半导体。通常把浓度高的载流子称为多数载流子，简称多子；浓度低的载流子称为少数载流子，简称少子。所以，在 n 型半导体中，电子是多子，空穴是少子。如果掺杂能级具有接受电子的能力，这样的掺杂就称为 p 型掺杂，这样的掺杂剂称为受主（acceptor）。当受主能级 $E_A$ 与价带顶 $E_V$ 之间的能量差小于室温可以提供的能量时，通过热激发由价带顶跃迁到受主能级上的电子就大大增加，在价带中留下空穴，从而导致半导体导电性增加。此时，半导体价带中的空穴要远远多于导带中的电子，导电性主要靠价带中的空穴实现，称为 p 型半导体。在 p 型半导体中，空穴是多子，电子是少子。这些靠室温就非常容易激发的掺杂能级，由于与导带底或价带顶之间的能量差较小，因而称为浅能级，这样的激发跃迁过程也称为掺杂原子的激活，所以将掺杂原子激活所需要的能量称为激活能。直观地讲，这些掺杂能级的浓度越高，半导

图 1-5　半导体中的施主和受主能级示意图（其中，$E_C$ 为导带底能级、$E_V$ 为价带顶能级、$E_A$ 为受主能级、$E_D$ 为施主能级，$E_A$ 和 $E_D$ 都是局域态[4]）

体的导电性就会越高。但一般存在一个掺杂饱和值，在饱和值以上，由于掺杂原子过多，彼此间相互影响，被温度激活的概率反而会略有下降。过高浓度的掺杂还会造成半导体简并，导致半导体带隙变窄。所谓简并是指同一能级对应几个不同的状态。

如图 1-6 所示，对于晶体硅半导体，n 型掺杂一般是向其中引入元素周期表中的第Ⅴ主族的元素，比如磷（P）、砷（As）等，最常用的是磷。磷具有 5 个价电子。其中的 4 个用来满足硅晶格的 4 个共价键，磷在硅中的掺杂能级离导带边非常近（在几倍 kT 以内），只要有足够的热能就能将多出的那一个电子激发到导带中变成可以导电的自由电子，磷施主原子变成带正电的磷离子。p 型掺杂一般是向其中引入元素周期表中的第 III 主族的元素，比如硼（B）、镓（Ga）、铝（Al）等。以硼为例，硼原子有 3 个价电子，只能与外围的 3 个硅原子形成共价键。硼在硅中的掺杂能级离价带顶非常近，只要有足够的热能就能将一个电子从价带激发到硼的掺杂能级上，在价带中留下可以导电的空穴，而硼受主原子变成带负电的硼离子。

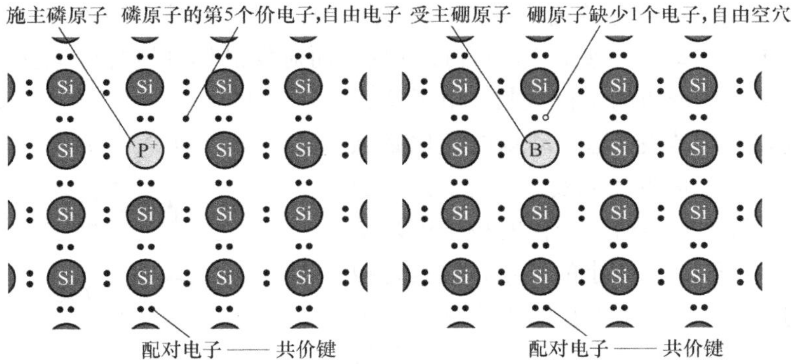


图 1-6　晶体硅中磷原子的 n 型掺杂和硼原子的 p 型掺杂

半导体 n 型掺杂和 p 型掺杂是构建半导体器件的基础。如果掺杂所引入的能级离导带底和价带顶都比较远，温度不足以提供电子跃迁所需要的激活能，那么这样的掺杂能级称为深能级。显然，深能级对半导体的室温导电性没有影响，但这种能级却对半导体的光电转换性能有重要影响，这将在后面进行讨论。

## 1.2　光吸收

光吸收是太阳电池工作的前提。如前所述，电子跃迁需要的能量除了靠温度热激发提供外，还可以通过光激发提供。光激发电子的过程就是光被吸收的过程。光之所以能够被吸收，是由光的物理性质决定的。根据波粒二相性理论，光既是波也是粒子，这些粒子称为光子。光的波长 $\lambda$ 与光子能量 $E$ 之间有如下关系：

$$E=\frac{hc}{\lambda}=h\nu \tag{1-2}$$

式中，$h$ 是普朗克常数；$c=3\times10^{8}$m/s 为光速；$\nu$ 为光的频率。只要光子的能量等于电子的两个高低能级之差，电子就有吸收这个光子而发生从低能级往高能级跃迁的可能，而发生跃迁的概率由半导体材料的具体能带结构决定。光吸收过程不但遵守能量守恒，而且遵守动量守恒。即在参与光吸收过程的粒子中，光吸收前的所有粒子的总能量与总动量等于光吸收后所有粒子的总能量与总动量。由式（1-1）和式（1-2）可以得到光子的动量为

$$p=E/c=h\nu/c \tag{1-3}$$

从中可以看出，光子的动量很小。

半导体中最重要的光吸收过程是将电子从价带激发到导带，并在价带中留下空穴的光吸收过程，这称为半导体的本征吸收。对于直接带隙半导体，发生本征吸收时电子的动量不变，称为直接吸收。而对像晶体硅这样的间接带隙半导体，如果发生禁带边的本征吸收，电子跃迁前后动量要发生改变，这个动量的变化必须要由另外的粒子提供才能实现。由于光子的动量很小，因此提供动量变化的粒子可以是声子，声子一般具有较小的能量，但具有相对较大的动量。有声子参与的吸收称为声子辅助吸收，也称为间接吸收。如图 1-7 所示，间接吸收过程既可以是吸收声子，也可以是发射（放出）声子。如前所述，声子来源于晶格振动。

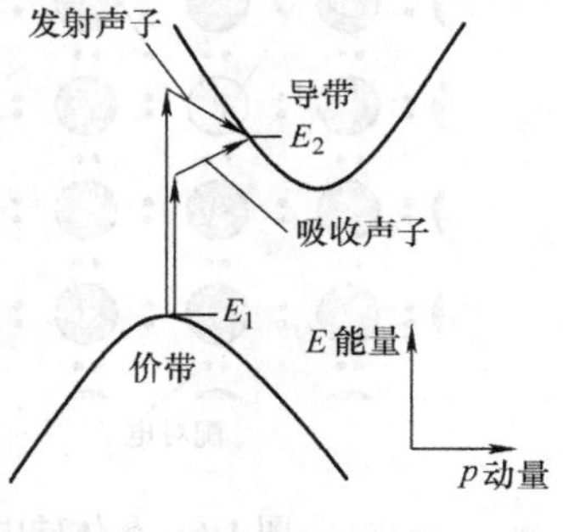


图 1-7　声子辅助间接吸收示意图
（通过吸收或发射声子维持动量守恒）

光本征吸收的大小取决于电子跃迁的始态密度、终态密度，以及发生跃迁的概率。由一个或多个声子参与的间接吸收过程发生的可能性要远远小于无声子辅助的直接吸收过程。所以，间接带隙半导体的吸收系数一般要比直接带隙半导体的吸收系数小很多。图 1-8 给出了晶体硅和砷化镓的吸收系数。吸收系数小意味着吸收相同程度的光需要更大的半导体厚度。图 1-9 进一步给出了晶体硅太阳电池和砷化镓太阳电池对 AM0 太阳光谱的光谱响应度与其吸收区厚度之间的关系。从图中可以看出，对晶体硅，需要 500μm 以上的厚度才能达到最大吸收，而砷化镓只需要十几个微米。

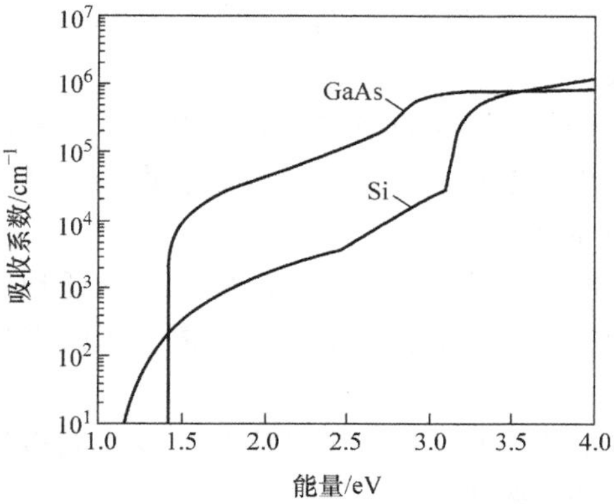


图 1-8　晶体 Si（间接带隙）和 GaAs（直接带隙）在 300 K 时的吸收系数与光子能量间的关系[4]

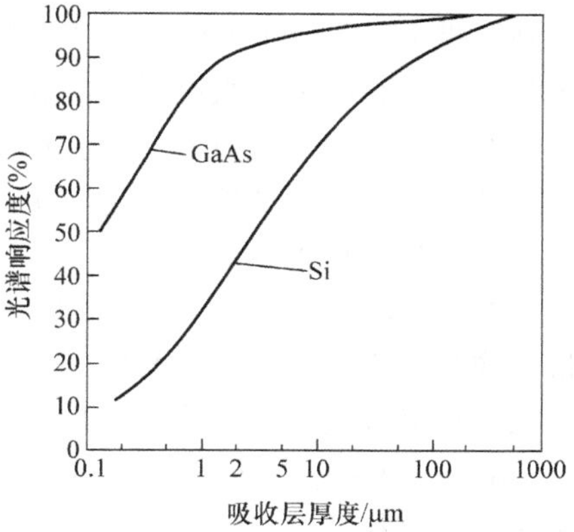


图 1-9　晶体 Si 太阳电池和 GaAs 太阳电池对 AM0 太阳光谱的光电流响应与半导体吸收层厚度间的关系

这里补充说明一下 AM0 太阳光谱所表示的意义。太阳光谱本身可以看做是温度为 5762K 的黑体的辐射光谱，但到达地球时光谱分布已经发生了变化。AM 是 Air Mass 的简写，表示大气质量，后面的数值为太阳光对大气层入射角 $\theta$ 的余弦的倒数，即 $1/\cos\theta$ 。由此，大气质量衡量的是大气吸收对到达地球表面的太阳辐照光谱和强度产生的影响程度。常用的有 AM0 太阳光谱，大气质量为 0，是外太空的太阳直射光谱；AM1.5g（global）太阳光谱是地面总标准光谱，其是包含了漫射和直射成分在内的地面太阳光谱；而 AM1.5d（direct）太阳光谱，是通常采用的不含漫射成分在内的地面直射的太阳光谱。图 1-10 中给出了几种太阳光谱，读者从中可以看出光谱分布的具体差异。

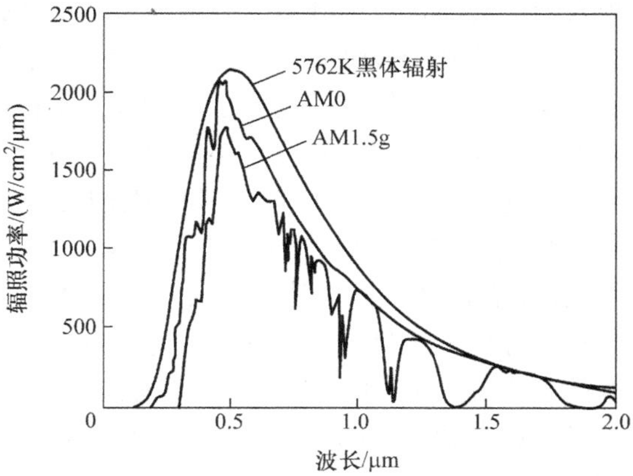


图 1-10　5762 K 下的黑体辐射光谱、AM0 太阳光谱，以及 AM1.5g 太阳光谱[4]

从图 1-8 中我们可以进一步看到，硅的吸收系数在光子能量大于 3.3eV 时变得与 GaAs 相当，这是因为 3.3eV 对应于硅的直接带隙，这从图 1-4 中可以看出。这说明，依赖于所吸收的光子能量，在间接带隙半导体中也可以发生直接跃迁吸收。反过来，在直接带隙半导体中，声子辅助间接吸收也可能发生。

半导体光吸收除了本征吸收外，主要还有如下几种形式：

1）杂质吸收，即杂质能级上的电子（或空穴）吸收光子能量从杂质能级跃迁到导带（空穴跃迁到价带）。杂质吸收的波长阈值多在红外区或远红外区。杂质吸收只有在杂质浓度很高时才能表现出来。

2）自由载流子吸收，即导带内的电子或价带内的空穴也能吸收光子能量，在所处能带内部由低能级跃迁到更高的能级。这种自由载流子吸收表现为红外吸收，并且只有自由载流子浓度很高时才会显著。

3）激子吸收，即价带中的电子吸收能量小于带隙的光子，但没有跃迁到导带中成为自由电子，而是与空穴靠库仑力束缚在一起，称为激子。激子吸收密集于比本征吸收波长阈值略长的位置。

4）晶格吸收，即对能量很小的远红外光，可以直接由晶格吸收变成晶格的振动能，这往往在远红外区形成一个连续的吸收带。

对太阳电池光电转换有贡献的最主要的吸收是本征吸收。

当能量大于半导体带隙的光被半导体吸收产生了电子-空穴对后，被激发到导带中的所有电子会在极短的时间（小于皮秒量级）内达到一个准平衡状态，价带中的空穴也是如此，这样的载流子称为热载流子。热载流子可以存在的时间很短，载流子会在纳秒量级的时间内从高能级弛豫到能带边，电子弛豫到导带底，空穴弛豫到价带顶。载流子弛豫所释放出的能量（高能级与能带边之间的能量差）通过晶格振动转变为热量。尽管热载流子太阳电池是目前的一个研究方向，但就常规太阳电池而言，由载流子弛豫所造成的热损失是无法避免的。也就是说，能量大于带隙的光子被吸收后通过光电转换所能获得的能量最大也只能与带隙相当，而能量小于半导体带隙的光子不能发生本征吸收。所以，半导体的带隙是决定太阳电池性能的关键因素，它不但决定了每个光子被吸收后所能获得的最大能量，而且决定了太阳光谱中能够被吸收的光子的数量（假定半导体的厚度无限大）。所以，制备高效太阳电池首先要对半导体带隙进行优化选择。Shockley 和 Queisser 据此从理论上计算了太阳电池极限效率与半导体带隙之间的关系，这个极限效率称为 Shockley－Queisser（SQ）极限。图 1-11 给出了针对不同太阳光谱的 SQ 极限效率与半导体带隙之间的关系。从图中可以看到，优选的半导体带隙在 1～1.6eV 之间。有关 SQ 理论极限效率的具体计算方法，可以参见本章参考文献[4]。对地面太阳光谱而言，晶体硅太阳电池的理论极限效率大约在 30%。

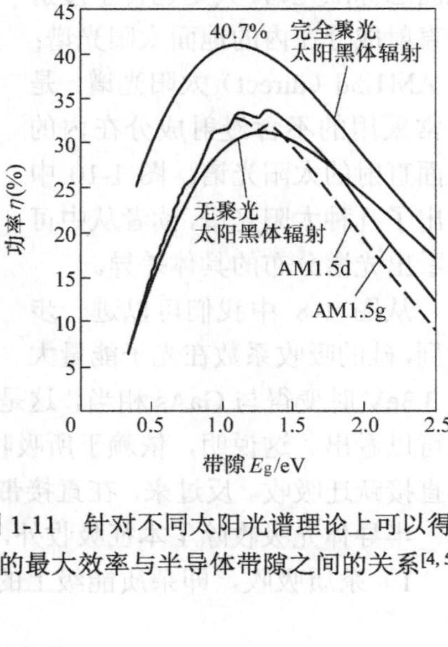


图 1-11 针对不同太阳光谱理论上可以得到的最大效率与半导体带隙之间的关系[4, 5]

## 1.3　载流子的复合

要使太阳电池的效率接近或者达到 SQ 极限，最主要的就是要尽最大可能将光吸收产生的电子空穴对分离收集。弛豫到能带边的载流子并不能在那里一直存在，比如弛豫到导带底的电子，会在微秒至毫秒量级的时间段内重新返回到价带，与那里的空穴相结合，同时释放出能量，这个过程称为载流子复合。载流子从产生到复合所存在的时间称为载流子的寿命。

半导体中的载流子复合过程如图 1-12 所示。如果电子与空穴复合后重新释放出光子，这个复合过程称为电子空穴对的辐射（带间）复合。简单地讲，辐射复合是光激发过程的逆过程，在间接带隙半导体中，一部分能量会分给声子，参与复合的粒子数增多会降低复合的概率。就如前面降低吸收的概率一样，因而辐射复合在直接带隙半导体中比在间接带隙半导体中更加明显。

除了辐射复合外，半导体中的电子空穴复合机理还有杂质（缺陷）陷阱辅助复合和俄歇复合。

半导体内的杂质和缺陷能够俘获载流子，从而增大载流子的复合概率，所以将它们称为陷阱。这种陷阱辅助复合称为 Shockley-Read-Hall（SRH）复合。研究表明，复合陷阱的浓度越高，陷阱能级越靠近禁带的中央，陷阱的俘获截面积就越大；载流子的运动速度越快，被陷阱俘获的数量就会越多；这样，陷阱辅助复合的速率就越大，载流子寿命就越短。在半导体材料与其他材料接触的界面上或在半导体材料的表面上，由于晶格的突然打断而具有高浓度的缺陷，称为界面态或表面态，如图 1-13 所示。这体现为在界面或表面的禁带中形成一些连续的陷阱。电子和空穴就会通过这些陷阱复合，就像通过体内的陷阱一样，称为界面复合或者表面复合。

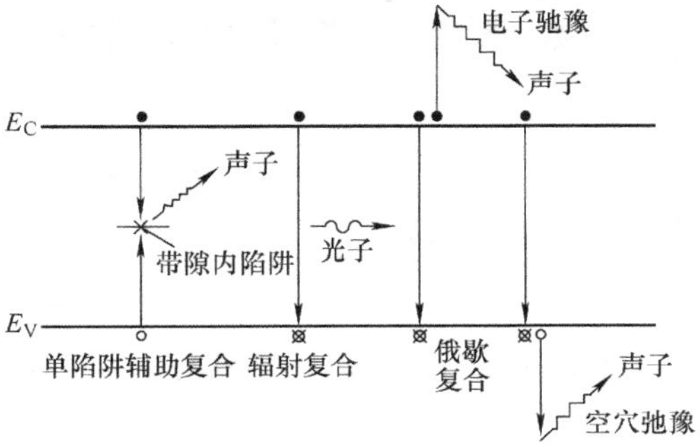


图 1-12　半导体中的载流子复合过程[4]

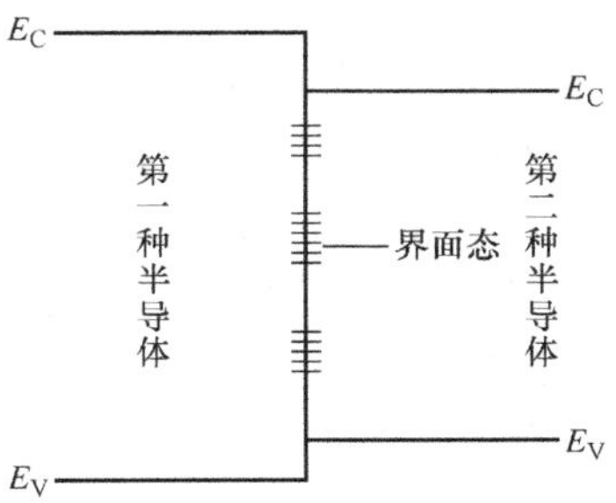


图 1-13　两种半导体材料接触界面处的界面态分布示意图[4]

俄歇复合与辐射复合相似，但是复合后不是放出光子，而是将复合后的能量传递给另一个载流子，这个载流子再发生热弛豫，通过声子释放能量。辐射复合是光吸收的逆过程，俄歇复合是碰撞离化的逆过程，所谓碰撞离化是高能电子与晶格原子发生碰撞，打断结合键，产生电子空穴对。俄歇复合过程只有在自由载流子浓度较大的情况下才具有较大的复合速率，因此在掺杂较重的硅材料中尤其明显。

上述这些复合过程是并列发生的，总复合速率是每种复合过程的速率之和，具体何种复合机理占主导与半导体材料的掺杂浓度有关，载流子的寿命由占主导的复合机理决定。如图 1-14 所示，对晶体硅来讲，当掺杂浓度较低时，少子寿命由陷阱辅助复合决定；在高掺杂浓度下，俄歇复合会成为限制少子寿命的决定因素。

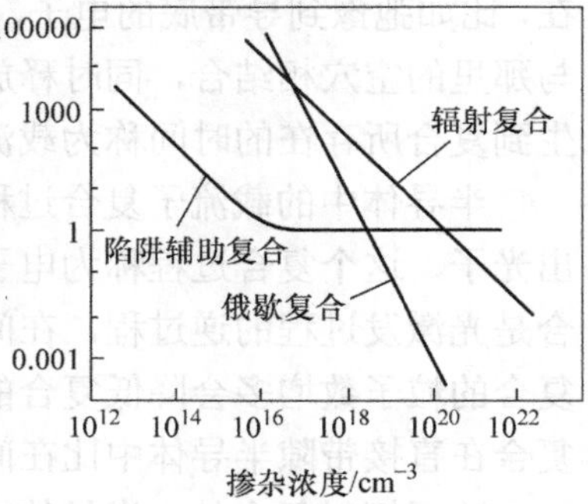


图 1-14　硅中三种复合机理对少子寿命的影响与掺杂浓度之间的关系

只有在电子空穴对复合之前将其分离收集才能真正将光转换为电。由于电子带负电，空穴带正电，所以通过施加电场可以实现电子和空穴的分离。在太阳电池中，这个电场是靠半导体 pn 结实现的。

## 1.4 半导体 pn 结

所谓半导体 pn 结就是由 p 型半导体和 n 型半导体接触形成的结。图 1-15 中给出了半导体 pn 结的能带结构与电场示意图。首先从能带理论上分析，这里引入费米能级 $E_F$ 的概念。将半导体整体看作一个热力学系统，当半导体处于热平衡时（即温度恒定，并且没有外部注入或者载流子产生时），费米函数决定了在每个能级上已填充的能态与未填充能态之间的比值，即能级上的电子占有率[3]为

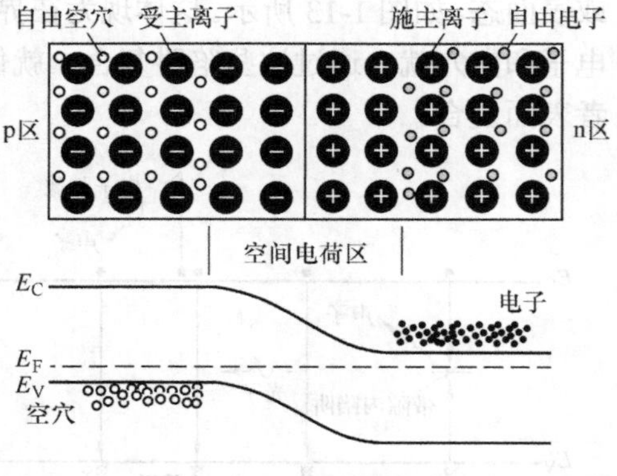


图 1-15　半导体 pn 结能带结构与电场示意图

$$f(E)=\frac{1}{1+e^{(E-E_F)/kT}} \tag{1-4}$$

式中，$E$ 为电子能级；$E_F$ 是费米能级；$k$ 是玻尔兹曼常数；$T$ 是热力学温度。费

米能级是温度的函数。在绝对零度时，在 $E_F$ 之下的能态全部被电子填充，在 $E_F$ 之上的能态全部是空的。当温度升高时，热激发会使 $E_F$ 以下的一些能态变空，在 $E_F$ 之上就有相应数量的能态被激发的电子填充。所以，费米能级反映了半导体中载流子的分布状态。但是应该看到，费米能级只是为了描述载流子分布而引入的能级，并不是真正的能级。因而，费米能级可以处在带隙内，费米能级也一般都处在带隙内。显然，n 型掺杂的结果会使费米能级往导带方向上移，因为导带中的电子增多了。p 型掺杂的结果会使费米能级往价带方向下移。当 p 型半导体和 n 型半导体接触时，两者看作一个整体，在热平衡条件下，要求在整个半导体内部费米能级各处相同，这就使得在两者接触的界面上，p 型半导体一侧的能带往下弯曲，n 型半导体一侧的能带往上弯曲，从而在 pn 界面处产生电场，这个电场称为内建电场，这样所形成的结就叫 pn 结。

pn 结也可以采用宏观电场理论进行分析。n 型半导体中含有大量自由移动的电子，p 型半导体中含有大量空穴。当两者接触时，电子和空穴间相互吸引，n 型半导体中的电子会往 p 型半导体中迁移，留下带正电的掺杂离子；同样 p 型半导体中的空穴会往 n 型半导体中迁移，留下带负电的掺杂离子。这些带有固定电荷的掺杂离子所构成的区域称为耗尽区，也称为空间电荷区。显然，空间电荷区内的正负电荷会产生电场，即上面所述的内建电场。这个内建电场的方向会阻碍电子和空穴的进一步迁移，所以最终会达到一个平衡态，在 n 型半导体和 p 型半导体之间形成具有一定宽度的空间电荷区，这就是 pn 结。pn 结空间电荷区的宽度与两边半导体材料的掺杂浓度有关。半导体材料的掺杂浓度越大，所对应一侧的空间电荷区的宽度就越小，内建电场越强，pn 结内建电场两端的电势差也越大，该电势差的大小影响着太阳电池的开路电压。

由此，很自然地想到，将吸收太阳光的半导体材料制作在 pn 结之间，使光生电子和空穴处在 pn 结的内建电场中，利用这个内建电场就能将光生电子和空穴分开。对于直接带隙半导体，光吸收系数较大，吸收太阳光不需要太大的厚度，可以采用这种结构。但是对于像晶体硅这样的间接带隙半导体材料，光吸收系数小，吸收太阳光需要很大的厚度，如果将其放在 pn 结之间，所形成的内建电场就会很弱，光生电子和空穴分离的效率不高。因而，必须设计另外的结构。为此，需要了解光生载流子在半导体内部可能的具体输运机理。

## 1.5　载流子的输运机理

如前所述，在半导体中，在外加电场的作用下，电子向高电势方向做定向移动，空穴向低电势方向做定向移动，这种输运机理称为载流子的漂移，由此产生的电流称为漂移电流。如果只在电场的作用下，电子和空穴将持续加速没有束缚。

但在半导体内部，组分原子及杂质和缺陷都会对载流子产生碰撞和散射，甚至在众多载流子彼此之间也会有相似的作用，而这些碰撞和散射的相互作用会使载流子失去由电场加速所获得的部分动能，从而使得在宏观尺度上，载流子的运动近似表现出恒定的漂移速率。这个漂移速率等于载流子迁移率 $\mu$ 与电场的乘积。

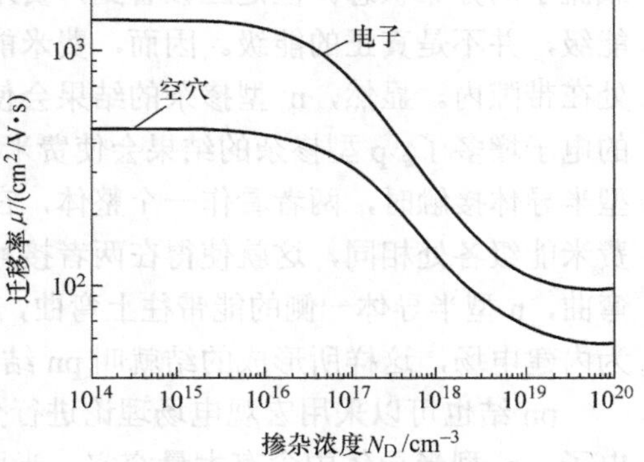


图 1-16 温度 $T$=300 K 时，晶体硅中电子和空穴的迁移率与掺杂浓度之间的关系[6]

图 1-16 中给出了晶体硅中电子和空穴的迁移率，可以看出载流子的迁移率与掺杂浓度有关，掺杂浓度越高，杂质原子越多，载流子自身浓度也越多，发生上述碰撞和散射的概率增加，载流子迁移率就会下降。

除了在电场的作用下产生漂移外，半导体中的载流子还会从浓度高的地方流向浓度低的地方。这种输运机理称为载流子的扩散，由此产生的电流称为扩散电流。扩散电流正比于载流子的扩散系数 $D$ 和载流子的浓度梯度。在非简并的半导体中，载流子迁移率 $\mu$ 和扩散系数 $D$ 之间遵循爱因斯坦关系，即

$$\frac{D}{\mu}=\frac{kT}{q} \tag{1-5}$$

式中，$k$ 为玻尔兹曼常数；$T$ 为热力学温度；$q=1.6\times10^{-19}$C 为单位电荷。因此可以直接从载流子迁移率算出扩散系数。

所以，在太阳电池中载流子的输运既可以靠漂移电流实现，也可以靠扩散电流实现。在电场中，多子和少子均可以做漂移运动，由于多子的数目远比少子多，漂移电流主要是多子的贡献；但对于扩散电流的情况，少子的浓度梯度要远远大于多子的浓度梯度，所以对扩散电流有贡献的载流子主要是少子。少子从产生到复合所能经过的距离称为少子的扩散长度 $L$。这个扩散长度与扩散系数之间有如下关系：

$$L=\sqrt{D\tau} \tag{1-6}$$

式中，$\tau$ 为少子的寿命。

图 1-17 中给出了 p 型硅中的少子寿命与掺杂浓度的关系。从图中可以看到，少子寿命随掺杂浓度的增加而降低，但当硅中的掺杂浓度小于 $10^{18}$cm$^{-3}$ 时，少子寿命可以达到微秒以上的量级。结合图 1-16 中的载流子迁移率，根据式（1-5）和式（1-6）可以算出，硅中的少子扩散长度很容易达到 100μm 甚至几百微米以上。而要对太阳光谱实现充分吸收，也恰恰需要硅衬底具有这样的厚度。

因此，对晶体硅太阳电池而言，可以将光吸收区放在 pn 结的外面，只要选择合适的硅衬底厚度，使产生的光生少子能够扩散到pn 结区，就可以将其与光生多子分离。所以，采用一种掺杂类型的硅片作为光吸收区，在其迎光表面制作一层非常薄的 pn 结，成为了目前晶体硅太阳电池所采用的基本结构。这种结构的光电流由硅片中的少子扩散电流提供，所以需要想办法延长少子寿命和扩散长度。这其中最主要的是要降低上面提到的各种复合的概率，特别是陷阱辅助复合的概率，这被称为钝化。有关钝化的详细内容将在第 4 章中介绍。而将pn 结放在迎光面的目的也是为了尽可能缩短光生少子所需要扩散的长度，尽量减少有可能造成的载流子损失。目前，也有一些太阳电池结构设计出于其他方面的原因考虑将 pn 结放置在太阳电池的背面，这将在第 10 章进行介绍。

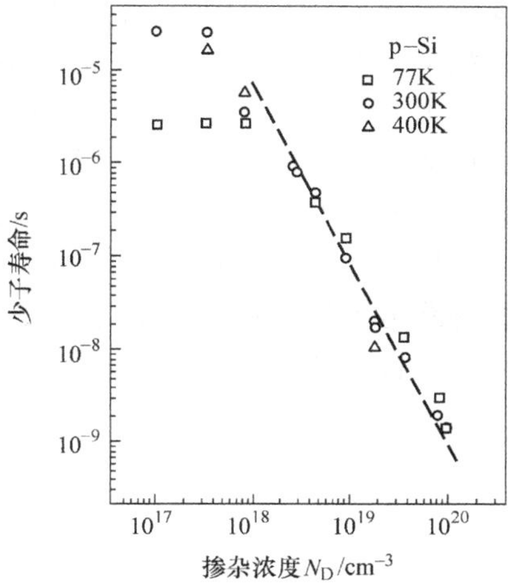


图 1-17 p 型硅的少子寿命与掺杂浓度的关系

## 1.6 载流子的收集

在半导体 pn 结内电场的作用下，光生电子和空穴分别输运到 n 区和 p 区，为了使分离的电子和空穴通过外部电路形成回路对负载做功，需要将金属电路与 n 区和 p 区接触从而将这些载流子分离收集。金属与半导体接触的性质与两者的功函数有关。功函数是指要使一个电子从固体表面逸出所需要的最小能量。如果忽略材料的表面效应，可以将功函数近似认为是费米能级与真空能级之间的能量差。一般定义真空能级为零，所以功函数等于费米能级的绝对值。当金属与半导体接触时，同半导体 pn 结类似，两者由于功函数（费米能级）的差异，在接触界面上也会有载流子的迁移，但是由于金属中有非常高的电子浓度，所以载流子迁移只发生在半导体一侧，在半导体表面附近形成一层空间电荷区，并造成半导体表面附近的能带弯曲。这样的接触称为肖特基（Schottky）接触。

以金属与 n 型半导体接触为例。当金属的功函数大于 n 型半导体的功函数时，在半导体表面的能带向上弯曲，如图 1-18a 所示。空间电荷区中的肖特基势垒阻碍 n 型半导体中的电子向金属中迁移，这样的空间电荷区层称为阻挡层。当金属的功函数小于 n 型半导体的功函数时，在半导体表面的能带向下弯曲，这种能带结构有利于 n 型半导体中的电子向金属中迁移，这样的空间电荷区层称为反阻挡层或者积累层，如图 1-18b 所示。所以，在 n 型半导体上，如果采用金属肖特基接触来收集电子，一种可能的办法是采用具有小功函数的金属。但一方面，这样的要求限制了金属电极的选择；另一方面，实际的金属半导体接触会受到半导体表面状态的影响，半导体表面态对半导体表面费米能级产生钉扎，由此即使采用了小功函数的金属，在 n 型半导体表面形成的仍然有可能会是阻挡层。这就要求寻找更加可行的载流子收集方式。研究发现，当金属与半导体接触形成阻挡层时，如果提高半导体一侧的掺杂浓度，这个阻挡层的厚度就会变得很薄，当阻挡层薄到一定程度时，载流子就能借助量子隧道效应穿过这个接触界面。这样形成的接触称为欧姆接触，如图 1-18c 所示。对于 p 型半导体接触，同样有类似的结果。所以，金属电极与半导体之间形成良好的欧姆接触是将光生载流子从太阳电池中取出的关键。

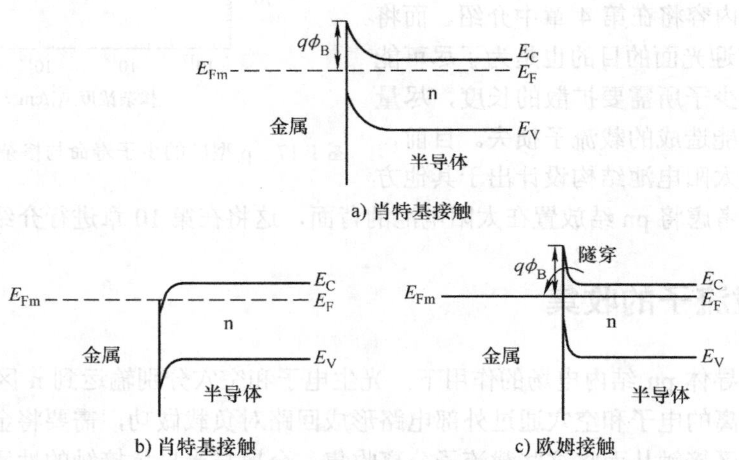


图 1-18　金属-n 型半导体接触的三种形式

## 1.7　光管理

当太阳光入射到太阳电池表面时首先要发生反射。光入射到物质表面发生反射的原因是由于入射介质和出射介质之间存在突变的折射率差。以晶体硅为例，晶体硅的折射率在 3.8 左右，空气的折射率为 1，两者之间的差别很大，光照射在平整的晶体硅表面上会有很大部分（30%～40%）被反射回去。这种折射率差的突变梯度越小，光发生反射的可能就越小。减小太阳电池表面与空气之间的折射率变化梯度的方法通常有两种。

一种方法是在电池表面沉积减反射膜。如果在太阳电池表面上依次沉积从电池表面的折射率渐变到空气的折射率的多层膜，太阳电池表面的反射率可以降到很低，但这样的结果会使工艺复杂化，也会增加制作成本。所以，常用的是沉积单层膜，使单层膜的折射率等于硅的折射率与空气折射率乘积的算术平方根，而单层膜的有效厚度（实际厚度与折射率的乘积）取所关心的光的波长的 1/4。以晶体硅太阳电池为例，我们关心的是让太阳光谱中能量最高的波长在大约 600nm 左右的可见光在电池表面的反射率最低，所以通常在硅表面上沉积一层 80nm 左右的折射率为 1.8～2.0 的氮化硅层作为减反射膜。如果减反射膜同时能够对晶体硅表面有钝化作用，将是一举两得的事情。而实际采用等离子体辅助气相沉积（PECVD）工艺制备的氮化硅层就同时具有这两种作用。

另一种方法是将电池表面织构化。以晶体硅太阳电池为例，可以在硅表面制作各种微纳结构。对单晶体硅，常采用碱性腐蚀液在硅表面进行各向异性刻蚀得到随机分布的金字塔绒面；对多晶体硅，常采用酸性腐蚀液在硅表面进行各向同性刻蚀得到随机分布的腐蚀坑。这些腐蚀结构会使入射到该结构表面的光线改变传播方向，有一部分光线经表面反射后会再次入射到硅片表面产生吸收。也可以根据有效介质理论进行讨论，对于这些织构化结构，其任意高度平面的等效折射率是硅的折射率和空气的折射率的加权平均，平均值的具体大小取决于硅和空气各自所占的比例。越接近空气的地方，硅的比例越少，等效折射率就越小。所以，这些织构化结构从理论上就好似在太阳电池表面沉积了很多的折射率渐变层，织构化结构深度越大，折射率渐变的梯度就越小，就越能够获得明显的减反射效果。这也是很多纳米结构比如纳米线能够获得很低反射率的原因。

而进入到半导体中的光子能量大于半导体带隙的光，其被吸收的程度取决于半导体的吸收系数（见图 1-8）和厚度（见图 1-9）。如图 1-9 中所给出的，对晶体硅来讲，波长较长的禁带边的光需要至少 500μm 以上的厚度才能被基本完全吸收。但晶体硅材料制作成本较高，为了降低太阳电池成本，晶体硅太阳电池的厚度一直都在不断减小，目前产业化应用的硅片厚度通常在 180μm 左右。所以，实际的晶体硅太阳电池如果只经过一次吸收，其对太阳光的吸收并不充分，很多光都会从电池背面透出而损失掉。因此，需要开发高效率的陷光结构来将进入到太阳电池中的能量大于带隙的光，特别是那些经过一次吸收不能被完全吸收的近带边的光，尽可能多的限制在太阳电池内部，增大吸收次数，延长有效光程。这一般通过在太阳电池背面引入背反射器和光学衍射单元来实现。背反射器将透过的光重新反射回太阳电池中，而光学衍射单元改变光的传播方向，比如将垂直入射的光转变为斜入射的光，变成斜入射后的光一方面在电池内部的传播路径增加，另一方面也会有更大的概率在电池前后表面上发生全内反射。实际上，太阳电池前表面织构化，除了可降低反射率外，合适尺寸的织构化结构（比如金字塔）也能改变光的传播路径，起到光学衍射陷光的作用。

随着目前的硅太阳电池越来越薄，光管理已成为太阳电池结构设计中的重要组成部分。

## 1.8　晶体硅太阳电池的基本结构

基于上述理论分析，现在就能清楚的理解晶体硅太阳电池的基本结构，如图 1-19 所示。晶体硅太阳电池选用具有合适厚度和少子扩散长度的硅衬底，在其表面制作 pn 结，辅以前后表面钝化和光管理结构，获得尽可能高的光电转换效率。

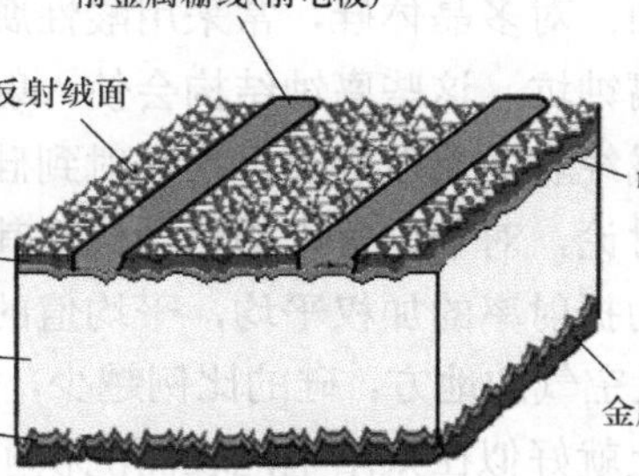

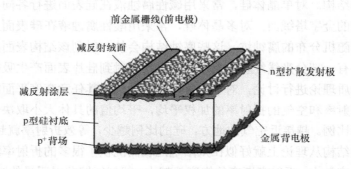

图 1-19　晶体硅太阳电池基本结构示意图

通常采用的是 p 型硅衬底，在 p 型硅衬底迎光面上是 n 型发射极，其与 p 型硅衬底构成 pn 结。p 型硅衬底是太阳光的吸收区，也称为基区。在 n 型发射极的表面是织构化结构，织构化结构上沉积减反射膜，穿透减反射膜与 n 型发射极接触的是收集电子的前金属电极，为了避免金属电极的遮光，将前电极制作成栅线状，前金属栅线一般是银栅线。银栅线需要穿透减反射膜与下面的 n 型发射极形成欧姆接触。在 p 型衬底的背面是掺杂浓度更高的 $p^+$背场（BSF），通常是铝背场或者硼背场。背场与硅衬底之间形成浓度高低结，既可以在一定程度上提高电池的开路电压，也可以将在 p 型基区内产生的少子电子反推向 pn 结方向，对硅衬底内的光生少子起到场钝化的作用。背场之外是与之形成欧姆接触的收集空穴的金属背电极，其材料一般是铝。由于电池背面没有光入射，所以铝背电极是全背面电极，一方面可以改善电学接触，另一方面，铝硅界面具有高的内反射率，可以起到一定的陷光作用。

基于上述常规晶体硅太阳电池的基本结构，技术进步已使目前出现了很多改良的高效结构，比如选择性发射极（SE）结构、全背结叉指状接触（IBC）结构等，这些将在第 10 章做详细介绍。

## 1.9　晶体硅太阳电池的性能

晶体硅太阳电池的基本结构使得我们可以将太阳电池简单地视为在光照条件下的二极管，主要由三部分组成，如图 1-20 所示，分别为发射极区、基区，以及两者之间的耗尽区，即空间电荷区。发射极区和基区对外呈现电中性，称为准中性区。太阳电池的总电流是发射极区和基区中的少子扩散电流与耗尽区中的漂移电流之和。通过利用合适的边界条件求解半导体方程，可以推出太阳电池的基本电流-电压特性，得到太阳电池电流密度的一般表达式为

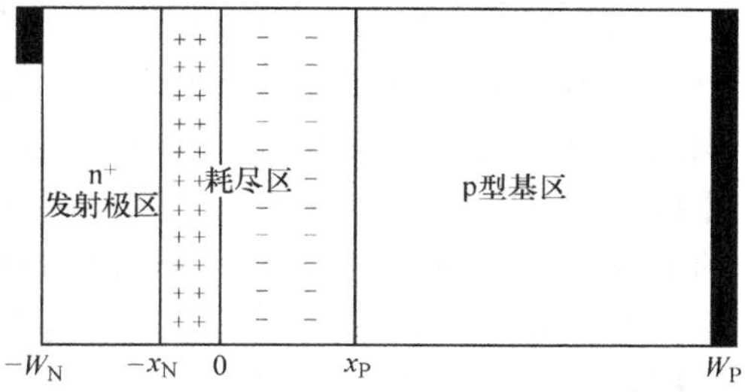

图 1-20　太阳电池原理示意图（$x_N$ 为耗尽区在发射极一侧的宽度，$x_P$ 为耗尽区在基区一侧的宽度，$W_N$ 和 $W_P$ 分别为包含了所对应耗尽区的发射极区和基区的厚度[4]）

$$J = J_L - J_{01}(e^{qV/kT} - 1) - J_{02}(e^{qV/2kT} - 1) \tag{1-7}$$

式中，表达式 $J\ (e^{qV/nkT} - 1)$ 为二极管电流-电压特性的典型表达式；$kT$ 之前的系数 $n$ 称为二极管的理想因子，在式（1-7）中，对应于 $J_{01}$ 的二极管的理想因子为 1，对应于 $J_{02}$ 的二极管的理想因子为 2；$J_L$ 为光生电流密度，$J_{01}$ 是准中性区基区和发射极区中复合产生的饱和暗电流密度，其中 $J_{01,n}$ 对应于基区的，而 $J_{01,p}$ 对应于发射极区的。一般的，两者有比较复杂的表达式，为了很好地收集光电流，在太阳电池中一般会要求少子的扩散长度大于所在区域的厚度。比如基区为 p 型区，发射极为 n 型区，基区中的电子扩散长度大于基区的厚度，发射极区中的空穴的扩散长度大于发射极区的厚度。此时，$J_{01,n}$ 和 $J_{01,p}$ 可以简化为

$$J_{01,n} = q\frac{n_i^2}{N_A}\frac{D_n}{(W_P - x_P)}\frac{S_{BSF}}{S_{BSF} + D_n/(W_P - x_P)} \tag{1-8}$$

$$J_{01,p} = q\frac{n_i^2}{N_D}\frac{D_p}{(W_N - x_N)}\frac{S_{F,eff}}{S_{F,eff} + D_p/(W_N - x_N)} \tag{1-9}$$

式中，$q$=1.6×$10^{-19}$C 为单位电荷；$n_i$ 为硅的本征载流子浓度；$D_n$ 为基区中的电子（少子）的扩散系数；$W_P$ 为基区的厚度；$x_P$ 为空间电荷区处于 p 型区一侧的宽度；$S_{BSF}$ 为基区背场界面的复合速率；$D_p$ 为发射极区中的空穴（少子）的扩散系数；$W_N$ 为发射极区的厚度这；$x_N$ 为空间电荷区处于 n 型区一侧的宽度；$S_{F,eff}$ 为发射极区前表面的有效复合速率。

$J_{02}$ 是由空间电荷区中的复合产生的饱和暗电流密度，为

$$J_{02} = q\frac{W_{D}n_{i}}{\tau_{D}} \tag{1-10}$$

式中，$W_D$为空间电荷区的宽度；$\tau_D$为空间电荷区中的载流子有效寿命。

现实中的太阳电池在构成工作电路时，还会遇到寄生电阻的问题，包括串联电阻$R_s$和并联电阻$R_{sh}$。$R_s$主要来自大面积太阳电池电流横向流动的电阻和金属栅线的接触电阻；$R_{sh}$则来自于实际制备的pn结的质量偏离。这样，从电路的角度，可以采用一个理想电流源$J_L$与两个二极管并联，并连接进$R_s$和$R_{sh}$的模型来对太阳电池进行模拟，这个电路模型如图1-21所示。此时，式（1-7）变为

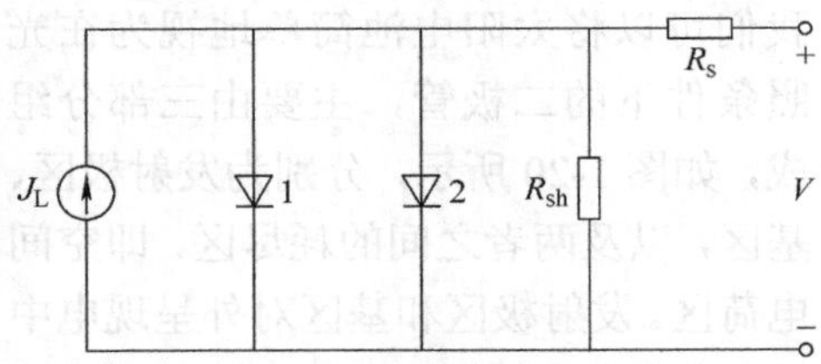


图1-21　包含了串联电阻和并联电阻的太阳电池电路模型[4]

$$J = J_L - J_{01}[e^{q(V+JR_s)/kT} - 1] - J_{02}[e^{q(V+JR_s)/2kT} - 1] - (V + JR_s)/R_{sh} \tag{1-11}$$

也可以将式（1-11）简单的写成：

$$J = J_L - J_0[e^{q(V+JR_s)/nkT} - 1] - (V + JR_s)/R_{sh} \tag{1-12}$$

式中，$n$为该太阳电池的理想因子。采用式（1-12）对实际太阳电池的电流-电压曲线进行拟合，可以得到$n$处在1～2之间，$n$值接近1说明准中性区中的复合占主导，$n$值接近2说明空间电荷区中的复合占主导。

图1-22给出了一个太阳电池的典型的$J$-$V$曲线。当电压$V$为零时，回路中的电流密度$J$定义为短路电流密度$J_{SC}$。当回路中的电流密度$J$为0时，所施加的电压$V$称为开路电压$V_{OC}$。除了短路电流密度和开路电压，人们还关心的是$J$-$V$曲线上功率最大的一点，称为最大功率点。该点对应的电流密度和电压分别称为最大功率点电流密度$J_{MP}$和最大功率点电压$V_{MP}$。

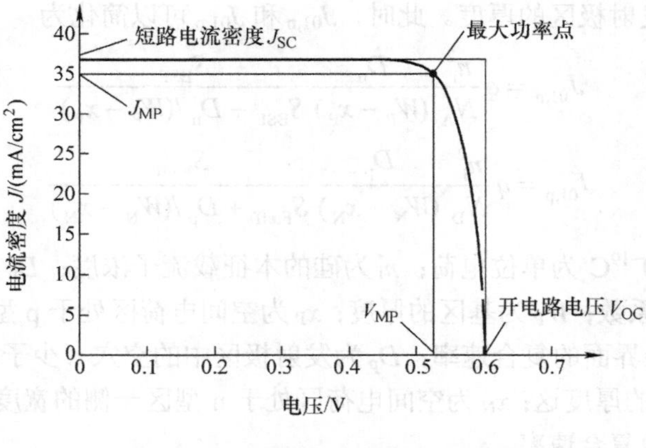


图1-22　太阳电池的典型$J$-$V$曲线

对于一个由理想的二极管构成的太阳电池，可以忽略空间电荷区内的复合，认为 $J_{02}$=0，以及没有寄生电阻的影响。此时，由式（1-7）可得

$$V_{OC}=\frac{kT}{q}\ln\frac{J_{SC}+J_{01}}{J_{01}}\approx\frac{kT}{q}\ln\frac{J_{SC}}{J_{01}} \tag{1-13}$$

式中，$J_{SC}\gg J_{01}$。

通常采用填充因子 *FF* 表征 *J-V* 曲线的方形程度，*FF* 通常是小于 1 的。

$$FF=\frac{P_{MP}}{V_{OC}J_{SC}}=\frac{V_{MP}J_{MP}}{V_{OC}J_{SC}} \tag{1-14}$$

*FF* 的一个经验表达式为[4]

$$FF=\frac{V_{OC}-\dfrac{kT}{q}\ln[qV_{OC}/kT+0.72]}{V_{OC}+kT/q} \tag{1-15}$$

对太阳电池来讲，最重要的一个参数是功率转换效率 $\eta$ ，即

$$\eta=\frac{P_{MP}}{P_{in}}=\frac{FFV_{OC}J_{SC}}{P_{in}} \tag{1-16}$$

式中，$P_{in}$ 为太阳光的入射功率密度。

提高太阳电池转换效率 $\eta$ 是最终所要追求的。由式（1-13）、式（1-15）、式（1-16）等可以看出，高转换效率需要高的填充因子、开路电压和短路电流密度，而要实现这些目标，关键是要减小饱和暗电流密度 $J_{01}$ 和 $J_{02}$，同时增大光生电流 $J_L$。

## 1.10　晶体硅太阳电池的结构参数优化

理解了太阳电池的基本性能，就能以此为基础对太阳电池结构进行优化。高效晶体硅太阳电池的设计有如下基本目标：将对能量大于硅带隙的光子吸收最大化，将太阳电池中的复合速率最小化，将电池的饱和暗电流最小化，将金属电极欧姆接触最优化，串联电阻最小化。

1. 硅衬底的优化选择

硅衬底内的杂质越少，质量越高，缺陷辅助复合的概率就越小，太阳电池可能获得的效率就越高。要制备性能可以接受的晶体硅太阳电池，硅衬底的纯度至少要达到 6N（99.9999%）。对于纯度满足要求的硅衬底，最主要的是要确定硼（p 型）或磷（n 型）的掺杂浓度，即硅衬底的电阻率。

理论上，最高效率的获得需要将硅衬底内部所有复合的概率最小化，所以最

好的硅衬底是本征硅衬底，即不含有任何的掺杂原子，这样可以使缺陷辅助复合和俄歇复合都能最小，但这样的电池必须采用 pin 结构。如前面所分析的，这对现有晶体硅太阳电池是不适用的。对采用 pn 结构，利用扩散电流实现光电转换的晶体硅太阳电池而言，要提高太阳电池的性能，需要使式（1-7）中的 $J_{01}$ 和 $J_{02}$ 最小。从式（1-8）可以看到，提高基区硅衬底的掺杂浓度有利于 $J_{01}$ 的降低，但由图 1-16、图 1-17 以及式（1-6）可以看出，硅衬底掺杂浓度的提高会导致少子扩散长度缩短，当少子扩散长度小于基区厚度时，光生载流子不能再被有效收集。所以，需要选择一个折中的硅衬底掺杂浓度。图 1-23 给出了采用软件 PC1D（澳大利亚新南威尔士大学 Martin Green 研究组开发）模拟的硅衬底电阻率与转换效率的关系，可以看出优选的硅衬底电阻率在 0.1～1Ω·cm 之间。所以，一般产业化中选用电阻率在 1Ω·cm 左右的硅衬底。

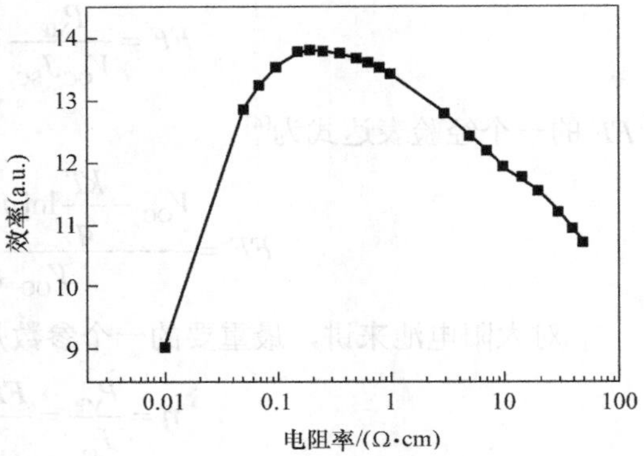

图 1-23　PC1D 软件模拟的硅衬底电阻率与太阳电池效率之间的关系

2. *硅衬底表面减反射结构优化*

晶体硅太阳电池表面通常采用金字塔绒面加氮化硅涂层的复合减反射结构。图 1-24 给出了理论计算的对于不同厚度的硅衬底，太阳电池的性能与金字塔尺寸之间的关系。当硅衬底的厚度在 50μm 以上时，金字塔尺寸达到 0.5μm 就能获得优异的太阳电池性能，更薄的硅衬底则需要金字塔的尺寸大到几个微米。造成这种差异的原因是，厚的硅衬底只需要将太阳电池表面的反射率降低到最小，而薄的硅衬底还需要金字塔有一定的光衍射性能以增大光在太阳电池内部的传播路径。在此基础上，金字塔尺寸的进一步增加不会使电池性能获得进一步提高。而在晶体硅太阳电池的实际制作过程中，过大的金字塔尺寸不利于后续太阳电池制备工艺的实施，尖锐而突出的金字塔尖也容易磨损。所以，应该优化工艺制备尺寸在 0.5μm 到几个微米之间较小尺寸的金字塔，这样的金字塔绒面可以将硅表面在 300～1100nm 之间对太阳光谱的平均反射率降低到 10%左右。

在本章参考文献[7]中还进一步指出，对优化后的金字塔绒面上淀积一层 80nm 厚、折射率为 1.89 左右的氮化硅层，可以将上述反射率进一步降低到 2%左右。当然，由于氮化硅层还要起到钝化发射极的作用，需要在氮化硅的钝化作用和减反射作用之间做一个折中的选择。

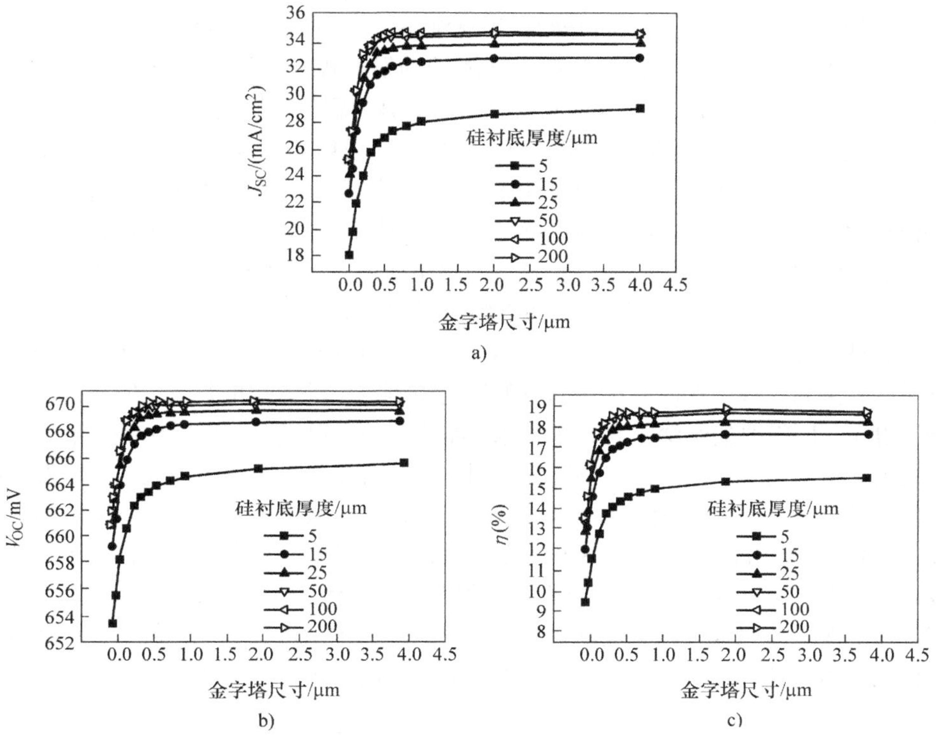


图 1-24　硅电池上金字塔绒面尺寸对太阳电池性能的影响[7]

3. 发射极优化

与基区硅衬底的选择类似，发射极优化要将发射极区的饱和暗电流密度最小化，所以根据式（1-9）需要对发射极的掺杂浓度做一个折中选择。但与基区硅衬底不同，发射极区的厚度一般非常小，其对光电流的贡献比较少，这就决定了其由于掺杂浓度增加而带来的少子扩散长度减小的负面效果对太阳电池性能不会产生特别显著的影响。因而，发射极区优化的掺杂浓度要比基区硅衬底的优化值大很多。但如果掺杂浓度过大，上述对光电流的负面影响也不能忽略，而光电流的大小与发射极区的厚度以及发射极前表面的复合速率有关，这两个因素同样也是式（1-9）中影响发射极区饱和暗电流密度的因素。在实际的晶体硅太阳电池中，发射极一般采用扩散工艺制备，发射极中的掺杂原子分布不是均匀的，通常遵循余误差函数（erfc）分布，即在表面一定的厚度内具有均匀分布的峰值掺杂浓度，然后往里随深度增加掺杂原子浓度逐渐降低。由于发射极与基区构成 pn 结，所以，也可以将发射极区厚度的影响转换为结深的影响。

图 1-25 给出了采用 PC1D 模拟的发射极不同掺杂浓度下结深对晶体硅太阳电池性能的影响。模拟过程中忽略了余误差函数分布在发射极前表面的掺杂浓度平

台，即掺杂浓度从发射极表面开始往里逐渐下降，并假定了载流子的前表面复合速率为 500cm/s。图中的结果说明，在相同的发射极峰值浓度下，电池效率随结深的增加逐渐下降，超过一定结深后，下降趋势加剧。发射极峰值掺杂浓度越高，这种变化就越明显。造成这种变化的原因如下：发射极内掺杂浓度越高，光生载流子寿命就越短，复合概率增大，电池电流密度减小；而发射极结深越深，被发射极吸收的光就越多，这种影响也就越大。电池短路电流密度的变化很好地说明了这一点。电池电流密度的减小还会导致开路电压的下降。所以，发射极掺杂浓度的适当增加有利于提高 pn 结区的空间电场而得到较高的开路电压，但掺杂浓度过高反而会使开路电压降低，除非发射极结深很浅，可以减弱上述负面效果。从图中的结果综合来看，掺杂重而结深浅的发射极是得到高电池效率的优选，但在很高的掺杂浓度下，所需要的结深只有几十纳米，如此薄的发射极很难采用传统扩散工艺进行制备。所幸的是，图中的结果同样表明，尽管所能得到的电池最大效率随发射极峰值掺杂浓度在一定范围内的下降而下降，但这种下降并不太明显。下降的原因是 pn 结区空间电场变弱，下降不明显的原因是光生载流子复合的概率也减小了。所以，可以采用相对掺杂较轻而结深较深的发射极来得到还可以接受的电池效率。当然，为了保证前电极可以实现欧姆接触，发射极的掺杂浓度不能太轻。可以认为发射极的扩散峰值浓度介于 $1\times10^{19}$～$5\times10^{19}cm^{-3}$ 之间是可以接受的。

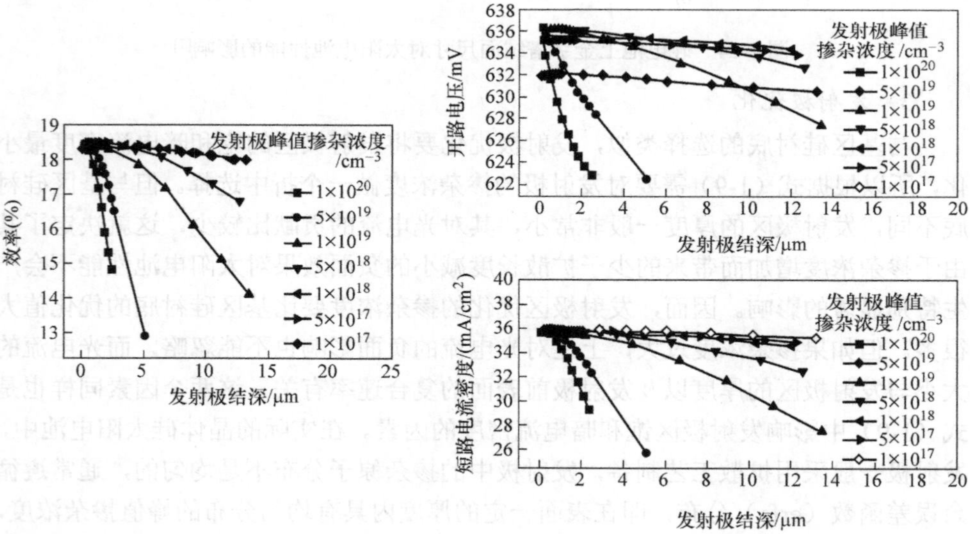


图 1-25　PC1D 模拟的在发射极不同掺杂浓度下结深对晶体硅太阳电池性能的影响[8]

与结深相比，发射极方块电阻是更加容易测量的性能参数。因此，实际生产中更多的是采用测量方块电阻的办法来作为检测发射极扩散质量的标准。图 1-26

进一步给出了在不同的发射极峰值掺杂浓度下，太阳电池转换效率对发射极方块电阻的依赖关系。从图中可以看出，发射极方块电阻在 100Ω/□以上后，电池效率基本稳定在最大值，并且这基本与发射极的峰值掺杂浓度无关。

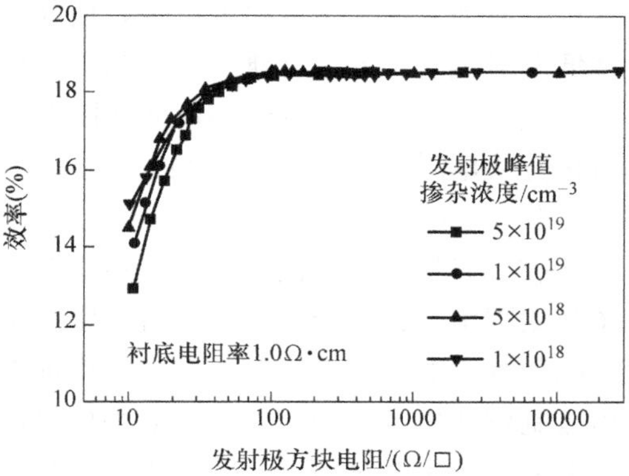


图 1-26 发射极方块电阻对晶体硅太阳电池效率的影响[8]

前面已经提到，发射极状况对太阳电池性能的影响与载流子在前表面上的复合速率有关，这种复合使发射极中的光生载流子的寿命变得更短。图 1-27 给出了前表面复合速率在不同发射极状况下对太阳电池性能的影响。从图中可以看出，前表面复合速率变大，电池效率降低，但发射极峰值掺杂浓度变大，前表面复合速率对电池性能的影响会变得越来越不明显，这主要归因于 pn 结空间电荷区内建电场的增强。从图中还可以进一步看出，在相同的发射极掺杂峰值浓度下，前表面复合速率越大，得到较高效率电池所需要的方块电阻就越大，这是因为大的方块电阻对应于浅的结深，发射极越浅，被发射极吸收的光就越少，从而降低了光生载流子受前表面影响而发生复合的概率。

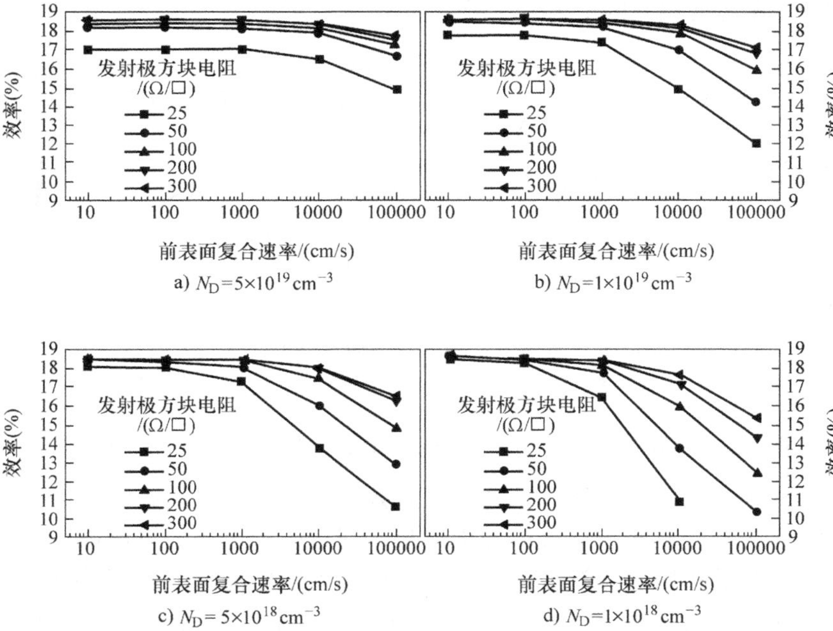


a) $N_D=5\times10^{19}cm^{-3}$　b) $N_D=1\times10^{19}cm^{-3}$

c) $N_D=5\times10^{18}cm^{-3}$　d) $N_D=1\times10^{18}cm^{-3}$

图 1-27　发射极前表面复合速率对晶体硅太阳电池效率的影响[8]

但是前面已经提到，制备掺杂重结深浅的发射极在实际太阳电池制备中难以实现。所以，找到降低前表面复合速率的有效方法变得非常重要。前表面复合速率降低，就可以适当的增大发射极的结深，所能接受的最小方块电阻就可以小一些，从而降低发射极制备的工艺难度。目前，采用氮化硅钝化的发射极前表面，载流子的复合速率一般能够降低到 100cm/s 以下，图 1-27 中的结果表明，此时可接受的发射极方块电阻最小可以到 50Ω/□。

4. 金属电极优化

收集光生载流子的金属电极应该具有选择性，也就是说它只能允许一种载流子从太阳电池流到金属中，并且在阻止另一种载流子流出时没有能量损失。通常将收集少子的金属电极制作在太阳电池的迎光面，即发射极上，收集多子的金属电极制作在电池背面。对采用 p 型硅衬底作为基区的常规晶体硅太阳电池来讲，发射极上收集的是电子，背面收集的是空穴。前表面的金属电极为了避免遮光一般制作成栅线形状。

金属电极可能对太阳电池性能造成的主要影响就是寄生电阻。金属电极与太阳电池之间的接触电阻、金属电极自身的电阻，以及金属栅线间的发射极横向电阻会在太阳电池内部引入串联电阻 $R_s$，而金属电极烧结不当可能造成的发射极烧穿会降低并联电阻 $R_{sh}$。图 1-28 给出了串并联电阻对太阳电池电流-电压特性的影响。从图中可以看出串联电阻主要影响短路电流，并联电阻主要影响开路电压，两者均使太阳电池填充因子明显下降。

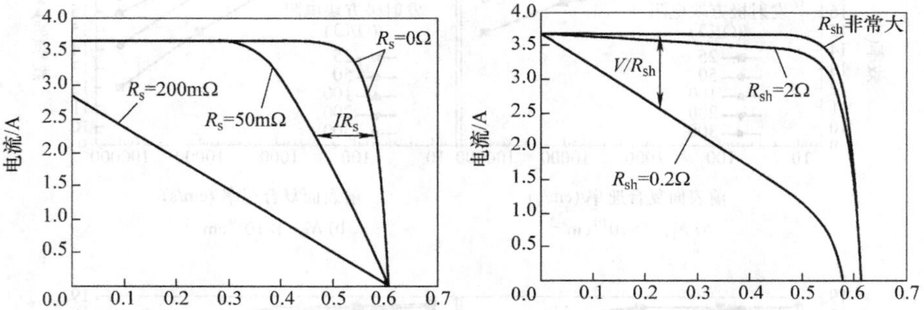


图 1-28 串联电阻 $R_s$ 和并联电阻 $R_{sh}$ 对太阳电池电流-电压特性的影响[4]

通过改善金属电极的烧结工艺可以有效减小并联电阻的影响。为了降低串联电阻，首先要提高金属电极的导电质量，通过改善电极的厚度或者高宽比来减小电极自身的电阻。其次要保证金属电极与太阳电池形成良好的欧姆接触，在金属接触区域的下面形成重掺区，p 型重掺用于空穴的输出，n 型重掺用于电子的输出。对晶体硅太阳电池来讲，n 型重掺是发射极本身，而 p 型重掺则是靠在硅衬底背面形成铝背场或者硼背场。由于重掺区以及金属接触区的载流子复合速率都非常大，为了降低载流子复合速率，在保证好的载流子收集效率的前提下，尽可能减少金属接触区以及重掺区的面积对提高太阳电池的性能是有利的，这是选择性发射极技术和局域背接触技术的由来。对太阳电池前电极而言，为了减少电流输运的横向电阻，还必须结合发射极的方块电阻对金属栅线的间距、宽度等做详细的优化，以使金属栅线引起的栅线遮光损失和电阻损失之和最小化。

实际的晶体硅太阳电池制备过程，就是要开发出低成本的制备技术，优化具体工艺参数，在尽可能大的程度上实现优化的太阳电池结构，从而获得高效率，同时保证产品的产量和良品率，实现规模化制造。

## 1.11　晶体硅太阳电池的基本制备工艺

图 1-29 给出了常规晶体硅太阳电池的基本制备工艺流程。

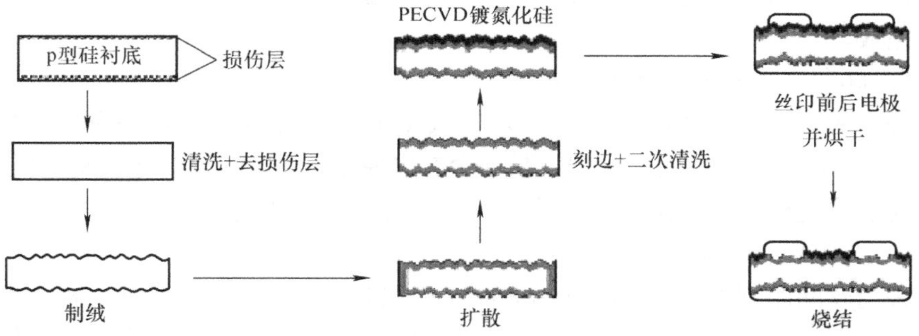


图 1-29　晶体硅太阳电池的基本制备工艺流程

1. *清洗+去损伤层*

硅衬底是线切割制备的，在表面存在一定的污染物，并有几微米到十几微米的损伤层。本步骤工艺采用湿化学方法将硅片表面污染去除，并去除损伤层，一般是采用较高浓度的碱性溶液将损伤层腐蚀去除。为了提高产量和简化工艺，去损伤层步骤也可以忽略，硅片表面织构化时在形成绒面结构的同时一并腐蚀去除切割损伤。有关这方面的具体内容请见本书第 2 章。

2. *表面织构化*

在硅衬底表面制作减反射织构化结构。一般的，单晶体硅衬底用碱性腐蚀液制备随机金字塔绒面，多晶体硅衬底用酸性腐蚀液制备随机腐蚀坑绒面。有关这方面的具体内容请见本书第 2 章。

3. 磷扩散制备发射极

通常扩散工艺将磷原子掺入到 p 型硅衬底表面，使硅衬底表面反型成 n 型，从而形成 pn 结。有关这方面的具体内容请见本书第 3 章。

4. 去边与去磷硅玻璃

扩散后的硅衬底在整个表面都会形成 n 型区，边缘的 n 型区将电池的前后表面链接，形成了短路通道，会造成低的并联电阻。因而需要将硅衬底边缘的 n 型区去除，通常采用的方法是等离子体刻蚀或激光去边或湿法刻蚀。等离子体刻蚀是将很多片电池叠放在一起放入到等离子体腔中，采用射频等离子源激发 $CF_4+O_2$ 或 $SF_6+O_2$ 气体形成辉光放电，产生的高能离子和电子轰击暴露在等离子体中的硅衬底边缘，将 n 型边缘刻蚀掉。另外一种方法是采用激光刻边。经过刻边的硅衬底需要用稀释的 HF 酸溶液去除因扩散而在硅衬底上形成的磷硅玻璃，这称为二次清洗。前两种去边方法都对硅片表面存在一定的损伤问题，现在最为常用的是湿法刻蚀，这种工艺是利用 $HF\text{-}HNO_3$ 溶液，对硅片背面和边缘进行刻蚀，以达到去掉边缘和背面扩散层的目的，然后再采用稀的 HF 溶液漂去前表面的磷硅玻璃。这种方法的优点是去掉多余扩散层和清洗磷硅玻璃的步骤可以集成在一台设备上完成。

5. 沉积氮化硅钝化减反射层

采用等离子体增强化学气相沉积（PECVD）在发射极表面沉积氮化硅减反射层。由于这种方法制备的氮化硅薄膜中含有氢原子，还可以起到钝化发射极表面，降低前表面复合速率的作用。有关这方面的具体内容请见本书第 4 章。

6. 前后电极的制备：丝印和烘干

采用丝网印刷技术在电池前后表面印刷银浆和铝浆，制备银前电极、铝背电极以及背面银焊接主栅。一般需要丝印三次，烘干三次。有关这方面的具体内容请见本书第 5 章。

7. 烧结

通过高温烧结过程，将金属浆料中的有机成分烧掉，并使金属颗粒烧结在一起以形成良好的导体，使银前电极烧穿氮化硅与发射极之间形成欧姆接触，使铝烧进硅衬底，在硅衬底背面形成铝背场。有关这方面的具体内容请见本书第 5 章。

8. 测试分选

对电池进行太阳光模拟光谱下的 *I-V* 曲线测试，依据转换效率、短路电流等指标对电池进行分类，确保制备组件时采用相同特性的电池以减小失配损失。有关这方面的具体内容将在第 6 章中详述。

## 参 考 文 献

[1] 潘金生，健民仝，田民波. 材料科学基础[M]. 北京：清华大学出版社，1998.

[2] 黄昆. 固体物理学[M]. 北京：高等教育出版社，1988.
[3] 刘恩科，朱秉升，罗晋生. 半导体物理学[M]. 北京：电子工业出版社，2011.
[4] Antonio Luque, Steven Hegedus，等. 光伏技术与工程手册[M]. 王文静，李海岭，周春兰，赵雷，等译. 北京：机械工业出版社. 2011.
[5] Hulstrom R, Bird R, Riordan C, Sol. Cells 15, 365-391 (1985).
[6] Pierret R, in Pierret R, Neudeck G (Eds), Modular Series on Solid State Devices, Volume VI: Advanced Semiconductor Fundamentals, Addison-Wesley, Reading, MA (1987).
[7] L. Zhao, Y.H. Zuo, C.L. Zhou, H.L. Li, H.W. Diao, W.J. Wang. Solar Energy 85 530–537 (2011).
[8] 赵雷，周春兰，李海玲，刁宏伟，王文静. 单晶硅太阳电池发射极的模拟优化[J]. 太阳能学报，2009(30)：1587-1591.

# 第 2 章　表面织构化工艺

影响晶体硅太阳电池效率的因素有很多，如上表面金属电极的遮光面积、电池的串联电阻并联电阻、硅材料的少子复合等，但总的可以分为两种：一种是光学损失，包括前表面电池反射损失、接触栅线的遮光损失以及长波段的非吸收损失；另外一种是电学损失，包括半导体表面及体内的光生载流子复合、半导体和金属栅线的接触电阻以及金属和半导体的接触电阻等的损失。其中，前表面光的反射被认为是影响效率提高的一个重要因素。目前，通常采用表面织构化技术把太阳电池表面制成绒面结构来减少表面光的反射，通过织构化技术的改进和增加减反射膜可以大大降低表面光的反射损失从而增加电池的短路电流。

通过表面织构化不仅能降低电池表面对入射光的反射率，而且表面的绒面结构还能增加光线在太阳电池体内的有效光程，增加内反射次数，从而减少总反射。这种结构有时也被称为“光陷阱”[1]。

## 2.1　减反及陷光原理

降低硅片表面对入射光的反射可以提高对入射光的利用率，降低电池片厚度[2]，提高电池效率[3, 4]。降低反射率的方法有两种：一种是制备减反射膜，利用 1/4 波长原理，沉积一层或多层光学薄膜；另一种是将平整的硅片表面织构化，在前表面实现一定形状的几何结构。硅片表面织构化的方法有多种，如机械刻槽[5, 6]、化学腐蚀[7-9]和等离子体刻蚀[10, 11]等。图 2-1 从二维结构说明了典型的金字塔结构的减反作用。垂直入射到硅片表面的光线落在了 a 点。大约 70%的入射光线进入了硅体内，剩余的部分被反射出去。然而，由于硅表面已经有了结构，反射的光线再次落在了硅表面 b 点上，有了第二次进入硅体内的机会。通过这样的原理，入射到硅片表面的光增加了进入硅体内的机会，降低了反射率。光线“撞击”硅片表面的次数取决于沟槽结构与硅片表面所成的夹角 $\alpha$。有分析认为，$\alpha$ 角介于 30°～54°时，入射光能有两到三次的撞击次数。如果只有两次撞击机会，光线到达 b 点经反射后

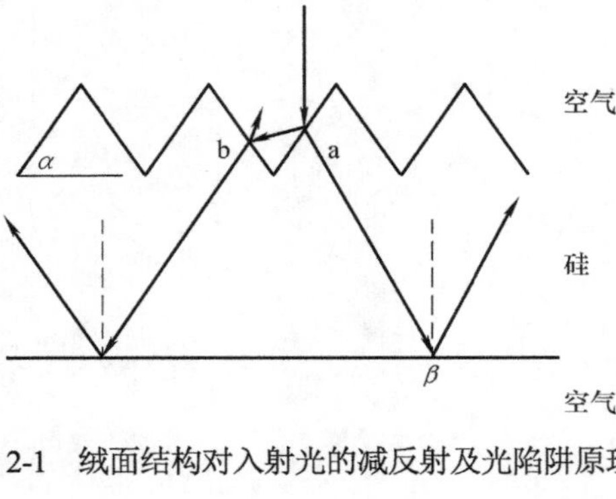


图 2-1　绒面结构对入射光的减反射及光陷阱原理

将离开硅片表面，如图 2-1 所示。然而，在实际的晶体硅电池应用中，封装的玻璃将帮助这种逃逸出的光线再次经反射后返回到硅片表面。

对晶硅太阳电池的研究分析表明：减小硅片的厚度，能有效减小载流子复合速率从而获得更高的开路电压。但是由于晶体硅对入射光的吸收系数较低，减小硅片厚度后，硅片对太阳光的吸收会变少，从而造成电池短路电流的减小。每次当光线穿过硅片，就会有部分光线从硅的上表面或下表面透出去。因为完全吸收入射光所需的路径往往大于硅片的实际厚度。为了提高入射光在硅片体内的实际路径长度，光陷阱概念被提出来以增加光的有效光程。

Green[1]等人研究了不同绒面结构的光陷阱特性，分别是朗伯面、砖砌结构倒金字塔、随机金字塔及规则倒金字塔结构（见图 2-2）。研究结果认为在衬底下表面平整的情况下，上表面金字塔结构相比朗伯面结构具有较差的陷光效应。这是由于很大比例的光线，在第一次穿过电池时，被从背表面反射到金字塔的某一面上，然后直接逃逸出硅体外。如果金字塔大小非常一致且排布规则，那么这种比例将非常高。随机排布的金字塔要好些。砌砖结构的倒金字塔效果更好，但制备

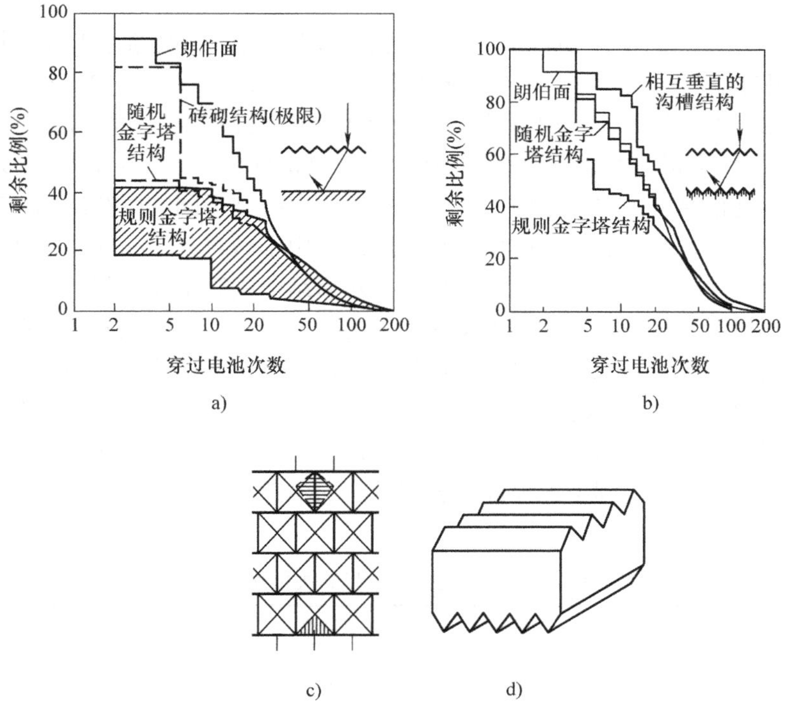


图 2-2　入射光在电池内传播次数与硅内剩余光的比例。
图 a 中电池上表面具有结构，下表面为平面；图 b 中电池上下表面都具有结构；图 c 为砖砌结构示意图；图 d 为相互垂直的沟槽结构

成本更高。对随机朗伯面而言，硅片的单面还是双面制备成朗伯面对光陷阱效果影响不大；但是对于金字塔结构，双面同时制备了随机或规则金字塔相比单面情况，所捕获光的路径表现出了很大差别。双面都制备了随机或规则金字塔结构使得几乎所有入射光在硅体内至少传输 4 次才从硅表面逃逸出去。

## 2.2 晶体硅电池产业中的表面织构化及清洗工艺

在硅片切割工序中会造成硅片近表面形成一层损伤层。切割过程中造成了表面和次表面原本有序的晶格被破坏，这种破坏会造成很严重的电子空穴复合，影响电池效率。去损伤层一般使用 10%～20%浓度的 NaOH 溶液，在 75～100℃温度下将硅片表面均匀的腐蚀掉一层，腐蚀厚度根据损伤的情况而定。为了简化工艺及提高产量，目前产业中经常省略此道工序，在硅片表面织构化的同时去掉损伤层。另外，目前典型的硅片切割损伤层厚度约为 10μm，硅片典型厚度为 160～180μm，如果去除损伤层过多，将造成后续工艺中碎片率增高，增加电池制造成本。

晶体硅片的织构化根据单晶和多晶的不同，采用的腐蚀原理和腐蚀液也不同。单晶硅晶向一致，目前使用的硅片表面基本都是（100）晶向，利用硅的各向异性腐蚀特性，使用 NaOH 和异丙醇（IPA）的混合液得到随机分布的正金字塔结构的绒面；多晶硅片表面有许多晶粒，由于其晶向各异，如也使用 NaOH 和 IPA 的混合液进行腐蚀，将在不同晶向的晶粒表面上得到不同的腐蚀结构，有些晶面腐蚀之后是平整发亮的，反射率较高。此外，由于碱对各个晶向腐蚀速度不同，造成不同晶向的晶粒表面之间出现台阶，对后续印刷等工序不利。目前产业中多晶硅基本使用的都是以 HF 和 $HNO_3$ 为主的各向同性酸性腐蚀液，在硅片表面形成沟槽状绒面结构。表 2-1 给出了典型的去损伤及单晶硅片与多晶硅片的制绒工艺条件，图 2-3 给出了典型的单晶硅、多晶硅表面绒面结构的电子显微镜照片。

在工业生产中，通常将制绒与清洗工艺放在一起进行，为太阳电池制备的第一道工序。在清洗过程中洗掉硅片表面沾有的油脂、有机物、金属离子及灰尘、小颗粒等。

**表 2-1 典型的单晶硅与多晶硅去损伤与制绒工艺**

| 工序 | 腐蚀液特性 | 材料 | 腐蚀液 | 工艺温度/℃ | 一般腐蚀深度/μm |
|---|---|---|---|---|---|
| 去除切割损伤层 | 碱 | 单晶/多晶 | KOH 或 NaOH | 75～100 | 8～12 |
| 硅片表面织构化 | 酸 | 多晶 | HF+$HNO_3$ | 5～25 | 3～7 |
| | 碱 | 单晶 | NaOH+IPA 或 KOH+IPA | 60～100 | 5～12 |

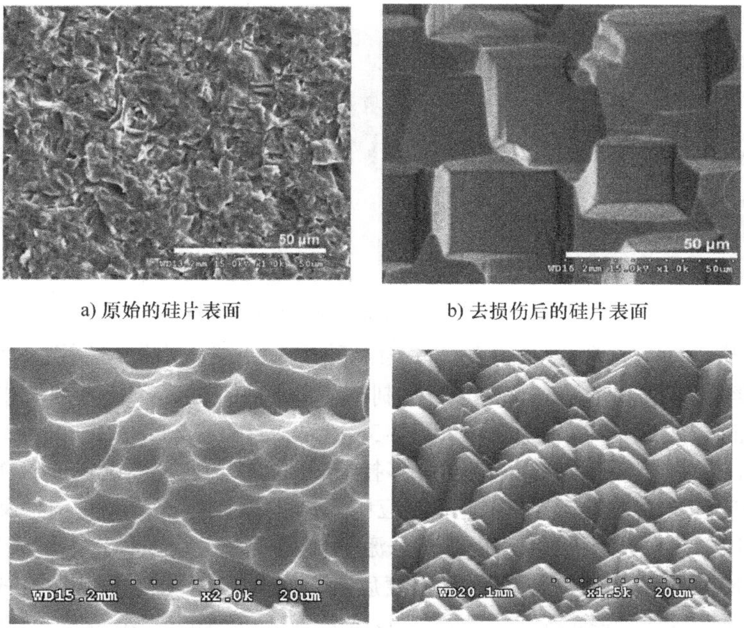


a) 原始的硅片表面　　b) 去损伤后的硅片表面

c) 多晶硅片经酸腐蚀后的表面　　d) 单晶硅片经碱腐蚀后的表面

图 2-3　典型的硅片表面结构

对单晶硅电池而言，制绒加清洗工序为：碱腐蚀制绒—水洗—HCl 溶液浸泡清洗—水洗—HF 溶液浸泡清洗—水洗—甩干。制绒通常采用 1%～3%的 NaOH 溶液，并添加 3%～10%的 IPA，有时还添加 1%以下的特殊添加剂。制绒过程中，NaOH、IPA 消耗很大，经过一定数量硅片的反应后需补充 NaOH 和 IPA 以维持稳定的反应环境。反应一定批次后溶液中会出现大量反应产物 $Na_2SiO_3$，黏稠的 $Na_2SiO_3$ 易附着在硅片表面造成硅片表面白斑，此时需要换掉槽内溶液配制新溶液。制绒后硅片进入水洗槽，去除硅片表面残余碱液。接着在 10%～20%的 HCl 溶液中浸泡，这一方面是为了中和硅片表面碱液，另一方面 HCl 中的 $Cl^-$离子能够与 $Fe^{3+}$、$Pt^{2+}$、$Au^{3+}$、$Cu^+$、$Cd^{2+}$、$Hg^{2+}$等多种金属离子形成络合物，从而去除硅片表面的金属离子。接着用 HF 酸溶液清洗，HF 酸溶液浓度一般为 5%～10%，利用 HF 与 $SiO_2$ 的反应去除硅片表面的氧化层，使硅片表面成为疏水表面。最后水洗硅片，去除表面残余酸液，甩干后进入扩散工艺。单晶硅制绒设备相对较简单，目前主要采用的是批次式工艺，单批 200～400 片硅片同时放入一个由塑料制成的花篮容器中由机械手放入反应槽中进行反应。目前单晶制绒设备已经完全实现国产化，典型设备外观如图 2-4 所示。

图 2-4　批次式单晶硅制绒清洗设备

对多晶硅而言，制绒加清洗工序为：酸溶液制绒—水洗—碱洗—水洗—HCl 和 HF 酸溶液浸泡—水洗—风刀吹干。制绒步骤采用 $HNO_3/HF$ 腐蚀液去除表面损伤层的同时形成无规则的绒面，如图 2-3c 所示。$HNO_3$∶HF∶$H_2O$ 的比例一般为 8∶1∶11，为控制反应速度溶液温度多控制在 10℃以下。新配的 $HNO_3/HF$ 酸溶液与硅的反应速度较慢，需要通过反应中形成的亚硝酸（$HNO_2$）对反应进行激活，经过几千片硅片反应后溶液被充分激活，反应速度趋于稳定，形成理想绒面。但是当 $HNO_2$ 浓度持续增高到一定程度后，溶液反应速度再次下降，绒面效果变差，反应液需要彻底换新液。为维持反应稳定，需不断向溶液中补充消耗掉的 $HNO_3$ 和 HF。制绒后用水洗去除硅片表面残余的酸液，然后置于 5%左右的 KOH 溶液中，去除制绒过程在硅表面最外层形成的亚稳态多孔结构。多孔硅虽然有利于降低表面反射率，但会造成较高的复合速率且对电极接触不利。水洗后硅片进入酸性 HCl 和 HF 的混合液（浓度分别为 10%左右和 8%左右）中浸泡清洗，一方面可中和残余硅片表面的碱液，另一方面 HCl 可去除在硅片表面的金属杂质，HF 去除硅片表面的氧化层，形成疏水表面。最后经高纯水清洗、风干，进入扩散工序待用。多晶制绒工艺有批次式也有链式，由于多晶硅酸腐蚀过程中放热剧烈，批次式工艺在反应溶液的温度控制上更具有难度。目前，我国所使用的多晶硅酸制绒设备多为链式设备，一台设备上同时完成制绒及清洗工序。RENA 公司设备外观图如图 2-5 所示，整个反应和清洗过程中硅片在滚轮的带动下水平运动。

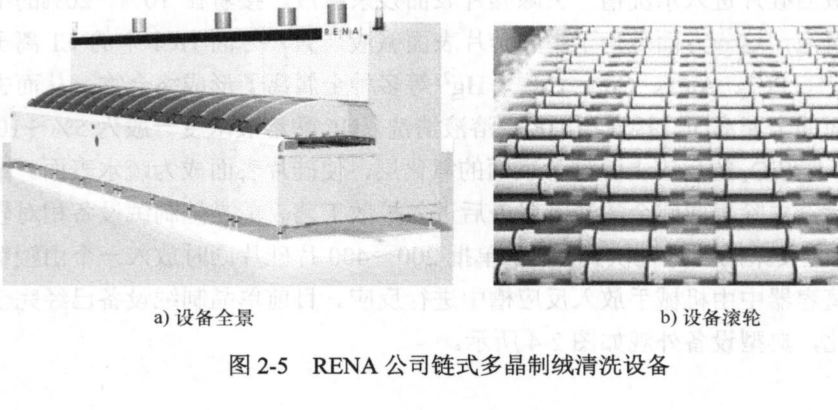


a) 设备全景　　b) 设备滚轮

图 2-5　RENA 公司链式多晶制绒清洗设备

## 2.3　碱腐蚀制绒

### 2.3.1　反应原理

单晶硅织构化是利用硅的各向异性腐蚀特性。所谓各向异性腐蚀是指硅的不同晶面的腐蚀速度不同。硅的各向异性腐蚀剂最常用的为 NaOH 或 KOH，在实验室也有用一些有机腐蚀剂，如 TMAH[7]等。通过控制碱液的浓度实现硅的不同晶面上不同的腐蚀速度，在硅表面形成金字塔状的结构，实现对入射光的减反。

在碱液中的反应方程式为

$$Si+6OH^- \rightarrow SiO_3^{2-}+3H_2O+4e \tag{2-1}$$

$$4H^++4e \rightarrow 2H_2\uparrow \tag{2-2}$$

总的反应方程式为

$$Si+2OH^-+H_2O=SiO_3^{2-}+2H_2\uparrow \tag{2-3}$$

对表面为（100）晶向的硅片，由于不同晶向的反应速度不同，利用硅在碱中的各向异性腐蚀得到图 2-6 所示的结构，反应最终停止在反应速度最慢的（111）面上，四个相交的（111）面构成金字塔的四个侧面，因而单晶硅的绒面常被称为金字塔结构。在生产中出现的为随机金字塔，在实验室中采用光刻方法可以实现倒金字塔结构。

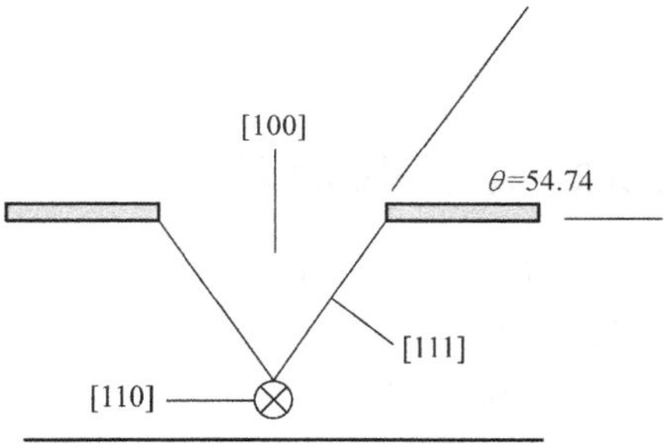

图 2-6　（100）晶向的单晶硅各向异性腐蚀后所得结构

硅的腐蚀特性及腐蚀的各向异性已经被大量研究。Palik 等人对反应过程采用原位拉曼光谱进行了分析[12]，确定溶液中的主要反应物质为 $OH^-$，反应中添加的异丙醇不参加化学反应，认为反应最终产物为 $SiO_2(OH)_2^{2-}$，并认为 $OH^-$提供的电子到达硅表面与硅键发生反应，然后进入到腐蚀产物中[13]。Raley[14]和 Seidel[15]等人对电子传输机理进行了更深入研究。Seidel 等人综合能带论和电化学理论提出了一个目前较完善的腐蚀模型，该模型认为腐蚀液的费米能级高于单晶硅的费米能级，在相互接触后，电子从溶液中转移到单晶硅的表面，最终两个费米能级处于同一位置，这时半导体的能带向下弯曲，溶液的向上弯曲，此时电子从半导体导带注入到溶液中，使硅发生氧化，如图 2-7 所示。

早期对硅的各向异性腐蚀的解释模型基本都基于原子空间有序排列导致不同晶面物理性质的差异[16]，基于此的模型包括：不同晶面间的原子的面密度差异、不同晶面的悬挂键密度差异、不同晶面间的原子排列的均匀性差异等。这些差异的存在导致不同晶面腐蚀速度不同。也有研究认为，各向异性腐蚀与晶面的氧化速度或晶面活性能有关[17, 18]。在有异丙醇及其他有机物的溶液环境中，硅的各向异性被认为与两个竞争机理有关：一个是 $OH^-$离子的腐蚀活动，另一个是有机分子的阻挡作用。这两个因素的效果依赖于腐蚀面（etched face）的种类，同样与晶面物理性质的差异有关[19-21]。尽管腐蚀溶液是固定的，不同晶向之间反应速度的各向异性会随着碱浓度和反应温度的变化而变化[22]，在一定浓度下，硅腐蚀在碱溶液中的各向异性消失，导致对硅的各向均匀腐蚀，形成类似抛光表面。

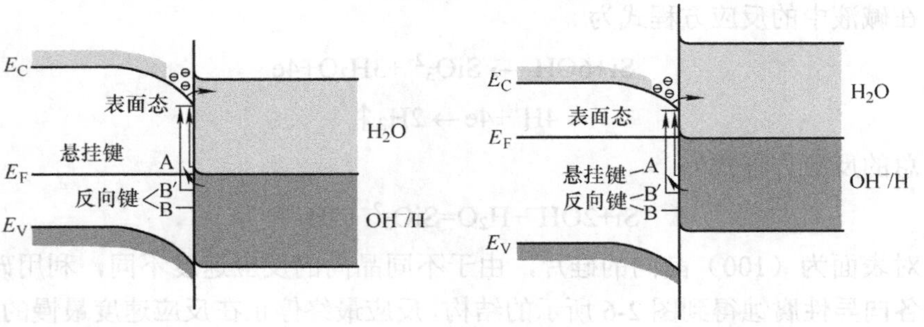


图 2-7　适中掺杂的硅与反应溶液界面能带图

## 2.3.2　金字塔的成核与生长

在硅与碱性溶液的反应过程中，可以从以下五个步骤来描述表面反应过程[13]（见图 2-8）：

1）反应物质扩散到硅表面；

2）硅表面吸附反应和不反应物质/离子；

3）表面发生反应（硅氧化）；

4）反应产物脱附；

5）反应产物从硅表面扩散到溶液中。

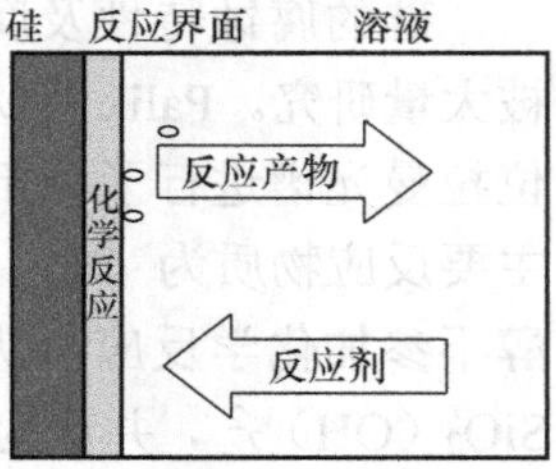


图 2-8　硅反应过程示意图

当反应产物从硅表面的脱附和表面反应速度平衡时，可能获得光滑、无金字塔的表面。如果脱附比硅表面反应速度慢，则没有溶解的反应物仍留在表面上，阻碍 $OH^-$离子到达表面。这种情况下，形成金字塔的成核点，随着反应进行，金字塔长大，表面形成金字塔结构。因此在脱附速度小于反应速度的情况下反应物的脱附情况决定了金字塔的成核情况，反应物的脱附状况越差，越容易在硅表面形成成核点。另外，硅表面反应的速度决定了金字塔的生长情况。在反应进行中，硅表面同时吸附了反应和不反应的物质/离子。吸附的反应离子（$OH^-$）在有核的情况下吸附越多反应越快，越促进了金字塔的生长。吸附的不反应物质/离子，相反阻碍了 $OH^-$离子与硅的反应，同时也阻碍了反应产物的脱附。这种对不反应物质/离子的吸附同时造成了反应产物的脱附速度的下降以及反应速度的下降，促进了金字塔成核。因而正是这种对反应离子和不反应离子/物质的吸附影响着腐蚀过程的成核与生长，造成腐蚀速率的变化，是影响金字塔结构的关键因素。硅片表面吸附的反应离子为 $OH^-$离子，吸附的不反应物质/离子可能就是溶液中添加的活性剂，如 IPA 分子等。

“好”的金字塔结构应该是大小近似一致的金字塔均匀分布在整个硅片表面，没有空隙。小、密且均匀的金字塔结构对后续的扩散及烧结金属接触都更有利[23]，这也是产业发展的方向。

### 2.3.3　添加剂

为提高绒面质量，需要在溶液中添加一些不直接参加化学反应但是却对反应结果有影响的物质，这些物质被称为添加剂，如最典型的 IPA。

如上文所述拉曼光谱的研究表明在 KOH/IPA 溶液中 IPA 并不参与化学反应过程。Seidel 等人[24]的研究表明硅的三个主要晶面（100)、（110）和（111）在 KOH 和 KOH/IPA 溶液中的腐蚀速度是不同的，在 KOH 中是 $V_{110} > V_{100} > V_{111}$，在 KOH/IPA 中是 $V_{100} > V_{110} > V_{111}$。异丙醇的加入可以有效降低溶液的表面张力，并能帮助反应形成的气泡快速离开硅片表面，因而有助于形成均匀分布的大小一致的金字塔结构。对异丙醇分子结构而言，羟基在水溶液中可以形成氢键而具备亲水性，而碳氢链为疏水性。以氢原子终结的硅表面为疏水性，因此异丙醇分子的烃基（$-CH^{2-}$）吸附在硅片上，另一端的羟基（$OH^-$）朝向水中。硅片表面所吸附的烃基阻碍了反应离子 $OH^-$到达硅片表面，由于 $OH^-$离子是碱腐蚀液的反应核心物质，对硅表面的腐蚀是通过 $OH^-$离子取代硅表面硅氢键（Si-H）中的末端氢原子而实现的，因此 $OH^-$在硅片表面覆盖的浓度将对反应速度起到直接的影响。总结 IPA 的作用有三个：① 降低溶液表面张力，提高反应均匀性；② 调节 KOH 腐蚀速度，IPA 的加入将显著降低反应速度；③ 增强腐蚀的各向异性。

异丙醇在硅的各向异性腐蚀中所起的作用是微妙的，在硅表面吸附的 IPA 分子不仅阻碍硅原子与腐蚀剂 $OH^-$离子的反应，还阻挡反应产物从硅片表面离开，在降低反应速度的同时影响到金字塔的成核与生长。研究表明，在一定浓度的碱性溶液中，异丙醇对不同晶面的吸附作用是不同的，这种吸附与晶面的自由键密度及原子分布有关。随着碱性溶液浓度的增加，这种选择性吸附变弱，这意味着有机成分对高指数晶面的阻挡作用随着碱浓度的增加变弱[25, 26]。在 TMAH 溶液中也观察到了相同的现象，并认为电离的 $TMA^+$起到了与 IPA 相同的作用[26]，表现出随着 TMAH 浓度增高，对高指数晶面阻挡作用的下降。同样的，Hesketh 等

[27]人分析了金属离子对高指数晶面的吸附的敏感性。Irena Zubel[25]等人认为轻的金属阳离子（$Li^+$、$Na^+$、$K^+$）对反应的阻挡作用比较弱或者根本不存在，但是较重的金属阳离子（$Rb^+$，$Cs^+$）就像异丙醇分子或 $TMA^+$一样，通过吸附起到对反应的反应产物扩散的阻挡作用。

另一种常用的添加剂为硅酸钠，硅酸钠的加入可以明显地提升金字塔成核密度，有助于形成小而密的金字塔结构。反应溶液中较重的分子团或离子被认为都起到了类似 IPA 的作用，因此推测，硅酸钠水溶液中电离后产生的 $SiO_3^{2-}$也起到了类似的作用。但是硅酸钠比较黏稠，当浓度比较大时较易在硅片表面分布不均，造成局部反应很慢，形成白斑。硅酸钠正是硅在碱中腐蚀的产物，随着反应次数的增加，造成硅酸钠过量后必须换液。因此，在目前产业中的碱腐蚀制绒工艺中，如何降低硅酸钠在溶液中的浓度来提高腐蚀液的使用寿命，降低换液次数提高生产效率及工艺稳定性，是一个主要研究内容。

无论是在光伏产业还是在实验室中，都广泛使用其他种类的添加剂，但是这些添加剂的配方通常不公开，因此也未见一些机理的研究结果。但是其所用的反应及控制机理不出本节所讨论的范围。

### 2.3.4　碱性制绒工艺条件分析

硅的各向异性腐蚀只有在一定条件下才能发生，当所用碱腐蚀液的碱浓度高到一定程度后，各向异性腐蚀消失，取而代之的是各向同性腐蚀。优化金字塔结构的形成与工艺条件密切相关，腐蚀液浓度、反应温度、反应时间及所添加异丙醇的浓度都会影响到所形成的金字塔结构。图 2-9～图 2-11[28]给出了 NaOH 浓度、反应温度和异丙醇浓度对金字塔结构的影响。反应时间越长、碱性浓度越高、反应温度越高，所生成金字塔越大。没有异丙醇和异丙醇过量时，较易在金字塔之间形成平坦区域。

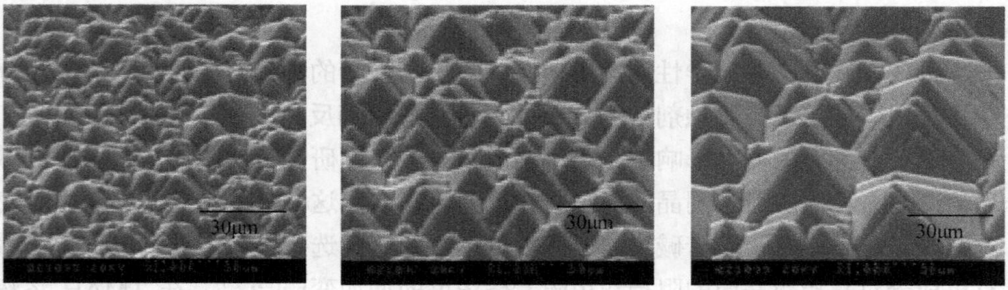


a) 0.5%　　b) 1.5%　　c) 5.5%

图 2-9　NaOH 溶液浓度对绒面特性的影响

a) 80°C　　b) 85°C　　c) 90°C

图 2-10　反应温度对绒面特性的影响

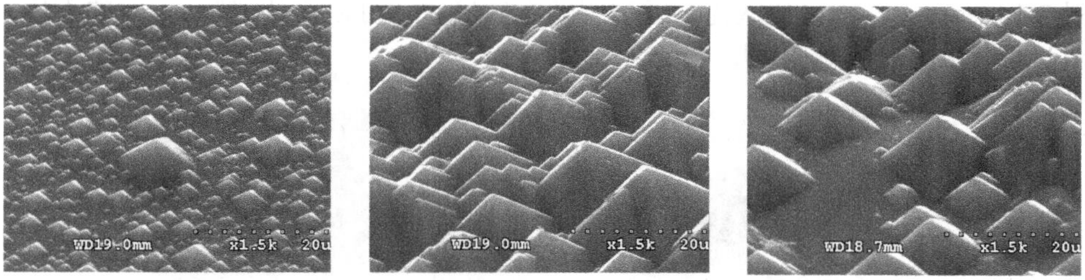


a) 0%　　b) 5%　　c) 10%

图 2-11　异丙醇浓度对绒面特性的影响

工艺条件对腐蚀速率的影响已被深入研究[29-34]，如图 2-12 和图 2-13 所示。温度越高腐蚀速度越快，腐蚀液浓度越高腐蚀速度越快，IPA 浓度越高腐蚀速率越慢。金字塔的成核密度决定金字塔是否在硅片表面长满，成核密度与腐蚀速率没有直接关系，在很慢的腐蚀速率（IPA 过量）和很快的腐蚀速率（没有 IPA）情况下，都可能出现金字塔不满的现象，但随着反应时间的加长，这种情况可得到改善。

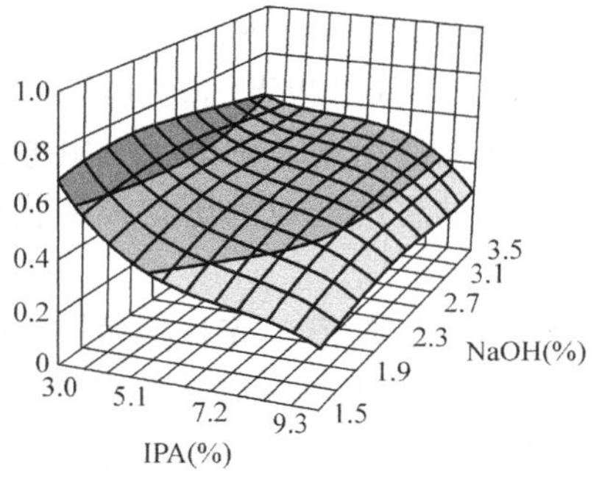


图 2-12　一定温度下 NaOH 溶液浓度和 IPA 含量对反应速率的影响[29]

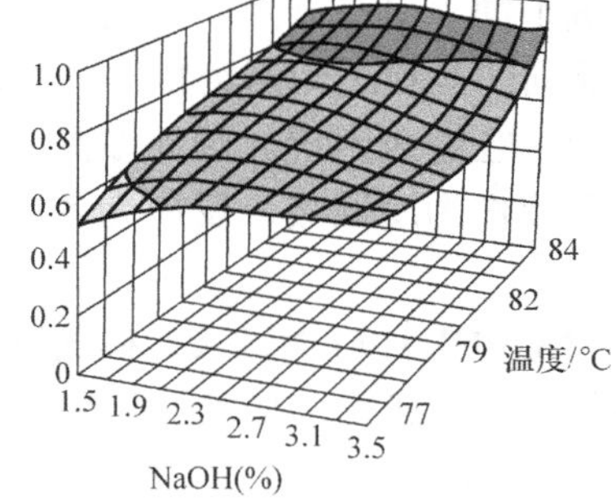


图 2-13　不同 IPA 浓度下温度和 NaOH 溶液浓度对反应速度的影响[29]

### 2.3.5 绒面结构对反射率及电池性能的影响

硅片经腐蚀后形成的绒面结构将对减反射效果有影响，绒面结构特性包括金字塔尺寸及金字塔均匀性。很多研究表明，金字塔尺寸对电池减反射特性影响很小[35, 36]，而且经过沉积减反射膜及组件封装后，这种差别将变得更微不足道。由于绒面是电池制备的第一步，因此绒面结构特性还将影响到后续的扩散、$SiN_x$膜沉积及电极接触特性。尺寸不均匀的金字塔将导致不均匀的 pn 结、不均匀的$SiN_x$膜（尤其在直接沉积法中）及较差的电极接触。由于金字塔存在塔尖与谷底，在扩散过程中不可避免地将造成 pn 结深度不一，在塔尖处较厚在谷底处较薄，如图 2-14 所示。一些研究认为，通过降低金字塔尺寸可以有效缓解 pn 结的不均匀性并降低电池接触电阻[37]。

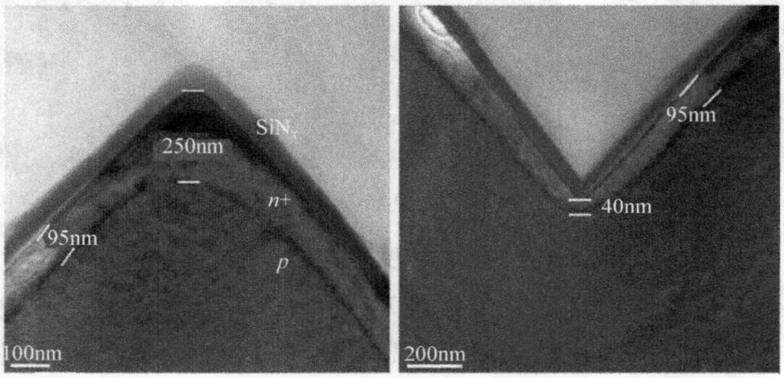


图 2-14 在金字塔上扩散后所形成 pn 结的均匀性[37]

## 2.4 多晶硅片的表面织构化

多晶硅与单晶硅的差别在于多晶硅中包含多种晶向的晶粒，因此多晶硅片的制绒不同于单晶硅片，如仍采用单晶硅所使用的碱性制绒液进行腐蚀则会使不同晶向的晶粒之间腐蚀特性产生差异，从而造成不同晶粒表面之间的高度差，对后续工艺造成困扰。因此多晶硅片在目前产业上使用的是硝酸、氢氟酸及水的混合液作为腐蚀液，反应为各向同性腐蚀，通过腐蚀形成沟槽状或碗状腐蚀表面。

$HNO_3/HF/H_2O$ 腐蚀液对硅的腐蚀特性已经广泛研究，在一定比例范围内都可以制备出所需绒面。在产业中使用的溶液通常是富硝酸的，反应速度较慢较易控制。但是，对酸腐蚀工艺的优化不仅体现在所形成绒面的反射率上，还体现在绒面的均匀性及反应液的使用寿命上。为降低生产成本提升生产效率并提高工艺稳定性，需要在每次制绒工艺中尽量减少对硅的腐蚀，以增长反应溶液的使用寿命。

可以优化的腐蚀工艺参数有溶液配比、反应温度、反应时间和添加剂等。

### 2.4.1　反应原理

多晶硅的表面织构化利用硅的各向同性腐蚀，即各个晶面的腐蚀速率都相同。Robbins 等[38-40]最早对硅在 $HNO_3/HF/H_2O$ 系统中的腐蚀特性进行了研究，提出了硅在这种腐蚀液中的腐蚀由两步组成，分别是硅的氧化过程和氧化物的溶解过程。硅的氧化过程可以由外加电流或者使用氧化剂（如 $K_2Cr_2O_7$[41]、$CrO_3$[42-44]、$H_2O_2$ 或 $HNO_3$ 等）实现，反应生成的氧化物覆盖在硅表面，阻止了硅进一步氧化；硅氧化物的溶解过程是由 HF 和氧化物反应生成可溶的 $H_2SiF_6$，促进硅的进一步腐蚀。反应式如下：

$$3Si + 4HNO_3 + 18HF \rightarrow 3H_2SiF_6 + 4NO + 8H_2O \tag{2-4}$$

反应的最终产物为 $H_2SiF_6$、NO 及水。

Turner[45]等人从电化学的角度讨论了硅的腐蚀过程，认为硅的腐蚀可分解为分别在阳极和阴极发生的电化学反应，硅在阳极被氧化，硝酸在阴极被还原。化学反应的阳极和阴极是由硅表面空间相对分离的电子空穴交换形成的。

阳极的氧化反应如下：

$$Si + 2H_2O + mh^+ \rightarrow SiO_2 + 4h^+ + (4-m)e^- \tag{2-5}$$

$$SiO_2 + 6HF \rightarrow H_2SiF_6 + 2H_2O \tag{2-6}$$

在上述方程式中，$h^+$代表空穴，$m$ 为溶解 1 个硅原子所需消耗的平均空穴数。

阴极的还原反应为

$$HNO_3 + 3H^+ \rightarrow NO + 2H_2O + 3h^+ \tag{2-7}$$

总反应为

$$Si + 2HNO_3 + 18HF \rightarrow 3H_2SiF_6 + 4NO + 8H_2O + 3(4-m)h^+ + 3(4-m)e^- \tag{2-8}$$

Robbins 和 Turnner 等人所提出的硅腐蚀机理已被广泛接受，但是仍有很多未能解释之处：① $H_2SiF_6$ 的存在已经被证实[46]，但是反应过程的中间产物 $SiO_2$ 却仍未有直接证据证明其存在，采用 XPS 等手段对硅的反应物进行在线分析也未发现 $SiO_2$ 的存在[47]，在反应后所有硅表面都是以硅氢键终止的，即使在富 $HNO_3$ 溶液中[48]也是如此。② 在一些实验中发现了 NO 以外的氮氧化物排出[48]，与 Robbins 和 Turnner 所提出的反应机理相矛盾。③ $HNO_3$ 在反应过程中提供空穴氧化硅表面而自身被还原，但是 $HNO_3$ 的还原步骤及还原产物仍不明确。

目前普遍认为 $HNO_3$-HF 体系中的反应活性物质为 $HNO_2$。Robbins[49]等人提出反应首先经历诱导期，在诱导期内 $HNO_2$ 含量较低，反应速度较慢。一旦反应被激活，$HNO_2$ 通过自催化不断形成，使腐蚀速率增加直至稳态值。有较多缺陷的表面诱导期短，缺陷少或无缺陷的表面由于缺乏起始的催化剂导致诱导期长。

通过加入 $NaNO_2$ 可以缩短反应诱导期[38, 39]，促进 $HNO_2$ 的形成。

Abel 和 Schmid 等人[49]基于氮氧化物和亚硝酸的多种平衡关系提出一种 $HNO_2$ 的形成机理，被后来的学者认可。反应过程如下：

$$2HNO_2 + R \rightarrow RO + 2NO + H_2O \quad \text{（R 代表还原剂）} \tag{2-9}$$

$$HNO_2 + H^+ + NO_3^- \rightleftarrows N_2O_4 + H_2O \quad \text{（反应速率慢，为速率控制步骤）} \tag{2-10}$$

$$N_2O_4 + 2NO + 2H_2O \rightleftarrows 4HNO_2 \quad \text{（反应速率快）} \tag{2-11}$$

总反应为

$$HNO_3 + R = RO + HNO_2 \tag{2-12}$$

这种解释认为 $HNO_2$ 的生成是反应的速率控制步骤，反应中一部分 $HNO_2$ 反应生成 $N_2O_4$，另一部分和还原剂反应生成 NO，NO 和 $N_2O_4$ 反应又会生成 $HNO_2$，此时有一部分 NO 会扩散到溶液中。这个体系中亚硝酸的产生是一个自催化的过程。溶液中一旦有了 $HNO_2$，便会与 $HNO_3$ 发生反应生成 NO 中间体，紧接着又会发生 $HNO_2$ 的生成反应。也就是 $HNO_2$ 通过自身催化反应生成了更多的 $HNO_2$。所以溶液中的 $HNO_2$ 含量越高，$HNO_2$ 生成速率越快，就有更多的氧化反应发生。

无论怎样，$HNO_2$ 的出现对反应至关重要，随反应批次的增加，溶液中的亚硝酸逐渐增多，而硝酸逐渐减少（见图 2-15），当达到一定平衡后，反应趋于稳定，对硅片表面缺陷及晶界处的攻击不再剧烈，有助于形成均匀的绒面结构。

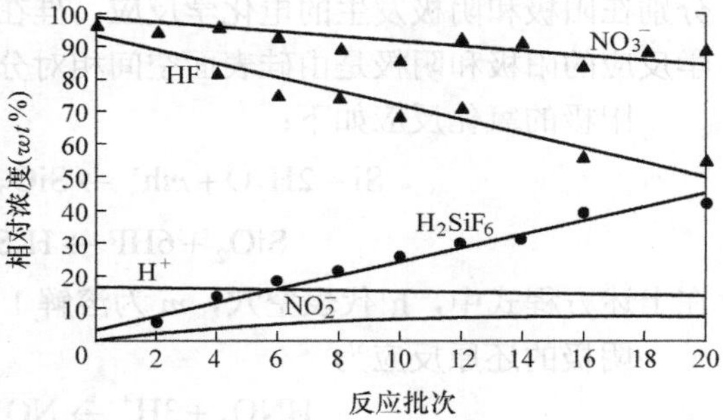


图 2-15　随反应批次增加物质浓度的变化

在富硝酸溶液中，易于形成氧化硅，反应主要受到 HF 到硅表面扩散的速度限制。在富 HF 溶液中，氧化反应是限制反应速率的主要因素。人们假设工艺从诱导期开始，在诱导期内 $HNO_3$ 直接腐蚀硅，给出需要的 $HNO_2$。晶格的不完美及缺陷可以诱发这样的反应，因此随着反应的进行不断地产生所需的催化剂。通过自催化反应的不断进行，当硅片表面产生的 $HNO_2$ 浓度超过一定阈值后，反应达到稳定。在靠近硅表面的位置存在界面层，由最大浓度的 $HNO_2$、NO 和 $HNO_3$ 构成，硝酸由溶液体内向此界面层扩散。$HNO_2$ 扩散到体溶液中，当 $HNO_3$ 浓度较低时通过式（2-13）及式（2-14）中的反向反应分解成 NO 和 $HNO_3$，或者在高浓度时根据正向反应给出 $N_2O_4$，最终以 $NO_2$ 的形式排放到空气中。最终的反应产物不仅受到表面反应的影响，也受到在边界处的二次反应的影响[38]。

$$HNO_2 + H^+ + NO_3^- \rightleftarrows N_2O_4 + H_2O \tag{2-13}$$

$$N_2O_4 + 2NO + 2H_2O \rightleftarrows 4HNO_2 \tag{2-14}$$

## 2.4.2　工艺条件的影响

### 2.4.2.1　溶液配比

从 Si 和 HF/$HNO_3$ 体系的反应机理可以看出，在这个反应中 HF、$HNO_3$、稀释剂的比例直接影响反应机理，同时也会影响制绒的效果，许多学者对这方面进行了研究。

硅的腐蚀速率与 $HNO_3$ 及 HF 的配比有关，如图 2-16 所示，存在一个反应速率最大值。在最大值两侧，反应速率受限因素不同。

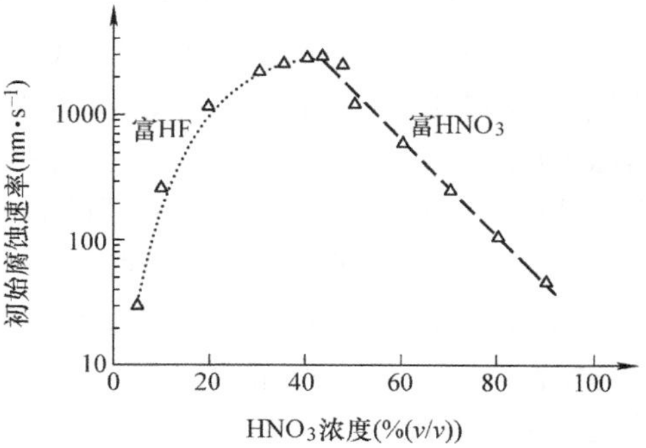


图 2-16　腐蚀速率随硝酸/氢氟酸比例关系的变化[50]

Robbins 等人[39]对 $H_2O$ 及醋酸稀释下的 HF-$HNO_3$ 体系对 Si 的腐蚀做了详细的研究。图 2-17 所示为腐蚀速率和溶液配比的关系。从图中可以看出，针对不同 HF-$HNO_3$ 配比，反应分为几个区域。在富 HF 区域，氢氟酸含量比较高，腐蚀速率等高线与硝酸浓度常量线（落于此线上各点的溶液其硝酸浓度为定值）平行，此时硝酸是影响动力学的主要试剂，不同的硝酸浓度会使等高线发生很大的变化，硝酸浓度直接影响腐蚀速率。这时可认为硅表面一旦被硝酸氧化，$SiO_2$ 完全被氢氟酸溶解，腐蚀速率决定于 $HNO_3$ 氧化硅片的速度，即使氢氟酸浓度有少量变化，仍有足够的量去溶解硅表面的氧化膜，故 HF 浓度对腐蚀速率的影响不大。在富 $HNO_3$ 区域，硝酸过量，腐蚀速率等高线和氢氟酸浓度常量线平行，这说明在这个区域 HF 在动力

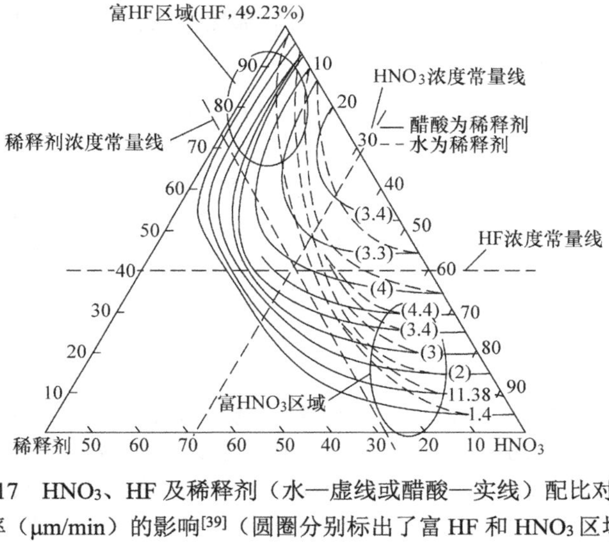


图 2-17　$HNO_3$、HF 及稀释剂（水—虚线或醋酸—实线）配比对反应速率（μm/min）的影响[39]（圆圈分别标出了富 HF 和 $HNO_3$ 区域）

学上起着重要作用。氢氟酸少量的变化能明显改变硅片的腐蚀速率。反应过程中硅片表面始终覆盖着氧化膜，即使硝酸浓度有少量变化，仍有足量的硝酸氧化硅表面，硝酸含量的减小只能使氧化膜变薄。硅片腐蚀速率取决于 HF 与氧化膜的接触速率，即氢氟酸从溶液中扩散到硅片表面的速率。

最常用的稀释剂是 $H_2O$ 和 $CH_3COOH$，也有其他酸类，如 $H_3PO_4$、$H_2SO_4$ 等。从图中也可以看出 $H_2O$ 和 $CH_3COOH$ 都有使反应速率降低的作用，其中 $CH_3COOH$ 的作用更明显。它们在溶液中所起的作用就是降低反应活性物质的浓度，从而降低反应活性物质扩散到样品表面的速率，两者在降低反应速率效果上的差别可能来自其不同的介电常数。

$CH_3COOH$ 在作为添加剂时起到了双重作用[51]，一是作为腐蚀缓冲剂，并不参与实际反应，其介电常数比水小，在介电常数低的溶剂中，离子的静电引力 $f$ 较大，易形成离子对，难离解成离子，因此溶液中的醋酸可抑制硝酸的电离而对腐蚀有较高的阻碍能力；二是醋酸极性小于水，能够减小多晶硅片的表面张力提高浸润性，有利于附着在表面的气泡脱离，促进了反应的持续进行，使腐蚀坑变得更加致密。

图 2-18 定性地给出了不同配比下形成腐蚀面的反射特性及对应的腐蚀速率[52]。较平缓的反应速度是产业中需要的，图 2-18a 中的 a 区易于形成不规则凹陷绒面，反应速度过快更易形成坑洞形貌，腐蚀更易攻击缺陷或晶界处，造成黑线或深洞，一方面造成复合加重，另一方面易造成漏电通道。但是此时的反射率最低（$R$=20%）。当增大 $HNO_3$ 比例而降低 HF 比例时，溶液处于富硝酸区域，位于图形的 b 区，表面变得平坦，反射率增加（$R$=30%），而且此时腐蚀不易攻击界面处。当 $HNO_3$ 比例极低，而 HF 比例非常高时，表面也很平坦，反射率也很高（$R$=30%），但此时腐蚀会攻击界面，形成局部黑线或孔洞。图 2-18b 给出了在不

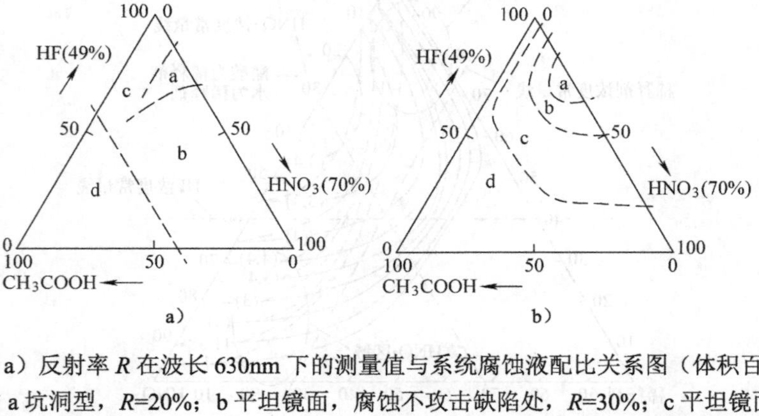


图 2-18 a）反射率 $R$ 在波长 630nm 下的测量值与系统腐蚀液配比关系图（体积百分比），图中 a 坑洞型，$R$=20%；b 平坦镜面，腐蚀不攻击缺陷处，$R$=30%；c 平坦镜面，腐蚀反应会攻击缺陷处，$R$=30%；d 未测定；b）腐蚀速率与硝酸氢氟酸系统腐蚀液组成体积关系图 a>1000μm/min，b>500μm/min，c>50μm /min，d 为 0～50μm/min

同配比下的腐蚀速率分区图。从中可以看出，在富 HF 区，影响腐蚀速率的主要是 $HNO_3$ 浓度；在富 $HNO_3$ 区域 HF 浓度对腐蚀速率影响最大；在 $HNO_3$ 和 HF 配比的中间区域，稀释剂对反应速率的影响最大。

#### 2.4.2.2　温度

温度对氧化反应的影响比较大，对扩散及溶解反应的影响比较小。温度升高，反应速度常数会增大，如果不加以控制，反应温度会在很短的时间升高很快，使反应处于失控状态[53]。温度对反应的影响可以从活化能的角度来考量，反应速率常数 $k$ 和活化能 $E_a$ 符合阿伦尼乌斯关系，即

$$\mathrm{d}\ln k / \mathrm{d}T = E_a / RT^2 \tag{2-15}$$

式中，$R$ 为摩尔气体常量；$T$ 为热力学温度。活化能越高则反应速率对温度越敏感。

硅在 $HNO_3$/HF 溶液中的活化能与溶液配比有关，因为溶液配比不同导致反应机理不同[54]。在高浓度的富 $HNO_3$ 溶液中，反应活化能在 5～50℃的温度变化范围内恒定，数值较低，约为 4kcal㊀ /mol。在此过程中 HF 到硅表面的扩散过程是整个反应的速率控制步骤，是典型的由扩散主导的反应，所以对温度的依赖性较弱。随着高浓度的富 $HNO_3$ 溶液逐渐被稀释到一个临界点后反应活化能升高，并出现两个活化能。一个对应溶液温度较低时，此时硅片表面的氧化是主导反应；另一个对应较高温度时，此时 HF 到硅片表面的扩散是整个反应的速率控制步骤。在富 HF 溶液中，活化能更高，达到 10kcal/mol 以上，反应受温度的影响强烈，反应非常复杂，硝酸在界面层而不是在硅表面的反应速率受限于 $HNO_3$ 或 $HNO_2$ 与硅片表面的反应。

#### 2.4.2.3　反应时间

硅片在溶液中的反应时间同样对其制绒的表面形貌有影响。图 2-19 所示为 Cheng 等人[55]在 HF-$HNO_3$ 溶液（其中 HF：$HNO_3$：$H_2O$ = 15：2.5：1）中得到的表

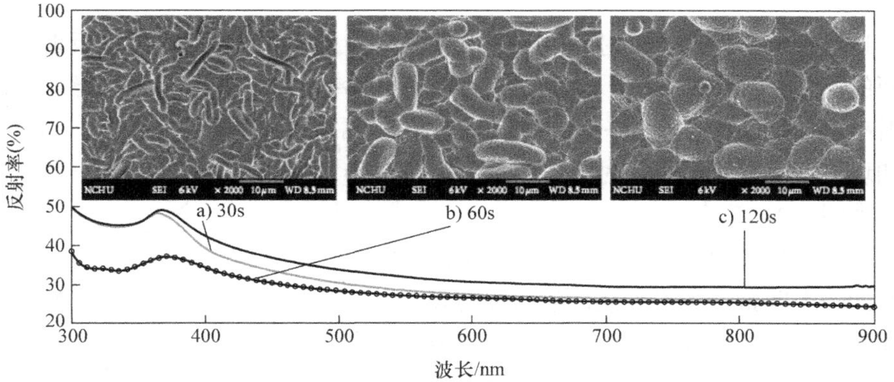


图 2-19　绒面结构及反射率随反应时间的变化

㊀ 1 kcal=4186.8J，后同。

面织构形貌和反射率随着反应时间的变化。从图中可以看出，当反应时间在 30s 时，形成长条形腐蚀坑，宽度为 5～8μm，深度约为 2.5μm；当反应时间在 60s 时，长条形腐蚀坑逐渐转变为椭圆形，同时反射率下降；当反应时间继续延长至 120s 时，腐蚀坑逐渐变得平坦，失去减反作用。文中还提到如果腐蚀时间过长，会导致位错和晶界结构的出现。其他研究人员在富 HF 的溶液中也发现了类似的现象[56]。

### 2.4.3　绒面结构对反射率及电池性能的影响

由于硅片的表面形貌对反射率有着重要影响，不少学者对不同表面形貌下的反射率进行了一些模拟计算[56, 57]，得出的结论非常一致。模拟中将多晶硅绒面假定为凹球面，用光线追迹法采用一定波长的光对不同球形形貌的反射率进行了计算，所用模型如图 2-20 所示。

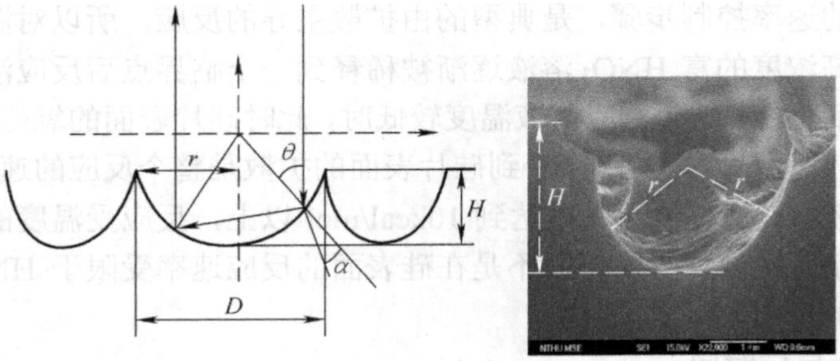


图 2-20　用于多晶硅绒面计算的模型示意图（其中 *H* 为绒面深度，*r* 为绒面凹坑的曲率半径，*D* 为绒面凹坑的宽度）

通过计算后发现，反射率与 *H*/*r* 值有关。当 *H*/*r* 值较小时，绒面反射率和抛光面的类似；当 *H*/*r* 值小于 0.29 或 0.28 时，反射率维持不变；当 *H*/*r* 继续增大后，反射率迅速降低，直至 *H*/*r* 为 1 时，也就是凹坑深度刚好为球半径时反射率最低。具体如图 2-21 所示。

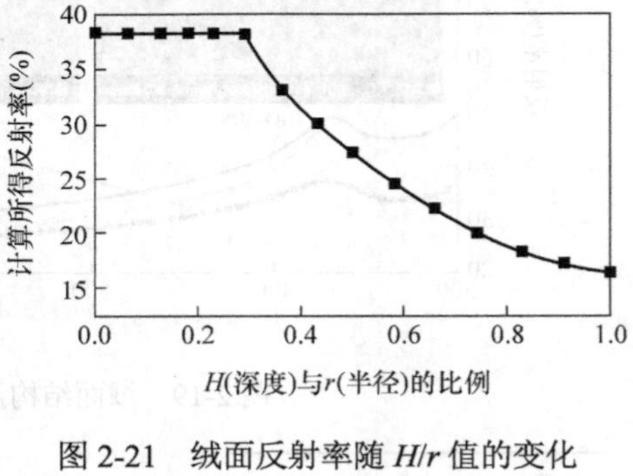


图 2-21　绒面反射率随 *H*/*r* 值的变化

在实际生产中，反射率仅是表征绒面好坏的一个因素。由于多晶硅的腐蚀与表面损伤有关，非常容易在一些缺陷处造成过腐蚀，即形成深坑或黑线，这些过腐蚀的位置将可能成为太阳电池的并联通道，造成太阳电池效率下降。

## 2.5　等离子体刻蚀

等离子体刻蚀也可用于制备绒面，但目前在规模化生产上还几乎没有使用，相比化学腐蚀法，等离子体刻蚀工艺的生产速率较慢且成本较高。等离子体刻蚀的机理是用高能等离子体轰击硅表面造成表面的粗糙不平。工艺气体主要有 $SF_6$+$O_2/N_2O$、$CF_4$ 或 $Cl_2$，优点是工艺重复性好。

$SF_6$，$CF_4$，$Cl_2$ 等离子体与硅的化学反应式如下：

$$2SF_6 + e^- \rightarrow 2SF_4 + 4F\bullet + e^-$$

$$Si + 4F\bullet \rightarrow SiF_4(\text{气})$$

总的反应式为

$$2SF_6 + Si \rightarrow SiF_4(\text{气}) + 2SF_4$$

$$CF_4 + e^- \rightarrow CF_3\bullet + F\bullet + e^-$$

$$Si + 4F\bullet \rightarrow SiF_4(\text{气})$$

$$Si + 2O\bullet \rightarrow SiO_2$$

总的反应式为

$$2CF_4 + Si \rightarrow SiF_4(\text{气}) + (CF_2)_2(\text{聚合物})$$

$$Cl_2 + e^- \rightarrow 2Cl\bullet + e^-$$

$$Si + 2Cl\bullet \rightarrow SiCl_2$$

$$SiCl_2 + 2Cl\bullet \rightarrow SiCl_4(\text{气})$$

总的反应式为

$$2Cl_2 + Si \rightarrow SiCl_4(\text{气})$$

氟或氯的作用是经等离子体解离后形成自由基，再与硅表面反应产生挥发性的产物，并由真空泵抽出反应腔体。

不使用掩模的等离子体织构化技术的本质是原生局部性氧化层和反应过程再生氧化层（$Si + 2\,O\bullet \rightarrow SiO_2$）的遮挡差异而导致不均匀刻蚀。硅表面的原生氧化层具有屏蔽特性，反应初时只有部分位置的氧化层被刻蚀掉。另外，使用 $CF_x$ 和 $SF_x$ 等离子体刻蚀硅材料，其本质是因为氧和氟的自由基在硅表面反应生成副产物 $Si_xO_yF_z$ 飞溅出时因遮挡效应会吸附于硅基材表面，尤其是如果先以碱腐蚀做出金字塔再进行等离子体刻蚀使金字塔斜面高处靠近尖顶附近最易吸附。这种效应如图 2-22 所示，由 $Si_xO_yF_z$ 形成的遮挡效应会加强局部刻蚀。因此，非抛光表面的硅在等离子体工艺下更易形成绒面结构。即使没有刻意使用带掩模的刻蚀工艺（因为 $Si_xO_yF_z$ 可以保护硅被继续刻蚀，所以金字塔底部会持续刻蚀，从而导致更大的深宽比），此种刻蚀表面比原本是金字塔绒面结构的表面有更低的入射光反射率，所以肉眼看等离子刻蚀后的表面更黑。

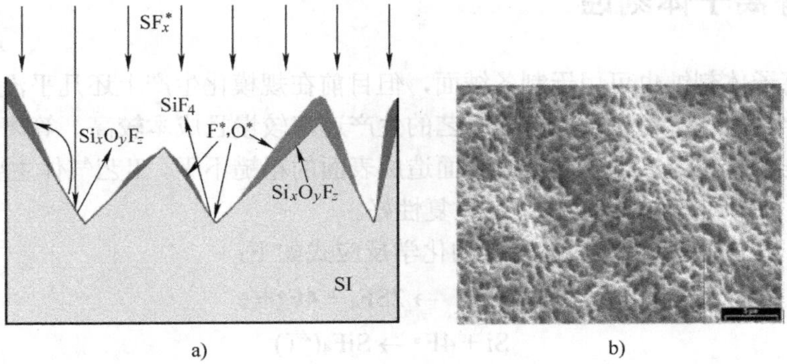


图 2-22 a）使用 $SF_x$ 气体刻蚀的反应机理示意图和 b）等离子体刻蚀后的电子显微镜照片

等离子体处理后还易在硅表面造成损伤，需要在干法刻蚀后进行湿法腐蚀以去除硅表面的晶格缺陷，可以顺便去除反应后残留于表面的生成物。

1. 扩散后处理工艺

由于硅片在含掺杂剂的氧化气氛中高温扩散形成 pn 结，因此一方面会在硅片表面形成一层磷硅玻璃（即掺杂磷原子的二氧化硅层），另一方面会在硅片侧面也扩散上 n 型层。磷硅玻璃性质较差且易吸潮，不利于硅片表面的钝化及减反，需要去除干净以沉积 $SiN_x$ 薄膜。硅片侧面扩散上的 n 型层造成电池短路通道，也需去除干净。因此在扩散后氮化硅沉积前需要进行磷硅玻璃去除和边缘 n 型层去除两道工序，通常称为二次清洗工序和去边工序。

二次清洗采用 HF 与 $SiO_2$ 反应的原理去除表面磷硅玻璃，然后用高纯水清洗干净。有批次式和链式两种，采用批次式还是链式取决于后续去边工艺，如采用湿法去边则多为链式工艺，在一台设备上同时完成二次清洗和去边；如采用干法去边则多为批次式，先进行干法刻蚀去边然后进行二次清洗。

2. 干法去边+批次式二次清洗工艺

干法去边：有等离子去边和激光去边两种，产业中广泛应用的为等离子体去边。其原理为采用高频辉光放电反应，使反应气体激活成活性粒子，如原子或游离基，这些活性粒子扩散到需刻蚀的部位，与硅片发生反应。典型工艺为 200Pa 工作气压，400s 放电时间，500W 放电功率，通入的氧与 $CF_4$ 流量分别为 10mL 和 200mL。具体工艺与设备及扩散工艺、硅片性质有关。该方法技术成熟、产量大，但存在易过刻、钻刻及不均匀的现象，不仅会影响电池的转换效率，而且导致电池片蹦边、色差与缺角等不良率上升。

批次式二次清洗：去边后将硅片成批次放入 5%～10%HF 溶液中，浸泡若干分钟后待磷硅玻璃被充分去除干净后将硅片置于另一槽中进行高纯水清洗后甩干。

3. 湿法去边及链式二次清洗工艺

湿法去边利用毛细作用将溶液吸附在硅片背表面进行腐蚀，去掉硅片背面及四周的 pn 结，达到硅片正面与背面绝缘的目的。湿法去边与二次清洗在同一设备上完成。典型的湿法去边+二次清洗反应过程为：混合酸液腐蚀去边及背结—高纯水冲洗—KOH 腐蚀—高纯水冲洗—HF 腐蚀去磷硅玻璃—高纯水冲洗—压缩空气风干。去边采用 3∶1～5∶1 的 $HNO_3$/HF 溶液，溶液中需要添加一定量的 $H_2SO_4$ 溶液，通过调整配比调整对硅片的浮力。去磷硅玻璃采用浓度为 5%～10%的 HF 溶液，浓度为 5%的 KOH 溶液。湿法去边工艺的优点是可使电池背面更平整提高背面反射率、背场更均匀降低背表面复合，从而提高电池转换效率。同时湿法去边避免了有毒气体 $CF_4$ 的使用，环境更友好。

## 参 考 文 献


[1] P. Campbell and M. A. Green, "Light trapping properties of pyramidally textured surfaces," J.Appl.Phys., vol. 62, pp. 243-249, 1987.

[2] M. A. Green and A. W. Blakers, "Characterization of high-efficiency silicon solar cells," Journal of Applied Physics, vol. 58, pp. 4402-4408, 1985.

[3] M. A. Green, et al., "Characterization of 23 -Percent Efficient Silicon Solar Cells," IEEE TRANSACTIONS ON ELECTRON DEVICES, 1990.

[4] J.Zhao, et al., "20% Efficient Photovoltaic Module," IEEE ELECTRON DEVICE LETTERS, vol. 14, pp. 539-541, 1993.

[5] H. Nakaya, et al., "Polycrystalline silicon solar cells with V-grooved surface," Solar Energy Materials and Solar Cells, vol. 34, pp. 219-225, 2003

[6] A.W.Blakers and M.A.Green, "20% efficiency silicon solar cells," Appl. Phys. Lett., vol. 48, pp. 215-217, 1986.

[7] D. Iencinella, et al., "An optimized texturing process for silicon solar cell substrates using TMAH," Solar Energy Materials & Solar Cells, vol. 87, pp. 725-732, 2005.

[8] R. Einhaus, et al., "Isotropic texturing of multicrystalline silicon wafers with acidic texturing solutions," presented at the Proceedings of the 26th IEEE PV Special Conference, 1997.

[9] U. Gangopadhyay, et al., "A novel low cost texturization method for large area commercial mono-crystalline silicon solar cells," Solar Energy Materials & Solar Cells, vol. 90, pp. 3557-3567, 2006.

[10] K. Fukui, et al., "Surface texturing using reactive ion etching for multicrystalline silicon solar cells," presented at the Proceedings of the 26th IEEE PV Special Conference, 1997.

[11] M. Moreno, et al., "Plasma texturing for silicon solar cells: From pyramids to inverted pyramids-like structures," solar Energy Materials & Solar Cells, vol. 94, pp. 733-737, 2010.

[12] E. D. Palik, et al., "A Raman Study of Etching Silicon in Aqueous KOH," Journal of the Electrochemical Society, vol. 130, pp. 956-959, 1983.

[13] E.D.Palik, et al., "Study of the Orientation Dependent Etching and Initial Anodization of Si in Aqueous KOH," J. Electrochem. Soc, vol. 130, pp. 1413-1420, 1983.

[14] N. F. Raley, et al., "(100) Silicon Etch-Rate Dependence on Boron Concentration in Ethylenediamine-Pyrocatechol-Water Solutions," J. Electrochem. Soc, vol. 135, pp. 161-171, 1984.

[15] H. Seidel, et al., "Anisotropic Etching of Crystalline Silicon in Alkaline Solutions," J. Electrochem. Soc, vol. 137, pp. 3612-3626, 1990.

[16] H. R. Huffand and R. R. Burgess, Semiconductor Silicon. Princeton,, 1973.

[17] D. L. Kendall, Annual Review of Materials Science vol. 9, 1979.

[18] E. D. Palik, et al., "Ellipsometric Study of Orientation-Dependent Etching of Silicon in Aqueous KOH," J. Electrochem. Soc, vol. 132, pp. 135-141, 1985.

[19] H. G. Linde and L. W. Austin, "Catalytic control of anisotropic silicon etching," Sensors and Actuators A, vol. 49, pp. 181-185, 1995.

[20] H. G. Linde and L. W. Austin, "Heterocyclic catalysts for enhanced silicon oxidation and wet chemical etching," Sensors and Actuators A, vol. 49, pp. 167-172, 1995.

[21] I. Zubel and I. Barycka, "Silicon anisotropic etching in alkaline solutions I. The geometric description of figures developed under etching Si(100) in various solutions," Sensors and Actuators A: Physical, vol. 70, pp. 250-259, 1998.

[22] K. Sato, et al., "Characterization of orientation-dependent etching properties of single-crystal silicon: effects of KOH concentration," Sensors and Actuators A, vol. 64, pp. 87-93, 1998.

[23] J. S. L. Hayoung Park, Soonwoo Kwon, Sewang Yoon, Donghwan Kim, "Effect of surface morphology on screen printed solar cells," Current Applied Physics, vol. 10, pp. 113-1118, 2010.

[24] H. Seidel, et al., "Anisotropic etching of crystalline silicon in alkaline solutions: I. Orientation dependence and behaviour of passivation layers," J. Electrochem. Soc, vol. 137, pp. 3612-3626, 1990.

[25] I. Zubel, et al., "Silicon anisotropic etching in alkaline solutions IV: The effect of organic and inorganic agents on silicon anisotropic etching process," Sensors and Actuators A, vol. 87, 2001.

[26] I. Zubel and Kramkowska, "the effect of isopropyl alcohol on etching rate and roughness of (100) si surface etched in KOH and TMAH solutions," Sensors and Actuators A, vol. 93, 2001.

[27] P.J.Hesketh, et al., "Surface free energy model of silicon anisotropic etching," J.Electrochem.

Soc., vol. 140, pp. 1080-1095, 1995.

[28] 李海玲，等. 单晶硅太阳电池中不同绒面制备方法的比较[C]. 第十届中国太阳能光伏会议，常州, 2008.

[29] K. D. C. E. Vazsonyi, R. Einhaus, "Improved anisotropic etching process for industrial texturing of silicon solar cells," Solar Energy Materials & Solar Cells, vol. 57, pp. 179-188, 1999.

[30] D. Y. Z. Xi, W. Dan, C. Jun, X. Li, D. Que, "Investigation of texturization for monocrystalline silicon solar cells with different kinds of alkaline," Renew. Energy vol. 29, pp. 2101-2107.

[31] J. S. You, et al., "Experiments on anisotropic etching of Si in TMAH," Solar Energy Materials and Solar Cells, vol. 66, pp. 37-44, 2001.

[32] L. L. Jing Chen, Zhijian Li, Zhimin Tan, Qianshao Jiang, Huajun Fang, Yang Xu, Yanxiang and Liu, "Study ofanisotrop ic etching of (1 0 0) Si with ultrasonic agitation," Sensor Actuat A, vol. 96, p. 152, 2002.

[33] P. K. Singh, et al., "Effectiveness of anisotropic etching of silicon in aqueous alkaline solutions," Solar Energy Materials and Solar Cells, vol. 70, pp. 103-113, 2001.

[34] D. L. King and M. E. Buck, "Experimental optimization of an anisotropic etching process for random texturization of silicon solar cells," in Photovoltaic Specialists Conference, Conference Record of the Twenty Second IEEE, 1991, pp. 303-308 vol.1.

[35] S. Kwon, et al., "Effects of textured morphology on the short circuit current of single crystalline silicon solar cells: Evaluation of alkaline wet-texture processes," Current Applied Physics, vol. 9, pp. 1310-1314, 2009.

[36] M. G. Kang, et al., "Changes in efficiency of a solar cell according to various surface-etching shapes of silicon substrate," Journal of Crystal Growth, vol. In Press, Corrected Proof.

[37] J. S. L. Hayoung Park, Soonwoo Kwon, Sewang Yoon, Donghwan Kim, "Effect of surface morphology on screen printed solar cells," Current Applied Physics, vol. 10, pp. 113-118, 2010.

[38] H. Robbins and B. Schwartz, "Chemical Etching of Silicon I. The System HF, $HNO_3$, and $H_2O$," Journal of The Electrochemical Society, vol. 106, pp. 505-508, 1959.

[39] H. Robbins and B. Schwartz, "Chemical Etching of Silicon II. The System HF, $HNO_3$, $H_2O$, and $HC_2H_3O_2$," Journal of The Electrochemical Society, vol. 107, pp. 108-111, 1960.

[40] B. Schwartz and H. Robbins, "Chemical Etching of Silicon III. A Temperature Study in the Acid System," Journal of The Electrochemical Society, vol. 108, pp. 365-372, 1961.

[41] N. Gabouze, et al., "Chemical etching of mono and poly-crystalline silicon in HF/$K_2Cr_2O_7$/$H_2O$ solutions," Acta Physica Slovaca, vol. 53, pp. 207-214, Jun 2003.

[42] J. Vandenmeerakker and J. H. C. Vanvegchel, "Silicon Etching in $CrO_3$-HF Solutions 1. High [HF]/[$CrO_3$] Ratios," Journal of the Electrochemical Society, vol. 136, pp. 1949-1953, Jul 1989.

[43] J. Vandenmeerakker and J. H. C. Vanvegchel, "Silicon Etching in $CrO_3$-HF Solutions 2. Low

[HF]/[$CrO_3$] Ratios," Journal of the Electrochemical Society, vol. 136, pp. 1954-1957, Jul 1989.
[44] 季静佳，施正荣. 一种制备多晶硅绒面的方法. China Patent CN1614789A, 05-11, 2005.
[45] D. R. Turner, "On the Mechanism of Chemically Etching Germanium and Silicon," Journal of The Electrochemical Society, vol. 107, pp. 810-816, 1960.
[46] J. Acker and A. Henßge, "Chemical analysis of acidic silicon etch solutions II. Determination of HNO3, HF, and H2SiF6 by ion chromatography," Talanta, vol. 72, pp. 1540-1545, 2007.
[47] R. Zanoni, et al., "X-ray photoelectron spectroscopy characterization of stain-etched luminescent porous silicon films," J. Lumin, vol. 80, pp. 159-162, 1999.
[48] M.Steinert, et al., "New Aspects on the Reduction of Nitric Acid during Wet Chemical Etching of Silicon in Concentrated HF/HNO3 Mixtures," J. Phys. Chem. C, vol. 112, pp. 14139-14144, 2008.
[49] H. Robbins and B. Schwartz, "Chemical Etching of Silicon II. The System HF, $HNO_3$, $H_2O$, and $HC_2H_3O_2$," Journal of The Electrochemical Society, vol. 107, pp. 108-111, 1960.
[50] M. Steinert, et al., "Study on the Mechanism of Silicon Etching in $HNO^3$-Rich HF/$HNO^3$ Mixtures," J. Phys. Chem. C, vol. 111, pp. 2133-2140, 2007.
[51] 肖文明，等，多晶 Si 太阳电池表面酸腐蚀制绒的研究[J]. 微纳电子技术(46)：627-631, 2009.
[52] J. D. Hylton, "Light coupling and light trapping in alkaline etched multicrystalline silicon wafers for solar cells," PHD, ECN, 2006.
[53] W. C. Hui, "How to prevent a runaway chemical reaction in the isotropic etching of silicon with HF/$HNO_3$/$CH_3COOH$ or HNA solution," in Device and Process Technologies for MEMS, Microelectronics, and Photonics III, Perth, Australia, 2004, pp. 270-279.
[54] B. Schwartz and H. Robbins, "Chemical Etching of Silicon III. A Temperature Study in the Acid System," Journal of The Electrochemical Society, vol. 108, pp. 365-372, 1961.
[55] Y. T. Cheng, et al., "Investigation of Low-Cost Surface Processing Techniques for Large-Size Multicrystalline Silicon Solar Cells," International Journal of Photoenergy, 2010.
[56] Z. Q. Xi, et al., "Texturization of cast multicrystalline silicon for solar cells," Semiconductor Science and Technology, vol. 19, pp. 485-489, Mar 2004.
[57] Y. Nishimoto, et al., "Investigation of Acidic Texturization for Multicrystalline Silicon Solar Cells," Journal of The Electrochemical Society, vol. 146, pp. 457-461, 1999.

# 第 3 章　扩　　散

所谓扩散技术，是指将杂质引入到半导体中，使之在半导体的特定区域中具有某种导电类型和一定电阻率的方法。当前制备 pn 结的最主要方法是扩散法。对于硅平面器件，整个器件的结构和性能基本上由扩散工艺确定。当前，有工业生产价值的太阳电池仍然采用热扩散法制结。在太阳电池的产业化生产中，根据扩散源的种类，可以分成：① 原位扩散源，包括气态源（例如 $POCl_3$,$PH_3$, $BBr_3$, $B_2H_6$）和固态扩散源（例如 BN 等）；② 预沉积的扩散源包括液态源和固态源。液态源主要是喷涂扩散源和旋涂扩散源，固态源主要是掺杂玻璃。从设备方法来说，热扩散制结的方法包括液态源扩散，例如液态 $POCl_3$、$BBr_3$ 的管式扩散；涂布源扩散，包括丝网印刷浆料或者旋涂、喷涂、滚筒印刷[1]液态掺杂源的链式炉扩散等。

## 3.1　扩散原理

### 3.1.1　扩散的基本物理机理

扩散是物质分子或者原子热运动引起的一种自然现象，浓度差别的存在是产生扩散运动的必要条件，环境温度的高低是决定扩散运动快慢的重要因素。

杂质原子可以占据硅晶格中的替位或者间隙位置（见图 3-1）。当杂质原子作为一种掺杂原子（例如硼，磷和砷）时，它们将会以替位原子的状态存在，能够提供自由电子或者空穴。在高温工艺中通过所谓的扩散过程这些杂质原子的深度剖面分布将会发生变化。杂质原子的再分布可以是有意的“推进”，也可以是高温氧化、沉积或者退火过程的无意结果。

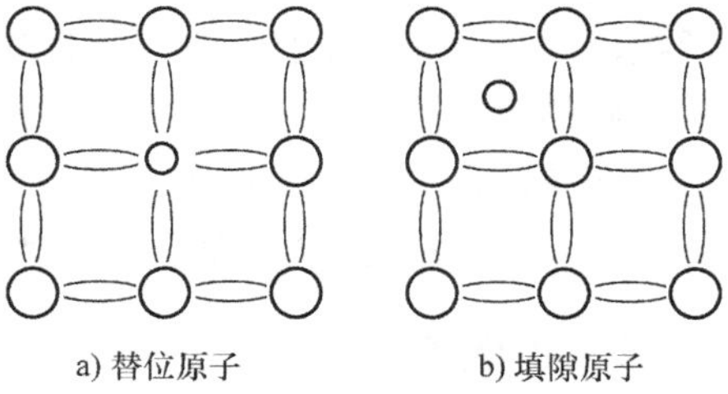

图 3-1　硅中的替位和填隙原子

空位扩散：一个替位原子与空位交换晶格位置，这个过程要求空位的存在。图 3-2 中大圆圈代表占据平衡晶格位置的基质原子，而小圆圈代表掺杂原子。在高温时，晶格原子将会绕着平衡晶格位置振动，此时基质原子有可能获得足够多的能量离开平衡晶格位置而成为填隙原子，同时也产生一个空位。当空位旁的杂质原子占据这个空位时，实现了空位的移动，这种机理称为空位扩散机理。

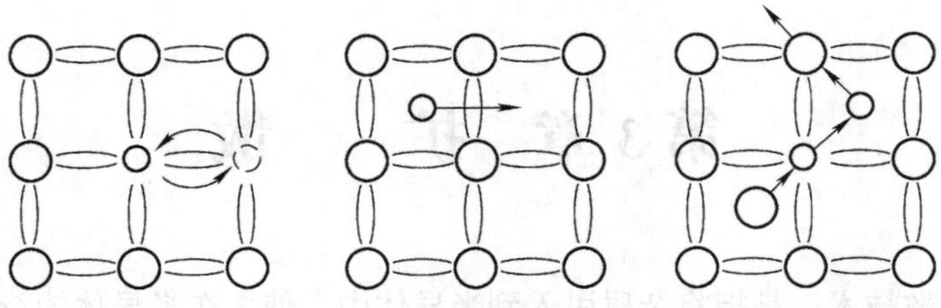


图 3-2　空位、填隙原子和自间隙原子扩散机理

若一个填隙原子从某位置移动到另一个间隙中而不占据一个晶格位置时，这种机理称为填隙扩散。自间隙扩散来自于硅的自间隙原子碰撞替位杂质原子使之移动到一个间隙位置，然后间隙杂质将会碰撞另一个硅晶格处的原子使之移动到自间隙的位置，而间隙杂质占据这个晶格位置，这个过程要求存在自间隙硅原子。重要的是占据了替位位置的掺杂原子（例如磷、砷和硼）一旦被激活后，掺杂扩散就与存在的空位和间隙点缺陷紧密相关，并且受到它们的控制。

一个杂质为了能够在硅中扩散，必须在硅原子周围移动或者将硅原子碰撞开。在填隙扩散过程中，扩散原子从一个间隙位置跳跃到另外一个具有相对低的势能和相对多的间隙态数量的间隙位置处。自间隙原子扩散要求存在空位或者一个间隙，并且必须要打断晶格键。空位和间隙的形成相对来说是一个高能过程，因此在平衡态时是很少的。晶键的断裂相对来说也是一个高能过程，因此自间隙原子的扩散速率要低于填隙原子的扩散。空位扩散取决于空位浓度，它是温度的函数，同时还取决于任何非平衡的空位形成或者湮没机理。相反，自间隙扩散取决于硅的自间隙浓度，而这个参数同样取决于温度和非平衡过程。

在单晶硅中，杂质原子占据一个替位还是间隙位置取决于原子是否被晶格限定的周期势能束缚。从一个位置跳跃到另一个位置的概率是随温度呈指数增加的。

### 3.1.2　扩散方程

在采用数学方法解析扩散深度剖面时，有两种初始条件和边界条件。第一种就是所谓的有源扩散预沉积，在扩散过程中表面存在固定的源。另外一种叫做无源扩散或推进或再分布，在表面首先引入一定量的掺杂原子，然后在高温作用下掺杂原子进一步向硅体内扩散，在扩散过程中表面不再引入新的外来杂质原子。

在半导体技术中，常用的方法是两步扩散法：第一步，预沉积步骤，在半导体中引入几十纳米厚的杂质扩散层；第二步，推进扩散步骤，预沉积引入的杂质原子再被扩散到更深的深度从而获得合适的浓度分布，而在这个过程中在半导体的表面不再引入任何新的掺杂原子。

在对杂质在硅中的剖面求解之前，需要掌握一些硅中杂质扩散的基本概念。

图 3-3 中给出了硅中杂质浓度随着深度而变化的曲线，相关的参数有如下定义：

1）杂质的剖面分布：硅中杂质浓度与深度的关系。

2）衬底浓度：硅衬底中的杂质掺杂浓度。

3）结深：掺杂的杂质深度剖面上浓度等于衬底掺杂浓度时的深度。

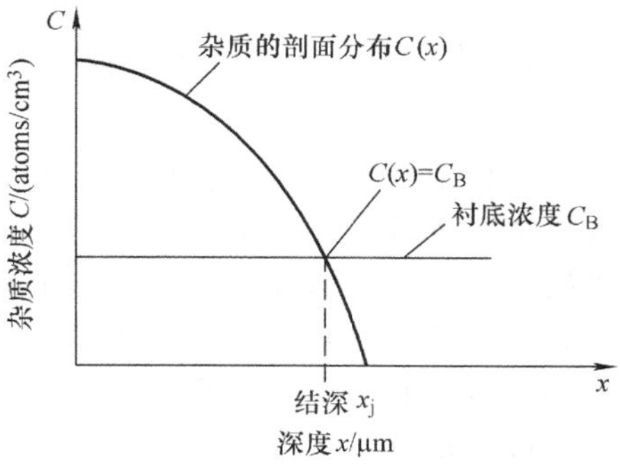


图 3-3 杂质的剖面分布，衬底掺杂浓度和结深的示意图

### 1. 无限源扩散到半无限的基体-预沉积方程

在集成电路制备技术的早期，半导体掺杂一般是将衬底暴露在高浓度的气相杂质中。为了维持好的工艺控制，掺杂原子的浓度应保持在高于半导体表面固溶度的水平（固溶度指的是在一个给定温度下能够掺入硅的最大杂质浓度）。掺杂原子的高固溶度能够降低对时间和温度的工艺控制要求。掺杂源可以是包含需要掺杂原子的气体，例如 $AsH_3$；也可以是含杂质的玻璃（$SiO_2$）薄膜，例如 $P_2O_5$。在这种情况下，这些掺杂物质可以被认为是一种无限源与半无限介质接触的掺杂源（在很多实际情况中，半导体基底的厚度要比掺杂原子的扩散深度大很多倍）。半导体的表面浓度在整个扩散过程中都保持为固溶度 $C_S$，在气体中的掺杂物质的浓度 $C_G$ 要大于 $C_S$。

采用 Fick 第二定律可求解在硅中杂质剖面与时间的关系，这里边界条件为初始条件：

$$C(x, t{=}0) = 0 \tag{3-1}$$

边界条件：

$$C(x{=}0, t) = C_S\text{（掺杂原子的固溶度）},\ C(x{=}\infty, t) = 0 \tag{3-2}$$

在扩散工艺中，硼、磷等杂质的扩散通常都分成预沉积和再分布两步进行。在预沉积过程中，扩散是在恒定表面浓度的条件下进行。在此条件下，解扩散方程得到的扩散分布是一种余误差函数，表达式为

$$C(x,t) = C_S\left[1-\frac{2}{\sqrt{\pi}}\int_0^{\frac{x}{2\sqrt{(Dt)_{\text{predep}}}}} e^{-\xi}\,d\xi\right] = C_S \operatorname{erfc}\left[\frac{x}{2\sqrt{(Dt)_{\text{predep}}}}\right] \qquad t>0 \tag{3-3}$$

式中，$C_S$ 是掺杂原子的在某个温度下的固溶度；$D$ 是掺杂原子的扩散系数；$t$ 是扩散时间；$\xi$ 表示掺杂原子进入硅中所占的体积；$x$ 表示掺杂原子在体内的深度坐标。

这种余误差函数给出的浓度随结深的分布如图 3-4 所示。恒定表面浓度扩散分布曲线下面的面积积分表示扩散进入硅片单位表面的杂质总量，为

$$Q(t)=\frac{2}{\sqrt{\pi}}\sqrt{Dt}C_{\mathrm{S}} \quad (3\text{-}4)$$

### 2. 有限源扩散到半无限的基体-两步扩散方程

当采用一步扩散方法在半导体中引入掺杂原子时，经常还会随之采用推进扩散。短时间的预沉积能够在半导体中掺杂一定的掺杂原子。在预沉积之后，腐蚀掉表面的氧化层，然后进行推进工艺，也就是再分布过程。在再分布过程中，扩散是在扩散源总量恒定的条件下进行的。整个扩散过程的杂质源，局限于扩散前积累在硅片表面有限薄层内的杂质总量 $Q$，没有外来杂质补充。此时扩散原子的初始条件为

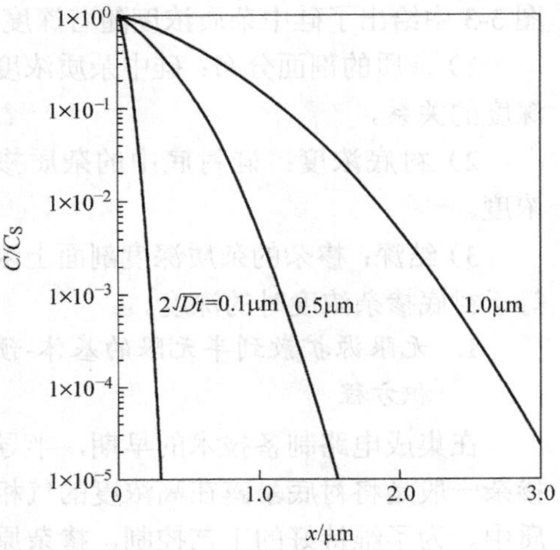


图 3-4　无限源扩散情况下的掺杂原子的浓度剖面分布[2]

$$C(x,t=0)=C_0\mathrm{erfc}\left[\frac{x}{2\sqrt{(Dt)_{\mathrm{predep}}}}\right] \quad x\neq 0 \quad (3\text{-}5)$$

式中，$C_0$ 为在预沉积之后表面杂质浓度。

杂质的分布可以通过解扩散方程使其满足边界条件：

$$\left.\frac{\partial C}{\partial x}\right|_{(0,t)}=0 \quad (3\text{-}6)$$

$$C(\infty,t)=0 \quad (3\text{-}7)$$

这个方程的解必须保证在半导体内存在恒定的 $Q$。在此条件下解扩散方程，得到的扩散分布是高斯函数分布，表达式为

$$C(x,t)=\frac{Q}{\sqrt{\pi Dt}}\mathrm{e}^{-x^2/4Dt} \quad (3\text{-}8)$$

图 3-5 中给出了杂质浓度随再分布时间的剖面分布。由图可见，随着扩散时间的增加，一方面杂质扩散入硅片内部的深度逐渐增大，另一方面，硅片表面的杂质浓度不断下降。因此，表面浓度 $N_{\mathrm{S}}$ 和结深 $x_{\mathrm{j}}$ 都随扩散时间而变。由于扩散过程中杂质总量不变，所以各条曲线下的面积都是相等的。由于 $Q$ 是固定的，当杂质扩散进

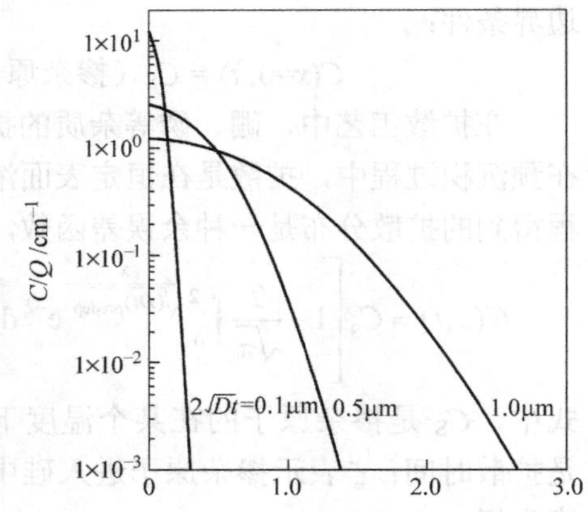


图 3-5　恒定源扩散的掺杂浓度随着深度的高斯函数分布[2]

入硅时，表面浓度 $C_S$ 必然降低，这是与预沉积不同的，在预沉积中 $C_S$ 是常数。推进之后的表面浓度为

$$C_S(t)=\frac{Q}{\sqrt{\pi Dt}} \tag{3-9}$$

下面对这两种扩散情况进行举例说明：磷在 p 型硅片中的扩散具有均匀的固溶度 $C_S$，并且该固溶度远大于衬底中的硼掺杂浓度（即 $C_S>>C_B$）。假定当磷的浓度等于衬底的掺杂原子浓度时的深度为结深，pn 结存在于这个结深 $x_j$ 处。如果扩散是有限源的推进扩散，那么从方程：

$$C(x,t)=\frac{Q}{\sqrt{\pi\sqrt{(Dt)_{\text{drive-in}}}}}\exp\left[-\frac{x^2}{4(Dt)_{\text{drive-in}}}\right] \tag{3-10}$$

中计算出的结深 $x_j$ 等于：

$$x_j=\sqrt{4(Dt)_{\text{drive-in}}\ln\left[\frac{Q}{C_B\sqrt{\pi\sqrt{(Dt)_{\text{drive-in}}}}}\right]} \tag{3-11}$$

如果扩散是恒定源预沉积，那么有

$$C(x,t)=C_S\left[1-\frac{2}{\sqrt{\pi}}\int_0^{\frac{x}{2\sqrt{Dt}}}e^{-\xi}d\xi\right]=C_S\text{erfc}\left[\frac{x}{2\sqrt{(Dt)_{\text{predep}}}}\right]\qquad t>0 \tag{3-12}$$

计算的结深为

$$x_j=2\sqrt{(Dt)_{\text{predep}}}\,\text{erfc}^{-1}\left[\frac{C_B}{C_S}\right] \tag{3-13}$$

以上的推导公式都是假定扩散速率与浓度无关，热能是唯一的推动力。实际上，荷电掺杂原子也会受到硅中电场的影响。在固体中，加速的原子将会很快地碰撞上其他原子，并且由于弹性散射的原因导致移动的方向是随机的。最终浓度梯度导致的扩散流量与电场导致的扩散流量之和为

$$j_{\text{tot}}=-D\frac{\partial C}{\partial x}+\mu CE \tag{3-14}$$

式中，第二项就是电场引起的扩散流；$\mu$ 为迁移率；$E$ 为电场强度。

### 3.1.3　磷扩散的原理

磷的扩散速率也可以通过空位主导的扩散来解释。图 3-6 说明了磷扩散中的三个明显的区域。

在磷扩散的剖面图中，有以下三个明显的区域：

1）总的磷浓度超过自由载流子浓度的高浓度区域；

2）在剖面中的拐弯区域；

3）增强扩散率的尾部区域。

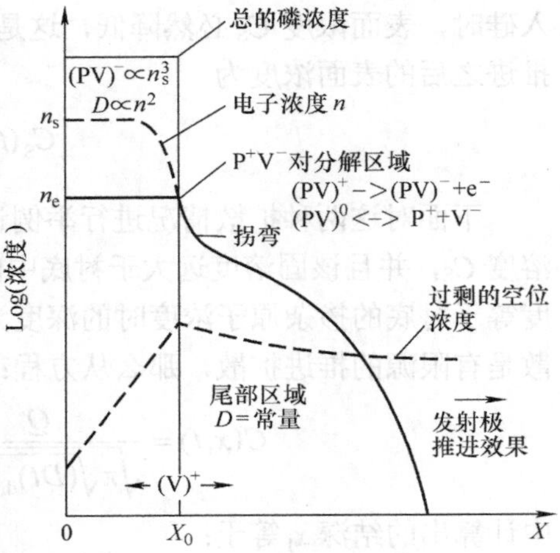


图 3-6　理想的磷扩散剖面以及空位模型[3]，$P^+V^{2-}$在表面区域形成。当电子浓度等于$n_e$时，$P^+V^{2-}$对开始发生分解。这个$n_e$对应的费米能级与$V^{2-}$受主能级重合。分解的$V^-$自由扩散，直到在尾部区域与$P^+$结合形成$P^+V^-$对

当表面浓度很高时，在表面附近的分布确实近似于余误差函数分布，此时的扩散系数与浓度相关，正比于电子浓度的二次方。在此高浓度区域，$P^+$离子与$V^{2-}$空位形成$P^+V^{2-}$对（标记为$(PV)^-$）。$(PV)^-$对的浓度正比于表面浓度的三次方（$n_s^3$），这个值是一个经验值。但是当磷的浓度降低到电子浓度 $n_e$ 时，会出现一个拐点，此时对应的费米能级位置刚好比导带边低 0.11eV，并且与带两个负电荷的空位所占据的能级重合，这样彼此结合的杂质-空位对（$P^+V^{2-}$）会分解为$P^+$、$V^-$及放出一个电子。在这个拐点之后掺杂浓度迅速下降，掺杂原子的扩散速率从高浓度区域的正比于$n^2$下降到正比于$n^{-2}$。这个区域的厚度一般为几十到几百纳米，其数值根据扩散温度的不同而不同。比如，在 875ºC 厚度为150nm，而在 1000℃为 50nm。而空位的扩散长度要比这个厚度值高上百倍，因此空位基本上不会在这个区域起作用。在这个拐弯区域之后，存在一个掺杂原子快速扩散的尾区，此时掺杂原子的扩散速率为一个常数值。造成这种现象的原因在于在前面 $n_e$ 拐点处$P^+V^{2-}$分解产生大量负一价的受主空位$V^-$，这些受主空位的过饱和加速了在尾部区域的磷扩散。在图中“发射极推进效果”指的是在发射极（磷掺杂区域）的硼原子（衬底掺杂原子）的扩散速率也会因为$P^+V^{2-}$对的分解而增加。

磷原子半径为 0.110nm，硅原子半径为 0.118nm，导致不匹配比例为 0.93。高浓度的磷导致的晶格张力形成了缺陷。Fair 和 Tsai[3]提出，当扩散表面浓度下降到低于 $10^{20}/cm^3$ 时，在磷剖面中尾部的形成是由于$P^+V^{2-}$对的分解，$V^{2-}$空位改变价态，并且成键能的降低增加了分解的概率，增加了空位的流量。其他的研究者已经发现了磷自间隙扩散的证据，提出了对空位模型进行物理修正的问题[4,5]。

在 900～1300℃温度下磷在硅中有近似相等的杂质固溶度（$7\times10^{20}$～$1.3\times10^{21}/cm^3$），在高浓度区，磷原子只有一部分具有电活性，其临界值大约为 $5\times10^{20}/cm^3$[6]。在这种情况下，电活性磷杂质浓度小于磷杂质浓度，造成死层的形成。采用预沉积时在硅片表面淀积一层磷源，磷源可以是非电活性的杂质，也可以是$P_2O_5$，然后进行较高温度的推进扩散时，掺杂磷源会进行有效分解，这样有利于增加电活性的磷杂质。

为了防止由于温度梯度导致的晶格损伤以及硅片翘曲，一般情况下都是在相对低的温度下将硅片放进扩散炉里，然后再以一定的升温速率将温度升到工艺温度。在完成工艺之后，炉温再次下降到一个较低的温度以备取出硅片。通常都是在 750℃放进硅片和取出硅片。

### 3.1.4 硼扩散的原理

硼扩散几乎完全通过自间隙机理进行。硼在硅中的扩散比磷和砷要快。硼的原子半径为 0.082nm，硅的原子半径为 0.118nm，不匹配比例为 0.75。由于硼和硅之间存在较大的不匹配比例，因此在扩散过程中产生晶格张力，从而导致位错的形成并且降低扩散速率。

硼原子的扩散速率还受到扩散温度和硼原子浓度的影响。图 3-7 显示当在相同的扩散温度下，随着硼掺杂原子的增加，硼的扩散速率也会增加。另外，在不同的硼原子浓度下，扩散速率都会随着扩散温度的增加而升高。

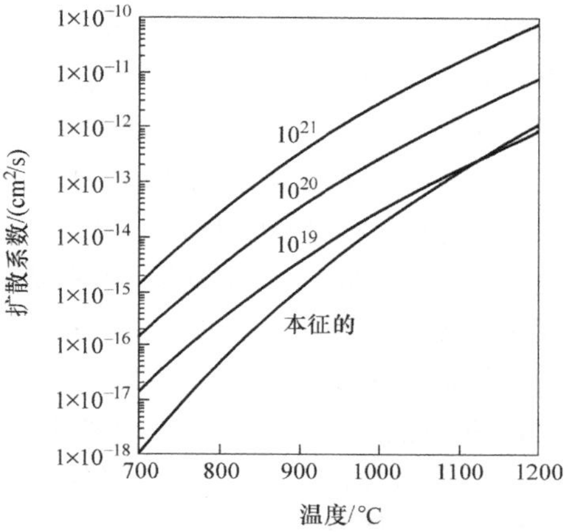


图 3-7 硼在硅中的扩散速率与温度和硼浓度之间的关系

## 3.2 气相扩散

Henry 定律提出了掺杂原子的分压强 $P$ 与表面浓度 $C_S$ 的关系，即

$$C_S = HP \tag{3-15}$$

式中，$H$ 为 Henry 气体定律常数。因此，表面浓度依赖于在气体中的掺杂原子的分压（除非表面达到了固溶度的极限）。扩硼使用的气态源为 $BBr_3$，磷掺杂使用的气态源为 $POCl_3$。两者在室温下都是液态，为了将这些液态物质作为气态源引入扩散炉中，使用惰性气体（例如 $N_2$）在控制的流量和温度下通过液态鼓泡携带出来。掺杂原子进入气体中的摩尔含量为

$$M = \frac{P_1 V_C}{P_C \times 22400} \tag{3-16}$$

式中，$M$ 为摩尔流量（mol/min）；$P_1$ 为鼓泡温度下的液体蒸气压（mmHg）；$P_C$ 为携带气体的压强［mmHg（mmHg 等于 Pa 乘以 51.715）］；$V_C$ 为携带气体的流量（$cm^3$/min）；而 22400 是在标准温度和压强下每摩尔气体的体积（$cm^3$）。

图 3-8 中给出了 $BBr_3$、$POCl_3$ 和 $PBr_3$ 的蒸气压曲线。从图中可见，随着温度的升高饱和蒸气压升高，使得同样流量的气体中的源摩尔含量上升。此外，在 75℃

以下，$BBr_3$的饱和蒸气压高于$POCl_3$，因此同样源温下同样气体流量所携带的$BBr_3$的摩尔浓度要高于 $POCl_3$的。根据以上两个方程以及图 3-8 中给出的数据，就可以确定预沉积的条件。

液态磷扩散可以得到较高的表面浓度，所以在单晶硅太阳电池工艺中最为常见。液态磷源扩散利用的磷源是液态的三氯氧磷。三氯氧磷液态源气体携带法扩散制造的 pn 结均匀性好，不受硅片尺寸的影响，特别适合于制造浅结电池，便于大量生产，但工艺控制比涂源法更严格。

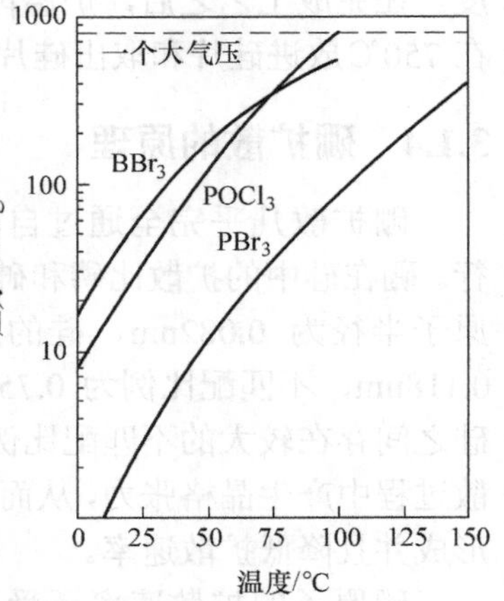


图 3-8　液态预沉积源的蒸气压曲线

三氯氧磷是无色透明液体，具有强烈刺激性气味，有毒，相对密度为1.67，熔点为 2℃，沸点为 107℃，在潮湿空气中发烟，很容易水解。因此，使用三氯氧磷源时，需注意盛源瓶的密封。另外，由于三氯氧磷极易挥发，蒸气压高，为使工艺稳定，通常把盛源瓶放在 0℃的冰水混合物中贮存。

三氯氧磷在 600℃以上分解，生成五氯化磷和五氧化二磷，如果有足够的氧存在，五氯化磷能进一步分解成五氧化二磷，并放出氯气。因此，为了避免产生五氯化磷，在扩散时系统中须通入适量的氧气。生成的五氧化二磷进一步与硅作用，在硅片表面形成一层磷-硅玻璃，然后磷再向硅中扩散。

$POCl_3$ 沉积的主要反应方程式为

$$4POCl_3 + 3O_2 \rightarrow 2P_2O_5 + 6Cl_2 \tag{3-17}$$

$$2P_2O_5 + 5Si \rightarrow 4P + 5SiO_2 \tag{3-18}$$

磷被释放出来并扩散进入硅，氯气则被排走。

而 $BBr_3$ 的主要沉积反应为

$$4BBr_3 + 3O_2 \rightarrow 2B_2O_3 + 6Br_2 \tag{3-19}$$

在这两个反应中 $Cl_2$ 和 $Br_2$ 气体都可以在氧气不充分的情况下刻蚀硅。氧气在硅片表面形成氧化物，磷和硼原子进入这层氧化层，在氧化层中的磷和硼可以被释放出来扩散进入硅片中。在预沉积之后，硅片的表面覆盖上了一层重掺杂 $SiO_2$ 层，在传统的半导体工艺中，在推进工艺之前这层氧化层需要用 HF 溶液去掉。在预沉积过程中，杂质原子也会沉积在炉管内壁，在高温的作用下与 $SiO_2$ 形成磷硅玻璃或硼硅玻璃。一般在预沉积之前，需要在预沉积的气氛条件下，在比预沉积稍微高一些的温度时，对空的扩散炉管进行沉积，这一过程称为掺杂物质的饱和，其作用是在对样品进行扩散时不再在腔体内壁上沉积过多的原子，以减小沉积过程中掺杂浓度的波动。

扩散过程中载气 $N_2$（工艺中常称为大 $N_2$）的影响。如果总的气体流量很高，那么沿着硅片的边缘方块电阻偏高，这是因为当总的流量增加后，气体在硅片的边缘会发生混乱。随着总的气体流量的减少，硅片表面低方块电阻的区域逐渐从边缘向硅片中间区域转移。不同大氮气流量的腔体中气流分布情况如图 3-9 所示。

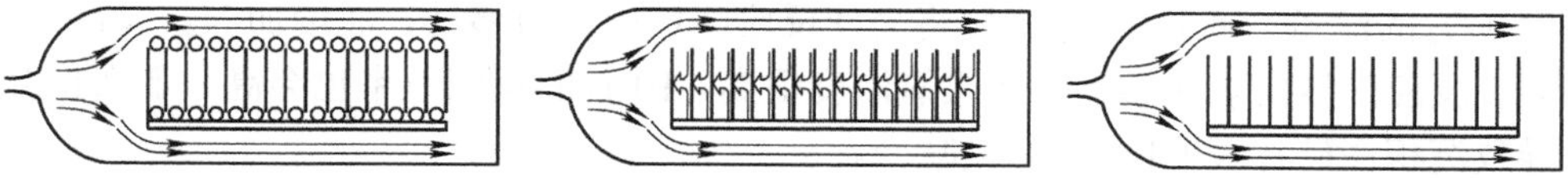

a) 大$N_2$为6 SLM时的示意图　b) 大$N_2$为4.8 SLM时的示意图　c) 大$N_2$为2.8 SLM时的示意图

图 3-9　不同大氮气流量的腔体中气流分布情况

氧气流量越高，方块电阻越高，并且将会拉大上半部温区与下半部温区的方块电阻的差别。

液态源 $BBr_3$ 是一种能够形成高质量结的硼扩散方法，具有低的发射极（或背场）饱和电流密度，并能够保持高的有效寿命。其扩散过程与液态磷源扩散的过程相同。

如图 3-10 所示，$N_2$ 通过一个温控的 $BBr_3$ 容器鼓泡，然后携带扩散源进入到炉体中。气体扩散器保证了 $BBr_3$ 与 $N_2$ 和 $O_2$ 气在炉子里很好地混合。$O_2$ 和反应气体向下输送到要被扩散的硅片上，在石英管中，放置硅片的架子要平行于气流方向。这样能够保证减少气体流量中的层状分布特征。尽管如此，按照停滞膜质量传输模型，气流被分成两个区域。靠近硅片表面区域的气体停滞层，被称为边界层，在其他地方则是按照均匀的速度流动。

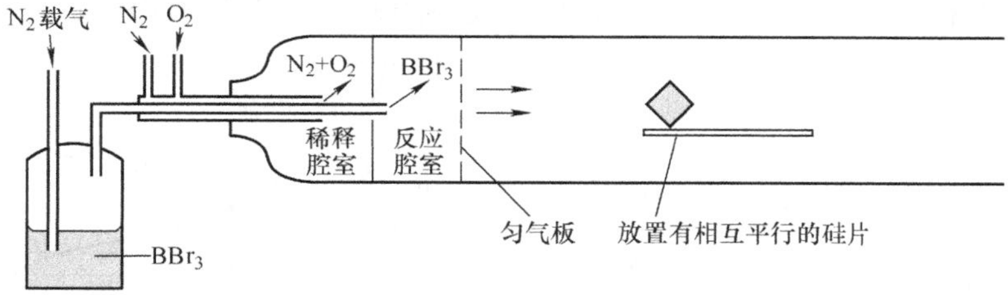


图 3-10　硼扩散的液态源设备图

工艺气体 $BBr_3$、携带气体 $N_2$ 和反应气体 $O_2$ 的流量主要是通过质量流量计来控制，并且要保证：

1）优化反应区域的尺寸和形状以获得均匀地扩散；

2）要避免在硼扩散进入到硅衬底中时会产生位错的缺点；

3）要尽量减少或者避免形成富硼层。

液态 $BBr_3$ 沉积和推进的物理过程如下：

1）$BBr_3$ 与 $O_2$ 反应形成氧化硼，

$$4BBr_{3(l)} + 3O_2(g) \rightarrow 2B_2O_{3(l)} + 6Br_2 \tag{3-20}$$

2）$B_2O_3$、$O_2$ 和 $Br_2$ 在气体的携带下沿着扩散炉管传输。在不同的流量下，在扩散炉中将会有一个区域其中的 $B_2O_3$ 浓度是常数。重要的是，这个反应区域要与放置硅片的位置一致，这样保证了扩散的均匀性。增加沉积温度，增加 $O_2$ 的浓度（$O_2$ 的流量）或者 $BBr_3$ 浓度将会使反应区域向炉口移动，而增加 $N_2$ 气流量将会使反应区域向炉尾移动。如果氧浓度很高，$BBr_3$ 的反应速率也会高，那么将会导致沉积在硅片表面的 $B_2O_3$ 量减少。

3）$B_2O_3$、$O_2$ 和 $Br_2$ 通过边界向硅表面扩散，形成氧化硅表面，即

$$Si_{(s)} + O_{2(g)} \rightarrow SiO_{2(s)} \tag{3-21}$$

氧化硅的形成有利于防止 $Br_2$ 刻蚀硅表面，形成的 $B_2O_3$ 熔入氧化硅中形成硼硅玻璃。

4）在硼硅玻璃之中的 $B_2O_3$ 在硅表面实现掺杂：

$$2B_2O_{3(l)} + 3Si_{(s)} \rightarrow 3SiO_{2(s)} + 4B_{(s)} \tag{3-22}$$

5）一些 $B_2O_3$、$O_2$ 和 $Br_2$ 从硅片表面挥发出去。

6）这些挥发出去的 $B_2O_3$、$O_2$ 和 $Br_2$ 通过边界扩散到掺杂气体中去。

7）挥发的 $B_2O_3$、$O_2$ 和 $Br_2$ 被 $N_2$ 气携带出炉管。

硼源的扩散过程主要取决于硅片表面的 $B_2O_3/SiO_2$ 膜层的相组成。图 3-11 显示了在硅片表面的 $B_2O_3/SiO_2$ 膜层结构。在 910～1060℃，$B_2O_3/SiO_2$ 体系可以是固态也可以是液态，这取决于 $B_2O_3$ 的浓度。在液相中，$B_2O_3$ 具有非常高的扩散速率（约 $10^{-14}cm^2/s$），然而在固相中，扩散速率小很多（约 $10^{-17}cm^2/s$）[7-9]。因此，$B_2O_3$ 在硅片表面的扩散速率依赖于紧邻的硼硅玻璃薄膜的相成分。

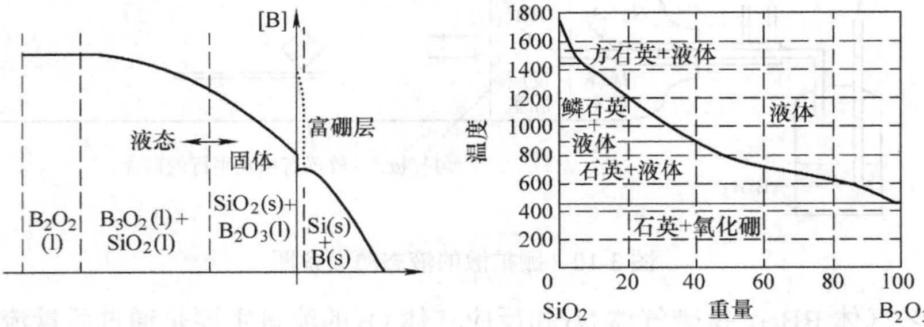


a) 硅片表面的 $B_2O_3/SiO_2$ 膜的相组成　　b) $B_2O_3/SiO_2$ 膜的相图[10]

图 3-11　硅片表面的 $B_2O_3/SiO_2$ 膜层结构

在高温氧气氛下的推结过程中，$B_2O_3$ 的浓度下降，降低了 $B_2O_3$ 向硅片表面的输送速率，最终在硅片表面的厚的氧化硅薄膜有效地阻止了 $B_2O_3$ 的进一步扩散。$SiO_2$-Si 界面的推进会消耗一部分硼掺杂的硅。在界面处，由于硼在硅中的固溶度要比在 $SiO_2$ 中的低，平衡分离系数低于 1，硼原子更趋向于从硅中向氧化硅中扩散，因此硼原子发生再分布。这将会导致在 $SiO_2$-Si 界面处硼原子浓度不连

续，表面处的硼原子低于硅体内较深处的硼原子浓度，在离硅片表面一定深度范围内存在硼原子浓度的一个最大值。与此相反的是磷在硅中的固溶度要大于在氧化硅中的，因此分离系数大于 1，在硅片表面的浓度是最高的。同时，沉积在表面之下的硼根据 Fick 定律扩散到硅中，获得了掺杂剖面和结深。这个问题将在下面的 3.4.1 节中论述。

## 3.3 固态源扩散

固态源蒸发使掺杂原子进入到携带气体中。如果在源表面达到了平衡，在气体中杂质化合物的分压将会等于此源温度下的蒸发气压。大部分杂质的预沉积过程都可以采用固态源。

固态磷扩散是指利用与硅片相同形状的固体磷材料，如 $Al(PO_3)_3$，即所谓的磷微晶玻璃片，与单晶硅片紧密相贴，一起放置在石英热处理炉内，在一定的温度下，磷源材料表面挥发出磷化合物（$P_2O_5$），借助于浓度梯度附着在单晶硅表面上，与硅反应生产磷原子及其他化合物，其中磷原子将向单晶硅片体内扩散。

$$\begin{gathered} Al(PO_3)_3 \rightarrow AlPO_4 + P_2O_5 \\ 5Si + 2P_2O_5 \rightarrow 5SiO_2 + 4P \end{gathered} \tag{3-23}$$

硼的固态源主要是 BN 片。氮化硼晶体为白色粉末，使用前需要冲压成片状，或者用高纯氮化硼棒切割成和硅片大小一样的薄片。扩散前，氮化硼片预先在扩散温度下通氧 30min，使氮化硼片表面生成三氧化二硼。扩散时，将氧化过的氮化硼片与硅片相间放在石英支架上，或者在每两片氮化硼之间插入两片背靠背的硅片以增加产量。在扩散温度下，氮化硼表面的三氧化二硼与硅发生反应，形成硼硅玻璃沉积在硅表面，硼向硅内部扩散。氮化硼片与硅片之间的间距减小时，可以减少扩散时间，氮气流量较低可以使扩散更为均匀，这些对于大量生产是有利的，而且均匀性、重复性比液态源要好。

固态源扩散还可以利用印刷、喷涂、旋涂、化学气相沉积等技术，在硅片的表面沉积一层磷或者硼的化合物。

喷涂或者旋涂扩散方法是用包含有磷和硼原子的物质溶解在水或者乙醇中的稀释液，预先旋涂或者喷涂在 p 型或 n 型硅片表面作为杂质源，然后在氮气中进行扩散。在扩散温度下，旋涂的杂质源与硅反应，生成磷硅或硼硅玻璃。此时磷硅玻璃或者硼硅玻璃成为扩散源，杂质在扩散温度下通过源层向硅内部扩散，形成重掺杂的扩散层 pn 结。常用的有旋涂磷酸、硼酸，或者喷涂磷酸、硼酸。

喷涂磷源一般包括超声喷涂及喷雾。为了获得均匀的磷源，在磷源中添加有机溶剂提高液体的浸润能力，或者直接在硅片上进行处理，例如生长一层氧化硅提高硅片的浸润能力等。喷涂方式结合链式扩散容易实现在线的大规模生产。扩散后的磷硅玻璃很难用 HF 去除干净，这是由于在扩散之后表面还残留磷原子，在 HF 处理之前对硅片表面进行氧化处理使磷原子被氧化，最后再用 HF 腐蚀。

另外一种使用的旋涂源为氧化硅乳胶源，也就是包含掺杂原子的旋涂胶。硅片涂上乳胶源后，均匀地形成含有杂质（硼或磷）的二氧化硅层，这种方法具有固-固扩散的优点：扩散硅片的表面状态较好；晶格缺陷较少；扩散后，结的均匀性和重复性较好；表面浓度的可调范围较宽。

涂源扩散工艺的主要控制因素是扩散温度、扩散时间和杂质源浓度。最佳扩散条件随硅片的性质不同（基体导电类型、电阻率、晶向等）而改变。

除了上面所说的喷涂和旋涂掺杂源之外，在太阳电池的生产中还出现了可以适应连续性生产的技术，例如适应丝网印刷和喷墨打印的掺杂源。新开发的可丝印浆料包括 Ferro 公司的磷浆料(99-038)、硼浆料（99-033），以及扩散阻挡层（99-001）。其中 99-001 在经过 450～500℃的烧结之后，可形成 $TiO_2$ 层[11]。

## 3.4　扩散相关工艺

本节我们将讨论在扩散过程中经常会涉及的两个相关工艺，并讨论在这两个工艺中扩散机理及影响因素。

### 3.4.1　氧化过程中杂质的扩散行为

磷与硼扩散一样，在氧化气氛下能够促进杂质的扩散。图 3-12 中给出了在不同的温度下，在氧化条件下的扩散速率与在惰性气体条件下的扩散速率之间的比例与氧化速率的关系。图中的数据是在不同的氧分压、不同的初始氧化层厚度条件下导致的不同氧化速率下得到的。在给定的温度下，扩散速率增加的程度随着硅表面氧化硅层的生长速率（氧化速率）的增加而增加。

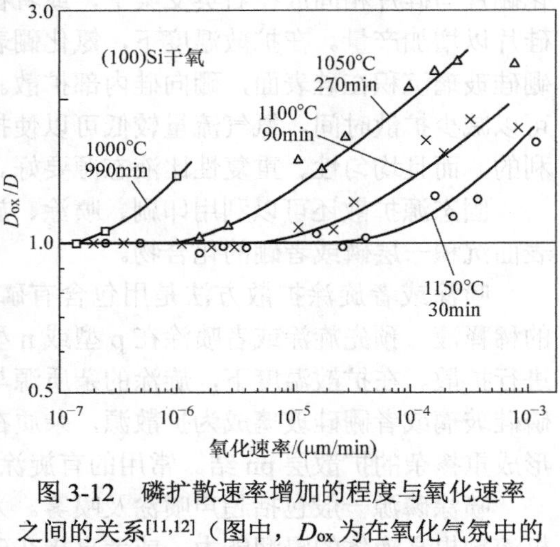


图 3-12　磷扩散速率增加的程度与氧化速率之间的关系[11,12]（图中，$D_{ox}$ 为在氧化气氛中的扩散速率，$D$ 为在惰性气氛下的扩散速率）

在前面假设的一步或者两步法扩散中，一个假设就是在推进扩散过程中杂质总量 $Q$ 是常数。在很多步骤中经常会同时进行氧化。研究发现在靠近热氧化形成的氧化硅层附近的硅中会发生杂质的再分布[13]。影响扩散工艺中杂质在氧化层和其下面的硅中再分布的因素有以下三种：

1）杂质在氧化层和硅中的分离系数：在平衡条件下，杂质在一种物质相中

的浓度与在另一种物质相中的浓度之比定义为相分离系数。对于 Si-$SiO_2$ 体系，相分离系数 $m$ 定义为

$$m = \frac{\text{在硅中杂质的平衡浓度}}{\text{在氧化硅中杂质的平衡浓度}}$$

2）杂质在氧化硅中的扩散速率：如果杂质在氧化硅中有高的扩散速率，那么它可以逃出氧化层向气相中挥发。如果杂质在氧化硅中的扩散速率低，那么它将会在硅中被俘获。

3）Si-$SiO_2$ 界面的移动：即使一个杂质的分离系数为 1，由于氧化硅占据的体积增加也将会导致在氧化硅中的杂质浓度降低。

下面给出两个例子说明上述三种影响。图 3-13 中给出了由于氧化导致的四种有可能的杂质剖面。其中，图 3-13a 和 b 对应氧化层聚集杂质的情况，此时分离系数 $m$<1。图 3-13a 对应硼杂质在氧化硅中的扩散速率较低的情况，硼原子较难挥发到气体中去，因此聚集在氧化层中使其中的浓度升得很高，此时尽管杂质原子会向氧化层中分凝，但是其程度较低。图 3-13b 对应硼杂质在氧化硅中的扩散速率较快的情况（此时在气氛中含有氢），硼杂质向空间挥发，导致氧化硅中的硼杂质含量较低，而且由于氧化层中的硼杂质含量降低，有利于硅体中的硼原子向氧化硅中富集，因此硅表层的浓度较图 3-13a 中小。图 3-13c 和 d 分别对应杂质被氧化硅排斥的情形，此时分离系数 $m$>1。图 3-13c 对应着在氧化硅中的扩散速率较低的锑和砷，此时氧化层中的杂质不易挥发到气体中，但是很容易进入硅体中，因此氧化层中的杂质含量很低，但是硅体中的杂质含量却很高。图 3-13d 对

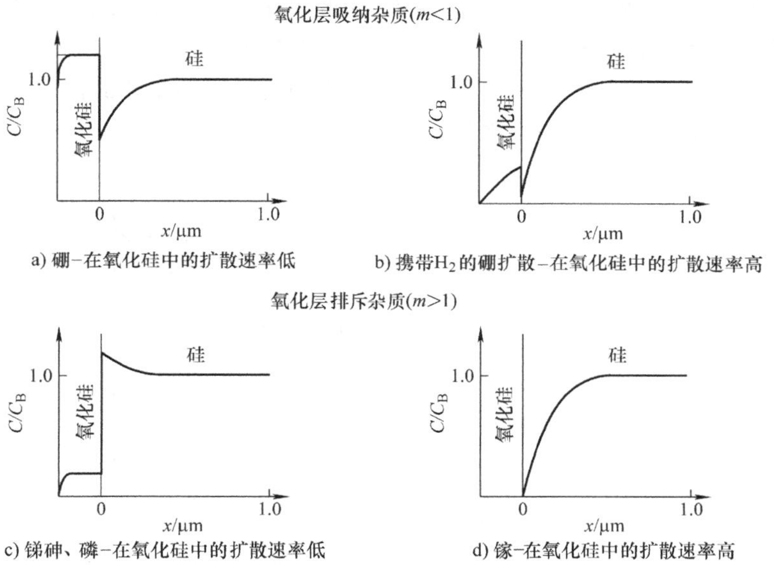


图 3-13　由于氧化导致的杂质在硅中的再分布[13]

应着氧化层中扩散速率较高的镓，这种杂质很容易向气体中挥发，不仅将氧化层自身中的镓原子挥发掉，而且还夺走了一部分硅表层的镓原子，使得硅表面的镓原子浓度也降低了。

图 3-14 分别给出了硼和磷在氧气和水蒸气条件下的分离现象。硅在水蒸气中的氧化速率要比在氧气中的大，因此在水蒸气的结果产生了较大的分离现象。图 3-14a 中显示硼原子不管是在氧气还是在水蒸气中，表面掺杂浓度与体内掺杂浓度的比值随着扩散温度的增加而逐渐下降；对于磷原子（见图 5-14b）情况也相同，即随着扩散温度的升高，表面浓度与体内浓度的比也下降。总的来看，扩散温度的上升总是使硅表面与体内杂质原子的浓度差减小。

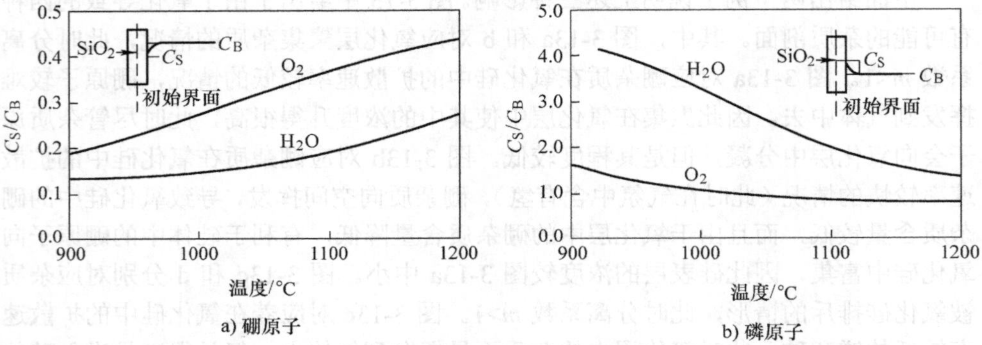


图 3-14　在氧气和水蒸气气氛下硼和磷原子的表面浓度随着扩散温度的变化情况

硼的间隙形成能比较低，为 2.26eV，因此氧化过程会加快硼的扩散。图 3-15 给出了在氧化增强的硼扩散的数据[14, 15]。图中的左边说明了在 1100℃的湿氧氧化增强导致的硼的结深与时间的关系。图 3-15 的右边说明的是硼的扩散速率在干氧气氛和惰性气氛下随温度的变化关系。

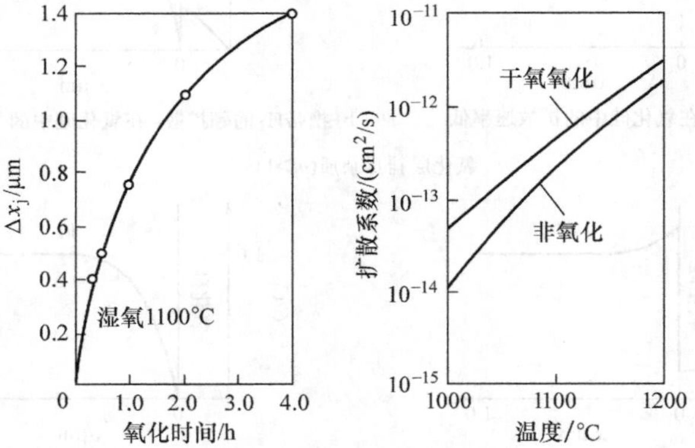


图 3-15　硼扩散速率的氧化增强效果[12, 16]

（左图纵坐标$\Delta x_j$表示氧化与非氧化扩散导致的结深的差）

由于硼在氧化硅中的固溶度要高于在硅中的固溶度，因此氧化过程或许会导致硼发射极中的硼杂质在表面的浓度降低。这种表面浓度的降低将会对表面钝化及电极接触有害（表面浓度下降场效应钝化降低，另外需要较好的钝化薄膜来进行钝化）。此外，也不利于形成好的欧姆接触。ECV 测试的结果显示，只有在表面氧化层的厚度非常薄的情况下（如 10nm）才能够观察到表面杂质浓度降低的情况，而当氧化层厚度很高时，没有观察到这种现象。图 3-16 中给出了在不同的氧化条件下硼原子的深度分布。由图中可见在氧化之后，表面处硼杂质浓度随着温度的升高而下降。另外，通过四探针测量的硼发射极的方块电阻随着氧化层的厚度增加而显著增加[17]，这种变化的原因在于发射极中的硼扩散到了氧化层中。在钝化层中高浓度的硼原子有可能是导致氧化硅对高掺杂浓度硼发射极钝化效果较差的原因。

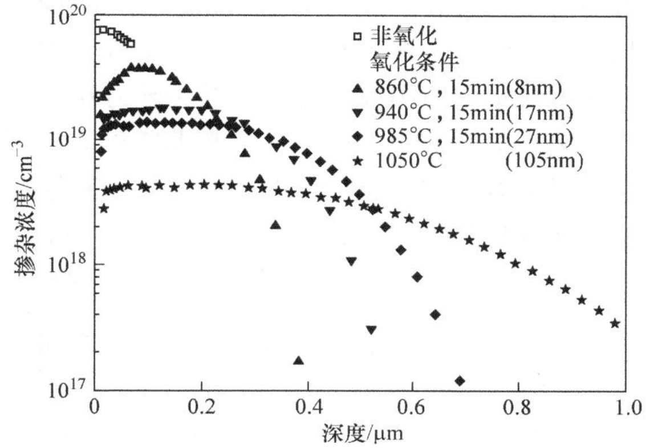


图 3-16　不同表面氧化层厚度下硼杂质浓度的分布情况[17]

## 3.4.2　杂质在氧化硅中的扩散

杂质在 $SiO_2$ 硅中的固态扩散，要比在其“熔融”相中慢很多。磷扩散要比硼扩散慢很多。而硼扩散本身也会因气氛的不同产生差异：在 $H_2$ 和 $F_2$ 气氛中的扩散速率要比在氮气氛下的高 10～40 倍。在氧化气氛中加入少量的氮都能够非常明显地阻碍硼的扩散。

硼在由 CVD 法制备的氧化硅薄膜中的扩散速度是在热氧化硅中的 100 倍。其中，沉积薄膜中的 H 杂质、缺陷和空穴对于扩散所起的作用并不清楚。

硼在 $SiO_2$ 中的扩散活化能一般为 3.5eV，而报道的磷在 $SiO_2$ 中扩散活化能值的大小则差异很大。

图 3-17 说明了硼在氧化硅中的扩散行为。在氧化硅中增加额外的硼和磷将会导致氧化硅

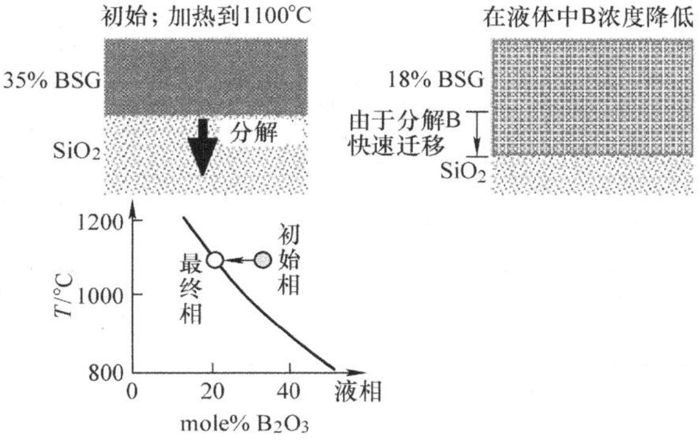


图 3-17　掺杂氧化硅的熔融温度以及杂质原子的输运

的玻璃态相变温度和熔融温度大幅度的降低，如果扩散温度超过了这些高浓度区域的熔融温度，那么这些区域将会变成液相。近邻的未掺杂的氧化物将会很快熔融而发生分解，直到液态区域逐步稀释减少了硼和磷的浓度，以及熔融相开始固化为止。这个分解过程要比掺杂浓度较低的硼和磷通过厚的氧化物进行固相扩散的速度快很多，因此这是主要的传输方法。

磷在氧化硅中的固态扩散是非常慢的，而且通常可以被忽略。从 1975 年或者更早的时间起，大部分的数据关注于高温过程（>1100℃）。表 3-1 和表 3-2 汇总了在各种气氛中的磷、硼在 $SiO_2$ 中的固态扩散参数。除非单独说明，$SiO_2$ 都是单晶硅热氧化生成。扩散温度为 1100℃时硼扩散要比磷扩散的速度快很多。

**表 3-1　磷在不同气氛下在 $SiO_2$ 中的固态扩散参数**

| 气氛 | 介质 | $D_{[P]}$/（$cm^2/s$） | $E_a$/eV | 参考文献 |
|---|---|---|---|---|
| $H_2$ | $SiO_2$ | $1.5\times10^{-17}$ | 4.0 | [18] |
| $N_2$ | $SiO_2$ | $3\times10^{-18}$ | 4.4 | [18] |
| Ar | PSG | $3.5\times10^{-16}$ | 4.4 | [19-21] |

**表 3-2　硼在 $SiO_2$ 中的扩散参数**

| 气氛 | 介质 | 温度/℃ | $D_{[B]}$/（$cm^2/s$） | $E_a$/eV | 参考文献 |
|---|---|---|---|---|---|
| Ar | $SiO_2$ | 1100 | $6\times10^{-17}$ | 4.06 | [22] |
| Ar | $SiO_2$ | 1100 | $5\times10^{-17}$ | 3.9 | [8] |
| $N_2$ | $SiO_2$ | 1100 | $2\times10^{-16}$ | — | [18] |
| $O_2$ | $SiO_2$ | 1100 | $2.2\times10^{-16}$ | — | [18] |
| steam | $SiO_2$ | 1100 | $4\times10^{-16}$ | — | [18] |
| $H_2$ | $SiO_2$ | 1100 | $2.8\times10^{-15}$ | — | [18] |
| $N_2$ | $SiO_2$① | 1100 | $3\times10^{-17}$ | 3.5 | [23] |
| $H_2$ | $SiO_2$① | 1100 | $1\times10^{-15}$ | 3 | [23] |
| $N_2$ | $SiO_2$ | 1100 | $7\times10^{-17}$ | 3.5 | [24] |
| $N_2$ | $SiO_2$① | 1100 | $2.5\times10^{-17}$ | 2.3 | [24] |
| $H_2$ | $SiO_2$① | 1100 | $3\times10^{-15}$ | 3 | [24] |
| | PETEOS $SiO_2$, 300 mT | 1100 | $8\times10^{-15}$ | 2.6 | [25] |
| | PETEOS $SiO_2$, 150 mT | 1100 | $2\times10^{-14}$ | 2.6 | [25] |
| $N_2$ | $SiO_2$ | 800 | $3.5\times10^{-20}$ | 3.8 | [26] |
| $N_2$ | $SiO_2$ [$10^{16}/cm^2$ 共注入 F] | 800 | $1\times10^{-18}$ | 3.6 | [26] |
| $N_2$ | $SiO_{1.8}N_{0.2}$ | 800 | $9\times10^{-21}$ | 4.4 | [26] |
| $N_2$ | [$10^{16}/cm^2$ F 共注入] | 800 | $5\times10^{-19}$ | 3.8 | [26] |

① 指的是硼直接注入到氧化硅中作为扩散源。

在一些需要进行选择性扩散的工艺中，一般使用沉积氧化物的方式作为扩散掩模。在预沉积过程中，在没有氧化硅的地方掺杂原子进入到硅中，而在有氧化硅的地方则会阻止掺杂原子的进入。实际上在整个过程中也会发生掺杂原子通过氧化硅向硅体内扩散的过程，只是这个扩散过程的速率要远低于直接向硅体内扩散的值。因此如果使用较长时间的预沉积，那么掺杂原子也会通过掩模氧化层进入到硅中。这样就要求针对预沉积温度、时间来选择需要的氧化硅掩膜层的厚度。图 3-18 中给出了在预沉积过程中作为掩膜的氧化层的厚度在不同预沉积温度、时间下的最低厚度要求。

以上讨论的扩散都是在一维尺度上的。当用氧化硅作为扩散掩膜时，掺杂原子不仅从纵向扩散进入到硅中，同时也在氧化硅窗口下横向扩散到硅中，这时必须在二维空间进行扩散的讨论。对扩散方程的二维问题求解得到，在平行于表面的地方要比垂直于表面的地方的扩散速率低很多（平行方向扩散的是垂直方向上的 75%～85%），如图 3-19 所示。

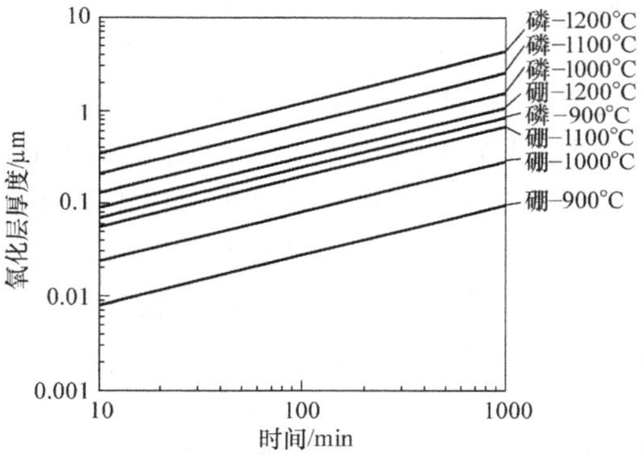


图 3-18 为阻止扩散所需氧化层最小厚度随预沉积时间的变化[27]（图中给出了不同温度下扩散磷和硼所需的最小氧化层厚度）

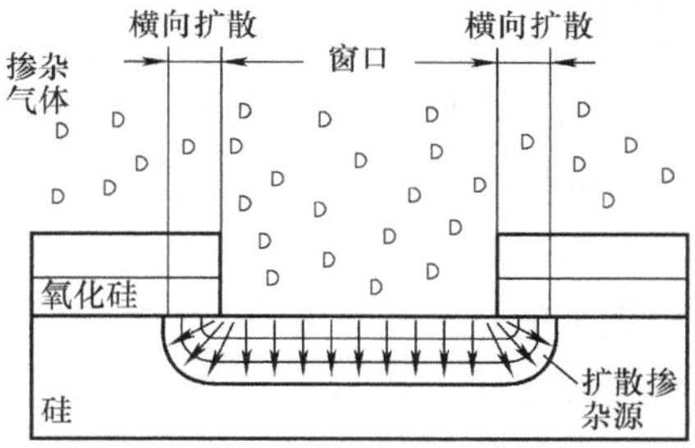


图 3-19 通过二氧化硅窗口的预沉积

## 3.5 扩散对太阳电池性能的影响

### 3.5.1 扩散吸杂

吸杂是通过限制或者阻挡器件活性区的金属杂质（本征吸杂），或者从衬底中完全将它们去除的一门技术（非本征吸杂）。在太阳电池技术中，希望吸杂处理作为太阳电池工艺的一部分，但不增加太多的生产成本。磷扩散和铝扩散都是硅太阳电池工艺中最有效的吸杂方案。根据吸杂的机理不同可以分成五类：① 金属-硅的化合物沉淀倾向于在具有较高能量的位置处形成，例如硅表面，材料中的结构缺陷处（如晶界、位错，或者体内的 $SiO_2$ 沉淀中）；② 原子在没有形成第二相的缺陷处被俘获；③ 分离成一个固溶度明显比较高的第二相，例如在高浓度的B或者 P 掺杂区域；④ 通过静电吸引力，使离化的掺杂原子与带相反电荷的金属离子之间发生相互作用，通过改变掺杂区域的费米能级使它们组合成能量要比金属原子能级低的金属合金；⑤ 在存在点缺陷通量（点缺陷）的非平衡状态下，以上所有或者部分 P 扩散吸杂被增强的机理。

由于重扩散导致的大量硅间隙与磷原子形成 SiP 粒子，这些 SiP 粒子成为吸杂点，杂质会朝着吸杂点迁移。在这种重磷扩散区中金属杂质的溶解性增加，同时在 $Si_3P_4$ 沉淀物中的杂质发生分凝导致有效的吸杂。在太阳电池制造中，可以在制造电池之前进行磷扩散，随后去除重掺杂层（预吸杂）；或者作为发射区制备工艺的一部分，在发射区扩散的同时完成吸杂。到底采取何种吸杂工艺取决于材料要求的最佳吸杂条件和涉及的成本。由于高温时靠近体缺陷上已经沉积的杂质开始再分解，因此在多晶硅中吸杂过程要复杂得多。因为吸杂和沉积杂质的再分解两个过程之间的竞争，多晶硅的高温吸杂是不可取的。吸杂效率也依赖于某些材料的性质，例如间隙氧[18]的含量。据报道，相对于具有较低缺陷的多晶硅片，具有较高缺陷的多晶硅片在预沉积之后的吸杂效果要比前者差。此外，在生产线中加上一个附加的预吸杂步骤会增加生产成本。作为折中办法，可以进行重磷扩散，然后通过腐蚀得到需要的方块电阻来制备所需要的发射区，这样做可以限制吸杂带来的附加成本。然而，这种选择性发射区工艺在产业化中是很难控制的。

另外一种特殊的处理方法是在高温扩散后降至较低温度并保持较长时间。这种吸杂的基本原理是在较低温度下金属在硅体内和在磷扩散层中的分凝系数之间的差异比较大，这种方法称为分凝类型的吸杂。高温过程可以快速有效地溶解金属沉淀或金属复合体，使杂质原子从不同的形态变为可以快速移动的间隙原子，但此高温下多晶硅衬底和重磷扩散区域内的分凝系数差别不大，因此杂质较难被析出。而接下来进行的低温过程中金属在不同掺杂区域的分凝系数相差很大，可以有效地析出杂质，从而显著地改善材料的性能[28]。在高温扩散后期的退火过程中的温度越低，磷扩散层中的金属杂质浓度的增加程度就会变得更大。如果高温扩散后采用快速降温的方法降到低温，那么那些在高温下分解的金属杂质来不及形成沉淀或者来不及扩散到表面扩散层中而被冻结在原处，这样导致材料中仍然具有高含量的金属杂质。因此为了避免这个现象，一方面要求降温速率低，另一方面降到低温之后要进行长时间的退火。值得注意的是，在硅中的铁间隙或者铁沉淀对太阳电池的性能都有影响，只是程度不同而已[29]。铁间隙在硅中导致的少子复合率要比 Fe-B 对缺陷低，因为 Fe-B 对形成的是深能级缺陷。参考文献[30]对扩散之后的降温速率进行了研究，对比了较快的降温速率，较慢的降温速率以及在低温退火的三种工艺，结果显示降低降温速率能够提高材料的体寿命，而降低到低温之后进行一段时间的退火使体材料性能的提高更为明显。Riepe 对硅锭不同位置的研究结果表明，采用相同的吸杂工艺，吸杂处理的效果对硅锭底部的材料尤其有效，这是因为在材料中分布的铁和氧[31]或者晶体材料的质量在硅锭高度范围内是不同的。

在太阳电池工艺中，氧化的一个作用是推结，另外一个目的是在表面形成热氧化层作为钝化层。吸杂效应与沉淀杂质的再分解效应之间的竞争，以及它们在体内的扩展都需要通过工艺过程来控制。很多研究人员对多晶硅的热氧化进行了研究，普通的观点认为在1050℃将会导致材料性能的急剧下降[32]，因此不应在这么高的温度下实施工艺过程。在大多数情况下，在低于 900℃的温度下实施工艺不会发生材料性能的衰减。但是也有研究发现，在这个温度下材料性能也会衰减，尤其是低电阻率的硅片。对于多晶硅来说，选择较低的温度可以容忍较长的工艺时间，这是由于在低温下不太可能发生金属团簇的分解过程，并且在低温下杂质的迁移速率较低。

除了工艺过程的温度外，到达工艺温度的升温速率和降低到取样温度的降温速率也会对材料的品质造成明显的影响。其原因在于杂质的扩散速率和固溶度与温度之间是指数关系，在样品冷却的过程中会出现过饱和。因此，在冷却过程中的温度曲线（包括扩散工艺）对杂质在多晶硅中的最终分布和化学态[33, 34]产生较强的影响，从而对太阳电池的性能也会产生较强的影响[35]。

下面对磷扩散吸杂之后的氧化来举例说明升温、降温速率的影响[31]，如图 3-20 所示。样品经过磷吸杂并去掉磷硅玻璃之后，在 1050℃的干氧中氧化 1h，在 800℃的湿氧中氧化 4h，在 p 型硅片上形成的氧化层厚度均为 100～120nm，使用了两个变温曲线，一个是“快”的（并不是淬火），另外一个是“慢”的，分别冷却到室温（见图 3-20）。去掉氧化层，沉积氮化硅钝化薄膜，测试少子寿命的结果显示，氧化的温度对体寿命的衰减有决定性的影响。1050℃的氧化温度明显降低了硅片少子寿命，而且在这些工艺中使用快慢两种降温曲线对少子寿命影响不大；对于800℃的氧化温度，降温曲线的影响却很明显，慢降温速率保持了高的寿命，而快的降温速率将会导致少子寿命明显的下降。

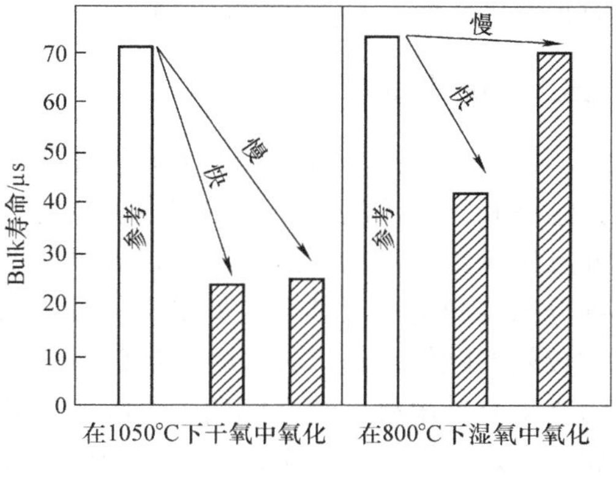

图 3-20 不同氧化条件对硅片体少子寿命的影响

在多晶硅中存在的一些过渡金属杂质和它们的沉淀是高活性的载流子复合中心。在经过磷扩散之后硅片体内的过渡金属杂质含量减少，这种吸杂的效果在多晶硅太阳电池制备过程中是一个重要的因素。

硼在硅中引入的应力可以通过俘获机理达到吸杂的目的。高浓度的硼尤其有利于铁的吸杂。但是硼扩散通过两种方式对高效太阳电池造成损害。

第一，在扩散过程中，如果硼输运到硅片表面的速度超过了从表面扩散进入到硅中的速率，那么将会在硅表面堆积浓度非常高的硼。如果这个浓度值超过了硼在硅中的固溶度，就会形成富硼层（BRL）。BRL 尤其会在片子边缘形成，在这些边界的地方增加的 $B_2O_3$ 从气流中扩散到硅片表面将会产生气流的波动从而扰乱了边界，并且会导致出现晶体损伤，极大地减少了在硼沉淀区域的载流子寿命，因此在硅片表面形成了死层，在这些区域光生载流子很少有机会被收集[36, 37, 38]。死层对太阳电池的开路电压和短路电流有负作用(通过减少蓝光响应)。除此之外，BRL 会使表面浓度不变，因此表面浓度不再是各种工艺参数的函数，变得不再能够控制[38]。

第二，硼与硅之间的晶格不匹配产生的位错也能够在后续工艺过程中在晶体结构中产生缺陷从而减少硅体少子的寿命[36, 39, 40]。硼的原子直径为 0.85Å，而硅的原子直径为 1.10Å，两种原子在尺寸上的差别使得硼掺杂容易形成位错，与之形成对比的是磷原子的直径为 1.00Å，与硅原子很接近，因此产生位错的可能性低。研究结果显示，硼杂质浓度越高，少子寿命衰减就越大。

要避免以上的问题，就需要控制扩散中杂质的流量使之处于较低水平。除此之外，在推进之前使用低温氧化有助于除掉靠近硅片表面附近过剩的硼原子，同时也有助于得到均匀地扩散分布。

### 3.5.2 优化发射极

发射极掺杂深度剖面对太阳电池具有非常大的影响。优化发射极的剖面，包括结深和表面浓度，在一定程度上决定了太阳电池的转换效率。其一，结非常深并且掺杂浓度高的发射极将会在近表面形成死层，导致太阳电池对太阳光谱短波部分的响应变差。其二，如果发射极掺杂浓度较轻，将会在发射极与金属之间导致较差的欧姆接触，并且轻扩散的发射极将会导致高的横向电阻，发射极横向电阻会影响前电极栅线之间的电流收集。其三，发射极扩散得较浅，会在后续的金属栅线烧结工艺中使金属原子扩散穿透发射区形成漏电。

因此发射极的制备实际上是处于一种相互矛盾的需求之中。必须在杂质浓度的轻重、结的深浅之间寻求某种平衡，找到优化条件。这种平衡牵涉到表面钝化、发射极电阻、发射区少子寿命、电极栅线等多种制备工艺，需要综合考虑。特别值得注意的是，由于这些工艺的技术在不断地进步，因此扩散特性的优化条件是随着产业技术的发展而变化的。这些不同工艺之间的平衡关系将在第 7 章中讨论。在此仅举一个例子。在 2010 年之前，产业化的太阳电池工艺中使用的前电极银浆料（如 PV149）适合表面方块电阻为 50～60Ω/□。此时扩散工艺的优化必须适应这种浆料，如果掺杂浓度过轻，比如方块电阻达到70～80Ω/□，则会产生很大的接触电阻，降低电池的填充因子。另一方面如果结深过浅，这种浆料在烧结过程中会穿透pn结形成短路。而在2012年杜邦公司推出了新款前银浆料PV17A，该浆料已经可以适应方块电阻为70～80Ω/□的发射极，因此扩散浓度可以做得更轻而不增加接触电阻。未来很有可能出现适应更高发射极方阻及更浅的pn结深的浆料，使得扩散工艺必须重新调整，杂质浓度分布必须重新优化。

Arora等[3-41]认为降低前表面的表面复合速率和扩散区中内建场的梯度，可以提高扩散$n^+$区对短路电流的贡献。他们建议采用深扩散的办法降低内建场梯度。事实上内建场大小本身与内建场梯度都会对光生电流产生影响。对于高效晶体硅太阳电池结构，优化的发射极剖面分布如图3-21所示。其中掺杂较重的$n^{++}$层的作用是获得较好的金属-半导体接触，同时能够得到较高的内建电场。而相对轻掺杂的较深$n^+$区的作用则是降低电场的梯度分布，有利于光电流的产生和收集。要得到这样的剖面分布，一般情况是采用多温区平台扩散方法代替常规的单个温度平台[42]，其工艺温度曲线如图3-22所示。

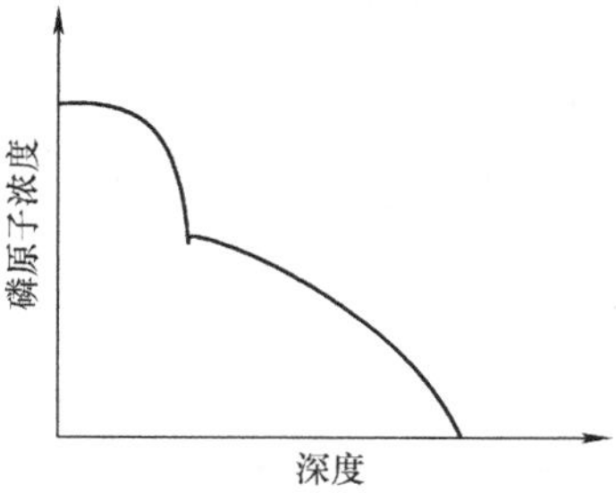


图3-21 优化的磷掺杂剖面分布

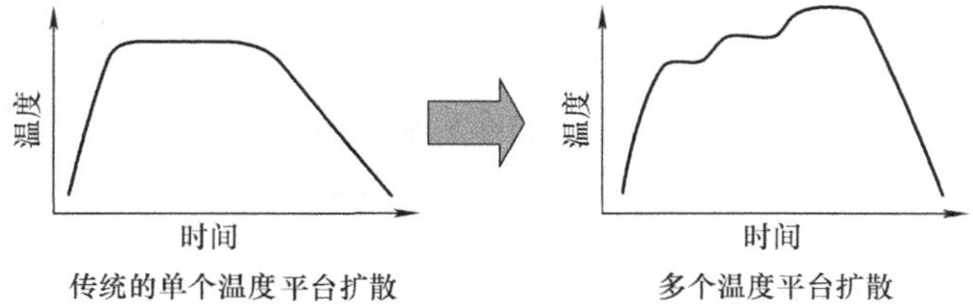


图3-22 经过优化的掺杂工艺曲线

扩散工艺应在十分清洁的环境中运行。扩散用的器皿、工具要经过严格的清洗处理。还应注意保证去离子水和关键化学试剂的纯度。常规硅太阳电池是一个大面积的二极管，仅需一次扩散，工艺似乎很简单。实际上，获得光电能量转换良好的大面积pn结十分不易，它与下列很多因素都有关系：表面准备、扩散中使用的气体成分、扩散时间、扩散温度、扩散时硅片的加热过程、通源量、石英舟的式样、硅片放置法、环境及器皿清洁程度，以至于工具的使用方法等。选择扩散条件的困难在于当改进某个电池参数（例如开路电压）时，有可能引起其他参数（例如短路电流或填充因子）的衰减。因此，需要对实际情况作具体分析，并经反复试验，才能够确定某一特定情况下的最佳扩散工艺条件。在制备过程中，应尽量减少处理带来的对pn结的损伤。另外，扩散后的硅片要存放于清洁环境中，免受玷污。

## 3.6 扩散特性的测量技术

表 3-3 归纳了一些广泛使用的表征扩散的测量技术。薄层载流子浓度还可以与结深测量结合。测试的方法包括对载流子深度分布和掺杂原子浓度的深度分布测试。

表 3-3　常用的几种测试扩散效果的方法

| 技术 | 灵敏度/（原子/$cm^3$） | 测试点的尺寸 | 测试的对象 |
|---|---|---|---|
| 倾斜面及染色 | 约 $10^{12}$ | 约 1mm | 结深 |
| 电容-电压测试（CV） | 约 $10^{12}$ | 约 0.5mm | 电学活性掺杂浓度与深度的关系 |
| 四探针 | 约 $10^{12}$ | 约 0.5mm | 方块电阻，如果知道结深，那么就可以转换成平均电阻率 |
| 二次离子质谱（SIMS） | 约 $10^{16}$ | 约 1mm | 原子浓度和掺杂类型的深度分布 |
| 扩展电阻测试（SRP） | 约 $10^{12}$ | 0.1mm | 电学活性掺杂与深度的分布 |

### 3.6.1 倾斜和染色法

倾斜和染色法是一种简单的、容易操作的测量结深的技术。可以通过一个圆柱形的磨轮穿透整个需要测试的结区域形成槽，或者是在整个结中研磨形成倾斜的剖面。然后用染色的溶剂，这种溶剂能够使结染上颜色。如果知道倾斜的角度或者磨轮的直径，通过测量染色区域的面积就能够知道结的深度。结深的计算式通过测量 $x$ 和使用合适的几何修正去决定 $x_j$，其几何关系如图 3-23 所示。

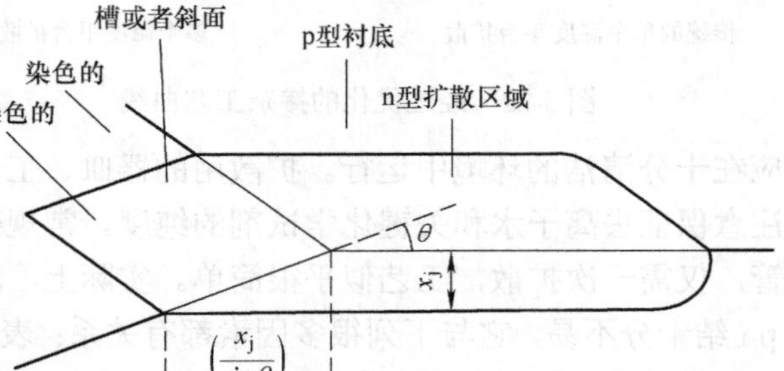


图 3-23　倾斜面及染色的结深测量方法

染色采用选择性腐蚀的方法，酸性溶液的配比如下：

$$HF : HNO_3 : C_2H_4O_2=1 : 3 : 10$$

对于 p 型硅，染色会变成黑色。染色腐蚀后，用一个带刻度目镜的光学显微镜测量被染色区域的宽度。根据已知的斜边和凹槽的几何尺寸就可以计算出结深。

准确度和重复性的限制使染色法不能用于小于 1μm 的结深测量。因此，这种方法基本上已经不常用了。

### 3.6.2 四探针测试法

测量电阻率最常用的方法是四探针法，其测试原理如图 3-24 所示，其中探针间的距离相等。一个从恒定电流源来的小电流 $I$，流经靠外侧的两个探针，而对于内侧的两个探针间，测量其电压值 $V$。就一个薄的半导体样品而言，若其厚度为 $W$，且 $W$ 远小于样品直径 $d$，其电阻率为

$$\rho = \frac{V}{I}WCF \tag{3-24}$$

其中，$CF$ 表示校正因子，校正因子视 $d/s$ 比例而定，其中 $s$ 为探针的间距，当 $d/s>20$，校正因子趋近于 4.54。

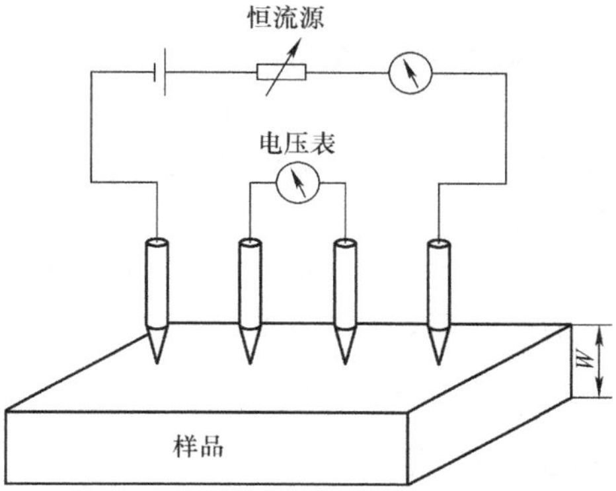

图 3-24　四探针测试方块电阻体系图

四探针方法直接测试扩散之后的薄层电阻 $R_S$，当知道掺杂层的厚度为 $W$，那么根据 $\rho = R_S W$ 也能够得到电阻率。

四探针测试技术有常规的直线四探针技术和矩形四探针技术。一般采用的是直线四探针技术。使用该方法进行半导体材料电阻率测量时，其测量误差会受到温度、电流分布等因素的影响。此外，光照、探针与样品间的接触电阻等问题也是影响仪器测量精度的重要因素。四探针测试法中，电流探针和被测样品间属于欧姆接触，但是接触电阻会对测量造成一定的影响，半导体中的杂质浓度越高，接触电阻越小，因此在测试高方块电阻时，接触电阻带来的误差就会更大。在测试硅材料时，最好能够在暗室中进行，以便减少由于光照产生的载流子对电导率的影响。

### 3.6.3 扩展电阻测试法

另一种用电学方法测量载流子浓度分布的方法称为扩展电阻分布测量（SRP）。它利用的是探针接触点附近电流聚集程度与局部载流子浓度之间的关系。首先，用磨削和抛光的方法将样品磨出一个小角度的斜面。然后，将样品放在载片台上，用一对探针以设定好的压力与样品表面接触。电流聚集于针尖，在两根探针之间造成一个有限的电阻。如果将这一电阻值与一个已知浓度的校准标准值进行比较，用已经开发出的一些方法就可以从电阻率推出载流子的分布。这种方法能够测试得到 $10^{13}/cm^3$ 的浓度。

扩展电阻法的示意图如图 3-25 所示。给针尖加已知大小的电流，测量针尖两

端的电压降。在针尖下面小范围区域内的电阻可以通过下面的式子计算出来：

$$\rho = 2R_{SR}a \tag{3-25}$$

式中，$R_{SR}$ 是扩展电阻；$a$ 是通过测量一个已知电阻率的样品得到的几何因子。

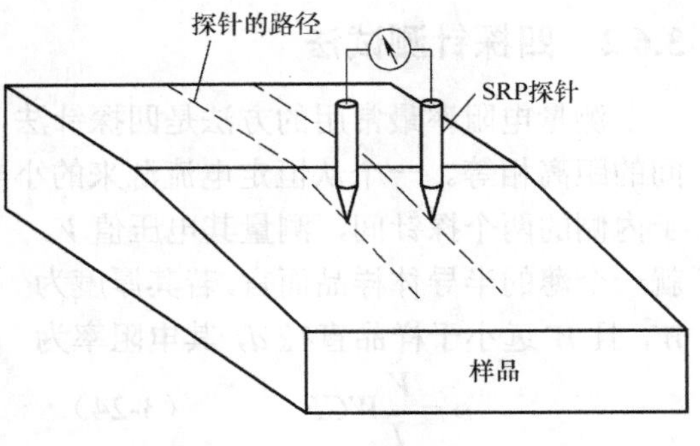

图 3-25　扩展探针分析示意图

根据载流子浓度与电阻率的关系能够计算出载流子浓度。如果探针沿着倾斜面移动能够很好地控制，并且已知倾斜角，那么可以计算出与深度相对应的剖面。SRP 也有局限性，第一是它只能够测试电学活性的掺杂原子，因此在 SRP 测试之前，掺杂原子必须被激活；第二，SRP 要求相对大的测量面积；第三，SRP 是也是损伤性的，并且具有特定的技术灵敏度。

### 3.6.4　电容法

这种方法的基本原理是光激发 $n^+p$ 结构，通过电容探针探测表面势能的变化。这是一种非接触式的方法。当使用能量大于硅半导体禁带宽度的光照射样品时，一部分产生的载流子扩散到 $n^+p$ 结中，减少了 $n^+p$ 原来的势垒高度。其效果等同于在样品的背面加上了一个正向偏压。使用经斩波的光，在光照样品表面的电容探针可以测量势垒的周期变化。测量的电压信号实际上是一种饱和的表面光电压信号。在测试的过程中硅片的面积远大于探测点的面积，因为未激发部分会将产生的载流子取出从而使测试的表面光电压降低。因此测试的信号取决于 $n^+$层的方块电阻。

### 3.6.5　二次离子质谱（SIMS）

当低能量（<30keV）的离子束撞击固体样品表面，部分原子或者原子团会被溅射出样品表面，这其中有少量的原子或者原子团呈离子形态，为了与入射的离子束进行区别，这些来自样品表面的离子称为二次离子。我们可以用质量分析器分析二次离子的质量/电荷比值(m/e)，从而判断样品表面元素组成，这也就是二次离子质谱技术（SIMS）。

离子束连续地轰击硅片表面会导致对表面的刻蚀，因此可以得到深度剖面的分布信息。SIMS 的最小束斑尺寸在 1μm 左右。SIMS 的缺点就是它的灵敏度比较低（近似于 $5\times10^{16}$ 原子/$cm^3$），设备昂贵、使用难度大（一般是大型的半导体公司能够购买），并且 SIMS 是损害性的测试方法。然而 SIMS 不仅能提供原子浓度与深度的关系曲线，并且能够确定原子的种类。由于 SIMS 独特的能力，这种技术经常被广泛用于分析掺杂剖面分布以及确定杂质。检测硅中的掺杂元素磷时，通常选用 $^{31}P^{-}$作为被检测的二次离子，使用 $Cs^{+}$离子源作为一次离子源。因为 $Cs^{+}$一次离子束轰击样品时，样品表面电子逸出功减少，因而使负二次离子的产额增加。

当然，SIMS 自身也存在一定的局限性，主要在于：① 它是一种损伤性的测试方法。② 存在基体效应。由于其他成分的存在，同一元素的二次离子产额会发生变化，这就是 SIMS 的基体效应。清洁表面元素的正二次产额在 $10^{-5}$～$10^{-2}$ 范围内，表面覆盖氧后，离子产额增加 2～3 个量级。③ 具有荷电效应。在用 SIMS 分析绝缘样品时，由于入射离子的作用，会使表面局部带电，从而改变二次离子发射的产额及能量分布等。因此，在对绝缘样品进行分析时，一般用电子中和枪中和表面的荷电效应。④ 样品表面粗糙度和成分的不均匀性对测试结果具有较大的影响。图 3-26 给出了具有不同硅表面粗糙度样品中的磷元素的深度分布。如图中所示，样品不同的表面状况对于一次离子溅射、得到稳定的二次离子浓度值等方面有显著影响。表面状况良好，粗糙度越低的样品，测试的数据与真实的值接近。

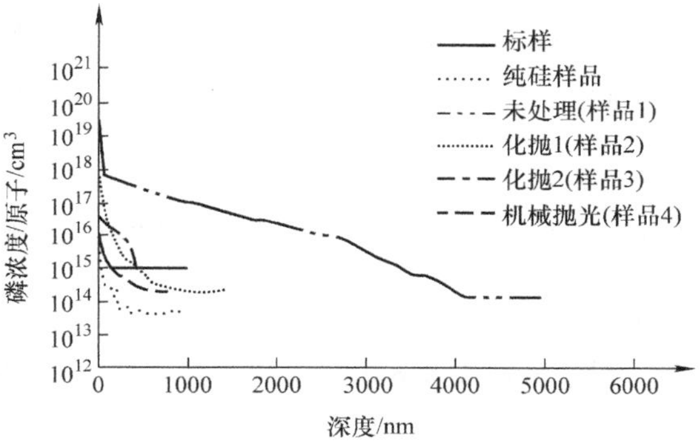


图 3-26 表面不同粗糙度的硅片中的磷原子浓度的深度分布[43]

## 3.6.6 电容-电压（*C-V*）曲线

利用 pn 结或肖特基势垒在反向偏压时的电容特性，可以获得材料中杂质浓度及其分布的信息，这类测量称为 *C-V* 测量技术。这种测量可以提供材料截面均匀性及纵向杂质浓度分布的信息。通过 *C-V* 法，可以得到太阳电池的掺杂浓度以及其深度分布、耗尽区的宽度、结的内建电势值等。

同质结和异质结太阳电池都是主要依靠 pn 结的光生伏特效应工作的。在 pn 结的空间电荷区存在着正、负电荷数精确相等的电偶层。在外电场作用下，电偶层的宽度 $W$ 将随外界电压变化，因而电偶层的电量也随外加电压变化。根据电容的定义 $C=\frac{\Delta Q}{\Delta V}=\frac{dQ}{dV}$，可求出 pn 结的电容。根据平板电容器模型可以得到 $\frac{1}{C^2}=\frac{2}{q\varepsilon_r\varepsilon_0 N_A}(V_R+V_D)$，$V_R$ 为外加电压，$V_D$ 为 pn 结的内建电势。显然，测出不

同反偏压时的 $C$ 值，并以 $\frac{1}{C^2}$、$V_R$ 分别作为纵、横坐标作图，则直线的斜率给出衬底杂质浓度 $N_A$ 的值，而截距给出内建电压 $V_D$ 的值，并由 $W=\frac{\varepsilon_0\varepsilon_r}{C/A}$ 可以计算出耗尽区的宽度 $W$。

对于 pn 异质结太阳电池，有

$$\frac{1}{C^2}=\frac{2(\varepsilon_{r1}N_{A1}+\varepsilon_{r2}N_{D2})(V_D-V)}{\varepsilon_0\varepsilon_{r1}\varepsilon_{r2}qN_{A1}N_{D2}}$$

式中，$N_{A1}$、$N_{D2}$ 分别为 p 型层、n 型层的杂质浓度，通过测量反偏压和电容的关系，同样作出 $\frac{1}{C^2}$-$V$ 图，并外推至 $\frac{1}{C^2}$＝0 处，即可求出内建电势 $V_D$，而直线的斜率 $\frac{\mathrm{d}\left(\frac{1}{C^2}\right)}{\mathrm{d}V}=\frac{2(\varepsilon_{r1}N_{A1}+\varepsilon_{r2}N_{D2})}{\varepsilon_0\varepsilon_{r1}\varepsilon_{r2}qN_{A1}N_{D2}}$，若已知一种半导体材料的杂质浓度，则由斜率算出另一种半导体中的杂质浓度。

对于 n-n 或者 p-p 同型突变异质结，当 $N_{D1}\gg N_{D2}$ 时，结电容公式为

$$C=\left[\frac{q\varepsilon_{r2}\varepsilon_0N_{D2}}{2(V_D-V)}\right]^{\frac{1}{2}}$$

作 $\frac{1}{C^2}$-$V$ 直线，外推至 $\frac{1}{C^2}$＝0 处，即可求出内建电势 $V_D$。从直线斜率也可以求出 $N_{D2}$。上式中的施主浓度若改为受主浓度，则可得出 p-p 突变异质结的公式。

$C$-$V$ 方法有几个明显的缺点：首先是它不能够测量硅中浓度超过 $1\times10^{18}\mathrm{cm}^{-3}$ 的杂质分布。在那样的高杂质浓度下，半导体会发生简并，其性质更像金属而不是半导体。第二个问题就是，电化学 $C$-$V$ 方法在掺杂原子的深度剖面测试过程中，实际上是通过测试载流子的深度分布来实现，由于载流子的分布在耗尽层边缘不是突变的，而是在几个德拜长度范围内缓慢变化。因此，测试的载流子分布并不能很好地描述靠近结区突变的掺杂原子分布。

## 3.7 扩散设备

扩散设备主要分为两类，管式系统和传输带链式系统。其中管式系统按照其尾气排放方式又分为开管和闭管两种；链式系统包括网带、陶瓷滚轮和陶瓷线等。在制造工艺上采用氮气携带三氯氧磷和 $BBr_3$ 的管式高温扩散是目前主流的生产技术，其特点是产量大、工艺成熟、操作简单，石英扩散炉的示意图如图 3-27 所示。盛放硅片的石英舟放置在炉子的石英管中，采用电阻加热方式加热到工

作温度。片子从一端推进和拉出，而在另一端则是气体的入口处。磷或者硼可以通过 $N_2$ 气在 $POCl_3$、$BBr_3$ 等液体中鼓泡而被携带出来进入扩散炉中。固体掺杂源也适用于管式炉的扩散工艺。管式石英扩散炉的装载系统主要有悬臂式（Loading/Unloading）和软着陆式（Soft Contact Loading，SCL）两种。国内扩散炉早期以悬臂式为主，国外以 SCL 为主，但是近几年国产设备也基本上都改为了软着陆式。悬臂式装载系统主要是采用 SiC 桨承载石英舟，在进舟和出舟时 SiC 桨载着舟行进，在扩散过程中悬臂一直留在炉管中，这样设计的缺点是悬臂梁中的杂质会对扩散产生不利的影响。相对于配置悬臂装载机构的扩散炉，SCL 式扩散炉在由悬臂梁将石英舟送入炉管后将其放置于扩散石英管上，悬臂梁随即取出，在扩散过程中悬臂梁并不在炉管内，这样减少了悬臂梁在扩散的高温过程中释放的污染杂质。此外，软着陆式炉管的炉口密封性更易保障，并且不采用石英保温挡圈来避免炉门低温状态。这些设计上的优点减少了对扩散均匀性的影响因素，在生产工艺中能更好地保证扩散的均匀性；同时也极大地降低工艺玷污风险，为高效太阳电池产业应用提供硬件保障。这也是 SCL 式扩散炉逐步取代悬臂装载式扩散炉的原因所在。

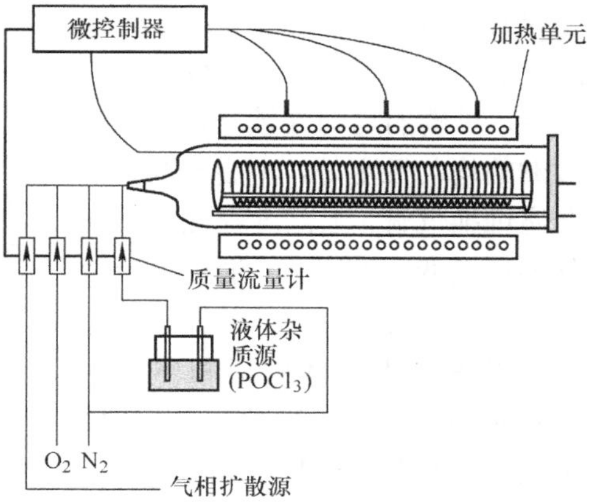

图 3-27 石英扩散炉的示意图

早期的工艺设备主要包括开管扩散与闭管扩散，鉴于对扩散均匀性要求的不断提高和对高转换效率电池大规模生产的要求，现基本采用闭管工艺路线。开管扩散是在扩散炉的两端分别是气路的进气口和排气口。设备示意图如图 3-28 所示。开管式扩散的应用领域主要包括：原位扩散和在预沉积之后的推进扩散。其优点主要是设备价格低，其缺点主要是气体的消耗量比较高，均匀性不好，反应过程中副产物偏磷酸生成量大，且无法有效控制其排放方向，损伤设备；工艺尾气（如 $Cl_2$、HCl 等）如果处理不当，会危害操作者身体健康、污染环境；扩散质量容易受外界环境变化的影响[44]。闭管式扩散的结构与开管式的差别主要是在气路方面的差异，在扩散

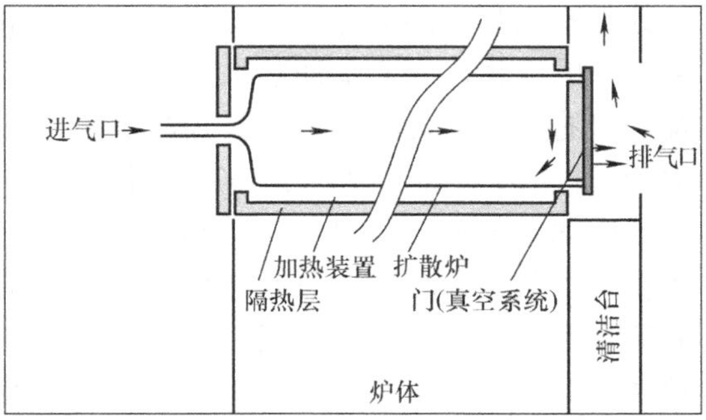

图 3-28 开管扩散炉示意图[45]

炉的一端通入气体，另一端在扩散时完全封闭的，尾气通过一根专门的管路排出。因此石英门可以很严密地封好。其结构如图 3-29 所示。闭管式扩散的应用领域主要是原位扩散和预沉积之后的推进扩散，其主要优点：减少气体的用量，扩磷的均匀性较好，而且扩散硼的均匀性更好，不会冷凝、不会腐蚀换气管，工艺过程几乎不受外界环境变化的影响；消除了开管扩散技术中由于尾气处理不当而存在的操作者身体健康和环境潜在威胁的缺点。缺点就是设备的投资较高。与开管式扩散系统相比，闭管扩散系统将工艺过程与外界环境完全隔离，实现了反应管内各个区域的扩散均匀性，杜绝了外界环境的干扰，有利于工艺质量的分析和控制[44]。随着太阳电池工业的迅猛发展，扩散炉也大跨步地前进，不断地推出新工艺、新方法。

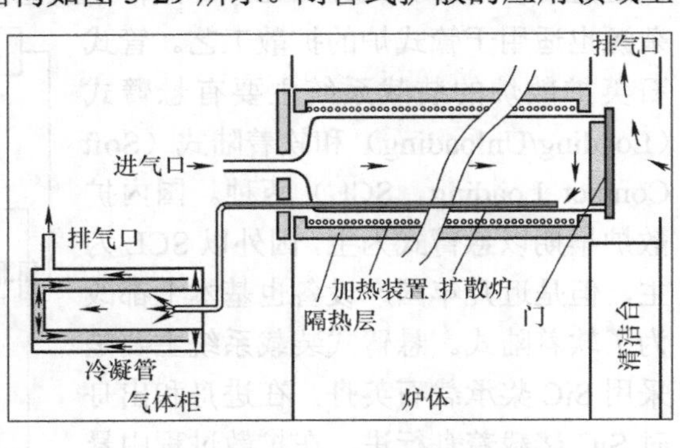


图 3-29　闭管扩散炉示意图

随着电池向大尺寸、超薄化方向发展，以及对低的表面杂质浓度（表面方块电阻 80～120Ω/□，均匀性±3%以内）的需求，减压扩散技术（LYDOP）由于独特的优势而受到重视。在这种技术中，由于工艺中杂质源饱和蒸气压比较低，防止了掺杂气体 $POCl_3$ 的过饱和，这样提高了杂质的分子自由程，它对 156 尺寸的硅片每批次产量 400 片的情况下其扩散均匀性仍优于±3%。此外，这种方法还降低了气体的用量，也不会有尾气处理不当带来的对操作者身体和环境带来的危害，是高品质扩散与环境友好型的生产方式。减压管式扩散（真空管式扩散）设备（见图 3-30），类似于低压化学气相沉积设备，其结构与闭管式扩散设备相同，只是在尾气部分配有真空泵。其缺点是设备成本比较高（SiC 舟），工艺时间会增加。一方面增加了真空工艺从而使系统变得复杂，另一方面由于在高温下获得真空，因此对真空系统有高的要求，而且尾气的处理也需要泵系统。

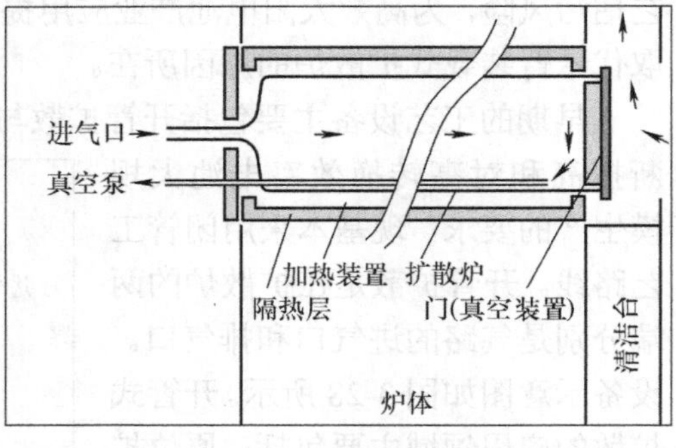


图 3-30　减压管式扩散设备示意图

链式扩散设备不仅适应在线式自动化生产方式，其工艺有喷涂磷酸水溶液扩散与丝网印刷磷浆料扩散两种。包含磷化合物的物质通过丝网印刷、喷涂或者 CVD 方法沉积在硅片的表面，在干燥之后，放置在传送带上通过整个炉子。在几个温区的温度都是可以调整的，尽管炉子是开放式的，但是也可以通入气体。链式扩散炉能够适应大尺寸、薄硅片工艺，便于前后关联设备连接以形成流水线生产作业方式，减少在线操作员工，提高整线自动化水平。片子以一定的带速通过设定为不同温度的区段，这种不同温度段的时间曲线可以拟合管式扩散炉中的温度曲线。一个循环过程包括以下几个步骤：首先在 600℃保温几分钟，通入清洁的空气，在这个温度下浆料中的有机杂质挥发掉，然后开始在 $N_2$ 气氛中 950℃下进行 15min 的扩散。片子只有一面扩散，但是在这种技术中也会存在边缘处并联的结，其原因在于高温过程中还是有一部杂质从硅片表面挥发出来扩散到气氛中，在侧面和背表面进行气相扩散。炉子的加热方式可以使用红外加热器或者电阻加热器。红外加热器具有快速加热和冷却的能力。链式扩散炉中的硅片传输系统有金属网带、陶瓷滚轮和陶瓷线。金属网带扩散系统结构简单，并且投资成本低，但是金属直接与硅片接触，会带来金属污染，同时由于温度的范围限制从而导致工艺窗口有限。而陶瓷滚轮的链式扩散炉不会有金属污染，但是对于翘曲的硅片则会造成片子输运方面的问题，而陶瓷线的传输系统不会有这个问题，后两者的成本较高，工艺窗口有限。

由于在管式石英炉中没有受热的金属元素也没有在管中通入空气，因此管式石英炉的主要优点在于比较干净。尽管只能一批一批的制备，但是可以在一管中同时放入很多硅片，这样也能够达到非常大的产能。产业上使用的炉子一般有四根管子。在链式炉中，外界的空气能够进入到腔体中，热的传输带是金属杂质的源头。链式炉子的优点是可以全自动并且能够流水线式生产。

## 参考文献

[1] F.Huster, "Roller printed mc-Si solar cells with optimized fill factors of 78%," in 17th EPVSC, 2001, pp. 1743-1746.

[2] A.S. Grove, Physics and Technology of Semiconductor Devices: John Wiley 1967.

[3] R. B. Fair, "Concentration Profiles of Diffuse Dopants in Silicon," in Impurity Dopant Processes in Silicon, F. Y. Y. Yang, Ed., ed: North Holland, 1981.

[4] R. M. Harris and D. A. Antoniadis, Appl. Phys. Lett., vol. 43, 937, 1983.

[5] P. Fahey, R. W. Dutton, and S. M. Hu, Appl. Phys. Lett., vol. 44, 777, 1984.

[6] 沃尔夫.H.F. 硅半导体工艺数据手册[M]. 北京：国防工业出版社, 1975.

[7] P. Cousins, "High efficiency, thin double-sided buried contact solar cells on commercial monocrystalline silicon wafers," PhD, University of New South Wales, 2004.

[8] J. D. Brown and P. Kennicott, "Glass Source B diffusion in Si and SiO2," Journal of the Electrochemical Society, vol. 118, pp. pp. 293-300, 1971.

[9] J. Y. S. Horiuchi, "Diffusion of boron in silicon through oxide layer," Japanese Journal of Applied

Physics, vol. 1, pp. pp. 314-323, 1962.

[10] M. B. Edwards, "Screen and Stencil Print Technologies for Industrial N-Type Silicon Solar Cells," PhD.

[11] B. C. a. A. S. Jalal Salami, "Diffusion paste development for printable IBC and bifacial silicon solar cells," presented at the The 4th World Conference on Photovoltaic Energy Conversion, Waikoloa, Hawaii, 2006.

[12] S. H. Yoshiaki Shibata, Kenji Taniguchi and Chihiro Hamaguchi, "Oxidation Enhanced Diffusion of Phosphorus over a Wide Range of Oxidation Rates," J. Electrochem. Soc., vol. 139, p. 231, 1992.

[13] M. M. Atalla and E. Tannenbaum, "Impurity Redistribution and Junction Formation in Silicon by Thermal Oxidation," Bell System Tech. J, vol. 39, 933, 1960.

[14] Fahey and Dutton.

[15] R. W. D. P. M. Fahey, and S. M. Hu； , "Supersaturation of Interstitials and Undersaturation of Vacancies During Phosphorus Diffusion in Silicon," Appl. Phys. Lett., vol. 44, p. 777, 1984.

[16] R. W. D. A.M. Lin, and D.A. Antoniadis, presented at the Electrochemical Society Meeting, Boston, Massachusetts, 1979.

[17] B. H. Jan Benick, O. Schultz and Stefan W. Glunz, "Surface passivation of boron diffused emitters for high efficiency solar cells."

[18] T. S. K. Shimakura, and Y. Yadoiwa [NEC], "Boron and Phosphorus Diffusion through an $SiO_2$ layer from a Doped Polycrystalline Si Source under Various Drive-in Ambients," Solid State Electronics, vol. 18, 991, 1975.

[19] R. Ghoshtagore, "Silicon Dioxide Masking of Phosphorus Diffusion in Silicon," Solid State Electronics, vol. 18, p. 399, 1975.

[20] R. Ghoshtagore, "Phosphorus Diffusion Processes inSiO2 Films," Thin Solid Films, vol. 25, p. 501.

[21] Anonymity. (2010). Boron and Phosphorus Diffusion in Oxides. Available: http://www.enigmatic-consulting.com/semiconductor_processing/select.

[22] P. Wilson, "The Diffusion of Boron in the Si-$SiO_2$ System," Solid State Electronics, vol. 15, p. 961, 1972.

[23] Y. Shacham-diamand, W. Oldham, and J. E. Mater, "The Effect of Hydrogen on Boron Diffusion in $SiO_2$," J. Elect. Mater., vol. 15, p. 229, 1986.

[24] C. W. a. F. Lai, "Ambient and dopant effects on boron diffusion in oxides," Appl Phys Lett, vol. 48, p. 1658, 1986.

[25] S. M. a. P. E. U. Manchester], "Studies on diffusion of Boron through Silicon Oxide Films," Thin Solid Films, vol. 14, p. 299, 1972.

[26] K. S. T. Aoyama, H. Tashiro, Y. Toda, T. Yamazaki, K. Takasaki, and T. Ito [Fujitsu], "Effect of fluorine on boron diffusion in thin silicon dioxides and oxynitride," J. Appl. Phys., vol. 77, p. 417, 1995.

[27] O. D. Trapp, Semiconductor Technology Handbook: Technology Associates, 1993.

[28] 陈金学，席珍强，吴冬冬，杨德仁. 变温磷吸杂对多晶硅性能的影响[J]. 太阳能学报, 2007,(28): 160.

[29] A. C. D. Macdonald, A. Kinomura, Y. Nakano and L.J. Geerligs;, J. Appl. Phys. , vol. 97, p. 033523, 2005.

[30] S. R. D. Schwagerer, H. Habenicht, O. Schultz, W. Warta;, in 22nd Europen Photovoltaic Solar Energy Conference and Exhibition, Milan, Italy, 2007.

[31] O. Schultz, "High-Efficiency Multicrystalline Silicon Solar Cells," PhD, 2005.

[32] D. D.H. Macdonald, Canberra. (2001). Recombination and trapping in multicrystalline silicon solar cells.

[33] T. Buonassisi, A.A. Istratov, M.A. Marcus, S. Peters, C. Ballif, M. Heuer, T.F. Ciszek, Z. Cai, B. Lai, R. Schindler, and a. E. R. Weber, "Synchrotronbased investigations into metallic impurity distribution and defect engineering in multicrystalline silicon via thermal treatments," presented at the Proceedings of the 31st IEEE Photovoltaic Specialists Conference, 2005, p. 1027- 1030.

[34] A. A. I. T. Buonassisi, M.A. Marcus, S. Peters, C. Ballif, M. Heuer, and Z. C. T.F. Ciszek, B. Lai, R. Schindler, and E.R. Weber, "Synchrotronbased investigations into metallic impurity distribution and defectengineering in multicrystalline silicon via thermal treatments," presented at the Proceedings of the 31st IEEE Photovoltaic Specialists Conference, 2005.

[35] J. Y. L. S. Peters, C. Ballif, D. Borchert, S.W. Glunz, W. Warta, and G. and Willeke, "Rapid thermal processing: A comprehensive classification ofsilicon materials," in Proceedings of the 29th IEEE Photovoltaics SpecialistsConference, New Orleans, Louisiana, USA, 2002, pp. 214-7.

[36] J. Guo, "High-efficiency n-type laser grooved buried contact silicon solar cells," PhD, University of New South Wales, 2004.

[37] S. Prussin, "Generation and distribution of dislocations by solute diffusion," Journal of Applied Physics, vol. 32, pp. pp. 1876-1881, 1961.

[38] T. Parker, "Diffusion in silicon. I. Effect of dislocation motion on the diffusion coefficients of boron and phosphorus in silicon," Journal of Applied Physics, vol. 38, pp. pp. 3471 -3477, 1967.

[39] H. Queisser, "Slip patterns on boron-doped silicon surface," Journal of Applied Physics, vol. 32, pp. pp. 1776-1780, 1961.

[40] R. Sutherland, "Influence of boron induced and oxidation induced defects on bipolar transistor slice yield," Solid-State Electronics, vol. 25, pp. pp. 15-23, 1982.

[41] S. N. S. a. P. C. M. J. D. Arora, Solid-State Electron, vol. 24, p. 739, 1981.

[42] A. F. S. Y. Komastsu, P. Venema, Vlooswijk, A.H.G. Meyer, C. Koorn, M., "Sophistication of doping profile manipulation - emitter performance improvement without additional process step," ECN-M, vol. 10-021, p. 6, 2010.

[43] 陈密惠，何秀坤，马农农，曹全喜. 硅中磷掺杂的SIMS定量检测[J]. 电子科技, 2010,(23): 68.

[44] 向小龙，彭志虹，朱晓明. 应用于扩散工艺中的闭管扩散技术[J]. 微细加工技术, 2006,(6).

[45] presented at the 2nd PV Production Equipment Conference, Shenzhen, 2008.

# 第 4 章　钝化和减反射技术

表面钝化和减反射使用了同一种工艺，即在太阳电池的前表面镀制一层薄膜，这层薄膜兼有表面钝化和减反射的作用。目前采用的方法是等离子体增强化学气相沉积（PECVD）技术，但也有采用其他技术的，例如磁控溅射（PVD）或原子层沉积（ALD）等。通常在背表面全部覆盖金属，但是在进一步提高太阳电池效率的技术中也开始在背表面进行钝化。此外，背表面还要考虑增加反射的功能。

在第 1 章中简要论述了在半导体中少数载流子的复合，在体内主要有三种复合机理，即辐射复合、陷阱辅助复合（SRH）和俄歇复合。在表面处由于出现了硅的悬挂键，表面复合主要是 SRH 复合。

表面悬挂键反映在能带空间中就是在带隙中形成一定数量的陷阱能级，这些陷阱能级呈一定的分布，不同深度的陷阱能级所能引起的载流子复合的概率不同。这些表面陷阱能级还会带有正电或负电，因此对于运动到表面的非平衡电子或空穴有吸引或排斥作用。

对于表面而言，钝化的目的就是要尽量减少这些表面陷阱所能引起的非平衡载流子（通常是少子）的复合，其通常的做法是在半导体表面制备一层薄膜，依靠薄膜中的各种原子（如氢原子、氧原子、氮原子等）与半导体表面悬挂键结合，将这些陷阱能级饱和，或者通过调制表面势场使载流子远离表面，从而降低表面陷阱对载流子寿命的影响。

## 4.1　过剩载流子的复合机理

在半导体中，过剩载流子的复合，主要有辐射复合、陷阱辅助（SRH）复合和俄歇复合三种机理。

在热平衡时，体内的电子和空穴浓度符合如下关系：

对于 n 型半导体　$$n_0 = N_D\text{，}\quad n_0 = \frac{n_i^2}{p_0} \tag{4-1}$$

对于 p 型半导体　$$p_0 = N_A\text{，}\quad p_0 = \frac{n_i^2}{n_0} \tag{4-2}$$

式中，$n_0$、$p_0$ 分别表示热平衡时的电子和空穴的浓度；$n_i$ 表示本征载流子浓度；$N_D$、$N_A$ 分别为施主掺杂浓度和受主掺杂浓度。

光照时会产生非平衡的过剩载流子，即

$$\Delta n = n - n_0$$
$$\Delta p = p - p_0 \tag{4-3}$$

定义过剩载流子复合率 $U(\mathrm{cm^{-3}s^{-1}})$为

$$\frac{\partial \Delta n(t)}{\partial t} = -U(\Delta n(t), n_0, p_0) \tag{4-4}$$

复合率的物理意义是单位时间内过剩载流子浓度的下降。

定义时间常数$\tau$为

$$\tau = \frac{\Delta n(t)}{U(n_0, p_0)} \tag{4-5}$$

这个时间常数$\tau$称为过剩载流子的寿命。由于晶体硅太阳电池的光电流主要由光生少子的扩散电流决定，因此我们下面主要关心光生少子的寿命。

复合率可以相加为

$$U(\Delta n(t), n_0, p_0) = U_1(\Delta n(t), n_0, p_0) + U_2(\Delta n(t), n_0, p_0) + \cdots \tag{4-6}$$

因此，作为时间常数的少子寿命也可以相加，即

$$\frac{1}{\tau_{\mathrm{eff}}} = \frac{1}{\tau_1} + \frac{1}{\tau_2} + \frac{1}{\tau_3} + \cdots \tag{4-7}$$

式中，$\tau_{\mathrm{eff}}$称为有效少子寿命；$\tau_1$、$\tau_2$…是分项少子寿命，比如体内、表面、辐射、俄歇、SRH 等复合机理所对应的少子寿命。

对于体内复合，有三种复合机理。因此有

$$\frac{1}{\tau_{\mathrm{b}}} = \frac{1}{\tau_{\mathrm{rad}}} + \frac{1}{\tau_{\mathrm{A}}} + \frac{1}{\tau_{\mathrm{SHR}}} \tag{4-8}$$

式中，$\tau_{\mathrm{b}}$表示体内总复合寿命；$\tau_{\mathrm{rad}}$表示辐射复合寿命；$\tau_{\mathrm{A}}$表示俄歇复合寿命；$\tau_{\mathrm{SRH}}$表示 SRH 复合寿命。

1. 辐射复合

辐射复合与一对电子-空穴对有关，在间接带隙材料中由于需要声子协助保持动量守恒，因此复合率不大。

$$U_{\mathrm{rad}} = B(np - n_{\mathrm{i}}^2) \tag{4-9}$$

$$\tau_{\mathrm{rad}} = \frac{1}{B(n_0 + p_0) + B\Delta n} \tag{4-10}$$

从这些式子可以看出，辐射复合的少子寿命不仅与材料本身的特性有关（$n_0$、$p_0$、B），而且与注入水平$\Delta n$ 有关。系数 $B$ 与温度有关，对于硅材料，$T$=300K 时，$B=0.95\times10^{14}\mathrm{cm^3s^{-1}}$[1]。

对于低注入情况（$n_0+p_0 \gg \Delta n$），有

$$\tau_{\mathrm{rad}}^{\mathrm{low}} = \frac{1}{BN_{\mathrm{dot}}} \tag{4-11}$$

对于高注入情况（$n_0+p_0 \ll \Delta n$），有

$$\tau_{\text{rad}}^{\text{hight}} = \frac{1}{B\Delta n} \tag{4-12}$$

式中，$N_{\text{dot}}$ 是主要掺杂剂的掺杂浓度。

2. 俄歇复合

俄歇复合指电子与空穴复合后将能量传递给另外一个导带中的电子（eeh）或价带中的空穴（ehh）从而发生无辐射跃迁。

$$U_{\text{A}} = C_{\text{n}}(n^2 p - n_{\text{i}}^2 n_0) + C_{\text{p}}(np^2 - n_{\text{i}}^2 p_0) \tag{4-13}$$

式中，第一项表示电子俄歇复合过程，第二项表示空穴俄歇复合过程。可以看到，俄歇复合也与非平衡载流子浓度有关。可以分别给出低注入和高注入时 p 型半导体和 n 型半导体的俄歇复合少子寿命：

对于 p 型半导体：

$$\tau_{\text{A}}^{\text{low,p}} = \frac{1}{C_{\text{p}} N_{\text{A}}^2} \qquad \tau_{\text{A}}^{\text{high,p}} = \frac{1}{(C_{\text{n}} + C_{\text{p}})\Delta p^2} = \frac{1}{C_a \Delta p^2} \tag{4-14}$$

对于 n 型半导体：

$$\tau_{\text{A}}^{\text{low,n}} = \frac{1}{C_{\text{n}} N_{\text{D}}^2} \qquad \tau_{\text{A}}^{\text{high,n}} = \frac{1}{(C_{\text{n}} + C_{\text{p}})\Delta n^2} = \frac{1}{C_a \Delta n^2} \tag{4-15}$$

式中，$C_{\text{n}}$ 是电子过程的俄歇系数；$C_{\text{p}}$ 是空穴过程的俄歇系数；$C_{\text{a}}$ 是双极过程俄歇系数 $C_{\text{a}}=C_{\text{n}}+C_{\text{p}}$[2]。

实验发现，在低掺杂浓度和低注入的情况下，俄歇系数会变大。Hangleiter 和 Hacker 提出这是库仑相互作用的结果[3]。因此引入所谓的增强因子 $g_{\text{eeh}}$ 和 $g_{\text{ehh}}$，考虑库仑相互作用的俄歇复合寿命为

$$\tau_{\text{CE,A}} = \frac{n - n_0}{C_{\text{n}}^*(n^2 p - n_{\text{i}}^2 n_0) + C_{\text{p}}^*(np^2 - n_{\text{i}}^2 p_0)} \tag{4-16}$$

式中，考虑库伦相互作用的俄歇系数为

$$\begin{aligned} C_{\text{n}}^* &= g_{\text{eeh}} C_{\text{n}} \\ C_{\text{p}}^* &= g_{\text{ehh}} C_{\text{p}} \end{aligned} \tag{4-17}$$

俄歇复合的库伦增强因子 $g_{\text{eeh}}$ 和 $g_{\text{ehh}}$ 为

$$\begin{aligned} g_{\text{eeh}} &= 1 + (g_{\text{max,n}} - 1) \times \left(1 - \tanh\left[\left\{\frac{n}{5\times10^{16}}\right\}^{0.34}\right]\right) \\ g_{\text{ehh}} &= 1 + (g_{\text{max,p}} - 1) \times \left(1 - \tanh\left[\left\{\frac{p}{5\times10^{16}}\right\}^{0.29}\right]\right) \end{aligned} \tag{4-18}$$

式中，$g_{\text{max,n}} = 235548\text{T}^{-1.5013}$；$g_{\text{max,p}} = 564812\text{T}^{-1.6546}$ 。

3. 陷阱辅助复合（SRH 复合）

陷阱辅助复合即缺陷复合可以有 4 个过程：① 电子激发；② 电子俘获；③ 空穴激发；④ 空穴俘获。按照 SRH 理论，净单一缺陷态的复合率为

$$U_{\text{SRH}} = \frac{(np - n_i^2)}{\tau_{p0}(n + n_1) + \tau_{n0}(p + p_1)} \tag{4-19}$$

式中，$\tau_{n0} = (\sigma_n \upsilon_{th} N_t)^{-1}$ 为电子俘获时间常数；$\tau_{p0} = (\sigma_p \upsilon_{th} N_t)^{-1}$ 为空穴俘获时间常数；$\upsilon_{th} = \sqrt{8kT / \pi m_{th}^*}$ 为平衡热载流子速度；$N_t$ 为掺杂浓度，$m_{th}^*$ 为载流子有效质量，对于电子 $m_{th}^* = 0.28m_0$，对空穴 $m_{th}^* = 0.41m_0$，$\sigma_n$ 和 $\sigma_p$ 为电子和空穴的俘获截面。统计因子定义为

$$n_1 = n_i \exp\left(\frac{E_t - E_i}{KT}\right), p_1 = n_i \exp\left(-\frac{E_t - E_i}{KT}\right) \tag{4-20}$$

它表示在杂质能级上电子或空穴的分布，其中 $E_t$ 为杂质能级。由此，得到陷阱辅助复合引起的少子寿命为

$$\tau_{\text{SRH}} = \frac{\tau_{p0}(n_0 + n_1 + \Delta n) + \tau_{n0}(p_0 + p_1 + \Delta n)}{p_0 + n_0 + \Delta n} \tag{4-21}$$

在低注入时，少子寿命与注入水平无关：

对于 n 型半导体：
$$\tau_{\text{SRH}} = \tau_{n0}\left(\frac{p_1}{n_0}\right) + \tau_{p0}\left(1 + \frac{n_1}{n_0}\right) \tag{4-22}$$

对于 p 型半导体：
$$\tau_{\text{SRH}} = \tau_{p0}\left(\frac{n_1}{p_0}\right) + \tau_{n0}\left(1 + \frac{p_1}{p_0}\right) \tag{4-23}$$

按照 SRH 理论，在低注入时，杂质浓度和其在带隙中的位置对少子寿命的影响绘于图 4-1。由图中可见，不论浓度是多少，只要在带隙中心处，都使少子寿命降得很低，而对于在带隙边附近的杂质，少子复合的寿命较长。

图 4-2a 绘出了三种复合机理在不同掺杂浓度时的少子寿命。在低掺杂时 SRH 复合机理占主导，而在高掺杂时（$>10^{16}\text{cm}^{-3}$）俄歇复合成为主要复合机理。目前太阳电池的基区掺杂浓度在 $10^{15} \sim 10^{16}\text{cm}^{-3}$ 量级，因此基区的复合仍以 SRH 复合为主。图 4-2b 为复合寿命与过剩载流子浓度的关系。从图中可以看到，随着注入水平的增加，SRH 复合基本不受影响，只在高注入水平下略有下降，而俄歇复合则在高注入水平下明显增强。掺杂浓度的改变对少子复合寿命随注入水平的

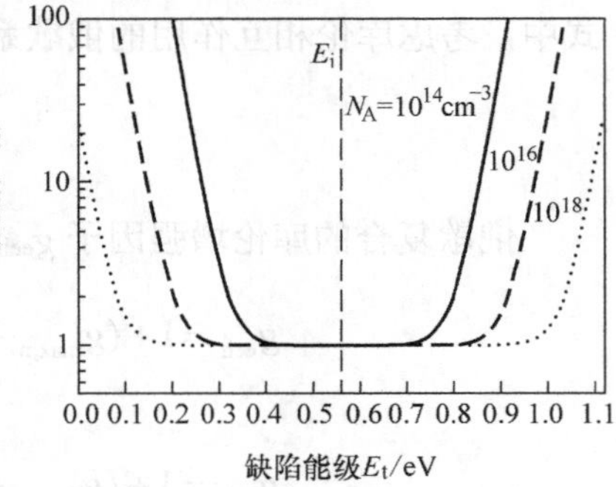


图 4-1　按照 SRH 理论，即式（4-21）绘出的低注入水平时杂质浓度与其在带隙中的位置和少子寿命的关系

变化关系有一定影响，在掺杂比较轻的时候（$N_A=10^{15}cm^{-3}$）在较低的注入水平就进入俄歇复合为主的状态（$\Delta n=10^{15}cm^{-3}$），而在掺杂浓度较高（$N_A=10^{16}cm^{-3}$）时在较高的注入水平才进入俄歇复合状态（$\Delta n=10^{16}cm^{-3}$）。

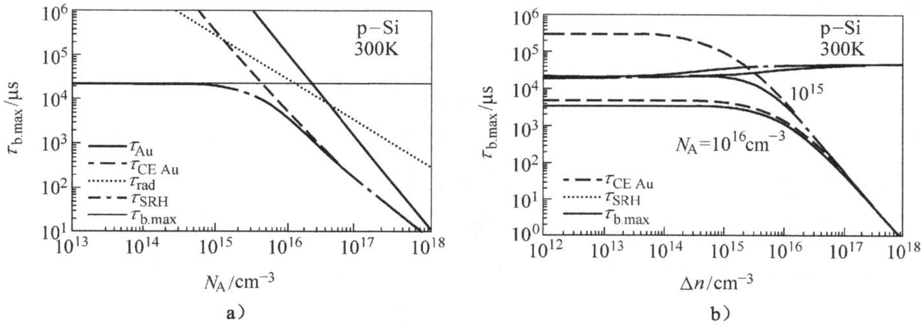


图 4-2　在低注入 300K 时，少子寿命随掺杂浓度（$N_A$）和过剩载流子浓度$\Delta n$ 的关系[4]

## 4.2　表面复合

### 4.2.1　表面复合速率与有效少子寿命

半导体的表面状态往往比体内复杂，因此需要对表面复合做特别细致的研究。表面复合是一个平面的概念，仍使用具有体量纲的复合率 $U$ 就不合适了，因此使用表面复合速率的概念：

$$S=\frac{U}{\Delta n_s} \tag{4-24}$$

式中，$\Delta n_s$ 为表面过剩载流子浓度。表面复合速率的单位为 cm/s。

半导体内的光生载流子浓度$\Delta n$ 符合一维连续方程：

$$\frac{\partial \Delta n(x,t)}{\partial t}=D\frac{\partial^2 \Delta n(x,t)}{\partial x^2}-\frac{\Delta n(x,t)}{\tau_b}+G(x,t) \tag{4-25}$$

式中，$D$ 为载流子的扩散长度；$G(x,t)$为载流子产生率，由于讨论的少子复合机理是在 $t$=0 时刻切断外界光源的情况下研究的，因此 $G$=0。假设前表面的表面复合速率为 $S_1$，背表面复合速率为 $S_2$，硅片厚度为 $W$，则有如下边界条件：

$$\frac{\partial \Delta n(x,t)}{\partial x}=S_1\frac{\Delta n(0,t)}{D}\qquad x=0\ 处 \tag{4-26}$$

$$\frac{\partial \Delta n(x,t)}{\partial x}=-S_2\frac{\Delta n(W,t)}{D}\qquad x=W\ 处 \tag{4-27}$$

式（4-25）的一般解为[5]：

$$\Delta n(x,t)=\sum_{m=1}^{\infty}A_m(x)\exp\left(-\frac{t}{\tau_m}\right) \tag{4-28}$$

$A_m(x)$依赖于初始条件$\Delta n(x,0)$，衰减时间由下式给出：

$$\frac{1}{\tau_m}=\frac{1}{\tau_b}+D_n\gamma_m^2 \tag{4-29}$$

式中，$\gamma_m$ 的是下式的解：

$$\tan(W\gamma_m)=\frac{D_n\gamma_m(S_1+S_2)}{(D_n\gamma_m)^2-S_1S_2} \tag{4-30}$$

总有效少子寿命$\tau_m$可分成体内项$\tau_b$和表面项$D_n\gamma_m^2$。$\gamma_m$与体内少子寿命$\tau_b$无关，而是与表面复合速率有关。$\gamma_m$是单调增加的，即$\gamma_{m+1}>\gamma_m$。另外，$\tau_m$随着 $m$ 的增加衰减得很快，因此，可以近似地只考虑第一项$\gamma_1$，并将$\tau_1$记为有效少子寿命$\tau_{eff}$。另外，假设前后表面具有相同的钝化特性，即 $S_1=S_2=S$，这样式（4-29）记为

$$\frac{1}{\tau_{eff}}=\frac{1}{\tau_b}+\frac{1}{\tau_s} \tag{4-31}$$

式中，$\frac{1}{\tau_s}=D_n\gamma_1^2$。

对于低表面复合速率，在式（4-30）中的正切函数值很小，$\tan(x)\sim x$，因此由该式得到：

$$\frac{1}{\tau_{eff}}=\frac{1}{\tau_b}+\frac{2S}{W} \tag{4-32}$$

式中，$\frac{SW}{D_n}<\frac{1}{4}$。

对目前光伏产业上使用的硅片的厚度为200μm，而扩散系数 $D_n$ 为 $30cm^2/s$，则上式的条件变为 $S$<375cm/s。硅片越薄（即 $W$ 越小），此式成立所允许的表面复合速率越高。

对于高表面复合速率，$\tan(W\gamma_m)\sim\frac{2D_n\gamma_m}{S}$，$\tan(W\gamma_m)\sim\pi-W\gamma_m$，所以 $\pi-W\gamma_m=\frac{2D_n\gamma_m}{S}\sim 0$，并且式（4-30）右侧分母中的$(D_n\gamma_m)^2$可以忽略，则可得到：

$$\frac{1}{\tau_{eff}}=\frac{1}{\tau_b}+D_n\left(\frac{\pi}{W}\right)^2 \tag{4-33}$$

式中，$\frac{SW}{D_n}>100$。

对于上述的硅片尺寸和参数，此式成立的条件为 $S>1.5\times10^5$cm/s。可将式（4-32）和式（4-33）结合起来得到一般条件下的有效少子寿命：

$$\frac{1}{\tau_{eff}}=\frac{1}{\tau_b}+\frac{1}{\tau_s} \tag{4-34}$$

$$\tau_s = \frac{W}{2S} + \frac{1}{D_n}\left(\frac{W}{\pi}\right)^2 \tag{4-35}$$

由此式算出的有效少子寿命在所有表面复合速率 $S$ 的范围内与精确值相差都在 5%以内[6]。

如果硅衬底表面存在 pn 结，也可以将这个 pn 结对硅衬底有效少子寿命的影响近等效为表面复合，对应于一个表面复合速率 $S$，据此通过对硅衬底少子寿命的测量可以推出 pn 结的反向暗饱和电流密度 $J_0$。

pn 结在光照下形成稳态，式（4-25）变为

$$qS\Delta n(d_0) = qD\frac{\mathrm{d}\Delta n(d_0)}{\mathrm{d}x} \tag{4-36}$$

$d_0$ 为发射区与基区连接的边界，在这个边界处还满足下述边界条件[7]：

$$J_0\frac{(N_A + \Delta n)\Delta n - n_i^2}{n_i^2} = qD\frac{\mathrm{d}\Delta n}{\mathrm{d}x} \tag{4-37}$$

当注入水平满足$\Delta n \gg n_i$时，式（4-37）变为

$$J_0\frac{(N_A + \Delta n)\Delta n}{n_i^2} = qD\frac{\mathrm{d}\Delta n}{\mathrm{d}x} \tag{4-38}$$

比较式（4-36）和式（4-38），可得到

$$S = \frac{J_0}{q}\frac{(N_A + \Delta n)}{n_i^2} \tag{4-39}$$

因此，对于双面制备了 pn 结的硅片，其有效少子寿命公式可以表示为

$$\frac{1}{\tau_{\mathrm{eff}}} = \frac{1}{\tau_b} + \frac{2J_0}{qW}\frac{(N_A + \Delta n)}{n_i^2} \tag{4-40}$$

使用此式即可通过测试硅衬底的有效少子寿命，确定其倒数随少子注入浓度的关系（$\frac{1}{\tau_{\mathrm{eff}}} \sim \Delta n$），得到反向暗饱和电流密度（$J_0$），如图 4-3 所示。$J_0$ 反映了 pn 结的多种特性。

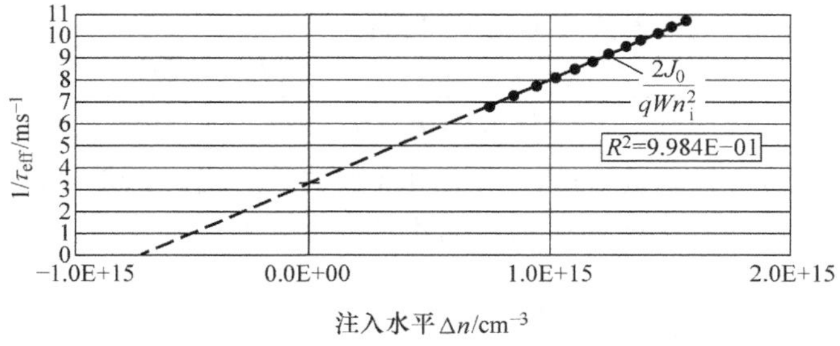


图 4-3　有效少子寿命的倒数与$\Delta n$ 的线性关系用以确定 pn 结反向暗饱和电流密度 $J_0$[7]

上面我们分析了半导体各个部分的复合情况，得到了各种复合机理的少子寿

命关系式。最终的有效少子寿命可以归纳为

$$\frac{1}{\tau_{\text{eff}}}=\frac{1}{\tau_{\text{rad}}}+\frac{1}{\tau_{\text{A}}}+\frac{1}{\tau_{\text{SRH}}}+\frac{1}{\tau_{\text{s}}} \tag{4-41}$$

$$\frac{1}{\tau_{\text{eff}}}=\frac{1}{\tau_{\text{rad}}}+\frac{1}{\tau_{\text{A}}}+\frac{1}{\tau_{\text{SRH}}}+\frac{1}{\dfrac{W}{2S}+\dfrac{1}{D_{\text{n}}}\left(\dfrac{W}{\pi}\right)^2} \tag{4-42}$$

对于双面扩散 pn 结的硅片，上述关系变为

$$\frac{1}{\tau_{\text{eff}}}=\frac{1}{\tau_{\text{rad}}}+\frac{1}{\tau_{\text{A}}}+\frac{1}{\tau_{\text{SRH}}}+\frac{2J_0}{qW}\frac{(N_{\text{A}}+\Delta n)}{n_{\text{i}}^2} \tag{4-43}$$

## 4.2.2 平带近似条件下表面复合速率的计算

表面与体内的不同主要体现在表面存在悬挂键缺陷态，这些缺陷态会在半导体的能带结构中产生与之相对应的能级，可以将单位能量间隔及单位面积界面上的界面缺陷态密度用 $D_{\text{it}}$（单位为 $\text{cm}^{-2}\text{eV}^{-1}$）表示。

根据 SRH 理论，由式（4-19）可以得到表面复合率为

$$U_{\text{s}}=(n_{\text{s}}p_{\text{s}}-n_{\text{i}}^2)\int_{E_{\text{V}}}^{E_{\text{C}}}\frac{v_{\text{th}}D_{\text{it}}(E)\text{d}E}{\sigma_{\text{p}}^{-1}(E)[n_{\text{s}}+n_1(E)]+\sigma_{\text{n}}^{-2}(E)[p_{\text{s}}+p_1(E)]} \tag{4-44}$$

对应于在 $E_{\text{C}}$～$E_{\text{V}}$ 的带隙范围内分布的所有缺陷态 $D_{\text{it}}(E)$所能引起的复合。表面复合速率 $S$ 定义为

$$S(\Delta n_{\text{s}},n_0,p_0)\equiv\frac{U_{\text{s}}(\Delta n_{\text{s}},n_0,p_0)}{\Delta n_{\text{s}}} \tag{4-45}$$

假设半导体仅存在表面与体内的差异，即离开表面的任意位置的状态都与体内相同，从而可以进行如下两点近似：

1）$n_{\text{s0}}=n_0$，$p_{\text{s0}}=p_0$，在无光照时表面载流子浓度等于体内载流子浓度。

2）$\Delta n_{\text{s}}=\Delta p_{\text{s}}=\Delta n=\Delta p$，在有光照时表面的载流子浓度变化等于体内的载流子浓度变化。

上面两个近似实际上是忽略了表面空间电荷引起的能带弯曲，也就是平带近似。由此将式（4-44）代入式（4-45）可得：

$$S(\Delta n_{\text{s}},n_0,p_0)=(n_0+p_0+\Delta n_{\text{s}})\int_{E_{\text{V}}}^{E_{\text{C}}}\frac{v_{\text{th}}D_{\text{it}}(E)\text{d}E}{\sigma_{\text{p}}^{-1}(n_0+n_1+\Delta n_{\text{s}})+\sigma_{\text{n}}^{-1}(p_0+p_1+\Delta n_{\text{s}})} \tag{4-46}$$

式（4-46）通常只有数值解，无法用函数关系解出。但是可以给出两种特例情况下的数值解，而且这两种特例情况还是很重要的。

（1）低注入近似

在低注入情况下，假设 $D_{\text{it}}$ 为常数，有如下关系：

对于 p 型半导体 $$S_{\text{li,max}}=v_{\text{th}}D_{\text{it}}E_{\text{g}}\sigma_{\text{n}} \tag{4-47}$$

对于 n 型半导体 $$S_{\text{li,max}}=v_{\text{th}}D_{\text{it}}E_{\text{g}}\sigma_{\text{p}} \tag{4-48}$$

可见，在低注入时表面复合速率决定于少子的捕获截面。其中 $E_g=E_C-E_V$。

（2）局域能级近似

对于密度为 $N_{it}(cm^{-2})$的局域能级，有关系式 $D_{it}=N_{it}\delta(E-E_t)$，将此关系代入式（4-46）可得

$$S(\Delta n_s, n_0, p_0)=\frac{n_0+p_0+\Delta n_s}{S_{p0}^{-1}(n_0+n_1+\Delta n_s)+S_{n0}^{-1}(p_0+p_1+\Delta n_s)} \tag{4-49}$$

式中，$S_{p0}=v_{th}\sigma_p N_{it}$；$S_{n0}=v_{th}\sigma_p N_{it}$。

从这些关系式可以看出，在平带近似下表面复合速率与表面缺陷密度、电子和空穴俘获截面以及表面的载流子注入水平有关。由于俘获截面不同，深能级与浅能级对于表面复合速率的影响是不同的。如图 4-4 所示，对于低注入情况，深能级复合速率较浅能级大很多。低注入时浅能级复合速率较低。随着注入水平的提高，导带中的少子数目增加，使浅能级复合速率上升，虽然深能级的复合速率会有所下降，但是总的复合速率 $\sum S$ 在高注入时会有所上升。图 4-5 给出了不同掺杂浓度的 $S(\Delta n)$ 关系。掺杂浓度越高，表面复合也越重。但在高注入时趋于一致。

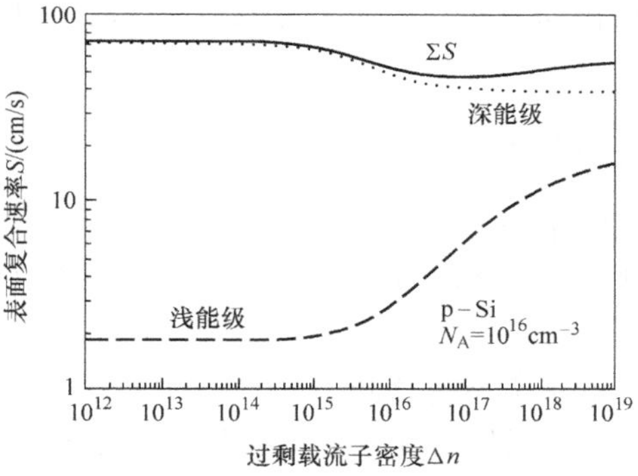


图 4-4　不同深度的表面陷阱能级对于 $S(\Delta n)$的影响（$D_{it}$为分段函数，深能级能量为 $0.18<E_t-E_V<0.94$ 时，态密度为 $10^{10}eV^{-1}cm^{-2}$，其余能量区间态密度为 0。浅能级能量为 $0.18<E_t-E_V<0.94$ 时，态密度为 0，其余能量区间态密度为 $10^{10}eV^{-1}cm^{-2}$。$\sigma_n/\sigma_p=1$，$N_A=10^{16}\ cm^{-3}$，$n_i=10^{10}\ cm^{-3}$，$T$=300K，$\sigma_n=\sigma_p=10^{-15}\ cm^2$）[8]

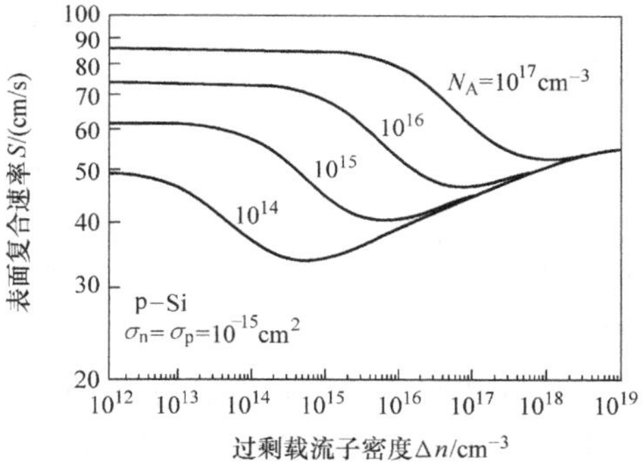


图 4-5　计算得到的不同掺杂浓度对于 $S(\Delta n)$的关系影响（p 型衬底，$D_{it}=10^{10}eV^{-1}cm^{-2}$，$\sigma_n=\sigma_p=10^{-15}\ cm^2$）[8]

要降低表面复合速率，提高有效少子寿命，可以有如下两个不同的途径，这样的降低表面复合速率的做法称为钝化：

1）减少表面态密度 $D_{it}$。因为从式（4-46）可以看出 $S$ 与 $D_{it}$ 成正比。这种钝化表面的方法称为化学钝化。

2）尽量加大两种载流子的差别，使其偏离最大复合速率 $n_s\sigma_n=p_s\sigma_n$ 的区间。

这种降低复合速率的方法可以通过在表面处施加电荷或电场来实现。这种表面钝化的方法称为场钝化。

在实际的太阳电池的制作过程中，表面钝化是通过在电池表面沉积一层介质钝化膜来实现的。往往化学钝化和场钝化两种作用机理会同时起作用。

### 4.2.3　介质层钝化的表面复合理论

当介质层与半导体接触时，一方面，介质层材料中的某些原子（比如氢原子）会与半导体表面的悬挂键成键，从而减少界面缺陷态，起到表面化学钝化的作用；另一方面，在介质层内部及界面上或附近还会存在电荷，这些电荷会在半导体表面一定深度范围内诱导出一个空间电荷区。这个空间电荷区中内建电场的存在，会使半导体内的载流子电子和空穴中的一种难以靠近半导体表面，从而降低界面缺陷态引起载流子复合的可能，起到场钝化的作用。

此时，研究半导体表面的载流子复合行为，就不能只考虑半导体的纯表面特性了，因为这个表面空间电荷区内的载流子复合行为也与半导体体内不同。因此，需要将半导体的纯表面与近表面的空间电荷区统一近似成一个有效表面，才能采用上节中介绍的表面复合速率理论，此时获得的表面复合速率可以写成 $S_{eff}$。根据表面复合速率的定义可以得到：

$$S_{eff}=\frac{1}{\Delta n_{dsc}}\int_0^{d_{sc}}U(z)dz \tag{4-50}$$

式中，$z$ 表示离开表面的距离；$d_{sc}$ 表示空间电荷区的宽度，即所近似的有效表面离开真正的表面的深度，在这个有效表面上的过剩载流子浓度记为 $\Delta n_{dsc}$，这个浓度与半导体体内的过剩载流子浓度 $\Delta n$ 相同。

由于半导体的实际表面与空间电荷区内的状态不同，因此 $U(z)$ 在 $z=0$ 处有不同于其他位置的表述，因此，可以将真正的表面上发生的复合提取出来，由此得到：

$$S_{eff}=\frac{U(0)}{\Delta n_{dsc}}+\frac{1}{\Delta n_{dsc}}\int_0^{d_{sc}}U(z)dz \tag{4-51}$$

前一项是真正的表面复合速率 $S_{it}$，而后一项是由空间电荷区引起的复合速率，称为 $S_{sc}$，即

$$S_{eff}=S_{it}+S_{sc} \tag{4-52}$$

表面空间电荷区中的复合速率 $S_{sc}$ 又可以分成其中的缺陷能级引起的复合速率 $S_{sc,SRH}$ 和俄歇复合速率 $S_{sc,A}$。由此总的表面复合速率可表示为

$$S_{eff}=S_{it}+S_{sc,SRH}+S_{sc,A} \tag{4-53}$$

这样，半导体与介质层接触的界面就可以分成两个区域，纯表面区和空间电荷区。纯表面区可以看成是基本没有厚度的界面，在这个界面上产生的复合由 $D_{it}$ 引起，其表面复合速率记为 $S_{it}$。而空间电荷区中的复合与其中存在的电荷及其分布状态有关，将在这个表面空间电荷区内存在的总的电荷密度记为 $Q_{sc}(cm^{-2})$，其

是可能存在的电子、空穴，以及固定离子电荷密度的总和。$Q_{sc}$ 除了与半导体的掺杂情况和注入水平有关外，更主要的是与半导体与介质层接触界面上的电荷 $Q_{it}(cm^{-2})$和在介质层中存在的固定电荷 $Q_f(cm^{-2})$有关。$Q_f$ 取决于具体介质层与半导体接触界面的材料特性。而 $Q_{it}$ 则来自于表面陷阱态的占据状态。表面陷阱态有三种状态：空态、电子占据态、空穴占据态。相应地有两种类型的能级，一种称为类受主能级，它空态（未被占据）时为中性，被一个电子占据时带负电；另一类是类施主态，它空态时为中性，被一个空穴占据时带正电。将电子的占据函数记为 $f_a$，空穴的占据函数记为 $f_d$，相应地类受主态密度记为 $D_{it,a}$，类施主态密度记为 $D_{it,d}$。表面陷阱态由于被电子或空穴占据而带有的总电荷 $Q_{it}$ 可由下式给出：

$$Q_{it} = \int_{E_V}^{E_C} \{-D_{it,a}(E) f_a(E) + D_{it,d} f_d(E)\} dE \tag{4-54}$$

负号表示占据类受主能级因多出一个电子而带负电。其中：

$$f_a(E) = \frac{\sigma_n n_s + \sigma_p p_1}{\sigma_n(n_s + n_1) + \sigma_p(p_s + p_1)} \tag{4-55}$$

$$f_d(E) = \frac{\sigma_n n_1 + \sigma_p p_s}{\sigma_n(n_s + n_1) + \sigma_p(p_s + p_1)} \tag{4-56}$$

介质层与半导体接触时，整体表面上的各种电荷之和应该为零。图 4-6 给出了一个 p 型硅与带正电荷的介质层相接触时，表面电荷分布和能带结构示意图。图中假设 $Q_f$ 为正电荷，而且还考虑在介质层的外表面施加了一个外加电荷 $Q_G$，$Q_{it}$ 的正负号是可变的，它与表面状态有关。表面空间电荷区的电荷 $Q_{sc}$ 分为三个部分：$Q_{sc,f}$ 是固定离子电荷，一般是离化的掺杂原子的数量；$Q_{sc,n}$ 是存在的自由电子所带的电量；$Q_{sc,p}$ 是自由空穴所带的电量。由于 $Q_f$ 为正电荷，表面空间电荷区的内建电场会使其内部存在的自由空穴的量非常小，$Q_{sc,p}$ 可以忽略，因而没有在图中标出。这样，在整个表面区域就有如下关系式：

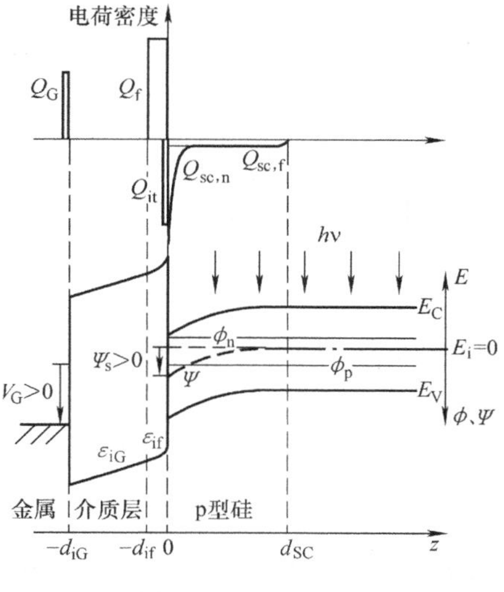


图 4-6　p 型半导体表面覆以带正电荷的介质层所形成的表面能带结构示意图

$$Q_{sc} + Q_{it} + Q_f + Q_G = 0 \tag{4-57}$$

正是由于表面空间电荷区中存在电荷，才使得表面及空间电荷区内的过剩电子浓度不等于过剩空穴浓度，并且不等于体内过剩载流子的浓度，而是与空间电荷区内的势函数分布密切相关。这个势函数分布引起表面处发生能带弯曲，假定电场势函数$\Psi$在半导体体内为 0，在空间电荷区的势函数$\Psi(z)$为正，则能带向下弯曲，为负则能带向上弯曲。将表面处的势函数$\Psi(z=0)$定义为表面势$\Psi s$。这样，整个表面问题就围绕以下几个方面展开：

1）表面电荷 $Q_f$和 $Q_{it}$。

2）空间电荷区的势$\Psi(z)$函数和作为特例的表面势$\Psi s$。

3）表面空间电荷区的载流子分布情况 $n(z)$和 $p(z)$，在表面处则为 $n_s$和 $p_s$。

4）表面复合速率 $S_{it}$和 $S_{sc}$ 的求解。

在所有上述参数中都存在两种状态，一种是无光照的情况，一种是有光照的情况。在有光照的情况下，就存在着这些参数随载流子注入水平变化的情况。将上述所有这些与表面状况相关的参数汇总于图 4-7 中。

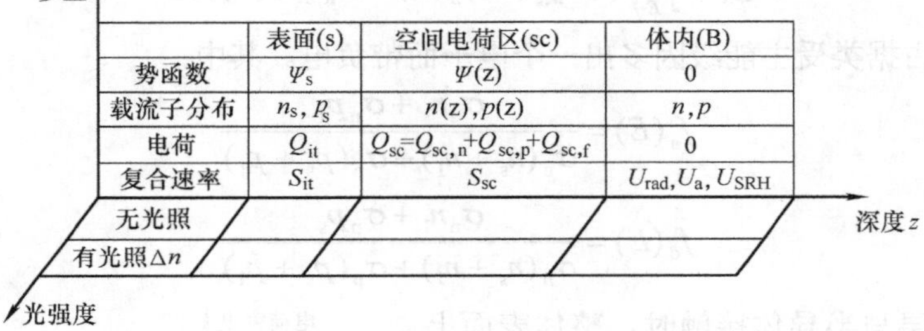


图 4-7　表面分析的各种相关参数

1. 空间电荷区势函数与载流子浓度分布

在表面附近存在的电荷会使表面附近存在一定分布的势函数，由泊松方程可以得到位置坐标 $z$ 处势函数与其净电荷密度之间的关系为

$$\frac{\partial^2\Psi}{\partial z^2}=-\frac{\rho(z)}{\varepsilon} \tag{4-58}$$

式中，$\varepsilon$为 $z$ 处的介电常数。$\rho(z)$为 $z$ 处的净电荷密度，有关系式：

$$\rho(z)=q(N_D-N_A-n(z)+p(z)) \tag{4-59}$$

半导体体内是电中性的，有关系式：

$$N_D-N_A=n_b-p_b \tag{4-60}$$

式中，下脚标 b 表示体内。势函数为零，无光照时电子和空穴的浓度为

$$n_0=N_D e^{(E_C-E_F)/kT} \tag{4-61}$$

$$p_0=N_A e^{-(E_V-E_F)/kT} \tag{4-62}$$

对于 n 型半导体，可近似为

$$n_o=N_D \qquad p_0=\frac{n_i^2}{n_o} \qquad n_0p_0=N_DN_Ae^{(E_C-E_V)/kT}=n_i^2 \tag{4-63}$$

对于 p 型半导体，可近似为

$$p_0 = N_A \qquad n_0 = \frac{n_i^2}{p_0} \tag{4-64}$$

当有光照时产生了电子和空穴的准费米能级 $\phi_n$ 和 $\phi_p$。因此产生了过剩载流子 $\Delta n$ 和 $\Delta p$，有下列关系式：

$$\begin{aligned} n_b &= n_i e^{-\beta\Phi_{nb}} = n_0 + \Delta n \\ p_b &= n_i e^{\beta\Phi_{pb}} = p_0 + \Delta p \end{aligned} \tag{4-65}$$

式中，$\beta = q/kT$ 为一个常数。根据电中性条件式（4-59）及式（4-65）可以得到：

$$\Delta n = \Delta p \tag{4-66}$$

由光照引起了半导体体内的开路电压为

$$V_{OC} = \Phi_{pb} - \Phi_{nb} \tag{4-67}$$

由式（4-65）和式（4-67）可得到有光照时体内载流子的关系式为

$$n_b p_b = n_i^2 e^{\beta V_{OC}} \tag{4-68}$$

由此我们可以解出准费米能级和过剩载流子的关系式为

$$\Phi_{pb} = \frac{1}{\beta}\ln\left[\frac{(p_0 - n_0) + \sqrt{(p_0 - n_0)^2 + 4n_i^2 e^{\beta V_{OC}}}}{2n_i}\right] \tag{4-69}$$

$$\Delta n = \sqrt{n_i^2(e^{\beta V_{OC}} - 1) + \left(\frac{p_0 - n_0}{2}\right)^2} - \frac{p_0 + n_0}{2} \tag{4-70}$$

在低注入浓度的情况下，对于 p 型半导体：$p_0 + n_0 \approx N_{dop}$，$p \approx N_{dop}$ 和 $n = n_0 + \Delta n$；对于 n 型半导体：$p_0 + n_0 \approx N_{dop}$，$n \approx N_{dop}$ 和 $p = p_0 + \Delta p = p_0 + \Delta n$。于是由式（4-70）可以得到在低注入条件下，有

$$\Delta n_{li} = \frac{n_i^2}{N_{dop}}(e^{\beta V_{OC}} - 1) \tag{4-71}$$

对于 p 型半导体：

$$\Delta n = \frac{n_i^2}{N_A}(e^{\beta V_{OC}} - 1) \tag{4-72}$$

对于 n 型半导体：

$$\Delta p = \frac{n_i^2}{N_D}(e^{\beta V_{OC}} - 1) \tag{4-73}$$

而在空间电荷区内，由于势函数的存在，在无光照时载流子浓度为

$$n_0(z) = n_{0b} e^{\beta\Psi_0(z)} \tag{4-74}$$

$$p_0(z) = p_{0b} e^{-\beta\Psi_0(z)} \tag{4-75}$$

式中，$\Psi_0(z)$表示在空间电荷区 $z$ 位置处的势函数，脚标 0 表示无光照状态。

当有光照时，空间电荷区的载流子分布如下：

$$n(z) = n_b e^{\beta\Psi(z)} = n_i e^{-\beta\Phi_{nb}} e^{\beta\Psi(z)} = n_i e^{\beta[\Psi(z) - \Phi_{nb}]} \tag{4-76}$$

$$p(z) = p_b e^{-\beta\Psi(z)} = n_i e^{\beta\Phi_{pb}} e^{-\beta\Psi(z)} = n_i e^{-\beta[\Psi(z) - \Phi_{pb}]} \tag{4-77}$$

在表面处，$z=0$，$n_s=n(z=0)$，$p_s=p(z=0)$，上式变为

$$n_s = n_b e^{\beta \Psi_s} = n_i e^{-\beta \Phi_{nb}} e^{\beta \Psi_s} = n_i e^{\beta(\Psi_s - \Phi_{nb})} \tag{4-78}$$

$$p_s = p_b e^{-\beta \Psi_s} = n_i e^{\beta \Phi_{pb}} e^{-\beta \Psi_s} = n_i e^{-\beta(\Psi_s - \Phi_{pb})} \tag{4-79}$$

式中，$\Psi_s=\Psi(z=0)$，为有光照时的表面势函数，在表面处由光照引起的开路电压记为 $V_{OC,s}$ 满足如下关系：

$$V_{OC,s} = \Psi_{s0} - \Psi_s = \Phi_{ps} - \Phi_{ns} \tag{4-80}$$

因此，体内开压和表面开压的差别为

$$\begin{aligned} \Delta V_{OC} &= V_{OC} - V_{OC,s} \\ &= (\Phi_{pb} - \Phi_{nb}) - (\Phi_{ps} - \Phi_{ns}) \end{aligned} \tag{4-81}$$

可以证明，$\Delta V_{OC} \sim 0$[8]，因此，有

$$\Phi_{ps} = \Phi_{pb} = \Phi_p \tag{4-82}$$

$$\Phi_{ns} = \Phi_{nb} = \Phi_n \tag{4-83}$$

也就是说，体内和表面的准费米能级是一致的，统一只计电子的准费米能级和空穴的准费米能级，而不再区分表面的还是体内的准费米能级。

将上述的表面载流子关系式（4-78）、式（4-79）代入式（4-58），可以得到：

$$\frac{\partial^2 \Psi}{\partial z^2} = -\frac{q}{\varepsilon}(n_b - p_b + p_b e^{-\beta \Psi} - n_b e^{-\beta \Psi}) \tag{4-84}$$

对此方程求解，可得到电场表达为[9]

$$-E = \frac{\partial \Psi}{\partial z} = \mp \sqrt{\frac{2q}{\beta \varepsilon_s}[p_b(e^{-\beta \Psi} + \beta \Psi - 1) + n_b(e^{\beta \Psi} - \beta \Psi - 1)]} \tag{4-85}$$

上面关系式中的负号表示$\Psi_s>0$，此时能带下弯；正号表明$\Psi_s<0$，此时能带上弯。

定义一个函数 $F$[10]为

$$F(\Psi, \phi_p, \phi_n) = \mp \sqrt{\frac{2}{p_b + n_b}\{p_b(e^{-\beta \Psi} + \beta \Psi - 1) + n_b(e^{\beta \Psi} - \beta \Psi - 1)\}} \tag{4-86}$$

再定义准稳态德拜长度$\lambda_D$[11]为

$$\lambda_D = \sqrt{\frac{\varepsilon_s}{\beta q(n_b + p_b)}} \tag{4-87}$$

它是表征空间电荷区宽度的特征量。在光照下可移动的带电载流子增加，因此光照下德拜长度变短。因此式（4-85）可以表示为

$$-E = \frac{\partial \Psi}{\partial z} = \mp \frac{1}{\beta \lambda_D} F(\Psi, \Phi_p, \Phi_n) \tag{4-88}$$

相应的，各种电荷都与表面附近的势函数的变化有关，可以推出如下几个电荷的表达式：

$$qQ_{sc} = \mp\frac{1}{\beta\lambda_D}F(\Psi, \Phi_p, \Phi_n) \tag{4-89}$$

$$qQ_{sc,n} = -\int_0^{d_{sc}} n(z)dz = -\beta\lambda_D\int_{\Psi_s}^0 \frac{n(\Psi)}{F}d\Psi \tag{4-90}$$

$$qQ_{sc,p} = -\int_0^{d_{sc}} p(z)dz = -\beta\lambda_D\int_{\Psi_s}^0 \frac{p(\Psi)}{F}d\Psi \tag{4-91}$$

$$qQ_{sc,f} = (N_D - N_A)d_{sc} \tag{4-92}$$

式（4-89）～式（4-92）是空间电荷区电荷的一般解。从中可以看出，只要得到了空间电荷区及表面处的势函数$\Psi(z)$、$\Psi_s$，就可以得到表面处的载流子分布$n(z)$、$p(z)$、$n_s$、$p_s$，进而求出所有表面附近空间电荷区的电荷总量。对于未做任何近似的情况，一般只能使用数值算法求解上述方程。

作为一个特例可以在一些近似条件下得到$\Psi_s$和 $Q_f$ 的关系。假设表面电荷密度 $Q_{it}$ 为零，在无光照热平衡条件下，低少子注入水平时，式（4-89）变为

$$-qQ_f \approx qQ_{sc} \approx -\frac{s_s}{\beta\lambda_D}\sqrt{\frac{2n_b e^{\beta\Psi_s}}{p_b}} = -\sqrt{\frac{2s_s q n_b e^{\beta\Psi_s}}{\beta}} \tag{4-93}$$

可得表面势为

$$\Psi_{s0} = \frac{1}{\beta}\ln\frac{\beta q Q_f^2 p_0}{2\varepsilon_s n_i^2} = \frac{1}{\beta}\ln\frac{Q_f^2}{2n_i^2\lambda_{D0}^2} \tag{4-94}$$

式中，$\lambda_{D0}$为无光照时的德拜长度。以上两个公式表明，在小注入水平，热平衡表面势与 $Q_f$的平方的对数呈正比。

通过求解空间位置与表面势的关系式（4-88）可以给出表面势的空间分布。由式（4-88）可以得到[10-12]：

$$\partial z = \mp\frac{\beta\lambda_D}{F(\Psi, \Phi_p, \Phi_n)}\partial\Psi \tag{4-95}$$

$$z = \beta\lambda_D\int_{\Psi_s}^{\Psi} \mp\frac{1}{F}d\tilde{\Psi} \tag{4-96}$$

将 F 的表达式（4-86）带入上式可得到：

$$z = \beta\lambda_D\int_{\Psi_s}^{\Psi} \mp\frac{d\tilde{\Psi}}{\sqrt{\frac{2}{(p_b+n_b)}[p_b(e^{-\beta\Psi}+\beta\Psi-1)+n_b(e^{\beta\Psi}-\beta\Psi-1)]}} \tag{4-97}$$

从这个公式可见，表面空间电荷区与如下因素有关：

1）体硅中的掺杂浓度；

2）光注入引起的过剩载流子浓度；

3）表面固定电荷。

式（4-97）只能进行数值解。尽管上面给出了各种电荷的表达式，只要知道

表面势$\Psi_s$和过剩载流子注入浓度$\Delta n$就可以确定各种电荷，但是表面势和过剩载流子浓度之间的关系仍旧无法确定。Girisch 等人使用循环迭代拟合的方法[9]，数值求解了表面势函数和过剩载流子之间的关系。我们可以在某些简化的情况下，考察一下表面势在空间电荷区中的变化情况。

图 4-8 给出了 p 型硅衬底上带有不同正电荷密度的表面势随着不同掺杂浓度的变化关系[8]。假设$Q_{it}$=0，并且讨论的是无光照时的热平衡状态，即$\Delta n$=0。从图中可见，表面势的弯曲程度对于硅的掺杂浓度非常敏感，掺杂浓度越高，空间电荷区越窄，这是由于对同样的表面固定电荷$Q_f$，掺杂浓度较高的衬底的带电离子密度较大，较薄的空间电荷区中的离子就足以屏蔽介质层中的电荷产生的电场。从图中还可看出，介质层中的固定电荷$Q_f$越大，其所造成的能带弯曲程度就越大。

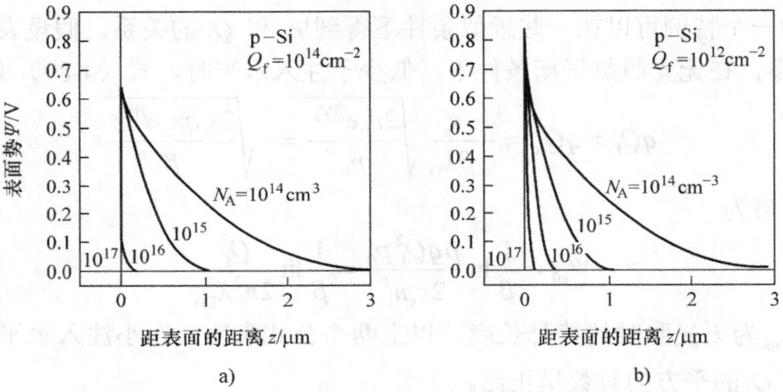


图 4-8　数值计算得到的表面势随硅掺杂浓度$N_A$的变化关系[8]
［假设体系处于热平衡状态（即$\Delta n$=0），无界面电荷（即$Q_{it}$=0）］

图 4-9[8]给出了不同光照引起的不同非平衡载流子浓度条件下的空间电荷区的能带弯曲情况。从图中可见光照的结果是使能带弯曲程度减小。

当能带弯曲较强时会在表面附近出现少数载流子超过多数载流子的现象，这称为反型。反型的结果是在体内为 n 型（或 p 型）半导体的表面变成 p 型（或 n 型）。表面反型的标志是体内的少数载流子在空间电荷区的某处等于该处的多数载流子。图 4-10 给出了由式（4-89）进行数值计算的热平衡下表面势与空间电荷区电荷密度之间的关系。不考虑外加电荷（$Q_G$），同时忽略表面电荷（$Q_{it}$）的作用，$Q_{sc}$为介质

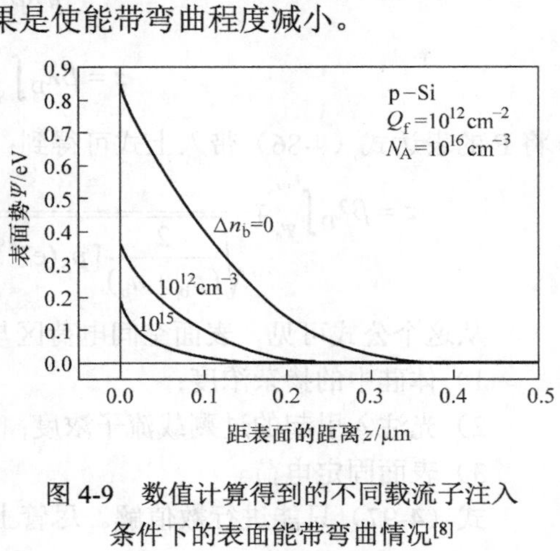


图 4-9　数值计算得到的不同载流子注入条件下的表面能带弯曲情况[8]

层电荷的感生电荷，因此有关系 $Q_f=-Q_{sc}$。由图中可见，对于 p 型硅衬底，当 $Q_f<0$ 时，$Q_{sc}>0$，随着电荷量的增大表面势为负值，即能带向上弯曲。此时，表面处于多数载流子（空穴）的积累状态，随着电荷量的增加，表面弯曲增加，但是变化不大，而且对衬底掺杂浓度的变化也不敏感。当 $Q_f>0$ 时，$Q_{sc}<0$，表面处于多数载流子的耗尽态，少数载流子（电子）在表面聚集。随着电荷量 $Q_f$ 的增加表面弯曲急剧增加，这是由于表面少数载流子数量不够，只得依靠能带弯曲的加剧来使更多的少子进入到表面区域。随着电荷量的增加，会在表面处出现多子等于少子的状态，即发生表面反型，此时的表面势称为反型的阈值（$\Psi_B$），当 $\Psi_{s0}>\Psi_B$ 时出现反型，当 $\Psi_{s0}>2\Psi_B$ 时出现强反型。$\Psi_B$ 是费米能级与本征能级（$E_i$）之间的差值。在刚出现反型时，如果电荷量继续增加，弯曲仍然加剧，但是在表面出现强反型后，电荷再增加表面势弯曲就不再加剧了，这是由于在表面能带弯曲很剧烈的情况下，受主杂质能级甚至体内价带上的大量空穴可以通过隧穿进入到表面反型区，使得表面积累了大量的少子（电子），再增加介质层的电荷，大量的少子可以屏蔽掉介质层的固定电荷，使得能带不再进一步弯曲。从图 4-10 中还可以看到，当衬底掺杂浓度提高时，反型阈值和强反型阈值所对应的电荷值明显增加，这是由于重掺杂使得体内少子更少、费米能级更靠近价带，因此需要更强的表面势来实现能带的弯曲，只有更多的电荷进入表面区域才能达到反型及强反型。这种依赖关系更清楚地显示在图 4-11 中。

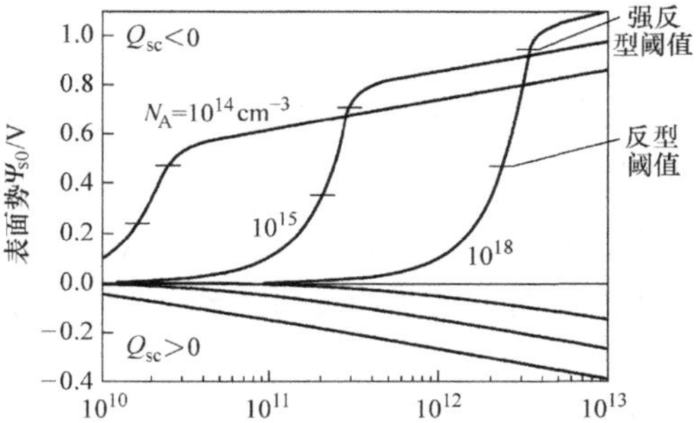


图 4-10　根据式（4-89）通过数值计算得到的热平衡态下表面势 $\Psi_{s0}$ 与 $Q_{sc}$ 的函数关系[8]（假设 p 型硅衬底，热平衡（$\Delta n=0$），无界面态，$T$=300K）

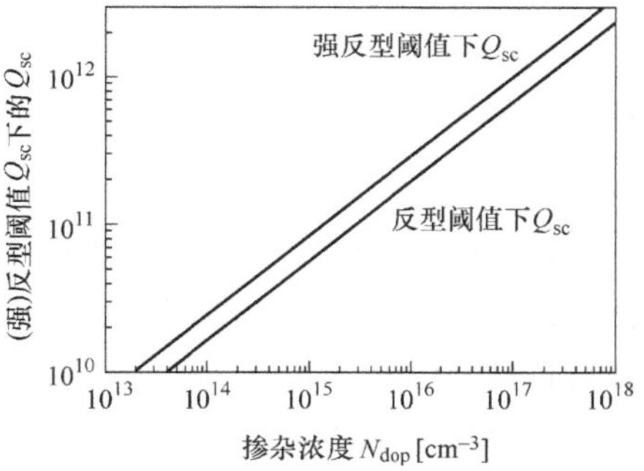


图 4-11　计算得到的热平衡情况下表面反型阈值（$\Psi_{s0}=\Psi_B$）和强反型阈值（$\Psi_{s0}=2\Psi_B$）随掺杂浓度变化的情况[8]（对于 p 型硅 $Q_{sc}$ 是负值，对于 n 型硅 $Q_{sc}$ 是正值。假设，$T$=300K，$n_i=10^{10}cm^{-3}$。$\Psi_B$ 是费米能级与本征能级之间的差）

对于 $SiO_2$ 层，$Q_f=10^{11}cm^{-2}$，对应的进入反型区的阈值掺杂浓度为 $3\times10^{15}cm^{-3}$，对于 $SiN_x$ 层，$Q_f=2\times10^{12}cm^{-2}$，对应的进入反型区的阈值掺杂浓度 $8\times10^{17}cm^{-3}$。对于 1～5Ω · cm 的 p 型硅，掺杂浓度接近 $3\times10^{15}cm^{-3}$，当使用 $SiO_2$ 作为钝化层时，

基本上接近或者刚刚进入反型区；而对于 $SiN_x$，由于阈值很高，钝化 p 型硅表面在热平衡时完全处于反型态。

2. *表面复合速率 $S_{it}$ 求解*

对于考虑到能带弯曲的表面陷阱态的复合速率由下式表达：

$$S_{it} = \frac{n_s p_s - n_i^2}{\Delta n_{dsc}} \int_{E_V}^{E_C} \frac{v_{th} D_{it}(E) dE}{\sigma_p^{-1}(E)[n_s + n_1(E)] + \sigma_n^{-1}(E)[p_s + p_1(E)]} \tag{4-98}$$

此处与式（4-46）的区别主要有以下几点：$\Delta n_{dsc}=\Delta n=\Delta p$，即在空间电荷区的边缘处的过剩载流子浓度与体内相同；但在表面处的载流子浓度 $n_s$ 和 $p_s$ 与表面势有关。式（4-98）也称为扩展的 SRH 复合公式。根据上面的推导，可以计算得到表面的过剩载流子浓度为

表面过剩电子浓度

$$\begin{aligned}\Delta n_s &= n_s - n_{s0} = (n_0 + \Delta n)e^{\beta \Psi_s} - n_0 e^{\beta \Psi_{s0}} \\ &= n_0 e^{\beta \Psi_{s0}}(e^{-\beta V_{OC}} - 1) + \Delta n e^{\beta \Psi_s} \neq \Delta n\end{aligned} \tag{4-99}$$

表面过剩空穴浓度

$$\begin{aligned}\Delta p_s &= p_s - p_{s0} = (p_0 + \Delta p)e^{-\beta \Psi_s} - p_0 e^{-\beta \Psi_{s0}} \\ &= p_0 e^{-\beta \Psi_{s0}}(e^{\beta V_{OC}} - 1) + \Delta p e^{-\beta \Psi_s} \neq \Delta p \neq \Delta n_s\end{aligned} \tag{4-100}$$

对于 p 型半导体，在小注入条件下，$\Delta p \ll p_0$，式（4-100）可近似为

$$\Delta p_s = p_{s0}(e^{\beta V_{OC}} - 1) \tag{4-101}$$

对于 n 型半导体，在小注入条件，$\Delta n \ll n_0$，式（4-99）可近似为

$$\Delta n_s = n_{s0}(e^{-\beta V_{OC}} - 1) \tag{4-102}$$

由于表面势无法给出一般解，因此 $S_{it}$ 只能数值求解，通过拟合计算的方式求解出表面势，然后再由表面势确定表面载流子浓度，将载流子浓度带入式（4-98）求出表面复合速率。

在小注入条件下，对于 p 型半导体材料可以得到：

$$S_{it} = \frac{2 s_s n_i^2}{q \beta Q_f^2} S \frac{1}{\Delta n_b}(e^{\beta V_{OC}} - 1) \tag{4-103}$$

式中，$S = v_{th} D_{it} E_g \sigma_n$ 就是 4.2.2 节中讨论的平带近似条件下的表面复合速率。将关系 $np = n_i^2 e^{\beta V_{OC}}$ 带入可以得到：

$$S_{it} = \frac{2\varepsilon_s}{q \beta Q_f^2} S(N_A + \Delta n) = \frac{2\varepsilon_s N_A}{q \beta Q_f^2} S = \frac{2\varepsilon_s N_A}{q \beta Q_f^2} v_{th} D_{it} E_g \sigma_n \tag{4-104}$$

可见，在较低注入条件下，表面复合速率 $S_{it}$ 为一个与 $Q_f^2$ 成反比的常数，因此可以由小注入时的 $S_{it}(\Delta n)$ 曲线求出 $Q_f$ 值。

根据式（4-98）使用数值计算法得到 $S_{it}$ 随 $Q_f$ 的变化关系如图 4-12 所示[13]。$S_{it}$ 有一个最大值，其位置处在：

$$n_s\sigma_n = p_s\sigma_p \tag{4-105}$$

图中硅片为 p 型，掺杂浓度为 $N_A=10^{16}cm^{-3}$，$\sigma_p=10^{-15}cm^2$，$\Delta n=10^{14}cm^{-3}$。假设：

1）$D_{it}=10^{10}cm^{-2}V^{-1}$，$\sigma_n=10^{-15}cm^2$（$=\sigma_p$），如图中实线所示。

2）$D_{it}=10^{11}cm^{-2}V^{-1}$，$\sigma_n=10^{-15}cm^2$（$=\sigma_p$），如图中虚线所示。

3）$D_{it}=10^{11}cm^{-2}V^{-1}$，$\sigma_n=10^{-12}cm^2$（$>\sigma_p$），如图中点画线所示。

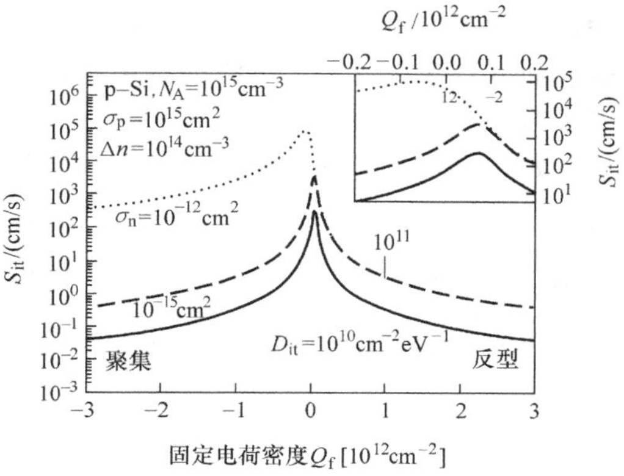


图 4-12　计算得到的表面复合速率 $S_{it}$ 与固定电荷 $Q_f$ 的关系，以及不同的表面电荷态密度和不同的电子俘获概率的影响[13]

当 $\sigma_n=\sigma_p$ 时，$n_s=p_s$，峰值在 $Q_f=8\times10^{10}cm^{-2}$ 处，此时表面陷阱复合速率达到最大值。p 型硅中电子是少子，$Q_f$ 的增加会吸引多余的电子到表面附近造成能带弯曲，同时多子空穴被排斥离开表面附近，当 $Q_f=8\times10^{10}cm^{-2}$ 正好使得表面处电子与空穴数目相等，也就是处于从耗尽到反型的起点，此状态下表面复合速率 $S_{it}$ 处于最大值。进一步增加 $Q_f$ 值使得反型加剧，电子在表面处成为多子，空穴在表面处成为少子，使得复合速率下降。在此区间 $S_{it}\propto1/Q_f^2$。当 $Q_f$ 从峰值附近减小时，表面处于耗尽状态，表面复合速率较最大值有所减少。当 $Q_f$ 转变为负值，表面处于多子积累状态，复合速率持续下降。当 $\sigma_n$ 增大时，$\sigma_n>\sigma_p$，使得复合最大峰值处的 $n_s$ 浓度下降，因此不需要原来那么多的 $Q_f$ 就可以使得表面处的载流子分布满足式（4-105），因此最大 $S_{it}$ 对应的 $Q_f$ 位置向较低的值移动，甚至为负值。

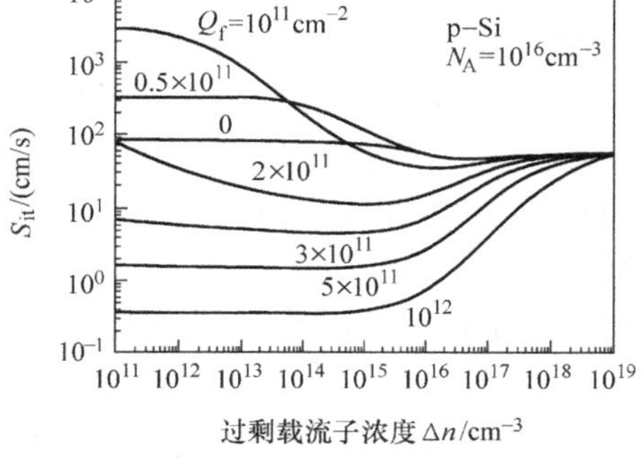


图 4-13　由计算得出的 $Q_f$ 对于 $S_{it}(\Delta n)$ 的影响[8]（p 型硅，$N_A=10^{16}cm^{-3}$，$T=300K$，$D_{it}=10^{10}eV^{-1}cm^{-2}$，$\sigma_n=\sigma_p=10^{-15}cm^2$）

图 4-13 进一步显示了 $Q_f$ 对于 $S_{it}(\Delta n)$ 的影响。当在 $Q_f=0$ 的平带情况下，低注入水平时表面复合速率在前面已经讨论过，表面复合受少子浓度的控制。在耗尽态（$Q_f=(0.5\sim1)\times10^{11}cm^{-2}$），表面电荷越多，对少数载流子的吸引作用越强，两种载流子的浓度差异变小，复合速率增大。载流子注入水平（$\Delta n$）的提高会降低表面

能带弯曲的程度，使上述变化变弱，因而表面复合速率反而会下降。但在反型态（$Q_f$>$10^{11}cm^{-2}$）时，$Q_f$越大，造成的两种载流子浓度差异越大，表面复合速率越低。强反型时表面复合速率 $S_{it}$ 与表面电荷密度 $Q_f$ 的二次方成反比关系，在低注入水平时基本与过剩载流子浓度无关。但当注入水平$\Delta n$提高到一定高度时，同样会使能带弯曲减小到足够的程度，使得两种载流子浓度的差异逐渐变小，结果造成表面复合速率增大。最终的结果是，在相当高的注入水平下，过大的光生载流子浓度会彻底掩盖掉固定电荷 $Q_f$ 的影响，使场钝化效果消失。

对于强反型表面状态，可以采用发射极近似将流向表面的电流表述成：

$$J_s = J_{0E}(e^{\beta V_{OC}} - 1) \tag{4-106}$$

如果忽略空间电荷区内的复合，则可以得到：

$$S_{it} = \frac{J_{0E}}{q\Delta n}(e^{\beta V_{OC}} - 1) = \left(\frac{2s_s n_i^2}{\beta Q_f^2}S\right)\frac{1}{q\Delta n}(e^{\beta V_{OC}} - 1) = \frac{J_{0E}}{q\Delta n^0}\left(\frac{np}{n_i^2} - 1\right) = \frac{J_{0E}}{qn_i^2}(p + \Delta n) \tag{4-107}$$

$$J_{0E} \approx \frac{2\varepsilon_s n_i^2}{\beta Q_f^2}S \approx \frac{2\varepsilon_s n_i^2}{\beta Q_f^2}v_{th}D_{it}E_g\sigma_n \tag{4-108}$$

图 4-14 给出了使用式（4-98）进行数值计算和使用发射极近似算法式（4-107）所获得的表面复合速率 $S_{it}$ 的差别。可见在中小注入水平下，发射极近似与数值计算结果符合得很好，但在高注入水平时，发射极近似算法获得的结果偏大。原因是在高注入时，过多的过剩载流子极大降低了能带弯曲程度，使强反型的表面状态消失，发射极近似不再适用。所以，对于上面提到的 $Si\text{-}SiO_2$ 界面，由于表面电荷密度较低，在 $10^{11}cm^{-2}$ 量级，表面耗尽或只出现弱反型，不能使用发射极近似；而 $Si\text{-}SiN_x$ 界面 $Q_f$ 在 $10^{12}cm^{-2}$ 量级，表面出现强反型，可适用发射极近似。这一结论很重要，在 4.3 和 4.4 节中讨论这两种薄膜钝化时，将详细论述。

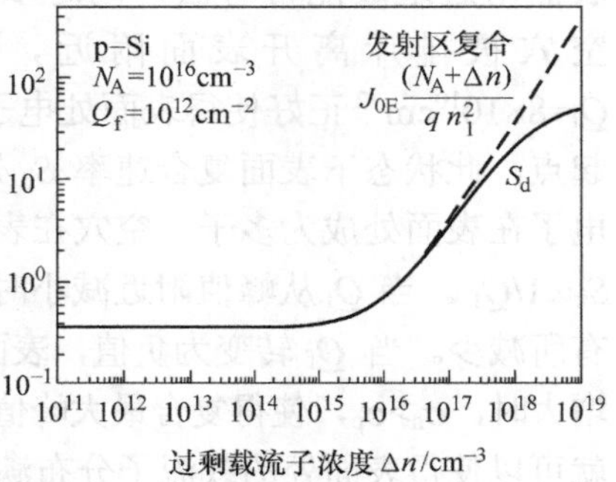


图4-14 计算得到的 $S_{it}$ 随$\Delta n$的变化关系[8]（实线为根据式（4-98）数值计算出的结果，虚线为使用发射极近似式（4-107）计算的结果。假设条件 p 型硅，$N_A=10^{16}cm^{-3}$，$Q_f=10^{12}cm^{-2}$，$D_{it}=10^{10}$ $eV^{-1}cm^{-2}$，$\sigma_n=\sigma_p=10^{-15}cm^2$）

3. 空间电荷区复合速率 $S_{sc}$ 求解

对空间电荷区内的复合速率，俄歇复合速率 $S_{sc,A}$ 可由下式得到：

$$S_{sc,A} = \frac{1}{\Delta n}\int_0^{d_{sc}}[C_n(n(z)^2 p(z) - n_i^2 n_0) + C_p(n(z)p(z)^2 - n_i^2 p_0)]dz \tag{4-109}$$

而 SRH 复合速率 $S_{sc,SRH}$ 为

$$S_{sc,SRH} = \frac{1}{\Delta n_{dsc}} \int_0^{d_{sc}} U(z)\mathrm{d}z = \frac{1}{\Delta n_{dsc}} \int_0^{d_{sc}} \frac{[n(z)p(z) - n_i^2]\mathrm{d}z}{\tau_{p0}(n(z)+n_1) + \tau_{n0}(p(z)+p_1)} \quad (4\text{-}110)$$

图 4-15 给出了复合速率 $S_{sc}$ 随位置的变化关系，计算是根据式（4-109）式（4-110）进行的。条件为：p 型硅片，介质层电荷 $Q_f=10^{12}\text{cm}^{-2}$，硅片掺杂浓度 $N_A=10^{16}\text{cm}^{-3}$，过剩载流子浓度为$\Delta n=10^{13}\text{cm}^{-3}$，电子与空穴的时间常数相等$\tau_{n0}=\tau_{p0}=1\text{ms}$。从图中可以看出，在表面空间电荷区出现反型的位置电子浓度等于空穴浓度（$n(z)=p(z)$），此处的 SRH 复合达到最大值，而在 $n(z)\neq p(z)$时复合速率都会下降。除了在表面很窄的范围内，俄歇复合率在整个空间电荷区中都要比 SRH 复合率低很多。因而 $S_{sc,A}$ 可以忽略，可以用 $S_{sc,SRH}$ 来近似 $S_{sc}$。

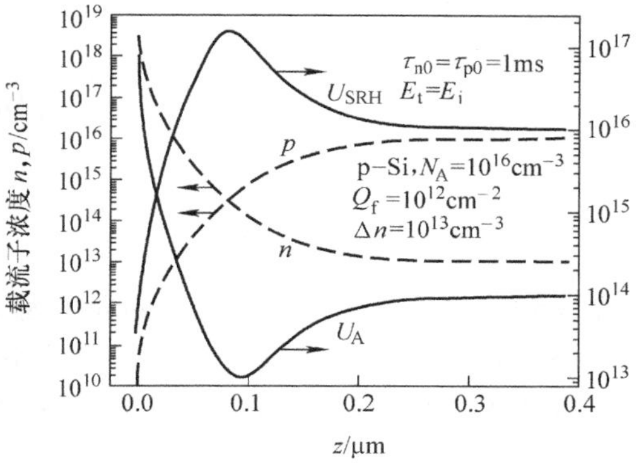


图 4-15　表面空间电荷区出现反型式的载流子分布和复合速率的计算结果[8]（假设 p 型硅片，介质层电荷 $Q_f=10^{12}\text{cm}^{-2}$，硅片掺杂浓度 $N_A=10^{16}\text{cm}^{-3}$，过剩载流子浓度为$\Delta n=10^{13}\text{cm}^{-3}$，电子与空穴的时间常数相等$\tau_{n0}=\tau_{p0}=1\text{ms}$，表面陷阱电荷位于带隙中心 $E_t=E_i$。图中同时给出了缺陷复合率 $U_{SRH}$和

在强反型和小注入近似下，也可以像式（4-106）那样使用发射极近似来描述空间电荷区的载流子复合速率。

$$J_2 \equiv J_{02}\left(\mathrm{e}^{\frac{\beta V_{OC}}{m}} - 1\right) = J_{02}\left(\left(\frac{\Delta n}{n_0} + 1\right)^{1/m} - 1\right) \quad (4\text{-}111)$$

于是有

$$S_{sc} = \frac{J_2}{q\Delta n} = \frac{J_{02}}{q\Delta n}\left(\left(\frac{\Delta n}{n_0} + 1\right)^{1/m} - 1\right) \quad (4\text{-}112)$$

从 $S_{sc}(\Delta n)$的关系可以求出 $m$ 和 $J_{02}$，即

$$m = \left(\frac{\partial lnS_{sc}}{\partial ln\Delta n} + 1\right)^{-1} \quad (4\text{-}113)$$

$$J_{02} = \frac{q\Delta n S_{sc}}{\left(\dfrac{\Delta n}{n_{0b}} - 1\right)^{1/m}} \quad (4\text{-}114)$$

因而，在强反型和中小注入水平两条件均满足的情况下，可以按照如下方式来使用发射极近似来表述整个有效表面复合速率 $S_{eff}$ 为

$$
\begin{aligned}
S_{\mathrm{eff}} &= S_{\mathrm{it}} + S_{\mathrm{sc}} \\
&= \frac{J_{\mathrm{oE}}}{q\Delta n}(\mathrm{e}^{\beta V_{\mathrm{OC}}}-1)+\frac{J_{02}}{q\Delta n}(\mathrm{e}^{\beta V_{\mathrm{OC}}/m}-1) \\
&= \frac{J_{\mathrm{oE}}}{qn_{\mathrm{i}}^{2}}(N_{\mathrm{A}}+\Delta n)+\frac{J_{02}}{q\Delta n}\left(\left(\frac{\Delta n}{n_0}+1\right)^{1/m}-1\right) \qquad (4\text{-}115) \\
&= \frac{2\varepsilon_{\mathrm{s}}}{q\beta Q_{\mathrm{f}}^{2}}S(N_{\mathrm{A}}+\Delta n)+\frac{J_{02}}{q\Delta n}\left(\left(\frac{\Delta n}{n_0}+1\right)^{1/m}-1\right)
\end{aligned}
$$

也就是说，表面复合速率可以分为理想因子为 1 的表面复合速率和理想因子为 $m$（在 1.5～1.8 之间）的空间电荷区复合速率。

对于 $S_{\mathrm{eff}}$ 和少子寿命的关系，Luke 和 Chen 给出了一个一般表达式[14]：

$$
S_{\mathrm{eff}}=\sqrt{D_{\mathrm{n}}\left(\frac{1}{\tau_{\mathrm{eff}}}-\frac{1}{\tau_{\mathrm{b}}}\right)}\tan\left(\frac{W}{2}\sqrt{D_{\mathrm{n}}\left(\frac{1}{\tau_{\mathrm{eff}}}-\frac{1}{\tau_{\mathrm{b}}}\right)}\right) \qquad (4\text{-}116)
$$

式中，$D_{\mathrm{n}}$ 是电子的扩散系数。对于很小的表面复合速率，取 $\tan(x)\sim x$，则可得到式（4-32）。图 4-16 给出了将考虑了表面空间电荷区内的复合后的各种复合机理对所给定的 p 型硅材料少子寿命的贡献。可以看出，在低注入条件下，表面空间电荷区内的复合决定了有效少子寿命，而在高注入水平下，则是体内俄歇复合决定了有效少子寿命。所以，对于介质层钝化的半导体表面，在考虑其有效少子寿命时，必须将宏观表现出的有效表面复合速率 $S_{\mathrm{eff}}$ 分解为净表面复合速率 $S_{\mathrm{it}}$ 与表面空间电荷区复合速率 $S_{\mathrm{sc}}$ 的和，这样才能更加精确的对其钝化效果进行表征。

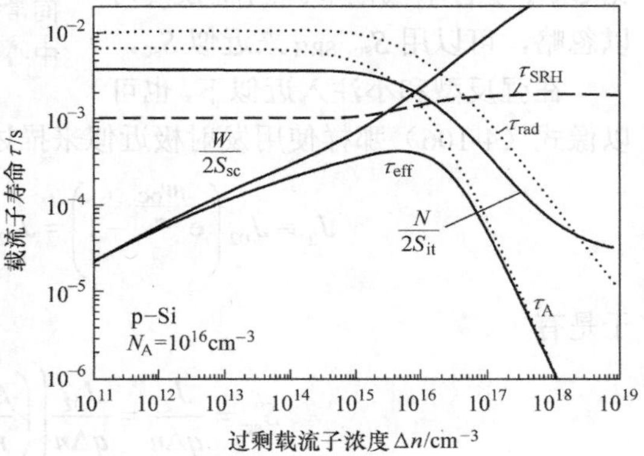


图 4-16　计算给出的 p 型硅（$N_{\mathrm{A}}=10^{16}\mathrm{cm}^{-3}$）的有效少子寿命（在计算体内 SRH 寿命时假设 $\tau_{\mathrm{n0}}=\tau_{\mathrm{p0}}=1$ ms，$E_{\mathrm{t}}=E_{\mathrm{i}}$。而考虑表面扩展 SRH 理论的计算时，假设 $Q_{\mathrm{f}}=10^{12}\ \mathrm{cm}^{-2}$，$D_{\mathrm{it}}=10^{11}\ \mathrm{cm}^{-2}\mathrm{eV}^{-1}$，$\sigma_{\mathrm{n}}=\sigma_{\mathrm{p}}=10^{-15}\mathrm{cm}^{2}$，$\tau_{\mathrm{n0}}=\tau_{\mathrm{p0}}=1\mu\mathrm{s}$，$E_{\mathrm{t}}=E_{\mathrm{i}}$。值得注意的是在空间电荷区的载流子俘获常数比体内小 3 个数量级）

在太阳电池工业界常用的电池表面钝化膜有 $SiO_2$ 和 $SiN_x$。这两种薄膜对于 n 型发射区表面有很好的钝化作用，在太阳电池应用中确保了较高的电池转换效率。最近，工业界开始研究对于 p 型硅片的背表面基区钝化以及新进入产业的 n 型硅衬底太阳电池的 p 型发射区的钝化，结果发现 $SiN_x$ 和 $SiO_2$ 薄膜由于介质层中带正电荷而不利于对 p 型硅的场致钝化，但发现 $Al_2O_3$ 薄膜中带有负电荷，对于 p 型硅片具有很好的场致钝化特性。因此目前正在开发适合于大规模太阳电池生产的 $Al_2O_3$ 薄膜制备设备，相信不久就将进入产业。下面就对这三种表面介质膜的表面钝化特性做具体介绍。

## 4.3　$Si\text{-}SiO_2$ 界面

### 4.3.1　$SiO_2$ 薄膜制备技术

二氧化硅薄膜在半导体领域被广为应用，通常，制备 $SiO_2$ 膜可以分成三种制备方法，即

1）热氧化法：

干氧氧化：
$$Si + O_2 \rightarrow SiO_2 \tag{4-117}$$

湿氧氧化：
$$Si + 2H_2O \rightarrow SiO_2 + 2H_2 \tag{4-118}$$

2）PECVD 沉积法。

3）室温湿法氧化法。

其中，热氧化的 $Si\text{-}SiO_2$ 体系在实验室太阳电池中表现出了非常好的钝化特性[15,16]。虽然在规模化生产中很少使用，但可以在制备高效电池或者在制备叠层钝化膜时使用。

热氧化的温度通常很高，在 900～1200℃。干氧氧化生长的膜质量很高，但是其生长速率很低（<1.7nm/min）；而湿氧氧化膜质量较低，但是生长速率很高（>29nm/min）。

热氧化理论早在 1965 年就已经建立起来了[17]。按照该理论，氧化过程按照图 4-17 所示可以分成三个步骤：

1）氧气输运到氧化层的外表面 $F_1$；

2）氧分子跨过氧化层运动到硅的表面 $F_2$；

3）氧分子与硅反应形成新的氧化层 $F_3$。

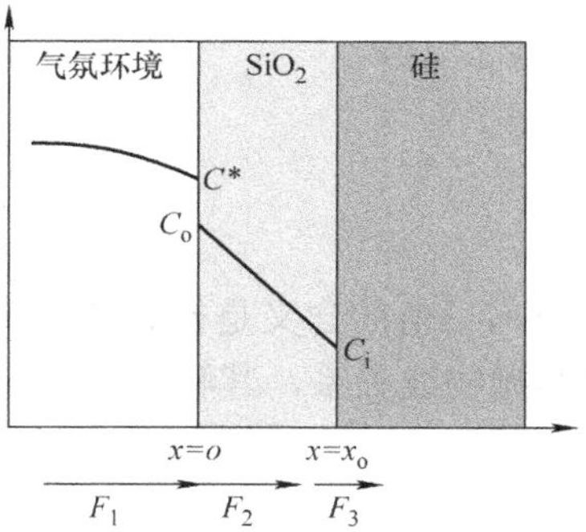


图 4-17　Si 氧化的基本模型（$F$ 表示氧气流量，$C$ 表示表面氧的浓度）

在步骤 1 中，输运到外表面的气体流量表示单位时间到达单位面积上的分子数量，由下式给出：

$$F_1 = h(C^* - C_0) \tag{4-119}$$

式中，$h$ 为气相传输系数；$C_0$ 是气体在表面的浓度；$C^*$是氧在气氛中的平衡浓度。

在步骤 2 中跨过氧化层向内表面输运的氧分子的流量符合 Fick 定律：

$$F_2 = -D_{\text{eff}}\frac{\mathrm{d}C}{\mathrm{d}x} = D_{\text{eff}}\frac{(C_0 - C_i)}{x_0} \tag{4-120}$$

式中，$D_{\text{eff}}$是氧分子的有效扩散系数；而 $\mathrm{d}C/\mathrm{d}x$ 是氧分子在氧化层中的浓度梯度；

$C_i$是在 Si-SiO$_2$界面处的氧的浓度；$x_0$是氧化层厚度。

在步骤 3 中有如下关系式：

$$F_3 = kC_i \tag{4-121}$$

式中，$k$是氧化反应速率。在稳态下，各个反应过程的流量应该一致，即

$$F = F_1 = F_2 = F_3 = \frac{kC^*}{1 + \frac{k}{h} + \frac{kx_0}{D_{eff}}} \tag{4-122}$$

设进入单位氧化层中的氧分子数目为$N_1$，则氧化层生长的扩散方程为

$$\frac{dx_0}{dt} = \frac{F}{N_1} = \frac{kC^* / N_1}{1 + \frac{k}{h} + \frac{kx_0}{D_{eff}}} \tag{4-123}$$

上式在$t$=0 时，$x$=$x_j$，则$x_0$符合下列关系：

$$x_0^2 + Ax_0 = B(\tau + t) \tag{4-124}$$

式中

$$A = 2D_{eff}\left(\frac{1}{k} + \frac{1}{h}\right)$$

$$B = \frac{2D_{eff}C^*}{N_1}$$

$$\tau = \frac{x_i^2 + Ax_i}{B}$$

式中，$\tau$值的含义是初始薄膜厚度为$x_j$时对应的时间轴的偏移。式（4-124）是线性-抛物线关系，其解为

$$x_0 = \frac{A}{2}\left(\sqrt{1 + \frac{t + \tau}{A^2 / 4B}} - 1\right) \tag{4-125}$$

上式给出了厚度随时间的变化关系。

对于长氧化时间，有$t \gg \tau$，$t \gg A^2/4B$，则上式可转化为

$$x_0 = \frac{A}{2}\left(\sqrt{\frac{t + \tau}{A^2 / 4B}}\right) \text{或} \ x_0 = \sqrt{Bt} \tag{4-126}$$

对于短氧化时间，即$t \ll A^2/4B$，则式（4-125）可转化为

$$x_0 \approx \frac{B}{A}(t + \tau) \tag{4-127}$$

上式为线性关系，线性系数为

$$\frac{B}{A} = \frac{kh}{k + h}\left(\frac{C^*}{N_1}\right) \tag{4-128}$$

可以通过拟合实验结果得到$A$和$B$。抛物线常数$B$与气压成正比，与温度成指数

依赖关系，这点对干氧和湿氧氧化都成立。而常数 $A$ 与气压无关。

氧化速率还与其他一些因素有关，不同硅表面的氧化速率不同，(110)>(111)>(100)；在不同气氛中的氧化速率也不同，$O_2$+HCl> $O_2$> $O_2$+Ar。

$SiO_2$ 膜的物理化学特性归纳在表 4-1 中。

**表 4-1　$SiO_2$ 膜的物理化学特性**

| 物理特性 | 热生长 $SiO_2$($T$=900～1200℃) | 介电常数 | 3.2～3.8 |
|---|---|---|---|
| 相 | 多晶 | 光学带隙 | 9.0 eV |
| 电阻率 | 约 $10^{16}\Omega\cdot cm$ | 折射率 | 1.50（在 2 eV） |

## 4.3.2　$SiO_2$ 薄膜的表面缺陷特性

Si-$SiO_2$ 界面的电荷及其能带结构如图 4-18 所示。在界面及 $SiO_2$ 层内有 4 种电荷。

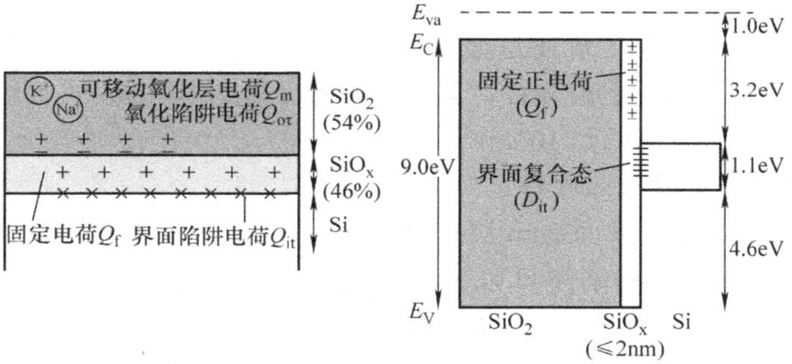


图 4-18　Si-$SiO_2$ 薄膜的表面电荷及其理想能带结构[18,19]

1. *表面固定电荷 $Q_f$*

在 Si-$SiO_2$ 界面 $SiO_2$ 一侧 2nm 范围内存在一层电荷[20]，该层电荷通常是带正电的、固定的，对费米能级位置不敏感，其密度为 $10^{11}$～$10^{12}cm^{-2}$。这层电荷引起场致钝化效应。因此 $Q_f$ 对有效表面复合速率（$S_{eff}$）有很强的影响，如 $Q_f$ 从 $2\times10^{12}$ 降低到 $1\times10^{12}cm^{-2}$，$S_{eff}$ 增加因子 8[19]。这种电荷与三氧悬挂键 $O_3\equiv Si\cdot(P_{ox})$有关。$Q_f$ 的量与表面结构和制备 $SiO_2$ 层的工艺有关[21]：

1）与晶面取向有关。硅(100)晶面上制备的 $SiO_2$ 膜中的的固定电荷小于(111)晶面上制备的 $SiO_2$ 膜中的固定电荷，即 $Q_f(100)< Q_f(111)$。

2）与 $SiO_2$ 层表面附近的硅中的掺杂浓度有关，掺杂浓度高的表面的固定电荷也高，即 $Q_f$(高硅掺杂) >$Q_f$(低硅掺杂)。

3）与制备氧化膜的方式有关。湿氧氧化法制备的膜所含固定电荷要高于干氧氧化法制备的膜，即 $Q_f$(湿氧)>$Q_f$(干氧)。

4）与热氧化工艺中的冷却速率有关，慢速冷却工艺比快速冷却工艺的表面固定电荷数量多，即 $Q_f$(慢) >$Q_f$(快)。

2. 界面陷阱电荷 $Q_{it}$

在 $Si\text{-}SiO_2$ 界面上存在着一层由于界面态占据而产生的电荷，可以是正的，也可以是负的，通过改变硅表面势，可以使之带正电、带负电或不带电。这种电荷与表面的硅悬挂键和氧化键有关。表面硅悬挂键或氧化键在靠近表面的带隙中形成陷阱能级，这些能级形成准连续的带隙态。为描述这些带隙态引入带隙态密度（$D_{it}$）的概念，即单位表面积上在单位能量间隔中所具有的带隙态的数量，并且定义 $N_{it}\equiv D_{it}E_g$。带隙态可以被电荷占据或未占据，这些被占据或未占据的带隙态可以带正电荷、负电荷或中性，而将所有带隙态所带的电荷对能级加权求和，得到的净电荷值就是表面电荷密度 $Q_{it}$。表面不同状态和处理工艺对于表面带隙态密度 $D_{it}$、表面电荷密度 $Q_{it}$ 等有着很强的影响。表面氢钝化（例如，使用 Forming Gas 退火）可以大幅减小 $D_{it}$。另外，在高温氧化工艺中的氧化温度对于界面态密度有影响，高温氧化的态密度要小于低温氧化的态密度（$D_{it}$(高 $T$)< $D_{it}$(低 $T$)）。高温氧化情况下使用的是干氧还是湿氧氧化对态密度没有太大的影响（$D_{it}$(干氧)= $D_{it}$(湿氧)）。对于未钝化的硅表面，其表面态密度达到 $10^{13}cm^{-2}$，而经过热氧化处理的硅表面，则可以降低到 $10^9cm^{-2}$。

3. 界面氧化层陷阱电荷 $Q_{ot}$

在氧化层中（除去表面 2nm 层之外）具有固定电荷。根据在氧化层中陷入的电子或空穴，使得这种陷阱可以使带正电、负电或不带电，其密度为 $10^9$～$10^{13}cm^{-2}$。其产生的原因主要与 $SiO_2$ 层中的缺陷有关，包括离子辐照、雪崩注入或氧化层中的大电流，这种缺陷可以通过低温退火予以消灭。这种电荷对表面势的形成有一定影响。

4. 可移动氧化层电荷 $Q_m$

可移动氧化层电荷主要来源于在氧化层中存在的一些碱性正离子（$Li^+$、$Na^+$、$K^+$），也包括负离子或重金属离子。此种电荷的密度为 $10^{10}$～$10^{12}cm^{-2}$。当有电场存在时，碱性离子甚至在室温下就可以迁移。$Na^+$离子很重要，因为它存在于环境和人体中，并且其迁移性强；而 $Li^+$和 $K^+$的重要性不高，主要是因为其在环境中的浓度不高。从迁移性的角度看：Li>Na>K；从浓度角度看：Na=K>Li。为了减少这种电荷，可使用含氯气氛氧化（如含有 HCl 或 TCA 的氧化），进行化学钝化。

以上讨论了 $Si\text{-}SiO_2$ 界面的四种主要电荷，下面我们开始讨论这些电荷及表面态的形成机理及模型。要注意的是表面态与表面处理工艺非常相关，所以不同研究者获得完全不同的表面态是非常正常的。人们依据硅悬挂键及其与不同背键结合的情况归纳出了表面电荷的形成机理。图 4-19 给出了 $Si\text{-}SiO_2$ 界面的缺陷模型[22,23]。

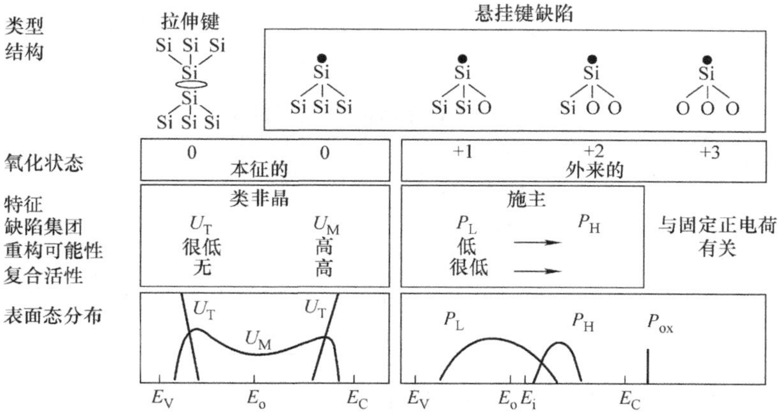


图 4-19　Si-$SiO_2$ 界面缺陷模型

表面缺陷态具体包括如下几种子群：

1）$U_T$——带尾态。

2）$U_M$——对称中间带隙态。

3）$P_L$、$P_H$——在带隙中低和高位出现的双峰态。

下面分别讨论这几种缺陷态：

（1）本征缺陷（$U_T$、$U_M$）

这部分缺陷不依赖于氧化层，而是晶体硅材料自身存在的，因此被称为本征缺陷。通常由拉伸的 Si-Si 键或硅悬挂键形成。

拉伸的 Si-Si 键形成缺陷态 $U_T$。在硅片表面，硅原子的对称结构完全不同于体内，要进行原子重构，因此即使硅原子仍与周边的四个硅原子形成共价键，也会发生键长和键角的畸变，这些变形往往会在表面引起缺陷态。使用符号 $Si_3$≡Si-Si ≡$Si_3$ 表示硅晶格的某种变形，这种畸变引起的表面缺陷态通常从带隙边向带隙中延伸，并对带隙中心呈对称分布，形成带尾态。U(T)似乎对于后氧化处理和应力不敏感。

如果硅硅键拉伸过大或键断裂，会产生悬挂键，表示为 $Si_3$≡Si•，形成硅悬挂键缺陷态 $U_M$ 或 $P_b$。$U_M$ 围绕着带隙中心形成双峰，几乎对带隙中心呈对称分布，与带隙边缘有一个小的间隔，这种带隙态的分布宽度大约为 $3/4E_g$，填充了两边带尾态 $U_T$ 在带隙中心区域形成的间隙，并与 $U_T$ 有小的交叠。在这个驼峰中的所有能态的化学性质是一样的，只是几何结构的不同而导致交叠不同。

本征缺陷的对称特性是由其非晶特性决定的。一个在带隙中下半部靠近价带顶位置的成健态（类施主型）和一个位于带隙中上半部靠近导带底的反键态（类受主型）是对应相生的。所有本征缺陷都有一个对称点 $E_0$，它位于带隙中点 $E_i$ 以下 40meV，同时这些缺陷也具有同样的约束行为。表 4-2 给出了类施主态和类受主态的特性。如果没有其他因素的影响，在上半部分的类受主态趋于空置，形成中性状态，而下半部分的类施主态趋于被填满，也形成中性状态，对于高浓度本征缺陷（$N_{it}$>$10^{12}$cm$^{-2}$），该中点 $E_0$ 会钉扎费米能级。

**表 4-2　Si-SiO₂ 表面硅悬挂键的类型**

| 缺陷态类型 | 类施主态 | | 类受主态 | |
|---|---|---|---|---|
| 杂化轨道 | 单占据态（成键态） | | 双占据态（反键态） | |
| 基本位置 | 带隙下半部 | | 带隙上半部 | |
| 占据电子数 | 0 | 1 | 1 | 2 |
| 荷电状态 | + | 0 | 0 | — |
| 占据情况 | 空 | 满 | 空 | 满 |

表面处的费米能级与半导体掺杂情况有关。对于 n 型半导体，费米能级上移至接近导带底附近的带隙中，这使得位于上半部分的类受主能级被多子电子填充，使表面带负电荷；而如果半导体为 p 型，费米能级下移至接近价带顶的带隙中，因此位于下半部分的类施主能级被多子空穴注入，形成空态，使表面带正电荷。此外，由于表面 $SiO_2$ 层中固定电荷的存在使得表面能带发生弯曲，形成表面势，而费米能级不随能带而弯曲，使费米能级相对于缺陷态的位置发生变化，因此可以使缺陷态中被注入电子或空穴，而具有不同的荷电状态。如果在 $SiO_2$ 外表面加上电场或附加上电荷，也可以改变 Si-$SiO_2$ 界面的能带弯曲程度，从而改变费米能级与陷阱能级的相对位置，甚至可以从价带顶一直扫至导带底，使得界面陷阱处于各种不同的填充状态，利用这种方式可以探测界面态的浓度。这就是各种界面态测试技术的基本原理，这些技术包括 C-V 法、SPV 法等，这些方法将在第 6 章中介绍。

（2）外来缺陷（$P_L$、$P_H$、$P_{ox}$）

外来缺陷涉及硅原子与 1～3 个氧背键结合时形成的悬挂键。背键中含有 1 个氧（$P_L$）和 2 个氧（$P_H$）键时的悬挂键在带隙的下半部或上半部形成类施主的带隙态带。而含有 3 个氧键的悬挂键 $O_3$ ≡Si●（$P_{ox}$）也是类施主型的悬挂键，但是其能级位置深入到了导带中，带正电荷，是介质层中固定正电荷（$Q_f$）的来源之一。而类受主型的悬挂键也有，但是其能级位置也进入到导带。进入导带的能态对少数载流子的复合没有作用。表 4-3 归纳了上述 Si-$SiO_2$ 界面缺陷态的特性。

**表 4-3　Si-SiO₂ 界面缺陷态的特性**[24]

| 缺陷态 | Si 悬挂键 | $E_t$−$E_v$/eV | $\sigma_t$/eV | Si-H 键 |
|---|---|---|---|---|
| $U_M$ 或 $P_b$ | $Si_3$≡Si● | 0.2* | 0.4* | 最强 |
| $U_T$ | $Si_3$≡Si-Si≡$Si_3$ | 0.02 | 0.04 | 无 |
| $P_L$ | $Si_2O$≡Si● | 0.4 | 0.12 | 次强 |
| $P_H$ | $SiO_2$≡Si● | 0.7 | 0.08 | 最弱 |
| $P_{ox}$ | $O_3$≡Si● | >$E_c$ | ∝ 0 | 几乎没有 |

注：$E_t$ 表示缺陷分布的中心位置，$\sigma_t$ 表示缺陷分布的宽度。* 表示只给出了施主部分，而受主部分是以中心点附近对称分布的。

### 4.3.3 影响 $Si\text{-}SiO_2$ 界面态的因素

1. 退火对界面缺陷态的影响

$Si\text{-}SiO_2$ 界面上的悬挂键在含有氢的气氛中退火处理时会被气氛中的氢原子饱和，从而减少悬挂键的数量，使表面态密度下降。图 4-20 为各种退火条件处理后表面态密度的测试结果。在未经退火处理的 $Si\text{-}SiO_2$ 层界面上，$D_{it}$ 呈 V 形分布，这种分布与氧化温度和界面取向无关。这种分布反应的是 $U_M$ 和 $P_L$。悬挂键 $U_M$、$P_L$ 和 $P_H$ 可以被在含氢气氛中的退火大量降低，如 FGA 退火（曲线 3），合金化后退火（曲线 4 和 5），但是在只含 $N_2$ 的气氛中退火无效。Si-H 反应对于 $P_L$ 和 $P_H$ 更有效，因此在增加 H 的供应后剩下的 $U_M$ 导致 $D_{it}$ 的分布更趋向 U 形分布（相比之前的 V 形分布）。可惜的是，Si-H 键不稳定，在后续的 $N_2$ 气氛退火、真空退火或高温退火时（>450℃）Si-H 键会断裂。因此，退火可能造成钝化的衰退。

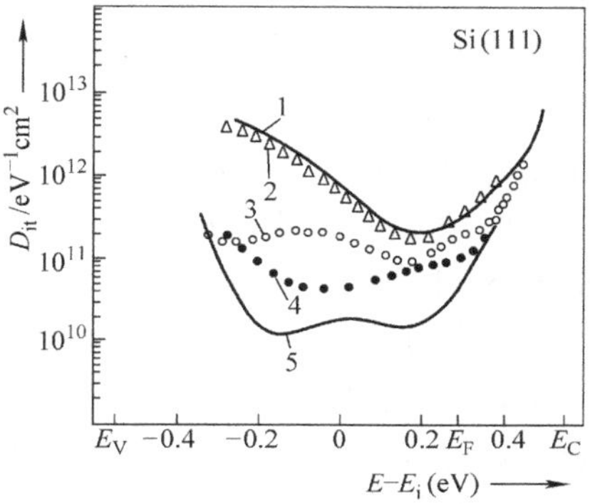


图 4-20 $Si\text{-}SiO_2$ 界面态分布在 450℃退火 30min 后的变化（n-Si，10Ω • cm，1100n 在湿氧氧化。曲线 1：氧化后；曲线 2：蒸 Al 之前干 $N_2$ 退火；曲线 3：蒸 Al 之前 FGA 退火；曲线 4：FGA 中后合金化；曲线 5：FGA 中后合金化[22]）

2. 辐照对界面缺陷态的影响

由辐照引入的表面陷阱的增加而导致的少子寿命衰减是太阳电池存在的一个大问题。Helms 等总结了各种辐照衰减的机理[25]：

1）由于 X 射线，γ 射线和中子等引起的氧原子的碰撞离化。

2）在氧化中可移动的 $H^+$ 可以迅速移动到表面附近，引起 $Q_{ox}$ 增加。在正偏压作用下，$H^+$ 可以俘获一个电子形成中性的 H 原子，它们与一些 H 钝化键反应引起界面态密度增加。

$$Si\equiv Si-H+H\rightarrow Si\equiv Si\bullet+H_2\uparrow \tag{4-129}$$

### 4.3.4 $Si\text{-}SiO_2$ 的界面复合特性

界面复合不仅与界面态密度有关，而且与缺陷态对于电子或空穴的俘获截面有关，俘获截面实际上表示了缺陷态的复合概率。

Yablonovitch 等人[26]发现 $Si\text{-}SiO_2$ 表面处的空穴浓度（$p_s$）是电子浓度（$n_s$）的 100 倍。究其原因是由于该表面对电子的俘获截面（$\sigma_n$）比对空穴的俘获截面（$\sigma_p$）大 100 倍，因此有关系式：

$$\frac{\sigma_n}{\sigma_p}=\frac{p_s}{n_s}=100 \tag{4-130}$$

Aberle 等人[27]研究了 Si-$SiO_2$ 界面缺陷的俘获截面与能级位置的关系，$SiO_2$ 是通过 1050℃的热氧化形成的。在带隙中心处的缺陷态俘获概率的比值$\sigma_n/\sigma_p$ 达到 1000 倍。电子俘获陷阱的能级在价带之上 0.35eV 的带隙中，空穴俘获陷阱的能级在导带边之下 0.45eV 的带隙中。Albohn 等人发现[23]，在 n 型硅片上热氧化制备的 $SiO_2$ 层界面的电子俘获截面$\sigma_n$ 可以分成两个子带$\sigma_{n1}(E)$、$\sigma_{n2}(E)$，两者都随与导带距离的减小而减小。与$\sigma_{n1}(E)$相关的 $D_{it}$ 值是带隙中上半部分的一个宽带，在接近带隙中心时下降；而与$\sigma_{n2}(E)$有关的 $D_{it}$ 在带隙上半部分较小，在接近带隙中心时增加。因此，$\sigma_{n1}(E)$归于类受主态 $Si_3{\equiv}Si{-}(U^{0/-}_M)$，而$\sigma_{n2}(E)$归于类施主 $SiO_2{\equiv}Si\ (P^{+/0}_L)$。

以上讨论了 Si-$SiO_2$ 界面的缺陷结构，从中可以看到，这些缺陷主要是由于界面处的硅悬挂键引起的。对于不同的 $SiO_2$ 膜的制备方法以及后续的处理条件，表面陷阱态的密度分布以及俘获截面非常不同。

在 p 型和 n 型硅上制备 $SiO_2$ 薄膜，得到的少子寿命如图 4-21 和图 4-22 所示[28]。图中同时给出了不同掺杂浓度对 $S_{eff}(\Delta n)$的影响。可见随着载流子注入水平的降低，p-Si-$SiO_2$ 的少子寿命会降低；但是对于 n 型硅片表面就没有这种效应。

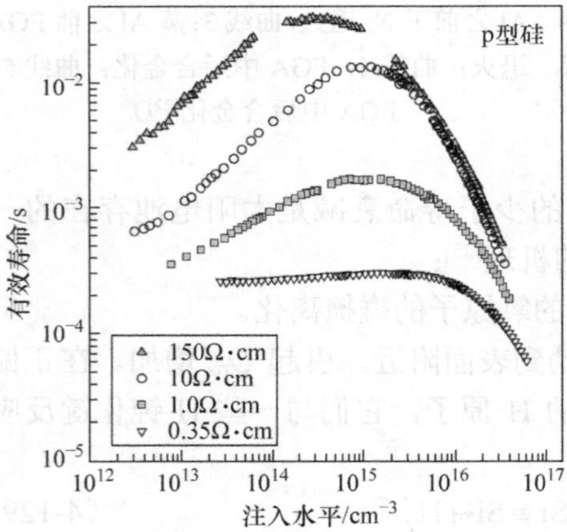


图 4-21　不同电阻率的 p 型硅衬底上的 Si-$SiO_2$ 界面少子寿命随注入水平$\Delta n$ 的变化[28]

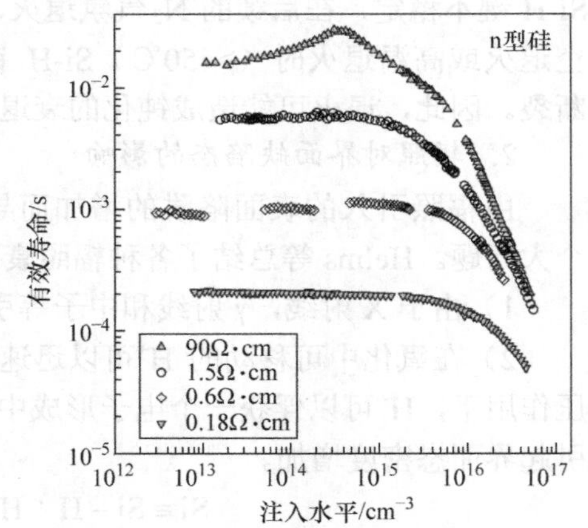


图 4-22　不同电阻率的 n 型硅衬底上的 Si-$SiO_2$ 界面少子寿命随注入水平$\Delta n$ 的变化[24]

Aberle 等人对这种少子寿命的变化关系进行了研究，给出了带隙中各个能级位置的陷阱态的复合速率[27]。如图 4-23 所示，对于很好退火后的 Si-$SiO_2$ 表面，陷阱能级呈 U 形分布。这些陷阱能级的俘获截面有很多研究报道，绘于图 4-24[27,29-36]。Aberle 给出的俘获截面如图 4-25 所示[27]。不同研究者获得的俘获截面的结果非常分散，可能是因为测试方法及制备工艺有所不同。

对于 p 型 Si-$SiO_2$ 的有效复合寿命随注入水平的变化关系如图 4-26 所示。使用前面论述的方法可以计算不同 $Q_f$ 值的 $S_{eff}(\Delta n)$的关系曲线，当使用假设的表面陷阱俘获截面可以得到关系如图 4-27 所示[27]。由于假设的表面复合速率与图 4-13 不同（在那里$\sigma_n=\sigma_p=10^{-15}cm^2$），因此曲线与 $Q_f$ 的关系与该图有所差别，但是总的趋势相同。值得注意的是，此图中给出了在 n 型衬底上制备 $SiO_2$ 膜的表面有效复合速率 $S_{eff}(\Delta n)$随 $Q_f$ 的变化关系，可见对于所有过剩载流子注入水平，$S_{eff}$ 几乎不变，而且不同的表面电荷 $Q_f$ 可以均匀地降低表面复合速率，这对应着正电荷对 n 型硅表面的场钝化。这种 n 型和 p 型 Si-$SiO_2$ 膜的 $S_{eff}(\Delta n)$关系，与图 4-21、图 4-22 中的$\tau_{eff}(\Delta n)$关系相一致。对于 n 型硅 Si-$SiO_2$ 膜的表面复合速率和有效少子寿命均不随少子注入水平而变，而在 p 型 Si-$SiO_2$ 膜的表面复合速率随少子寿命水平的降低升高，因此少子寿命随之相应地降低。

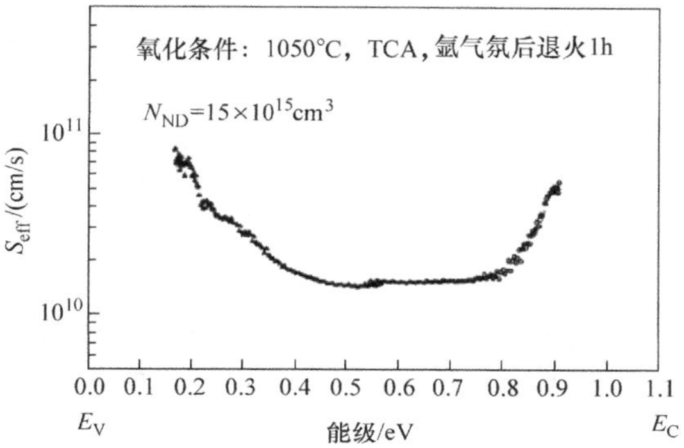


图 4-23　使用 C-V 法测试的 Si-$SiO_2$ 界面（MOS 结构）的态密度[28]（2%的 TAC 干氧氧化，温度为 1050℃，氩气氛后退火 1h，Al 合金化后使用 Forming Gas 退火）

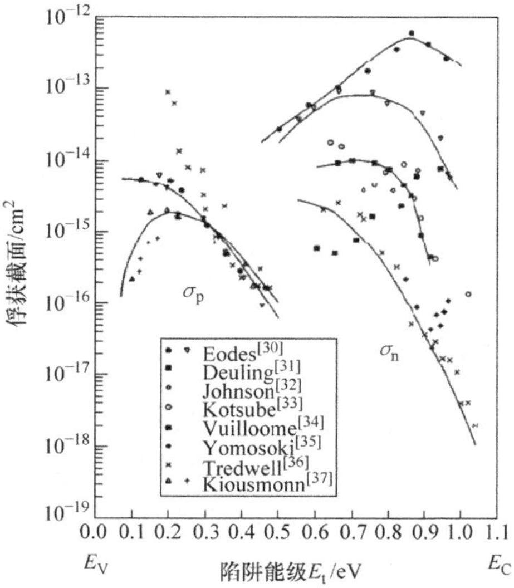


图 4-24　发表的电子（$\sigma_n$）和空穴俘获截面（$\sigma_p$）[30-36]

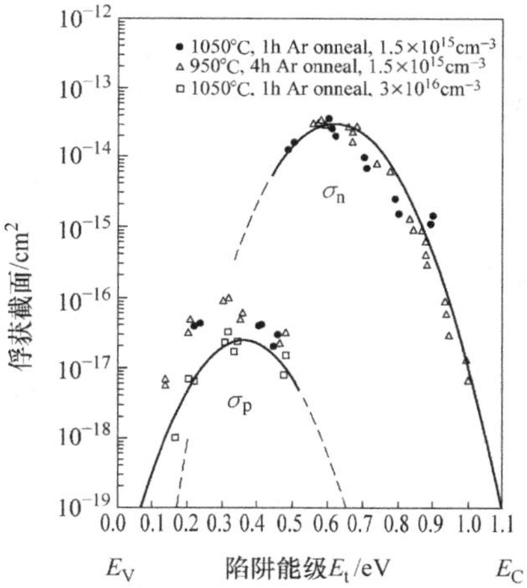


图 4-25　由深能级谱（DLTS）测得的 Si-$SiO_2$ 俘获截面，氧化过程及掺杂浓度不同[28]

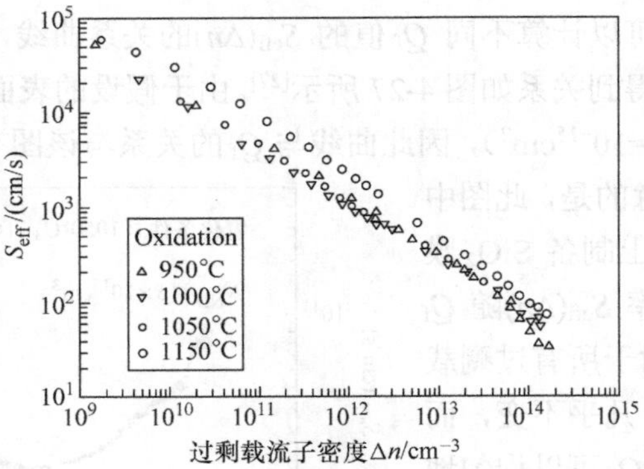


图 4-26　根据图 4-25 俘获截面计算的各种氧化温度的 Si-SiO₂ 表面有效复合速率随Δ$n$ 的变化关系[28]（0.5Ω · cm，TCA 氧化，氩气氛下 1h 后退火，并加 FGA）

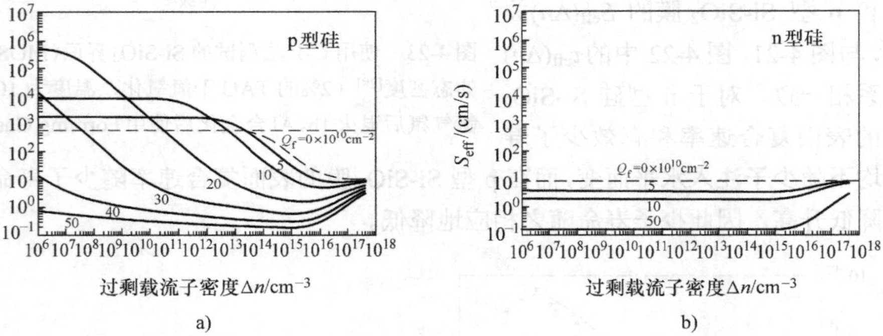


图 4-27　n 型和 p 型硅衬底上制备 $SiO_2$ 膜后的 $S_{eff}(\Delta n)$关系[27]（衬底掺杂浓度 $N_A=10^{16}cm^{-3}$，$D_{it}$ 假设位于带隙中心，密度 $1\times10^{10}cm^{-2}eV^{-1}$。$Q_f$ 为 0～$50\times10^{10}cm^{-2}$，$\sigma_n=10^{-14}cm^2$，$\sigma_p=10^{-16}cm^2$）

但是，实际的 $SiO_2$-Si 界面的表面载流子俘获截面不同于假设的常数，Aberle 针对他们实测的表面俘获截面（见图 4-25），使用扩展 SRH 理论进行计算得到的 p 型硅 $S_{eff}(\Delta n)$随 $Q_f$ 的关系如图 4-28 所示。比较图 4-27 和图 4-28，在考虑了俘获截面的实测值后，表面对于同样的 $Q_f$ 很难达到反型，直到 $Q_f=5\times10^{11}cm^{-2}$ 时也只是出现了弱反型。由图 4-26 可见对于$\Delta n=10^9cm^{-3}$，实测的 $S_{eff}$ 达到 $6\times10^4$cm/s，超过拟合计算中 $Q_f$=0 时的 $10^3$cm/s，因此对于

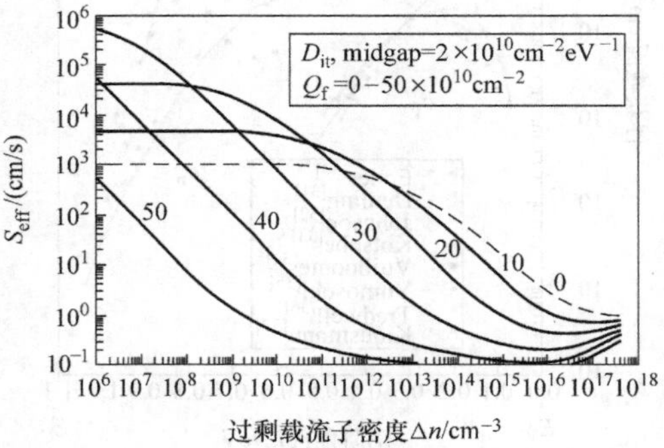


图 4-28　计算不同介质层电荷 $Q_f$ 的空间电荷区靠近表面处的 $S_{eff}(\Delta n)$关系[28]（假设 $D_{it}$ 位于带隙中心，密度 $2\times10^{10}cm^{-2}eV^{-1}$。$Q_f$ 为 0～$50\times10^{10}cm^{-2}$，$\sigma_n$、$\sigma_p$ 如图 4-25 所示）

p-Si-$SiO_2$界面处于耗尽态，没有达到反型态。相应的 $Q_f$ 接近 $3\times10^{11}cm^{-2}$，而实际通过 MOS 测量得到的 $Q_f$ 值为 $1.3\times10^{11}cm^{-2}$。在图 4-28 中可以看到表面复合速率的差异，这种差异是由于空间电荷区复合速率的叠加引起的。由于 Si-$SiO_2$界面不处于反型态，因此不能使用发射极近似来拟合 $S_{eff}(\Delta n)$的曲线关系，而只能使用式（4-98）进行数值计算得到表面有效复合速率随注入水平的关系（见图 4-28）。值得注意的是，Aberle 和其他一些研究人员在研究 Si-$SiO_2$表面钝化时只考虑了界面态的复合速率 $S_{it}$，所谓场钝化只是考虑了氧化硅中固定电荷 $Q_f$ 对 $D_{it}$ 的影响，因此这里所论述的有效复合速率 $S_{eff}$ 实际只包含 $S_{it}$（即 $S_{eff}=S_{it}$），而没有考虑空间电荷区的复合 $S_{sc}$ 的影响。

衬底掺杂浓度对 $S_{eff}(\Delta n)$的影响非常强烈，如图 4-29 所示的结果与少子寿命的变化关系相对应（图 4-22）。掺杂浓度较低的样品（11Ω·cm）在$\Delta n=10^{13}cm^{-3}$时复合速率为 600cm/s，而在 0.2Ω·cm 的样品达到了 1900 cm/s。

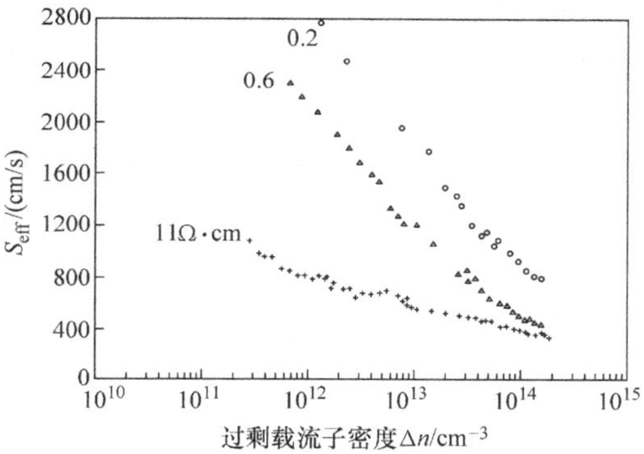

图 4-29 p 型硅的掺杂浓度对 Si-$SiO_2$表面 $S_{eff}(\Delta n)$的影响[28]

A.G.Aberle 研究了使用 $SiO_2$作为背表面 p 型硅钝化的特性。他测量得到了 Forming Gas 退火的 $SiO_2$在背表面 p 型硅的界面态密度 $D_{it,midgap}=1\times10^{10}cm^{-2}eV^{-1}$，$Q_f=1.3\times10^{11}cm^{-2}$，而在最大功率点附近背表面的少子注入水平在（2～5）$\times10^{13}cm^{-3}$，在图 4-28 上查出的对应于 $Q_f=3\times10^{11}cm^{-2}$ 的表面复合速率为 1cm/s，这种复合速率是非常低的，可以作为非常好的钝化层。

总结本节的内容，Si-$SiO_2$体系在微电子行业研究得非常透彻，因此提供了硅表面缺陷结构非常清晰的物理图像。在界面处存在着硅材料的本征缺陷和氧化缺陷，这两者构成了在界面处带隙中的缺陷态。通过高温氧化工艺或后退火工艺可以将此体系界面态密度降得非常低（$D_{it}\sim10^{10}cm^{-2}eV^{-1}$），因此使得 $SiO_2$不仅可以钝化 n 型硅表面，也适合于钝化 p 型硅表面，虽然 $SiO_2$的固定电荷 $Q_f$ 为正值，不利于 p 型硅表面的场钝化（正电荷吸引 p 型硅的少子），但是由于其 $Q_f$ 值相对较低（$10^{11}\sim10^{12}cm^{-2}$），使得这种对场钝化的不利影响不明显。

## 4.4 Si-$SiN_x$界面

最早的 $SiN_x$ 膜应用在半导体行业的报道是 Wang 等人[37]于 1973 年和 Hovel 等人[38]在 1975 年的报道。从 1980 年开始，Hezel 的研究团队将这种薄膜引入到了光伏领域[39,40]。到目前，$SiN_x$ 膜已经在光伏研究和产业化领域中被广泛采用，它不仅用于减反射，也用于表面钝化和体钝化。

### 4.4.1　$SiN_x$ 膜制备技术

制备 $SiN_x$ 膜使用等离子体化学气相沉积（PECVD）技术，尽管为了避免使用易燃的硅烷，也开发出了磁控溅射技术，但是由于其钝化特性不及 PECVD 技术，没有广泛地得到工业界的认可。

PECVD 技术主要可以分成两大类：直接法 PECVD 技术和间接法 PECVD 技术。所谓直接法就是衬底直接暴露在等离子体中；而间接法就是等离子辉光放电区和样品分属两个区域，样品不直接暴露在等离子体中。

以 PECVD 电极的设计方式分类又可分为电容耦合法和电感耦合法。电容耦合法属于低密度等离子体，沉积速率较慢，但是相对较为均匀；而电感耦合法（ICP）是高密度等离子体，沉积速率快，但是相对较难做到大面积均匀。目前工业界已经应用的几种 PECVD 设备如图 4-30 所示。从图中可以看出，对于直接法 PECVD 设备又分成管式设备和平板式设备，而间接法 PECVD 设备只有平板式的。电感耦合设备则是刚刚进入产业化之中。在图中同时列出了近年来在这些技术中的主要设备供应商。

- PECVD法
  - 直接法(Direct)
    - 管式炉 — Centrotherm，七星华创，中国电子科技集团48所，捷佳创
    - 平板炉 — Schmid，周星，Shimadzu(岛津)
  - 间接法(Remote) — 平板型
    - 微波 — Roth & Rau
    - RF — General Plasma
    - 直流 — OTB
  - 电感耦合(ICP) — 平板型　13.56MHz — Singulus Tech.

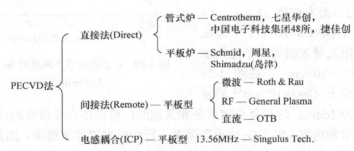

图 4-30　各种工业应用的 PECVD 技术分类

这些方法又可以按照所使用的辉光放电电源的频率分类，如图 4-31 所示。对于低频率 PECVD 技术，表面均匀性较好，而且电源稳定性高，但是沉积速率较慢。对于微波频率（2.45GHz）PECVD 技术，沉积速率很高，均匀性的问题可以通过衬底运动得到提升。OTB 公司使用一种新型的直流间接法 PECVD 技术，虽然有诸多好处（如沉

| | |
|---|---|
| $f$=0　Hz | OTB |
| 40k　Hz | Centrotnerm，七星华创，捷佳创，中国电子科技集团48所，General Plasma |
| 1~100k Hz | MVSystem(脉冲调制等离子体) |
| 250k　Hz | Shimadzu(岛津) |
| 400k　Hz | Schmid |
| 460k　Hz | Centrotherm |
| 13.6M　Hz | Singulus，Semco，MVSystem，周星 |
| 2450M　Hz | Roth & Rau |

图 4-31　不同频率的 PECVD 技术及主要设备制造厂商

积速率非常快，表面损伤较弱），但是均匀性不好，且设备的稳定性不是很好，因此在工艺界没有大规模地推广。而频率为 13.56MHz 的直接法 PECVD 技术虽然沉积速率较低频法快，但是存在着均匀性的问题，并且抗干扰设计也是一个较难解决的问题，因此在大规模使用中很少应用。

综上所述，目前在产业化中比较典型的 PECVD 技术是 40kHz 的管式直接法 PECVD 设备（以 Centrothem 公司为代表）和微波频率的间接法 PECVD 设备（Roth&Rau 公司）。

图 4-32 为管式低频直接法 PECVD 设备的内部构造图。采用电阻式加热将整个腔体加热到所需的温度，在腔体中放置一个石墨制成的托架，托架有很多具备一定间隔的夹板，每一个夹板的两侧放置两片硅片，在两个相邻夹板之间有一个距离很窄的空间，空间两侧是硅片，两个相邻夹板通以交流电压，使得两个相邻夹板形成正负极，当在腔室中有一定的气压和气体时，在两个夹板之间就会发生辉光放电，辉光放电可分解空间中的 $SiN_4$ 和 $NH_3$ 气体，形成 Si 和 N 的离子，它们相结合形成 $SiN_x$ 分子，沉积在硅片表面。

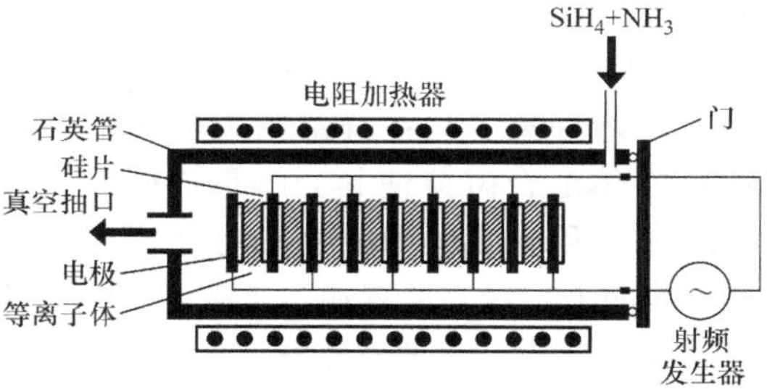

图 4-32　低频管式 PECVD 设备构造示意图

这种结构的优点是，等离子体轰击硅片表面，可使其中所含有的氢原子深入到硅片中去，加强对硅片表面甚至体内的钝化效果。这一点对于多晶硅片尤其重要，因为多晶硅片有很多晶界及晶粒内部的缺陷，如果氢离子在等离子体的作用下深入到多晶硅片体内的晶界或晶粒缺陷中，则可以起到很好的钝化作用。而单晶硅片体内的缺陷较少，钝化主要是表面钝化，因此这种直接等离子产生的氢离子深入作用的效果就弱一些。在实际生产工艺中，也确实发现直接法对多晶硅片的钝化效果更明显。此外，这种低频结构设计使得电气设备的分布寄生电容、电感都很低，电控简单可靠。

管式直接法也有缺点，一是表面的轰击作用致使表面损伤严重，形成更多的表面缺陷，使表面复合速率提高。所幸的是，这种由于轰击所造成的表面损伤在后续的退火工艺中可以很好地去除。有关制备技术对表面复合速率的影响以及退火效应等将在本节随后表述。二是在这种管式炉的设计中，石墨夹板是中空的，使用硅片作为等离子体放电的电极，因此辉光等离子体在空间的分布特性受硅片表面的状态影响较大，比如，硅片导电率的高低及其均匀性，硅片表面织构化的状态，甚至硅片表面的沾污等，所以表面容易出现不均匀现象，尤其是对多晶硅片，由于其表面不同晶粒之间在晶格取向、绒面特性、甚至反射率方面都有较大差别，在其表面上制备的 $SiN_x$ 膜很容易不均匀。三是这种低频沉积 PECVD 速度较慢，沉积时间较长，但是由于一个腔室中放置多个硅片，因此也等效于提高了节拍。

图 4-33 为微波法 PECVD 设备的内部结构。有一个微波天线被放置在一个石英套管中，石英管的目的是使腔室中的反应气体与微波天线隔离开来，减少对天线的沉积。在微波管的外侧有一个金属罩，其目的是将参与反应的 $NH_3$ 限制在一个局域空间中。在微波管周围通以 $NH_3$ 气，该气体离化后产生 $H^+$ 和 $N^-$，这两种离子与在样品附近通入的 $SiH_4$ 气体汇合碰撞使其分解形成硅离子，与 N 和 H 离子形成 $SiN_x$:H 沉积在硅片表面上。衬底放置在一个碳纤维制作的板架上，一个板架可以放置多达 6×6 或 6×9 个硅片。这种设计有如下一些优点：

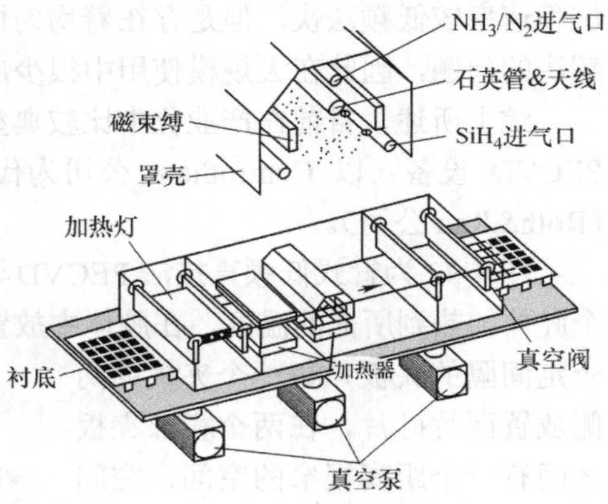

图 4-33　微波法 PECVD 设备构造示意图

1）微波的频率很高，为 2.45GHz，沉积速率较高，典型值可以达到 0.67nm/s，而 40kHz 直接法 PECVD 的典型沉积速率为 0.1～0.3nm/s。

2）由于等离子体辉光区与样品区分离，衬底不会受等离子体轰击，不会造成表面损伤，表面少子寿命不受影响。

3）微波等离子源的电场由微波天线提供，不像直接法 PECVD 设备那样需要衬底的底板作为电极，因此在没有衬底时也可以放电，衬底可以连续运动而无需关断等离子体。这样一方面提高了沉积速率，另一方面避免了每次开启等离子电源所造成的初期不稳定性，第三个好处是在沉积过程中衬底的运动可以减小薄膜的纵向不均匀性。

4）由于等离子体与衬底分开，使得衬底状态不会影响到等离子体源的特性，避免了直接法中衬底表面状态对沉积特性的影响，沉积的样品的均匀性得到了大大改进。

但是微波法 PECVD 也有缺点，具体如下：

1）由于等离子体与硅片不接触，所镀薄膜的致密性较低。

2）由于没有等离子体对氢的驱动作用，使得氢只能分布在 $SiN_x$ 薄膜中，很难进入到多晶硅的晶界和晶粒中的缺陷中去，从而影响了钝化特性。

3）由于微波法是离域的，没有等离子体对硅片表面的轰击作用，使得镀膜前表面上天然生长的氧化膜对于后续制备的 $SiN_x$ 的效果有较大影响。在实际生产中，如果将硅片在空气中放置时间较长，会生产较厚的天然氧化膜，其上生长的 $SiN_x$

膜的钝化效果会下降，要求在清洗后较短的时间内即将硅片放入 PECVD 设备制膜。而直接法由于有等离子体对表面的直接轰击，可以将这层天然生长的 $SiO_x$ 膜部分去除，因此直接法 PECVD 对清洗后到制膜之间的时间间隔的要求不是很严。

4）目前产业界开始采用双折射率的 $SiN_x$（本节后面将论述），使用微波法难度较大，而使用直接法很容易。

总的来看，直接法与间接法各有优势和缺陷，在工业领域实际应用中，微波法在操作上更加便于机械化的连续作业，而且均匀性较高，成品率较高。因此，尽管其电池效率稍逊于直接法，但在工业中得到了非常广泛的应用。在中国光伏产业大规模量产的初期阶段，使用的 PECVD 设备中微波法 PECVD 设备占主要份额。但是随着对电池效率的要求越来越高，以及清洗过程的改进使硅片表面状态变得更加一致，直接法 PECVD 越来越显示出其优越性，后续建设的追求更高效率的生产线中，管式直接法 PECVD 设备的比例在上升。在下面讨论 PECVD 工艺参数时，还会比较低频直接法与微波间接法在各个方面上的差别。

### 4.4.2　$SiN_x$ 制备工艺

制备 $SiN_x$ 可以使用不同的气体源，最常用的是 $SiH_4$+$NH_3$、$SiH_4$+$N_2$、$SiH_4$+$N_2$+$H_2$。不同的气体源有不同的等离子体前驱体，见表 4-4。不同的前驱体具有不同的工艺特性。此外，又由于前面提到的 PECVD 技术具有不同的设备结构（即直接法和间接法），对于同样的结构又有不同的激发频率，因此很难对所有结果给出一个统一的、一致的描述。但可以明确指出，$SiN_x$ 薄膜的性能与其制备工艺密切相关。

**表 4-4　各种反应气体在等离子体中的反应前驱体**

| PECVD 反应气体 | 等离子体中的前驱体 |
|---|---|
| $SiH_4+N_2$ | $\bullet SiH_m$，$\bullet N$[41,42] |
| $SiH_4+N_2+H_2$ | $\bullet SiH_m$，$\bullet N$，$\bullet H$[42,43] |
| $SiH_4+NH_3$ | $\bullet Si{\equiv}(NH_2)_3$[44] |

$SiN_x$ 薄膜中可以有不同的 N∶Si 化学元素比，而具有不同化学元素比的薄膜具有不同的折射率 $n$，标准化学元素比的薄膜（$Si_3N_4$）的折射率 $n_{Si_3N_4}=1.9$，随着薄膜中硅含量的增加折射率会变大，一个极端的情况是纯非晶硅，$n_{a-Si:H}$=3.3。可以得到下述经验公式[45]：

$$x=\frac{[N]}{[Si]}=\frac{4}{3}\frac{n_{a-Si:H}-n}{n+n_{a-Si:H}+2n_{Si_3,H_4}}=\frac{4}{3}\cdot\frac{3.3-n}{n-0.5} \quad (4\text{-}131)$$

由这个公式可以看出，折射率与薄膜中的 N 与 Si 的比率关系直接相关。下面的论述中将会看到，折射率又与薄膜的钝化特性、电学特性、光学特性直接相关。因此对于不同的 $SiN_x$ 薄膜要考虑以下诸多因素的影响：

1）电极结构：直接法或间接法；

2）电源频率：40kHz、2.45GHz、13.56MHz 等；

3）沉积的工艺条件：温度、气体流量比、总压强、总流量、电源功率密度、沉积时间、沉积速率。

上述这些影响因素可以用如下各种薄膜的参数来表征：

1）表征薄膜光学特性的参数：折射率 $n$，吸收系数 $\alpha$；

2）表征沉积薄膜化学物理特性的参数：N/Si 比、H 含量、Si-N 键密度、N-H 键密度；

3）表征薄膜钝化特性的参数：表面少子寿命 $\tau_s$ 和总有效少子寿命 $\tau_{eff}$，在制备了 pn 结情况下的表面暗饱和反向电流密度 $J_{0e}$，Si-$SiN_x$ 界面态密度 $D_{it}$，对场钝化起到重要作用的固定电荷 $Q_f$ 等。

这些表征参数可以通过下面的各种实验进行测量：

1）椭偏仪测量折射率 $n$；

2）傅里叶变换红外吸收谱测量各种化学键的含量；

3）少子寿命谱测量表面少子寿命、表面饱和反向电流密度；

4）吸收谱测量薄膜的吸收系数 $\alpha$。

下面具体分析各种工艺参数对薄膜特性的影响。

1. 折射率 $n$ 与薄膜钝化特性的关系

在 $SiN_x$ 钝化的诸多工艺参数中最重要的是薄膜中的 Si/N 比，这个比例对薄膜的折射率影响最显著，而折射率又与该薄膜的减反作用和钝化作用紧密相关。折射率与薄膜中的 Si/N 比的关系如图 4-34 所示。从图中的三个研究者的数据可以归纳出一个经验公式：

$$n = 1.35 + 0.74\frac{\text{Si}}{\text{N}} \qquad (4\text{-}132)$$

这个经验公式与式（4-131）虽然不一样，但是都表明了折射率与 Si/N 比（或 N/Si 比）的一种正相关性。

大量的实验结果发现折射率 $n$ 与 $SiN_x$ 膜的钝化特性有关。从图 4-35 可以看出，不论是直接法还是间接法 PECVD 制备的 $SiN_x$ 膜，其有效少子寿命都与折射率相关。在折射率 $n$ 接近 1.9 时，有效少子寿命最低，此时按照图 4-34，其中的 Si/N 比接近 $Si_3N_4$ 化学剂量比。当折射率提高时薄膜中硅含量随之升高，有效少子寿命显著升高；当折射率达到 2.1～2.2 时，少子寿命达到饱和，之后继续提高折射率，少子寿命不再提高了[48,49]。

按照 4.2 节的论述，表面钝化特性的提升主要有两个方面的原因：其一，表面态密度 $D_{it}$ 的降低；其二，介质层中固定电荷的升高。

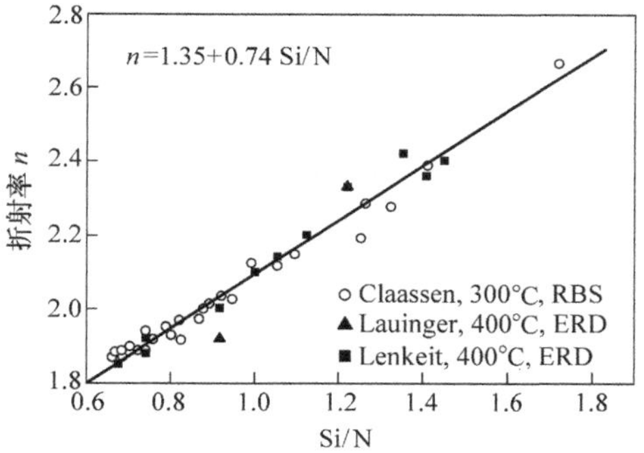


图 4-34　$SiN_x$ 薄膜的折射率和 Si/N 比的关系（空心圆点是 Claasen 使用卢瑟夫背散射（RBS）测量的 300℃制备的 $SiN_x$ 膜[46]；三角实心点是 Lauinger 使用弹性反射测量（ERD）的 400℃制备的 $SiN_x$ 膜[47]；折射率使用椭偏仪测量）

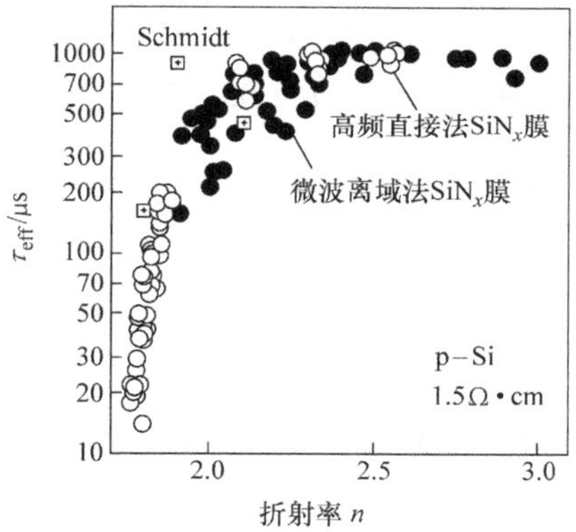


图 4-35　在 1.5Ω • cm 的 p 型 FZ 硅片上制备的 $SiN_x$ 膜的折射率与有效少子寿命的关系［其中空心圆点位使用高频（HF）直接法 PECVD，而实心圆点为微波离域 PECVD 法制备的 $SiN_x$ 膜（温度～375℃）[48]。图中也包括在 1Ω • cm 的 p 型 FZ 硅片上使用高频直接法(HF)PECVD 制备的 $SiN_x$ 膜（带十的方块）[49]］

折射率还是影响硅片表面反射的重要因素。当在折射率为 $n_0$ 和 $n_2$ 的两层介质之间插入折射率为 $n_1$ 的介质膜时，折射率之间满足下式时反射率 $R$ 最低：

$$R=\left(\frac{n_1^2-n_0n_2}{n_1^2+n_0n_2}\right)^2 \tag{4-133}$$

当折射率为最小值时，三层折射率之间应符合如下关系：

$$n_1=\sqrt{n_0n_2} \tag{4-134}$$

对于空气 $n_0$=1，硅 $n_2$=3.8，则 $n_1$=1.95。如果电池由玻璃封装，而玻璃的折射率为 1.5，则 $n_1$=2.39。如果硅片在空气中使用，则 $SiN_x$ 的折射率选择 1.95 具有最低反射匹配；而如果在玻璃下使用，则 $SiN_x$ 的折射率为 2.39 才是最低反射匹配。图 4-36 绘制了在空气中和玻璃下的不同折射率的 $SiN_x$ 的效果。可见，在当表面覆以折射率为 1.9 的 $SiN_x$ 膜时，在空气中的反射率最低（实线），但是一旦上面再覆以一层玻璃时，反射率将升高；而当硅片表面的 $SiN_x$ 膜的 $n$=2.3 时，在空气中的反射率不是最低的，但是一旦表面覆以一层玻璃时，反射率降至最低。

除了会改变表面反射之外，$SiN_x$ 薄膜还存在自吸收现象。由图 4-37 可以看出，如果过度增加 $SiN_x$ 的折射率，即薄膜过度富硅的话，会导致在短波长区过高的吸收系数，影响电池短波光的入射。

因此，从表面钝化的角度，较高的折射率较好；而从自吸收的角度来看，低折射率的薄膜较好；从反射优化的角度来看，应该有一个较为优化的折射率值在

2.3 左右。因此应该控制薄膜中的 Si/N 比使之达到最佳的折射率值。在产业化的工艺中，一般取 $n$=2.05～2.1。

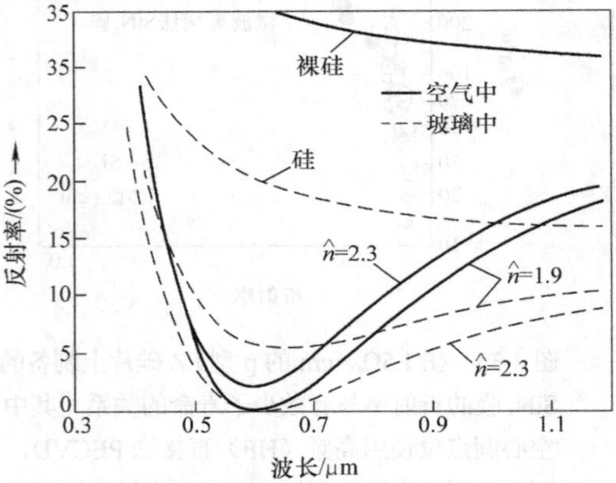


图 4-36 按比例归一化的反射率随波长的变化关系（分别给出了在空气中（实线）和在玻璃下（虚线）的反射率。硅片表面状态分三种：裸硅片、表面覆以折射率为 1.9 的 $SiN_x$ 和 2.3 的 $SiN_x$）

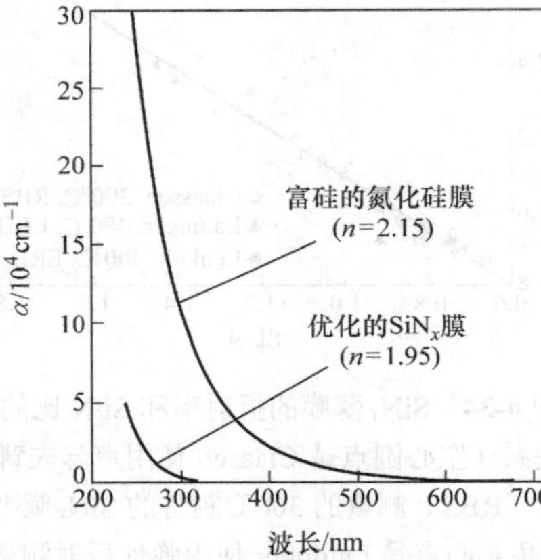


图 4-37 不同折射率的 $SiN_x$ 膜的吸收系数 $\alpha$ 随波长的变化[50]

2. 各种工艺参数对薄膜钝化特性的影响

Kerr[50]研究了直接法 PECVD 中各种工艺参数对 $SiN_x$ 薄膜钝化特性的影响。图 4-38 是有效少子寿命随 $SiH_4/H_2$ 对 $NH_3$ 流量比的关系。实验中通入三种气体，这种比例关系实际上就是硅烷流量与氨气流量之比。图中标出了几个流量所对应的折射率。这一规律与上面所论述的有关折射率与钝化的关系及折射率与硅烷/氨气流量比的关系基本一致。只是在前面论述中的硅-氮比是薄膜制成后在薄膜中探测到的比例关系。从图中还可以看到，对于低温生长的薄膜，在富硅状态的薄膜的$\tau_{eff}$值明显降低。值得注意的是，这个实验的最佳钝化效果出现在 $n$=1.9 附近。这一点我们在后面分析 $SiN_x$ 固定电荷特性时再做论述。

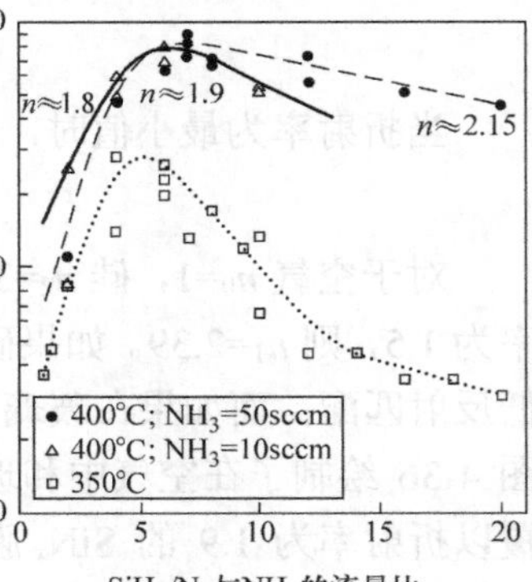


图 4-38 使用直接法 PECVD 在 1Ω · cm 的 p 型硅片上双面制备 $SiN_x$ 样品的有效少子寿命与 $SiH_4/H_2$ 对 $NH_3$ 流量的比[50]

图 4-39 给出了双面镀 $SiN_x$ 薄膜的硅衬底的$\tau_{eff}$与总气体流量的关系。可见，流量过低少子寿命会下降，但是当流量达到一定值时少子寿命不再升高。而对于低温（350℃）制备的薄膜在大流量时的少子寿命明显降低。

图 4-40 给出了在 p 型硅片上使用高频（HF）直接法和微波离域 PECVD 法制备 $SiN_x$ 膜后的$\tau_{eff}$随沉积温度的变化关系。可见在低温时有效少子寿命低，这时在薄膜中存在大量的未分解完全的亚稳态的 $SiH_x$，这种分子会影响到表面的钝化特性；而在 400℃沉积时这部分 Si-H 被充分分解，钝化水平提高。如果再将温度升高至 450℃以上时，则会有较多的氢分子从薄膜中释放出来，导致氢钝化效果变差。

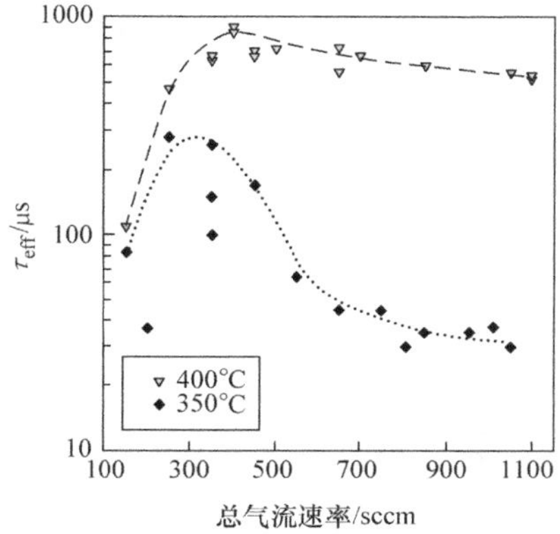


图 4-39　使用直接法 PECVD 在 1Ω · cm 的 p 型硅片上双面制备 $SiN_x$ 样品的有效少子寿命与总流量的关系[50]

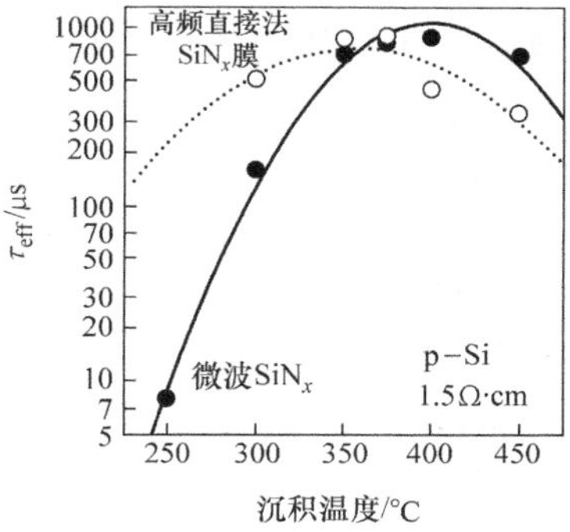


图 4-40　在 1.5Ω · cm 的 p 型 FZ 硅片硅片上制备 $SiN_x$ 膜的有效少子寿命随沉积温度的关系[48]

图 4-41 是有效少子寿命与沉积时的腔室气体压力和沉积功率的关系。压力增加使得$\tau_{eff}$单调递减。而功率却有一个最佳值，使得少子寿命最高。

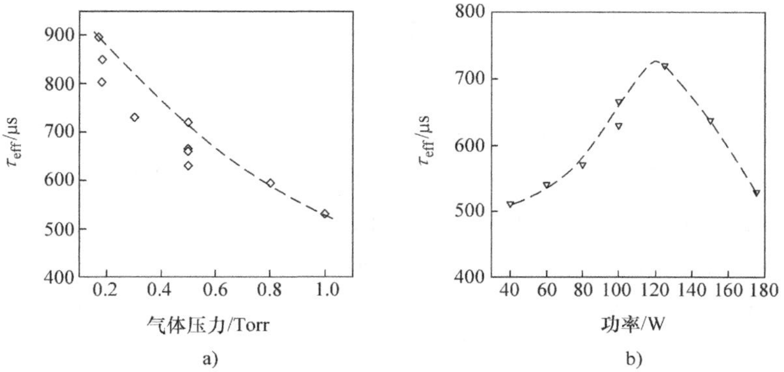


图 4-41　使用直接法 PECVD 在 1Ω · cm 的 p 型硅片上双面制备 $SiN_x$ 样品的有效少子寿命与气体压力和工艺功率的关系[50]

图 4-42 给出了 PECVD 沉积时间与厚度呈线性关系。但是在最初的 25s 时间

内少子寿命较低，同时折射率也较低，此时对应的薄膜厚度为 30nm 左右。在下面有关表面电子结构的讨论中要提到，$SiN_x$ 薄膜中的固定电荷 $Q_f$ 分布在距表面 20nm 的范围内，这种表面固定电荷对于表面的场钝化至关重要，因此在薄膜厚度太薄时，表面固定电荷不够，提供的场致钝化不够，因此少子寿命较低。

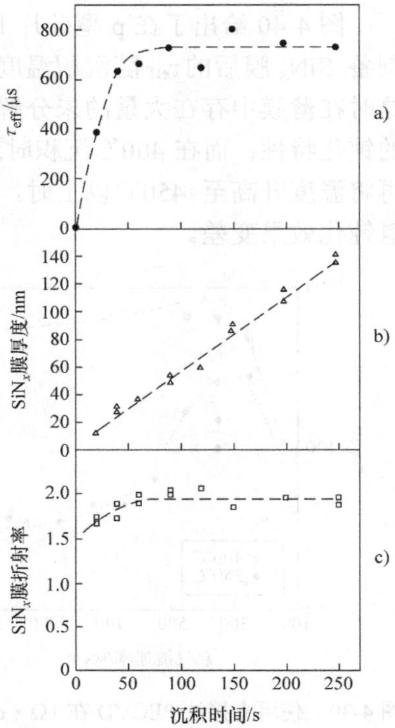


图 4-42　PECVD 沉积时间与薄膜厚度、有效少子寿命及折射率的关系[50]（硅片为 p 型 1Ω · cm，结构为 $SiN_x$/Si/$SiN_x$）

实际上不同的设备、沉积方法、频率、工艺气体会得出不同的具体工艺参数，因此上述所描绘的工艺参数本身并非最重要的，重要的是上述所描述的变化趋势。

3. 低频直接法与微波离域法制备的 $SiN_x$ 膜钝化特性的比较

Lenkeit[51] 对使用直接法与离域法 PECVD 的钝化特性进行了比较，他使用三种沉积技术：① 100kHz(LF) 直接法；②13.56MHz(HF)直接法；③ 2450MHz(MW) 离域法。样品使用双面制备 $n^+$发射区的 p 型硅片，即结构为 $SiN_x/n^+/p/n^+/SiN_x$。在这种设计下，表面钝化发射极暗饱和反向电流由式（4-39）推演得到：

$$J_{0E} = \frac{qn_i^2}{N_A} S_{eff} \tag{4-135}$$

由此只要通过准稳态少子寿命谱测试得到 $J_{0E}$，就可以推算出表面有效复合速率 $S_{eff}$。

图 4-43 比较了三种 PECVD 技术制备的 $SiN_x$ 薄膜的 $J_{0E}$ 随折射率的变化关系。从图中可见，在低折射率时几种 PECVD 技术的 $J_{0E}$ 都较高，钝化特性不好，随着折射率的升高 $J_{0E}$ 下降。但是微波离域法总的来看较 LF 直接法低，而高频（HF）直接法与微波离域法差不多。

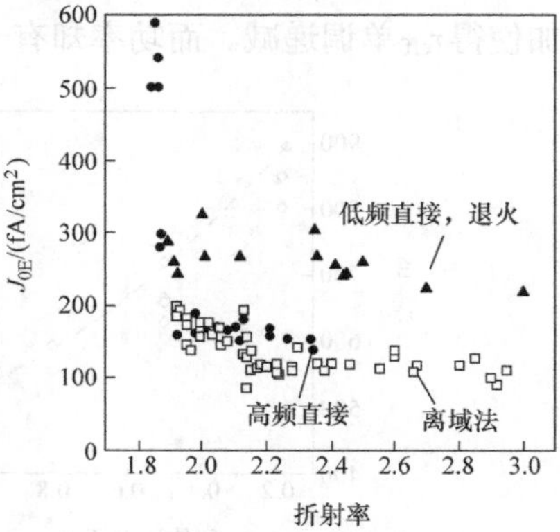


图 4-43　实测的 $J_{0E}$ 随折射率的变化关系［PECVD 使用微波离域法（方形空心）；高频（HF）直接法（实心圆）以及低频（LF）直接法（实心三角）。沉积温度在 400℃，发射区方块电阻 100Ω/□。其中 LF 直接法生长膜后在 500℃温度下退火[51]］

从图 4-44 看出，微波离域法 PECVD 制备的 $SiN_x$ 膜的钝化水平对沉积温度很敏感，高温可以减少表面复合。低频直接法并经退火之后的薄膜对温度不敏感。而高频直接法在富硅的薄膜中随衬底温度的上升 $J_{0E}$ 下降，钝化变好，但是对于低折射率的薄膜在温度较高后反而变得更差，在 300℃左右有一个最佳点。

从图 4-45 看出退火对于低频直接法钝化特性的改进具有至关重要的作用，而退火对于高频直接法和微波离域法制备的薄膜则没有很明显的影响。这表明，低频直接法的等离子体会对硅片表面造成损伤，使表面复合加重，但是在后续退火处理中这些损伤所造成的亚稳态的缺陷会被消除，因此 $J_{0E}$ 大幅下降。

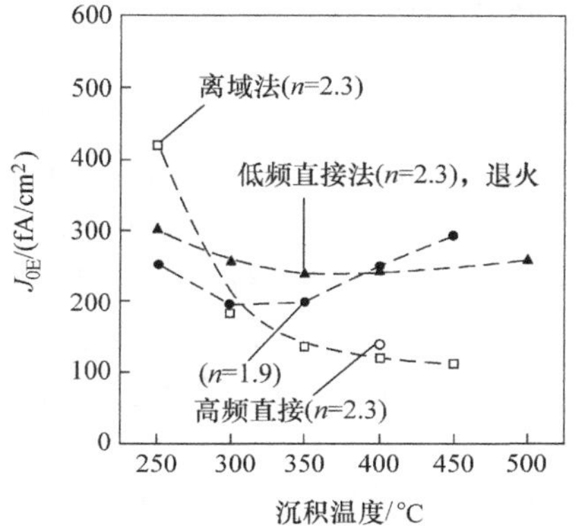


图 4-44　实测的 $J_{0E}$ 随衬底温度的变化关系［其中 HF 直接法制备的 $SiN_x$ 的折射率为 1.9（实心圆）和 2.3（空心圆）；LF 直接法的折射率为 2.3（实心三角）的膜并经 500℃FGA 退火；微波离域法折射率为 2.3（空心方块）[51]］

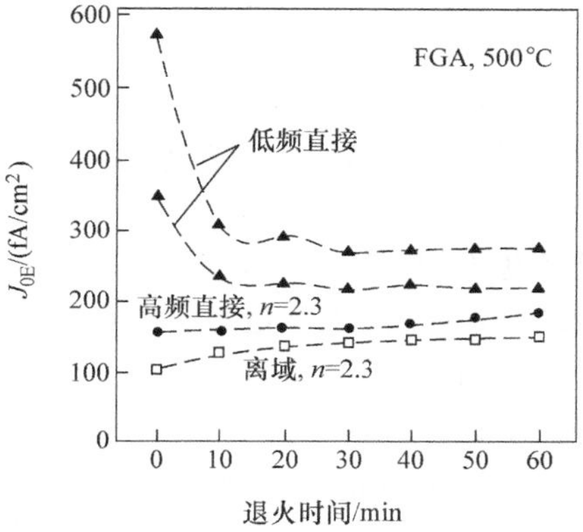


图 4-45　不同方法制备的 $SiN_x$ 薄膜在 500℃ FGA 条件下，$J_{0E}$ 随退火温度的变化关系［三角形为 LF 直接法；圆实心为 HF 直接法（$n$=2.3）；方空心为微波离域法（$n$=2.3）[51]］

Lenkeit[51]还给出了多种技术制备的不同折射率的 $SiN_x$ 薄膜的 $J_{0E}$ 值，具有一定的参考价值，如图 4-46 所示。从图中可以看出，100%覆盖以金属的表面的 $J_{0E}$ 最大，表明其复合最严重。裸硅片次之，然后就是覆盖有金属的 $SiN_x$ 表面。之后是磷硅玻璃。各种 PECVD 制备的 $SiN_x$ 薄膜的钝化特性较好，但是以微波离域法高折射率（$n$=2.3）制备的 $SiN_x$ 薄膜的钝化特性最好。低频直接法制备的薄膜只有经过退火处理后才能得到较低的 $J_{0E}$。

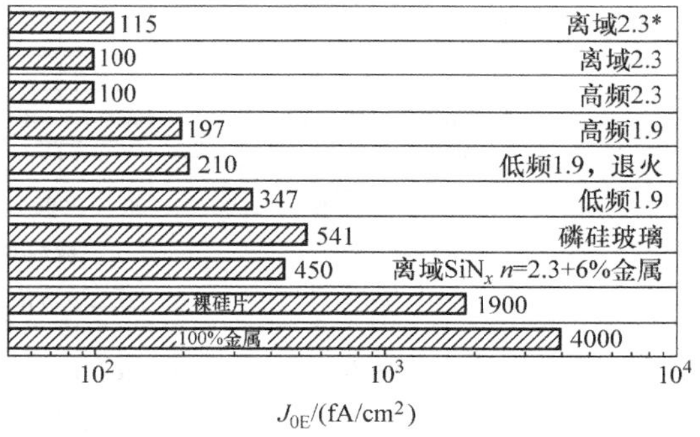


图 4-46　经参数优化后的多种 PECVD 技术制备的不同折射率的 $SiN_x$ 的饱和电流 $J_{0E}$ 值[51]［其中（*）表示发射区方块电阻为 40Ω/□，而其余样品的发射区方块电阻为 100Ω/□］

值得注意的是，在本节中论述的结果是微波离域法 PECVD 具有最好的钝化效果，但是在目前大规模生产中却发现低频直接法制备的 $SiN_x$ 薄膜具有更好的结果，且电池效率更高，尤其是对多晶硅片更是如此。这其中原因很复杂。在实际生产中薄膜的折射率为 2.05～2.1，而且微波离域法考虑产能的限制又要求沉积速率很快。其退火工艺又是实际的一种电极烧结温度曲线，温度从 200℃一直升高到接近 800℃，当然在高温烧结时的时间很短，在这种条件下其薄膜钝化特性会十分不同。尤其对于多晶硅硅片，直接法将氢原子推入晶界的效果对电池整体效果的提升具有重要作用。但是本节中所给出的一些概念具有重要的指导意义，比如低频直接法需要退火以消除表面等离子损伤等。

4. 工艺参数对于 $SiN_x$ 薄膜结构的影响

$SiN_x$ 薄膜对于硅衬底的钝化特性及其光学特性实际受到薄膜本身内部结构特性的影响，在薄膜中存在着四种分子键：Si-N 键、Si-H 键、Si-Si 键和 N-H 键。使用 PECVD 法沉积的薄膜一般是非晶态的，是一种短程有序的无规网络。Si-N 键是薄膜的主体，Si-Si 键可以看成是类似于形成硅衬底的共价键，N-H 键可以看成缺陷，而 Si-H 键是对于没有被 N 原子所饱和的硅悬挂键的钝化，具有正面的作用。可以采用傅里叶变换红外谱（FTIR）来分析薄膜中的成键状态。Mackel 等使用这种技术分析了薄膜中的元素键结构[52]。

在图 4-47 的 $SiN_x$ 薄膜的 FTIR 谱中有三个峰，它们分别对应着不同的分子键，见表 4-5。而且，其中的 Si-H 峰又可以分解成 6 个高斯峰，分别对应着不同的 $SiH_x$ 分子构型峰，见表 4-6。因此从[Si-H]键峰位的偏移就可以分析出其中分子构型的情况，而这种构型的变化对于表面电荷态非常重要。

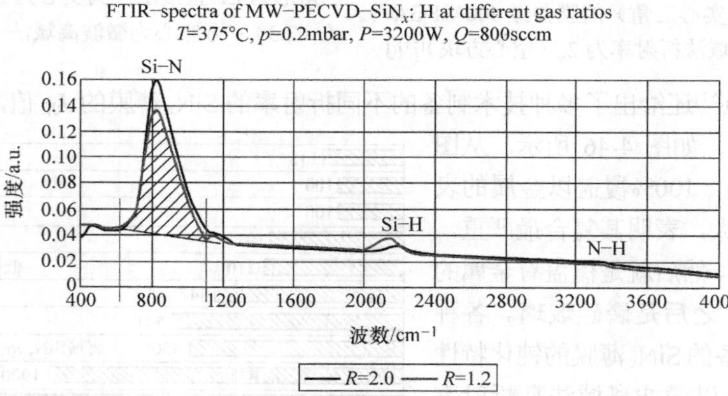


图 4-47 傅里叶变换红外谱（FTIR）给出的两种不同折射率的 $SiN_x$ 薄膜的谱图（其折射率分别为 2.032 和 2.491）

**表 4-5 $SiN_x$ 膜中三种不同的键所对应的 FTIR 谱峰位**

| | [Si-N]键 | [Si-H]键 | [N-H]键 |
|---|---|---|---|
| FTIR 位置/$cm^{-1}$ | 840 | 2160 | 3340 |

表 4-6 $SiN_x$ 薄膜中[Si-H]键分解峰位

| | FIRT 峰位/$cm^{-1}$ |
|---|---|
| $Si_3Si$-H | 2005 |
| $Si_2Si$-$H_2$ | 2065 |
| $NSi_2Si$-H | 2082 |
| NSiSi-$H_2$<br>$N_2SiSi$-H | 2140 |
| $N_2Si$-$H_2$ | 2175 |
| $N_3$-Si | 2220 |

Mackel 使用 13.56MHz 的直接法高频 PECVD 技术，通入的气体为 $SiN_4$、$N_2$ 和 $H_2$。通过计算 FTIR 谱中各个键所对应的峰的积分面积得到了键的强度，分别用[Si-N]、[Si-H]、[Si-Si]、[N-H]来表示。而薄膜中几种分子的总密度如下式：

$$[H]=[Si-H]+[N-H] \tag{4-136}$$

$$[N]=([Si-N]+[N-H])/3 \tag{4-137}$$

$$[Si]=([Si-N]+[Si-H]+[Si-Si])/4 \tag{4-138}$$

$$[Si-Si]=2\frac{[N]}{x}-\frac{1}{2}([Si-N]+[Si-H]) \tag{4-139}$$

$$[A-B]_{tot}=[Si-N]+[Si-H]+[Si-Si]+[N-H] \tag{4-140}$$

图 4-48 和图 4-49 给出了四种分子键密度随 N/Si 比的变化关系。很明显，随着 N/Si 比的上升，薄膜变得富氮，[Si-N]键密度上升，而 Si-Si 键密度下降，[Si-H]键密度下降，[N-H]键密度上升，这种情况下薄膜更接近形成完好的 Si-N 化学计量比，Si 的悬挂键下降，被 N 分子所取代，许多氢原子不是与 Si 原子结合以饱和其悬挂键，而是与 N 原子成键。

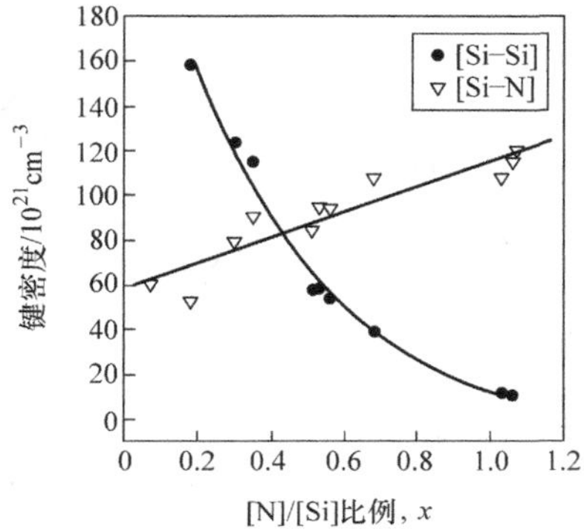


图 4-48 $SiN_x$ 薄膜中的 Si-Si 键和 Si-N 键密度随氢稀释率 N/Si 的变化关系[52]

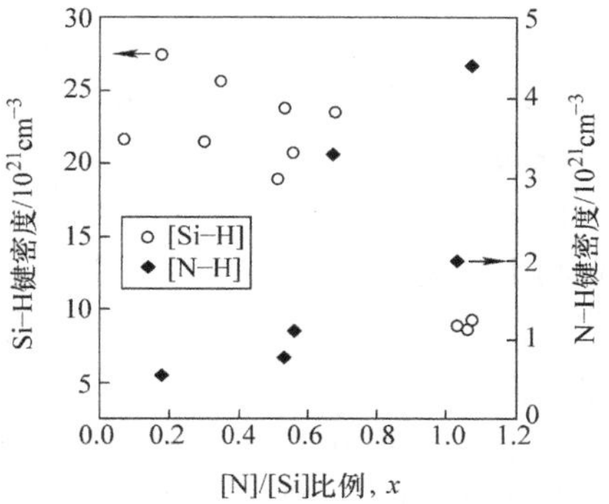


图 4-49 $SiN_x$ 薄膜中的 Si-H 键和 N-H 键密度随氢稀释率 N/Si 的变化关系[52]

从图 4-50 可以看出[Si-N]键密度与薄膜有效少子寿命负相关，而[Si-H]键密度与薄膜有效少子寿命正相关，即[Si-N]密度越低少子寿命越高，而[Si-H]键密度越高有效少子寿命越高。

从图 4-51 可以看到，[Si-Si]键密度及总键密度与$\tau_{eff}$正相关，表明当富硅时，即使没有更多的 N 原子饱和硅键，硅原子趋向于与周边的硅原子结合成键，而且在这种情况下钝化特性变好。总键密度反映了薄膜的致密性。

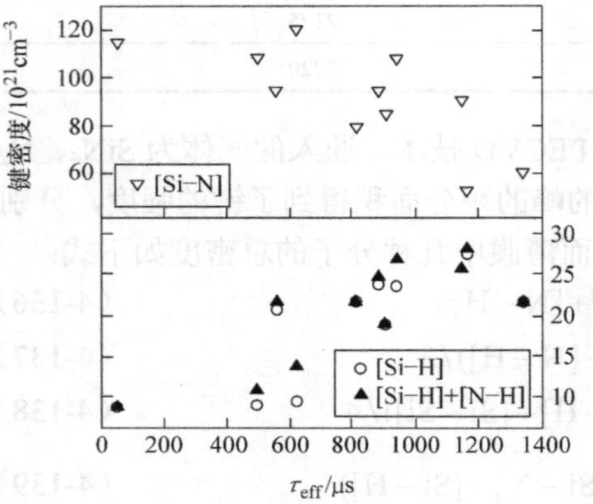


图 4-50　SiN$_x$ 薄膜中的 Si-N 键和 Si-H 键密度以及 H 原子总含量与薄膜钝化特性（有效少子寿命）的变化关系[52]

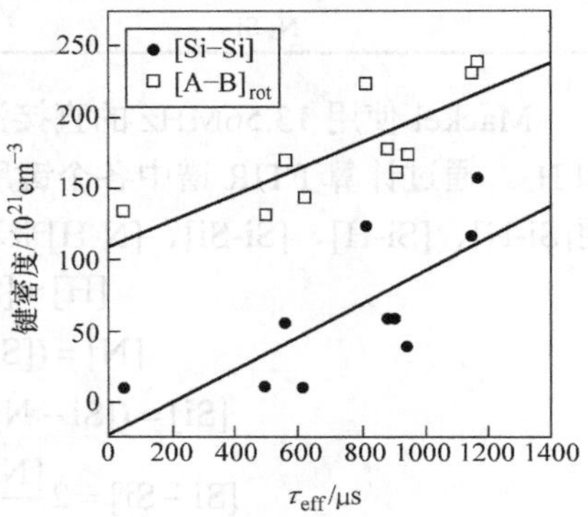


图 4-51　SiN$_x$ 薄膜中的 Si-Si 键和总键密度与薄膜钝化特性（有效少子寿命）的变化关系[52]

从图 4-52 的 Si-H 键的峰位随稀释率 N/Si 的变化，可见随着薄膜更加富氮，峰位向较高值偏移，表 4-6 表明随着 N 含量的增加 Si-H 键中的背键渐渐地由 Si 原子转变成 N 原子。

上面的论述给出了一幅物理图景，即当 SiN$_x$ 薄膜偏离其化学计量比而更加富硅时，更多的硅原子之间成键，氢原子的数量也会增加。这不仅有利于饱和薄膜内部及其与硅接触的表面上的悬挂键，而且也有利于在退火条件下放出氢原子进入硅片体内。此外，富硅有利于减少 N-H 键，这种键作为一种缺陷，对薄膜的物理化学特性产生不利影响，也影响钝化特性。但是在富硅的薄膜中会出现 Si-H 键中以 N 作为背键向硅作为背键的转变，而这些以 N 作为背键的 Si 的悬挂键形成了带正电的缺陷中心（$K^+$），因此 N 背键的减弱会减少 $K^+$，从而减弱了表面场钝化效应。也就是说，在化

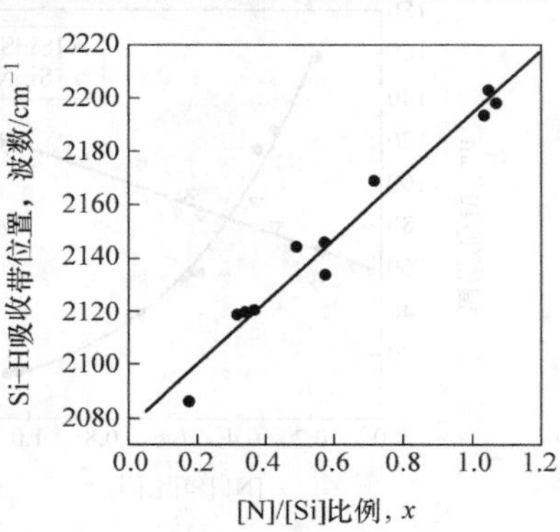


图 4-52　SiN$_x$ 薄膜中的 Si-H 键峰位随着 N/Si 比的变化关系[52]

学计量比折射率（$n$=1.9）附近，薄膜中的正电荷最多，具有最强的场钝化特性，但是这时表面缺陷密度 $D_{it}$ 却较高，化学钝化特性不好；而在富硅薄膜中，固定电荷 $Q_f$ 有所下降，场钝化效应下降，但是这时界面态密度 $D_{it}$ 也下降了，化学钝化效应上升，这点在下节将会讨论到。

### 4.4.3　$SiN_x$ 薄膜的电荷特性

$SiN_x$ 薄膜的电荷特性分为薄膜体内及其与 Si 的界面上的电荷特性。对薄膜体内的电荷主要分析其电荷体密度。而在 Si-$SiN_x$ 界面上的电荷特性就复杂得多，不仅要分析其电荷的空间面密度，而且这种电荷在能量空间上还会有不同的分布，这种复杂性还体现在其能态对于不同载流子的俘获能力也有所不同，而且表面态的荷电状态还会受到表面能级弯曲特性以及光照引起的载流子注入情况的影响。

1. Si-$SiN_x$ 界面电荷

Si-$SiN_x$ 的界面电荷如图 4-53 所示。与 Si-$SiO_2$ 表面一样，也分成几种电荷，表面介质层固定电荷 $Q_f$，表面陷阱电荷 $Q_{it}$，此外还有可移动电荷。

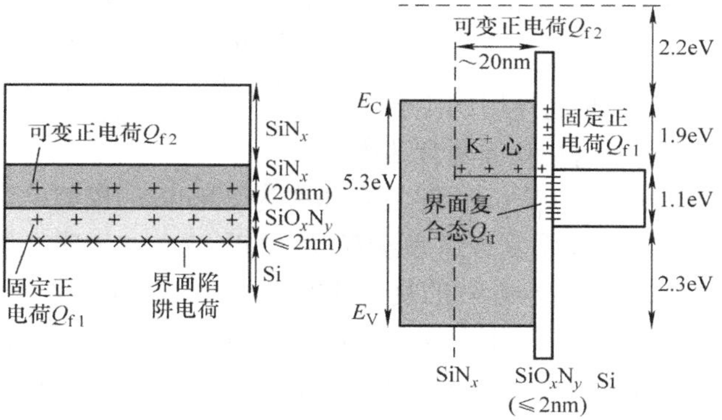


图 4-53　Si-$SiN_x$ 表面电荷薄膜的表面电荷及其理想能带结构[9]

（1）表面介质层固定电荷 $Q_f$

在 $SiN_x$ 层中有非常高的固定电荷，达到 $1\times10^{11}$～$5\times10^{12}cm^{-2}$，这与热氧化 $SiO_2$ 表面相比要高很多。

$Q_f$ 分成两部分 $Q_{f1}$ 和 $Q_{f2}$，$Q_{f1}$ 是与氧原子相关的悬挂键形成的正电荷，$O_2N{\equiv}Si$ •，$ON_2{\equiv}Si$ • 以及 $O_3{\equiv}Si$ •。这些电荷在距表面 2nm 之内形成，在样品被放入真空系统前，在空气中放置时会在表面形成一层自然生长的 $SiO_2$ 层，该层在制备 $SiN_x$ 层初期仍会参与成膜过程，在这层中形成电荷。这些缺陷的能级位置在导带以上，并且带正电荷，固定不可移动。$Q_{f1}$ 的浓度约为 $10^{11}cm^{-2}$。

Elmiger 和 Kunst[53,54]的研究认为，在介质层中还有一部分电荷（$Q_{f2}$）分布在距表面 20nm 的范围内，这层电荷的数量随着光照强度的减弱会降低，因此称为可变动电荷，被命名为 K 心。这种电荷的形成机理为 $N_3\equiv Si\cdot$，$Si_3\equiv Si\cdot$，$Si_2N\equiv Si\cdot$以及 $SiN_2\equiv Si\cdot$。这种假设的可变动电荷是基于如下一种现象：p 型 Si-$SiN_x$ 体系的少子寿命随着注入强度的下降而降低。

Stenfan Dauwe 等人[13]使用 Corona 探针法研究了 $Q_f$ 值，并没有观察到它随光强减弱而降低的现象。其测试结果如图 4-54 所示。外电荷 $Q_c$ 与 $SiN_x$ 层电荷 $Q_f$之和为总电荷 $Q_t$。由于峰位出现在 $Q_t$=0 处，因此 $Q_c$=$-Q_f$，$Q_c$ 高于或低于$-Q_f$，都会造成表面复合速率的下降。由此确定对刚制备的 $SiN_x$，$Q_f$=2.3×10$^{12}$cm$^{-2}$；850℃退火 20s 后的 $SiN_x$，$Q_f$=1.5×10$^{12}$cm$^{-2}$，由退火引起的表面复合速率的下降主要是由于表面态密度的下降而导致的，而介质层电荷的下降对场钝化的影响是负面的。对于 $SiO_2$ 膜，$Q_f$=1.5×10$^{11}$cm$^{-2}$。$Q_c$=0 意味着没有外加电荷，此时起作用的主要是 $Q_f$，由图可见 $SiN_x$ 膜在 $Q_c$=0 的复合速率为 31cm/s，而当 $Q_c$=2.6×10$^{12}$cm$^{-2}$ 时复合速率为 22cm/s，也就是说没有外加电荷与加入较高的外电荷对表面复合速率没有很大的影响，这表明介质层电荷已经使表面进入强反型。$SiO_2$ 在 $Q_c$=0 时的复合速率为 46cm/s，而当 $Q_c$=10$^{12}$cm$^{-2}$ 时复合速率为 12cm/s，这与 $SiN_x$ 膜明显不同，介质层电荷不能使 $SiO_2$ 表面进入强反型，而只是处于耗尽态或弱反型。Dauwe 使用空间电荷区的复合来解释低注入水平下少子寿命的降低问题，而不必引入可变动电荷 K 心的概念，这将在下节论述。

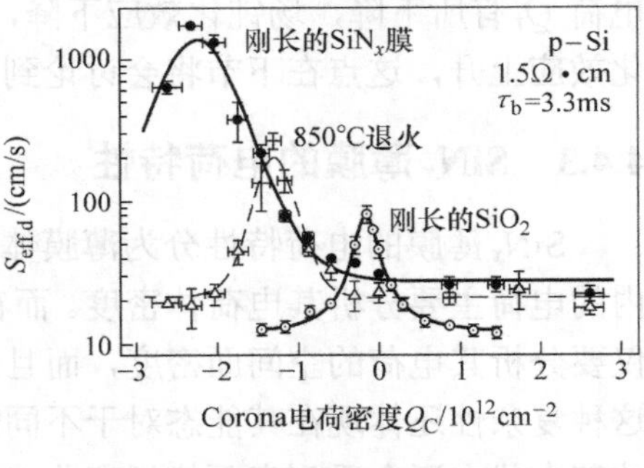

图 4-54　微分表面有效复合速率 $S_{eff,d}$ 随外加 Corona 电荷 $Q_c$ 变化的关系（衬底为 p 型硅，电阻率 1.5Ω·cm。两种钝化膜 $SiN_x$ 和 $SiO_2$，$SiN_x$ 的折射率为 1.94，图中显示了直接沉积及直接沉积后在 850℃退火两种情况。在寿命测试时使用 40mW/cm$^2$ 的稳态偏置白光。对于 $SiN_x$，Corona 电荷为零或为正值使表面处于反型态，而加足够的负电荷使表面处于积累态[13]）

（2）表面陷阱电荷 $Q_{it}$

表面陷阱电荷的密度为 $D_{it}$，其值在 1×10$^{11}$～5×10$^{12}$ cm$^{-2}$eV$^{-1}$，这种以 PECVD 方法制备的 $SiN_x$ 薄膜的表面陷阱电荷密度比热氧化制备的 $SiO_2$ 膜的表面要多得多。在 n 型硅片表面制备的 $SiN_x$ 薄膜表面的 $D_{it}$ 值要比 p 型硅表面的 $D_{it}$ 高 2～3 个数值因子，但是 $Q_f$ 对这两种衬底材料是一样的[18]。

沉积 $SiN_x$ 薄膜的成分比($x$)对 Si-$SiN_x$ 界面的特性有重要的影响[55]，其关系如图 4-55 所示。在图 4-55a 中，固定陷阱电荷密度及自旋(Spin)密度与悬挂键数量有关。在 $x$=1.4 固定电荷及自旋密度达到最高值，表明此时悬挂键密度最高，薄膜中氢的含量最低。在图 4-55b 中，当 $x$<1.38 时，$D_{it}$ 的最小值和 N-H 密度值基本保持不变，这种 $D_{it}$ 最小值与 $U_M$($Si_3\equiv Si\cdot$)缺陷中心有关；而当 $x$>1.4 时，三个参数都急剧上升。对于化学计量比的 $Si_3N_4$ 薄膜 $x$=1.33，大于此数表明薄膜中的 N

原子含量超过化学计量比，会出现大量的 N-H 键，在上节我们看到高 N/Si 比的薄膜的钝化特性变差，而这恰好对应着图 4-55b 中的 $D_{it}$ 和 N-H 键密度的升高。这种影响的差别的原因在于 N-H 键的位置。当 N-H 键处在薄膜体内时，该键会增加固定电荷密度 $Q_f$，而且此时体内的悬挂键的增加也会使得体内的固定电荷密度 $Q_f$ 增加，从而增加场钝化效果。而如果这种 N-H 键处在界面时，该键形成了产生硅悬挂键的预留位置，因此随着 N-H 键的增加表面悬挂键增加。这两种效果是相反的，场钝化使得 n 型 Si-$SiN_x$ 表面的少子复合减弱，而 $D_{it}$ 的增加会使表面复合增加，但是综合的效果是高 N/Si 比（对应着低折射率）薄膜的复合速率较高。

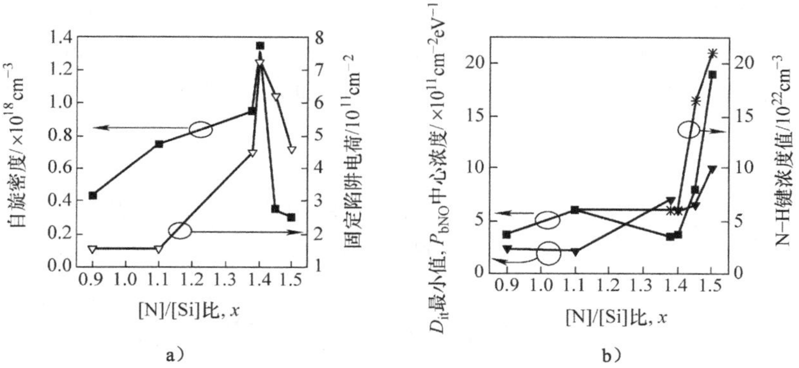


图 4-55　$SiN_x$ 介质层中的陷阱电荷(▽)、自旋密度(■)与薄膜成分 $x$ 的关系；
$D_{it}$ 的最小值(■)、$P_{bNO}$ 中心浓度(▼)、N-H 键浓度值(*)与薄膜成分 $x$ 的关系[55]

2. 影响 Si-$SiN_x$ 界面电荷特性的因素

（1）热退火的影响

当在 250～550℃退火时，$D_{it}$ 和 $Q_f$ 都会下降。但是少子寿命的变化却有赖于沉积 $SiN_x$ 的技术[40]。实验发现，在 500℃退火后，离域 PECVD 技术（例如，Roth&Rau 公司的微波法 PECVD）制备的各种厚度薄膜的少子寿命下降；而采用低频直接法 PECVD 技术（如 Centrotherm 公司的管式 PECVD 技术）制备的薄膜的少子寿命却增加了因子 4[48]。另外，在 850℃退火 20s，$Q_f$ 下降，同时表面复合速率也下降[13]。

在氮化硅薄膜中的 H 以 Si-H 或 N-H 键的形式出现，当薄膜在稍高于沉积温度退火时，N-H 键首先断裂，增加了的氢用以钝化硅的悬挂键，使少子寿命上升。而当退火温度升高到 500℃时，Si-H 键也开始断裂，溢出的 H 扩散到 Si-$SiN_x$ 的表面，产生附加的钝化效果[19]。

（2）UV 辐照的影响

随着高计量 UV 辐照时间的延长，$SiN_x$ 薄膜整个带隙中的 $D_{it}$ 都会升高，因为在 UV 辐照下带隙上半部分的界面态会增加[40]。在 UV 辐照后，所有类型的氮化硅膜都会发生少子寿命的衰减，其中包括高频离域法和低频直接法制备的氮化硅薄膜[48]。

由 UV 辐照所造成的少子寿命的衰减经过 500℃退火 1h 可以完全恢复，其原因可以用 K 心模型来解释[56]。如图 4-53 所示，在 Si-SiN$_x$ 薄膜中，靠近界面 20nm 存在的荷电缺陷（$Q_{f2}$）称为抗磁性的 K$^+$心，在 UV 辐照时这些带电的 K$^+$心可以失去电荷形成中性的 K$^0$。由于失去电荷，减低了场致钝化效果，从而减低少子寿命。然而这种 K$^0$ 心是不稳定的，在退火条件下可以恢复成 K$^+$，使得场致钝化及少子寿命都增强。K$^+$心由三个氮原子作为背键的硅悬挂键形成（$N_3 \equiv Si \cdot$）。

（3）俘获截面

Elmiger 等人[57]使用 SRH 理论和 C-V 法研究了受主杂质的俘获截面，这些受主决定了 Si-SiN$_x$ 表面的少子复合特性，其在带隙中的分布如图 4-56 所示。作者使用拟合计算得到了两种衬底上的 SiN$_x$ 膜的表面态密度，如图 4-56 中的虚线所示。其拟合公式如下：

对 n 型硅衬底：

$$D_{\mathrm{it,a}}(E)=5\times10^{13}\exp\left(-\frac{1.12-E}{0.08}\right)+\frac{8\times10^{10}}{0.05\sqrt{2\pi}}\times\exp\left[-\frac{(E-1)^2}{2\times0.05^2}\right] \quad (4\text{-}141)$$

$$D_{\mathrm{it,d}}(E)=5\times10^{13}\exp\left(-\frac{E}{0.08}\right)+\frac{1\times10^{11}}{1.15\sqrt{2\pi}}\times\exp\left[-\frac{(E-0.61)^2}{2\times1.15^2}\right] \quad (4\text{-}142)$$

对 p 型硅衬底：

$$D_{\mathrm{it,a}}(E)=3\times10^{13}\exp\left(-\frac{1.12-E}{0.08}\right)+\frac{3\times10^{11}}{0.07\sqrt{2\pi}}\times\exp\left[-\frac{(E-0.7)^2}{2\times0.07^2}\right] \quad (4\text{-}143)$$

$$D_{\mathrm{it,d}}(E)=3\times10^{13}\exp\left(-\frac{E}{0.08}\right)+\frac{1\times10^{11}}{1.15\sqrt{2\pi}}\times\exp\left[-\frac{(E-0.61)^2}{2\times1.15^2}\right] \quad (4\text{-}144)$$

由拟合计算表面复合速率得到表面态参数见表 4-7。

**表 4-7 拟合计算使用的参数**

| | n-Si | p-Si |
|---|---|---|
| 中性受主俘获截面$\sigma_{na}$ | $5\times10^{-21}cm^2$ | $1\times10^{-20}cm^2$ |
| 荷电受主俘获截面$\sigma_{ca}$ | $5\times10^{-15}cm^2$ | $1\times10^{-14}cm^2$ |
| 固定电荷 $Q_f$ | $1\times10^{12}cm^{-2}$ | $1\times10^{12}cm^{-2}$ |
| 电子扩散长度 $D_n$ | $35cm^2/s$ | $35cm^2/s$ |
| 空穴扩散长度 $D_p$ | $12cm^2/s$ | $12cm^2/s$ |

由表 4-7 中的参数可见，荷电受主的俘获截面比中性受主的高 6 个数量级，因此可以忽略中性受主的表面复合作用。将施主俘获截面变动几个数量级后，表面复合速率几乎不变，因此施主能级对表面复合的贡献可以忽略。其原因是 Si-SiN$_x$ 表面的正电荷排斥空穴、吸引电子积累，使能带向下弯曲，许多电子会注

入到位于带隙下半部分的类施主能级而使其呈中性（见表 4-2），而中性的缺陷能级的俘获截面比带电能级的要小几个数量级，因此中性施主对表面复合没有贡献。

由于受主是主要起作用的能级（受主俘获截面很大），因此表面陷阱态非常容易俘获空穴，而对于 n 型硅衬底少子是空穴，上述表面受主能级是重要的复合缺陷。

Schmidt 等人[54]使用 DLTS 法测量了位于 Si-$SiN_x$ 界面带隙下半部分的不同类型缺陷能级的俘获截面。他们使用低频 PECVD 在 n 型和 p 型衬底上制备的 $SiN_x$ 膜的折射率为 1.88～1.95。他们发现有三种类型的缺陷，其在带隙中的分布如图 4-57 所示。由图中可见对于 p-Si-$SiN_x$ 界面，表面陷阱能级主要分布在靠近价带的下半部，而 n-Si-$SiN_x$ 界面能级主要分布在靠近导带的上半部。这些能级的俘获截面如图 4-58 所示。缺陷的俘获截面在带隙中心处最高，随着陷阱能态的分布向带隙边界的拓展，俘获截面急剧下降几个数量级，因此带隙中心附近的电子空穴俘获截面之比是最重要的参数。A 缺陷：$\sigma_n/\sigma_p \approx 10^4 \sim 10^6$；B 缺陷：$\sigma_n/\sigma_p \approx 10 \sim 10^3$；C 缺陷：$\sigma_n/\sigma_p \approx 10^{-2} \sim 1$。对于与 n 型硅接触的界面，少子是空穴，因此空穴俘获对于少子寿命有重要影响。可见在上述三种缺陷中，C 缺陷的少子复合最严重，是决定少子寿命的主要因素。上述三种缺陷均位于带隙中心附近（0.4～0.5eV），并且态密度也接近（$3\times10^{11} \sim 6\times10^{11} cm^{-2}eV^{-1}$）。

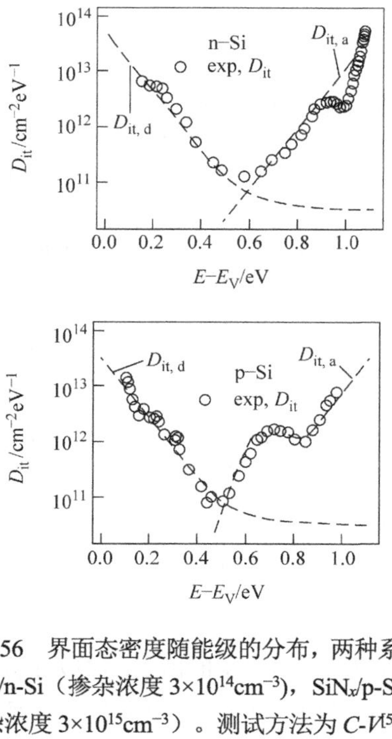


图 4-56　界面态密度随能级的分布，两种系统：$SiN_x$/n-Si（掺杂浓度 $3\times10^{14}cm^{-3}$），$SiN_x$/p-Si(掺杂浓度 $3\times10^{15}cm^{-3}$）。测试方法为 C-V[57]

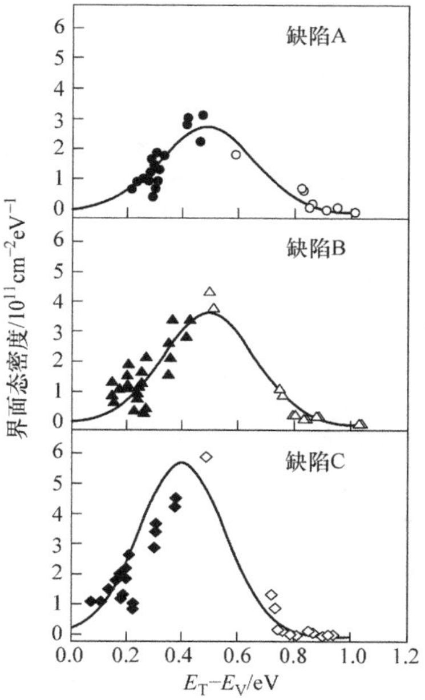


图 4-57　测试得到的 Si-$SiN_x$ 界面态密度随在带隙中能级的变化关系[54]（实心标记为 p 型硅，空心标记为 n 型硅）

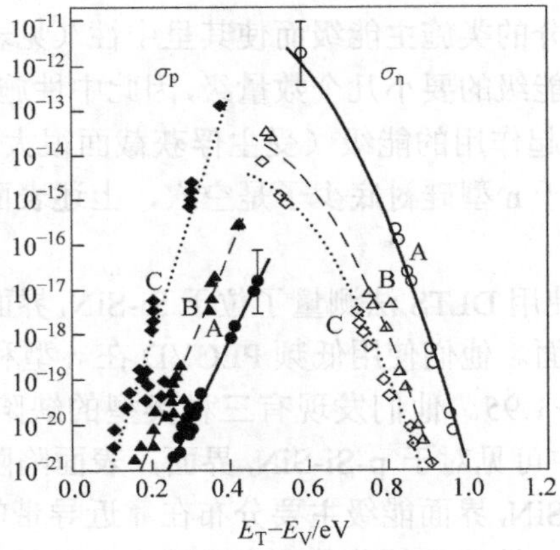


图 4-58　Si-SiN$_x$ 界面三种陷阱态（A、B、C）的电子($\sigma_n$)与空穴($\sigma_p$)俘获截面与能级的关系[54]（实心符号为 p 型硅衬底，空心符号位 n 型硅衬底）

Stefan Dauwe[8]使用 *C-V* 法测试了低折射率的 Si-SiN$_x$ 界面态的陷阱态分布如图 4-59 所示。其分布可由下式表示：

$$D_{\mathrm{it,d}}(E)=T_{\mathrm{A}}\mathrm{e}^{-T_{\mathrm{B}}(E-E_{\mathrm{V}})}+D_{\mathrm{it,max}}\mathrm{e}^{-[(E-E_{\mathrm{V}})-D_{\mathrm{it,0}}]^2}/\sigma^2 \tag{4-145}$$

$$D_{\mathrm{it,a}}(E)=T_{\mathrm{A}}\mathrm{e}^{-T_{\mathrm{B}}(E_{\mathrm{C}}-E)}+C \tag{4-146}$$

上式中的各种参数经过拟合见表 4-8。

**表 4-8　*C-V* 法测试 Si-SiN$_x$ 界面特性的拟合参数**

| 样品 | 折射率 $n$ | 膜厚 $d_{iG}$/nm | $Q_f$/cm$^{-2}$ | $T_A$/cm$^{-2}$eV$^{-1}$ | $T_B$/eV$^{-1}$ | $C$/cm$^{-2}$eV$^{-1}$ | $D_{it,max}$/cm$^{-2}$eV$^{-1}$ | $D_{it,0}$/eV | $\sigma$/eV |
|---|---|---|---|---|---|---|---|---|---|
| A | 1.88 | 53.3 | 2.4×10$^{12}$ | 20×10$^{11}$ | 18 | 3×10$^{11}$ | 8.0×10$^{11}$ | 0.52 | 0.25 |
| B | 1.96 | 62.5 | 3.1×10$^{12}$ | 20×10$^{11}$ | 18 | 1×10$^{11}$ | 2.9×10$^{11}$ | 0.40 | 0.24 |

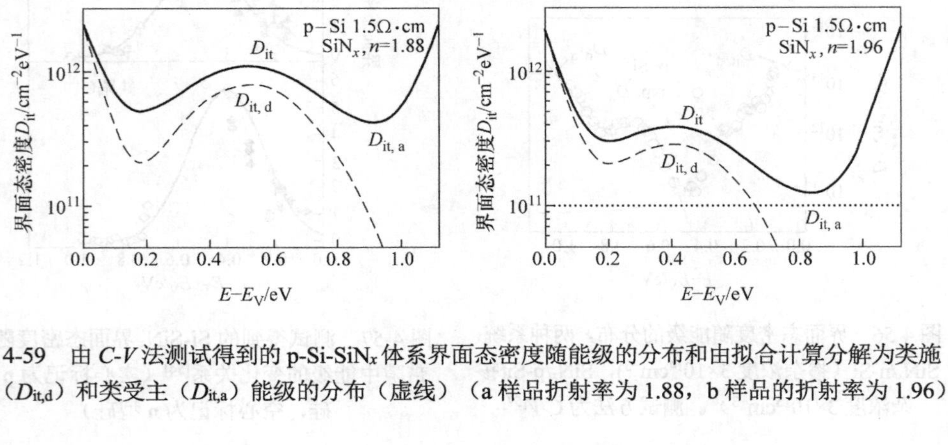


图 4-59　由 *C-V* 法测试得到的 p-Si-SiN$_x$ 体系界面态密度随能级的分布和由拟合计算分解为类施主（$D_{it,d}$）和类受主（$D_{it,a}$）能级的分布（虚线）（a 样品折射率为 1.88，b 样品的折射率为 1.96）

由图 4-59 可见，$n=1.96$ 时的富硅膜的类施主和类受主界面态密度都比 $n=1.88$ 时的富氮膜低因子 3，因此表明富硅的样品的钝化特性较富氮膜好。

3. $SiN_x$ 薄膜形成的反型层的电阻特性

接近 $Si_3N_4$ 化学比的薄膜具有很好的绝缘性，因此可以使用 Corona 探针法、电化学 *C-V* 法测试界面态密度以及空间电荷区。当 $n>2$ 时，$SiN_x$ 膜漏电严重，无法使用 Corona 探针法及电化学 *C-V* 法测试界面特性，即使高频 *C-V* 法也无法测量。但是高折射率 $SiN_x$ 又具有很好的钝化特性，是太阳电池的主要兴趣点。因此人们考虑用其他方法研究高折射率薄膜钝化时硅表面空间电荷区的特性。由于 $SiN_x$ 薄膜中的固定电荷较高，因此界面硅一侧的表面在无光照的稳态下已经进入反型状态。Stefan Dauwe[8]研究了这种反型层的电学特性。他使用具有 $SiN_x$ 介质层的 MIS 结构器件测试了位于介质层下面硅一侧的反型层中的面电阻$\rho_s$，如图 4-60 所示。由图中可见，化学计量比 $SiN_x$ 膜（$n=1.89$、1.97）的反型层面电阻很高，之后随着折射率的提高面电阻下降，在 $n=2.1$ 时达到最低点。随着折射率的进一步提高，面电阻又提高。图上还比较了不同电阻率硅衬底上 $SiN_x$ 膜下的反型层面电阻特性随折射率的变化关系。较高的衬底电阻率对应着较低的掺杂浓度，这有利于使 p 型硅衬底进入反型状态。

由图 4-61 可以看出，对于任何界面态密度，只要介质层固定电荷足够高，都会进入反型区，其标志是$\rho_s$与 $Q_f$ 呈线性关系，且与界面态无关。但是界面态较多时，需要更高的介质层固定电荷使表面进入反型态。对于较低的 $Q_f$，反型层面电阻迅速增加，表明该层可能会转入弱反型，甚至耗尽态。

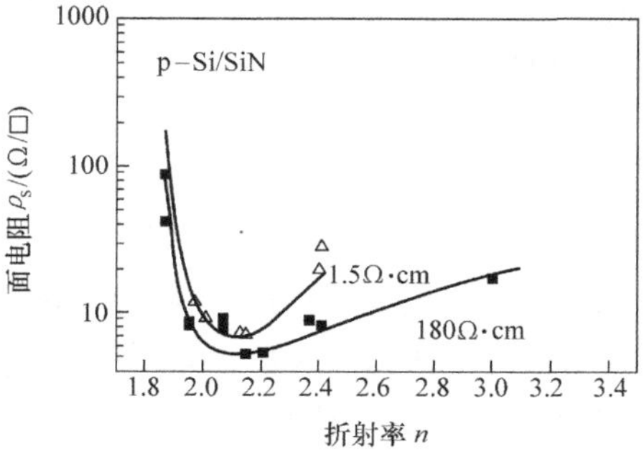


图 4-60　实测的制备在 p 型硅衬底上制备的 $SiN_x$ 面电阻随折射率的变化关系

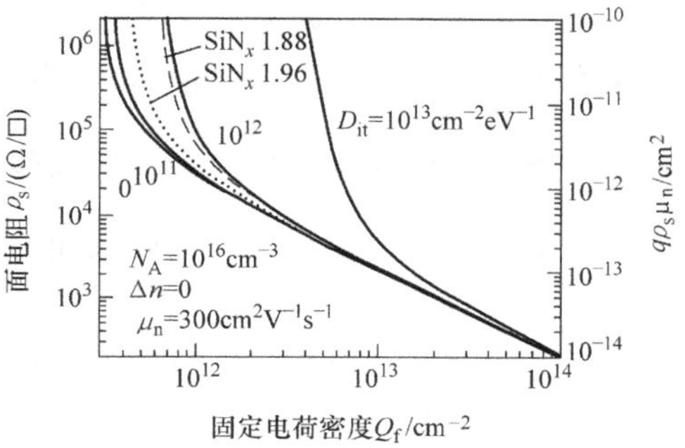


图 4-61　计算得到的反型层面电阻$\rho_s$以及归一化的面电阻 $q\rho_s\mu_n$ 随介质层固定电荷密度 $Q_f$ 的关系［图中给出了不同界面态密度下的这种依赖关系，除 $n=1.88$ 和 1.96 使用了图 4-39 中的 $D_{it}$ 分布，其余均设为常数。假设条件：p 型硅，$N_A=10^{16}cm^{-3}$，$\mu_n=300cm^2V^{-1}s^{-1}$，无光照（$\Delta n=0$）］

由反型层面电阻可以计算出反型区的电荷 $Q_{sc,n}$ 为

$$\rho_s = \frac{1}{q\mu_n |Q_{sc,n}|} \tag{4-147}$$

由图 4-62 所示，当 $n$=1.95～2.2 时，$Q_{sc,n}$=2～3×10$^{12}$cm$^{-2}$，这与使用 $C$-$V$ 法测试得到的 $Q_f$ 很好地符合（见表 4-8），这表明 $Q_f$=$-Q_{sc,n}$ 成立，而按照关系 $Q_f+Q_{it}+Q_{sc,n}+Q_{sc,f}+Q_G=0$，在无外加电荷而且 $Q_{it}$ 又较低时，可以近似得到 $Q_f=-(Q_{sc,n}+Q_{sc,f})$。另外假设如果表面反型层足够强，使得空间电荷区电荷很小，因此 $Q_f$=$-Q_{sc,n}$，因此可以认为在 $n$=1.95～2.2 时，表面处于强反型状态，空间电荷区基本全部为反型态。对于 $n$=1.88 和 $n$>3 的情况下，$Q_{sc,n}$ 下降低到 1×10$^{12}$cm$^{-2}$ 以下，但是要想使表面反型应使 $Q_f$ 大于 2×10$^{12}$，因此 $Q_f > -Q_{sc,n}$，其原因如图 4-61 所示。$Q_f$ 下降很小的值会使 $\rho_s$ 上升很大，从而使得 $Q_{sc,n}$ 下降很多，这就造成 $Q_f$ 与 $Q_{sc,n}$ 较大的差异。

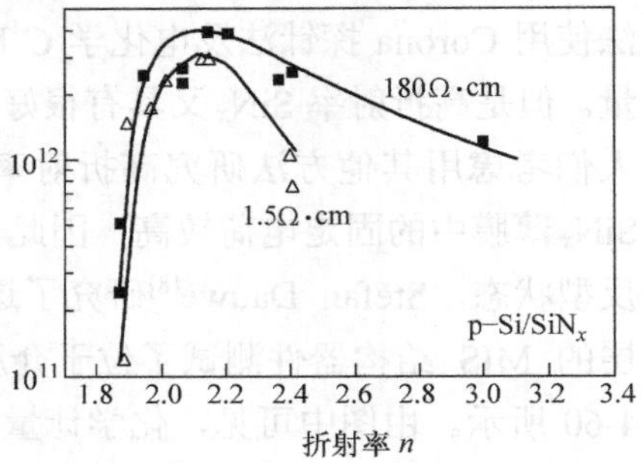


图 4-62　由测试结果图 4-40 计算（式 4-147）得到的表面感生反型测电荷密度随折射率的变化关系（电子迁移率 $\mu_n$=300cm$^2$V$^{-1}$s$^{-1}$）

对比图 4-62 和图 4-35 可以得到一个物理图景：在折射率小于 1.95 时，由于 SiN$_x$ 表面固定电荷较低（这点与图 4-55 相符），导致场钝化效应较差，因此复合速率较高，少子寿命较低；当折射率达到 2.0～2.1 时，SiN$_x$ 中固定电荷最高（这点也与图 4-55 相符），场钝化达效应到最佳点，少子寿命上升；$n$ 值继续提高，表面固定电荷下降，场钝化效果应该变差，但是其表面态密度 $D_{it}$ 却也下降了（见图 4-55），化学钝化效果增强了，使得少子寿命仍维持较高。

### 4.4.4　SiN$_x$ 表面复合速率和有效少子寿命

SiN$_x$ 薄膜的固定电荷及其硅表面的缺陷态对于表面复合速率有重要影响，而最终反映在有效少子寿命上。本节讨论 Si-SiN$_x$ 体系的少子寿命与光生载流子注入浓度的关系，并通过拟合计算由表面复合速率求出表面电荷参数。尽管使用上节发展出来的 MIS 结构测试技术可以得到 $Q_{sc,n}$ 的信息，但这毕竟对于生产实践不方便。另一方面，对于高折射率的 SiN$_x$ 膜漏电流较大，不能使用 $C$-$V$ 法、Corona 探针以及深能级谱等方法测量表面电荷态的特性，因此使用少子寿命的方法尤其重要。幸运的是，SiN$_x$ 的固定电荷较高，使硅表面出现反型态，因此可以使用 4.2 节给出的表面复合理论中的发射极近似（式 4-106）进行拟合计算。

图 4-63a 给出了在电阻率为 1.5Ω·cm 的 p 型硅表面制备了不同折射率的 SiN$_x$ 膜的少子寿命随注入水平的变化关系。随着折射率从 1.88 逐步提升，少子

寿命也增加，到 $n$=2.32 时达到最大值，折射率进一步上升到 2.43 时，少子寿命反而减小。通过式(4-116)由少子寿命可以计算出表面有效复合速率 $S_{eff}$ 如图 4-63b 所示。

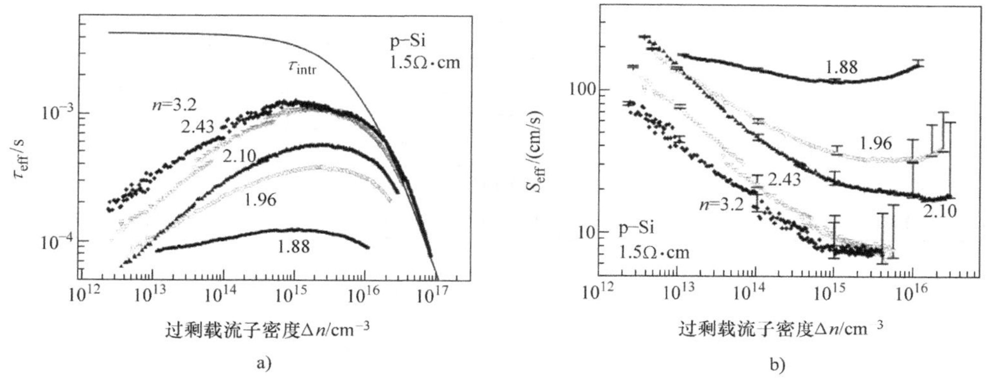


图 4-63　a）具有不同折射率的 $SiN_x$ 膜的 $\tau_{eff}$ 随过剩载流子浓度的关系，同时包括 4.2 节讨论的体内本征复合寿命 $\tau_{intr}$。b）由 a)的数据根据式（4-116）得到的表面复合速率随过剩载流子浓度的关系

对于表面复合速率进行拟合计算如图 4-64 所示，使用扩展 SRH 理论的式（4-104）得到的 $S_{it}$ 可以很好地拟合 $\Delta n>10^{16}cm^{-3}$ 时 $S_{eff}$ 的数值。而对于 $\Delta n<10^{16}cm^{-3}$ 时 $S_{eff}$ 的上升则无法用扩展 SRH 理论拟合。S.Dauwe 提出使用 4.2 节描述过的空间电荷区的少子复合理论来拟合图 4-64 中 $\Delta n<10^{16}cm^{-3}$ 时 $S_{eff}$ 的数值。由式（4-110）计算 $S_{sc}$，并通过调整表面复合参数得到了最佳的拟合曲线如图 4-64 中断续线所示。其中的拟合参数 $J_{02}$=800pA/cm$^2$，理想因子 $m$=1.65。最终得到的 $S_{eff}$ 由 $S_{it}$ 和 $S_{sc}$ 迭加，很好地拟合了 $S_{eff}$ 值。在拟合中界面态密度 $D_{it}$ 由图 4-59 给出，表面复合速率经反复迭代得到最佳结果为常数并且 $\sigma_n=\sigma_p=4\times10^{-15}cm^2$，并假定所有折射率的 $SiN_x$ 的俘获截面均为此值。拟合得到的表面电荷参数见表 4-9。对于其他的折射率也进行了拟合计算如图 4-65 所示，拟合参数也列于表 4-9。这里一个非常引人注目的特性是空间电荷区中的载流子复合常数（$\tau_{n0}$，$\tau_{p0}$）为 1μs，该数值比体内的低几个数量级，体内为数毫秒，其中原

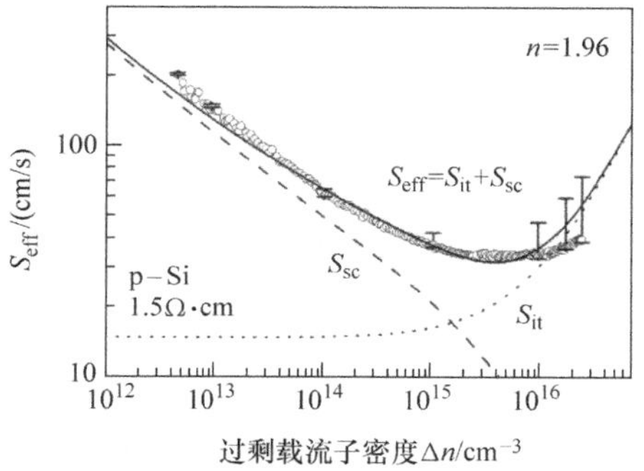


图 4-64　对于电阻率为 1.5Ω·cm 的 p 型硅上制备折射率为 1.98 的 $SiN_x$ 膜表面复合速率测量值进行拟合计算的结果（$S_{it}$ 使用扩展 SRH 理论，而 $S_{sc}$ 为空间电荷区的复合速率）

因还不清楚。

**表 4-9　由图 4-64 和图 4-65 的拟合曲线得到的表面电荷参数**
（其中的陷阱俘获界面设定为$\sigma_n=\sigma_p=4\times10^{-15}cm^2$）

| 折射率 | $Q_f$/$cm^{-2}$ | 界面特性 | | | 空间电荷 | |
|---|---|---|---|---|---|---|
| | | $D_{it}$分布 | $D_{it,a}$/$cm^{-2}eV^{-1}$ | $D_{it,d}$/$cm^{-2}eV^{-1}$ | $\tau_{no}$/μs | $\tau_{po}$/μs |
| 1.88 | $1.53\times10^{12}$ | 图 4-42a | | | 1 | 1 |
| 1.96 | $2.00\times10^{12}$ | 图 4-42b | | | 1 | 1 |
| 2.10 | $3.00\times10^{12}$ | 常数 | $15.00\times10^{10}$ | $15.00\times10^{10}$ | 1 | 1 |
| 2.43 | $1.00\times10^{12}$ | 常数 | $1.00\times10^{10}$ | $1.00\times10^{10}$ | 2.5 | 2.5 |
| 3.20 | $0.50\times10^{12}$ | 常数 | $0.15\times10^{10}$ | $0.15\times10^{10}$ | 3 | 3 |

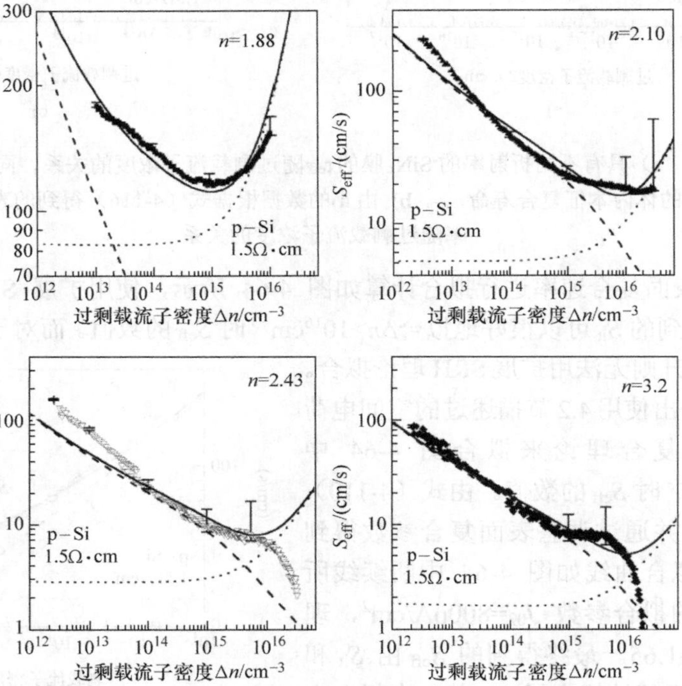


图 4-65　对于电阻率为 1.5Ω·cm 的 p 型硅上制备不同折射率的 $SiN_x$ 膜的表面复合速率测量值进行拟合计算的结果（$S_{it}$ 使用扩展 SRH 理论，而 $S_{sc}$ 为空间电荷区的复合速率）

对于 n 型硅片表面制备的 $SiN_x$ 膜的研究结果如图 4-66 所示。硅片电阻率为 3.8，$SiN_x$ 折射率 2.45。当$\Delta n$ 在 $10^{13}$～$10^{15}$ 变动时，少子寿命只是在 2～3ms 之间变动，相应地表面有效复合速率也基本不随过剩载流子注入水平变化，使用 $S_{it}$ 和 $S_{sc}$ 拟合得到一个很平缓的有效复合速率，在低注入时不随注入水平变化的 $S_{sc}$。对于 n 型硅与 $SiN_x$ 接触的表面空间电荷区处于积累状态，因此空间电荷区能带向上弯曲，表面属于高低结而不是反型的 pn 结。

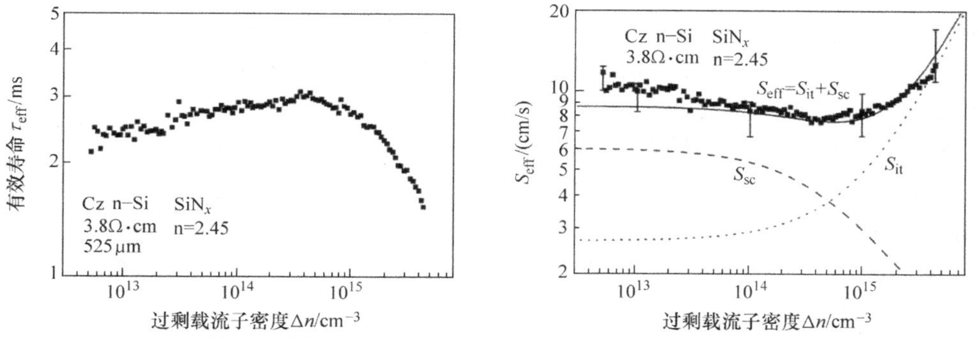


a) 有效少子寿命　　b) 根据少子寿命关系使用式(4–15)计算的有效复合速率

图 4-66　对于 n-Si-SiN$_x$ 体系测试的少子寿命及有效复合速率随载流子注入水平的变化关系（硅片为 3.8Ω · cm 的 Cz 硅片，SiN$_x$ 折射率 2.45。图中还给出了 $S_{it}$ 和 $S_{sc}$ 值，并显示了由这两种复合速率合成的有效复合速率）

在 2002 年以前，由 Elmiger 和 Kunst[53,54]研究的结果认为在 SiN$_x$ 中距界面 20nm 内存在一层随辐照光强而变化的表面电荷 $Q_{f2}$。后来 Stefan Dauwe[13]的研究认为不存在这层可变电荷，这从前面的 C-V 法测试和少子寿命随光照强度的测试已经得到证明，而 Dauwe 使用的空间电荷区的复合解释了低注入水平复合速率上升的现象。此外，Dauwe 还证明了 SiN$_x$ 表面固定电荷只存在于距表面 2nm 之内。图 4-67 设计了双层 SiN$_x$ 结构，内层为 $n$=3 的富硅层，外层为 $n$=1.95 的化学比的 $Si_3N_4$ 膜，改变富硅 SiN$_x$ 膜的厚度。结果发现当膜厚小于 2nm 时，少子寿命随厚度上升很快，这表明此时空间电荷 $Q_f$ 在增加，由于它的增加使得场钝化得到加强，从而使表面复合速率下降，少子寿命上升，但是当厚度大于 2nm 时有效复合速率开始趋于饱和，表面固定电荷已经不再有较大增长，而在 2～20nm 之间少子寿命也有上升，但是幅度很小，此结果表明主要的表面固定电荷分布在 2nm 之内，从 2～20nm 分布的 K 心对表面钝化的影响较小。

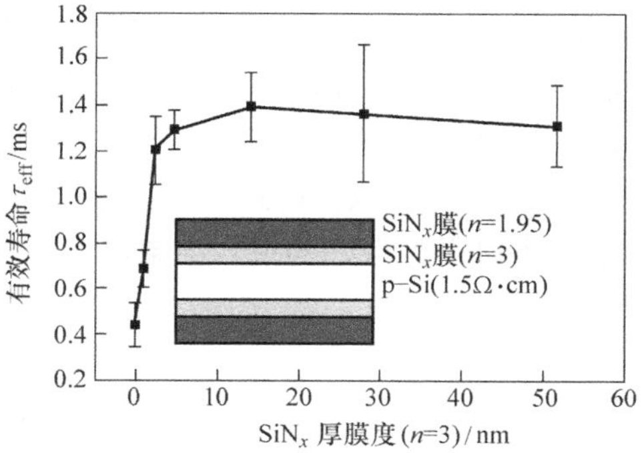


图 4-67　少子寿命随高折射率的富硅层厚度的变化关系[在 $n$=3 的富硅 SiN$_x$之外制备了 50nm 的化学剂量比的 $Si_3N_4$ 膜（$n$=1.95）]

与 Si-SiO$_2$ 一样，Si-SiN$_x$ 体系的有效少子寿命特性也与衬底掺杂有关。图 4-68 显示了掺杂浓度分别为 0.6Ω · cm、1.5Ω · cm、20Ω · cm 和 90Ω · cm 的 n 型衬底上制备化学计量比的 SiN$_x$ 膜后测试得到的少子寿命随注入水平的关系。掺杂越轻，少子寿命越高，而且在低注入时少子寿命不随注入水平而变。图 4-69 显示了掺杂浓度为 0.3～150Ω·cm 的各种 p 型衬底上制备化学计量比的 $SiN_x$ 膜后测试得到的少子寿命随注入水平的关系[58]。掺杂越轻少子寿命越高，而且在低注入时少子寿命随注入水平而变，掺杂越轻这种 $S_{eff}(\Delta n)$的依赖关系越强。

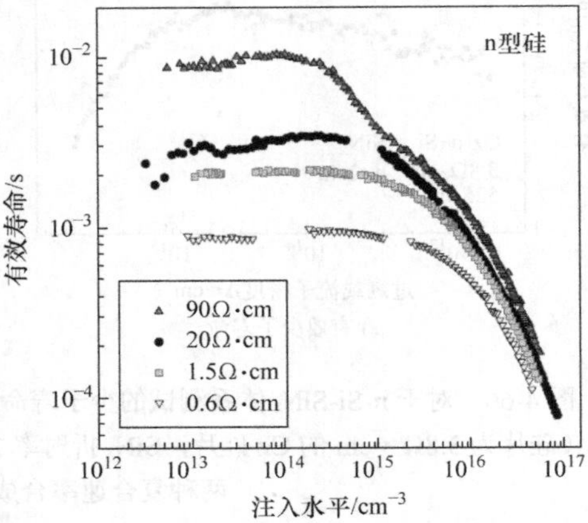


图 4-68　在各种掺杂浓度的 n 型衬底制备双面 $SiN_x$ 膜，测量的有效少子寿命随注入浓度的变化[58]

按照前节讨论的结果，这种 $Q_f$ 含量很高的介质层可使用发射极近似，由式（4-115）得到的理想因子与 $S_{eff}$ 的关系，可以得到如下与有效少子寿命的关系：

$$n_{loc}=\frac{(n+p)\Delta n}{n_p\left(1-\dfrac{\Delta n}{\tau_{eff}}\dfrac{d\tau_{eff}}{d\Delta n}\right)} \qquad (4\text{-}148)$$

由式(4-148)根据图 4-68 和图 4-69 可以计算出其各自的理想因子如图 4-70 所示。对于 n 型硅衬底的理想因子在各种注入水平均近似为 1；而对 p 型硅衬底，在低注入水平时接近 2，随着注入水平的提高，理想因子向 1 过渡。根据这种理想因子的测试值，可以使用式（4-115）拟合表面复合速率。首先根据式（4-116）将有效少子寿命换算成有效表面复合速率随注入水平的关系如图 4-71（n 型硅）和图 4-72（p 型硅）所示。然后根据式（4-115）进行拟合计算。在 n 型硅片，设理想因子等于 2 的那一项为零（即 $J_{02}$=0），可以很好地拟合图中的曲线。而对于 p 型硅衬底，选择合适的 $J_{0e}$ 和 $J_{02}$，可以得到很好的拟合结果。

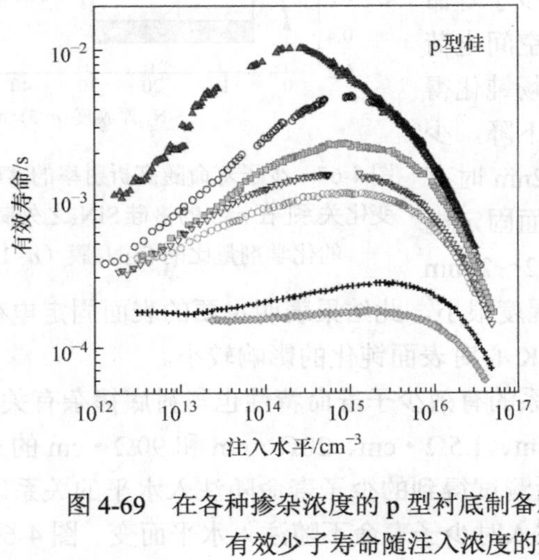


图 4-69　在各种掺杂浓度的 p 型衬底制备双面 $SiN_x$ 膜，测量的有效少子寿命随注入浓度的变化[58]

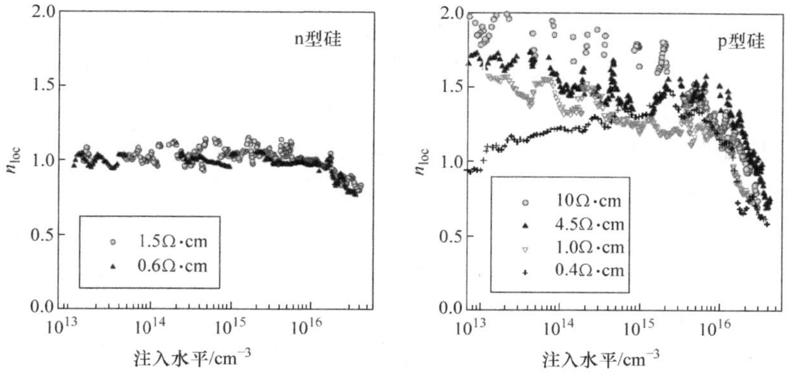


a) n型硅衬底 b) p型硅衬底

图 4-70 根据图 4-68 和图 4-69 计算出的理想因子随注入水平的关系[58]

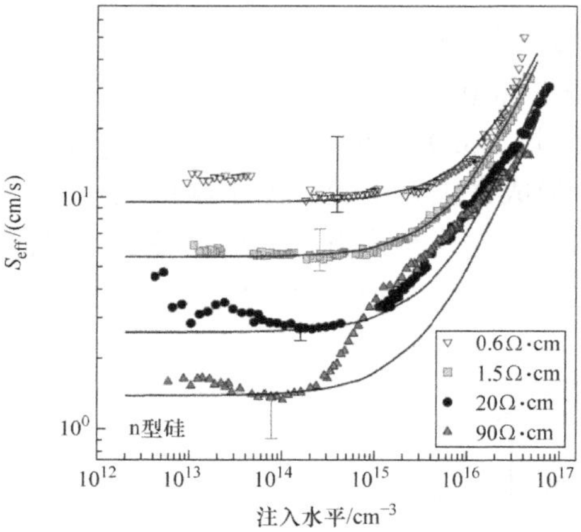


图 4-71 各种掺杂浓度的 n 型衬底上制备的 $SiN_x$ 膜的表面复合速率随注入浓度的变化[58]［根据图 4-68 由式（4-116）得到。图中还给出了根据发射极近似得到的拟合曲线］

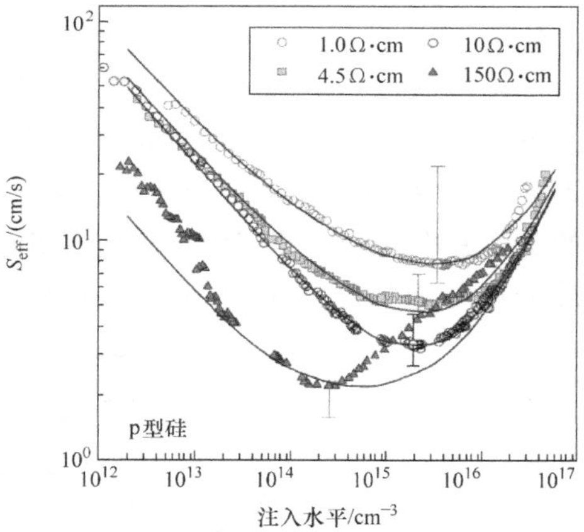


图 4-72 各种掺杂浓度的 p 型衬底上制备的 $SiN_x$ 膜的表面复合速率随注入浓度的变化[58]［根据图 4-48 由式（4-116）得到。图中还给出了根据发射极近似得到的拟合曲线］

### 4.4.5 p 型 Si-$SiN_x$ 界面的寄生漏电现象

由于在 p 型 Si-$SiN_x$ 界面的有效复合速率 $S_{eff}$ 随着载流子注入浓度 $\Delta n$ 的降低而上升，这会影响到太阳电池的特性，因为太阳电池处于短路状态时其少子注入浓度在 $10^{13}cm^{-3}$ 左右，而开路状态时少子浓度在 $10^{15}cm^{-3}$。因此如果在低注入时复合速率增加，少子寿命下降，则会影响到电池的短路电流，电池的弱光效率也会下降。而 n 型 Si-$SiN_x$ 界面不会出现这种低注入浓度时复合速率的上升。因此 $SiN_x$ 适合于钝化 n 型硅的表面。

此外，由于 Si-$SiN_x$ 界面存在高浓度的表面固定电荷 $Q_f$，会在 p 型硅中吸引大量的电子到表面，体内 p 型硅的少子是电子，表面积累的电子超过了表面的空穴，将形成局部反型，这种反型层在 p 型硅表面形成了一个感生的 pn 结，也称浮结。如果一个太阳电池的 p 型背表面使用 $SiN_x$ 作钝化膜，则会形成前后两个 pn 结，其结构如图 4-73 所示[59]。背表面反型层形成与正表面扩散 pn 结相反的感生 pn 结，这个结将从背电极向正电极流动的电流分走一部分，形成漏电流，其等效电路如图 4-73b 所示。由图中可见对于正面 pn 结，背表面的反型层感生 pn 结等效于一个并联的二极管，将一部分电流分走。从图 4-73c 中可见，背面反型层 pn 结使背表面能带向下弯曲，而按照正常的背场理论，应使能带向上弯曲，使光生载流子受到背场的作用反射回扩散 pn 结。但是此处感生 pn 结的作用正好相反，使少子陷在背表面，强化了背表面的复合。Dauwe 在 p 型衬底上制备了太阳电池，使用三种薄膜进行背表面钝化：$SiO_2$、$SiN_x$、$SiO_2$+$SiN_x$。其中第三种背钝化膜是用 $SiO_2$ 膜将 $SiN_x$ 与电极之间隔开。从表 4-10 中可见，使用 $SiO_2$ 膜的电池的效率比使用 $SiN_x$ 钝化膜的电池效率高，而且主要是短路电流相差大，*FF* 次之，开路电压相差较小。这与 $SiN_x$ 在背表面形成寄生漏电流有关，背表面复合速率随$\Delta n$ 减小而增加，而$\Delta n$ 较小时对应着短路电流区域。$SiO_2$ 中的表面固定电荷 $Q_f$ 较低，不会在 p 型硅表面形成反型层，因此不会形成寄生漏电流。为了验证这种 $SiN_x$ 的寄生漏电特性，第三种电池使用 $SiO_2$ 将 $SiN_x$ 与电极隔开，切断了 $SiN_x$ 下面的反型层与电极之间的通道，结果见表 4-10。这种电池与 $SiO_2$ 做背表面钝化

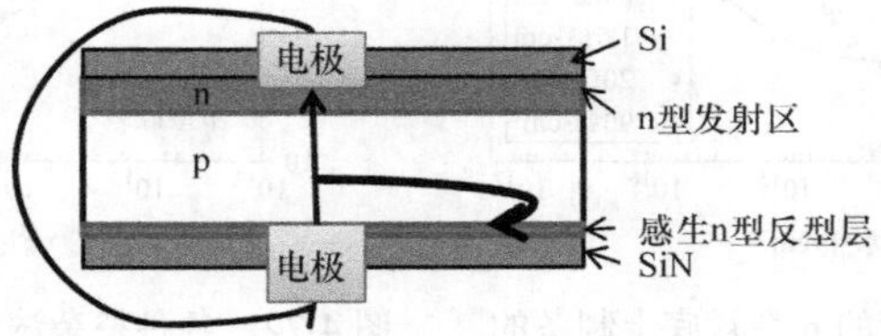


a) $SiN_x$作为背表面钝化形成的反型层构成了一个感生的反向pn结(浮结)，与正面扩散制备的pn结相反

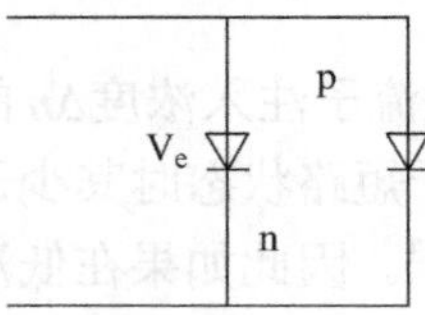


b) 具有正面pn结和反型感生 pn结的等效电路

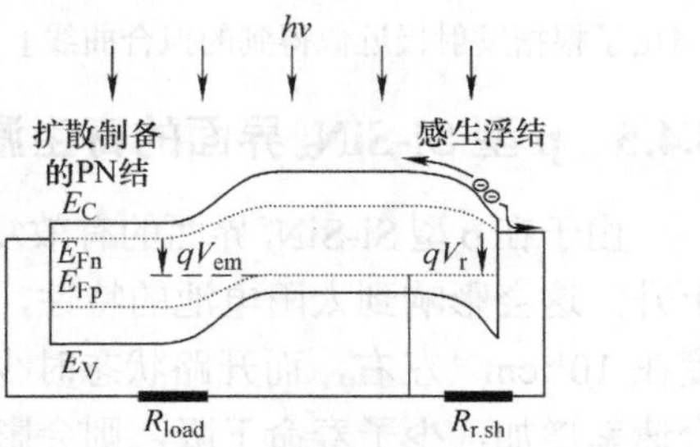


c) 正表面pn结与背表面感生反向浮结的能带结构示意图

图 4-73　p 型硅衬底太阳电池使用 $SiN_x$ 作背表面 p 型层的钝化

膜的电池特性一致。这个结果表明 $SiN_x$ 钝化 p 型硅的主要损失在于这些反型层与电极之间的联通形成了寄生漏电流，如果寄生漏电流被阻断，$SiN_x$ 对 p 型硅的钝化效果与 $SiO_2$ 一致。

**表 4-10　三种背钝化膜太阳电池的效率及 *I-V* 参数**

| 类型 | $V_{OC}$/mV | $J_{sc}$/(mA/cm²) | $FF$(%) | $E_{ff}$(%) |
|---|---|---|---|---|
| $SiO_2$ | 649±1 | 34.5±0.2 | 80.0±0.2 | 17.9±0.2 |
| SiN | 643±1<br>(相对偏差 0.9%) | 33.1±0.1<br>(相对偏差 4%) | 78.9±0.3 | 16.8±0.1 |
| $SiN/SiO_2$ | 646±1 | 34.3±0.2 | 80.2±0.2 | 17.8±0.1 |

## 4.5　Si-$Al_2O_3$ 界面

近年来产业界在进一步提高效率的过程中发现前表面钝化的作用已经被开发到接近极限。从另一个角度讲，目前单晶硅片的质量越来越高，而硅片厚度越来越薄，生产线上所用电池的典型厚度为 180μm，质量较好的硅片的少子扩散长度甚至超过了硅片的厚度，这样背表面的复合对电池效率的影响越来越明显。背表面钝化以增加长波光的吸收成为提升效率的重要考虑方向。目前，产业界晶硅电池的背表面是全铝背场，背表面少子复合较为严重，最近发展出了背表面钝化的技术，使用钝化膜来减小背表面的少子复合，提高效率。图 4-74 为使用 PC1D 拟合计算得到的效率随背表面复合速率变化的关系[60]。当使用 Al-BSF 时 $S_{rear}$ 为 300～1000cm/s。而对于 $Al_2O_3$ 背钝化时 $S_{rear}$ 为 30～100cm/s。这比全铝背场低一个数量级，可导致两者的效率相差超过 1%。此外，背表面钝化特性对于不同体寿命的硅片也有不同的影响。对于全铝背场的电池，两种体寿命的硅片效率相差较小；而对于 $Al_2O_3$ 背表面钝化的电池，体寿命的差别对效率的影响大得多。这表明对于具有更高体寿命的硅片，其背表面钝化更重要。

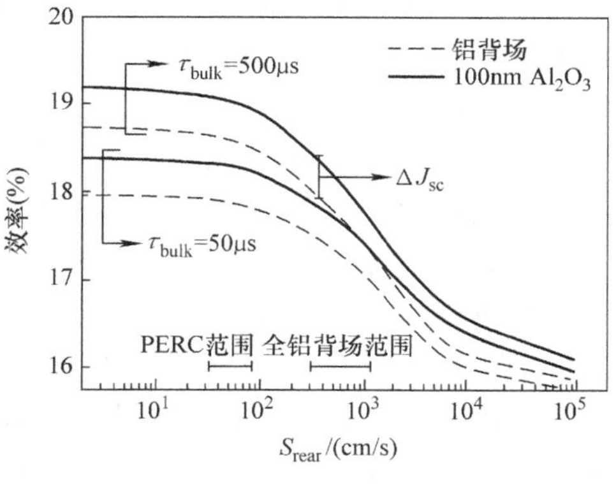


图 4-74　PC1D 拟合计算得到的电池效率受不同背表面复合速率的影响[60]［衬底为 p 型硅，背表面为全铝背场和 100nm$Al_2O_3$/Al 背表面钝化（PERC 结构）两种结构。硅片体寿命设为 50μs 和 500μs，厚度为 200μm，前表面发射区方块电阻 60Ω/□，p 型硅片衬底电阻率 1Ω · cm，$S_{front}$=$10^5$cm/s］

对 p 型硅片背表面进行钝化，除了要考虑表面缺陷态较低的化学钝化外，还要考虑采用具有负电荷的薄膜，以加强对少子电子的排斥，形成场致钝化。

此外，有几种结构的高效电池采用 n 型硅衬底，这是因为 n 型半导体的少子寿命较 p 型半导体的长很多。目前常规拉制的 n 型 CZ 片的少子寿命在 1000μs 以上，而常规 p 型硅片的少子寿命仅为 10～100μs。这些使用 n 型硅片的高效电池包括日本三洋公司的 HIT 太阳电池、美国 Sunpower 公司的 IBC 电池等。n 型硅衬底太阳电池的发射区为 p 型，其钝化膜也须带有负电荷以加强场致钝化。

在半导体行业中已经对 $Al_2O_3$ 膜进行了大量研究，发现 Si-$Al_2O_3$ 体系的表面固定电荷 $Q_f$ 为负电荷，而且其电荷密度还很高，很适合用来钝化 p 型硅表面。

### 4.5.1 $Al_2O_3$ 制备技术

目前制备 $Al_2O_3$ 的方法有原子层沉积（ALD）法、等离子体辅助 ALD 法、热解沉积法、离域 PECVD 法、分子束外延、沉积 Al 加氧化法等。下面介绍几种主要的 $Al_2O_3$ 沉积技术。

1. ALD 法

原子层沉积法是利用自限制表面反应的原理，通过轮番将反应气体暴露在衬底表面，在原子层的尺度上控制沉积过程[61-63]。通入的反应气体称为前驱体，每一种前驱体与衬底表面官能团发生化学反应，当表面可用的官能团反应完毕之后，反应自动停止，此为反应过程的自限制作用。通常采用 A、B 两种前驱体反应物，通过轮番反应形成 ABAB…多层膜，在 A 反应物反应之后要通过抽气将 A 物质抽走，再通以 B 物质，B 物质以 A 物质作为反应的表面官能团，每个循环的典型厚度为 0.5～1.5Å。这些循环可以一直持续下去，直至达到所需的厚度。与气相沉积（CVD）方式不同，ALD 沉积与前驱体的流量无关，因此只要暴露的时间足够长，可以沉积在表面的各处。

$Al_2O_3$ 层的沉积通常使用三甲基铝（$Al(CH_3)_3$:TMA）作为铝源[64-78]。水、臭氧或来自等离子体的氧自由基可作为氧源。使用水及臭氧直接进行的反应称为热 ALD，而借助等离子体进行的反应称为等离子体辅助 ALD。其反应示意图如图 4-75 所示。每一次循环包括一次 $Al(CH_3)_3$ 的引入，随之而来的是抽空，再接着是氧的引入，最后是抽空过程。氧的引入有不同形式，借助等离子体产生的氧基元比 $H_2O$ 有更高的活性，这可使膜的质量得以提高，在低温生长时尤其如此。但是由于要引入等离子体，使得设备复杂程度有所提高。对于批次处理的 ALD 工艺，通常使用 $O_3$，因为它具有更高的活性，并且更易被抽空[78,79]。

ALD 技术的优点是可以在大面积衬底上制备均匀的膜，沉积温度较低（100～350℃），并且很容易制备多层膜。由于有抽空过程，因此每次循环时间是几秒，使沉积时间较长，但是在工业上可以通过采用批次法提高产率，即一次放入多片衬底。此外，采用一种新型的空间分离沉积技术可以免除抽空过程，大大缩短工艺时间。

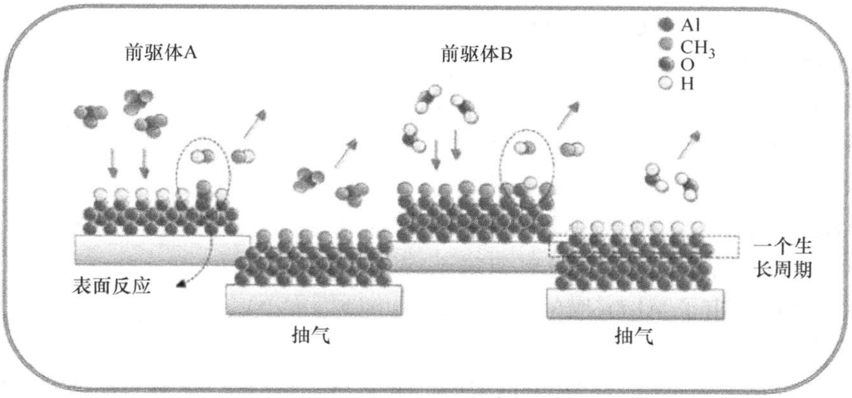


图 4-75　图示的一个循环周期的两次吸附沉积和两次抽空步骤

2. PECVD 法

早在 ALD 技术应用之前，人们就已经开始使用 PECVD 技术制备 $Al_2O_3$，所使用的源为 $Al(CH_3)_3$ 或 $AlCl_3$[80-82]。近几年，PECVD 被用来改进 ALD 的一些缺点。Miyajima 等人最早使用 PECVD 制备 $Al_2O_3$ 用于钝化[83]，他们使用电容性的 PECVD 系统在 $Al(CH_3)_3$、$H_2$、$CO_2$ 的混气中产生等离子体进行沉积。另一个进展是使用微波 PECVD 沉积 $Al_2O_3$（Roth&Rau 公司）[84]，他们使用微波管产生 2.45GHz 的微波脉冲，采用 $N_2O$、$Al(CH_3)_3$、Ar 作为反应气体，沉积速率为 100nm/min。最近又发展出了脉冲式 $Al_2O_3$ 喷气工艺[70]，对薄膜特性进行控制。综合各方面的报道，使用 PECVD 法制备的 $Al_2O_3$ 膜的钝化特性已经可以与 ALD 技术制备的膜相比拟。

3. 其他方法

有报道使用常压等离子体化学气相沉积（APCVD）法制备 $Al_2O_3$ 膜，使用的前驱体为三异丙基氧化铝[40]，并已经开发出了可以沉积大尺寸 $Al_2O_3$ 膜的 APCVD 设备。使用磁控溅射技术也可以沉积 $Al_2O_3$ 膜，使用磁控溅射铝靶，在 $O_2$/Ar 气氛下沉积速率可达 4nm/min[85]，但是磁控溅射制备的膜的钝化特性比 ALD 和 PECVD 法制备的膜要差。

### 4.5.2　ALD 制备的 $Al_2O_3$ 膜特性

$Al_2O_3$ 膜特性与其沉积方法有关。除去铝和氧之外，最重要的特性是碳和氢的含量。对于 ALD 沉积工艺，薄膜特性和氢含量与沉积温度密切相关[69,70]。傅里叶变换红外吸收谱（FTIR）测量表明氢主要以 OH-基团存在，也有一些以 $CH_x$ 形式存在[86]。此外，在等离子体 ALD 中发现碳的存在。随着沉积温度的提高，碳和氢含量都下降。

表 4-11 列出了使用 ALD 沉积的 $Al_2O_3$ 膜的特性。在 150～250℃沉积的薄膜，不论是热 ALD 还是等离子体 ALD，具有相同的质量密度和折射率。然而氢含量对于热 ALD（3.6at.%）却高于等离子体 ALD（2.7%）。使用卢瑟夫背散射实验证明了碳含量<1at.%，可以忽略不计。图 4-76 给出了 $Al_2O_3$ 膜的折射率 *n* 和消光系数 *k* 随光子能量变化的关系。热 ALD、等离子体 ALD 以及 400℃退火都有类似的结果。

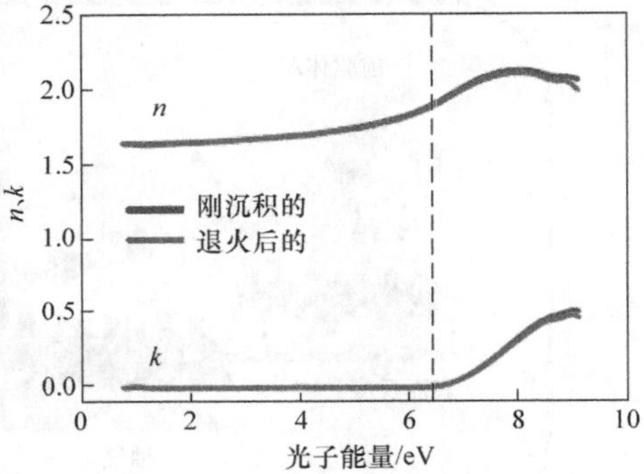


图 4-76　折射率 *n* 和消光系数 *k* 随光子能量变化的关系（由椭偏仪测得）

**表 4-11　$Al_2O_3$ 膜特性**

| 物理特性 | ALD $Al_2O_3$($T_{dep}$=～200℃) |
|---|---|
| 相 | 非晶（至 850℃晶化）[87,88] |
| 电阻率 | ～$10^{16}$Ω · cm[89] |
| 介电常数 | 7～9[66,69] |
| H 含量 | 2at.%～4at.% |
| 光学带隙 | 6.4eV |
| 折射率 | 1.64（在 2eV） |
| RMA 粗糙度 | ≤2Å（在抛光硅片上） |

由介电常数$\varepsilon_2$推算出光学带隙 $E_{opt}$=6.4±0.1eV。这比 $Al_2O_3$ 晶体约 8.8eV 的带隙窄很多，表明低温生长的 $Al_2O_3$ 是非晶态的，其晶化温度为 850℃[87,88]。

在 Si-$Al_2O_3$ 界面发现非常薄（1～2nm）的 $SiO_x$ 膜[90-92]，这层膜即使在双面均用 H 原子钝化的（HF 处理后）硅衬底上生长的 $Al_2O_3$ 膜中也存在。图 4-77 显示了该界面处 $SiO_x$ 层的 TEM 照片。从中可清晰看出 $SiO_x$ 的存在。对应在 FTIR 谱中 Si-O 键的拉伸震动峰位在 1000$cm^{-1}$[86,93]。XRD 测试表明在 ALD 生长的最初的几个循环中就生成了 $SiO_x$ 层，而且在 400～450℃后退火中其厚度基本保持不变。

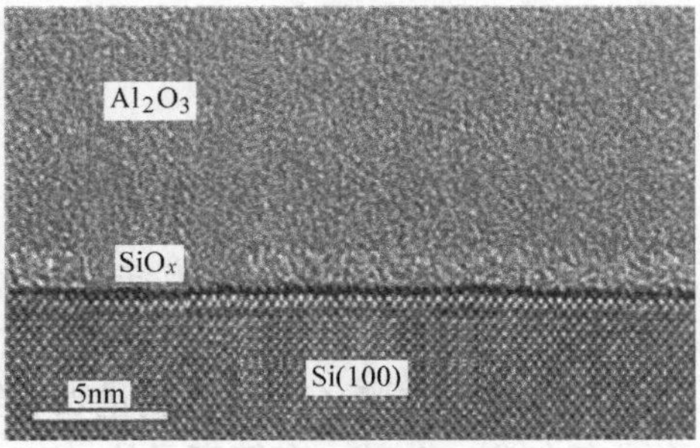


图 4-77　Si-$Al_2O_3$ 界面的高分辨透射电镜（TEM）图像（在界面处可清晰分辨出 $SiO_x$ 层）

经大量的研究，ALD 制备 $Al_2O_3$ 的化学过程已经得到了很好地理解。图 4-78 表示了两种 ALD 沉积在一个循环过程中通入各种气体及抽空的时间顺序。在第一次循环之前，衬底表面为上一轮通氧后形成的 Al-OH 基团，Al 和 OH 中的 O

形成很强的键[61]。在通入 $Al(CH_3)_3$ 后，其中的 $Al\text{-}CH_3$ 基元与 OH 反应形成 $Al\text{-}O\text{-}Al\text{-}(CH_3)_2$ 键，而原来与 O 结合的 H 与一个甲基形成甲烷分子（$CH_4$），其反应式如下。

$$Al-OH^* + Al(CH_3)_3(g) \rightarrow AlO-Al(CH_3)_2^* + CH_4(g) \tag{4-149}$$

这种反应一般是单基元反应，但是也可能发生双基元反应，即两个甲烷基元与相邻的两个 OH 基元反应，这种过程在低温衬底上较易发生，因为在低温时表面存在较多的 OH 基团。值得注意的是，在等离子体 ALD 技术中，在通入 TMA 的环节不施加等离子体。

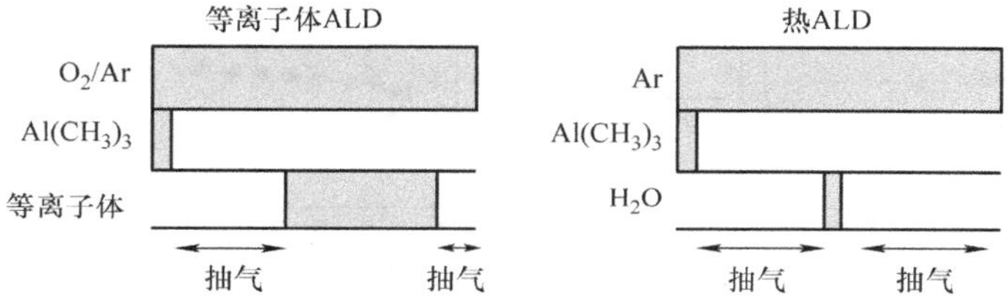


图 4-78 图示 ALD 一个循环中的沉积过程中各种气体的通入及抽空过程

抽空过程会挥发掉多余的甲基分子，使得表面吸附由 $Al\text{-}O\text{-}Al\text{-}(CH_3)_2^*$基元转变成 $Al\text{-}O\text{-}Al\text{-}CH_3^*$基元，在接下来的通 $H_2O$ 或 O 的过程中，如果是热 ALD 法，将发生如下的反应过程：

$$AlO-AlCH_3^* + H_2O(g) \rightarrow AlOAl-OH^* + 4CH_4(g) \tag{4-150}$$

对于等离子体 ALD 法，总反应式可以用下式表达[68,77]：

$$AlO-AlCH_3^* + 4O(g) \rightarrow AlOAl-OH^* + H_2O(g) + CO_x(g) \tag{4-151}$$

在等离子体反应中形成的副产物 $H_2O$ 引起了第二个反应通道。此外，$O_3$ 也可作为反应基元，但是其反应过程要复杂得多。

在图 4-78 中随着通源时间的不同可以有三种类型的生长：亚饱和生长、纯 ALD 生长、带有寄生 CVD 生长成分的 ALD 生长。纯的、充分饱和的生长过程是在较长的通源时间伴以充分长的抽空时间的条件下得到的。这种条件下不会增加单次循环生长量（GPC），成膜的均匀性和保角性都很好。而如果抽空不充分，则可能伴随着寄生的 CVD 生长，使得 GPC 增大。图 4-79 显示了使用热 ALD 和等离子体 ALD 在 Si(100)面上生长 $Al_2O_3$ 薄膜厚度与循环次数的关系。对热 ALD 为 1.0Å/循环，对等离子体 ALD 为 1.1Å/循环，小于单层的厚度（约 3.3 Å/层）。

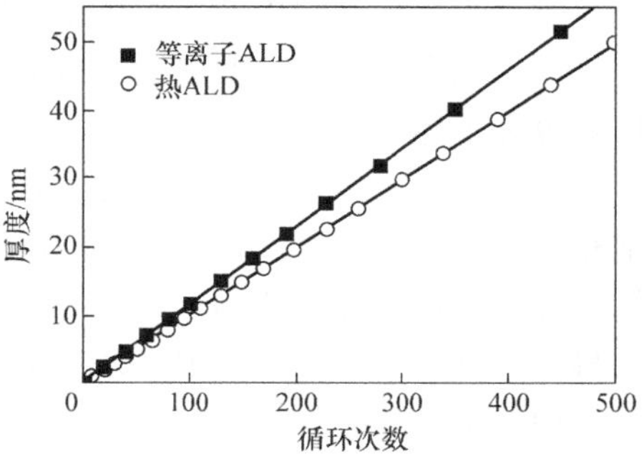


图 4-79 $Al_2O_3$ 膜厚随着循环次数的变化（$T_{dep}$=250℃）

图 4-80 表示了两种不同的 ALD 工艺中各个步骤的时间长度对 GPC 的影响。从图中可见，对于通入 TMA 过程，只需 10ms 就可以达到饱和，即 GPC 与通源时间的进一步延长没有关系。但是在 TMA 之后的抽空时间却长得多，小于 3s 的抽空时间都会造成 GPC 增厚，其原因是出现寄生 CVD 生长，这种寄生生长伴随着折射率的变化（$n$=1.61，而纯 ALD 沉积得到的薄膜为 1.64），同时膜的均匀性和保角性都变差。如果抽空时间变短，则会有残留的 TMA 在腔体中，直至下一个循环过程中氧化物的引入。

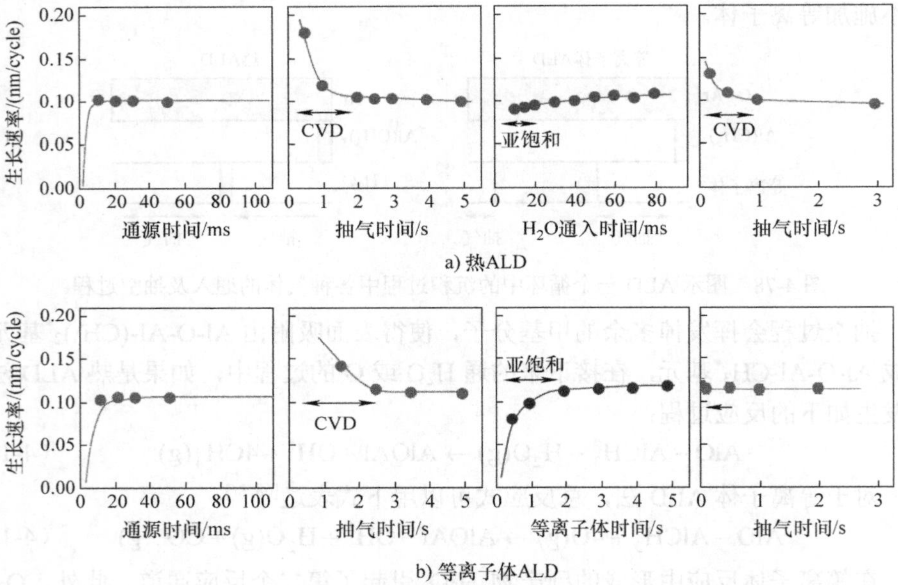


图 4-80　GPC 厚度随一次循环中各工艺时间长度之间的关系

（沉积温度为 250℃，所用设备为 Oxford Instruments OpAL）

使用光发射谱可以探测腔体中残留气体的原子基元的含量[94]。图 4-81 给出了光发射谱的特征谱线以及在腔体中 TMA 之后的抽空过程中各种原子基元含量的变化。从图中可见，只要在通 TMA 之后抽空时间小于 3.5s，就会有较多残留气体被等离子体所激发。

对于第二个半循环周期，热 ALD 通 $H_2O$ 时间为 10～20ms 可以使表面基本饱和，膜的折射率达到 1.64。但是在随后的几十毫秒的通源时间内会出现 GPC 增加的现象，这被称为软饱和。而等离子体 ALD 系统中，达到氧化饱和的时间却长得多，在大于 2s 的时间内，表面处于亚饱和生长阶段。当等离子体开启时间处于这种低于饱和时间的情况，加入的氧基元流量不足以移除所有表面反应基元，重建表面 OH 基团。膜的折射率也表现出下降，表明薄膜中含有杂质。此外，这种亚饱和也使表面均匀性变差，保角性也变差，在样品边缘更是如此。

通氧之后的抽空过程，对于热 ALD 来说，需要 1s 达到饱和生长；而对于等离子体 ALD，达到饱和所需时间非常之短，可以忽略。这表明等离子体产生的 $H_2O$ 对于饱和状况几乎没有影响。

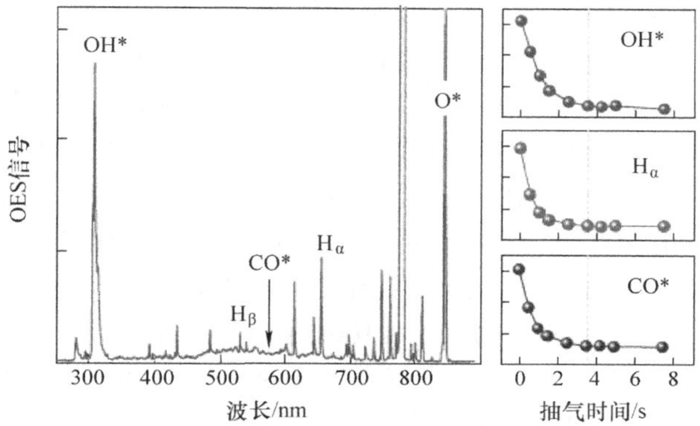


a) 通入TMA时的光谱特征线

b) 在关断TMA之后随着时间各种原子基元随时间变化的情况

图 4-81 腔体中的光发射谱（图中每一个时间点是抽空后到打开等离子体的时间间隔，而时间为 0 表示在关断 TMA 之后立即打开等离子体）

衬底温度对于薄膜的生长是至关重要的。图 4-82 是两种 ALD 技术中典型的温度特性[69-71]。对于等离子体 ALD，随着温度的上升薄膜厚度和沉积的 Al 原子数目单调下降。由于脱水反应的热激活特性，使得在高温下表面 OH 覆盖率会降低，从而引起这种下降。而对于热 ALD 沉积，在低于 250℃时膜厚和 Al 沉积数量随着温度的降低而下降，而在温度高于 250℃时与 PE-ALD 一致。其原因是在低衬底温度下 $H_2O$ 的活性较低，不容易分解，而 $O_2$ 的等离子体分解却不受这一温度控制。

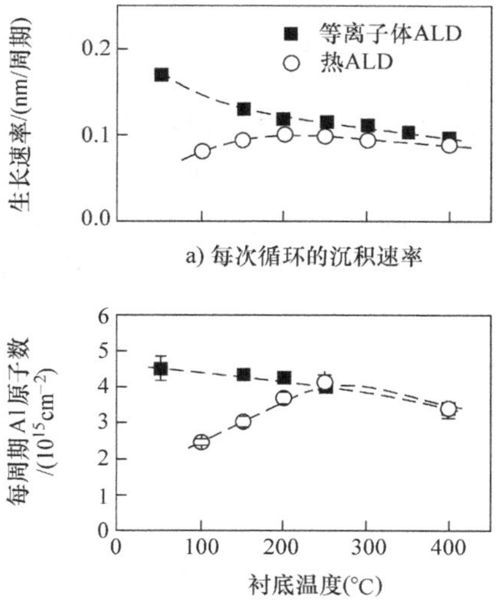


a) 每次循环的沉积速率

b) 每次循环沉积的沉积Al原子数，由RBS测量所得[77,78]

图 4-82 衬底温度对每次循环生长量（GPC）的影响[70,71]

值得注意的是，随着衬底温度的降低从反应腔抽取 $H_2O$ 的时间会非常明显地增加，因此对于低温衬底（<150℃）PE-ALD 要优于热 ALD。

### 4.5.3 $Al_2O_3$ 膜的钝化特性

许多研究结果表明，在 p 型和 n 型硅表面上制备的 $Al_2O_3$ 膜经各种温度退火后可以得到很低的表面复合速率（$S_{eff}$<5cm/s）[70,92,95-98]。此外，对于表面电阻大于 100Ω/□和 54Ω/□的硼掺杂发射极分别得到了极低的发射极饱和电流 $J_{0e}$ 约为 10fA/cm$^2$ 和 30fA/cm$^2$[99]。在另外一些研究中，表面经 $Al_2O_3$ 钝化后得到了 700mV 的 implied-Voc（90Ω/□发射极）。$Al_2O_3$ 膜对于 $p^+$硅表面的钝化效果比 $SiO_2$ 好，比 $SiN_x$ 好得多，主要原因是其表面固定电荷的强度和极性（即负电荷）。此外，较低的表面载流子俘获截面比$\sigma_n/\sigma_p$ 也对钝化 $p^+$表面有利。对于 $n^+$硅表面，介质层带正电荷的 $SiN_x$ 预计比带负电荷的 $Al_2O_3$ 膜有更好的钝化效果。研究结果也证实 62Ω/□的 $n^+$硅表面如使用 $Al_2O_3$ 钝化 $J_{0e}$ 为 170fA/cm$^2$，而用 $SiN_x$ 钝化则为 62fA/cm$^2$。对于方块电阻为 20Ω/□和 100Ω/sq 的 $n^+$发射极，得到的 implied-Voc 分别约为 640mV 和 680mV[100]。也有观点认为，$Al_2O_3$ 对于低方阻发射极具有很好的钝化效果是源自其低的表面态密度。

在 ALD 制备 $Al_2O_3$ 膜之前使用 HF 处理，抑或使用化学氧化（如 $HNO_3$）对于表面钝化特性影响并不大[101]。

350～450℃的退火对于钝化特性的形成至关重要，但是在空气环境、$N_2$ 气氛，或者 $H_2$ 气氛（FGA）中退火，结果相差不大。退火时间可以选为 10～30min，但是也有研究发现在 1～2min 时也可以获得同等的结果[97]。

图 4-83 给出了在 p 型和 n 型硅衬底上使用两种 ALD 技术制备的 $Al_2O_3$ 膜的有效少子寿命随载流子注入水平的变化关系[65]，沉积温度为 200℃。从结果看出，不论使用等离子 ALD 还是热 ALD，在 400℃退火后有效少子寿命很相近，对 p-Si 的钝化 $S_{eff}$<5cm/s，对于 n-Si 的钝化 $S_{eff}$<2cm/s。退火后等离子 ALD 生长的钝化膜比热 ALD 生长的膜有稍高的钝化水平。但是对于刚沉积的 $Al_2O_3$ 膜，热 ALD 的钝化水平（在$\Delta n=10^{15}cm^{-3}$ 时 $S_{eff}$<30cm/s）却明显高于等离子 ALD（$S_{eff}$ 约为 $10^3$cm/s）。

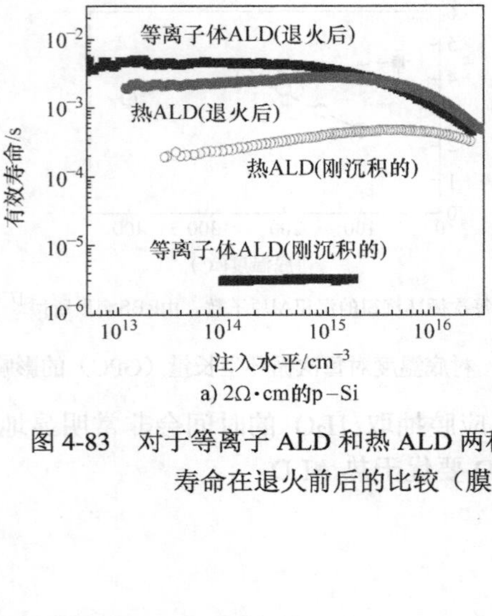

a) 2Ω·cm的p－Si

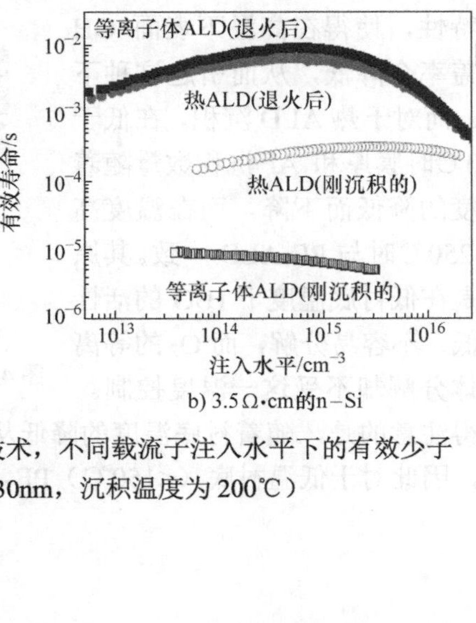

b) 3.5Ω·cm的n－Si

图 4-83　对于等离子 ALD 和热 ALD 两种技术，不同载流子注入水平下的有效少子寿命在退火前后的比较（膜厚 30nm，沉积温度为 200℃）

另一个重要特征是有效少子寿命随载流子注入水平的变化。从图 4-83 看出，随着$\Delta n$ 的降低在 p-Si 上制备的 $Al_2O_3$ 膜的有效少子寿命不变，而在 n-Si 上 $Al_2O_3$ 膜的有效少子寿命却下降。其原因与前面对于 $SiN_x$ 和 $SiO_2$ 膜钝化特性的解释类似，即对于 p-Si 表面的钝化，表面处于积累态，表面势对少子起到排斥作用，在空间电荷区少子复合减小。而对于 n-Si 表面，由于表面负的固定电荷使表面处于反型态，空间电荷区的复合使低载流子注入水平时有效少子寿命下降[93,102,103]。这种推测被其他一些实验所支持，这些实验表明对于较低的 $Q_f$，低$\Delta n$ 时少子寿命的降低会改善[104]。此外，从图 4-83 还可以看到，等离子体 ALD 原生沉积样品的少子寿命不随$\Delta n$ 的降低而降低，而原生 PE-ALD 制备的钝化膜中 $Q_f$要比退火后低很多，这就可以解释了为什么其少子寿命在低$\Delta n$ 时不会减小。

实验发现，各种 ALD 生长参数对 $Al_2O_3$ 膜的钝化特性影响都不大，但是等离子放电时间却是个例外。缩短等离子体放电时间会明显减小 $S_{eff}$，这可能与等离子体放电时的真空紫外辐照对薄膜的伤害有关[79]。此外，虽然减少 TMA 通源之后的抽空时间从 3.5s 至 0.5s 会增加 GPC，但是仍能得到较低的复合速率（$S_{eff}$<2cm/s）。

下面分析一下影响钝化特性的因素。

1. 退火对化学钝化和场钝化的影响

退火对于钝化的影响主要是由于其对介质层固定电荷 $Q_f$和表面态密度 $D_{it}$ 的影响。一般可以使用 Corona 探针法测量 Si-$Al_2O_3$界面的电荷状况如图4-84所示[93]。使用厚 1.9Ω • cm 的 n 型的硅片，用等离子体辅助 ALD 法双面镀制 26nm $Al_2O_3$ 膜。测量其表面有效少子寿命，使用 Corona 探针，在表面加载正电荷 $Q_{surface}$，因此在表面发生场钝化效果的应该是总电荷 $Q_f+Q_{surface}$，表面固定电荷 $Q_f$是负值。当 $Q_f=Q_{surface}$时，表面电荷为零，失去场钝化效应，这时表面有效少子寿命最低，其所对应的电荷密度为 $1.3\times10^{13}cm^{-2}$。而 $D_{it}$ 的测试则可以使用 $C$-$V$ 法。表 4-12 给出了一些研究组测量给出的 Si-$Al_2O_3$ 表面固定电荷 $Q_f$和表面陷阱密度 $D_{it}$的结果以及所使用的方法。

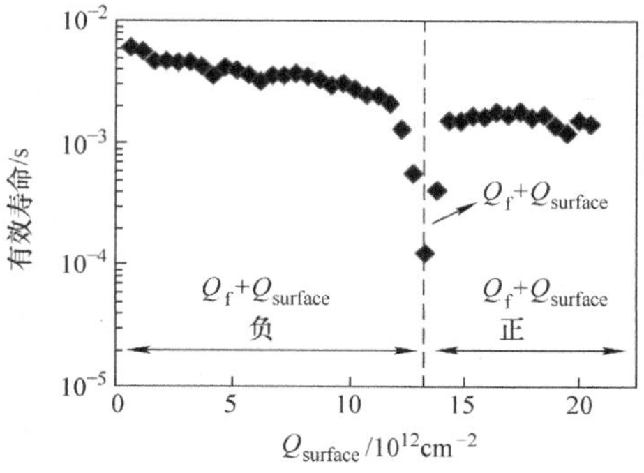


图 4-84　使用 Corona 探针法测量 Si-$Al_2O_3$ 界面电荷。在 1.9Ω·cm 的 n 型硅片的双面沉积 26nm$Al_2O_3$ 膜，使用 Corona 探针在硅片的一面引入 $Q_{surface}$，$Q_{surface}$ 为正电荷，在硅片表面的场钝化效果应为 $Q_f$ 与 $Q_{surface}$ 之和。可见当 $10^{13}$～$10^{14}cm^{-2}$ 时有效少子寿命明显降低，此时场钝化减小乃至消失[93]

表 4-12　各种方法制备的钝化膜的表面电荷（$Q_f$ 测试是使用 $C$-$V$ 法中平带电压得出。表面缺陷电荷密度有 $C$-$V$ 法或电导法测试达到。样品结构采用 MOS 结构）

| 固定电荷 $-Q_f/10^{12}cm^{-2}$ | 带隙中心处 $D_{it}/10^{11}eV^{-1}cm^{-2}$ | 沉积方式 | 沉积温度 | 后热处理 | 参考文献 |
|---|---|---|---|---|---|
| 0.2～0.5 | — | $Al(C_3H_8O)_3$ 热解 带 23～100nm $SiO_2$ | 425℃ | 425℃时，30minFGA | [105] |
| 0.2～0.5 | — | $AlBr_3$+NO CVD 沉积 带 23～100nm $SiO_2$ | 910℃ | 425℃时，30minFGA | [115] |
| −0.5 | 15 | $Al(C_3H_8O)_3$ 热解 带 1.5nm 自然生长 $SiO_2$ | 360℃ | 510℃时，15minFGA | [40] |
| 3.2 | 0.8 | | | | |
| 10～11 | | 在 $CO_2/H_2$ 分下 $AlCl_3$ 热分解 | 900℃ | 无 | [106] |
| 0.6 | ～1 | $Al(CH_3)+H_2O$ 的 ALD 沉积 | 450℃ | 无 | [107] |
| ～2 | 0.8 | $Al(CH_3)_3+H_2O$ 的 ALD 沉积 | 350℃ | 585～800℃变化 | [108] |
| — | 0.3 | 蒸发铝的氧化 | <400℃ | $N_2$ 气氛中 800℃ | [109] |
| 7 | 1～3 | $AlCl_3$ 和 $H_2O$ 的 ALD | 370℃ | 无 | [110] |
| 7 | 13 | $Al(CH_3)_3+H_2O$ 的 ALD 沉积 | 350℃ | 300～450℃ FGA | [111] |
| 6～7 | 1 | | | $N_2$ 气氛下 450℃退火 | |
| 5～10 | 2～5 | 在 $Ar/O_2$ 分反应溅射 | 380℃ | FGA | [112] |
| — | 2～10 | $Al(CH_3)_3$ | 300～800℃ | 无 | [113] |
| — | 20 | $Al(CH_3)_3+H_2O$ 的 ALD 沉积 | 300℃ | 400℃时，30min FGA | [114] |
| 6 | — | $Al(CH_3)_3+O_3$ 的 ALD 沉积 | 400℃ | 无或 $N_2$ 气氛下 800℃10min | [115] |
| 3～9 | — | 在硅片上使用 Al 和 $N_2O$ 进行分子束外延，并使用 Al 和化学法制备的 $SiO_2$ 形成的中间层 | 750℃ | 无或在 $O_2$、$N_2$、$H_2$ 或空气气氛下退火 | [116] |
| 3～8 | — | 7nm 热 $SiO_2$ | 160～350℃ | 无 | [117] |
| 最大为 10 | — | $Al(CH_3)_3+H_2O$ 的 ALD 沉积 | <300℃ | 有，没描述 | [95] |
| 7 | — | 在 c-Si 片上离域 PECVD，有机金属和 $O_2$ 源 | 300℃ | 800℃退火 30s，425℃ FGA 30min | [118] |
| 5～8 | — | $Al(CH_3)_3$+等离子体 $O_2$ 的 ALD 沉积 | 200℃ | 425℃退火 30min | [119] |

图 4-85 显示了退火对于各种表面电荷态的影响。可见使用热 ALD 和 PE-ALD 制备的原生钝化膜的表面电荷非常不一样。热 ALD 制备的原生膜的 $D_{it}$ 很低，接近退火后的值，$Q_f$ 也很低；而 PE-ALD 的 $D_{it}$ 却高得多，且 $Q_f$ 也很高。PE-ALD 在退火前 $D_{it}$ 较高与在辉光中的 UV 辐照损伤有关。但是两者退火后都具有相近的 $D_{it} \leqslant 1\times10^{11}eV^{-1}cm^{-2}$[79,120,121]。

PE-ALD 在退火后具有比热 ALD 稍高的 $Q_f$ 值，为$(2\sim13)\times10^{12}cm^{-2}$。但是 $Q_f$ 的大小还与退火温度有关，如图 4-86 所示[120]。可见对于热 ALD 在刚沉积完时 $Q_f$ 很低，在 200～350℃的退火范围明显地增加 $Q_f$，而温度高于 400℃时 $Q_f$ 的增长趋于饱和。对于等离子体 ALD，在刚沉积膜时 $Q_f$ 就比较高，当 $T$>350℃时退火后达到饱和。

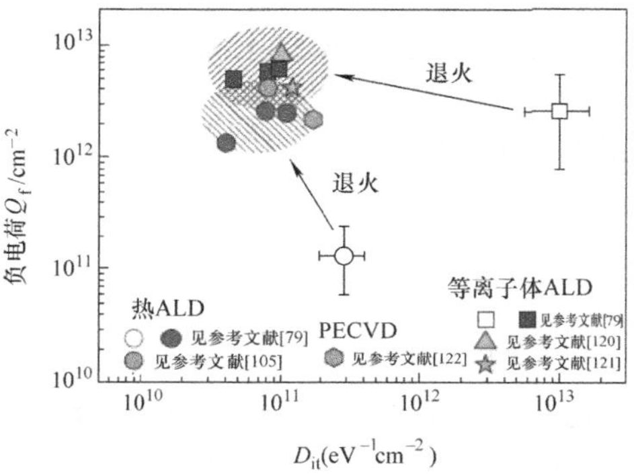


图 4-85 退火对于表面固定电荷 $Q_f$ 和界面缺陷态密度的影响（退火温度为 400℃。空心符号为退火前的结果，实心符号为退火后的结果）

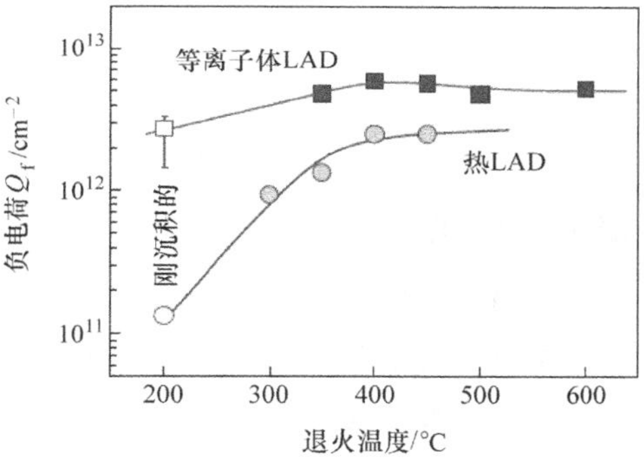


图 4-86 热 ALD 和 PE-ALD 两种方法制备 $Al_2O_3$ 的负电荷随退火温度的变化关系（在 $N_2$ 气氛中退火 10min，膜厚约 30nm。$Q_f$ 使用 $C$-$V$ 法测试）

2. $Al_2O_3$ 膜厚对钝化特性的影响

对于 $Al_2O_3$ 最重要的是在退火后的钝化行为[60]。当膜厚降到 5nm 时仍能保持钝化特性。如图 4-87 所示，使用 Corona 探针法来测量表面的化学钝化。使用 Corona 探针施加的电荷抵消 $Q_f$，当 $Q_{tot}=Q_f+Q_{corona}\approx0$ 时，表面由 $Q_f$ 引起的能带弯曲被 $Q_{corona}$ 所抵消形成平带。此时，$S_{eff}$ 主要与表面态密度 $D_{it}$ 有关，即反映了化学钝化特性。从图 4-87a 可以看出，5nm 膜的表面复合速率还是很高，而在 10nm 厚的膜的复合速率就降得很低了，这表明化学钝化有明显降低。化学钝化的特性随膜厚的变化如图 4-87b 所示，在大于 10nm 后复合速率就不再下降了。而图 4-87c 反映了在大约 2nm 厚以上 $Q_f$ 的增长就达到饱和值。这与负电荷 $Q_f$ 的来源是在 $Al_2O_3$ 层与 Si 之间的 $SiO_x$ 层的结论一致。

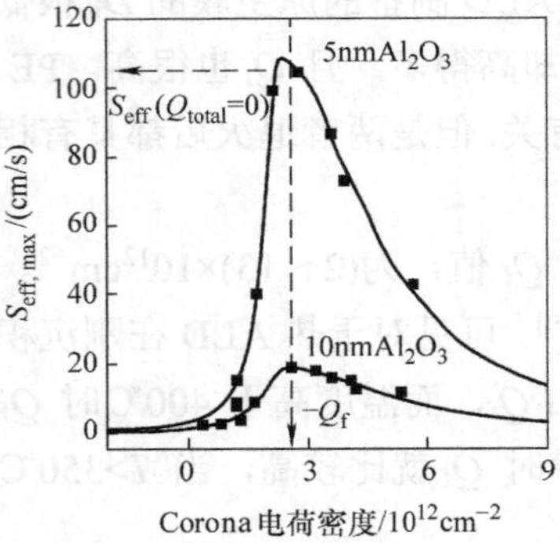


a) $S_{eff, max}$ 随加载的Corona电荷密度的关系

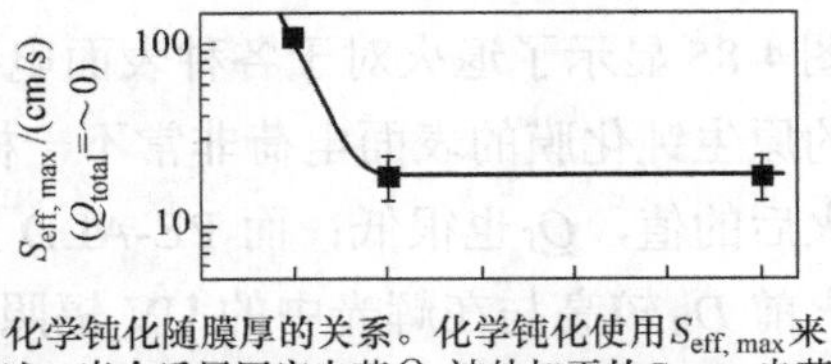


b) 化学钝化随膜厚的关系。化学钝化使用$S_{eff, max}$来描述，当介质层固定电荷$Q_f$被外加正的Corona电荷所补偿时(即$Q_{tot}=Q_f+Q_{corona}=0$)表面能带弯曲被拉平，形成平带，此时表面复合主要反映$D_{it}$的影响

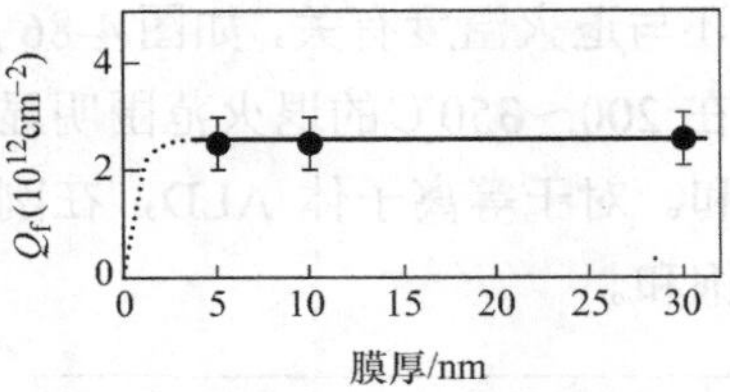


c) 负电荷随膜厚的变化。热ALD生长的膜在400°C退火10min($N_2$气氛)

图 4-87　膜厚对化学钝化和场钝化的影响

## 4.5.4　钝化机理

1. 界面态缺陷的形成

探测界面态缺陷的物理和化学特性，电子自旋共振谱是非常有效的工具。Stesmans 等人报道了 Si-$Al_2O_3$ 界面存在 $P_b$ 型缺陷（$P_{b0}$ 和 $P_{b1}$），其源自 $Si_3≡Si$●硅悬挂键[123]，这就是前面提到的 $U_M$ 键，其电活性特征也类似于 Si-$SiO_2$ 的界面缺陷。因此，Si-$Al_2O_3$ 界面也就是类 Si-$SiO_2$ 界面，而其 $P_b$ 缺陷的密度就是其界面质量的标志。最近深能级谱的研究也表明，Si-$Al_2O_3$ 界面与热氧化的 Si-$SiO_2$ 界面类似[124]。

使用电探测磁共振（EDMR）谱对等离子 ALD 制备的 Si-$Al_2O_3$ 界面的缺陷特性的研究如图 4-88 所示[125-127]。图中实线为退火前界面的谱线，它可以分解为四个峰，其中 $P_{b0}$($g$=2.0087,2.0036) 是主要的缺陷峰，这与热生长 $SiO_2$ 膜相似。$g$=2.0055 的峰与硅悬挂键有关，这与非晶硅钝化膜表面相似[128,129]。而 $g$=1.999 峰为 E'型缺陷，与 $SiO_x$ 界面（$O_3$≡面（●））有关。当退火后所有这些缺陷都测不到了，这与退火后 $D_{it}$ 降到 $10^{11}$cm$^{-2}$eV$^{-1}$ 以下相对应（见图 4-85）。

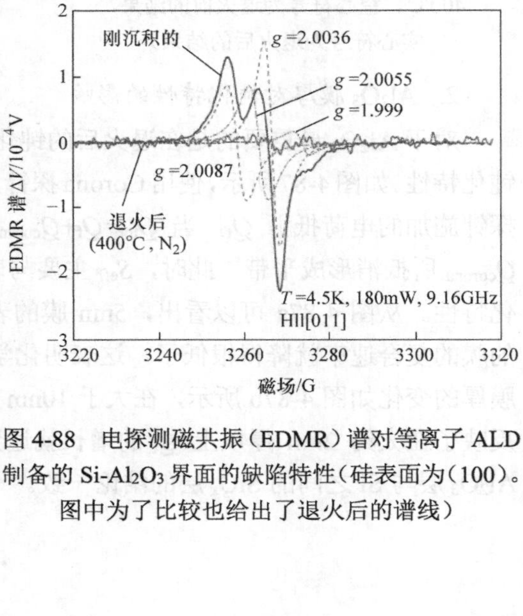


图 4-88　电探测磁共振（EDMR）谱对等离子 ALD 制备的 Si-$Al_2O_3$ 界面的缺陷特性（硅表面为（100）。图中为了比较也给出了退火后的谱线）

三个硅原子背键的 $P_b$ 缺陷可以被氢很好地钝化，在 $SiO_2$ 膜表面生长之后其 $P_b$ 缺陷的浓度典型值为 $1\times10^{12}cm^{-2}$，而在含氢气氛中退火后，这种缺陷浓度下降到 $1\times10^{10}cm^{-2}$[29,130,131]。在 $H_2$ 气氛下 $P_b$ 态的活化能为 1.5eV，但是在退火温度范围内 Si-H 的分解能为 2.8eV，要高于 $P_b$ 态的活化能[131]。$Al_2O_3$ 是重水合的，表面氢化对化学钝化至关重要[132]。$Al_2O_3$ 中氢的扩散主要受退火温度和 $Al_2O_3$ 结构的影响[133]。具有较低密度的膜（氢含量较高）和较高密度的膜（氢含量较低）在600℃的热稳定性都不及中等密度的膜。此外，据推测除氢化之外，表面钝化也与表面弛豫（Si-O 重构）以及一些表面键的氧化有关。

2. *表面负电荷的形成*

$Q_f$ 的来源可分成本征的和外来的两种缺陷。Matsunaga 等人[134]利用第一原理计算了 $Al_2O_3$ 膜中的本征空位和本征间隙的能态，发现每一个本征点缺陷以其完全离化状态最稳定。Al 空位（$V_{Al}$）和 O 间隙（$O_i$）形成负电荷杂质，Al 间隙和 O 空位形成正电荷杂质。外来的 H 也是负电荷的来源。Peacock 和 Robertson 计算得出结论，H 作为电子的深陷阱位置[135]。H 的来源通常是在制备 $Al_2O_3$ 膜时由前驱体引入的，例如采用 ALD 法时使用的 $Al(CH_3)_3$。

Lucovsky 假设 $Al_2O_3$ 膜包含两种 Al：一种是处于四面体构型的 $AlO_4^-$ 单元中，另一种是处于八面体构型的 $Al^{3+}$ 单元中。为保持整个薄膜的电中性，两者以 3∶1 的比例存在[136]。Kimoto 等人证实在 c-Si 上用 ALD 法生长的无氧化层 $Al_2O_3$ 膜包含四面体和八面体两种 Al[137]。但是在有 $SiO_x$ 中间层的样品上生长的 $Al_2O_3$ 膜以四面体结构为主，这主要是因为在 $SiO_x$ 层中的 Si 原子是四面体结构。因此，$SiO_x$ 促进了与之接近的 $Al_2O_3$ 膜层中形成过剩的四面体构型的 $AlO_4^-$ 单元，而这使得负电荷超过正电荷。这样，中间层 $SiO_x$ 完成了在与之接近处生长的 $Al_2O_3$ 膜层中形成高密度负电荷的 Al 空位的角色。这种物理图景与使用厚度相关 C-V 法定位的 $Q_f$ 的位置相符，并已被许多研究者证实[105,110,118]。这层 $SiO_x$ 层厚约为 2nm，如前面的图 4-77 所示。

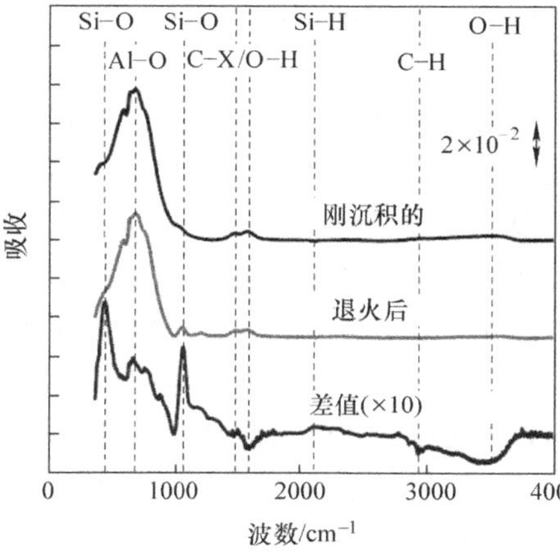


图 4-89　30nm 厚的 $Al_2O_3$ 膜的红外吸收谱（在硅衬底的双面均使用等离子 ALD 制备，退火前后的样品。图中清楚地标识出 Al-O，Si-O，C-H，O-H，Si-H 键的位置。为清晰起见，同时绘出了两者之间的差别，正的峰值表明退火后出现峰值增大，负的峰值表明了退火后峰值消失）

Hoex 等[93]使用红外吸收谱研究了退火前后 $Si-Al_2O_3$ 体系的各种表面键的变化。如图 4-89 所示，在退火前后的样品中都存在 Si-O 峰，尤其是退火后的 Si-O 峰很像热氧化的 $SiO_2$。在退火后，Si-O 和

Al-O 峰升高很明显，因此有人提出 Si-$Al_2O_3$ 中 $SiO_x$ 在退火后厚度的稍微增加主要是由于中间层氧的重构而不是界面之下单晶硅的氧化。由于中间的 $SiO_x$ 层与负电荷 $Q_f$ 的生成有关，因此在退火前后 Si-O 键峰的变化也就与负电荷的形成有关。图 4-89 还确认了薄膜中 H 以 O-H 键形式存在，退火后 O-H 键的减少正好与 Al-O 峰和 Si-O 峰的增加相对应。O-H 在退火后释放出氢离子，这些氢会钝化硅表面的悬挂键。

### 4.5.5　$Al_2O_3$ 膜的稳定性

1. UV 辐照稳定性

当 $Al_2O_3$ 作为前表面钝化膜时，其 UV 辐照特性很重要，$Al_2O_3$ 的带隙宽度为 6.4eV，对可见光透明。一些实验表明，在紫外光辐照下没有发现少子寿命的衰减，甚至有研究发现在紫外光辐照后少子寿命还增加了 40%[138]。人们推测这是由于辐照导致从晶体硅向薄膜的电荷注入，进而使得薄膜中负电荷增加。

2. 烧结稳定性

由于在后续的丝网印刷工艺中要进行超过 800℃的烧结，因此 $Al_2O_3$ 在烧结条件下的稳定性就显得非常重要。已有很多研究对制备 $Al_2O_3$ 膜之后直接烧结和经 400℃低温退火后再高温烧结的稳定性进行了研究[96,98,138]。总的结论是，这种薄膜在高温烧结下是不稳定的，但是由烧结导致的性能衰减并不影响该薄膜在丝网印刷太阳电池中的应用。而且，这种烧结导致的退化程度与烧结峰值温度和峰值时间关系很大。

对于低阻的 n 型或 p 型硅衬底，经 400℃退火后再经 800℃烧结，得到的表面复合速率 $S_{eff}$ 分别小于 14cm/s 和 25cm/s[138]。经 750℃直接烧结，p 型硅衬底上可以得到 20cm/s 的 $S_{eff}$[96]。$p^+$ 衬底上的 $Al_2O_3$ 的热稳定较好，在这种重掺杂衬底上 $Al_2O_3$ 特性受烧结峰值温度的影响不像在低掺杂衬底上那么强烈[93,139,140]。$p^+$ 发射极由 $Al_2O_3$ 钝化经 825℃烧结得到了 695mV 的开路电压。此外，由 PECVD 及空间分离 ALD 制备的 $Al_2O_3$ 有很好的热稳定性。当使用小于 20nm 的超薄 $Al_2O_3$ 时，$Al_2O_3/SiN_x$ 叠层膜比 $Al_2O_3$ 单层膜的稳定性要好。例如，3.6nm 厚的 $Al_2O_3$ 膜经 830℃烧结后 $S_{eff}$ 值接近 300cm/s，而其上再覆盖以 75nm 的 $SiN_x$ 膜，使得 $S_{eff}$ 小于 44cm/s[98]。

烧结导致的不稳定主要是 $D_{it}$ 的增加造成的，而 $Q_f$ 未见受到影响。$D_{it}$ 的增加主要来自于高温下 Si-H 键的分解[139]。另外，很重要的是 Forming Gas 无法改进烧结对 $Al_2O_3$ 膜造成的衰退，而 $SiO_2$ 膜的高温衰退却可以由 Forming Gas 改进，其原因可能与 $Al_2O_3$ 在退火时（～400℃）阻止 $H_2$ 从气氛中向薄膜中扩散的机理有关[138]。

另外，$Al_2O_3$ 膜在高温烧结时还会出现小的气泡[141]。许多生长参数（如制备方法、薄膜厚度、结构特性、烧结参数、盖层等）都会影响到气泡的形成，而其形成机理还不完全清晰。也有一些情况（如超薄层）在高温烧结后不会形成气泡。气泡通常呈圆形，直径大约为 50μm，在气泡处通常发生薄膜的脱落。气泡形成的机理通常与 $H_2$ 或 $H_2O$ 分子的积累并形成团聚有关。

### 4.5.6 $Al_2O_3$ 的叠层结构

1. $Al_2O_3$/a-$SiN_x$ 叠层

已有很多研究将 $SiN_x$ 膜制备在 $Al_2O_3$ 上形成盖层，这种盖层既有做在前表面的，也有做在背表面的[142,143]。制备 $SiN_x$ 的高温过程（350～450℃）正好可以作为 $Al_2O_3$ 的钝化激活。从 $Al_2O_3$ 膜厚和烧结特性的角度看 $SiN_x$ 盖层可以扩展丝网印刷太阳电池的工艺窗口[98,139]。

当这种叠层结构用作背表面时可以改善其化学稳定性。将金属浆料直接用于背表面的 $Al_2O_3$ 时，会使浆料在烧结过程中形成块状开裂的现象。富 N 的 $SiN_x$ 似乎更加坚固并且更具化学稳定性。因此这种盖层使得 $Al_2O_3$ 免受金属浆料的损坏。此外，当 $SiN_x$ 用在背表面时可以增加背表面薄膜的厚度，减少背表面的光反射。

$Al_2O_3$/a-$SiN_x$ 叠层仍具有负的表面固定电荷，这表明 $SiN_x$ 的正电荷是在与 Si 直接接触时产生的[139,144]。

2. $SiO_2$/$Al_2O_3$ 叠层

$Al_2O_3$ 作为 $SiO_2$ 的盖层对 n 型和 p 型硅都具有钝化的潜力。不论采用何种方法制备，$Al_2O_3$ 对于 $SiO_2$ 的钝化特性和稳定性都具有很好的改善作用[104,132,133,144]。已研究了多种方法制备 $SiO_2$ 层，包括热氧化、PECVD、ALD。

包含热氧化 $SiO_2$ 的叠层钝化膜经 $N_2$ 退火的 $S_{eff}$<4cm/s，略低于单层 $SiO_2$ 经 Forming Gas 的 5cm/s[133]。大于 10nm 厚度的 $Al_2O_3$ 就足以完全激活叠层膜的钝化活性（见图 4-90）。此外，采用低温法制备的钝化特性较差的 $SiO_2$ 可以被超薄的 $Al_2O_3$ 非常明显的改进[145]。使用 PECVD 和 ALD 法生长的 $SiO_2$ 膜（10～85nm），经 $Al_2O_3$ 盖层改进后可使 $S_{eff}$ 小于 5cm/s[145,104]。此外，叠层钝化膜具有很好的烧结稳定性[132,144,145]，并且不像单层 $SiO_2$ 膜那样存在长期不稳定性[146]。

$SiO_2$/$Al_2O_3$ 叠层膜出色的钝化特性归因于其很低的界面态密度（即 $D_{it}<10^{11}cm^{-2}eV^{-1}$）[144-146]。这点可以从图 4-91 的 $SiO_2$/$Al_2O_3$ 叠层膜对 p 型硅的 *C-V* 曲线看出。从图中可见，电容对频率的依赖关系几乎可以忽略，表明了非常好的界面质量。而这种低的表面陷阱态密度是由于在退火过程中 Si-$SiO_2$ 界面的氢化受到 $Al_2O_3$ 盖层的影响[133]。在退火过程中 $Al_2O_3$ 作为牺牲层来确保 $SiO_2$ 的钝化。一种假设是 $Al_2O_3$ 层中 Al 与 $H_2O$ 分子氧化，形成 $AlO_x$ 和 H 原子，而这些原子氢到达表面使表面缺陷钝化[130,147]。这层 $Al_2O_3$ 层也可以用 HF 移去而不改变钝化特性。

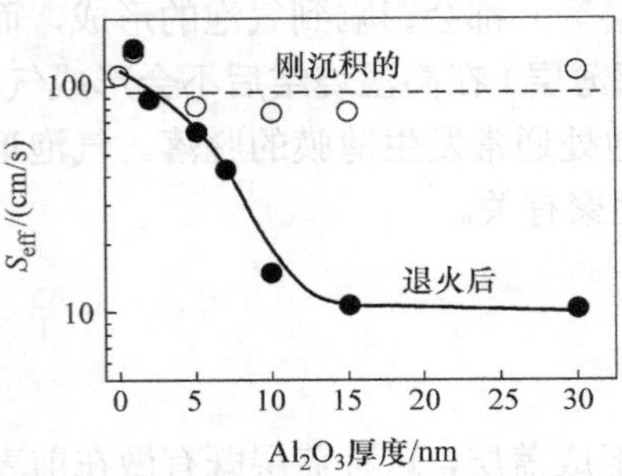


图 4-90　$SiO_2/Al_2O_3$叠层的钝化特性 $S_{eff,max}$ 与 $Al_2O_3$ 厚度的关系［$SiO_2$ 由湿氧热氧化制备，膜厚为 200nm。退火条件为 400℃（$N_2$,10min）。$Al_2O_3$ 由热 ALD 法制备］

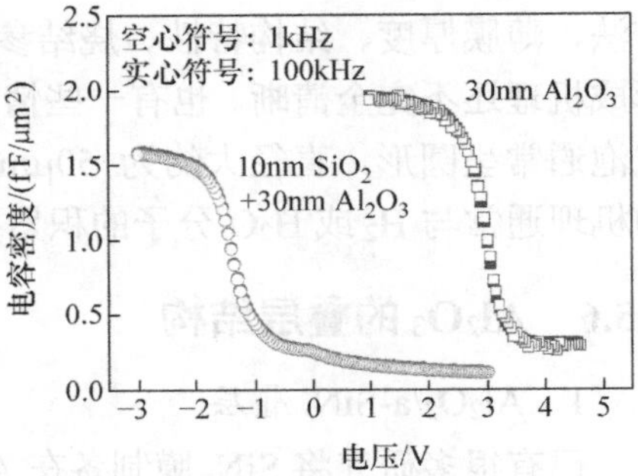


图 4-91　PECVD 制备的 $SiO_2/Al_2O_3$ 叠层钝化膜和单层 $Al_2O_3$ 膜的低频和高频 $C$-$V$ 结果［蒸发铝后在 400℃退火（$N_2$，10min），该铝层作为电极接触层。衬底为 2Ω · cm 的 p 型单晶硅］

叠层钝化膜的场钝化效果随着 $SiO_2$ 层厚度的增加强烈地下降[104,144]。这可以从图 4-91 中 $C$-$V$ 曲线所示的 PECVD 制备的 $SiO_2/Al_2O_3$ 叠层膜的平带电压的明显变化上看出。在 $SiO_2$ 层厚度为 0 时，平带电压为+3V 左右，这表明薄膜中的 $Q_f$ 为负值，必须外加正电荷才能抵消负 $Q_f$ 引起的能带弯曲形成平带；而当 $SiO_2$ 层厚度为 10nm 时，平带电压平移到−1.5V 左右，表明 $Q_f$ 为正值，必须外加负电荷才能抵消正 $Q_f$ 引起的能带弯曲形成平带。其他的研究也观察到当 ALD 制备的 $SiO_2$ 层厚度为 1～5nm 时，场钝化效果明显下降[104]。总的来看，$Al_2O_3$ 与 $SiO_2$ 的界面带有负电荷，而 Si 与 $SiO_2$ 的界面带有正电荷，随着 $SiO_2$ 层厚度的增加，其中的正电荷逐渐增加，而 $Al_2O_3$ 与 $SiO_2$ 的界面逐渐远离 Si 表面，它所发挥的场钝化效果越来越弱，因此表面由负电荷转变为正电荷。这种表面固定电荷的变化还与 $SiO_x$ 层中的正电荷量有关：对于热氧化生成的 $SiO_2$ 层，其正电荷较少，而使用低温法生长的 $SiO_x$，其正电荷较多。更一般地看，这种场钝化效应的降低也见于 $SiO_2/SiN_x$ 叠层之中[144,148]。因此，叠层膜不仅可以优化其光学和物理特性，还可以用来对衬底材料的钝化机理进行调整。

### 4.5.7　工业规模的 ALD 技术

ALD 在光伏工业中应用的主要瓶颈是它的沉积速率较慢，这种设备以前是用在半导体工业中的。在光伏产业中对于沉积速率的要求明显高于半导体行业，在单片沉积设备中，对于节拍为数秒钟的循环来说，典型的沉积速率为 1～2nm/min。但是可以在一个腔室里同时沉积多片衬底，从而使得沉积速率大大改变。为了克服现有 ALD 制备 $Al_2O_3$ 的速率限制，一些设备商（如 Beneq 公司和 ASM 公司）更改了原来用于半导体行业的设计而改用多片衬底的方案，从而满足了光伏行业典型的产率大于 3000 片/h 的要求。此外，更有公司提出了空间 ALD 设计理念以应对光伏行业对 ALD 的要求[149]。

空间 ALD 的概念最早是由 Suntola[150]的专利提出的。随后由 Levy 等人[151]实现了常压下空间 ALD 技术。空间 ALD 与时间 ALD 技术的区别在于隔离前驱体和氧两种的方法上：传统的时间 ALD 技术是在单片或多片的单一腔室中顺序充以前驱体和氧气；而空间 ALD 技术则是将前驱体和氧气分割在两个空间中。图 4-92 给出了时间和空间 ALD 设备的示意图。两款空间 ALD 设备已经分别被两家公司产业化，即 SoLayTec 公司和 Levitech 公司。两公司设计理念相似，不同之处仅在硅片的传递上。Levitech 公司的工艺是一个链式反应腔，硅片的传输是由常压的气体控制，硅片悬浮于气体中在一个轨道上传输，在其路径上不断地经过前驱体区和氧气区，一层一层地完成两种原子的沉积，在轨道上也设置了加热区和冷却区。在现有水平下，大约 1m 长的沉积区可以生长 1nm。而 SoLayTec 公司的设计概念是在两个前驱体和氧气区之间往返运动，从而一层一层地累加沉积出整个膜。这种设计使得设备的空间体积减小，而且便于模块化累加。在硅片悬浮运动的设计概念上与 Levitech 公司的一致。空间分离 ALD 技术的节拍主要决定于前驱体的反应速率，而非防止寄生 CVD 生长的排空时间，因此两种空间 ALD 生长的沉积速率较时间 ALD 技术要快得多，空间 ALD 生长速率典型值为 30～70nm/min，而时间 ALD 技术的生长速率典型值为每分钟几纳米。空间 ALD 技术的另一个优势是不用真空泵，这使得沉积仅发生在样品上，腔壁上沉积很少。此外，除了硅片外设备上没有运动部件，这就减少了设备的故障率。

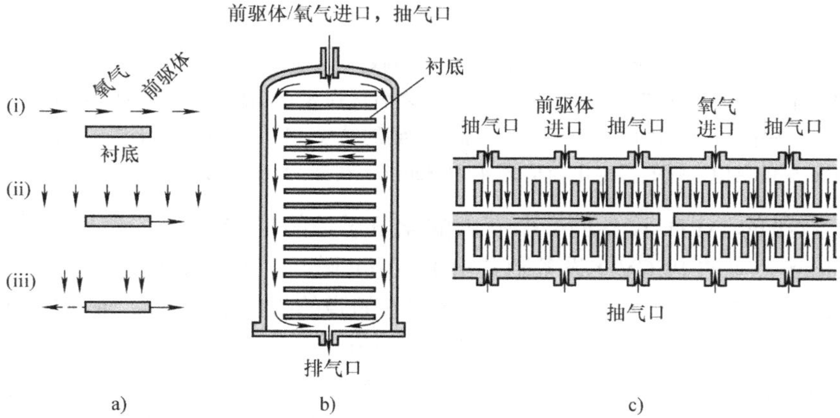


图 4-92　a）ALD 沉积过程中两种模式的原理图：（i）在时间上分离的沉积方式，两种气体在时间上先后通入，中间通过抽空过程防止两种气体的混合；（ii/iii）空间的分离方式，两种气体通过 $N_2$ 组成的气幕进行隔离。b）时间分离法 ALD 的批次处理腔室的示意图。c）空间分离 ALD 的设备图，运动沿直线方式即为 Levitech 公司的设计，而如果是硅片往复运动，即为 SoLayTec 公司的设计

使用工业 ALD 设备是否能得到实验室 ALD 设备所制备的 $Al_2O_3$ 膜一样的钝化效果？已有许多团队开展了这方面的研究。

使用 ASM 公司的 ALD 设备在 2Ω·cm 的 p 型硅片上制备的 15nm 的 $Al_2O_3$ 膜，在退火后 $S_{eff}$<6cm/s；$Q_f$=3.4×$10^{12}$cm$^{-2}$；$D_{it}$=~1×$10^{11}$eV$^{-1}$。

对于空间 ALD 技术观察到，在刚制备出的膜上存在与厚度相关的钝化特性的变化，如图 4-93a 所示。厚度达到 15nm 时复合速率达到最低值，该膜在退火后 $S_{eff}$<6cm/s。而在 850℃的链式烧结炉中处理后，钝化特性随厚度变化的关系消失了。使用 Corona 探针法测得的 $Q_f$=(4±0.5)×$10^{12}$cm$^{-2}$，如图 4-93b 所示。

此外，使用 Solaytec 公司的空间 ALD 设备，在低电阻率的 p 型和 n 型衬底上都得到了小于 8cm/s 的 $S_{eff}$[152,153]。这证明了工业级的 ALD 设备与实验室的 ALD 设备具有同样的钝化水平。

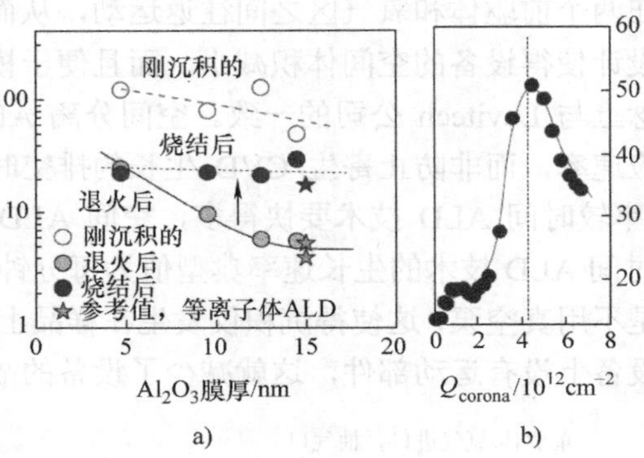


图 4-93　使用 Levitech 公司的 ALD 反应器制备的 $Al_2O_3$ 膜的钝化特性。a）刚制备的膜特性随厚度的变化；退火后的情况；之后再在 850℃链式烧结炉中烧结后的结果。图中同时给出了在实验室反应器中得到的结果。b）使用 Corona 探针测量的 18nm 厚的 $Al_2O_3$ 膜的固定电荷值为 4×$10^{12}$cm$^{-2}$，衬底为 p 型硅片，电阻率为 2Ω·cm

工业级的 ALD 设备的一个有力的竞争对手的是 PECVD 设备。已经使用 Roth&Rau 公司的 PECVD 设备制备出了 $Al_2O_3$ 膜[84]，其对 p 型硅（1Ω·cm）的 $S_{eff}$<10cm/s。区别在于折射率，PECVD 制备的膜的折射率为 1.6，而 ALD 制备的膜的为 1.64，表明 PECVD 制备的膜的密度较低。

ALD 技术和 PECVD 技术制备的 $Al_2O_3$ 膜各有其优缺点，正是这些优缺点使其适用于不同的情况。当需要超薄的 $Al_2O_3$ 膜时，膜厚控制严格并且要求更加均匀时 ALD 方法显然具有优势。特别是对于具有纳米量级厚度的叠层膜，甚至掺杂的氧化层时，ALD 法尤其适用。但是对于较厚的 $Al_2O_3$ 膜，PECVD 是一个好的选择。最终，在工业中的成本以及其他一些因素，如占地尺寸、开机率、原材料损耗等都是重要的考量因素，甚至有时比技术上的因素更重要。

工业级 ALD 中所使用的前驱体气体也是影响其成本的很重要的因素，因此也就影响着该技术在工业上的广泛应用。下面讨论两种前驱体。

（1）太阳能级 TMA

如果使用太阳能级的 TMA，可以大大地降低 $Al_2O_3$ 膜的成本。有评估报告研究了低质量的 TMA 中的杂质，主要为 Ga、Zn、Cl 等原子。对于热和等离子体 ALD 法制备的 $Al_2O_3$ 膜，无论在 p 或 n 型硅衬底上都没有发现高纯与太阳能级 TMA 在钝化水平方面的差异。

（2）DMAI

一种异丙醇二甲基铝（简写为 DMAI）可能作为 $Al(CH_3)_3$ 的替代物。该产品由 Air Liquide 公司产业化，它不易燃，因此比 TMA 易处理和储存。在 DMAI 分子中，Al 与异丙醇基元成键而不是与甲基成键，如图 4-94 所示。DMAI 可以与 $O_3$、$H_2O$、$O_2$ 反应，既可以使用热法也可以使用等离子体法生长。其通源时间需要稍长一些（约为 100ms）。其原因是 DMAI 的饱和蒸气压（66.5℃，9Torr）比 TMA（16.5℃，9Torr）低。使用 DMAI 源的生长速率（0.9Å/循环，200℃）也较 TMA（1.2Å/循环，200℃）低。此外，DMAI-$Al_2O_3$ 膜的氢含量较高（约 7atm%），因此其膜的密度较低（约为 2.6g/cm$^3$，$T_{dep}$=200℃）。

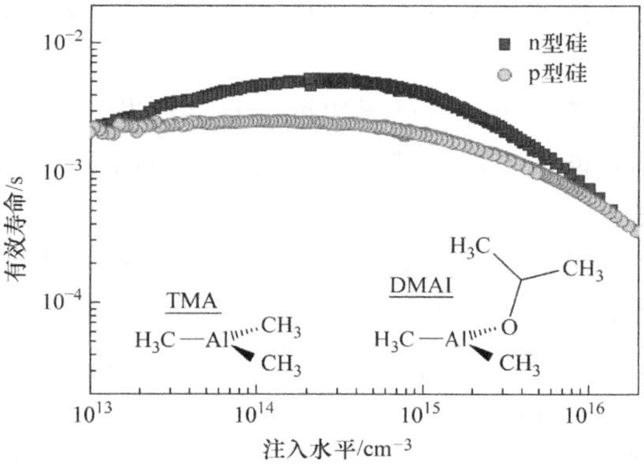


图 4-94 有效少子寿命与注入水平的关系［使用 DMAI 作为前驱体在 p（2Ω·cm）型和 n（3.5Ω · cm）型硅衬底上制备 $Al_2O_3$ 膜，退火温度为 400℃（10min,$N_2$）。图中同时给出了 TMA 和 DMAI 的分子结构］

DMAI-$Al_2O_3$ 膜的钝化特性如图 4-94 所示。未退火的薄膜的 $S_{eff}$ 在 $10^3$cm/s 量级，而退火后的 $S_{eff}$ 小于 6cm/s(p 型硅)和 3cm/s(n 型硅)。这样的水平与 TMA 制备的钝化水平相接近。

## 4.6 小结

本章讨论了硅片表面钝化的理论。当硅与其他介质接触时，介质层中的固定电荷可以带正电，也可以带负电。带正电荷的介质层固定电荷使硅一侧的电子聚集到表面；带负电的介质层固定电荷使硅一侧的空穴聚集到表面。因此，对于 n 型硅或 p 型硅可以出现两种情况。一是少数载流子在表面聚集，称为少子积累，此时多数载流子被驱离表面，称为多子耗尽；如果表面少子的浓度大于多子的浓度，则形成反型。另一情况是少数载流子在表面耗尽，此时多子在表面积累。对于多子的积累状态，表面少子浓度降低，复合速率降低，为场致钝化。无论何种情况，都会在硅介质层接触界面的硅一侧引入一个空间电荷区，这个空间电荷区中的载流子分布状态与体内不同，因此，需要将影响少数载流子寿命的表面复合速率按空间分成两个区域。

第一个区域是真正的硅表面。该位置存在大量的缺陷态，既包括表面硅原子的悬挂键，也包括硅表面原子与介质层表面原子之间的相互作用而发生重构所形成的缺陷。这些缺陷在硅表面处的带隙中形成了缺陷能级，使载流子在表面处发生复合。而且这种缺陷能级的带电状态还与表面能带的弯曲程度有关，能带的弯曲改变了表面处费米能级的相对位置，从而使得表面陷阱能级处于不同的带电状态。由于存在能带的弯曲，因此不能直接使用描述体内缺陷复合的 SRH 理论，而是使用了一种近似的扩展 SRH 理论。这种表面缺陷态密度用 $D_{it}$ 表示，复合速率为 $S_{it}$。

第二个区域就是表面的空间电荷区。尽管在这个区域中并不存在多余的带隙陷阱能级，但是其中的载流子分布情况与体内不同，因而有与体内不同的载流子复合，在此区域中也使用扩展 SRH 理论。其复合速率表示为 $S_{sc}$。

总的有效表面复合速率等于上述两部分之和。由总的有效表面复合速率可以计算出总的的表面少子寿命。

本章在表面钝化理论的基础上进一步分析了三种钝化薄膜，分别是 $SiO_2$、$SiN_x$、$Al_2O_3$。总的来看，$SiO_2$ 和 $SiN_x$ 带有正的固定电荷，适合钝化 n 型硅；$Al_2O_3$ 带有负的固定电荷，适合钝化 p 型硅。三种钝化薄膜与硅形成的表面体系中热氧化 $SiO_2$ 膜的界面态密度 $D_{it}$ 最低，且其固定电荷 $Q_f$ 也远低于其他两种薄膜，不会在与 p 型硅接触时形成反型层。因此热生长 $SiO_2$ 虽然带正电荷，但是也可作为 p 型硅的表面钝化材料。$SiN_x$ 除了 $D_{it}$ 较高外，其固定电荷 $Q_f$ 也较高，因此对于 n 型硅具有优异的钝化特性，但是在 p 型硅表面会形成反型层。当用它作为 p 型硅衬底太阳电池的背表面 p 型层的钝化膜时，会形成寄生漏电现象，使效率明显下降。$SiN_x$ 对于 p 型衬底、$Al_2O_3$ 对于 n 型衬底都会形成寄生漏电现象。

三种钝化膜的钝化特性与其制备工艺参数及成膜后的退火工艺都具有非常大的依赖关系。目前在光伏产业界开发了一系列制备各种钝化膜的技术，包括热生长、PECVD、ALD、磁控溅射等技术。其中 PECVD 技术又分为直接法和间接法，对于直接法按频率又分成多种类型。

钝化技术是目前太阳电池产业界及学术界最活跃的领域，技术变化非常迅速，今后还将出现各种新的技术。最近随着非晶硅/晶体硅异质结太阳电池的发展，人们对于非晶硅对晶体硅表面的钝化效果也进行了大量的探索。这些内容并没有列入本书。

# 参 考 文 献

[1] H. Schlangenotto, H. Maeder, W. Gerlach, Temperature dependence of the radiative recombination coefficient in silicon, physica status solidi (a), 21 (1974) 357-367.

[2] J. Dziewior, W. Schmid, Auger coefficients for highly doped and highly excited silicon, Appl. Phys. Lett., 31 (1977) 346-348.

[3] A. Hangleiter, R. Häcker, Enhancement of band-to-band Auger recombination by electron-hole correlations, Physical review letters, 65 (1990) 215-218.

[4] S. Rein, Untersuchung der Degradation der Ladungsträgerlebensdauer in Czochralski-Silizium, Fakultät für Physik, (1998) 153.

[5] D.K. Schroder, L.G. Rubin, Semiconductor material and device characterization, Physics Today, 44 (1991) 107.

[6] A. Sproul, Dimensionless solution of the equation describing the effect of surface recombination on carrier decay in semiconductors, J. Appl. Phys., 76 (1994) 2851-2854.

[7] D. Kane, R. Swanson, Measurement of the emitter saturation current by a contactless photoconductivity decay method, in: IEEE photovoltaic specialists conference. 18, 1985, pp. 578-583.

[8] S. Dauwe, Low temperature surface passivation of crystalline silicon and its application to the rear side of solar cells, PH.D Thesis in, 2004.

[9] R.B. Girisch, R.P. Mertens, R. De Keersmaecker, Determination of Si-$SiO_2$ interface recombination parameters using a gate-controlled point-junction diode under illumination, Electron Devices, IEEE Transactions on, 35 (1988) 203-222.

[10] A. Many, Y. Goldstein, N.B. Grover, Semiconductor surfaces, North-Holland Amsterdam, 1965.

[11] W. Mönch, Semiconductor surfaces and interfaces, Springer, 2001.

[12] A. Grove, D. Fitzgerald, Surface effects on p-n junctions: Characteristics of surface space-charge regions under non-equilibrium conditions, Solid-State Electronics, 9 (1966) 783-806.

[13] S. Dauwe, J. Schmidt, A. Metz, R. Hezel, Fixed charge density in silicon nitride films on crystalline silicon surfaces under illumination, in: Photovoltaic Specialists Conference, 2002. Conference Record of the Twenty-Ninth IEEE, 2002, pp. 162-165.

[14] K.L. Luke, L.J. Cheng, Analysis of the interaction of a laser pulse with a silicon wafer: Determination of bulk lifetime and surface recombination velocity, J. Appl. Phys., 61 (1987) 2282-2293.

[15] O. Schultz, A. Mette, M. Hermle, S.W. Glunz, Thermal oxidation for crystalline silicon solar cells exceeding 19% efficiency applying industrially feasible process technology, Prog. Photovolt: Res. Appl., 16 (2008) 317-324.

[16] J. Benick, K. Zimmermann, J. Spiegelman, M. Hermle, S.W. Glunz, Rear side passivation of PERC-type solar cells by wet oxides grown from purified steam, Prog. Photovolt: Res. Appl., 19 (2011) 361-365.

[17] B.E. Deal, A. Grove, General relationship for the thermal oxidation of silicon, J. Appl. Phys., 36 (1965) 3770-3778.

[18] A.G. Aberle, Crystalline silicon solar cells: advanced surface passivation and analysis, Centre for Photovoltaic Engineering. University of New South Wales, 1999.

[19] C. Leguijt, P. Lölgen, J. Eikelboom, A. Weeber, F. Schuurmans, W. Sinke, P. Alkemade, P. Sarro, C. Maree, L. Verhoef, Low temperature surface passivation for silicon solar cells, Sol. Energy Mater. Sol. Cells, 40 (1996) 297-345.

[20] S. Glunz, D. Biro, S. Rein, W. Warta, Field-effect passivation of the $SiO_2$-Si interface, J. Appl. Phys., 86 (1999) 683-691.

[21] S.M. Sze, S.M. Sze, VLSI technology, McGraw-Hill New York, 1988.

[22] W. Füssel, M. Schmidt, H. Angermann, G. Mende, H. Flietner, Defects at the Si/$SiO_2$ interface: their nature and behavior in technological processes and stress, Nuclear Instruments and Methods in Physics Research Section A: Accelerators, Spectrometers, Detectors and Associated Equipment, 377 (1996) 177-183.

[23] J. Albohn, W. Fussel, N. Sinh, K. Kliefoth, W. Fuhs, Capture cross sections of defect states at the Si/$SiO_2$ interface, J. Appl. Phys., 88 (2000) 842-849.

[24] H. Flietner, Passivity and electronic properties of the silicon/silicondioxide interface, in: Materials Science Forum, 1995, pp. 73-82.

[25] C.R. Helms, E.H. Poindexter, The silicon-silicon dioxide system: Its microstructure and imperfections, Reports on Progress in Physics, 57 (1994) 791-852.

[26] E. Yablonovitch, R. Swanson, W. Eades, B. Weinberger, Electron - hole recombination at the Si - $SiO_2$ interface, Appl. Phys. Lett., 48 (1986) 245-247.

[27] A.G. Aberle, S. Glunz, W. Warta, Impact of illumination level and oxide parameters on Shockley-Read-Hall recombination at the Si - $SiO_2$ interface, J. Appl. Phys., 71 (1992) 4422-4431.

[28] M.J. Kerr, Surface, emitter and bulk recombination in silicon and development of silicon nitride passivated solar cells, in: PhD Thesis of The Australian National University 2008.

[29] W.D. Eades, R.M. Swanson, Calculation of surface generation and recombination velocities at the Si - $SiO_2$ interface, J. Appl. Phys., 58 (1985) 4267-4276.

[30] H. Deuling, E. Klausmann, A. Goetzberger, Interface states in Si $SiO_2$ interfaces, Solid-State Electronics, 15 (1972) 559-571.

[31] N.M. Johnson, Energy - resolved DLTS measurement of interface states in MIS structures, Appl.

Phys. Lett., 34 (1979) 802-804.

[32] T. Katsube, K. Kakimoto, T. Ikoma, Temperature and energy dependences of capture cross sections at surface states in Si metal - oxide - semiconductor diodes measured by deep level transient spectroscopy, J. Appl. Phys., 52 (1981) 3504-3508.

[33] D. Vuillaume, D. Goguenheim, G. Vincent, New insights on the electronic properties of the trivalent silicon defects at oxidized 〈100〉 silicon surfaces, Appl. Phys. Lett., 57 (1990) 1206-1208.

[34] K. Yamasaki, M. Yoshida, T. Sugano, Deep level transient spectroscopy of bulk traps and interface states in Si MOS diodes, Jpn. J. Appl. Phys., 18 (1979) 113-122.

[35] T.J. Tredwell, C.R. Viswanathan, Interface - state parameter determination by deep - level transient spectroscopy, Appl. Phys. Lett., 36 (1980) 462-464.

[36] E. Klausmann, Si/$SiO_2$ Properties Investigated by the CC-DLTS Method, in: Insulating Films on Semiconductors, Springer, 1981, pp. 169-173.

[37] F.T.S.Y. E.Y. Wang, V.L. Simms, H.W. Brandhorst, Jr. and J.D. Broder, Optimum design of antireflection coating for silicon solar cells, in: Proc. 10th IEEE Photovoltaic Specialists Conf., Palo Alto, 1973, pp. 168-173.

[38] H. Hovel, Solar Cells, Semiconductors and Semimetals vol, RK Willardson and A C Beer (New York: Academic), (1975).

[39] R. Hezel, R. Schorner, Plasma Si nitride—A promising dielectric to achieve high - quality silicon MIS/IL solar cells, J. Appl. Phys., 52 (1981) 3076-3079.

[40] R. Hezel, K. Jaeger, Low - Temperature Surface Passivation of Silicon for Solar Cells, J. Electrochem. Soc., 136 (1989) 518-523.

[41] D.L. Smith, Controlling the plasma chemistry of silicon nitride and oxide deposition from silane, Journal of Vacuum Science & Technology A: Vacuum, Surfaces, and Films, 11 (1993) 1843-1850.

[42] D.L. Smith, A.S. Alimonda, F.J. Von Preissig, Mechanism of SiNxHy deposition from $N_2$-$SiH_4$ plasma, Journal of Vacuum Science & Technology B: Microelectronics and Nanometer Structures, 8 (1990) 551-557.

[43] A. Matsuda, Plasma and surface reactions for obtaining low defect density amorphous silicon at high growth rates, Journal of Vacuum Science & Technology A: Vacuum, Surfaces, and Films, 16 (1998) 365-368.

[44] D.L. Smith, A.S. Alimonda, C.C. Chen, S.E. Ready, B. Wacker, Mechanism of SiN x H y Deposition from $NH_3$-$SiH_4$ Plasma, J. Electrochem. Soc., 137 (1990) 614-623.

[45] H. Mäckel, R. Lüdemann, Detailed study of the composition of hydrogenated SiNx layers for high-quality silicon surface passivation, J. Appl. Phys., 92 (2002) 2602-2609.

[46] W. Claassen, W. Valkenburg, F. Habraken, Y. Tamminga, Characterization of plasma silicon nitride layers, J. Electrochem. Soc., 130 (1983) 2419-2423.

[47] T. Lauinger, Untersuchung und Optimierung neuartiger Plasmaverfahren zur Siliciumnitrid-Beschichtung von Silicium-Solarzellen, Shaker, 2001.

[48] T. Lauinger, A. Aberle, R. Hezel, Comparison of direct and remote PECVD silicon nitride films for low temperature surface passivation of p-type crystalline silicon, in: Proceedings of the 14th European Photovoltaic Solar Energy Conference, 1997, pp. 853-856.

[49] J. Schmidt, M. Kerr, Highest-quality surface passivation of low-resistivity p-type silicon using stoichiometric PECVD silicon nitride, Sol. Energy Mater. Sol. Cells, 65 (2001) 585-591.

[50] M.J. Kerr, Recombination in Silicon and Development of Silicon Nitride Passivation Solar Cells, in, The Australian National University, 2002.

[51] B. Lenkeit, T. Lauinger, A.G. Aberle, R. Hezel, Comparison of remote versus direct PECVD silicon nitride passivation of phosphorus-diffused emitters of silicon solar cells, in: 2nd World Conference on Photovoltaic Energy Conversion, 1998, pp. 1434-1437.

[52] H. Mackel, R. Ludemann, Detailed study of the composition of hydrogenated SiNx layers for high-quality silicon surface passivation, J. Appl. Phys., 92 (2002) 2602-2609.

[53] J. Elmiger, M. Kunst, Investigation of charge carrier injection in silicon nitride/silicon junctions, Appl. Phys. Lett., 69 (1996) 517-519.

[54] J. Schmidt, F.M. Schuurmans, W.C. Sinke, S.W. Glunz, A.G. Aberle, Observation of multiple defect states at silicon-silicon nitride interfaces fabricated by low-frequency plasma-enhanced chemical vapor deposition, Appl. Phys. Lett., 71 (1997) 252-254.

[55] S. Garcia, I. Martil, G. Gonzalez Diaz, E. Castan, S. Dueñas, M. Fernandez, Deposition of SiNx:H thin films by the electron cyclotron resonance and its application to Al/SiNx:H/Si structures, J. Appl. Phys., 83 (1998) 332-338.

[56] L. Zhong, F. Shimura, Investigation of charge trapping centers in silicon nitride films with a laser - microwave photoconductive method, Appl. Phys. Lett., 62 (1993) 615-617.

[57] J. Elmiger, R. Schieck, M. Kunst, Recombination at the silicon nitride/silicon interface, Journal of Vacuum Science & Technology A: Vacuum, Surfaces, and Films, 15 (1997) 2418-2425.

[58] M.J. Kerr, Surface, emitter and bulk recombination in silicon and development of silicon nitride passivated solar cells, in, The Australian National University, 2008.

[59] S. Dauwe, L. Mittelstädt, A. Metz, R. Hezel, Experimental evidence of parasitic shunting in silicon nitride rear surface passivated solar cells, Prog. Photovolt: Res. Appl., 10 (2002) 271-278.

[60] G. Dingemans, E. Kessels, Status and prospects of $Al_2O_3$-based surface passivation schemes for silicon solar cells, Journal of Vacuum Science & Technology A: Vacuum, Surfaces, and Films,

30 (2012) 040802.

[61] S.M. George, Atomic Layer Deposition: An Overview, Chemical Reviews, 110 (2009) 111-131.

[62] M. Leskelä, M. Ritala, Atomic Layer Deposition Chemistry: Recent Developments and Future Challenges, Angewandte Chemie International Edition, 42 (2003) 5548-5554.

[63] H.B. Profijt, S.E. Potts, M.C.M. Van de Sanden, W.M.M. Kessels, Plasma-Assisted Atomic Layer Deposition: Basics, Opportunities, and Challenges, Journal of Vacuum Science & Technology A: Vacuum, Surfaces, and Films, 29 (2011) 050801.

[64] R.L. Puurunen, Correlation between the growth-per-cycle and the surface hydroxyl group concentration in the atomic layer deposition of aluminum oxide from trimethylaluminum and water, Applied Surface Science, 245 (2005) 6-10.

[65] R.L. Puurunen, Surface chemistry of atomic layer deposition: A case study for the trimethylaluminum/water process, J. Appl. Phys., 97 (2005) 121301.

[66] M.D. Groner, F.H. Fabreguette, J.W. Elam, S.M. George, Low-Temperature $Al_2O_3$ Atomic Layer Deposition, Chemistry of Materials, 16 (2004) 639-645.

[67] M.D. Groner, J.W. Elam, F.H. Fabreguette, S.M. George, Electrical characterization of thin $Al_2O_3$ films grown by atomic layer deposition on silicon and various metal substrates, Thin Solid Films, 413 (2002) 186-197.

[68] S.B.S. Heil, J.L. van Hemmen, M.C.M. van de Sanden, W.M.M. Kessels, Reaction mechanisms during plasma-assisted atomic layer deposition of metal oxides: A case study for $Al_2O_3$, J. Appl. Phys., 103 (2008) 103302.

[69] J. Van Hemmen, S. Heil, J. Klootwijk, F. Roozeboom, C. Hodson, M. Van de Sanden, W. Kessels, Plasma and Thermal ALD of $Al_2O_3$ in a Commercial 200 mm ALD Reactor, J. Electrochem. Soc., 154 (2007) 165-169.

[70] G. Dingemans, M. Van de Sanden, W. Kessels, Influence of the deposition temperature on the c-Si surface passivation by $Al_2O_3$ films synthesized by ALD and PECVD, Electrochemical and Solid-state letters, 13 (2010) 76-79.

[71] S. Potts, W. Keuning, E. Langereis, G. Dingemans, M. van de Sanden, W. Kessels, Low temperature plasma-enhanced atomic layer deposition of metal oxide thin films, J. Electrochem. Soc., 157 (2010) 66-74.

[72] J.W. Lim, S.J. Yun, Electrical properties of alumina films by plasma-enhanced atomic layer deposition, Electrochemical and solid-state letters, 7 (2004) 45-48.

[73] S.-C. Ha, E. Choi, S.-H. Kim, J. Sung Roh, Influence of oxidant source on the property of atomic layer deposited $Al_2O_3$ on hydrogen-terminated Si substrate, Thin Solid Films, 476 (2005) 252-257.

[74] S.K. Kim, C.S. Hwang, Atomic-layer-deposited $Al_2O_3$ thin films with thin $SiO_2$ layers grown by

in situ$O_3$ oxidation, J. Appl. Phys., 96 (2004) 2323-2329.

[75] S.D. Elliott, G. Scarel, C. Wiemer, M. Fanciulli, G. Pavia, Ozone-Based Atomic Layer Deposition of Alumina from TMA: Growth, Morphology, and Reaction Mechanism, Chemistry of Materials, 18 (2006) 3764-3773.

[76] D.N. Goldstein, J.A. McCormick, S.M. George, $Al_2O_3$ Atomic Layer Deposition with Trimethylaluminum and Ozone Studied by in Situ Transmission FTIR Spectroscopy and Quadrupole Mass Spectrometry, The Journal of Physical Chemistry C, 112 (2008) 19530-19539.

[77] E. Langereis, J. Keijmel, M.C.M. van de Sanden, W.M.M. Kessels, Surface chemistry of plasma-assisted atomic layer deposition of $Al_2O_3$ studied by infrared spectroscopy, Appl. Phys. Lett., 92 (2008) 231904.

[78] E. Granneman, P. Fischer, D. Pierreux, H. Terhorst, P. Zagwijn, Batch ALD: Characteristics, comparison with single wafer ALD, and examples, Surface and Coatings Technology, 201 (2007) 8899-8907.

[79] G. Dingemans, N. Terlinden, D. Pierreux, H. Profijt, M. van de Sanden, W.Kessels, Influence of the oxidant on the chemical and field-effect passivation of Si by ALD $Al_2O_3$, Electrochemical and Solid-State Letters, 14 (2011) 1-4.

[80] C. Cibert, H. Hidalgo, C. Champeaux, P. Tristant, C. Tixier, J. Desmaison, A. Catherinot, Properties of aluminum oxide thin films deposited by pulsed laser deposition and plasma enhanced chemical vapor deposition, Thin Solid Films, 516 (2008) 1290-1296.

[81] M.T. Seman, D.N. Richards, P. Rowlette, C.A. Wolden, An Analysis of the Deposition Mechanisms involved during Self-Limiting Growth of Aluminum Oxide by Pulsed PECVD, Chemical Vapor Deposition, 14 (2008) 296-302.

[82] C.E. Chryssou, C.W. Pitt, Er3+ -Doped Al O Thin Films By Plasma-Enhanced Chemical Vapor Deposition (PECVD) Exhibiting a 55-nm Optical Bandwidth, Quantum Electronics, IEEE Journal of, 34 (1998) 282-285.

[83] S. Miyajima, J. Irikawa, A. Yamada, M. Konagai, High quality aluminum oxide passivation layer for crystalline silicon solar cells deposited by parallel-plate plasma-enhanced chemical vapor deposition, Applied physics express, 3 (2010) 012301.

[84] P. Saint-Cast, D. Kania, M. Hofmann, J. Benick, J. Rentsch, R. Preu, Very low surface recombination velocity on p-type c-Si by high-rate plasma-deposited aluminum oxide, Appl. Phys. Lett., 95 (2009) 151502.

[85] T.-T. Li, A. Cuevas, Effective surface passivation of crystalline silicon by rf sputtered aluminum oxide, physica status solidi (RRL) - Rapid Research Letters, 3 (2009) 160-162.

[86] V. Verlaan, L.R.J.G. van den Elzen, G. Dingemans, M.C.M. van de Sanden, W.M.M. Kessels, Composition and bonding structure of plasma-assisted ALD $Al_2O_3$ films, physica status solidi

(c), 7 (2010) 976-979.

[87] G. Dingemans, A. Clark, J.A. van Delft, M.C.M. van de Sanden, W.M.M. Kessels, Er3+ and Si luminescence of atomic layer deposited Er-doped $Al_2O_3$ thin films on Si(100), J. Appl. Phys., 109 (2011) 113107.

[88] Afanas, apos, V.V. ev, M. Houssa, A. Stesmans, C. Merckling, T. Schram, J.A. Kittl, Influence of $Al_2O_3$ crystallization on band offsets at interfaces with Si and TiNx, Appl. Phys. Lett., 99 (2011) 072103.

[89] J. Elam, D. Routkevitch, S. George, Properties of ZnO/$Al_2O_3$ Alloy Films Grown Using Atomic Layer Deposition Techniques, J. Electrochem. Soc., 150 (2003) 339-347.

[90] A. Roy Chowdhuri, C.G. Takoudis, R.F. Klie, N.D. Browning, Metalorganic chemical vapor deposition of aluminum oxide on Si: Evidence of interface $SiO_2$ formation, Appl. Phys. Lett., 80 (2002) 4241-4243.

[91] R. Kuse, M. Kundu, T. Yasuda, N. Miyata, A. Toriumi, Effect of precursor concentration in atomic layer deposition of $Al_2O_3$, J. Appl. Phys., 94 (2003) 6411-6416.

[92] B. Hoex, S.B.S. Heil, E. Langereis, M.C.M. van de Sanden, W.M.M. Kessels, Ultralow surface recombination of c-Si substrates passivated by plasma-assisted atomic layer deposited $Al_2O_3$, Appl. Phys. Lett., 89 (2006) 042112.

[93] B. Hoex, J.J.H. Gielis, M.C.M. van de Sanden, W.M.M. Kessels, On the c-Si surface passivation mechanism by the negative-charge-dielectric $Al_2O_3$, J. Appl. Phys., 104 (2008) 113703.

[94] A.J.M. Mackus, S.B.S. Heil, E. Langereis, H.C.M. Knoops, M.C.M. Van de Sanden, W.M.M. Kessels, Optical emission spectroscopy as a tool for studying, optimizing, and monitoring plasma-assisted atomic layer deposition processes, Journal of Vacuum Science & Technology A: Vacuum, Surfaces, and Films, 28 (2010) 77-87.

[95] G. Agostinelli, A. Delabie, P. Vitanov, Z. Alexieva, H.F.W. Dekkers, S. De Wolf, G. Beaucarne, Very low surface recombination velocities on p-type silicon wafers passivated with a dielectric with fixed negative charge, Sol. Energy Mater. Sol. Cells, 90 (2006) 3438-3443.

[96] J. Benick, A. Richter, M. Hermle, S.W. Glunz, Thermal stability of the $Al_2O_3$ passivation on p-type silicon surfaces for solar cell applications, physica status solidi (RRL) - Rapid Research Letters, 3 (2009) 233-235.

[97] G. Dingemans, R. Seguin, P. Engelhart, M.C.M.v.d. Sanden, W.M.M. Kessels, Silicon surface passivation by ultrathin $Al_2O_3$ films synthesized by thermal and plasma atomic layer deposition, physica status solidi (RRL) - Rapid Research Letters, 4 (2010) 10-12.

[98] J. Schmidt, B. Veith, R. Brendel, Effective surface passivation of crystalline silicon using ultrathin $Al_2O_3$ films and $Al_2O_3/SiN_x$ stacks, physica status solidi (RRL) - Rapid Research Letters, 3 (2009) 287-289.

[99] B. Hoex, J. Schmidt, R. Bock, P.P. Altermatt, M.C.M. van de Sanden, W.M.M. Kessels, Excellent passivation of highly doped p-type Si surfaces by the negative-charge-dielectric $Al_2O_3$, Appl. Phys. Lett., 91 (2007) 112107.

[100] B. Hoex, M.C.M. van de Sanden, J. Schmidt, R. Brendel, W.M.M. Kessels, Surface passivation of phosphorus-diffused n+-type emitters by plasma-assisted atomic-layer deposited $Al_2O_3$, physica status solidi (RRL) - Rapid Research Letters, 6 (2012) 4-6.

[101] S. Bordihn, P. Engelhart, V. Mertens, G. Kesser, D. Köhn, G. Dingemans, M.M. Mandoc, J.W. Müller, W.M.M. Kessels, High surface passivation quality and thermal stability of ALD $Al_2O_3$ on wet chemical grown ultra-thin $SiO_2$ on silicon, Energy Procedia, 8 (2011) 654-659.

[102] S.W. Glunz, D. Biro, S. Rein, W. Warta, Field-effect passivation of the $SiO_2Si$ interface, J. Appl. Phys., 86 (1999) 683-691.

[103] S. Steingrube, P.P. Altermatt, D.S. Steingrube, J. Schmidt, R. Brendel, Interpretation of recombination at c-Si/SiNx interfaces by surface damage, J. Appl. Phys., 108 (2010) 014506.

[104] G. Dingemans, N.M. Terlinden, M.A. Verheijen, M.C.M. van de Sanden, W.M.M. Kessels, Controlling the fixed charge and passivation properties of Si(100)/$Al_2O_3$ interfaces using ultrathin $SiO_2$ interlayers synthesized by atomic layer deposition, J. Appl. Phys., 110 (2011) 093715.

[105] J. Aboaf, D. Kerr, E. Bassous, Charge in $SiO_2$ - $Al_2O_3$ Double Layers on Silicon, J. Electrochem. Soc., 120 (1973) 1103-1106.

[106] D.A. Mehta, S.R. Butler, F.J. Feigl, Electronic charge trapping in chemical vapor - deposited thin films of $Al_2O_3$ on silicon, J. Appl. Phys., 43 (1972) 4631-4638.

[107] G.S. Higashi, C.G. Fleming, Sequential surface chemical reaction limited growth of high quality $Al_2O_3$ dielectrics, Appl. Phys. Lett., 55 (1989) 1963-1965.

[108] D.-G. Park, H.-J. Cho, K.-Y. Lim, C. Lim, I.-S. Yeo, J.-S. Roh, J.W. Park, Characteristics of n+ polycrystalline-Si/$Al_2O_3$/Si metal-oxide- semiconductor structures prepared by atomic layer chemical vapor deposition using $Al(CH_3)_3$ and $H_2O$ vapor, J. Appl. Phys., 89 (2001) 6275-6280.

[109] Y.H.W. A. Chin, S. B. Chen, C. C. Liao, and W. J. Chen, in: Proceedings of the VLSI Symposium, Honolulu (IEEE, Piscataway, NJ, 2000), 2000, pp. 16.

[110] S.Y. No, D. Eom, C.S. Hwang, H.J. Kim, Property changes of aluminum oxide thin films deposited by atomic layer deposition under photon radiation, J. Electrochem. Soc., 153 (2006) 87-93.

[111] I.S. Jeon, J. Park, D. Eom, C.S. Hwang, H.J. Kim, C.J. Park, H.Y. Cho, J.-H. Lee, N.-I. Lee, H.-K. Kang, Post-Annealing Effects on Fixed Charge and Slow/Fast Interface States of TiN/$Al_2O_3$/p-Si Metal-Oxide-Semiconductor Capacitor, Jpn. J. Appl. Phys., 42 (2003)

1222-1226.

[112] L. Manchanda, M.D. Morris, M.L. Green, R.B. van Dover, F. Klemens, T.W. Sorsch, P.J. Silverman, G. Wilk, B. Busch, S. Aravamudhan, Multi-component high-K gate dielectrics for the silicon industry, Microelectron. Eng., 59 (2001) 351-359.

[113] S. Dueñas, H. Castán, H. García, A. de Castro, L. Bailón, K. Kukli, A. Aidla, J. Aarik, H. Mändar, T. Uustare, J. Lu, A. Hårsta, Influence of single and double deposition temperatures on the interface quality of atomic layer deposited $Al_2O_3$ dielectric thin films on silicon, J. Appl. Phys., 99 (2006) 054902.

[114] L. Truong, Y.G. Fedorenko, V.V. Afanaśev, A. Stesmans, Admittance spectroscopy of traps at the interfaces of (100) Si with $Al_2O_3$, $ZrO_2$, and $HfO_2$, Microelectronics Reliability, 45 (2005) 823-826.

[115] M. Cho, H.B. Park, J. Park, S.W. Lee, C.S. Hwang, J. Jeong, H.S. Kang, Y.W. Kim, Comparison of properties of an $Al_2O_3$ thin layers grown with remote $O_2$ plasma, $H_2O$, or $O_3$ as oxidants in an ALD process for $HfO_2$ gate dielectrics, J. Electrochem. Soc., 152 (2005) 49-53.

[116] T.O. M. Shahjahan, K. Sawada, and M. Ishida, Effect of Annealing on Physical and Electrical Properties of Ultrathin Crystalline $\gamma$-$Al_2O_3$ High-k Dielectric Deposited on Si Substrates, Jpn. J. Appl. Phys., 43 (2004) 5404-5408.

[117] J. Buckley, B. De Salvo, D. Deleruyelle, M. Gely, G. Nicotra, S. Lombardo, J.F. Damlencourt, P. Hollinger, F. Martin, S. Deleonibus, Reduction of fixed charges in atomic layer deposited $Al_2O_3$ dielectrics, Microelectron. Eng., 80 (2005) 210-213.

[118] R.S. Johnson, G. Lucovsky, I. Baumvol, Physical and electrical properties of noncrystalline $Al_2O_3$ prepared by remote plasma enhanced chemical vapor deposition, Journal of Vacuum Science & Technology A: Vacuum, Surfaces, and Films, 19 (2001) 1353-1360.

[119] J.J.H. Gielis, B. Hoex, M.C.M. van de Sanden, W.M.M. Kessels, Negative charge and charging dynamics in $Al_2O_3$ films on Si characterized by second-harmonic generation, J. Appl. Phys., 104 (2008) 073701.

[120] J. Benick, A. Richter, T.T.A. Li, N.E. Grant, K.R. McIntosh, Y. Ren, K.J. Weber, M. Hermle, S.W. Glunz, Effect of a post-deposition anneal on $Al_2O_3$/Si interface properties, in: Photovoltaic Specialists Conference (PVSC), 2010 35th IEEE, 2010, pp. 000891-000896.

[121] F. Werner, B. Veith, D. Zielke, L. Kühnemund, C. Tegenkamp, M. Seibt, R. Brendel, J. Schmidt, Electronic and chemical properties of the c-Si/$Al_2O_3$ interface, J. Appl. Phys., 109 (2011) 113701.

[122] P. Saint-Cast, Y.-H. Heo, E. Billot, P. Olwal, M. Hofmann, J. Rentsch, S.W. Glunz, R. Preu, Variation of the layer thickness to study the electrical property of PECVD $Al_2O_3$ / c-Si interface, Energy Procedia, 8 (2011) 642-647.

[123] A. Stesmans, V.V. Afanas'ev, Si dangling-bond-type defects at the interface of (100)Si with ultrathin layers of SiOx,$Al_2O_3$, and $ZrO_2$, Appl. Phys. Lett., 80 (2002) 1957-1959.

[124] E. Simoen, A. Rothschild, B. Vermang, J. Poortmans, R. Mertens, Impact of forming gas annealing and firing on the $Al_2O_3$/p-Si interface state spectrum, Electrochemical and Solid-State Letters, 14 (2011) 362-364.

[125] O.C. M. Fanciulli, S. Baldovino, S. Cocco, G. Seguini, E. Prati, and G. Scarel, Defects in High-k Gate Dielectric Stacks, NATO ScienceSeries 2005.

[126] G. Kawachi, C.F.O. Graeff, M.S. Brandt, M. Stutzmann, Carrier transport in amorphous silicon-based thin-film transistors studied by spin-dependent transport, Phys. Rev. B, 54 (1996) 7957-7964.

[127] M.O. Prado, A.A. Campos Jr, P.C. Soares, A.C.M. Rodrigues, E.D. Zanotto, Liquid-liquid phase separation in alkali-borosilicate glass.: An impedance spectroscopy study, Journal of Non-Crystalline Solids, 332 (2003) 166-172.

[128] D. Haneman, Electron Paramagnetic Resonance from Clean Single-Crystal Cleavage Surfaces of Silicon, Physical Review, 170 (1968) 705-718.

[129] M.H. Brodsky, R.S. Title, Electron Spin Resonance in Amorphous Silicon, Germanium, and Silicon Carbide, Physical Review Letters, 23 (1969) 581-585.

[130] M.L. Reed, J.D. Plummer, Chemistry of Si - $SiO_2$ interface trap annealing, J. Appl. Phys., 63 (1988) 5776-5793.

[131] A. Stesmans, Interaction of Pb defects at the (111)Si/$SiO_2$ interface with molecular hydrogen: Simultaneous action of passivation and dissociation, J. Appl. Phys., 88 (2000) 489-497.

[132] G. Dingemans, W. Beyer, M.C.M. van de Sanden, W.M.M. Kessels, Hydrogen induced passivation of Si interfaces by $Al_2O_3$ films and $SiO_2$/$Al_2O_3$ stacks, Appl. Phys. Lett., 97 (2010) 152106.

[133] G. Dingemans, F. Einsele, W. Beyer, M.C.M. van de Sanden, W.M.M. Kessels, Influence of annealing and $Al_2O_3$ properties on the hydrogen-induced passivation of the Si/$SiO_2$ interface, J. Appl. Phys., 111 (2012) 093713.

[134] K. Matsunaga, T. Tanaka, T. Yamamoto, Y. Ikuhara, First-principles calculations of intrinsic defects in $Al_2O_3$, Phys. Rev. B, 68 (2003) 085110.

[135] P.W. Peacock, J. Robertson, Behavior of hydrogen in high dielectric constant oxide gate insulators, Appl. Phys. Lett., 83 (2003) 2025-2027.

[136] G. Lucovsky, A chemical bonding model for the native oxides of the III-V compound semiconductors, Journal of Vacuum Science and Technology, 19 (1981) 456-462.

[137] K. Kimoto, Y. Matsui, T. Nabatame, T. Yasuda, T. Mizoguchi, I. Tanaka, A. Toriumi, Coordination and interface analysis of atomic-layer-deposition $Al_2O_3$ on Si(001) using

energy-loss near-edge structures, Appl. Phys. Lett., 83 (2003) 4306-4308.

[138] G. Dingemans, P. Engelhart, R. Seguin, F. Einsele, B. Hoex, M.C.M. van de Sanden, W.M.M. Kessels, Stability of $Al_2O_3$ and $Al_2O_3$/a-$SiN_x$:H stacks for surface passivation of crystalline silicon, J. Appl. Phys., 106 (2009) 114907.

[139] A. Richter, J. Benick, M. Hermle, S.W. Glunz, Excellent silicon surface passivation with 5 Å thin ALD $Al_2O_3$ layers: Influence of different thermal post-deposition treatments, physica status solidi (RRL) - Rapid Research Letters, 5 (2011) 202-204.

[140] A. Richter, M. Hoteis, J. Benick, S. Henneck, M. Hermle, S.W. Glunz, Towards industrially feasible high-efficiency n-type Si solar cells with boron-diffused front side emitter - combining firing stable $Al_2O_3$ passivation and fine-line printing, in: Photovoltaic Specialists Conference (PVSC), 2010 35th IEEE, 2010, pp. 003587-003592.

[141] B. Vermang, F. Werner, W. Stals, A. Lorenz, A. Rothschild, J. John, J. Poortmans, R. Mertens, R. Gortzen, P. Poodt, F. Roozeboom, J. Schmidt, Spatially-separated atomic layer deposition of $Al_2O_3$, a new option for high-throughput si solar cell passivation, in: Photovoltaic Specialists Conference (PVSC), 2011 37th IEEE, 2011, pp. 001144-001149.

[142] S. Gatz, H. Hannebauer, R. Hesse, F. Werner, A. Schmidt, T. Dullweber, J. Schmidt, K. Bothe, R. Brendel, 19.4%-efficient large-area fully screen-printed silicon solar cells, physica status solidi (RRL) - Rapid Research Letters, 5 (2011) 147-149.

[143] P. Saint-Cast, J. Benick, D. Kania, L. Weiss, M. Hofmann, J. Rentsch, R. Preu, S.W. Glunz, High-Efficiency c-Si Solar Cells Passivated With ALD and PECVD Aluminum Oxide, Electron Device Letters, IEEE, 31 (2010) 695-697.

[144] S. Mack, A. Wolf, C. Brosinsky, S. Schmeisser, A. Kimmerle, P. Saint-Cast, M. Hofmann, D. Biro, Silicon Surface Passivation by Thin Thermal Oxide/PECVD Layer Stack Systems, Photovoltaics, IEEE Journal of, 1 (2011) 135-145.

[145] G. Dingemans, M.C.M. van de Sanden, W.M.M. Kessels, Excellent Si surface passivation by low temperature $SiO_2$ using an ultrathin $Al_2O_3$ capping film, physica status solidi (RRL) - Rapid Research Letters, 5 (2011) 22-24.

[146] G. Dingemans, C. van Helvoirt, D. Pierreux, W. Keuning, W. Kessels, Plasma-Assisted ALD for the Conformal Deposition of $SiO_2$: Process, Material and Electronic Properties, J. Electrochem. Soc., 159 (2012) 277-285.

[147] A.G. Aberle, Surface passivation of crystalline silicon solar cells: a review, Prog. Photovolt: Res. Appl., 8 (2000) 473-487.

[148] G. Dingemans, M.M. Mandoc, S. Bordihn, M.C.M. van de Sanden, W.M.M. Kessels, Effective passivation of Si surfaces by plasma deposited $SiO_x$/a-$SiN_x$:H stacks, Appl. Phys. Lett., 98 (2011) 222102.

[149] P. Poodt, D.C. Cameron, E. Dickey, S.M. George, V. Kuznetsov, G.N. Parsons, F. Roozeboom, G. Sundaram, A. Vermeer, Spatial atomic layer deposition: A route towards further industrialization of atomic layer deposition, Journal of Vacuum Science & Technology A: Vacuum, Surfaces, and Films, 30 (2012) 010802.

[150] T.S.a.J. Antson, Method for producing compound thin films, in: U.S. Patent 4,058,430, 1977.

[151] D.H. Levy, D. Freeman, S.F. Nelson, P.J. Cowdery-Corvan, L.M. Irving, Stable ZnO thin film transistors by fast open air atomic layer deposition, Appl. Phys. Lett., 92 (2008) 192101.

[152] B. Vermang, A. Rothschild, A. Racz, J. John, J. Poortmans, R. Mertens, P. Poodt, V. Tiba, F. Roozeboom, Spatially separated atomic layer deposition of $Al_2O_3$, a new option for high-throughput Si solar cell passivation, Prog. Photovolt: Res. Appl., 19 (2011) 733-739.

[153] F. Werner, W. Stals, R. Görtzen, B. Veith, R. Brendel, J. Schmidt, High-rate atomic layer deposition of $Al_2O_3$ for the surface passivation of Si solar cells, Energy Procedia, 8 (2011) 301-306.

# 第 5 章　电极制备技术

太阳电池需要用金属电极将光照下电池产生的电流输送到外部电路中。太阳电池的电极包括正面电极和背面电极，由于考虑到对入射光的遮挡，正面电极一般使用“H”形结构（包括细栅与主栅）。细栅的主要作用是收集电池片在光照后产生的电流，主栅的作用是将细栅上收集的电流汇集起来输出到外电路。在现有产业化生产中背面电极多采用全铝背电极，可以同时形成 Al 掺杂的背场，并且制备工艺简单。在一些双面电池结构中，为增加电池背面对入射光的接收，背面电极也采用了“H”形结构。

目前晶体硅电池生产中普遍采用丝网印刷与烧结相结合的方法制备电池电极。先通过丝网印刷将所需金属浆料分别印刷在电池的正面和背面，经烘干后烧结，在烧结过程中实现电极与硅片的接触，形成电流传输通道，完成金属电极的制备。现有技术中，正面银电极一般宽度为细栅 60～100μm，主栅 2mm，高度 20μm。125mm×125mm 单晶硅电池约有 56 根细栅、2 根主栅，156×156 多晶硅电池约有 74 根细栅，2～3 根主栅。但是随着浆料的改进及发射区设计的改变，电极的宽度、间距、高低通常会有很大的变化。

在本章中，将介绍前电极设计原则，并从技术的角度对丝网印刷和烧结工艺进行描述，然后对丝印电极的接触与导电机理及背场形成机理进行讨论，最后将对新电极制备技术，如二次印刷、喷墨打印及化学镀等方法进行介绍。

## 5.1　前电极优化原则

为了将电流从电池中引到外电路中实现做功，必须有电极，并且电极要与硅表面形成很好的接触。由金属电极造成的损失主要包括复合损失、遮光损失、串联损失和并联损失四个方面。

### 5.1.1　遮光损失

遮光损失由电池正面出现的金属电极造成，金属电极阻止了电池对入射光的吸收，其数值由遮光率决定，即表面的金属栅线面积占电池总面积的比例。遮光率由金属栅线的宽度和线间距决定，栅线越窄、线距越大，遮光率越低，越有利于电池吸收入射光。Sunpower 公司的指交叉背结（IBC）电池将电极都放到了电池背面，最大程度地减少了电极对入射光的遮挡。

### 5.1.2　串联损失

图 5-1 给出了一个标准太阳电池中构成串联电阻的所有因素。其中，$R_1$ 为铝层的横向电阻，$R_2$ 为铝层与基区的接触电阻，$R_3$ 为基区电阻，$R_4$ 为发射区横向电阻，$R_5$ 为银电极与发射区的接触电阻，$R_6$ 为银栅线的线电阻。

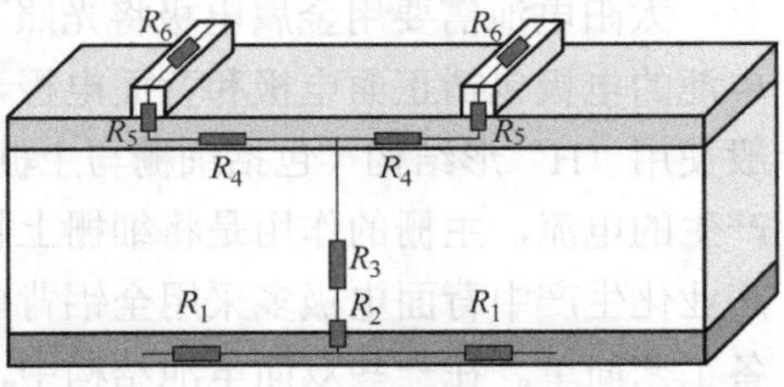

图 5-1　太阳电池串联电阻损失分析示意图

在所有的六种构成串联电阻的因素中，除硅片体电阻外，其余都与金属电极制备工艺有关。由于目前产业化中晶体硅电池使用 Al 背场和 Al 全背电极。因此，Al 层的横向电阻及 Al 与硅的接触电阻对串联电阻的贡献可以忽略。在所有的六项串联损失中，与前电极有关的发射区横向电阻、银与硅的接触电阻和银栅线的线电阻是造成串联电阻的主要因素。下面分别介绍。

1. 发射区横向电阻

由于栅线之间具有一定的间隔，载流子若要被收集必须在发射区内横向移动一段距离来达到栅线的位置，因此会造成发射区横向电阻。发射区横向电阻与发射区的方块电阻及栅线之间的距离有关。对于高方块电阻的发射区，栅线要密以降低其对串联电阻的贡献。但是，如果栅线宽度不变的话，密栅线将增大遮光面积及复合损失，所以在栅线变密的同时要降低宽度并提高高度。

2. 接触电阻

产业中的金属电极不像实验室中的蒸发电极，丝印法制备金属电极的接触电阻不可忽视。金属和硅的接触多为肖特基接触，当硅掺杂浓度足够重时可以达到理想的欧姆接触。肖特基接触会造成肖特基势垒，造成多子在输运时必须克服势垒才能被收集。接触电阻的大小由两方面决定，即势垒高度及掺杂浓度。肖特基势垒与金属功函数及半导体电子亲和势有关。金属与 n 型半导体形成的肖特基势垒被描述为

$$q\phi_B = q\phi_M - q\chi_S \qquad (5\text{-}1)$$

式中，$q\phi_M$ 为金属功函数，代表从费米能级激发一个电子到真空能级所需要的能量；$q\chi_S$ 为半导体电子亲和势，被定义为半导体导带底部到真空能级间的能量值。图 5-2 给出了肖特基势垒（$\phi_B$）示意图，其中 $V_{bi}$ 是半导体的内建电势，$V_n$ 是导带底和费米能级之间的电势差。

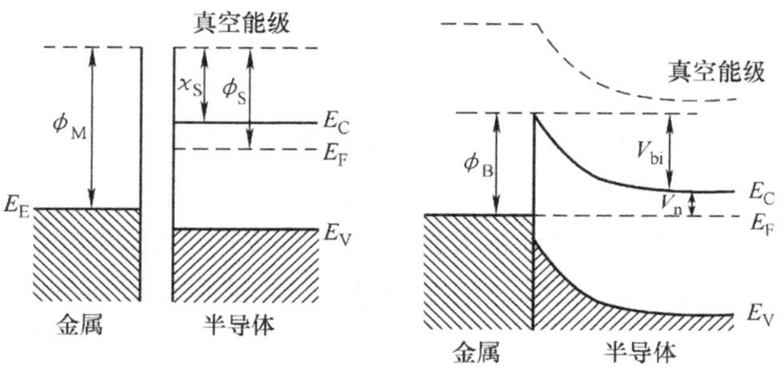


图 5-2　金属半导体在接触前和接触后的能级图

尽管势垒高度和金属功函数之间的关系（见图 5-3）已经得到，但是实际情况总与理论有偏差。因为界面处的表面态充当了施主或受主，在接触的形成中起到了很重要的作用。Baedeen[1] 给出了实际测试的及拟合的肖特基势垒与金属功函数之间的关系。

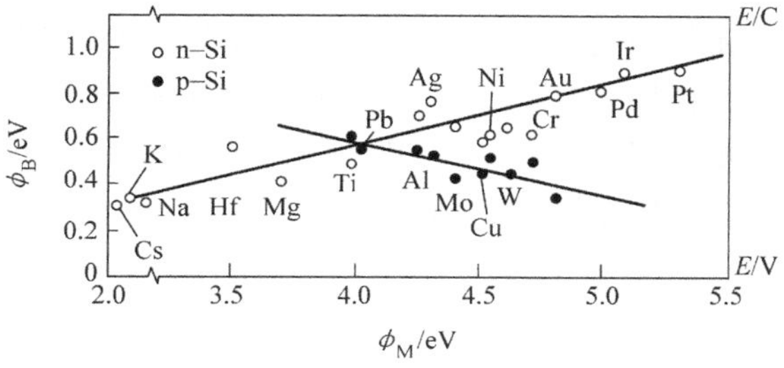


图 5-3　不同金属的功函数与 n 型和 p 型硅衬底所形成肖特基接触的势垒高度$\phi_B$，及从中拟合的线性关系图[1]

流过金属-半导体接触面的电流主要由多数载流子决定，可能出现三种输运机理（见图 5-4）如下：

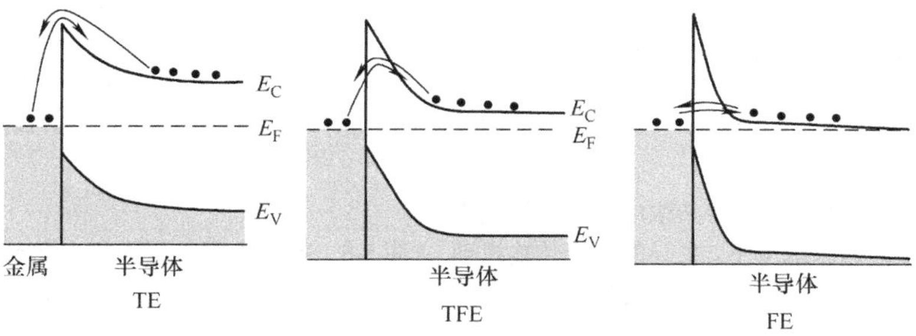


图 5-4　金属半导体之间的电流传输机理示意图

1）热声子发射（TE）：Bathe 假设流过金属-半导体界面的电流依赖于势垒高度，那么仅有那些能量高于势垒高度的电子对电流传输有贡献。适用于掺杂浓度较低（$N_D$<1×10$^{17}$cm$^{-3}$）的情况。

2）场发射（FE）：对非常低的温度和/或高的掺杂浓度，电流无法用热声子发射模型来描述，传输机理发生了变化，载流子无法越过势垒，而是经过隧道效应穿过势垒。对太阳电池而言，增加掺杂浓度 $N_D$，金属半导体界面空间电荷区的宽度会缩小，当掺杂浓度为 $N_D \geqslant 10^{19}cm^{-3}$ 时的空间电荷区的宽度显著降低，使得量子遂穿成为可能。

3）热声子场发射（TFE）：热声子场发射是前两种类型的组合。在掺杂浓度达到一定程度的情况下，电子被热激发到一定能量，虽低于势垒高度但是能够隧穿。

与金属电极接触的硅的掺杂浓度决定着电流传输机理，高掺杂浓度时主要为载流子隧穿的场发射机理；随着掺杂浓度的降低，电流输运过渡到热声子场发射，接触电阻有所提高；进一步降低掺杂浓度，电流输运机理最终变为热声子发射，接触电阻最高，但是也达到饱和，再降低掺杂浓度，接触电阻将不再变化，如图 5-5 所示。图 5-6 模拟了 n 型发射区掺杂浓度和势垒高度对接触电阻的影响。由图中可见，确定势垒高度下，接触电阻都随半导体掺杂浓度升高而降低。确定硅掺杂浓度下势垒越低接触电阻越小。为降低电极接触电阻，应选用低功函数的金属，并提高发射区掺杂浓度。当电池的发射区掺杂浓度过高后，接触电阻虽然降低但电池的蓝光响应会受到影响，见第 1 章。

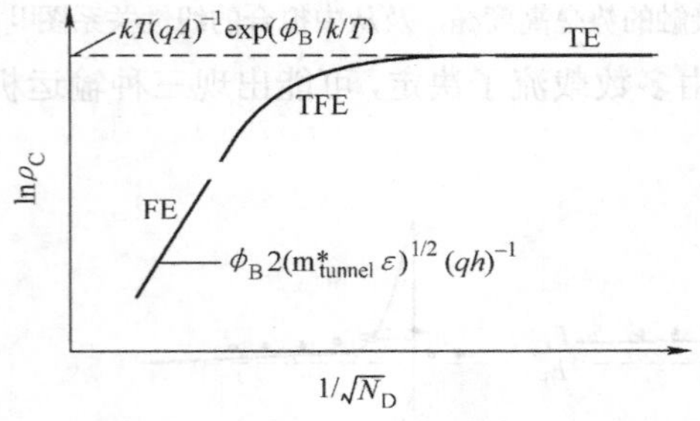


图 5-5　接触电阻对数与掺杂浓度均方根倒数的关系。在不同掺杂浓度下，主导的电流传输机理不同（其中 $\rho_c$ 为接触电阻，$N_D$ 为掺杂浓度）[2]

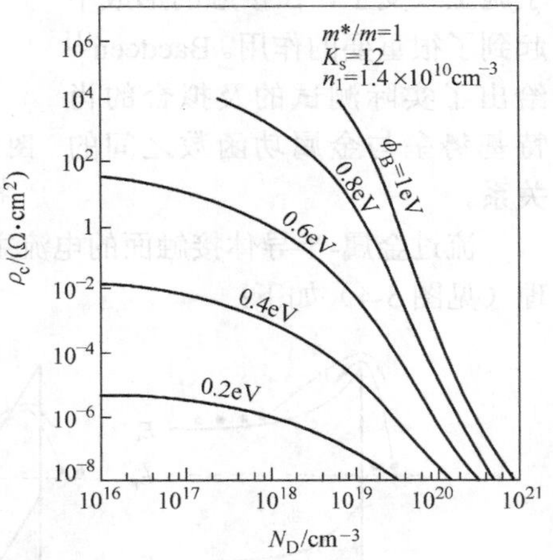


图 5-6　接触电阻 $\rho_c$ 与掺杂浓度 $N_D$ 和势垒高度 $\phi_B$ 之间的关系[3]（模拟结果）

3. 栅线电阻

栅线电阻对总串联电阻的贡献依赖于栅线的电阻率和栅线的体积。在长度一定的情况下，取决于栅线的宽度与高度。如果丝印的银栅线完全由银构成，而且没有孔洞，则其对串联电阻的贡献将降低 2～3 倍。

## 5.1.3 并联电阻

效率损失的另一种渠道是漏电电流。太阳电池在制备过程中产生漏电渠道的工艺有两个：一个是去边工艺，由于去边不充分，会导致电池 pn 结连通，造成漏电渠道；另一个为电极制备工艺，如果烧结工艺未优化，将造成银或其他金属离子扩散到 pn 结或浆料对 $n^+$层过腐蚀，造成银晶粒与衬底 p 型层的直接接触。此外，如果前道工序对电池造成损伤（如传递过程中造成的机械划伤等），也会导致漏电使并联电阻降低。低的并联电阻主要导致填充因子的损失，是降低电池效率的重要因素。

### 5.1.4 接触复合损失

硅片表面由于晶格断裂造成的硅悬挂键是严重的复合中心，为降低表面复合速率需要将表面进行钝化，如使用热生长的 $SiO_2$ 膜或产业上最常使用的 $SiN_x$ 膜进行钝化。但是在金属与硅接触的位置由于不可能有介质膜钝化，造成接触位置处复合速率极高。基本上认为在这一区域，到达的少数载流子全部被复合掉。这个复合率值接近于硅材料中的散射限制速率，约等于 $10^7$cm/s。复合将对电池性能造成影响，如果电极下方的掺杂层比较薄，那么相应的饱和电流密度可以粗略估算为[4]

$$I_{oc} = qn_i^2 A_C / \int \left( \frac{N_e}{D_B} \right) dx \tag{5-2}$$

式中，$A_C$为电极接触面积；$n_i$本征载流子浓度；$N_e$是从金属电极伸向半导体一侧距离为 $x$ 处的有效掺杂浓度；$D_B$是相应的少数载流子扩散系数；式中的积分区间被定义为整个薄掺杂层。该公式表明，如果要使接触电阻对饱和电流的贡献最小，需要尽量减小接触面积。

### 5.1.5 电极优化原则

如上所述，电极在形成后将在遮光、串联电阻、并联电阻和复合四个方面造成损失。并联电阻方面的损失取决于电池制备工艺，通常认为大于 1000Ω · $cm^2$ 的并联电阻是可以接受的。而其余的遮光、串联电阻及复合损失三个方面，存在一定的矛盾。为降低遮光损失和复合损失，需要降低栅线的宽度并增大栅线间的距离，而为降低串联电阻损失，则需要增加栅线的宽度并缩小栅线间的距离。总的优化原则为，三者对电池功率造成的损失之和最小。Green 等人[5]对此进行了定量分析计算，各种因素对电池输出功率的损失可表达为（不考虑复合损失）

$$P_{sf} = \frac{W_F}{S} \tag{5-3}$$

$$P_{rf} = \frac{1}{m} B \rho_{smf} \frac{J_{mp}}{V_{mp}} \frac{S}{W_F} \tag{5-4}$$

$$P_{cf} = \rho_c \frac{J_{mp}}{V_{mp}} \frac{S}{W_F} \tag{5-5}$$

$$P_{tl}=\frac{\rho_s}{12}\frac{J_{mp}}{V_{mp}}S^2 \tag{5-6}$$

式中，$P_{sf}$ 为电极遮光造成的功率损失；$P_{rf}$ 为金属电极线电阻造成的功率损失；$P_{cf}$ 是接触电阻造成的功率损失；$P_{tl}$ 是发射区横向电阻造成的功率损失；B 是电池面积；$W_F$ 是电极栅线的宽度；$S$ 是电极栅线的横截面积；$\rho_c$ 是接触电阻；$\rho_s$ 是发射区的方块电阻；如果电池面积内栅线分布均匀，则 $m$=3，否则 $m$=4。$P_{rf}$、$P_{cf}$、$P_{tl}$ 三者之和为串联电阻造成的功率损失。优化原则为所有损失之和最小，即 $P_{sf}+P_{rf}+P_{cf}+P_{tl}$ 之和最小。

Volker Wittwer 等人根据此原理，模拟了不同电极宽度下总功率损失的变化，如图 5-7 所示。从图中可见，对于一定的接触电阻$\rho_c$，有一个最佳的栅线宽度：栅线宽于该值，电池功率损失增加；低于该值，电池功率损失也增加。栅线过宽导致损失增加的原因是遮光损失，栅线过窄导致的损失增加的原因是发射区横向电阻、金属栅线电阻造成的损失。另一方面，对于同样的栅线宽度，接触电阻减小电池功率损失也减小，这是由于串联电阻减小的原因。当接触电阻减小时，优化的栅线最佳宽度也更窄，这是由于接触电阻的下降大大地降低了串联电阻，此时即使栅线电阻增加也仍能维持较低的串联电阻。栅线变窄带来的另一个好处是遮光率的降低。从图中还可以看出，接触电阻对功率损失的影响要大于栅线宽度的影响。如果比较两种不同掺杂浓度下的发射区方块电阻，由图可见，对于高方阻的发射区同样的接触电阻其最佳栅线宽度更窄，但是该最小点所对应的功率损失稍高，这是因为高方阻的发射区横向串联电阻较大的缘故。

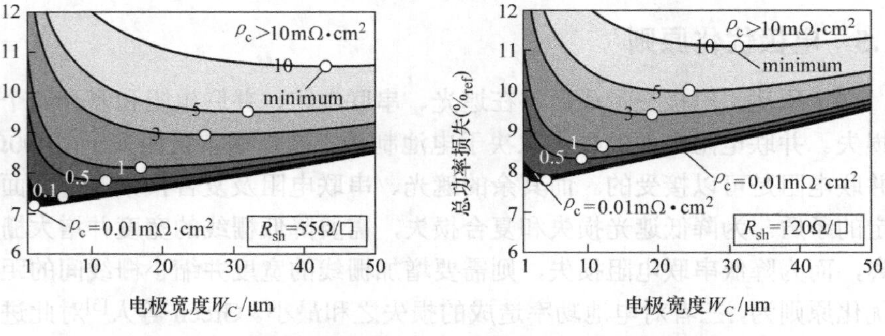


图 5-7　在发射区方块电阻为 55Ω/□（左图）和 120Ω/□（右图）下，总功率损失在不同接触电阻下随电极宽度的变化

## 5.2　丝网印刷法制备电极工艺

### 5.2.1　丝印技术

丝网印刷是一种厚膜技术，始于 19 世纪末期。通过丝网印刷技术可以将需

要的图形转移到承印物上，具有操作简单、成本低廉、适应性强的优点，广泛应用于电子、陶瓷贴花、纺织印染等行业。丝网印刷技术在晶体硅电池产业化生产中也得到了广泛应用，如丝印扩散源、抗腐蚀性或腐蚀性浆料、减反层等，但最为典型和常见的是制备金属电极。

图 5-8 给出了丝网印刷金属电极的过程。在印刷前，首先调好印刷网版和硅片之间的距离，网版和硅片之间无接触，它们之间的距离叫做“丝网间距”或板间距。丝网间距通常在 100μm 左右。然后在网版面上加入所印刷浆料，通过刮刀将压力施加于浆料上，在刮刀的运动下，挤压浆料使其通过网版开口处到达硅片。网版不开口的位置不通过浆料，这样将浆料按照网版图形转移到了硅片上。由于浆料具有一定黏性，使得所印刷图形可以保持与网版图形一致。在印刷过程中，刮刀始终与网版及硅片接触。由于网版的弹性和丝网间距的存在，使得丝网与硅片呈移动式线接触，而丝网其他部分与硅片呈分离状态，这样保证了印刷尺寸的准确度并避免了弄脏硅片。刮板从网版的一端运动到另一端后抬起，同时丝网也与硅片分离，工作台返回到上料位置，完成一个印刷行程。图 5-8 给出了示意的丝印中刮刀与网版的几何结构。通过刮刀的运动，浆料被挤压，通过网版的开口到达硅片表面。三个因素共同决定印刷质量：印刷工艺、网版及浆料。

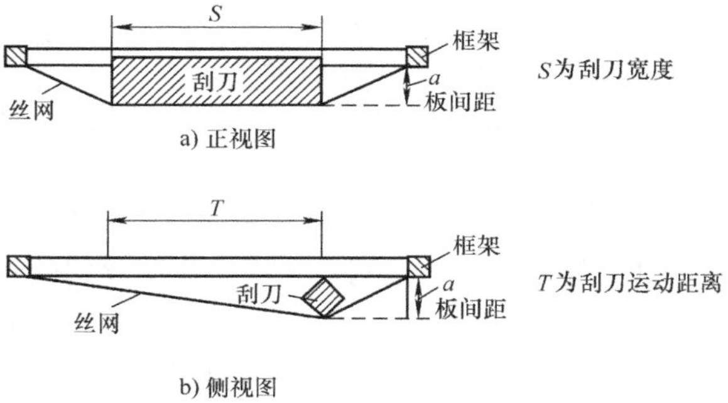

图 5-8　丝印刮刀和网版及网框的几何结构示意图

1. 印刷工艺

在印刷过程中，一些关键工艺参数对印刷质量影响较大，如丝网间距、施加的压力、刮刀角度及刮刀速度等。在图 5-8 中刮刀的宽度是 $S$，刮刀的行程是 $T$，对于正方形的待印样品，可以设置 $S$=$T$。一般金属网框的边长至少等于刮刀长度或行程的 2 倍，优化的比例为 3 倍。

1）丝网间距：从图 5-8 可以看出这个距离就是在丝印时刮刀下压网版应达到的深度 $a$（英文为 Snap off）。丝网间距越大，下压量越大，当达到一定高度后，会造成印刷不全，但是如果距离太小，则会粘片。

2）压力：压力一般指刮刀在印刷时施加在丝网上的恒定压力，刀口压力一般为 10～15N/cm、刮刀压力过大容易使丝网发生变形，也容易压碎硅片；刮刀压力过小会导致在印刷之后在丝网上留下残存的浆料。

3）刮刀角度：指印刷过程中刮刀与硅片保持的角度。刮刀与硅片之间的角度可以调节。刮刀角度的调节可以改变压力大小。刮刀角度的选择与浆料的黏度、网版性质等有关。

4）刮刀速度：指印刷过程中刮刀运动速度。在某一刮刀速度下，印刷浆料重量（湿重）达到最大。在达到优化刮刀速度之前，印刷浆料重量先随刮刀速度的增大而增大，达到这个最佳值后随着刮刀速度的增大而变小。

2. 网版

网版的开口形状将决定印刷电极的形状，网版的材料、感光胶厚度及网版开口面积将决定过浆量。网版是由铝框中抻满的尼龙或不锈钢丝构成，如图 5-9 所示。在丝网上涂覆感光乳胶然后曝光显影将部分感光胶去掉，可得到印刷所需图形。有感光胶的部分在印刷时不通过浆料，无感光胶的部分为开口部分，在丝印过程中通过浆料。太阳电池用网版的各种参数具有一定的相关性，在使用中要随着浆料的特性而调整，网版中比较重要的参数如下：

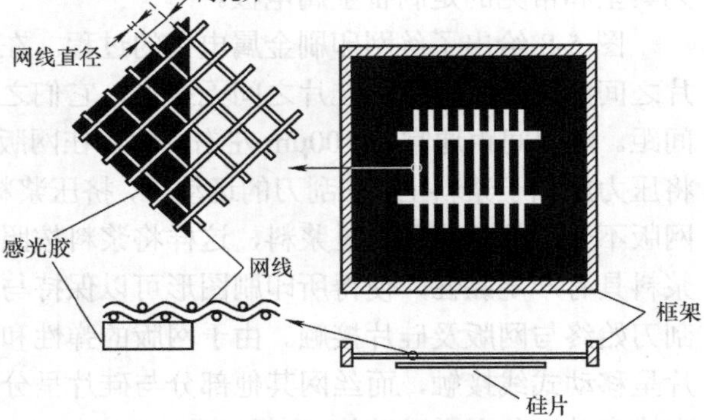

图 5-9　太阳电池用前电极网版

1）丝网目数：丝网目数用来说明丝网的丝与丝之间的疏密程度。目数越高丝网越密，网孔越小。反之，目数越低丝网越稀疏，网孔越大。其定义为：1ft[㊀]长度内经线或纬线上所具有的网孔数目。如图 5-10 所示，由丝线及开口组成一个个的单元，每个单元的边长等于一个开口的边长加丝线的直径。对于 325 目的网版，在 1ft 长度内有 325 个这样的单元，因此每个单元的边长应为 0.0031ft。图中当开口宽度为 0.0009 ft 时，线径应为 0.0022 ft，两者之和即为单元宽度。因此，网版目数和线径确定之后，开口尺寸及开口率就确定了，其数值关系见表 5-1。在丝印过程中，网孔越小，印刷图形准确度越高，但浆料通过性越差；网孔越大，印刷图形准确度越低，但浆料通过性就越好。丝网的目数及丝径决定印刷图形的宽度。对于背银和背铝这两道工序

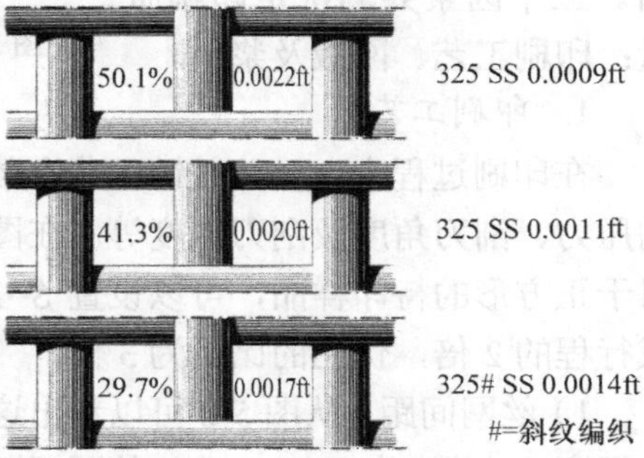

图 5-10　网版的目数、线径和开口率之间的关系（SS 为开口宽度）

㊀ 1ft=0.3048m，后同。

由于实际图形不复杂，对目数要求较低，一般 250～280 目即可。正银是印刷过程中图形最复杂和精密的，对栅线宽度要求较高，一般需要 300～330 目。目数太高将不利于浆料的通过，在电极丝印中，网孔要几倍的大于浆料中的金属颗粒。

**表 5-1　根据图 5-10 计算的网版各参数之间的关系**

| 网版目数 | 线径 | 开口边宽 | 开口率 | 平均厚度 |
|---|---|---|---|---|
| 325 | 0.0009ft | 0.0022ft | 50.1% | 0.0020ft |
| 325 | 0.0011ft | 0.0020ft | 41.3% | 0.0023ft |
| 325 | 0.0014ft | 0.0017ft | 29.7% | 0.0030ft |

2）丝网厚度：丝网厚度指丝网表面与底面之间的距离，一般以毫米(mm)或微米（μm）计量。厚度应是丝网在无张力状态下静置时的测定值。厚度由构成丝网的直径决定。由表 5-1 可见，丝网厚度一般等于线径的 2 倍多一点。

3）丝网张力：丝网的张力与丝网的材料和目数及线径有关。目数越低、丝线越粗，丝网承受的张力越大。不锈钢丝网较尼龙丝网张力小。当丝网张力太高时，在刮板压力作用下会出现开口扩大，而导致图形变形。丝网张力太低会导致丝网松弛，同样会影响印刷质量。在电极印刷过程中，影响网版寿命的主要因素为网版张力，在网版经过多次反复印刷后会出现张力变低，网版松弛，这时应考虑更换网版。对印刷电极而言，金属网线比尼龙网线更好。因为它们可以制备出更细的有着更好高宽比的电极，可以使用更长时间而不会损坏并且清洗维护也更少。

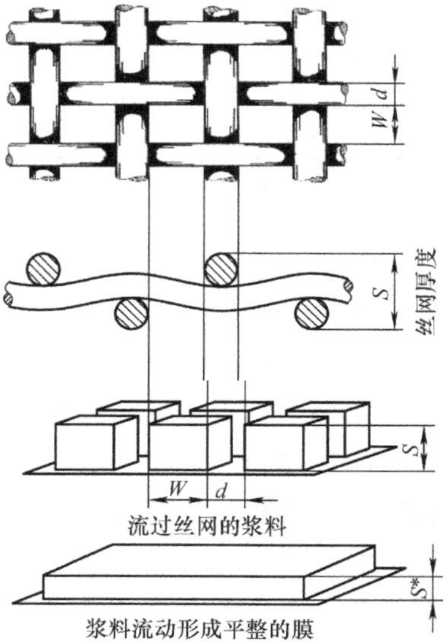


图 5-11　丝印浆料的膜厚与网版参数之间的关系

当浆料通过网版的空隙时成块状，如图 5-11 所示，这个块状浆料的厚度由网版参数决定。由于浆料的流动性，块状浆料流动形成均匀厚度的膜，最终的膜厚低于网版参数决定的膜厚。印刷厚膜在烘干前的高度 $S^*$ 可由以下公式决定：

$$S^* = (S \times A) + S_e \tag{5-7}$$

式中，$S$ 为丝线直径（图 5-8 中的 $S$）；$A$ 为开口比例（%）；$S_e$ 为感光胶厚度。

3. 浆料

浆料是将活性材料转移到硅片表面的载体，是电极形成的关键材料。除影响到印刷质量外，还直接决定烧结工艺并在一定程度上决定发射区的掺杂特性。在晶体硅太阳电池生产中，印刷电极所需浆料分别为正银、背银及背铝。印刷电极浆料需要具有一定的流动性、黏性及导电性。对正银电极浆料而言，还需对介质膜具有一定的腐蚀性。

下面以正银电极为例，说明浆料的构成。通常太阳电池用银浆料中包含如下组分：

1）分散良好的银颗粒（70wt%～85wt%），使浆料具有良好电导率。通常，浆料中银颗粒由小尺寸的球形颗粒和相对大尺寸的片状颗粒构成。

2）有机溶剂（10 wt%～25wt%），用于稀释浆料使浆料具有可印刷性。

3）有机粘合剂（最多 5wt%），在受热前将活性颗粒粘结在一起。

4）均匀分散的玻璃料（最多 5wt%），它决定了浆料与硅的黏附性（力学性能）和银颗粒间的黏附性（银栅线的导电性）。它在电极烧结中起到相当重要的作用，决定电池的接触电阻、体电阻和电池的并联电阻，将在下文具体介绍。

浆料的典型成分见表 5-2。

**表 5-2　典型的银浆料成分**

| 成分 | 重量百分比（%） | 成分 | 重量百分比（%） |
|---|---|---|---|
| 银 | 75.7 | CaO | 0.2 |
| 有机 | 20.1 | CuO | 0.6 |
| 玻璃料 | 100 | $P_2O_5$ | 4.4 |
| $Al_2O_3$ | 14.6 | PbO | 51.8 |
| $B_2O_3$ | 2.1 | $SiO_2$ | 25.0 |
| CdO | 0.6 | ZnO | 0.8 |

市场上有大量不同型号的银浆料，它们基本成分相近，主要差别在于浆料中含有的玻璃料的类型和数量极少的添加剂[6]。浆料对工艺参数非常敏感，好的浆料应具有较宽的工艺窗口，在烧结后形成良好的接触，并且不会造成漏电现象。

浆料性质中很重要的一个参数是浆料的粘度，浆料的粘度将影响到浆料的可印刷性和印刷电极的高宽比。浆料的粘度由浆料中的有机成分决定，随浆料所处状态（剪切频率或搅动频率）不同而变化。图 5-12 给出了典型的浆料粘度随工艺的变化状况。当印刷时，浆料受到的等效切变速率最高，浆料粘度最低，流动性最好。印刷结束后粘度上升，流动性变差，印刷图形固化。

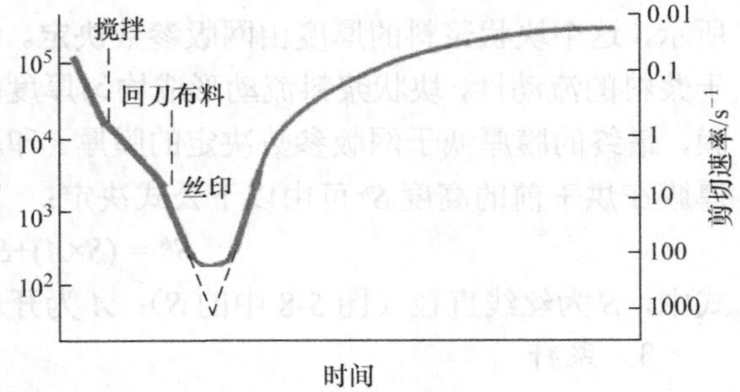


图 5-12　在印刷过程中，典型的浆料粘度变化情况

随着太阳电池工艺朝着高方块电阻方向转变，要求电池栅线更细且具有更好的高宽比。这是一对矛盾，获得更细的栅线要求网版过浆量增加，浆料粘度下降；获得更好的高宽比需要浆料粘度增高。从浆料设计的角度来看就是改变浆料的触变性，使得浆料在低剪切速率时粘度高，而在高剪切速率时粘度低，如图 5-13 所示。图中给出了两款浆料粘度和流动性与剪切率的关系，实线代表的浆料在低剪切率时比虚线的具有较高的粘度，在高剪切率时粘度趋于一致。同时在低剪切率时实线浆料的流动性差，在高剪切率时两者趋于一致。实线所示浆料具有更好的印刷性，在丝印时流动性好，丝印完成后低剪切率下粘度立即提高，可以很好地保持印刷的形状，得到窄而高的栅线。

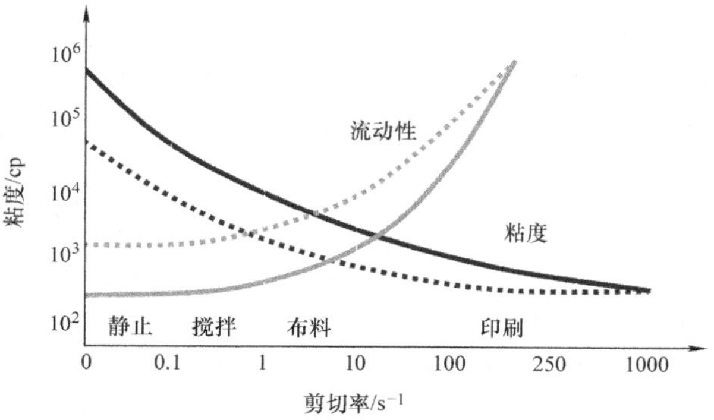


图 5-13　两种不同的浆料的流变性曲线

总之，丝网印刷工艺是整个晶体硅太阳电池工艺链中最富经验性的环节，其主要原因有如下几点：

1）浆料特性会经常变化。一方面，为了不断地适应太阳电池效率提高的要求，浆料公司会经常调整浆料的特性。另一方面，对同一种浆料放置时间和搅拌状况甚至印刷温度不同也会造成浆料的丝印特性、成分比例的变化，比如静置时间过长浆料的粘稠度上升，并且会出现银颗粒下沉到容器底部。而玻璃料及溶剂、粘合剂上浮到容器顶部的情况，使用前如果搅拌得不充分会造成丝印和烧结特性的改变。

2）网版状态会经常变化。随着丝印动作次数增加，网版的张力会下降，如果保持刮刀压力不变，会增加硅片上承受的压力。因此当网版张力下降后应减低刮刀压力或提高板间距。

3）丝印台温度的差异。丝印台温度较高，现场浆料的粘度较低，反之粘度较高。不同地区（南方或北方）的气温差异很大，尽管生产线在净化间中，仍存在温度差异，这就使得不同地区同样的设备也存在丝印参数方面的差别。此外，不同公司的丝印台，由于其所用的材质、台架设计，也会造成丝印台温度差异。如 Baccini 公司的丝印台为转动式，台子下面有转动部件，发热而使台面温度较高。而 ASYS 公司的丝印台下面没有运动部件，且台下为金属材料，故台面温度较低，因此对同样的浆料，不同的丝印机印刷栅线的效果有所差异。

4）丝印现场的湿度的差异。同样的浆料在湿度小的环境中过浆量低，栅线高宽比高；而湿度较大的环境，过浆量会增加，栅线高宽比低。

由于这些因素，使得丝网印刷工艺必须要经常调整以获得最佳的匹配。

## 5.2.2 电极制备工艺

太阳电池金属电极的制备工艺包括三次印刷、三次烘干和一次烧结。它们分别是印刷电池的背银（用于焊接）、背铝（用于背接触及背场）及正银（用于正接触），在每次印刷后需要将所印刷浆料烘干，烘干的充分与否将影响到电池后续的烧结效果。丝网印刷法制备电池电极的工艺流程如下：

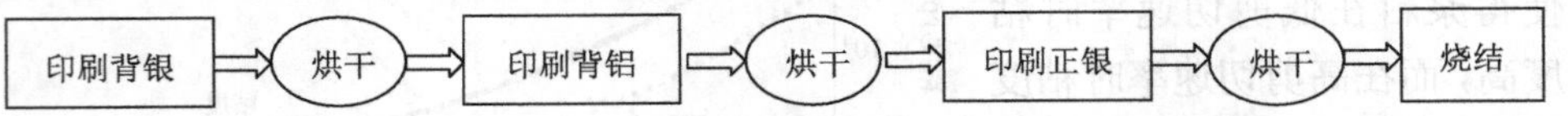


也可以先印刷正银，再印刷另一面的背银和背铝，印刷顺序的不同决定烧结时电池片哪一面接触网带。

目前市场上常用的丝网印刷机品牌比较多，各个公司的设备在印刷原理上都是一样的，之间的差别主要表现在硅片传送方式、印刷准确度及生产效率上。图 5-14 为 Baccini 公司生产的印刷台。

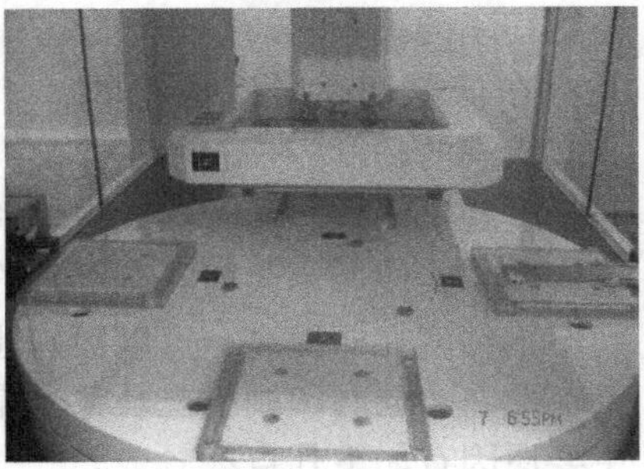

图 5-14　Baccini 公司生产的印刷台

烘干后的印刷有金属浆料的电池片将进入烧结炉中进行烧结，烧结炉由红外灯管加热，通过程序控制可以实现对不同温区温度的控制。图 5-15 为 Centrotherm 公司生产的烧结炉。

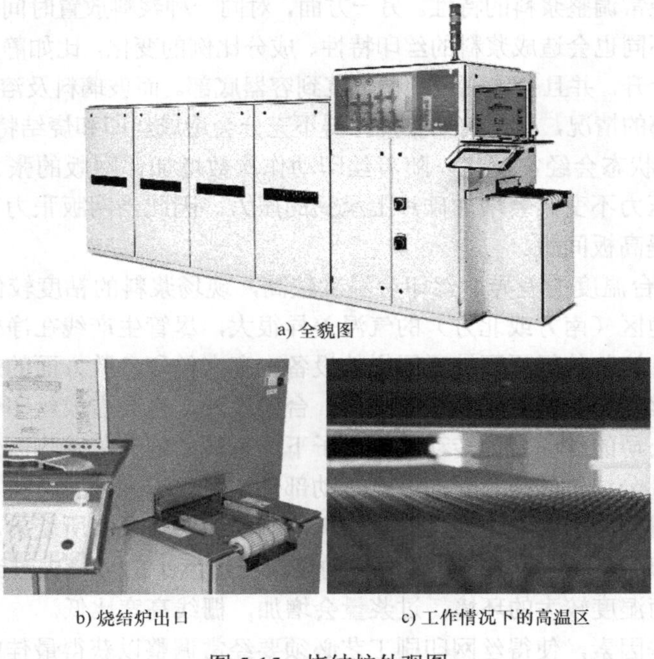

a) 全貌图

b) 烧结炉出口　　c) 工作情况下的高温区

图 5-15　烧结炉外观图

市场中使用的烧结炉都为链式结构，烧结时间很短，仅有几分钟。烧结曲线为“尖峰”类型（见图 5-16），不同温区起到不同的作用。

烧结前需经过烘干，温度为 100～200℃。在此阶段浆料中的有机溶剂挥发。有机溶剂如果挥发不干净，将在接下来的高温工艺中产生气泡，可能会导致金属层的断裂。烧结曲线的第一阶段为 200～400℃温度区，在此阶段有机粘合剂，如乙基纤维素（ethyl cellulose）、聚乙烯醇（Polyvinyl Alcohol）等都将烧掉。在这一过程需要氧气来帮助有机物质的燃烧。烘干过程中，由于有机溶剂的挥发同时造成电极坍塌，使电极高度降低宽度增加。不同浆料导致的坍塌程度不同，取决于浆料成分。第二阶段在 600～900℃下进行。第二阶段是电极形成的重要步骤，在此阶段玻璃料熔化腐蚀下层介质膜，银颗粒经煅烧发生熔融或其他反应。同时，在电池背面，由于环境温度高于硅铝合金温度，硅铝发生熔融形成合金。第三阶段为降温阶段。在此过程中，正面的银颗粒经熔融后析出沉淀在硅表面实现与硅的接触，形成正电极的接触；背面的硅从硅铝合金中析出并外延生长到硅表面，形成 $p^+$背场，同时剩余的金属铝形成背接触。烧结过程中由于温度较高，烧结的高温历程还将影响到电池表面的钝化介质膜 $SiN_x$:H。氮化硅包含很多的氢，氢在高温的短时间热处理中能够被释放。因此在烧结工艺中，为烧结欧姆接触所需的高温提供了断裂 N-H 和 Si-H 键的热能。释放的氢能扩散到硅片中，钝化界面的悬挂健并深入硅材料体内进行钝化[7, 8]。烧结后少子寿命的变化如图 5-17 所示。但是烧结温度超过 1100℃后氮化硅中的 H 将全部跑光[9]，反而不利于表面钝化。在一个烧结过程中，不仅同时形成电池的正、负接触，还在同一过程中形成 $p^+$背场并改善 $SiN_x$:H 膜的钝化质量，因此烧结工艺的优化对电池效率的改善非常重要。烧结的好处可以归纳如下：

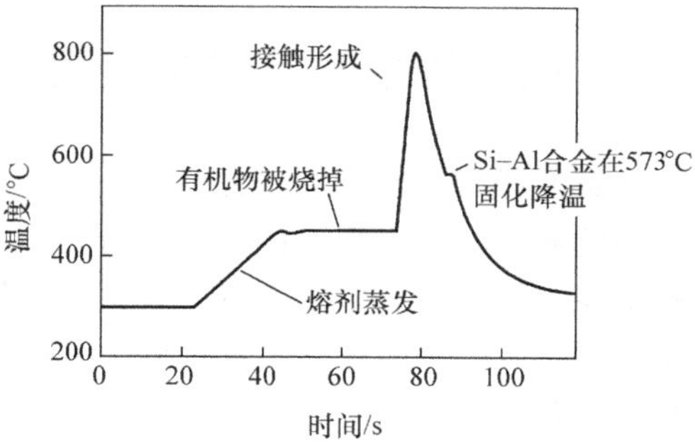


图 5-16　典型的烧结过程中烧结温度变化曲线

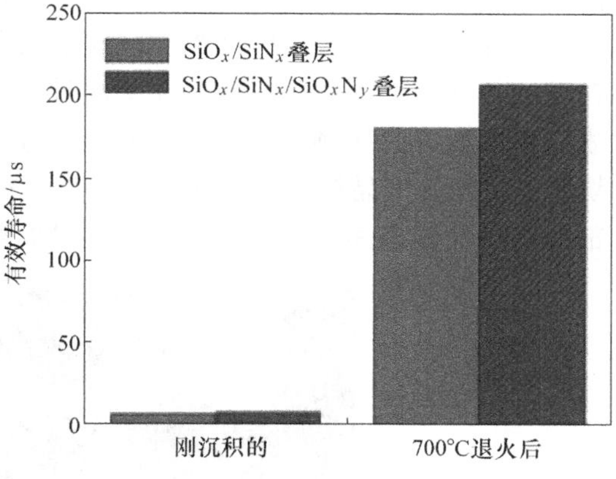


图 5-17　在 700℃下退火前后在 $SiO_x/SiN_x$ 和 $SiO_x/SiN_x/SiO_xN_y$ 膜钝化下的硅片少子寿命[10]

1）高的烧结温度下形成 Ag 接触。

2）高的烧结温度下同时形成 Al 背接触。

3）形成 Al 背场。

4）改善 $SiN_x$:H 膜的钝化质量。

# 5.3　银电极接触及导电机理

银厚膜印刷及烧结工艺已经使用了几十年，烧结过程中发生的化学反应及银厚膜的接触与导电机理已被广泛研究，但仍有很多机理未研究清楚。银浆料在接触形成过程中起到多重作用，首先需要将其下层的介质层打开，使银浆料与硅发生接触，其次需要在介质层及硅上具有良好的浸润性，使高温下熔融状态的玻璃料能均匀地涂覆在介质层与硅上，形成均匀的接触；最后需要在烧结后与硅形成良好的粘附性，确保栅线具有一定机械强度。另外，非常重要的是，需要形成良好的接触电阻并具有足够低的线电阻以降低电流流过时的损耗。所有的反应需要在非常短的时间内在一定温度下进行，反应结果与浆料性质、反应温度和反应气氛都有关系。

## 5.3.1　银电极接触形成机理

### 5.3.1.1　接触界面的微观分析

在烧结过程中发生的反应非常复杂，人们对反应过程进行了详细的分析，针对不同反应提出了不同的模型和反应过程。可以肯定的是，在烧结过程中当温度高于一定值（大于玻璃料的熔化温度）后，玻璃料开始熔化，同时与介质膜接触并蚀穿介质膜。银浆料因此到达硅表面与硅形成接触。高温下，浆料中的部分银在玻璃料的帮助下发生反应，在降温时以结晶的形式沉积在硅表面，与硅发射区表面形成良好的接触。在高温下的反应过程中，硅被腐蚀，银晶粒多沉积在腐蚀坑中。沉积的银晶粒是分散的，负责电池的电流传输。在降温过程中玻璃料固化，部分沉积在硅表面。典型的银硅接触界面截面如图 5-18 所示。

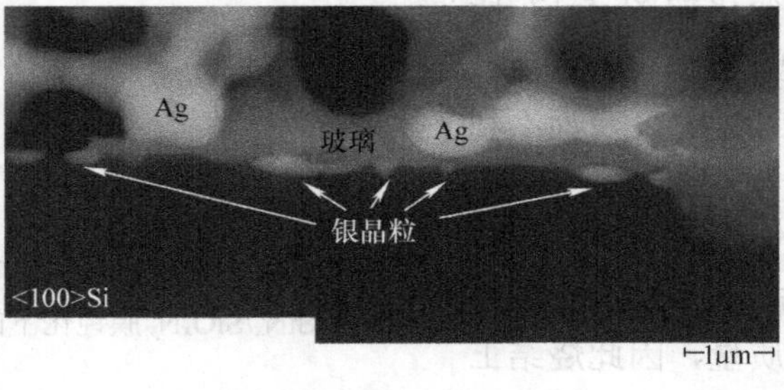


图 5-18　烧结后接触截面的微观结构图

通过 TEM、高分辨率 EDX 分析等[11-13]证实了生长到硅上的再结晶银晶粒的存在，如图 5-19 所示。此处使用银晶粒的概念以区别与浆料中的体银颗粒。在硅表面分散着银晶粒，在银晶粒与厚膜银颗粒之间存在一层绝缘性玻璃层。玻璃层厚度不均匀，隔离了银晶粒与体银颗粒的直接接触。烧结后银晶粒与体银颗粒直接接触的比例非常低，如图 5-20 所示。绝缘性的玻璃层之上是体银颗粒、玻璃层及部分孔洞。浆料中的银颗粒在烧结过程中由于玻璃料的作用发生致密化与粗化，小颗粒逐渐消失生长为彼此连接的大颗粒。在体银颗粒之间存在熔化后重新固化的玻璃层及一些孔洞。这些玻璃层的存在降低了银栅线的导电特性并增大了接触电阻。

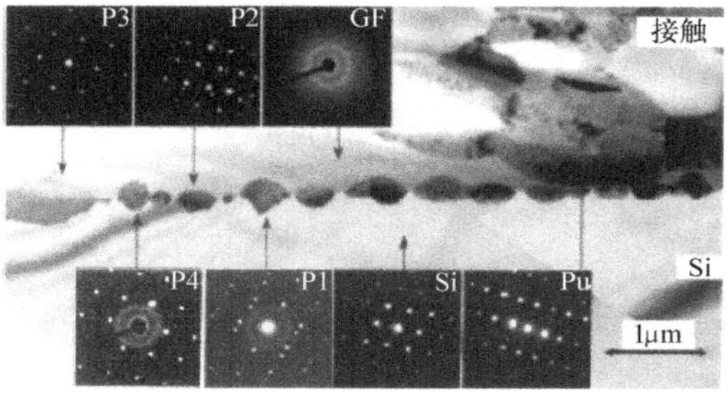


图 5-19 烧结后接触界面的 TEM 截面图（图中下半部分是硅，上半部分是浆料，硅表面沉积有再结晶的银晶粒[11]）

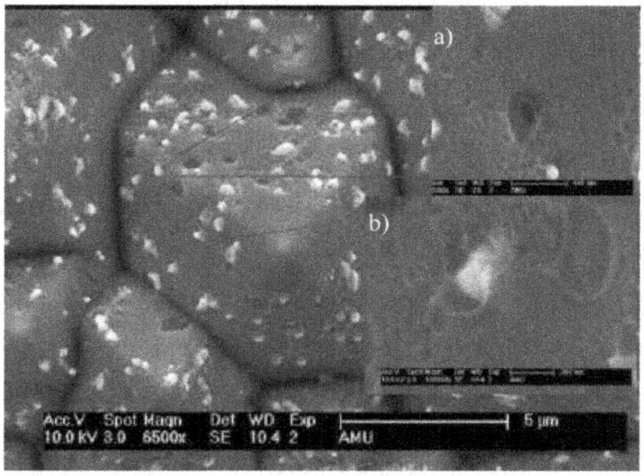


图 5-20 $HNO_3$ 腐蚀后的接触表面 SEM 图（体银颗粒已经被 $HNO_3$ 腐蚀掉，留下的是被玻璃层覆盖的银晶粒，在很少的一些位置处（a），再结晶的银晶粒直接与银浆料中的体银颗粒接触，没有玻璃层存在，导致银晶粒也被腐蚀掉。而在绝大多数位置处（b），由于玻璃层的保护而留有银晶粒[14]）

#### 5.3.1.2 接触形成的模型

对接触的形成已经进行了详细的研究[11, 15-17]，比较得到大家认可的是

Schubert 等人提出的反应模型。其过程如下（见图 5-21）：

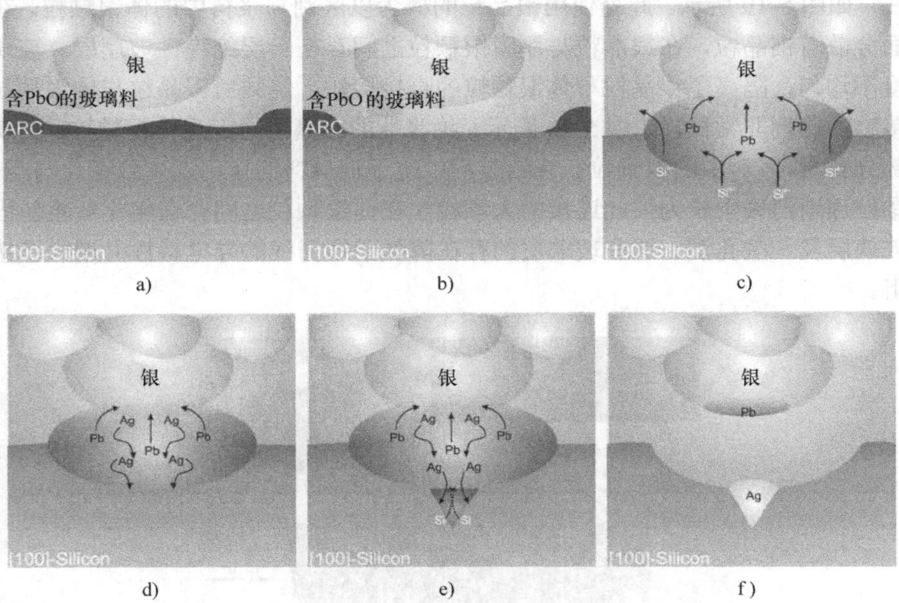


图 5-21　烧结反应过程模型示意图[18]

**第一阶段：*T*<550℃**

这个阶段为预烧结阶段。在此阶段除将有机物烧掉外，玻璃料也开始软化。玻璃料大约从 500℃开始软化。

**第二阶段：550℃<*T*<700℃**

在高于 550℃时，玻璃料的流动性已经足够好能完全浸润银颗粒和下层的氮化硅。在这个阶段，液态玻璃料协助的银颗粒的致密与粗化大约从 580℃开始进行，同时液态玻璃料流动到下层氮化硅薄膜上，开始对氮化硅的腐蚀，此反应大约发生在 680℃。对于氮化硅层的腐蚀，有些研究者认为与玻璃料中的氧化铅有关。氧化铅和氮化硅的反应被推测按照下述反应方程式进行[19]：

$$4PbO + 2SiN_x \rightarrow 2SiO_2 + 4Pb + xN_2 \uparrow \tag{5-8}$$

通过反应将氮化硅转化成非晶态的氧化硅，生成的氧化硅成为玻璃料中的一部分，这些玻璃料沉积在硅表面使之与体银颗粒分隔开。按照式（5-8），一层 70nm 的氮化硅（密度 2.4g/cm$^3$）反应后将形成 76nm 的 $SiO_2$（密度为 2.2g/cm$^3$）。

氮气的释放已经被证实[19]，金属铅沉淀也被发现，但是这一反应机理无法应用于对 $SiO_2$ 及 $TiO_2$ 等介质膜腐蚀的解释。在烧结过程中对薄氧化硅层的开口被认为依赖于氧化硅和氧化铅的共熔[19]。也有研究认为是硼硅玻璃在高温反应下转变成硼酸进而对介质膜进行了腐蚀。

对介质层的开口需要在高温下进行，式（5-8）的反应温度为 685℃，在达到反应温度之前，玻璃料早已达到转变温度，液体状的玻璃料在氮化硅上具有良好的浸润性[20]，保证了在氮化硅上的均匀铺设，也保证了开口的均匀性。

另外，在此温度区间，还会发生对硅的腐蚀。硅被腐蚀的机理还不确定，可能的途径有：① 硅与玻璃料中的 PbO 发生反应而被腐蚀[18, 19]；② 硅与银形成硅银合金而被腐蚀[18]；③ 与被氧化的银发生氧化还原反应而被腐蚀[21]。

硅与 PbO 的反应已经被证实，Schubert 等人详细研究了玻璃料与硅的反应，在没有银颗粒存在的情况下，玻璃料与硅的高温反应（780℃烧结 4min）后发现了铅沉淀的存在，在银含量非常低时也能发现铅沉淀，如图 5-22 所示（但是当银含量较高时，观察不到铅的沉淀[11, 12]）。Matthias Hörteis 等人采用差热分析法（DTA）在 680℃发现了硅和氧化铅反应的放热，并发现了铅银合金的存在。一些实验证实玻璃料中氧化铅含量越高，对硅的腐蚀越深[17]。硅与 PbO 的反应方程式如下：

$$2PbO_{glass} + Si \rightarrow 2Pb + SiO_2 \qquad (5\text{-}9)$$

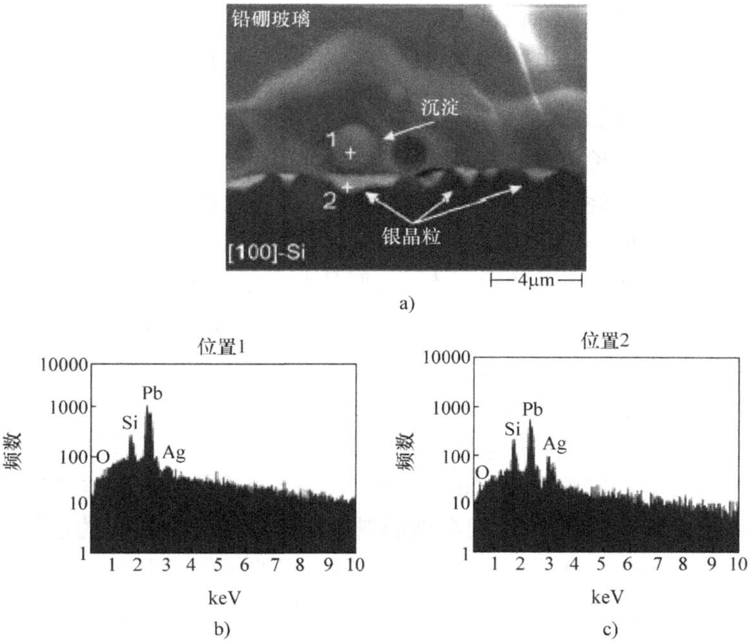


图 5-22　一种含银非常少的浆料（1wt%）烧结后界面的扫描电镜图和图中标出的点 1 及点 2 的 EDX 分析结果

在 Schubert 的研究中发现，玻璃料在硅上反应所形成的腐蚀坑不具各向异性（见图 5-23），与通常在烧结后发现的硅的各向异性腐蚀[22]不一致。在研究银与硅的高温反应后发现，超过硅银合金共熔点后发生银和硅的共熔，硅的熔解存在各向异性，[100]面的速率更快。在降温后在硅表面发现倒金字塔结构，析出的银晶粒沉积在倒金字塔中。但是这种反应所需要的温度远高于产业化烧结的温度。因此推测，当有玻璃料后铅的存在降低了反应温度。

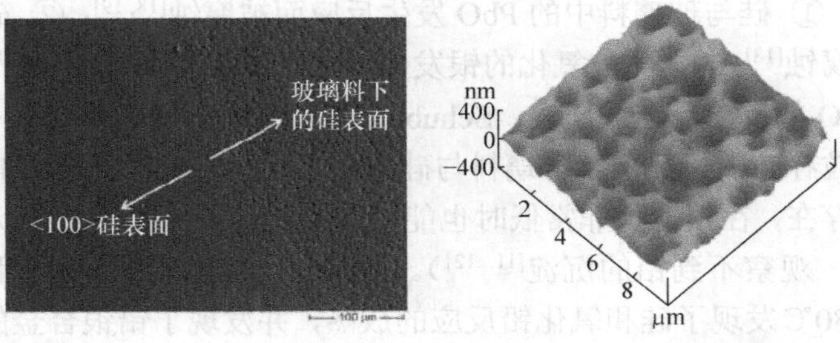


a) 有HF腐蚀后的硅表面BE−SEM图　　b) 玻璃料下的硅表面的AFM分析

图 5-23　玻璃料和硅反应后的界面微观图

玻璃料中的其他金属也可能和硅发生氧化还原反应，如在高温烧结过程中被氧化的银[5-24]。反应过程如下：

$$4Ag_{(glass)} + O_2(g) \rightarrow 4Ag^{+}_{glass} + 2O^{-2}_{nglass} \tag{5-10}$$

$$4Ag^{+}_{glass} + 2O^{-2}_{nglass} + 4Si_{(s)} \rightarrow 4Ag_{(crystal)} + SiO_{2(glass)} \tag{5-11}$$

硅被腐蚀的三种途径都有证据证明，在实际反应中，可能三种途径同时存在。根据玻璃料的成分、烧结温度等因素的不同，存在一种主要的腐蚀途径。

**第三阶段：700℃<*T*<850℃**

此温度范围是烧结工艺的重要点，主要是发生银晶体的生长，对浆料与硅的电学接触具有重要的影响。在硅表面沉积的银晶粒被认为是形成接触及电流传输的唯一通道。银晶粒的生长机理一直是被广泛研究。银晶粒生长的可能途径有两个：

1）银溶解在玻璃料中然后被硅还原而析出。

2）银与被硅还原的铅在高温下形成液态合金，在降温过程中析出。

一些实验表明在高温下（800～1000℃），经过长时间的烧结（几个小时）会有 1at%～4at%的银溶解[18, 23]。银在玻璃料中的溶解是一个缓慢的过程，但是可能被同时发生的银的氧化还原反应加速，溶解的银被氧化成银离子，银离子和硅反应被还原，以此实现银晶粒在硅表面的生长发生，见式（5-10）和式（5-11）。氧化铅的存在促进了银在硅中的溶解[17]。在第二个途径中，氧化铅（玻璃料）是反应成分，首先和氮化硅层及硅反应，在反应过程中产生铅单质。在烧结过程，Ag 和 Pb 根据 Ag-Pb 相图（见图 5-24）成为液态合金。根据相图，铅首先达到熔点变为液态铅，只要液态铅和浆料中的体银接触，银就熔化形成液态银铅合金。根据相图，这种合金在 800℃时包含大约 72wt%的银。因此少量的铅即可满足银的合金与析出的要求。大约浆料中总铅含量的 0.8wt%或者相对银总量的 0.03wt%已经足够。

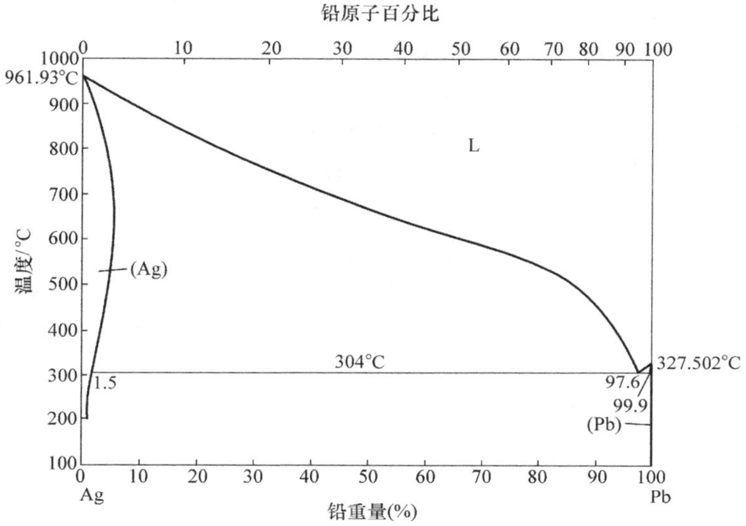


图 5-24　银铅合金相图

**第四阶段：降温**

在降温过程中，溶解的银析出，沉积在硅表面。在 500℃以上已经有大量的银析出，但是玻璃料仍处于熔融状态，因此，银晶粒的生长成为可能。在降温过程中，铅根据相图 5-24 而沉淀。多余的铅被认为可能再次被氧化并溶解在周围的玻璃料中，或者以沉淀的方式存在于玻璃层中。在图 5-25 中，Pb/Ag 沉淀出现在玻璃层中。

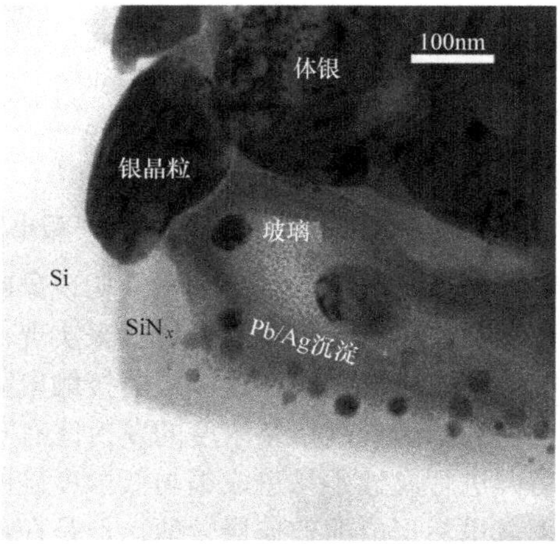


图 5-25　烧结后接触界面的 TEM 图（沉积的银晶粒、具有 Ag-Pb 沉淀和体银的玻璃层及未完全腐蚀掉的 $SiN_x$ 层都出现了[19]）

## 5.3.2　银电极导电机理

在硅上沉积的再结晶银晶粒被认为是实现电流传输的唯一通道。一些晶粒被认为与下层的硅形成好的金属半导体欧姆接触，直接负责电流从硅发射区到银栅线的传输，并与硅发射区有非常低的接触电阻（$2\times10^{-7}\Omega\cdot cm^2$）[11]。银晶粒的数量及大小与接触电阻有关，但不是再结晶银晶粒的数量越多尺寸越大接触电阻越低。接触电阻还取决于硅表面沉积的玻璃层的厚度。如图 5-26 所示，再结晶的银晶粒与体银颗粒之间电流传输可以通过三种可能的途径进行：

1）界面处的玻璃层被认为是绝缘的并因此造成高接触电阻。电流因此被认为是通过银晶粒和体银颗粒的直接接触[24-27]或者准直接接触（在局部位置玻璃层厚度非常小）[11, 28, 29]进行输运的（见图 5-26a）。

2）通过超薄的玻璃层隧穿[11]（见图 5-26a）。

3）一些研究者[30, 31]认为电流可能通过玻璃料中的银、铅或其他金属沉淀进行电流隧穿（见图 5-26b）。电流被认为通过穿过玻璃的多步隧穿效应从银晶粒到达银厚膜中，从而实现电流的收集。铅硼硅玻璃中由于在多个金属沉淀点之间的多步隧穿的出现而导致的电导率改善已早有报道[32, 33]。这种依靠金属沉淀实现的多步隧穿被认为多发生在过烧条件下。过烧条件下确实观察到了金属铅沉淀，而在优化烧结温度下很少观察到金属铅沉淀。

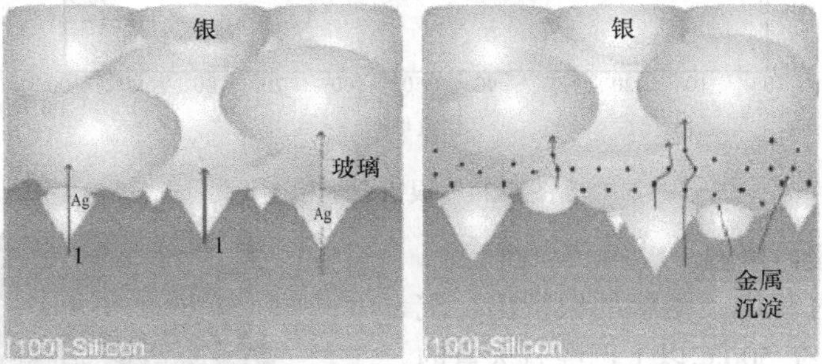


a) 优化的烧结条件下　　b) 过烧下

图 5-26　银电极导电机理示意图[34]

所有这些观点必须和微结构现象吻合。分立存在的银硅直接接触可以解释为什么需要高掺杂浓度的发射区来实现低接触电阻[11]。如果电流仅仅通过很少的直接接触点进行，则在这些点的接触电阻一定非常低。在产业中使用高掺杂浓度发射区的原因是高掺杂浓度的发射区有一个浓度均匀的深度分布平台，在此范围内对硅进行腐蚀不易造成银与低浓度硅的接触，影响接触电阻。在较低的烧结温度下，虽然形成的玻璃层较薄，但是在玻璃层中溶解的银离子也较少；在高的烧结温度下，银离子的增加导致的接触变好不一定能弥补玻璃层厚度的增加造成的接触特性的变差。在优化烧结温度下，玻璃层厚度和“掺杂”的银具有最佳的配比。在实际应用中，三种途径共存。

### 5.3.3　影响接触电阻的因素分析

决定接触电阻的因素有两个，即再结晶银晶粒与硅的接触特性和电流传输渠道。因此硅与银厚膜之间的玻璃层厚度、再结晶银晶粒的析出沉淀及金属铅与其他金属粒子的沉淀都将对接触电阻产生影响。接触电阻从根本上将受界面微观结构影响，但是宏观上将受浆料性质、烧结工艺的影响。

决定浆料性质的主要因素是玻璃料的性质，包括玻璃料的转化温度、化学活性等，这些性质由玻璃料的成分决定。烧结工艺包括烧结曲线、烧结温度及烧结气氛等。在以往发表的论文中，浆料成分、银颗粒的尺寸、玻璃料的成分和配比对接触的特性的影响都已经有分析[12, 35-38]。在进一步的研究中，烧结条件（如温度、气氛对接触电阻的影响）也被研究了[39, 40]。

在烧结过程中，玻璃料起到了非常重要的作用，银颗粒的致密和粗化、银的溶解与晶化、介质膜的打开、发射区硅的腐蚀及具有一定机械强度的粘附性都需要玻璃料的参与。一般而言，玻璃料占总浆料的 5%，根据浆料型号的不同而不同，含量过少与过多都不利于接触电阻的降低。常用玻璃料的主要构成为一定比例的 PbO、$B_2O_3$ 和 $SiO_2$，其配比决定了软化温度。PbO 是玻璃料中非常重要的组分，是烧结过程中多数反应的参与者，决定再结晶银晶粒的大小与数量。

沉积在硅表面的玻璃层厚度被认为由两部分组成，一部分是反应产物，一部分是浆料中原有的 $SiO_2$。通过式（5-8）和式（5-9）产生的 $SiO_2$ 数量，由玻璃料中的 PbO 的含量及烧结温度决定。从浆料中沉积出来的 $SiO_2$ 数量与玻璃料含量、烧结温度及玻璃料的转变温度[38]有关。在通常的烧结工艺中，总玻璃层的平均厚度约为 100nm。100nm 厚的绝缘玻璃层将导致电流传输无法进行。所幸的是，玻璃层的厚度是不均匀的，局部可能非常薄，也可能很厚。但是当玻璃料太少时，将导致对介质层的腐蚀变差，不能完全打开介质层，或仅能打开介质层而无法造成足量再结晶银晶粒的析出沉淀。

析出银晶粒的数量和尺寸，取决于玻璃料中 PbO 的含量及烧结峰值温度。在 PbO 含量较高和高烧结温度的情况下，将析出更多的大尺寸的银晶粒。图 5-27 给出了随着玻璃料含量变化银晶粒析出与接触电阻的变化。从图中看出，银晶粒的

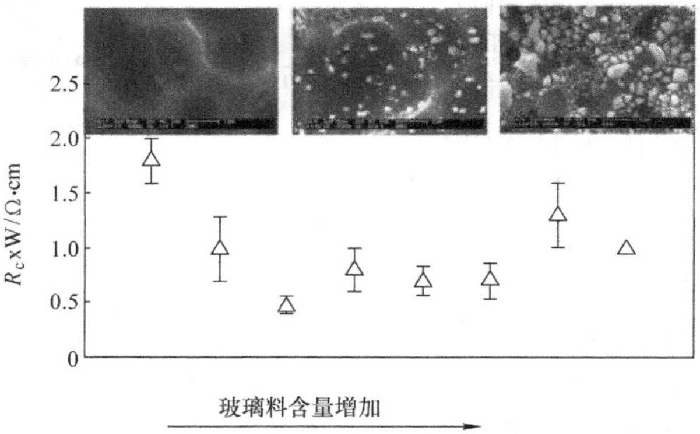


图 5-27　采用 TLM 法测试的接触电阻，给出了其随玻璃料含量的变化

数量不直接决定接触电阻，在玻璃料含量很少时，析出的银晶粒数量很少，不利于降低接触电阻；当玻璃料含量很多时，虽然生成的银晶粒数量增多，但是在再结晶银晶粒和银厚膜之间的玻璃层厚度也将增大，导致电流传输受阻，同样不利接触电阻的降低。有研究认为，10%的再结晶银晶粒覆盖面积已经足够形成良好的接触电阻。图 5-28 对比了烧结后形成的薄的和厚的玻璃层，在薄的玻璃层的情况下具有低的接触电阻。

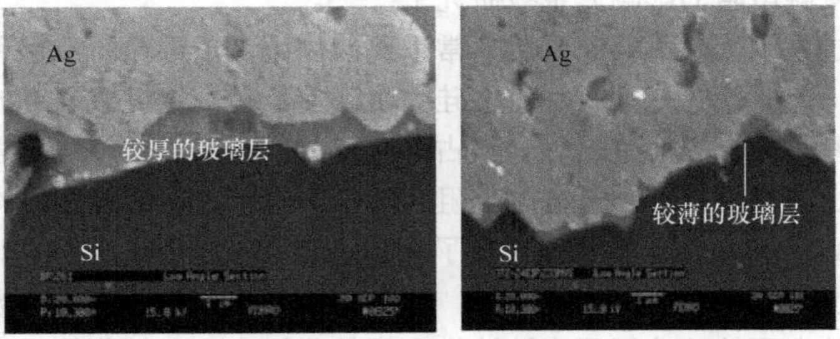


a)　　　　b)

图 5-28　不同烧结条件下得到的薄的和厚的玻璃层[13]

峰值烧结温度对接触电阻的影响类似于玻璃料含量的影响，因而在给定浆料的情况下，一味提高烧结温度并不会带来更低的接触电阻。当烧结温度过高时，除了沉积的玻璃层变厚外，还将对发射区硅腐蚀过深，造成银与低掺杂浓度硅的接触，增加肖特基势垒，增大接触电阻。另一方面，在高烧结温度下，浆料中的银及其他金属杂质可能扩散进入电池 pn 结造成漏电和耗尽区的高复合，这也就降低了电池的填充因子又降低了开路电压。图 5-29 所示为活性很强和活性一般的玻璃料在烧结后银电极下硅体中的 Ag 离子的分布(SIMS)。Ag 离子在 pn 结进入过深将导致漏电问题。

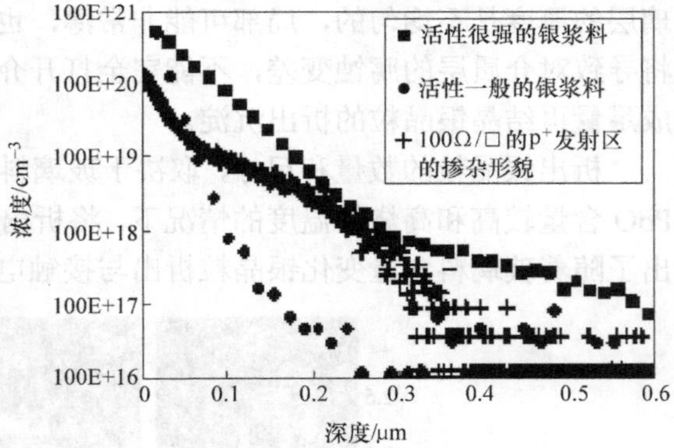


图 5-29　活性很强和活性一般的玻璃料在烧结后银栅线下的 Ag 离子浓度分布[41]（图中，正方块为活性很强的玻璃料的银浆，菱形为活性较弱的玻璃料的银浆，十字为 100Ω/□的 pn 结中磷原子的分布）

影响晶体硅电池接触特性的因素还有发射区表面掺杂浓度、硅片表面形貌、烧结气氛和后处理工艺等。有研究表明发射区表面掺杂浓度越高形成的再结晶银晶粒的密度越高，如图 5-30 所示。在高掺杂浓度的发射区表面，过剩的磷原子浓度导致了硅晶格的不完整，这种缺陷降低了硅反应的激活能，充当了反应种子。另外，不同的硅表面形貌结构将会导致磷扩散的差异。Hayoung Park 等人[42]认为小的、圆润的金字塔都有利于降低接触电阻。

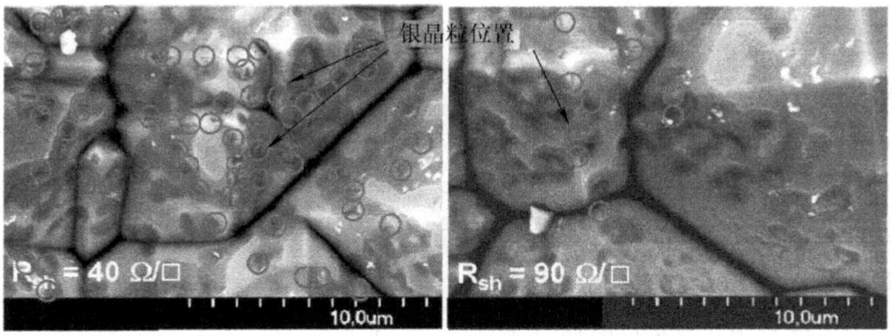


图 5-30　在不同方块电阻的发射区表面上银晶粒密度的比较（样品在烧结后经过了 $HNO_3$ 及 HF 的处理，将表面的玻璃层及银晶粒等已被去除干净[34]）

烧结气氛中的氧被认为起到了积极作用，在烧结过程中促进了接触的形成并增强了再结晶银晶粒的生长。氧气对反应的积极作用已经被报道[19, 39]：玻璃料中的银发生溶解，存在于流动的玻璃料中，烧结炉中的氧气能够将这些银进行氧化形成氧化银，然后氧化银与硅发生氧化还原反应形成银和氧化硅。因此在惰性气氛下和在大气气氛下的反应机理完全不同。Forming Gas 退火对接触也起到了积极的改善作用，因为在这种还原气氛中退火会使玻璃层中的金属氧化物被还原析出金属，协助了电流的传输。

## 5.4　背接触及背表面场的形成

### 5.4.1　铝背场形成机理及作用

在烧结的过程中，除了形成正银电极接触，还形成了铝（Al）背场及背接触。由于在烧结过程中，Al 以 p 型掺杂剂的形式进入到硅中，以饱和固溶度的浓度形成 $p^+$区，因而在形成背接触的同时也形成了 Al 背场。无论是蒸发沉积还是丝印 Al 层，高温烧结过程都是形成 Al 背场的必须环节。Al 背场形成的过程可分为三个步骤：

1）在硅的背表面印刷铝浆料或沉积铝薄膜。

2）在高温（高于 577℃）下烧结。

3）冷却。

在烧结过程中，硅片被加热至高于铝硅合金熔融温度（577℃），使硅和铝开始熔化。随着温度的升高越来越多的硅熔解；冷却时，熔融硅根据铝硅合金相图（见图 5-31）的比例从合金中逐渐析出并在原硅表面再结晶，析出了铝的硅中仍旧掺杂了大量的铝原子，形成 $p^+$型硅构成铝背场。同时在背场上形成一层铝硅合金层，其中硅含量约为 12%。由于烧结过程中有氧存在，还有一层薄的氧化铝层存在。

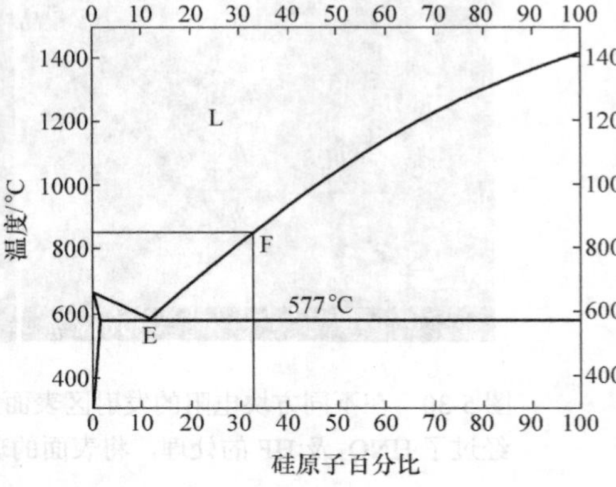


图 5-31 铝硅合金相图[43]

蒸发或其他方法沉积的金属铝和丝印铝厚膜的区别是丝印铝膜中的金属铝颗粒上都覆盖有氧化层。这导致两者在烧结过程中形成接触的机理略有些不同。在丝印铝厚膜的情况下，一些研究[44, 45]认为硅铝合金的形成是局部的，当烧结温度高于 660℃（铝的熔化温度）后铝开始熔化，只有液态铝能够刺穿氧化铝外壳与硅接触，因此接触的形成是局部的，容易导致背场厚度不均匀。在烧结过程中，通入氧气生成氧化铝是有利的，因为生成的氧化铝能够对铝球结构起到支撑的作用，并可将铝颗粒固定在原位。典型的工业烧结后的电池及 Al 背接触微观形貌图如图 5-32 所示。

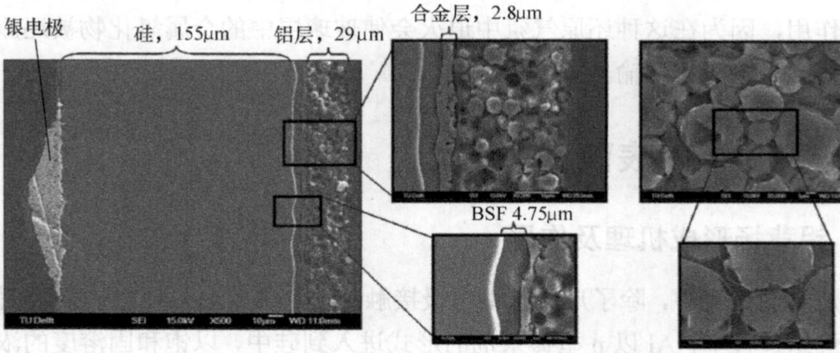


a) 和Al背场及烧结后铝厚膜　　b) SEM图

图 5-32 传统晶体硅太阳电池的截面图

从图中看出，烧结后的背铝主要由三部分构成：Al 背场、Al-Si 合金和体铝。体铝厚度大约为 20μm，主要由圆形的铝颗粒构成，在颗粒的外层有一薄的氧化铝层，大约为 200nm 厚。在铝颗粒与颗粒之间，是玻璃料烧结残留物或空隙。从图 5-33 根据二维数字图像计算出，孔洞大约有 14%（体积比），玻璃料 3.9%（体积比），剩余部分为含硅量在 17%的铝颗粒。在体铝之下是 Al-Si 合金层，图中所示的合金层厚度为2.8μm，合金层的性质将对电池的背反射起到非常重要的作用。在合金层之下是Al背场，图中所示背场厚度为5μm左右。

在烧结过程中形成了铝背场，背场中铝离子的掺杂浓度为$1\times10^{18}\sim4\times10^{18}/cm^3$。一般工业生产采用的p型硅片电阻率在1Ω·cm以上，对应杂质浓度为$1.3\times10^{16}/cm^3$以下，因而铝的掺杂可以形成$pp^+$高低结。背场的作用有：① 加速光生少子输运，增加光电流。② 由于少子复合下降减少了暗电流，背电场还可能把向背表面运动的光生少子反射回去重新被收集。但是，当基区厚度大于一倍的少子扩散长度时，背电场的作用将明显下降，因为被反射回去的少子在到达pn结前已被复合。③ 增加电池开路电压，但是当基体材料电阻率低于0.5Ω·cm（即掺杂浓度大于$10^{17}/cm^3$）时，背电场不起作用。④ 改善了金属和半导体的接触，减少了串联电阻，整个电池的填充因子也得到了改善。关于背场对电池短路电流和开路电压提升作用的详细讨论可参考文献[47]。

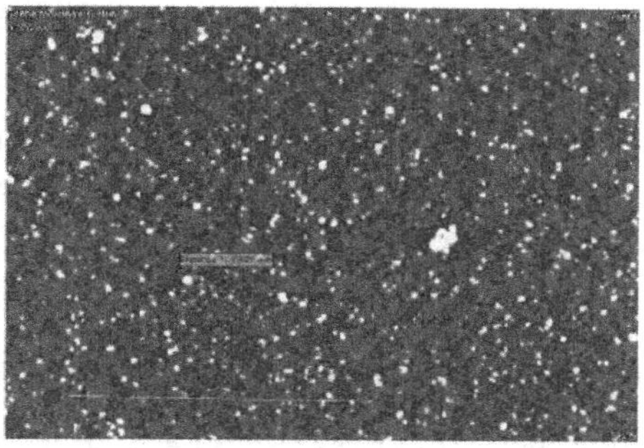

图5-33 烧结后背铝厚膜的二维XRD图

## 5.4.2 影响背场质量的因素

背场的质量与烧结工艺有关。短时间的快速升温，使得硅片在短时间获得相当高的能量有利于形成均匀连续的背场。背场深度与印刷铝层厚度和烧结峰值温度有关。

$$W=\frac{m_{Si}}{A\times\rho_{Si}} \tag{5-12}$$

$$m_{Si}=m_{Al}\left(\frac{F}{100-F}-\frac{E}{100-E}\right) \tag{5-13}$$

式中，$W$为掺杂区厚度；$m_{Si}$为溶解了的硅的质量；$m_{Al}$为溶解了的Al的质量；$\rho_{Si}$为硅密度；$A$为样品面积；$F$和$E$是硅的质量在烧结温度和共熔点分别所占比例。

因而理论上来说铝层越厚、烧结峰值温度越高，形成的背场越深。

实际上，烧结后形成的背场深度与理论并不总是吻合的。造成偏差的原因是，在理论计算时认为合金形成的过程是瞬时的，烧结时间已经足够所有反应发生。有三种情况可能造成实际与理论的不符：① 硅片温度未达到实际设定的峰值烧结温度；② 即使硅片达到设定的实际温度，但是由于反应时间过短，导致部分铝未参加反应，因此形成的背场厚度低于理论值；③ 在降温过程中，由于降温过快，部分硅来不及析出便以合金的形式固化，导致较厚的合金层和较薄的背场。这三种情景与烧结炉网带带速有关，带速过快易造成以上现象，当印刷铝层过厚时也易造成以第一和第二种情况。

图 5-34 给出了不同烧结温度下铝掺杂的 $p^+$层的掺杂剖面。从图中看出，峰值温度越高，背场越厚且掺杂浓度越高。图中表面处很高的 Al 掺杂浓度与样品处理有关，通常在用 HCl 腐蚀硅铝合金时，易在金字塔表面残留一些铝[48]。

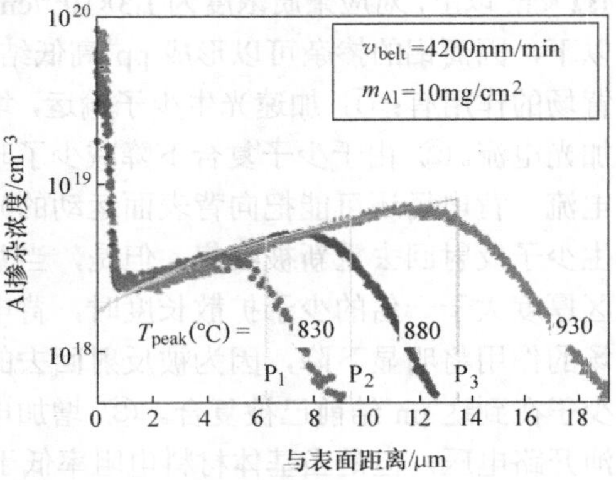


图 5-34　ECV 法测试的不同峰值温度下 Al 掺杂的 $p^+$层的掺杂曲线[49]（图中实线为拟合值，拟合值与实测值在掺杂浓度与深度上出现偏差）

优化的背场应当连续并且平整。影响背场平整性的因素有印刷铝层厚度、烧结升温曲线和印刷前硅表面形貌等。当印刷铝层厚度较薄、升温较慢以及硅表面有金字塔等绒面结构时，均易导致不均匀的背场。图 5-35 给出了不同升温速度下形成合金的反应过程及剖面。在慢速升温的情况下，硅与铝的反应易从某些位置开始，导致一些区域与硅的反应很深，另一些区域与硅的反应很浅[50]，会造成不均匀的背场。当背场的不均匀严重时，还可能出现局部铝背场的缺失，造成基区 p 型硅与铝的直接接触，导致局部背场缺陷，影响电池效率，如图 5-36 所示。

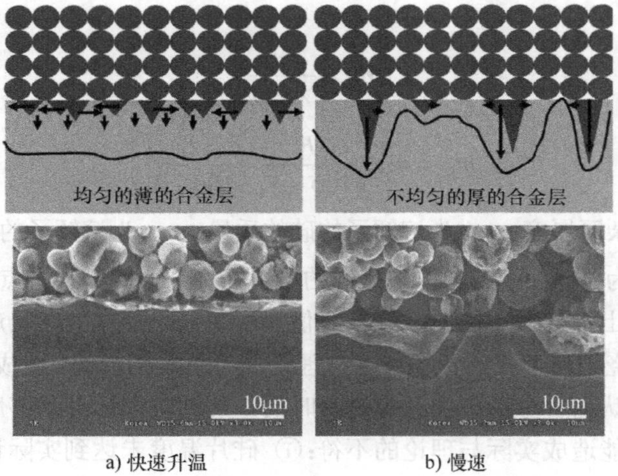


a) 快速升温　　　　b) 慢速

图 5-35　RTP（快速热处理）条件下升温速度对合金形成的影响[50]

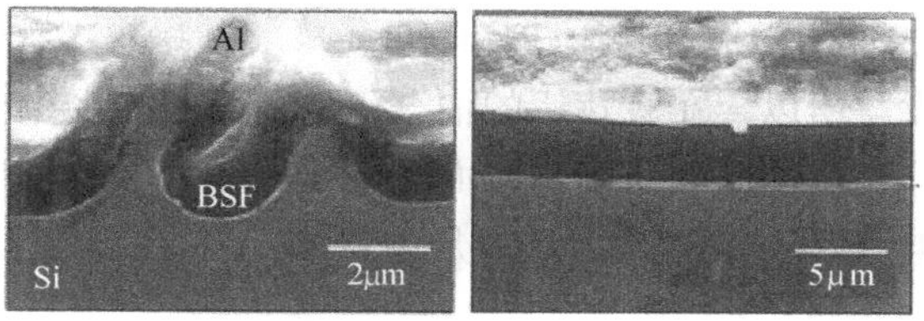


a) 基区与铝厚膜直接接触　　b) 均匀背场

图 5-36　升温速度对背场均匀性的影响[51]

Al 背接触的烧结质量与烧结条件相关，也存在欠烧与过烧。当烧结温度不够时，会出现背场深度不够；当烧结温度过高后，会造成背表面鼓包，如图 5-37 所示。鼓包造成了不均匀分布的背场，在鼓包位置，背场很深，但是在鼓包的边缘，背场很浅，这种现象可造成高的背表面复合速率（BSRV），使电池效率下降[50, 52]。对一定厚度的印刷铝层，存在一个极限烧结温度，高于此温度后背场质量下降。

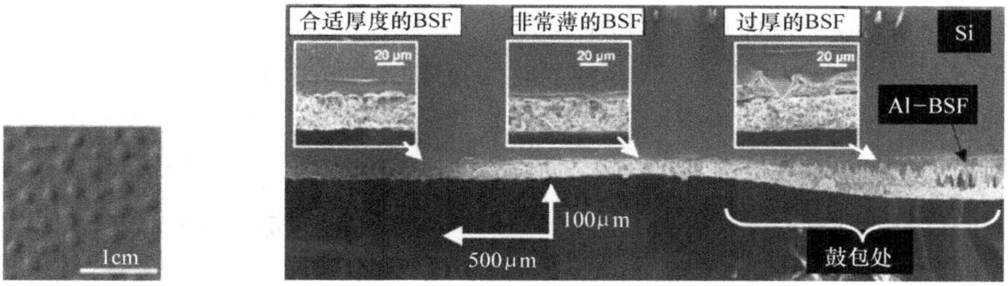


a)过烧条件下典型的鼓包　　b) 和鼓包处的横截面扫描电镜图

图 5-37　过烧条件下典型的鼓包和鼓包处的横截面扫描电镜图[52]

### 5.4.3　背反射

在形成背场的同时，铝硅合金还起到了背反射器的作用，背反射器增加了长波的光程，从而提高了电池短路电流。其原理如下：半导体对光的吸收满足吸收定律，即

$$I_x = I_0(1-R)e^{-\alpha x} \tag{5-14}$$

式中，$R$ 为反射率；$I_x$ 为进入半导体的光到达 $x$ 处的光强度；$\alpha$为与波长有关的吸收系数。

在这里我们只考虑本征吸收。只有那些能量 $h\nu$ 大于禁带宽度 $E_g$ 的光子，才能产生本征吸收，所以便有一波长吸收限 $\lambda_0$，$\lambda_0 = \dfrac{hc_0}{E_g}$。对于硅，其禁带宽度 $E_g = 1.12\text{eV}$，得到 $\lambda_0$ =1110nm。只有波长 $\lambda < \lambda_0$ 的光才能发生本征吸收。但是对

于小于 $\lambda_0$ 的波长较长的光，它们在硅片内的穿透深度较长，只有在硅片足够厚时才能够被充分吸收。所以，在有背铝的情况下，长波长光经过一次吸收后部分折射到大气中，部分被反射回硅体内，从而增加了光程，增强了硅对长波的吸收，进而提高了短路电流。Al-Si 合金层的背反射性质与烧结条件有关，尤其是与峰值烧结温度有关。

### 5.4.4　烧结导致的硅片弯曲

烧结降温后形成的硅片弯曲现象被称为翘片，这一现象已被深入研究。在降温过程中，背面接触的铝层和硅片由于热膨胀系数不同（Al 的膨胀系数为 $23\times10^{-6}K^{-1}$，硅的膨胀系数为 $3.5\times10^{-6}K^{-1}$[53]），铝层的收缩将会导致对硅片的应力，在此应力作用下硅片发生弯曲[54-56]，当使用更薄的硅片时弯曲效应更明显。这将导致碎片率上升，尤其在封装工艺中。硅片越薄，印刷铝层越厚，烧结温度越高，硅片弯曲量越大。图 5-38 给出了硅片在烧结后的弯曲程度随着硅片厚度的变化，硅片越厚，这种弯曲效应越不明显。

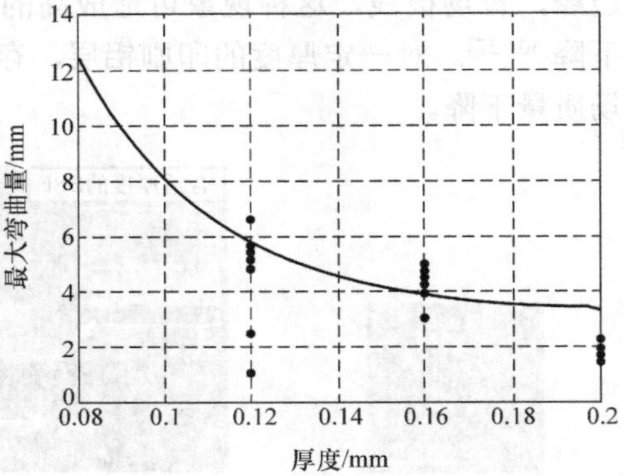


图 5-38　最大弯曲量与硅片厚度的关系[54]
（图中的点为测试值，曲线为计算机模拟结果）

对于弯曲问题，也提出了一些解决方案。一是降低铝浆的印刷量；二是优化浆料的成分；三是采用局部铝背场，通过减少铝与硅的接触面积来降低硅片的弯曲度。

## 5.5　电极制备新技术

晶体硅太阳电池制造技术已经诞生近半个世纪，近十年来随着产业规模急剧扩张生产技术水平也不断提高，电极制备工艺、设备及浆料的改进在很大程度上促进了电池效率的提高。如前文所讨论，电极在制备过程中将对表面复合、入射光的吸收及串联电阻与并联电阻都产生重要影响，是电池制备过程中非常重要的工艺。因此，为实现高效率和降低成本，新电极制备工艺在不断开发中。在电池正电极方面，主要发展方向为：① 细栅技术，适用于高方块电阻的发射区；② 低成本技术，通过降低银含量或采用银替代材料降低电池成本，如低银含量浆料的开发或 Ni、Cu 等金属的使用。在背电极方面，主要发展方向为：① 新的背场掺杂技术，如硼掺杂；② 开发新的局域背接触技术或新浆料消除电池烧结后的翘片现象。针对以上几个发展方向，目前市场上逐渐出现一些新技术，下面一一描述。

### 5.5.1　二次印刷法

晶体硅片正电极对电池的遮光与复合效应是限制电池效率提升的一个重要因素。为了尽量减少这种负面效果，必须将金属电极的宽度控制到最窄。然而，为了保证导电性，金属线必须具有一定的高度才能具有较高的横截面积。受到印刷技术的局限，大多数烧结后的金属栅线的高度为 12～15 μm，线宽为 80～10 μm。如果要减少这种损失，必须要在降低电极栅线的宽度的同时提高电极高度。如果将金属线的宽度和高度从 120μm 和 12μm 调整到 70μm 和 30μm，那么转化效率就能实现 0.5%的绝对增益。通过两次印刷将电极高度累加，可实现此目的。另一方面，在二次印刷中，底层的浆料设计侧重于实现较低的接触电阻，上层的浆料侧重于实现较低的体电阻，兼顾接触电阻与体银导电性，有利于降低串联电阻，最终提高输出电流和效率。为实现二次印刷（见图 5-39），丝印机需要具有精确对准功能，以在第二次印刷时实现两次印刷电极位置精确对准。二次印刷工艺简单，只需在传统生产线上增加一个丝印台、一个烘干炉便可实现，现在已经小规模应用在生产当中。

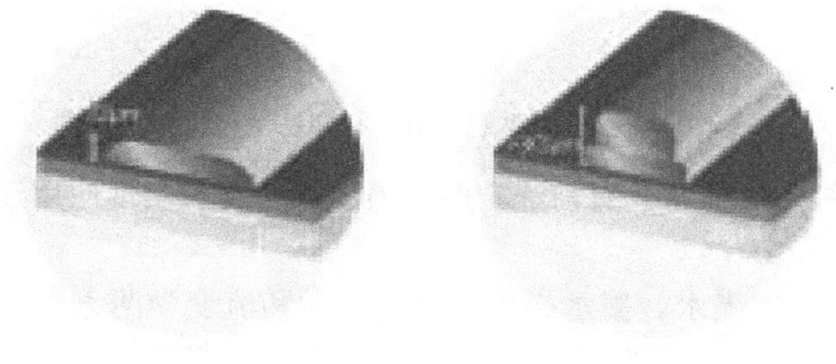

a) 一次印刷的截面　　b) 二次印刷的截面

图 5-39　二次印刷示意图

### 5.5.2　喷墨打印法

喷墨打印技术是非常有前途的电极制备技术，具有替代丝网印刷技术的潜力。喷墨打印技术的优势是：易形成细栅、高产出、低成本、免网版、高精度。由于直接通过喷墨打印形成所需图形，所以工艺复杂度低，由于选择性的打印金属降低了金属材料的浪费，电极制备过程中与硅片没有接触降低了污染的可能性。因此其适用于更薄的硅片。

图 5-40 给出了喷墨打印系统的照片和打印电极示意图。由于银浆料必须经过雾化才能经喷嘴打印出来，所以打印出来的电极栅线虽然很细但是同时也很薄，

现阶段喷墨打印法制备的电极多用于充当种子层，然后经光诱导化学镀或电镀加宽加高最终实现电极。

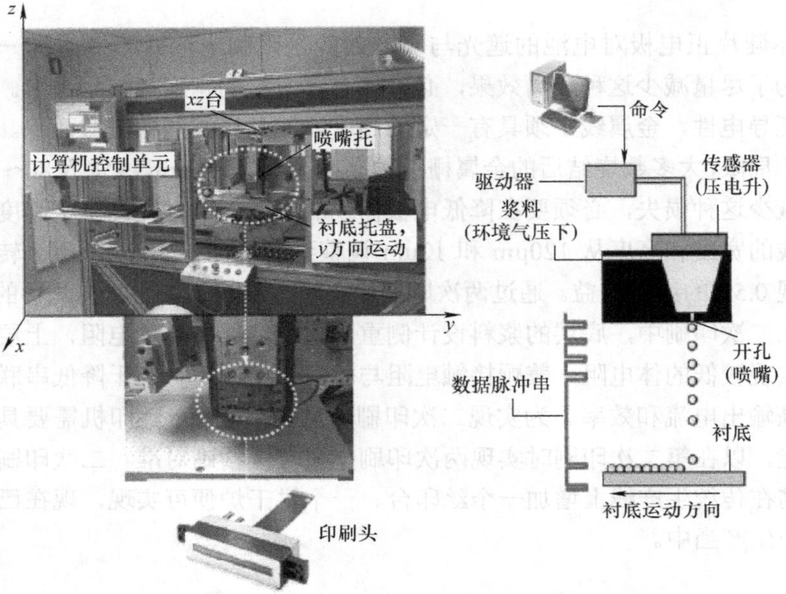


a)　　b)

图 5-40　喷墨打印系统和喷墨打印法沉积电极示意图

尽管喷墨打印法非常具有前途，但是喷墨打印要想实现应用还有许多问题要克服：

1）制备合适的墨水。墨水必须满足物理学和流变学两方面的要求，使墨水具有合适的表面张力、流速、固化时间、浸润性、分散性和挥发性。墨水的化学特性和配方不仅决定墨水的打印特性及与喷头的兼容性，它们同样对打印图形的质量起到决定性因素。

2）喷墨/打印条件。墨水打印质量依赖于经喷嘴喷出的墨滴的特性。所喷出墨滴的特性主要受墨滴的流动性（墨水配方）影响，同样也受其他几个因素的影响，包括打印驱动参数（如雾化方式等）和环境条件。打印参数应当优化来保证打印过程的可打印性、可重复性和可靠性。

3）打印和打印后处理条件优化。打印后的烘干、烧结及可能的电化学处理都会对打印电极的力学性能和导电性产生影响。因此必须对这些条件的优化进行研究。

## 5.5.3　化学镀/电镀法

采用化学方法沉积金属的电极制备方式得到了广泛关注，目前使用的方法有化学镀和电镀两种，统一被称为自对准沉积。目前这种方法有两种应用，一是在种子层上进行自对准沉积。种子层可以通过印刷法也可以通过喷墨打印等方法得到。通过化学自对准沉积 Ag 后提高电极高宽比并使种子电极变得更致密，降低栅线线电阻（见图 5-41）。另一种是发射区上直接沉积，电极之外的发射区有介质膜（如 $SiO_2$、$Si_3N_4$ 等）保护，电极位置可以通过激光等方法确定，如激光掺杂等。使用光诱导的化学镀或电镀在传统电镀或化学镀的基础上加入了光辐照，提高了金属沉积速度。化学镀或电镀的原理是溶液中的金属离子得到电子后还原成金属沉积在活性较高的表面。由于金属离子优先选择活性较高的位置（如无氮化硅钝化的裸露的硅表面）或表面导电的位置沉积，因而化学镀或电镀方法被称为自对准技术，不需要使用模板定义电极图形。光诱导化学镀可以沉积金属 Ni、Cu、Ag。但是缺点是工艺稳定性较差，镀液环境友好性较差，且生长速度较慢。

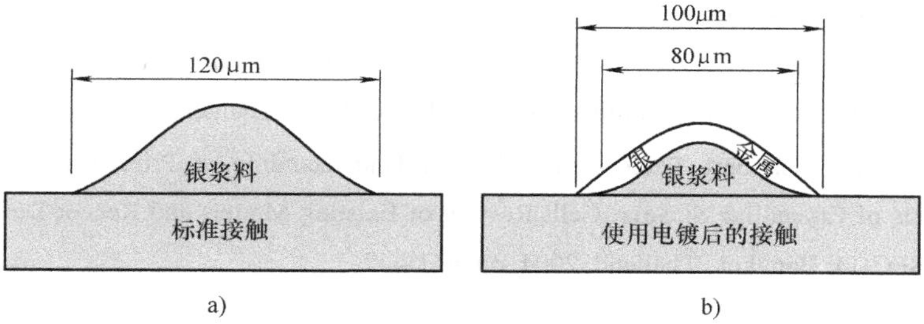


图 5-41　常规印刷电极图形和化学镀/电镀在种子层上加高加宽后的电极图形

## 参 考 文 献


[1] J. Bardeen, "Surface states and rectification at a metal semi-conductor contact," Physical Review, vol. 71, pp. 717-727, 1947.

[2] A. Y. C. Yu, "Electron tunneling and contact resistance of metal-silicon contact barriers," Solid-State Electronics, vol. 13, pp. 239-247, 1970.

[3] D. K. Schroder and D. L. Meier, "Solar cell contact resistance - a review," IEEE Transactions on Electron Devices, vol. ED-31, pp. 637-647, 1984.

[4] M.A.Green. 硅太阳能电池：高级原理与实践[M]. 狄大卫，等译. 上海：上海交通大学出版社, 2011.

[5] M. A. Green, Solar cells: operating principles, technology, and system applications: Prentice-Hall, 1982.

[6] G. C. Cheek, et al., "Thick Film Metallization for Solar Cell Applications," IEEE Transactions on Electron Device, vol. 31, pp. 602-609, 1984.

[7] G. Agostinelli, et al., "Silicon solar cells on ultra-thin substrates for large scale production," in Proceedings of the 21st European Photovoltaic Solar Energy Conference, Dresden, Germany,

2006.

[8] M.Hofmann, et al., "Firing stable surface passivation using all-PECVD stacks of SiOx:H and $SiN_x$:H " in Proceedings of the 22nd European Photovoltaic, Milan, Italy, 2007, pp. 1030-1033.

[9] A. G. Aberle, Crystalline Silicon Solar Cells:Advanced Surface Passivation and Analysis, 1999.

[10] H.-H. L. Dae-Yong Lee, Jun Yong Ahn, Hyun Jung Park, Jong Hwan Kim, Hyug Jin Kwon, Ji-Weon Jeong, "A new back surface passivation stack for thin crystalline silicon solar cells with screen-printed back contacts," solar energy materials & solar cells, vol. 95, pp. 26-29, 2010.

[11] C. Ballif, et al., "Silver thick-film contacts on highly doped n-type silicon emitters: Structural and electronic properties," Applied Physics Letters, vol. 82, pp. 1878-1880, 2003.

[12] M. Hilali, et al., "Effect of Ag particle size in thick film Ag paste on the electrical and physical properties of screen printed contacts and silicon solar cells," Journal of the Electrochemical Society, vol. 153, pp. A5-A11, 2006.

[13] C. Khadilkar, et al., "Characterization of front contact in a silicon solar cell," presented at the Technical Digest of the International PVSEC-14, Bangkok，Thailand, 2004.

[14] F. H. Gunnar Schubert, Peter Fath, "Physical Understanding of Printed Thick Film Front Contacts of Crystalline Si Solar Cells:Review of Existing Models and Recent Developments," in PVSEC-14, Bangkok, Thailand, 2004, pp. 441-442.

[15] C. Lap Kin, et al., "Nano-Ag colloids assisted tunneling mechanism for current conduction in front contact of crystalline Si solar cells," in Photovoltaic Specialists Conference (PVSC), 2009 34th IEEE, 2009, pp. 002344-002348.

[16] G. Schubert, et al., "Physical understanding of printed thick-film front contacts of crystalline Si solar cells--Review of existing models and recent developments," Solar Energy Materials and Solar Cells, vol. 90, pp. 3399-3406, 2006.

[17] K.-K. Hong, et al., "Role of PbO-based glass frit in Ag thick-film contact formation for crystalline Si solar cells," Metals and Materials International, vol. 15, pp. 307-312, 2009.

[18] G. Schubert, "Thick Film Metallisation of Crystalline Silicon Solar Cells," PhD thesis, University of Konstanz, 2006.

[19] T. G. Matthias Hörteis, Armin Reller, and Stefan W. Glunz, "High-Temperature Contact Formation on n-Type Silicon: Basic Reactions and Contact Model for Seed-Layer Contacts," Advanced Functional Materials, vol. 20, p. 476, 2010.

[20] G. Schubert, et al., "Formation and nature of Ag thick film contacts on crystalline silicon solar cells," in PV in Europe Conference, Italy, 2002, pp. 343-346.

[21] G. Grupp, et al., "Analysis of silver thick-film contact formation on industrial silicon solar cells," in Photovoltaic Specialists Conference, 2005. Conference Record of the Thirty-first IEEE, 2005, pp. 1289-1292.

[22] S. Kontermann, et al., "CHARACTERISATION OF SILVER THICK-FILM CONTACT FORMATION ON TEXTURED MONOCRYSTALLINE SILICON SOLAR CELLS," presented at the 21st European Photovoltaic Solar Energy Conference, Dresden, 2006.

[23] M. Prudenziati, et al., "Ag-based Thick-film From Metallization of Silico Solar Cells," Active Passive Electron. Components, vol. 13, pp. 133-150, 1989.

[24] G. C. Cheek, et al., "Thick-film metallization for solar cell applications," Transactions on electron devices, vol. ED-31, pp. 602-609, 1984.

[25] R. J. S. Young and A. F. Carroll, "Advances in front-side thick film metallisation for silicon solar cells," in 16th EC PVSEC, Glasgow, Great Britain, 2000, p. VD3.63.

[26] K. Firor and S. Hogan, "Effects of processing parameters on thick film inks used for solar cell front metallization," Solar Cells, vol. 5, pp. 87-100, 1981.

[27] K. Firor, et al., "Series resistance associated with thick- film contacts to solar cells," in 16th IEEE PVSC, New York, 1982, pp. 824-827.

[28] D. M. Huljic, et al., "Microstructural analysis of Ag thick-film contacts on n-type silicon emitters," in Proc. 3rd WCPEC, Osaka, 2003, pp. 971-974.

[29] G. Grupp, et al., "Peak firing temperature dependence of the microstructure of Ag thick-film contacts on silicon solar cells - a detailed AFM study of the interface," in Proc. 20th EC PVSEC, Barcelona, Spain, 2005, pp. 1379-1382.

[30] T. Nakajima, et al., "Ohmic contact of conductive silver paste to silicon solar cells," International Journal of Hybrid Microelectronics, vol. 6, pp. 580-586, 1983.

[31] M. Prudenziati, et al., "Ag-based thick film front metallization of silicon solar cells," Active and Passive Electrical Compounds, vol. 13, pp. 133-150, 1989.

[32] O. Gzowski, et al., "The surface conductivity of bismuth contaminated lead-silicate glasses," Journal of Non-Crystalline Solids, vol. 41, pp. 267-271, 1980.

[33] O. Gzowski, et al., "The surface conductivity of lead glasses," Journal of Applied Physics, vol. 15, pp. 1097-1101, 1982.

[34] y. D. Pysch, A. Mette, A. Filipovic and S. W. Glunz, "Comprehensive Analysis of Advanced Solar Cell Contacts Consisting of Printed Fine-line Seed Layers Thickened by Silver Plating," PROGRESS IN PHOTOVOLTAICS: RESEARCH AND APPLICATIONS, vol. 17, pp. 101-114, 2009.

[35] M. M. Hilalim, et al., "Effect of glass frit chemistry on the physical and electrical properties of thick-film Ag contacts for silicon solar cells," J. Electron. Mater, vol. 35, pp. 2041-2047, 2006.

[36] S. B. Rane, et al., "Effect of inorganic binders on the properties of siliver thick films," J Mater Sci: Mater Electron, vol. 15, pp. 103-106, 2004.

[37] A. S. Shaikh, et al., "Designing a front contact ink for SiN/sub x/ coated polycrystalline Si solar

cells," in Photovoltaic Energy Conversion, 2003. Proceedings of 3rd World Conference on, 2003, pp. 1500-1502 Vol.2.

[38] M. M. Hilali, et al., "Understanding and Development of Ag Pastes for silicon soalr cells with high sheet resistance emitters," presented at the 19th European Photovoltaic Solar Energy Conference, Paris, France, 2004.

[39] S.-B. Cho, et al., "Role of the ambient oxygen on the silver thick-film contact formation for crystalline silicon solar cells," Current Applied Physics, vol. 10, pp. s222-s225, 2010.

[40] A. Ebong, et al., "Rapid photo-assisted forming gas anneal (FGA) for high quality screen-printed contacts for silicon solar cells," in Photovoltaic Specialists Conference, 2000. Conference Record of the Twenty-Eighth IEEE, 2000, pp. 264-267.

[41] M. M. Hilali and A. Rohatgi, "A Review and Understanding of Screen-Printed Contacts and Selective-Emitter Formation," presented at the 14th Workshop on Crystalline Siliocn Solar Cells and Modules, Colorado, 2004.

[42] J. S. L. Hayoung Park, Soonwoo Kwon, Sewang Yoon, Donghwan Kim, "Effect of surface morphology on screen printed solar cells," Current Applied Physics, vol. 10, pp. 113-1118, 2010.

[43] T. B. Massalski, "Binary Alloy Phase Diagrams." vol. 1-3, ed: USA: ASM International, 1992.

[44] L. Sardi, et al., "Some features of thick film technology for the back metallization of solar cells," Solar Cells, vol. 11, pp. 57-61, 1984.

[45] F. Huster, "Investigation of the alloying process of screen printed aluminium pastes for the BSF formation on silicon solar cells," in Proc. 20th EC PVSEC, Barcelona, Spain, 2005, pp. 1466-1469.

[46] M. J. V.A.Popovich, I.M. Richardson, T.van Amstel, "Microstructure and mechanical properties of aluminum back contact layers," solar energy materials & solar cells, vol. 95, pp. 93-96, 2011.

[47] J. G. Fossum, et al., "Physics Underlying the Performance of Back-Surface-Field Solar Cells," IEEE transactions on electron device, vol. ED-27, pp. 785-791, 1980.

[48] R.Bock, et al., "Electronmicroscopy analysis of crystalline silicon islands formed on screen-printed aluminum-doped p-type silicon surfaces," J.Appl.Phys., vol. 104, pp. 043701-043701-5, 2008.

[49] J. Krause, et al., "Microstructural and electrical properties of different-sized aluminum-alloyed contacts and their layer system on silicon surfaces," Solar Energy Materials and Solar Cells, vol. 95, pp. 2151-2160, 2011.

[50] S. Park, et al., "Effects of controllable process factors on Al rear surface bumps in Si solar cells," Current Applied Physics, vol. In Press, Corrected Proof, 2011.

[51] S. Narasimha, et al., "An optimized rapid aluminum back surface field technique for silicon

solar cells," Electron Devices, IEEE Transactions on, vol. 46, pp. 1363-1370, 1999.

[52] V. Meemongkolkiat, et al., "Factors Limiting the Formation of Uniform and Thick Aluminum-Back-Surface Field and Its Potential," Journal of The Electrochemical Society, vol. 153, pp. G53-G58, 2006.

[53] F. Huster, "Aluminium-back surface field: Bow investigation and elimination," in Proc. 20th EC PVSEC, Barcelona, Spain, 2005, pp. 635-638.

[54] T. van Amstel and I. J. Bennett, "Towards a better understanding of the thermo-mechanical behavior of H-pattern cells during metallization," in Photovoltaic Specialists Conference, 2008. PVSC '08. 33rd IEEE, 2008, pp. 1-5.

[55] F. Huster, "Aluminum-back surface field: bow investigation and elimination," presented at the 20th European Photovoltaic Solar Energy Conference and Exhibition, Barcelona, 2005.

[56] S. D. M. Bahr, A. Lawerenz, L. Mittelstadt, "Comparison of Bow-Avoiding Al-Pastes for Thin, Large-Area Crystalline Silicon Solar Cells," presented at the 20th European Photovoltaic Solar Energy Conference and Exhibition, Barcelona, 2005.

# 第6章 硅片和太阳电池的几种测试方法

在生产和工艺研究过程中，一般感兴趣的电学参数测试包括：短路电流（$I_{sc}$）、开路电压（$V_{OC}$）、填充因子（$FF$）、理想因子（$n$）、串联电阻（$R_S$）和并联电阻（$R_{sh}$），以及加上某个反向偏压下的电流。开路电压$V_{OC}$和填充因子$FF$可以通过正向偏压下的光照电流-电压曲线（$I$-$V$ 曲线）的形状反映。正向电流密度在整个电池上分布是不均匀的，会存在通过某个区域的电流密度高于电池的平均电流密度的现象。而暗$I$-$V$ 测试能够反映在光照下的串联和并联电阻的问题。最近发展的Suns-Voc技术能够在单次闪光下测试没有串联电阻影响的$I$-$V$曲线，反映电池中的复合或者分流信息。

根据太阳电池制备过程中的测试内容，可以分为以下几类：① 原材料的选择和工艺监控测试，主要包括少子寿命测试；② 最终太阳电池的电学性能测试，包括光照$I$-$V$和暗$I$-$V$测试，内、外量子效率测试；③ 针对限制电池效率的缺陷进行的分析，也称为失效分析测试，包括电致发光、光致发光等测试。本章将对这几种测试方法进行说明。

## 6.1 少子寿命测试

### 6.1.1 少子寿命测试简介

光生电子和空穴在半导体中从产生直到消失的这段时间称为寿命。由于以下两个原因，对于载流子寿命的表征是最重要的。第一，在太阳电池中，当载流子连续产生时，寿命值决定了电子和空穴的稳定数量。这些数量决定了器件中产生的电压，因此它应该尽可能地高。第二，寿命的一个重要方面就是它直接与扩散长度相关。扩散长度就是过剩载流子从产生点到复合点的平均距离，这个值决定了器件中的光电流。硅太阳电池的工作对象是少子，因此所关心的载流子寿命被称为少子寿命。

在少子寿命的表征和分析中，重要的是能够将不同复合机理从寿命测试的结果中分离出来，并且能够限定在太阳电池器件中发生主要损失的区域。实际上测试得到的寿命是发生在 Si 片或者太阳电池不同区域的所有复合损失叠加的净结果，称为有效少子寿命。在分析有效少子寿命时，可以在数学表达式中将各种不同复合损失都分立出来，这对于分析复合机理非常有用。如果定义Si片前后表面的复合速率为$S_{front}$和$S_{back}$，Si片的厚度为$W$，体材料中载流子的扩散系数为$D_b$，

在不同情况下，可以得到测试样品的有效少子寿命的表达式为

$$\frac{1}{\tau_{\mathrm{eff}}}=\frac{1}{\tau_{\mathrm{b}}}+\pi^2\frac{D_{\mathrm{b}}}{W^2},\qquad \text{当 } S \gg D_{\mathrm{b}}/W \tag{6-1}$$

$$\frac{1}{\tau_{\mathrm{eff}}}=\frac{1}{\tau_{\mathrm{b}}}+\frac{S_{\mathrm{front}}+S_{\mathrm{back}}}{W},\qquad \text{当 } S \ll D_{\mathrm{b}}/W \tag{6-2}$$

当 $S_{\mathrm{front}}$ 和 $S_{\mathrm{back}}$ 相等时（前后表面为对称结构），式（6-2）为 $\frac{1}{\tau_{\mathrm{eff}}}=\frac{1}{\tau_{\mathrm{b}}}+\frac{2S}{W}$。

从式（6-1）可以看出，有效少子寿命主要依赖于在 Si 体内和前后表面的电子-空穴复合，因此在少子寿命表征中，如何准确地测试体少子寿命、表面复合速率这两个复合参数是实验方法的重点。

另外一个值得注意的细节就是载流子寿命具有可变性，寿命不应该被看成一个恒定值。它一方面可以在样品的工艺过程中发生变化，比如杂质污染导致寿命下降，或者经过热过程导致寿命降低。当样品暴露在光或者在某个温度下进行退火时，寿命也可以降低或者恢复。另外，也会因为测量条件（光注入强度和温度）的不同而发生变化。

### 6.1.2　载流子寿命测试在 Si 片和太阳电池中的应用

有效寿命的重要应用包括工艺监测和优化、质量控制和评估未完成器件的最终性能。下面从原材料硅片的监测或者筛选，以及太阳电池的工艺监控两个方面进行陈述。

1. 在 Si 片监测中的应用

对 Si 片的监测指的是在挑选实验硅片或者对硅片进行分档时，测试硅片的体少子寿命，从而根据其数值用于选择何种硅片或者分档的参考，当然也有外观，电阻率等测试内容，这些不在这里进行介绍。为了能够较为准确地获得材料的体寿命 $\tau_{\mathrm{b}}$，需要对硅片的表面进行钝化，从而减少表面的 $S$ 使其低于 $D_{\mathrm{b}}/W$，继而计算出 $\tau_{\mathrm{b}}$。

由表面有效少子寿命测量值可确定体少子寿命或表面复合速率。根据表面钝化的状态可以分成两种情况（以下讨论的都是前后表面为对称结构）。

1）表面复合速率很高的情况。此时表面未经钝化或钝化很差，如果硅片体寿命很高，则有效少子寿命与表面复合速率和体寿命都无关，仅为 $\left(\frac{W}{\pi}\right)^2/D_{\mathrm{b}}$。例如，在太阳电池生产线进行硅片分选测试时，表面未经钝化处理，复合速率很高，因此不论硅片体寿命多少，测试值均为 1～2μs。该值其实只反映了其几何尺寸和扩散长度的特性，而与体寿命无关。但是如果体少子寿命非常低，接近或低于 $\left(\frac{W}{\pi}\right)^2/D_{\mathrm{b}}$，则体寿命会对有效少子寿命产生影响。例如在分选时低于 1μs，表明

硅片已经非常差了。但是裸硅片有效寿命为 1~2μs 并不能确定其体少子寿命的真实值。根据式（6-1），也可以说明当使用较厚的硅片时，减少了式中第二项的影响，可以增加测试体寿命的准确度。

2）表面复合速率很低的情况。如果两个表面经过很好的钝化，其少子寿命符合式（6-2）。如果体寿命很高，则有效少子寿命近似等于 $W/2S$。如果表面复合速率非常低或体寿命不很高，则有效少子寿命近似等于体少子寿命。当体寿命（$\tau_b$）接近 $W/2S$ 时，各参数关系按照式（6-2）处理。一般很难由单一的有效少子寿命测量值确定两个未知参量（体寿命和表面复合速率），因此在实际测量中应尽量弱化两者中的一个因素的影响。如果需要测试硅片的体寿命，就应将其表面钝化得非常好，使有效少子寿命接近体寿命。例如，为了测量体寿命值大于 100μs 的样品，表面复合速率应小于 10cm/s。如若评价某种技术的钝化特性（表面复合速率 $S$），应选用体寿命非常长的区熔硅片，此时 $1/\tau_b$ 近似于 0，则 $\tau_{eff}$ 近似于 $W/2S$。此外，式（6-2）也表明，不同体寿命的硅片，其对表面钝化水平的要求也不同。例如，对于体寿命值为 0.1μs 的样品，表面复合速率达到 1000cm/s 是能够忍受的；但是对于体寿命为 100μs 的样品，要求表面复合速率低于 10cm/s。也就是说，体寿命高的硅片对表面钝化的要求更高。

2. 对 Si 太阳电池的工艺的监控

在硅太阳电池生产过程中，在发射极扩散之后进行寿命测试是比较合适的，因为在这个阶段测试的寿命经常对太阳电池的效率具有非常好的预言性。硅片表面磷扩散层和氧化层本身就可以作为一种表面钝化层。在存在发射极或者背场的情况下，一般更愿意用饱和电流密度来描述表面钝化或者发射极、背场的好坏，因为它们与电流、开路电压甚至填充因子紧密相关。

$$\frac{1}{\tau_{eff}}=\frac{1}{\tau_{bulk}}+\frac{J_{0efront}+J_{0eback}}{qn_i^2W} \tag{6-3}$$

式中，$J_{0e}$ 可以是掺杂扩散形成的发射极饱和电流密度，也可是背场的饱和电流密度。

式（6-3）适用于前后表面对称的结果，前后表面都进行相同的掺杂和钝化，这时 $J_{0efront}=J_{0eback}$；当前后表面的结构不相同时，比如 p 型硅片前面扩散形成发射极，背面扩散硼形成背场时，$J_{0efront}$ 有可能并不等于 $J_{0eback}$。只有在一个表面或者两个表面都有高掺杂的区域时从测试的寿命中获得的 $J_0$ 才有意义。除了高掺杂的发射极和背场之外，带有大量固定电荷的电介质薄膜在钝化的表面时，也会在表面诱导形成结或者耗尽区域。而在所有这些情况中，饱和电流密度 $J_0$ 被当做一个表征发生在那些重掺杂或者电荷诱导形成空间电荷区域的复合的重要参数。

通过测试表面复合速率与过剩载流子浓度（注入水平）之间的关系曲线，可以唯一地确定在电池相关工作范围的体寿命和发射极饱和电流密度（后面介绍具体的数据分析方法）。如果在后续的工艺中对发射极（也包括在 p 型或者 n 型硅片上扩散形成的 $p^+$或者 $n^+$层）进行钝化，也可以使用少子寿命测试方法确定在经过钝化工艺步骤后的体寿命和饱和电流密度。但是具体的分析方法要根据扩散形成发射极的工艺决定，因为这个扩散有可能只在前表面或者后表面进行。一般来讲，如果是要讨论发射极或者背场的饱和电流密度，较为合适的应该是前后对称结构，也就是都有相同的扩散和钝化薄膜。这就为表征发射极钝化的效果提供了一种理想的方法，例如研究发射极氧化或者沉积 $Si_3N_4$ 薄膜的钝化之后的表面复合速率（饱和电流密度）。另外，以单面扩散为例，这时候另外一个面可以采用非常好的钝化处理，从而保证扩散面决定样品中的复合过程。在这种情况下，测量的 $J_0$ 值就只等于扩散表面的数值。很明显，必须保证在测量时的注入水平下，非扩散面对复合没有贡献，但是实际上这点很难确定。

在扩散发射极形成之后，为了准确地测量 Si 片的体少子寿命，建议使用波长大于 700nm 的光照射样品，这样可以在 Si 片的整个体内产生相对均匀的载流子分布，同时减少光在发射极中被吸收的成分。如果片子在一个表面或者两个表面都有高的复合，可以分别结合前面照射、背面照射的方式进行测量。采用蓝光、红外光照射方法可确定在表面和体内的复合速率值。例如，对于其中某一个表面的复合速率较大的情况，采用蓝光（在硅中的穿透深度不到 1μm）照射得到的基本上是前表面附近的信息，而采用红外光（比如，1000nm 的光在硅中的穿透深度能够到几十微米）照射，则反映的是前后表面和体内的综合信息。另外，如果体少子寿命比较高（其扩散长度大于硅片的厚度时），那么不管是从前、后表面照射，少子都有可能扩散到两个表面，因此这时两个表面的复合都会产生大的影响。

## 6.2　少子寿命测试方法

少子寿命的测试方法种类繁多，但是大体可以分为以下几类，见表 6-1。

1）根据信号接收的方式可以将测试寿命的方法分为接触式和非接触式。在接触式的方法中，硅（硅锭或者硅片）上需要有电极，其基本工作方式是测试硅器件的开路电压和短路电流的衰减。非接触式测量的优点在于不需要金属电极，而是通过某种入射波的反射、透射、电感耦合等方式探测信号，这样可以在电池的制备过程中对金属电极制备之前的工艺进行监控。这种测量方法允许器件按照特殊的目的进行设计加工，比如需要测试表面复合时沉积钝化薄膜即可。如果在测试之后需要进行进一步的工艺，那么非接触式的测试技术能够降低对硅片的污染。正是由于这些优点，在硅太阳电池研究或者生产中，大多使用非接触式测量方法，例如经常用到的光电导测试方法。

**表 6-1　测试少子寿命方法的分类和说明**

<table>
<tr><th>分类特征</th><th>方法</th><th colspan="2">说明</th></tr>
<tr><td rowspan="2">信号接收方式</td><td>接触式</td><td colspan="2">需要制备金属电极，测量流过金属电极的电流形成的电压</td></tr>
<tr><td>非接触式</td><td colspan="2">无需制备金属电极，可在工艺的各个阶段测量</td></tr>
<tr><td rowspan="2">光注入的强度</td><td>大信号</td><td colspan="2">光束在半导体内产生大量的过剩载流子，$\Delta n > 10^{16}/cm^3$</td></tr>
<tr><td>小信号</td><td colspan="2">使用调制的激光束注入较少的载流子，使用电子放大或者锁相技术检出信号</td></tr>
<tr><td rowspan="5">测量的信号方式（电压、电流）</td><td rowspan="3">基于光电导的方法</td><td rowspan="3">探测信号特征时间</td><td>稳态光电导法</td></tr>
<tr><td>准稳态光电导法，包括射频电感涡流耦合和微波反射两种测试方式</td></tr>
<tr><td>瞬态光电导法，包括射频电感涡流耦合和微波反射两种测试方式</td></tr>
<tr><td>基于表面光电压的方法（SPV）</td><td colspan="2">通过光照之后表面电势发生变化，靠形成表面空间电荷区域来收集少子</td></tr>
<tr><td>直接测试过剩载流子浓度的方法</td><td colspan="2">IR 载流子密度成像和调制自由载流子吸收</td></tr>
</table>

2）在过去的十几年里，各种非接触式测量载流子寿命的方法已经在光伏领域中得到了成功的应用。过剩载流子浓度在样品中的动态过程可以通过微波反射、红外透射或者射频电路中的电感/电容耦合等方式得以重现。在这些方法中，一些是通过测试光照后样品中电导的变化得到载流子浓度的信息。这类基于光电导的技术，根据激发或者探测信号的时间常数特点，又可以分为瞬态光电导衰减法、准稳态光电导法和稳态光电导法。也有一些是直接测试样品中产生的过剩载流子浓度，如红外载流子密度成像法等[1]。另外就是通过表面空间电荷区来收集少子的表面光电压法。

3）根据光注入的强度的不同，寿命测试方法也可以分为大信号方法和小信号方法。许多商业测试系统，例如瞬态微波光电导衰减测试就是一种小信号方法，它使用调制的激光束在半导体中产生相对小量的载流子。使用电子放大和锁相技术，从偏置光提供的背底光照射中（或者从背底噪声中）将光激发产生的小信号分离出来。但是必须记住的是，这种测量的结果一般来说与真实的复合寿命不一样。准稳态光电导方法是一种大信号方法，它可以在任何注入水平下不需要对微分量进行积分而直接测试实际的有效寿命。

现阶段，非接触式监控过剩载流子浓度的探测器主要包括：微波反射，射频（RF）电感涡流传感器，样品中的过剩载流子的红外吸收或者发射，或者通过荧光传感器探测过剩载流子通过辐射复合发射的光子（光致发光）。一旦建立了测量信号与载流子浓度之间的关系，那么所有的这些探测器都可以在稳态、准稳态以及瞬态模式下使用。表 6-2 给出了采用这几种探测器测试少子寿命方法的优缺点。

表 6-2　采用非接触式探测器测试少子寿命的方法比较

| 方　法 | 探测过剩载流子的方法 | 优　缺　点 |
|---|---|---|
| RF-QSSPC（RF-准稳态光电导） | 用涡流测出光电导，通过已知的迁移率函数转换成过剩载流子浓度 | 很大范围内的样品都可以进行校准。要求计算或者测量迁移率和光产生概率。在低过剩载流子浓度范围内会出现由俘获和耗尽区域调制造成的假象 |
| RF 瞬态光电导 | 用涡流测出光电导，通过已知的迁移率函数转换成过剩载流子浓度 | 校准过程简单，在低过剩载流子浓度范围内会出现由俘获和耗尽区域调制造成的假象 |
| CDI | 红外自由载流子吸收或者发射 | 具有高分辨的成像能力，表面织构化会导致结果的复杂化，在低过剩载流子浓度范围内会出现由俘获和耗尽区域调制造成的假象 |
| μ-PCD | 通过微波反射测试光电导。通过偏置光的光强改变载流子浓度，或者在一个非常短的脉冲内注入已知数量的光子 | 具有高分辨的成像能力。在一些注入水平或者掺杂范围之内非线性地探测光电导，在某些情况下穿透深度可以与样品的厚度相比，在低过剩载流子浓度范围内会出现由俘获和耗尽区域调制造成的假象 |
| 基于光致发光的寿命测试 | 带隙光发射，辐射发光系数和再吸收模型 | 即使在低于本征载流子浓度的注入水平上也不会出现假象。可以用在非成像和高分辨成像上。对掺杂浓度有较大的依赖性，光子的再吸收取决于表面织构化，探测器的外量子效率，以及片子的厚度 |

## 6.2.1　基于光电导技术的测试方法

利用光电导测量少子寿命的方法有几种。所有的技术都是非接触的，工作原理就是光激发产生过剩载流子，这些过剩载流子在样品的暗电导基础上产生额外的光电导。额外的光电导反映了过剩载流子浓度以及过剩载流子浓度随着时间的变化关系，也就是少子寿命的信息。

测试寿命的光电导方法根据在测试时光照的时间特性，可以分成三类，即瞬态光电导衰减法、准稳态光电导法和稳态光电导法。在瞬态衰减法中，光激发产生过程被急剧地中断，测量载流子消失的速率 $\mathrm{d}n/\mathrm{d}t$ 和过剩电子浓度$\Delta n$。由于每个光子产生一个电子-空穴对，因此$\Delta n=\Delta p$。如果器件中没有电流，那么过剩载流子浓度变化的速率等于复合概率：

$$\frac{\mathrm{d}(\Delta n)}{\mathrm{d}t}=-\frac{\Delta n}{\tau_{\mathrm{eff}}} \tag{6-4}$$

式（6-4）显示了过剩载流子浓度随着时间呈指数衰减，这意味着在一倍寿命的时间长度之后，还存在 37%的电子，在 3 倍寿命的时间长度之后降低到 5%。这种方法称为瞬态光电导衰减（TPCD）法。由于这种方法基于测试载流子随着时间的相对变化，因此这种方法比较粗略。瞬态方法对于过剩载流子的测量不是绝对的，而是相对测量。另外，瞬态方法测量短的载流子寿命时，需要电子学仪器记录非常快的光脉冲和光电导衰减信号。

在瞬态光电导衰减（TPCD）测试中，利用一个短脉冲作为光源。在它灭掉以后，脉冲产生的荷电载流子的衰变通过光电导随着时间的变化来监控。广泛使用两种不同的 PCD 探测方法：电感耦合 PCD 和微波 PCD（MW-PCD）。前者通过给电感线圈施加电压来探测过剩载流子的变化，这种方法对于长寿命的测试非常成功。后者是将微波辐射到样品上，不同电导的硅片对发射来的微波信号具有不同的反射量，通过测量反射回来的微波量来评估硅片中的光电导。

稳态光电导法是保持一个稳定的已知的产生率，通过产生和复合之间的平衡来决定有效寿命。这种方法能够测试非常低的寿命。在稳态法中，光电导正比于光生载流子浓度以及它的寿命。定义在硅片中的产生率 $G$ 为

$$G=\frac{\Delta N}{\tau_{\text{eff}}} \tag{6-5}$$

式中，$\Delta N$ 是过剩载流子的总量（硅中的过剩载流子浓度总额）。在这个简单的表达式中，首先假定在整个厚度的样品中产生率是均匀分布的，并且具有均匀的过剩载流子浓度。然而，实际上它们并不均匀，在应用时认为$\Delta N$ 是一个平均值。稳态方法很少被使用，因为样品很快就会受热从而寿命值会发生变化。

实际上，瞬态和稳态 PCD 是光电导随着时间衰减的两个特殊例子。如果光照强度随着时间的变化足够慢以至于在样品中的载流子数量总是近似稳定的，从而产生了准稳态光电导方法（QSSPC）：

$$\tau_{\text{eff}}=\frac{\Delta n(t)}{G(t)-\dfrac{\partial \Delta n}{\partial t}} \tag{6-6}$$

正如在讨论式（6-5）时那样，假定过剩载流子在体内是均匀分布的，式（6-6）中的$\Delta n$ 是平均过剩载流子浓度，表示为总的过剩载流子数量除以片子的厚度。实际上，过剩载流子浓度是与在体硅中的位置相关，也就是存在一个深度分布剖面，只有当体扩散长度大于硅片厚度和表面复合速率较低时这种均匀分布的假设才会成立。准稳态光电导（QSSPC）包含了瞬态和稳态两种 PCD 方法的优点，特别是对于短寿命和长寿命的样品它都可以进行很好的测试。确切地说，准稳态光电导这种称谓是各种情况下的统称。比如，在测试短寿命样品的情况下，过剩载流子寿命与光照衰减时间相比很短，由于在载流子的产生和复合之间存在一个很好的平衡，因此这种方法本质上是稳态的。而当测试长寿命样品时，过剩载流子寿命与光照衰减时间相当，甚至长很多，才最有可能是准稳态的。Sinton 公司引进的非接触式和低成本的 QSSPC 测试设备是这种技术在太阳电池领域使用得最多的设备[2]。目前太阳电池研究和制造业中最常使用的是准稳态光电导法和瞬态光

电导法，而稳态光电导法很少应用，因此本节将详细介绍前两种方法。

#### 6.2.1.1　准稳态光电导（QSSPC）方法

用稳态和准稳态的方法测试少子寿命时，需要测量过剩载流子浓度$\Delta n$的值。对于标准太阳能谱，能量大于 Si 能隙的光子密度为 $2.7\times10^{17}\text{cm}^{-2}\text{s}^{-1}$。Si 片只吸收这些光子中的一部分，这部分的大小决定于 Si 片前后表面的反射和片子的厚度。每单位体积的光生载流子产生率由入射光子的通量和片子的厚度来决定，即

$$G=\frac{N_{\text{ph}}f_{\text{abs}}}{W} \tag{6-7}$$

式中，$N_{\text{ph}}$为入射光子通量；$W$为硅片厚度；$f_{\text{abs}}$为测量样品对硅片的吸收率，其值取决于样品表面的反射和厚度。

产生率的绝对测量是通过一个光电探测器（例如一个校准的太阳电池）给出入射到样品表面的总的光通量，然后根据式（6-7）计算得到光生载流子的产生率。QSSPC 技术测量的是由一个相对长的脉冲光（约 2ms，属于稳态或者准稳态光照）照射样品而产生的光电导，这个脉冲光可以是闪光灯（flash lamps）、发光二极管阵列或者其他光源。QSSPC 方法的优点在于可以使用闪光灯和衰减滤波片，在不使样品加热的情况下观察强度范围为 $10^{-5}$～$10^{3}$ 个太阳的光照变化。同时测量光电导和光强随着时间的变化，每个时间对应一个稍微不同的“稳态”注入水平，通过这种方式可以获得有效少子寿命随着过剩载流子注入水平变化的关系曲线，在对曲线进行拟合分解之后可以给出在半导体中的体内和表面复合信息。在这种测试方法中，低注入水平下获得的光电导对于确定寿命值是非常重要的。通过数据分析，可以排除在低注入水平部分由于俘获而引起的假象，这样才能够真实地反映材料的少子寿命信息。这种俘获在少子寿命测量中显示为在低注入水平下测试得到的有效少子寿命值随着注入水平（过剩载流子浓度）的下降而急剧增加。当缺陷能级俘获了导带上的一个少子之后，这个少子更有可能再被释放到导带上而不是与多子发生复合，这样缺陷能级可以被认为是一个少子俘获中心而不是一个复合中心。例如，当在 p 型硅中发生俘获时，从导带上被俘获到缺陷能级上的电子再次释放到导带上的概率远高于与价带上的空穴发生复合的概率。在稳态情况下，俘获和逃逸概率彼此之间是平衡的，因此对导带上的电子数目没有影响。由于需要满足电中性的要求，必须有相同数量的空穴伴随着被俘获的电子，这样导致 p 型硅中的过剩多子（空穴）数目并不等于过剩电子的数目，而是$\Delta n+n_{\text{t}}$，其中 $n_{\text{t}}$就是俘获电子浓度。最终的结果是材料中的光电导增加，也就是导致了有效少子寿命的增加[3]。

通过改变光照的时间常数（脉冲长度）使测试条件达到稳态情况，此时光产生的过剩载流子浓度$\Delta n=\Delta p$，即产生率和复合率相等，导致 Si 片电导率的增加为[2]

$$\Delta\sigma_L = (\mu_n \Delta n + \mu_p \Delta p) qW = q\Delta n(\mu_n + \mu_p)W \tag{6-8}$$

式中，$W$ 是硅片的宽度；$\mu_n$ 和 $\mu_p$ 是载流子迁移率；$\Delta n$ 同样指的是平均过剩载流子浓度。

利用少子寿命的定义我们可以得出光生过剩载流子的产生率为

$$G_{ph} = \frac{q\Delta nW}{\tau_{eff}} \tag{6-9}$$

将以上两个方程进行合并计算，得出

$$\tau_{eff} = \frac{\sigma_L}{[G_{ph}(\mu_n + \mu_p)]} \tag{6-10}$$

在这种方法中，首先通过测试获得光电导的变化，进而根据式（6-8）计算出过剩载流子浓度$\Delta n$。由光电探测器测试得到光通量后，根据式（6-7）计算得出过剩载流子的产生率，最终由式（6-10）计算得出有效少子寿命。$G_{ph}$ 是通过参考电池测试而得到，根据测试电池的厚度，反射或者光俘获特征的不同，$G_{ph}$ 需要被修正。即使考虑到所有的因素，样品中的光生载流子产生概率应该在参考电池值的 0.8～1.1 倍。

在 QSSPC 方法中，还有一种光谱光电导方法，即 QSSPC-λ。它是利用不同波长的光照射样品，一般是紫外和红外波段，利用双波长技术能够测试发射极的接收效率。紫外波段的光主要是在发射极中被吸收，反映了表面和发射极区域中的复合机理；红外波段的光主要是在基区被吸收掉，因此其测试的结果可以作为体寿命的参考点。QSSPC-λ测试设备的示意图如图 6-1 所示，这种设备已经由 Sinton 公司开发，它包括光源、滤波片部分、样品室和探测系统。如果是采用白光光源作为激发光，那么就没有单色仪部分，但是测试原理同样是测量光电压或者光电流。样品放在一个由一个共振电路连接的螺旋管上。共振电路包括一个可变电容和一个可变电阻，线圈和共振电路连接起来形成一个射频桥。当样品处于黑暗中时，通过改变电容和电阻使电桥达到平衡，直到在总的电桥电路中的电压值为 0。当光照时，在样品中产生过剩电导，这使电桥失去平衡，在电路的输出中产生了电压信号。这个电压信号与过剩光电导是准线性关联的。一般来说，如果片子中产生的过剩光电导比较高，那么必须用已知电导的片子进行校准测试，看是否存在非线性效应。在这个设备中，校准的射频电桥测试电导，光强度通过参考电池测试得到。

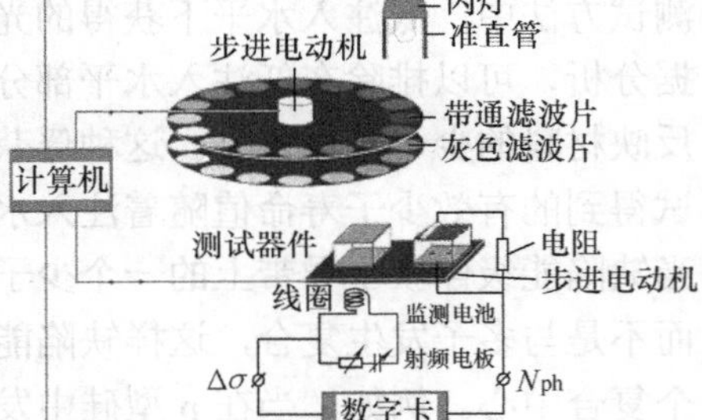

图 6-1　QSSPC-λ的实验设备设计图[4]

通过使用合适的校准函数，就可以用参考电池测试光照强度 $I(t)$，用示波器来决定样品的过剩光电导的时间函数$\Delta\sigma(t)$。由于在每个光强（注入水平）对应一个过剩载流子浓度和有效少子寿命值，因而可以画出有效少子寿命值随着过剩载流子浓度（注入水平）的变化曲线。

为了得到更加准确的少子寿命值，必须将表面复合对测试体寿命的影响排除。解决办法是使用好的表面钝化，例如热氧化或者磷扩散等。在高注入情况下，每个复合事件对测试结果的影响如下所述。

当使用双面钝化时，有效少子寿命的表达式如下：

$$\frac{1}{\tau_{\text{eff}}}=\frac{1}{\tau_{\text{bulk}}}+2\frac{S_{\text{rec}}}{W}+C_{\text{A}}\Delta n^2 \tag{6-11}$$

如果使用双面扩散制备的 pn 结（或者背场时），则应使用含有饱和电流的表达式：

$$\frac{1}{\tau_{\text{eff}}}=\frac{1}{\tau_{\text{bulk}}}+2\frac{J_0(\Delta n+N_{\text{A}})}{qn_{\text{j}}^2W}+C_{\text{A}}\Delta n^2 \tag{6-12}$$

式中，$\tau_{\text{bulk}}$ 为体少子寿命；$S_{\text{rec}}$ 为表面复合速率；$N_{\text{A}}$ 为片子衬底掺杂浓度；$C_{\text{A}}$ 为俄歇复合系数项，它在高注入情况下起到重要的作用；因子 2 是考虑到在前后表面中在两个表面存在相同的钝化效果。

在高注入水平情况下（$\Delta n>10^{16}\text{cm}^{-3}$），复合电流（暗饱和电流）$J_0$ 可以通过计算有效寿命值与载流子浓度的关系曲线的斜率得到，如图 6-2 所示。

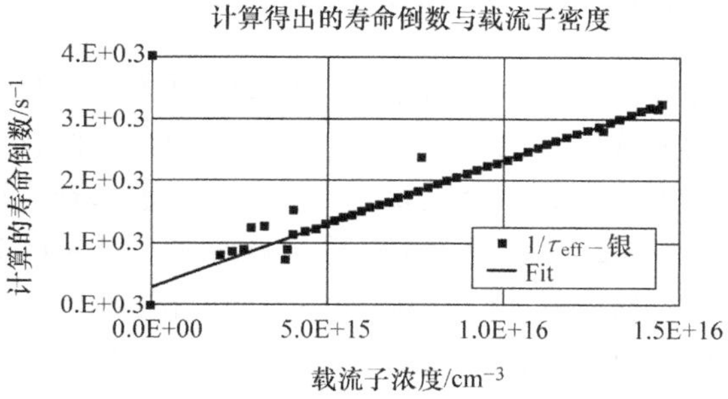


图 6-2　计算体和发射极复合项时的示意图[5]，（其中载流子浓度为$\Delta n+N_{\text{A}}$）

根据式（6-11），发射极（或者背场）饱和电流密度与体寿命对过剩载流子浓度之间的依赖关系并不相同，这样可以通过 $1/\tau_{\text{eff}}$ 与过剩载流子浓度之间的线性关系计算出饱和电流密度。$1/\tau_{\text{bulk}}$ 的值则可以通过外推法从纵坐标上的截距计算出来，从而分别获得体和发射极对有效寿命的贡献。如果在已知体寿命的情况下，（$1/\tau_{\text{eff}}-C_{\text{A}}\Delta n^2-1/\tau_{\text{bulk}}$）与$\Delta n+N_{\text{A}}$之间的关系曲线应该是通过零点的直线。但是由于在低注入情况下实际体寿命值经常比由式（6-12）中外推法得出的结果明显偏低，因此不会通过零点。这可以解释为在 SRH 传统理论中，体中的复合也与 $\Delta n$ 相关。除此之外，在非常低的过剩载流子浓度下，在 pn 结空间电荷区发生的复合对少子寿命的影响也变得很重要。

过剩载流子浓度可以预示开路电压（准费米能级分裂）。光电导和电压都测试的是相同的过剩载流子浓度。在第 4 章中由式（4-68）给出了 p 型硅体内载流子浓度与光照开路电压的关系，由该式可以推导出对于由 p 型硅片制备的太阳电池，理论开路电压为

$$V_{OC}=\frac{kT}{q}\ln\left(\frac{\Delta n(0)(N_A+\Delta p(0))}{n_i^2}\right) \tag{6-13}$$

式中，$\Delta n(0)$和$\Delta p(0)$是在耗尽区边缘的过剩载流子浓度。如果表面进行了很好的钝化，同时硅片的扩散长度大于片子的厚度，那么使用在假定载流子浓度是均匀分布的前提下，测试得到的平均过剩载流子浓度按照式（6-13）计算开路电压是准确的。在其他情况下，比如表面复合速率比较高或者体寿命非常低（扩散长度小于片子的厚度）时，如果使用白光，测量的平均过剩载流子浓度将会低于在耗尽区边缘的局域少子浓度，从而低估了 $V_{OC}$ 的值，在这种情况下合适的处理方法是，在测量输入参数时用扩散长度代替硅片的厚度。另外一种处理办法是采用能够在硅衬底中均匀吸收的光照，比如红外光，但是实际上很难产生达到一个太阳光强的条件，另外，在红外光照射下的 $V_{OC}$ 与在太阳光下的 $V_{OC}$ 是非常不同的。

总的来说，准稳态光电导方法的优点在于使用者可以自己调节自闪灯的时间常数。长的时间常数确保了一个准稳态测量，然而一个短的时间常数则对应着瞬态测量。时间相关的光电导和自闪灯的光强度的绝对值同时被 RF 电桥和校准的太阳电池各自记录。在测试光电导的变化之后，根据公式 $G=\frac{N_{ph}f_{abs}}{W}$，$\Delta n(t)=\frac{\Delta\sigma(t)}{q(\mu_n+\mu_p)W}$ 计算出样品中的 $G$ 和$\Delta n$。因此，注入水平相关的有效载流子寿命可以通过非常快的方式进行测量。另外，耦合光电导方法优于其他测试寿命方法（例如微波光电导方法）的一个重要之处在于，它能够在大范围之内对光电导进行校准。

#### 6.2.1.2 微波光电导衰减方法（MW-PCD）

MW-PCD 是利用样品表面的微波反射率来探测光电导，因此必须要求微波反射与过剩载流子的浓度（光电导的变化）呈线性关系。由于微波反射是电导的非线性函数，只有当$\Delta\sigma$的数值比较小时（小信号），反射率的变化才会正比于电导率的变化。这时微波反射功率与电导之间的关系可用一级泰勒级数展开[6]，即

$$\Delta P=P_{in}\frac{dR(\sigma)}{d\sigma}\Delta\sigma \tag{6-14}$$

式中，$P_{in}$ 是入射的功率，将 $dR(\sigma)/d\sigma$作为灵敏因子 $A(\sigma)$。因此瞬态测量只能在小信号范围才具有可信度。在小信号范围内，$A(\sigma)=C\sigma^{-1.5}$，在低电阻率（高电导率$\sigma$）时 $A(\sigma)$会比较低，也就是降低了反射率对电导变化的灵敏度，而当电阻率为 10Ω • cm 时，反射率就已达到 100%，更高的电阻率（低电导率）将会导致信号饱和而不能够反映电导的变化。因此微波反射方法的测量局限于一个电阻率范围，一般局限于 1～10Ω • cm（可能更高，这取决于样品厚度）。现在有的用 RF-PCD

方法来解决在更低电阻范围内的测试问题。

通过微波反射探测光电导的测量方法可以使用脉宽比晶体硅体寿命低或者高的脉冲光激发，这样既能够进行瞬态测量也能够进行准稳态测量。在这两种方法中，都是载流子浓度的变化导致了半导体电导的变化，而这个变化可以通过微波的反射来决定。在瞬态 MW-PCD 技术中，短的光脉冲在硅片中产生过剩载流子，过剩载流子的产生导致片子中的电导增加。在光脉冲中断之后，过剩载流子发生复合使电导衰减到最初的值。有效寿命$\tau_{eff}$通过对测试的瞬态曲线进行渐进单指数衰减［约 $\exp(-t/\tau_{eff})$］拟合得到。如果需要调整在 Si 片中的注入水平，除了激光脉冲之外，还需要一个稳态偏置光同时照射样品。可以通过组合各种中性密度滤波片来调整偏置光的强度，在每个偏置光强度下都需要调整激光脉冲的强度，这保证了激光诱导的过剩载流子浓度比稳态光照产生的注入水平低，这样也可以得到在不同注入水平（过剩载流子浓度）下的少子寿命值。

由于使用的脉冲激光的光斑可以做到几个到十几个毫米，甚至更小的尺寸，在照射过程中，只有这个尺寸范围的区域才会被激发产生光生载流子，也就是得到的结果是局域区域的寿命值，这对于寿命分布不均匀的样品来说，单点结果并不具有代表性。可以利用激光光斑小的优点，对样品进行面扫描，得出片子或者电池中少子寿命的平面分布图像。根据于测试时使用的束斑大小和扫描时使用的空间分辨率，测试一个 30×30cm$^2$ 样品大概需要的时间为几分钟到几十分钟。

### 6.2.2　表面光电压（SPV）法

光照在半导体表面产生电压，也就是表面光电压。表面光电压法也是一种非接触式方法，在半导体工业中，它在监控各种工艺步骤中 Si 的体少子扩散长度方面得到了很大的关注。在 SPV 法中，当存在一个真实的 pn 结时，例如在最后成型的太阳电池中，通过对它的分析可以给出体扩散长度、表面复合速率和光俘获的信息。

表面光电压法的原理是当光照在半导体表面时，产生电子-空穴对，一般而言在半导体近表面区域电子、空穴会重新分布，导致了能带弯曲程度的降低，这种能带弯曲程度的降低术语上称为表面光电压，这点在第 4 章已有论述。表面光电压随着光强度的增加而增加，其原理图如图 6-3 所示。在非常强的光照下，能带变平，表面光电压达到饱和。这饱和的光电压值等于总的能带弯曲值，只是符号相反（表面电势）。SPV 经常被定义为表面势垒的变化，但是也可以被定

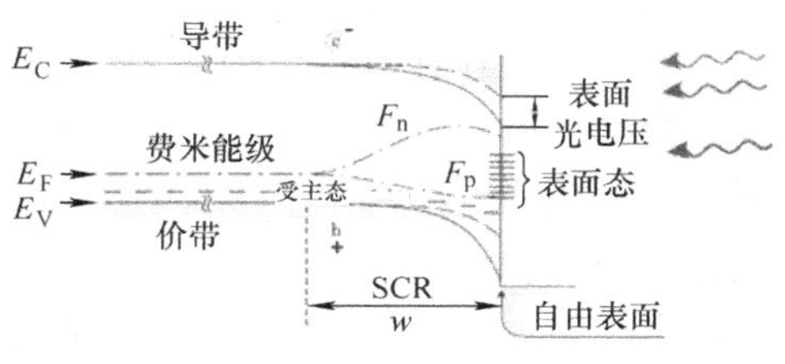


图 6-3　表面光电压的产生示意图（图中直线是光照之前，而虚线是在进行光照之后的情况）

义为在低的注入水平下，在光照下的电子和空穴的准费米能级之间的差异。

研究发现 SPV 是过剩载流子浓度的线性函数，而过剩载流子自身依赖于入射光通量、光学吸收系数、体少子扩散长度以及其他参数。SPV 法是通过形成表面空间电荷区域来收集少子。使用透明电极测量空间电荷区域收集载流子而形成的电压。一般为了保持线性和分析简单化，这个电压值一般在毫伏量极。

测试扩散长度的方法为稳态 SPV 法，测试原理图如图 6-4 所示。它是利用能量高于能隙的单色光照射样品，在表面形成空间电荷区，而背面却保持暗状态。光被斩波，利用锁相技术提高信噪比，通过单色仪或者一系列透射特定波长的滤波片来获得单色光。调节光通量使在不同波长下得到相同的 SPV 值，根据以下关系来计算扩散长度：

$$\phi_{ph}(\lambda)=\alpha^{-1}(\lambda)+L_b \tag{6-15}$$

式中，$\phi_{ph}$ 为某一个波长的光通量；$\alpha$为相对应波长的吸收系数，其数值来源于反射和透射测试分析。

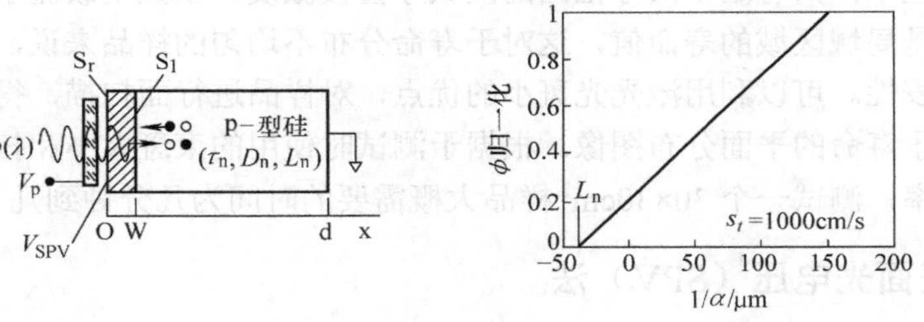


图 6-4　SPV 测试样品的示意图（左图），以及得出的光通量与吸收系数之间的关系（右图），直线的延长线与横坐标的交点即为扩散长度值[7]

通过画出 $\phi_{ph}$ 与吸收系数 $\alpha^{-1}$ 的直线关系，可以得出扩散长度 $L_b$。由 $L_b=\sqrt{D_n\tau_{eff}}$ 可以得出有效寿命，$D_n$ 为载流子的扩散系数。

对于一个较好的测试系统，误差的主要来源就是由于吸收系数与波长之间确切的函数关系的不确定性。特别是具有小晶粒的多晶硅片的$\alpha(\lambda)$，它与已知的单晶硅的$\alpha$（$\lambda$）之间存在偏差。

SPV 法工作在真正低的注入水平。然而，其他的寿命测试技术，例如微波光电导衰减（MW-PCD），或者准稳态光电导（QSSPC）技术，它们在低注入情况下受到浅缺陷能级对少子俘获的影响。这种俘获形成了额外的多子，由于光电导包含了少子和多子，因此在这种情况下光电导被歪曲。而 SPV 法是基于电压的技术，由于这种方法只探测少子，因此不受俘获的影响。综合这些考虑，广泛使用的基于光电导的寿命测试方法比 SPV 方法方便，但是比较适用于工作在中、高注入情况下。

SPV 法还有一个优点就是采用不同波长的光测试表面光电压，例如一种是短波，其主要的注入深度局限于表面。另外一种长波的光注入深度在体内，这样可以不需要对硅片表面进行钝化，同时通过对测试数据进行分析能够得到表面复合速率的信息。为了获得较快的测试速度，光束包含不同调制频率的所有波长的光，在不同深度的 SPV 信号可以高速和高准确性地同时分析。

### 6.2.3　调制自由载流子吸收（MFCA）

这种方法可以测量平均过剩载流子浓度和谐波调制偏置光之间的相偏移、调制频率之间的关系[8]。平均过剩载流子用能量大于 Si 能隙的红外激光激发。自由载流子的带间跃迁吸收这些光子，并且吸收程度依赖于激光束的光学路径中的自由电子的总浓度。有效寿命$\tau_{\text{eff}}$可以近似表述为

$$\tau_{\text{eff}} = \frac{\tan(\phi)}{\omega}，\text{当}\ \omega < \frac{1}{\tau_{\text{bulk}}} \tag{6-16}$$

式中，$\phi$为测量的相偏移；$\omega$为角调制频率。

使用的光源是一个稳态偏置光源加上一个正旋光源，测试时正旋部分的强度是稳态部分的 10%。如同 MW-PCD 方法一样，稳态偏置光的强度可以通过中性密度滤波片（这种滤波片能够减少光强而不改变能量的相对分布）来控制。

必须注意的是，MW-PCD 技术在相对低的注入水平比较敏感（$10^{11}$～$10^{15}\text{cm}^{-3}$），MFCA 技术非常适合于测试较高过剩载流子浓度（$10^{16}$～$10^{17}\text{cm}^{-3}$）。MFCA 技术探测样品相对较小的区域（经常小于 $1\text{cm}^2$），所以与 MW-PCD 方法一样可以进行面分布扫描，而 QSSPC 方法直接决定了在一个大的面积之内的空间平均寿命。

### 6.2.4　IR 载流子密度成像（CDI）

IR 载流子密度成像（CDI）是一种非接触的、全光学的、载流子寿命空间分布的测量技术[9]。CDI 的测试基础在于 Si 片中自由载流子的红外吸收。一个红外光源发出的红外光在样品中传输，一个响应快速、在中红外区域（3.5～5μm）敏感的 CCD 相机通过两步测试红外透射率：第一步是一个锁相过程，近似为 1 个太阳（AM 1.5g）的半导体激光照在样品上，产生过剩自由载流子；第二步，样品处于完全黑暗状态，没有过剩载流子产生。这两个过程的图像之间的差异正比于过剩自由载流子的吸收，也就是正比于过剩载流子的密度。由于知道了产生概率 $G(x,y)$，实际寿命值可以通过$\tau_{\text{eff}} = \Delta n(x,y) \big/ G(x,y)$计算得出。

相比于标准的寿命图像技术（例如 MW-PCD），MW-PCD 寿命图像技术得出的是微分寿命值的分布结果，而 CDI 提供了一个实际寿命值分布图（见图 6-5），

更为重要的是，CDI 是一种非常快的测试技术。它使用了锁相技术，因此测试的分辨率得到了提高。在低注入水平情况下，CDI 测试一个 $10\times10cm^2$ 的样品只需要几秒的时间，而 MW-PCD 即使在高注入条件下，测试相同的样品则需要几十分钟的时间（在高的空间分辨率情况下）。除了能够测试出实际的载流子寿命之外，如同 QSSPC 技术，它也能够测试在不同注入水平范围的寿命。因此，结合空间分辨和测试较快的优点，CDI 技术适合于太阳电池生产在线测试。

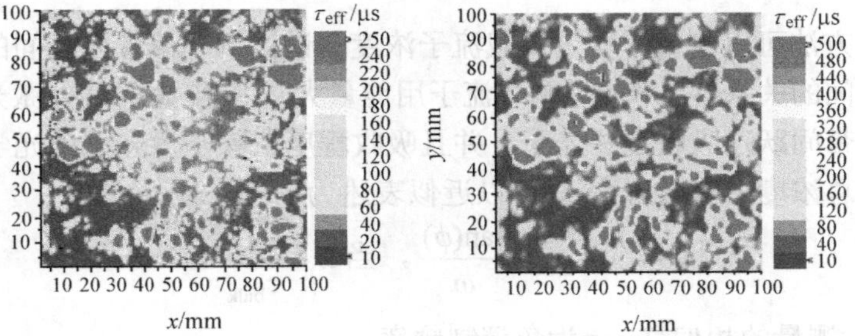


图 6-5　左图为 CDI 方法测试的结果，耗时 50s，右图为 MW-PCD 测试结果，耗时 30min

## 6.2.5　电子束诱导电流（EBIC）方法

正如其名字所述的那样，EBIC 是一种半导体分析方法，它是利用电子束在样品中产生电流，这个电流可以用作描述样品特征的图像信号，例如，样品中 pn 结区厚度、存在的局域缺陷，以及非均匀掺杂。由于扫描电镜是电子束最为方便的来源，大部分 EBIC 技术都在 SEM 上进行。带能量的电流就如同光子一样，在材料中激发产生电子空穴对，这些电子空穴对在内建电场的作用下分离并形成能够被外电路接收的电流，经过电流放大器之后送到终端进行处理。由于对样品的扫描和信号处理是同步的，EBIC 成像给出的是每个扫描点的接收电流。其主要的原理如下：

1）电子束诱导产生载流子；少子在缺陷处发生复合，或者与外电极接触作为电流接收，最终在显示器上显示出来。

2）电学活性的缺陷使电流减少，在图像中显得比较暗，通过数学方法对这些明暗对比进行处理，能够决定材料中的少子特性，例如扩散长度和表面复合速率。

电子束的电流值在 nA（纳安）到 μA（微安）范围，而测试得到的漏电流在 pA（皮安）范围。在 pn 结的区域中，如果存在许多物理缺陷，电子-空穴复合将加强，这就使在这些缺陷区域的收集电流减少。在 EBIC 图像中，具有物理缺陷区域比那些没有物理缺陷的区域的图像暗。因此 EBIC 图像是一种观察亚表面和其他“很难看到”的损伤位置的方便工具。但是能够观察的深度受到由电子束能量和材料决定的注入深度的限制。当对硅片或者硅太阳电池进行截面成像时，耗尽区域在 EBIC 的图中非常明亮，与其他区域具有非常大的对比度，从而可以判定发射极或者背场的厚度。EBIC 成像对于双极型电路是一种有效的分析方法，但是对于分析 MOS 电路则不是。这是由于 MOS 晶体管的门氧化物会俘获注入的电子束中的电荷，导致失败。

EBIC 在晶体硅太阳电池中的应用包括：① 探测晶体缺陷，在图像中显现为黑点或者黑线；② 探测 pn 结的局域缺陷；③ 探测电池中的分流；④ 探测寄生的结或者掺杂膜层；⑤ 测量耗尽层的宽度和少子扩散长度/寿命。

### 6.2.6　光束诱导电流（LBIC）方法

光束诱导电流分析已经广泛用于表征半导体材料中的缺陷或者器件。这是一种非损伤性的技术，具有特别好的空间分辨率，能够对样品的电学性能进行二维成像，尤其是太阳电池的光电流的成像分布。LBIC 能给出关于半导体的电学性能的直接信息，如在晶粒边界的少子扩散长度，或者复合速率。

这种方法是基于具有特殊波长和强度的光束激发产生光生载流子，然后通过外电路收集电流。将光束聚焦成特定的形状，在样品上就可以得到具有特定直径大小的光斑。通过设定分布在样品上和材料体内的功率密度，就可以确定单位时间内产生的载流子数量。在所有光照产生的少子中，发生复合过程之后的少子的信号要低于未发生复合而直接被收集的信号，这样对电流分布成像中的明暗对比图像进行数学处理，可获得电池中存在的复合信息。这种方法还可以如同少子寿命测试方法那样分别采用短波、长波的光进行测试，从而获得表面复合和体内复合的信息。

为了获得绝对的光生电流值，需要标定光的强度，如采用标准太阳电池、电池加正向偏压、利用锁相技术能够提高信号的信噪比。通过测试电流值，不仅能够得到太阳电池中的少子寿命/扩散长度分布，还能够结合光反射测量得到样品的量子效率分布，实际上是一种表征电池电性能的很好方法。下面以多晶硅太阳电池的 LBIC 图为例进行说明。如图 6-6 所示，图中显示出了由于晶粒中的缺陷导致的较低的内量子效率，主栅处由于复合速率高导致内量子效率很低，其他与之垂直的细小直线是栅线。

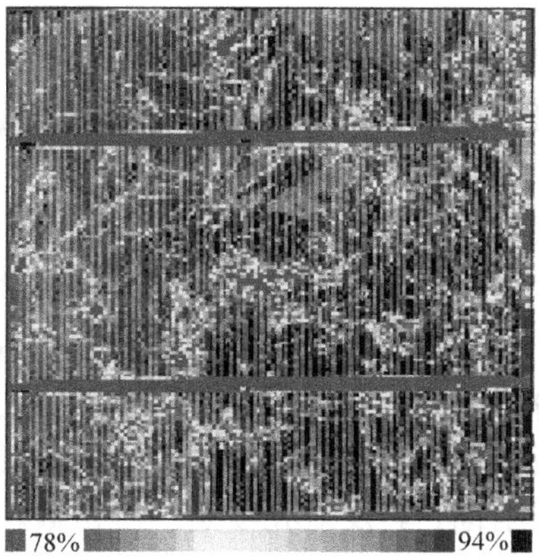


图 6-6　多晶硅太阳电池的 LBIC 方法测试得到的内量子效率分布(波长为 979nm)

从图中可以清晰地看到光生电流的分

布，电流较小的区域实际上反映了较低的少子寿命/扩散长度值，也得到了缺陷的空间分布。

## 6.3 反射光谱分析

光谱测量是研究半导体材料物理特性常见的实验技术，其中包括了反射、透射、光致发光、调制反射等多种光谱测量方式。灵活运用这些技术，可分析半导体内部的各种能级跃迁，推算能隙的大小，确定样品的缺陷、杂质浓度等，是有效而快速的测量技术。

反射光谱分析方法在物质成分分析以及物质鉴别中扮演着非常重要的角色。很多物质都有其特定的吸收峰或吸收带，我们只要测出该物质的反射谱，即可以知道该物质的吸收峰和吸收带，从而可以对该物质进行一系列分析，如含何种成分、含量多少等。相对于吸收光谱分析法，反射光谱对物质的定量分析要困难一些，它受很多因素影响，如表面的粗糙程度、表面大小和形状、背景光以及夹持装置等。透射光谱测试需要样品或者基底是透光的。

简单地说，光谱是研究各种材料反射或者发射的电磁光谱。反射光谱主要关注于不同材料的反射辐射。当一束光子遇到了折射系数发生变化的媒介时，一些光被反射，一些光折射进入到媒质中。所有材料的折射系数都是复数，即

$$n = n_1 - iK \tag{6-17}$$

式中，$n$ 为折射系数的复数；$n_1$ 为系数的实部；$K$ 是折射系数的虚部，有时候称为消光系数。

当光子进入到吸收的媒质时，根据 Beers 定律吸收强度为

$$I = I_0 e^{-\alpha x} \tag{6-18}$$

式中，$I_0$ 为光进入之前的强度；$I$ 为在光穿过媒介的距离 $x$(cm)之后的强度；$\alpha$为吸收系数，单位为 $cm^{-1}$。吸收系数为

$$\alpha = 4\pi K / \lambda \tag{6-19}$$

式中，λ是光的波长。入射到平面的光的反射率 $R$ 的表达式为

$$R = [(n-1)^2 + K^2]/[(n+1)^2 + K^2] \tag{6-20}$$

在反射谱测试时，将样品放在积分球的背面，从样品表面发射的反射光，积分球将这些反射光聚集起来形成光束。积分球是漫反射部件，这个漫反射部件的反射表面就是一个朗伯面（对于漫反射面，当入射照度一定时，从任何角度观察反射面，其反射亮度是一个常数，这种反射面称朗伯面）。从样品表面散射的光在积分球的内表面发生多次反射，直到能够通过一个开口从积分球内发射出来，或者被反射表面、积分球内的光学单元或者挡板吸收。这种多重反射导致在积分球内的光在球内的所有点处很快就达到了一种稳定状态。

采用积分球测试样品的反射具有以下优点：

1）能够有效地同时测试漫反射和镜面反射。

2）即使样品不均匀，也能够均匀地探测反射。

3）即使样品更多地趋向于在某个方向上的反射，反射仍然能被各向同性地探测到。

4）减少了光束和样品之间的偏振效应。

5）采用特殊的积分球能够测试绝对效率。

反射光谱的测试方式分为单束模式和双束模式。对于单束模式（见图 6-7），在测试时，首先在样品那个位置放置上参考样品，例如一片白板，进行基底扫描。然后放上样品用分析器进行测试。在测试时由于放置了样品，能够减少积分球内总的内反射（因为大多数样品要比积分球内的材质和参考样品的反射率低），这会降低球的倍数并且减少球的能量输出，从而导致测试的值要比真实的低。

在双束模式测量中（见图 6-8），参考束通过另外一个开口进入到积分球中，在球的内部被反射。这就意味着参考反射的数据是在放置好样品之后获得的，减少了交换测试导致的误差。双束积分球的测试方法要求额外的光学部件以及一个额外的开口使参考光束进入到球内，但是为了获得反射率的绝对准确值，双束是必需的。

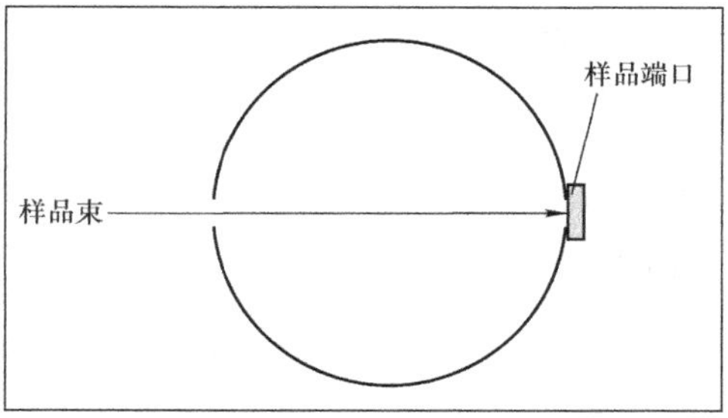


图 6-7　采用积分球单光束测试的示意图

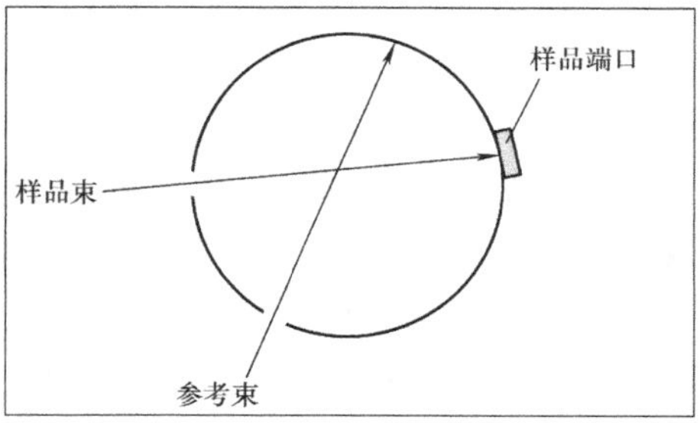


图 6-8　采用积分球双光束测试的示意图

在测试硅片或者硅太阳电池反射谱的设备中，可以直接使用紫外-可见分光光度计中的反射部件测试反射谱。积分球的大小决定了束斑的大小，也就是照射在样品上的束斑大小。这种方法测试的区域有限。另外一种方法是采用光斑对表面进行面扫描，这样能够获得整个硅片或者太阳电池的表面反射信息[10]。

现在很多光谱仪都使用传输光纤，省掉了各种光路部件。另外，对于光谱仪可以选择大型的扫描式光谱仪，也可以选择当前流行的微型光纤光谱仪（多通道）。大型光谱仪具有波长分辨率高、波长范围宽的优点，基本可以满足大部分的应用。微型光纤光谱仪则价格便宜，仅是大型光谱仪的零头；携带方便，也便于集成到其他设备；测量速度快，最快几毫秒即可以采集保存一组数据；操作方便；性能可靠、稳定。

太阳电池使用的材料多数为半导体材料，例如 Si，GaAs 等。射到半导体表面上的光遵守光的反射、折射定律。反射光强度与入射光强度之比称为反射率，用 *R* 表示；而透射光强与入射光强的比例为透射率，用 *T* 表示。显然，如果介质没有吸收，那么 $T+R=1$。一般地讲，折射率大的材料，其反射率也较大。太阳电池用的半导体材料的折射率和反射率都较大。因此在做成光电池时，往往需要加上透明的减反射膜或者进行减反射的工艺处理。

硅对紫外光的反射率非常的高（高达 70%），并且随着波长从可见光向红外部分增加，反射率下降。直到 1.1μm，硅在所有波长范围之内的平均反射率大约为 30%。硅在整个紫外光和可见光部分都具有高的吸收率。然而，吸收系数在 0.9～1.1μm 范围之内急剧下降。对于波长为 1.1～2.5μm 的光，硅几乎是完全透明的。

反射光谱在光伏电池生产上是一种监控各种太阳电池工艺的有力工具。实际上，它以一种简单、定性的形式（作为一种可视化的检查）检查织构的质量和减反射涂层的厚度。但是定量检测是相当乏味而且耗时的。主要的困难在于要测试整个片子或者整个太阳电池，解决这个问题的方法之一就是利用宽束，这样就可以一次性的测试整个电池，而不需要扫描。美国 NLAL 搭建了一个 PV 反射计，它能够测试尺寸为 6in×6in 的整个片子或者电池。由于太阳电池是几种材料的合成体，测量的总光谱必须被分解，以得到各自部分对应的反射值-减反射层、金属、织构高度以及粗糙度。

测试结果应用举例：**确定内量子效率**。

通过将光谱响应（量子效率）与反射光谱结合，可以得出太阳电池的内量子效率。具体换算的式子为

$$IQE = EQE/(1-R) \qquad (6\text{-}21)$$

式中，*IQE* 为内量子效率；*EQE* 为外部量子效率；*R* 为反射率。图 6-9 给出了一个典型的硅太阳电池的反射谱和内、外量子效率。

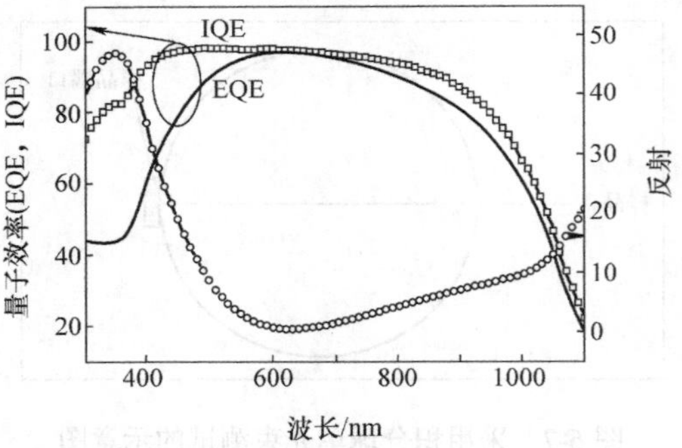


图 6-9　晶体硅太阳电池的外量子效率（EQE）和内量子效率（IQE）以及反射谱的示意图

## 6.4 太阳电池的 *I-V* 特性测试

伏安曲线是太阳电池的最主要参数，它直接反映了电池输出功率。为了较全面地分析太阳电池的伏安特性，应测试下列项目：电池的 pn 结特性（暗 *I-V* 曲线），电池在光照状态下的负载特性（光照 *I-V* 曲线），电池在不同光强和温度下的电性

能以及电池的串、并联电阻。

### 6.4.1　暗 *I-V* 表征双二极管模型（pn 结特性的测量）

测量暗 *I-V* 特性能够提供太阳电池复合过程的重要信息。广泛应用的描述电压决定的暗电流密度 $J_D$ 是双二极管方程，即

$$J_D(V)=J_{01}\left[\exp\left(\frac{V-R_sJ_D(V)}{n_1V_{th}}\right)-1\right]+J_{02}\left[\exp\left(\frac{V-R_sJ_D(V)}{n_2V_{th}}\right)-1\right]+\frac{V-R_sJ_D(V)}{R_{sh}} \tag{6-22}$$

式中，$J_{01}$ 和 $J_{02}$ 为饱和电流密度；$n_1$ 和 $n_2$ 分别为第一和第二个二极管的二极管理想因子；$R_s$ 为串联电阻；$R_{sh}$ 为并联电阻；热电压 $V_{th}$ 在 25℃为 25.7 mV。$R_s$ 主要由金属栅线，发射极和体硅的电阻以及金属与硅之间接触电阻构成。太阳电池的串联电阻是一个重要的参数，因为它能够使短路电流和填充因子都降低。并联电阻表示的是由于沿着电池边缘引起的表面分流，或者由电池中的晶体缺陷引起的分流造成的损失。二极管理想因子的值依赖于复合类型。饱和电流密度反映了复合的强度。一般认为第一个二极管的理想因子为 1，其理论上是由于少子在基极和发射极中扩散引起（形成的电流称为扩散电流）。第二个二极管的理想因子为 2，它包括由能隙中的缺陷能级 [例如晶体缺陷（例如晶粒边界）和位错等] 的局域俘获而引起的空间电荷区复合。

图 6-10 给出了在暗 *I-V* 曲线中各部分的贡献，在正向的暗 *I-V* 曲线中，可以分成四部分：

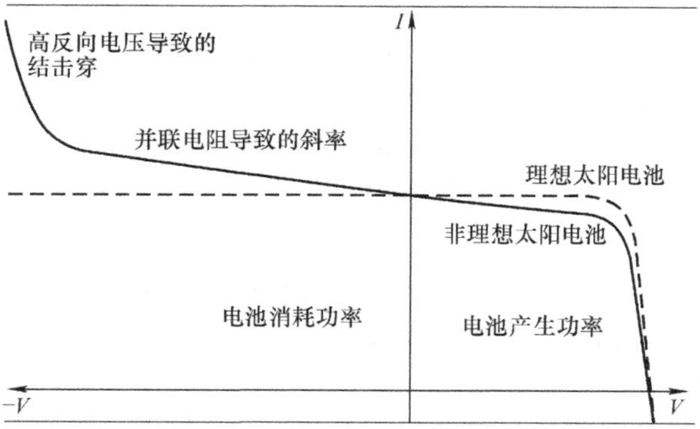


图 6-10　典型的太阳电池的暗 *I-V* 曲线

1）在 0～40mV 范围，主要是受到并联电阻的影响，通过电池的电流可以描述成：$I_{DF}\approx\dfrac{V}{R_p}$。

2）在 40～300mV 范围内，产生-复合电流占主要，因此通过电池的电流可以

描述为

$$I_{DF} \approx AJ_{02}\left[\exp\left(\frac{eV}{n_2 kT}\right)-1\right]+\frac{V}{R_p} \tag{6-23}$$

在高于 300 mV，通过电池的电流的表达式中第一项为主（扩散电流），因此，通过曲线拟合的方法，可以得到扩散饱和电流以及扩散二极管因子的值。对于晶体硅电池，一般大于 0.6V 处的电流主要受到串联电阻的影响。从反向的暗 *I-V* 曲线中，通过计算在直线部分的曲线斜率的倒数，可以得出并联电阻的值。

### 6.4.2　电池在光照状态下的负载特性（光照 *I-V* 曲线）

在标准测试条件下（AM1.5，1000W/m²，25℃），光照 *I-V* 特性测试能够得到最重要的电池参数，例如电池效率 $\eta$、短路电流密度 $J_{sc}$、开路电压 $V_{OC}$ 以及填充因子 *FF*。光伏器件的特征光照 *I-V* 曲线一般先在标准参考条件下对光谱、强度、温度和面积进行标定，然后测试样品。影响 *I-V* 测量的因素包括电压扫描速率和方向、与金属的连接、光源，以及 pn 结的温度。光照情况下太阳电池的正向偏置电流-电压曲线如图 6-11 所示。

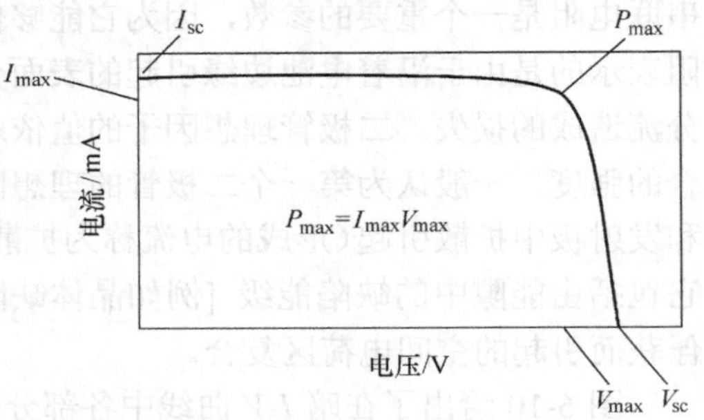

图 6-11　光照正向偏置下的太阳电池电流-电压曲线

图 6-11 中 $I_{max}$ 表示最大功率点对应的最大电流，$V_{max}$ 表示最大功率点对应的最大电压，$I_{sc}$ 表示短路电流，$V_{OC}$ 表示开路电压。

一般的 *I-V* 测量系统包括模拟光源或者自然光源、放置测试器件的装置、测温和控制温度的元件，以及数据获取系统。当电压加在器件上或者电流流过器件时，测量电流和电压随着负载或者电源的变化。下面对相关过程进行说明。

1. 辐射的测量

测量样品上的总辐照强度，一般是通过热探测器进行（日射强度计，腔辐射计）室外测量，或者利用参考电池进行模拟器的测量。如果使用具有恒量光谱响应的宽带热探测器，那么光谱的误差就为零。如果使用 Si 基的日射强度计测试在总辐射强度下的性能，由于 Si 不会对全光谱响应，那么就会存在光谱响应导致的误差。

2. 太阳模拟器

太阳模拟器是模拟太阳光的光源，主要用于在室内测试光伏电池或者组件的 *I-V* 曲线特征。有三种发光光源被用作太阳模拟器：稳态的氙弧灯、非稳态的氙弧灯和灯丝灯。它们之间各有优缺点：灯丝灯在蓝光部分的强度低，与日光的辐照光谱相差太远，一般需要用滤波器等装置抑制红外光谱部分。氙弧灯特点在于紫外和蓝光部分的光谱分布与太阳相差不大，但是红外部分和太阳光相差很大，必须对光谱进行修正，也就是要设计一组干涉滤光片，让氙弧灯中符合日光光谱的部分通过。

与稳态氙弧灯相比，由非稳态的氙弧灯制备的脉冲太阳模拟器具有多种优点：

1）只有测试时才具有最高强度；

2）不会使组件或者电池升温；

3）不需要对光源进行冷却；

4）相比于稳态光源消耗较少的功率。

但是脉冲模拟器的使用只有当材料的载流子寿命与光的脉冲时间相当或者更大时才变得与实际相符。特别是对于 a-Si：H 或者非晶硅薄膜太阳电池。使用脉冲模拟器时，由于电池具有瞬态衰减现象，会对测试结果产生影响。

人们普遍认为稳态模拟器由于光照不间断，有助于实现高准确度测量，因此更加适用于研发应用。测试各种薄膜太阳电池和各种较长响应时间的 PV 器件一般都会选择稳态光源。而晶体硅生产线上一般采用非稳态（闪灯）的测试仪[11]。

太阳模拟器的级别由它的各个单项技术指标的最低级别确定，划分为 A、B、C 三个级别，见表 6-3[12]。

**表 6-3　ASTM 中的光谱级别**

| 级别 | 光谱匹配（每段） | 辐照的不均匀性 | 辐照的不稳定性 |
|---|---|---|---|
| A | 0.75～1.25 | 2% | 2% |
| B | 0.6～1.4 | 5% | 5% |
| C | 0.4～2.0 | 10% | 10% |

太阳能模拟器的光谱可以更进一步通过几个波段的辐照强度积分进行分类。表 6-4 中给出了标准的地面用光谱 AM1.5g 和 AM1.5d 以及外太空光谱 AM0 中的各个波段占总辐照强度百分比。

**表 6-4　ASTM 中的三种标准光谱的光谱辐射特性**

| 波长间隔[13] | AM1.5d | AM1.5g | AM0 |
|---|---|---|---|
| 300～400 | 没有定义 | 没有定义 | 8.0% |
| 400～500 | 16.9% | 18.4% | 16.4% |
| 500～600 | 19.7% | 19.9% | 16.3% |
| 600～700 | 18.5% | 18.4% | 13.9% |
| 700～800 | 15.2% | 14.9% | 11.2% |
| 800～900 | 12.9% | 12.5% | 9.0% |
| 900～1100 | 16.8% | 15.9% | 13.1% |
| 1100～1400 | 没有定义 | 没有定义 | 12.2% |

3. 光照 *I-V* 测试方法

光照 *I-V* 测试一般采用标准电池法，首先用一片太阳电池在某一特定的标准状态（光源）下进行短路电流数值的确定，然后用它作参考电池去校准测试时所用光源的光强，再用此光强去测试其他电池。在某一特定光源下，确定了某一太阳电池的短路电流，那么在其他光源的光强下，只要得到同样的电流，二极管特性就是一样的。

由于太阳电池在受到光照时，通过 pn 结的电流随不同的负载而改变，因此要描述这个特性，应当设法把负载从零变到无穷大。电池两端的电压和通过负载的电流可用函数曲线的形式表达出来。这种方法有个缺点，就是由于电池需要串联一个提取电流的电阻，因此不可能达到短路状态，并且可变电阻也不能从零变到无穷大，所以也达不到开路状态，需要通过对曲线的延展才能够与电流和电压轴相交。为了弥补这个缺点，采用补偿线路。在这种电路中，太阳电池在负载电阻由零向无穷大变化的过程就是从导通到截止的过程。也就是说在测试过程中，也可以采用外加直流电压，而不使用可变电阻的方法，使偏压从负开始到正进行扫描，得出光照的伏安曲线图。

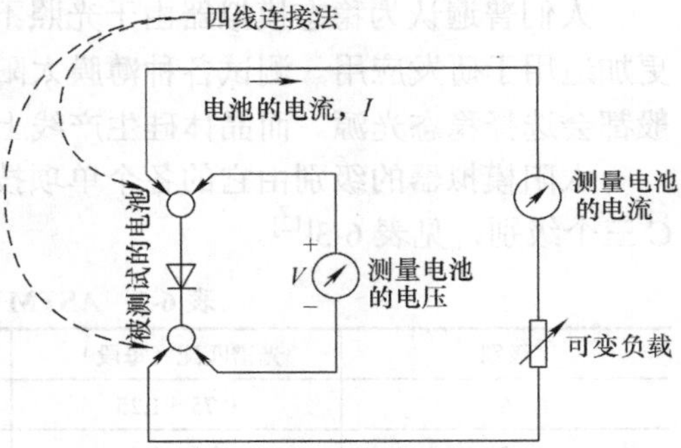

图 6-12　典型的 *I-V* 测试示意图（ASTM）

图 6-12 给出了测试光照 *I-V* 曲线时的示意图。在这个测试示意图中，包含以下几个部分：

1）电流测量设备：用于测量电池电流以及参考电池的短路电流。ASTM 标准中要求设备的分辨率至少为将会测试到的最大电流的 0.02%，并且总的误差要小于测试到的最大电流的 0.1%。

2）测试电压设备：ASTM 标准中要求设备的分辨率至少为将会测试到的最大电压的 0.02%，并且总的误差要小于测试到的最大电压的 0.1%。

3）可变负载：也就是电子负载，例如可变电阻器或者可编程的功率源。通过这种可变负载，能够沿着电池的 *I-V* 曲线中的不同点进行测试。可变负载的电学响应时间必须要足够快从而能够保证在测试周期内扫描完整个 *I-V* 工作点。

4）光源：用于给测试的电池提供光的模拟器，要求这种模拟器的规格要么是地面用要么是太空用。

5）温度测量设备：用于测试参考电池和被测试电池的温度，具有至少 0.1℃ 的分辨率，并且其读取的总误差小于±1℃。用于测试温度的传感器的位置必须能够减少传感器和光伏器件之间的温度梯度。

利用四线法的连接方式消除了负载电阻对测量准确性的影响。在四线法中，用一对测试引线（这对引线连通电源的正极和负极）给电池加电压（从正极到负极），通过另外一组引线测试在电池上的电压降（同样也是从正极到负极）。在测试的过程中，通过程序设置外加电压的扫描步进和范围。一般在给电池加的电压从 0 开始一直扫描到电池的开路电压值的过程中，当外加的电压为 0 时，测试的电流值等于电池的短路电流值，当外加的电压值等于开路电压时，电流值为 0。因此很容易从 *I-V* 曲线上得到短路电流和开路电压值。但是对于某些电池，如果测试参数或者电压扫描方向、速率不合适时，会存在测试的 *I-V* 曲线的变形。在用非稳态光源测试时经常会出现这种变形，主要是从开路电压到短路电流方向进行扫描与从短路电流到开路电压方向进行扫描得到的两个 *I-V* 曲线不重合，差异主要发生在最大功率点附近，但是开路电压也有可能会受到影响。解决这种现象的一个办法就是降低电压扫描速率，直到分别从两个方向进行扫描得到的曲线完全重合。

在 *I-V* 曲线中重要的参数是开路电压 $V_{\mathrm{OC}}$、短路电流 $I_{\mathrm{sc}}$、最大功率点 $P_{\max}$。填充因子 *FF* 是一个归一化的参数，它显示了二极管的性能，通过以下方程式进行计算：

$$FF=\frac{P_{\max}}{V_{\mathrm{OC}}I_{\mathrm{sc}}} \tag{6-24}$$

填充因子一般都是以百分比形式表示的。

转换效率$\eta$定义为最大的功率输出与照射在电池表面上的光的功率，即

$$\eta=\frac{P_{\max}}{P_{\mathrm{in}}} \tag{6-25}$$

开路电压一般都是在零电流附近通过线性拟合或者不连接负载的情况下得到。$V_{\mathrm{OC}}$的值经常是通过在最近零电流的两个测试点的线性内插法来获得。而 $J_{\mathrm{sc}}$ 的值经常是通过在最近零电压的两个测试点的线性内插法来获得。实际上这种方法中拟合过程使用的点越多误差越小。但是，必须注意不要包括那些与组件并联的旁路二极管或者处于非线性区域的点。

最大功率通常被认为是最大测量功率。一个更加准确的方法就是在最大测量功率的 80%范围内采用四次或者更高的多项式曲线拟合测量的功率与电压数据点。为了防止对于低填充因子器件的错误结果，曲线拟合中功率和电压点的选择要被局限在测量最大功率处的电压值的 80%之内。美国测试与材料协会（ASTM）采用四次多项式拟合，数据包括的范围为测量的电流大于 $0.75I_{\max}$ 而小于 $1.15I_{\max}$，测量电压大于 $0.75V_{\max}$ 而小于 $1.15V_{\max}$。这种限制适用于填充因子在 40%～95%的电池片和组件。

在测试过程中为了防止反向电压将电池损坏，在零电压和零电流附近控制外加电压的大小，使其处于安全范围。*I-V* 测试的误差主要来源为模拟光谱与标准

光谱之间的不匹配以及测试电池与参考电池之间的光谱响应的不匹配。研究显示使用校准的参考电池时，滤波氙弧灯和卤钨灯模拟器测试得到的短路电流的误差为2%。

根据ASTM标准，计算串联电阻采用以下方法：在温度稳定在25℃左右的情形下，测试在两种不同光强下的 *I-V* 曲线。如图6-13所示，一个光强是800W/m²，另一个光强是1200W/m²，在测试 *I-V* 曲线的过程中，温度的变化必须小于±1℃。从两条 *I-V* 曲线中，获得以下参数：短路电流 $I_{sc1}$ 和 $I_{sc2}$，在 $I_1=0.9I_{sc1}$ 处的电压 $V_1$，在 $I_2=0.9I_{sc2}$ 处的电压 $V_2$。从这些数据中，串联电阻通过以下公式计算：

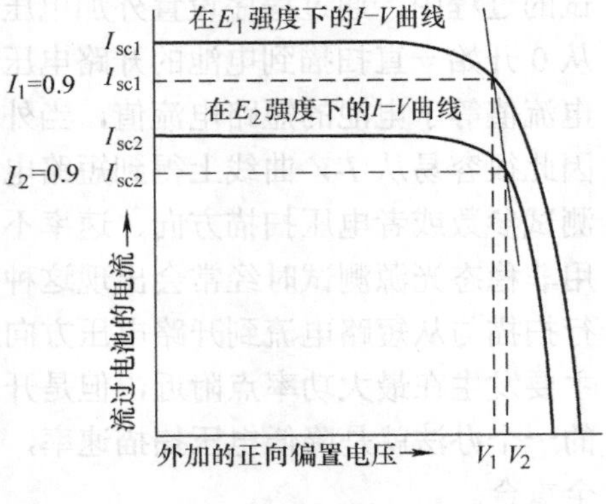


图6-13　计算串联电阻的示意图

$$R_s = \frac{(V_2 - V_1)}{I_1 - I_2} \tag{6-26}$$

值得注意的是，在光照和暗情况下，串联电阻的空间分布是非常不同的。在光照情况下，电流一般是均匀地分布在器件中并且必须要被电极接收。在暗的情况下，电流会沿着最容易导通的路径流动。较高电阻率的区域会被绕过，因此在光照情况下的串联电阻明显要比在暗情况下的串联电阻高。另外一种可能性是那些电阻非常高的区域只是影响电池的小部分区域，剩下部分相对来说并不受影响，这种情况一般发生在栅线断栅或者那些根本就没有金属化的区域中。

## 6.5　太阳电池的光谱响应曲线测试

光谱响应 $S(\lambda)$和量子效率曲线 $QE(\lambda)$是了解光伏器件中电流产生、复合和扩散机理的一种基本方法。太阳电池和组件的标定经常要求用光谱响应度作为光谱校正因子。光谱响应度定义为每单位入射光功率产生的电流，这个值转换为量子产额，可以表述为每个入射光子产生的电子空穴对，即

$$QE(\lambda) = \frac{qS(\lambda)}{\lambda hc} \tag{6-27}$$

式中，$hc/q$ 等于0.80655，波长单位为μm，光谱响应度的单位为A/W。

量子产额，经常乘以100，变成了量子效率。电池的光电流密度通过下式进行计算：

$$J_{AM1.5} = q\int_{\lambda_{min}}^{\lambda_{max}} S(\lambda)\phi_{AM1.5}(\lambda)d\lambda \tag{6-28}$$

式中，$\phi_{AM1.5}(\lambda)$ 是 AM1.5g 光谱分布，量子效率可以定义为两种类别，一种是内量子效率（*IQE*），另外一个是外量子效率（*EQE*），它们的定义如下：

$$IQE=\frac{\text{测量的电子数}}{\text{被吸收的光子数}} \tag{6-29}$$

$$EQE=\frac{\text{测量的电子数}}{\text{入射的光子数目}} \tag{6-30}$$

一般情况下，光谱响应度测量短路电流，但是当电池呈现与电压相关的接收现象时除外，如 a-Si：H 薄膜太阳电池。

现在有多种光谱响应测量系统，包括以干涉滤波片、光栅单色仪和干涉计为基础的系统。用单色滤光片测量，由于滤光片面积较大，可以保证被测电池能均匀地全部被单色光照射。用单色仪测量时，光斑小，只照到某一部位进行绝对测量，误差较大。光路需要特殊处理，光束变成平行光，并且狭缝宽度不能太大，否则波长误差较大。光源与 *I-V* 测试相同，同样采用氙弧灯或者卤钨灯作为太阳模拟器。可采用高强度的白炽灯（钨等）或者一个稳定的、低功率的氙弧灯。氙弧灯是一个好的光源，它在可见光部分具有非常强的光（特别是蓝绿光部分），从而提高了信噪比。

测试的方法分为直流方法和交流方法，前者需要将样品完全避光。交流测试方法的原理是由周期性变化的单色光（一般光经过斩波器之后变成周期性的光）在器件中产生交流光电流并转变成交流电压，随后通过锁相放大器测得。如果交流信号比交流噪声大很多，那么可以用交流电压表代替锁相放大器进行测量。在测试过程中，可以用一个直流偏置白光使器件刚好处于设计的工作点附近（短路电流点），比如将偏置光的强度调整到一个太阳，测得的光电流经常在 μA 到 mA 范围。这种方法由于不需要避光处理，并且信噪比较高，因此现广泛使用。

采用锁相技术的交流方法原理如下。首先将光用斩波器转变成一定频率的交变光，这个交变的单色光照到电池上，产生的交变电流信号和同样频率调制的参考信号通过相敏放大器后变成直流输出。在测试时，光的功率通过标准探测器测试，在同一个波长下的标准探测器和测试电池的光电流要同时进行测试。在测试过程中，计算机同时记录标准探测器和电池的光电流，通过标准探测器在一定波长下的光电流对应的功率，计算电池的绝对效率。

由于锁相放大器能抑制各种频率和相位的噪声，所以测量的准确度很高，而且被测电池可以不加任何屏蔽装置。测出的电压信号实际上是并联在电池两端电阻上的电压降，为了让此电压正比于电池的光谱电流，所用的电阻不应太大。

交流测量方法还有一个重要的特点，即它可以在已经照射交变光的太阳电池上叠加任意光强的恒定白光起偏置作用。一个电池在太阳光照射下，接受了阳光中各个波长的能量，对任何一个波长的光束来说，它在半导体内产生的电子空穴对都不是在空白的环境内唯一存在的；而是在除它之外其他全部波长产生的电子空穴对的“海洋”里，特别是在强光注入的情况下更是如此。当结区存在复合中心，在有载流子“海洋”的情况下，它们很快被填满，对附近的单色光产生的电子空穴对不起作用；但是当没有“海洋”的作用时，电池产生的部分电子空穴对就将被复合掉，其结果是导致接收效率的下降。因此，为了反映太阳电池的实际使用情况，特别是对某些类型的太阳电池（例如非晶硅太阳电池和聚光硅太阳电池）只用单独的单色光照射是不能反映真实工作情况的。所以在测量太阳电池光谱响应时，应给电池一定的白光偏置。也就是除了交流测量所需的装置外，还需加一套偏置光源，这套光源的光强应能调节。由于太阳电池处于高强度下照射，所以它必须恒温。下面介绍常用的两种测试系统：基于滤波片的测试系统和基于单色仪的测试系统。

### 6.5.1　基于滤波片的测试系统

一个基于滤波片的光谱响应 $S(\lambda)$测试系统是用干涉滤光片将宽带光变成单色光后，将光引向测试的器件，如图 6-14 所示。滤光片的轮可以在逻辑数字或者步进电动机控制的步进螺线管作用下发生旋转。利用热电辐射计和校准的 Si 探测器测试单色光束的功率。参考探测器能够实时测量功率（实时标定），或者将功率与波长的关系曲线存储在文件中（存储标定文档）。实时标定的优点在于能够修正单色光强度的波动。而存储标定文件的优点在于测量的功率能够更高，因为实时标定中使用了分光技术，而存储标定文件的方法减少了对背底光的敏感性，并且分光束引起的偏振效应并不存在。

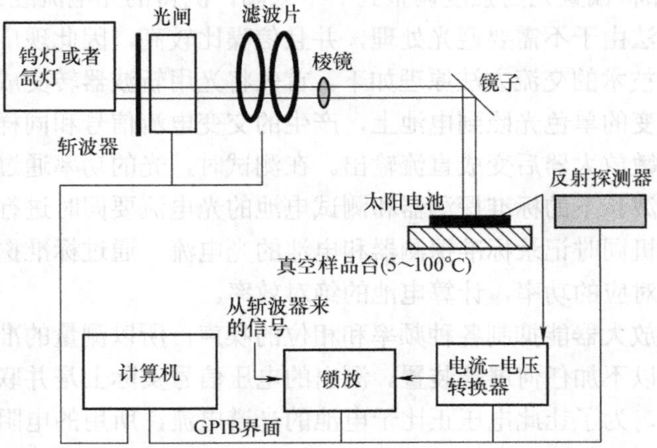


图 6-14　基于滤波片的光谱响应测试系统（参考美国可再生能源实验室）

这种系统对于测试包含多个电池的组件的 $S(\lambda)$是合适的。最简单的方法就是使用交流单色光照射整个组件，组件外加电压为 0，正如测试单个电池那样。由于这种系统具有高的功率和大的光束面积，基于滤波片的 $S(\lambda)$系统能够照射整个商业电池组件。这种方法的问题在于，不同电池在同一波长照射之下的短路电流是不一样的，而组件中串联电池的总短路电流受到具有最低短路电流的单个电池的限制（等于这个最低值），从而导致各个电池处于不同的偏压之下（并不是短路状态），在测试时需要给组件加上合适的偏压。

## 6.5.2　基于光栅单色仪的光谱响应测试系统

图 6-15 给出了基于光栅单色仪系统的测试示意图。由于具有宽的波长范围和高的谱分辨率，因此非常有用。如果使用双光栅单色仪，那么在 UV 波段的离散光能够被消除掉，这对于 UV 或者高偏置光测量是重要的。长波带通滤光片一般被用来抑制由较短波长引起的干扰（例如，1/2$\lambda$）。如果使用单光栅单色仪，光源为钨灯，或许需要在 300～600 nm 范围内使用一个带通滤光片，以抑制在更长波长和更短波长的光干扰（例如，1/2$\lambda$或者 2$\lambda$）。以单色仪为基础的测试系统的光源能够在经过离单色仪 3 mm 的出射光阑后在样品表面聚焦成 1 mm 的方形光斑，光强放大了近一倍。一般来说，基于光栅的单色仪相对于基于滤波片的系统具有较低的光学输出（较低的强度），但是有较高的谱分辨率。

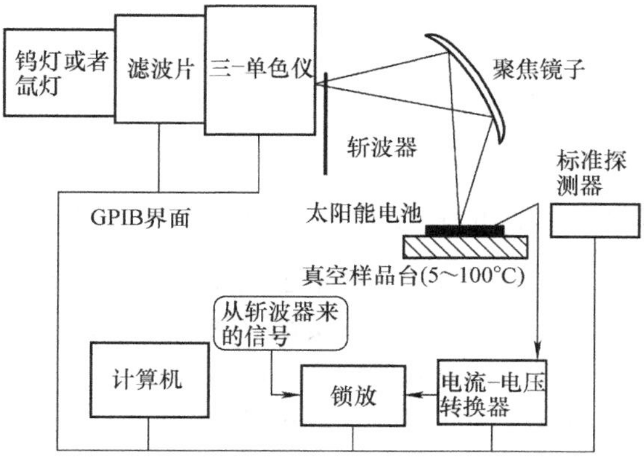


图 6-15　基于单色仪的光谱响应测试系统（参考美国可再生能源实验室）

正如前面所述原因，以上两种系统一般在测试非晶硅或者聚焦太阳电池时，还需要加上偏置光源。另外，对于多结叠层太阳电池，由于叠层电池与单结电池的工作方式不同，因此决定了它的光谱响应测试不同于单结电池。

下面以双结叠层电池为例进行说明。

如图 6-16 所示，对于叠层太阳电池，实际上包含两个独立的三层薄膜子电池（每一个都具有 pin 结构）叠加在仪器上。这两个子电池自然形成一体，彼此不能分离。

在单结和叠层非晶硅太阳电池中，掺杂膜层（p、n 型材料）都作为能带弯曲区域，在理想情况下，它允许内建电场扩展延伸到本征层（i 层）。这个电场使在 i 层中光产生的载流子被内建电场驱动漂移到掺杂区域，在掺杂区域作为光电流被收集。然而，叠层太阳电池的两个子电池具有不同的光学带隙，因此其光谱响应波长不同。当使用单色光照射叠层电池，一个子电池有光谱响应，处于导通状态，而另一个与之相叠的子电池对于该波长的光并不响应，处于关断状态，由于两个子电池串联，因此整个叠层电池不能导通。

也可以从等效电路来理解叠层电池的测试问题。叠层太阳电池相当于两个子电池串联起来工作，等效电路如图 6-17 所示。组成叠层电池的子电池一般情况下相当于一个二极管、一个恒流源和串联、并联电阻。两个子电池串联相接，总电流必须通过叠层电池的各个子电池，因此总的压降等于各个子电池压降之和。从外电路只能确定总电压，而不知道各个子电池的电压。

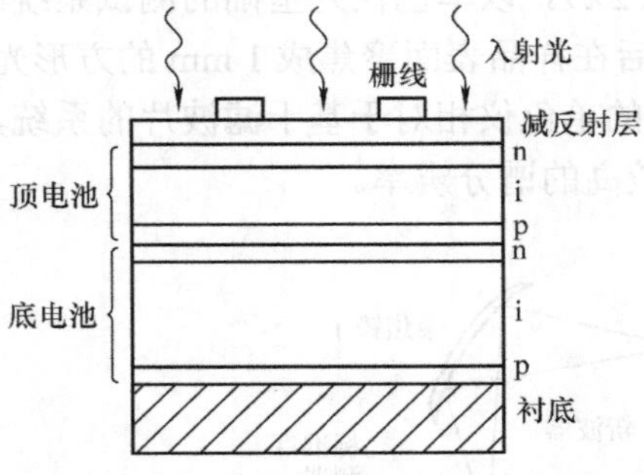


图 6-16　a-Si 双结叠层太阳电池结构图

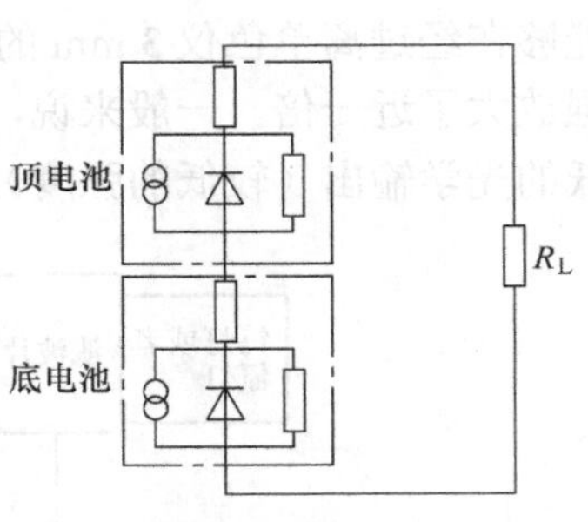


图 6-17　双结叠层太阳电池的平衡电路图

如果按照单个电池的测试方法（用单色光照）测试叠层太阳电池，那么得到的光谱响应（量子效率）曲线并不能真实地反映叠层电池的光谱响应特性。出现这种情况的原因在于当只有蓝光入射到叠层电池上时，它几乎都被顶层的子电池吸收，而使底层的子电池未被照射。这就相当于第一个二极管子电路处于导通状态，而第二个二极管子电路处于关断状态，因此总的电流输出为零。相似的情况也出现在红光照射中。只有在中间波段，上面和下面的子电池都有光吸收时才会使电流值不为零，但也会由于上、下子电池吸收的不平衡而产生子电池光生电流的差别，从而造成总电流受小电流子电池的限制。这一问题的解决方案是给电池加上偏置光，偏置光的强度要比测试用的单色光强很多。偏置光可使两个子电池都处于导通状态，在此基础上用来探测的单色光的响应信号不论是在哪个子电池上产生的，都会被电极引出，并被测试仪器测出。偏置光可以是用直流白炽灯加上合适的带通滤光片获得的白光、红光、蓝光等。好的直流偏置光源的优点在于交流成分低（即使有少量的交流噪声与斩波单色信号发生干扰）。白炽灯的问题在于在发光谱中的蓝光区域的强度低，这可能会使顶层电池并不饱和。

另外，如果多结器件的两端没有加偏压，那么由于偏置光的作用，会导致串联的子电池中一个响应最差的子电池处于反向偏置状态，而其他子电池处于正向偏置状态，这将影响测试结果，如图 6-18 所示。由于这些子电池在反向偏压的状态下存在由电压决定的收集效果，并且在反向电压下电流值要大于短路电流 $I_{sc}$，这会引起对量子效率的过高估计，如图 6-18 所示。因此被测量的电池应该在零偏压下进行测试，这可以通过给多结电池加正向偏压而实现。这样保证了测试电池处于短路，而其他电池工作在正向偏压下，如图 6-19 所示。多结叠层电池的各个子电池的工作点电压可能不同，因此为使其中一个子电池的偏压为零而在总电池上施加的正向偏压也应加以调整。实际上，对于一个未知的多结电池，为了使被测量电池的 $S(\lambda)$最大，增加偏置光强度和调整偏置电压值的过程是一个反复进行的过程。

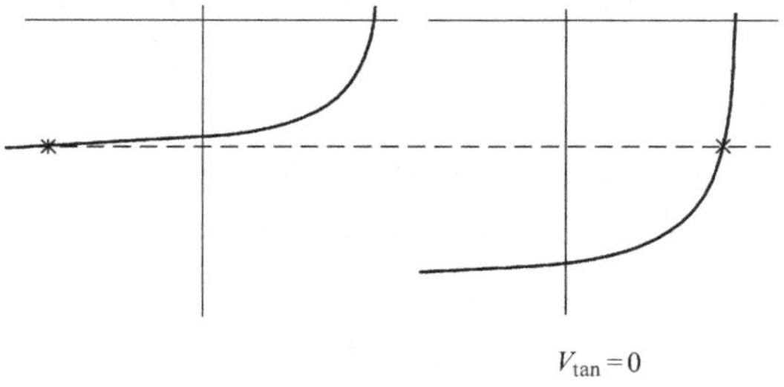


图 6-18　光照叠层电池中的子电池（顶层或者底层）在短路时的 $I$-$V$ 曲线，*点表示了单个子电池的工作点（$V_{tan}$=0）

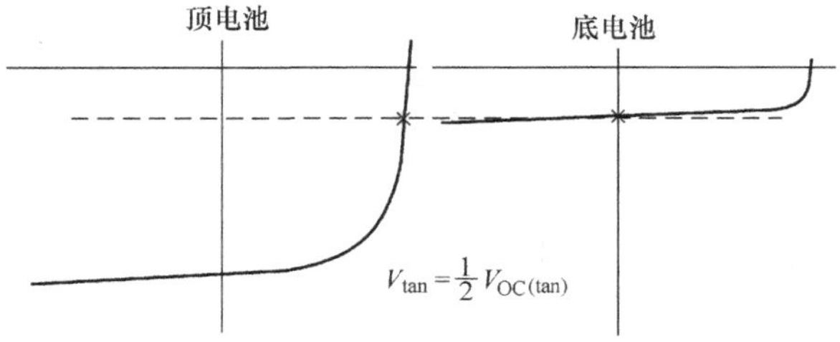


图 6-19　具有外加电场和蓝光偏置的叠层电池中单个电池的 $I$-$V$ 曲线

## 6.6　晶体硅太阳电池的失效分析

针对限制电池效率的缺陷分析，也称为失效分析测试。当前，在太阳电池研究和生产过程中，一般都采用发射光谱技术对工艺过程和最终的电池进行监控和分析。获得的信息主要依赖于发射光子的能量，即电致发光（可见-近红外），光致发光（近红外），热成像（远红外）。这些方法能够获得以下这些信息：

1）电流密度的局域成像；

2）载流子寿命的局域成像；

3）并联电阻/串联电阻成像。

下面对几种相关技术进行介绍。

## 6.6.1 发射光谱技术介绍

太阳电池发光是对太阳电池的一个重要表征手段。通常太阳电池制造过程中会有些缺陷，而这些缺陷往往限制了电池的光电转化效率和电池的寿命。需检测的缺陷项目包括材料固有缺陷、烧结不当、制程污染、微裂纹以及断路等。其中材料缺陷、烧结不当、制程污染会大幅影响太阳电池的转换效率。这些缺陷可以通过光致/电致发光成像方法进行检测。发光成像是利用了太阳电池中的激发载流子带间辐射复合效应，通过 CCD 相机探测辐射复合发出的光子，进而得到太阳电池的辐射复合分布图像。太阳电池的电致发光亮度正比于少子扩散长度，所以太阳电池正向偏置下的电致发光图像直观地展现出了太阳电池的扩散长度的分布特征，通过该图像的分析可以有效地发现太阳电池生产环节可能存在的问题，如裂纹、晶界等。由于光致/电致发光强度非常低，而且波长在近红外区域，这就要求相机必须在 900～1100nm 有很高的灵敏度和非常小的噪声。另外，当电池在反向偏置情况下时，电致发光图中的亮点显示了各种类型的分流[14]和预雪崩击穿位置[15]。

在硅片或者硅太阳电池中存在几种不同机理导致的光发射（辐射），分别对应着不同的波长。图 6-20 为其发光机理与波长之间的关系，以及常用的探测器对应的工作波段范围。

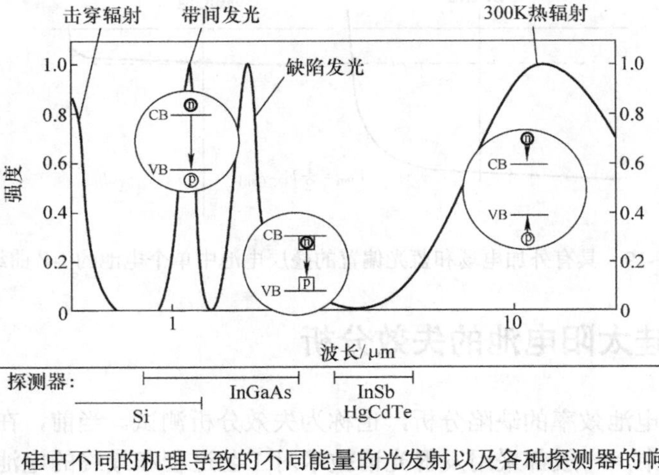


图 6-20 硅中不同的机理导致的不同能量的光发射以及各种探测器的响应波段[16]

在可见光部分的发光主要是当电池在较大的反向偏压下，由反向电压作用碰撞激发的电子在电场的作用下仍然具有较高的能量，在发生辐射复合时其能量转换成高能光子（击穿辐射），发射的光子的波长在可见光范围内。在近红外光发射部分主要是在导带和价带之间的声子辅助的带间跃迁辐射。在更长波段部分主要是由于缺陷（氧团簇）[17]导致的。远红外部分（大约 10μm）为高能的电子/空穴在热弛豫到导电/价带过程中过剩的能量以热的形式释放。

对硅 pn 结在反向偏压下的光发射和预击穿效应从 20 世纪 50 年代后期到 60 年代就已经进行了广泛的研究。研究结果表明，在正向电压下，除了带间的光发射之外，如果材料中有大量的缺陷，在室温的情况下，即使是在 0.8V 也能够观察到子能带间的发光。2005 年基于照相技术的发光成像在光伏领域中得到应用[18]，但是直到最近的几年里，才有几个研究组关注与研究多晶硅太阳电池在正向、反向偏压下的光发射[19-21]。

pn 结在反向偏置下的发光与电学击穿紧密相关。一般来说，在反向偏压下，在 pn 结上的反向偏压增加了耗尽区的电场。在这种情况下，耗尽区的范围扩大，这样有可能使那些在零电压下处于耗尽区以外的电学活性缺陷进入到耗尽区中如图 6-21 所示。

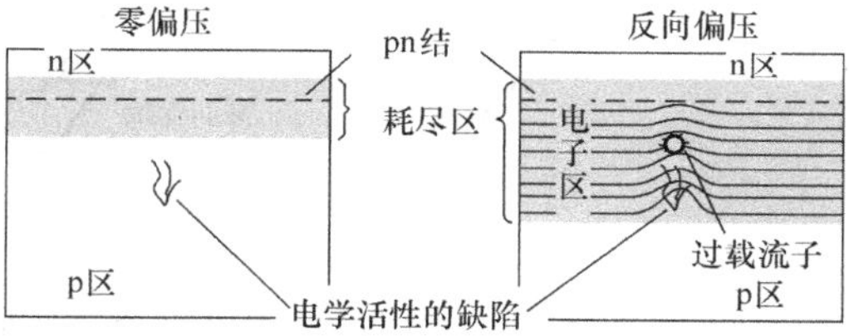

图 6-21　pn 结在加反向偏压前后的耗尽区变化

这些电学活性的缺陷，有可能是晶体缺陷，例如晶界和杂质沉淀，不仅干扰了耗尽区中的电场，同时还在这些缺陷处出现了较强的电场。如图 6-22 所示，如果这些区域的电场足够高并且达到一个临界值，它可以加速电子并且产生“热载流子”，这些热载流子移动到耗尽区域并被电场加速。在耗尽区域移动的过程中，这些热载流子有可能与耗尽区域中的缺陷沉淀原子发生碰撞，因此部分的能量通过韧致辐射机理转换成光子（高能光子，可见光部分）。另外一些动能转换成发生复合辐射的电子空穴对[22]。因此，韧致辐射和非直接带间复合机理导致在硅太阳电池中产生从可见光-红外光范围的宽光谱发光。

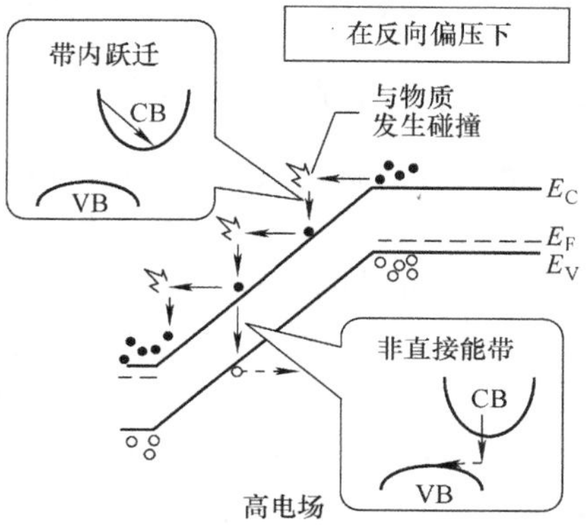

图 6-22　在反向偏置条件下的（辐射）原理图[6-26]

在硅 pn 结中会存在反向击穿现象。图 6-23 给出了在硅太阳电池或者其他 pn 结器件中基本的两种击穿过程示意图和对应的暗 *I-V* 特性曲线。击穿经常伴随着光发射[23]，一般被表征为微等离子体电流[24]。一种击穿称为雪崩击穿[25]，另外一种称为内部电场发射击穿（齐纳击穿）。当 pn 结反向电压增加时，空间电荷区中的电场随着增强。这样，通过空间电荷区的电子和空穴就会在电场作用下获得能量，在晶体中运动的电子和空穴将不断地与晶体原子发生碰撞，当电子和空穴的能量足够大时，足以把束缚在共价键中的价电子碰撞出来跃迁到导带上，产生自由电子空穴对。新产生的载流子在强电场作用下，再去碰撞其他中性原子，又产生新的自由电子空穴对，如此连锁反应，使结区的载流子数量急剧增加，像雪崩一样，如图 6-23a 所示。因此，雪崩击穿是一个电流放大过程，可以导致出现非常大的电流，其电流值只受到外电路的限制。这种击穿会导致 pn 结的 *I-V* 曲线出现突然增加的现象，这被称为 *I-V* 曲线的“硬特性”。在雪崩效应中，如果没有杂质的散射，击穿电流的温度系数为负值。在恒定电压的情况下，电流的绝对值随着温度的变化值是负的。

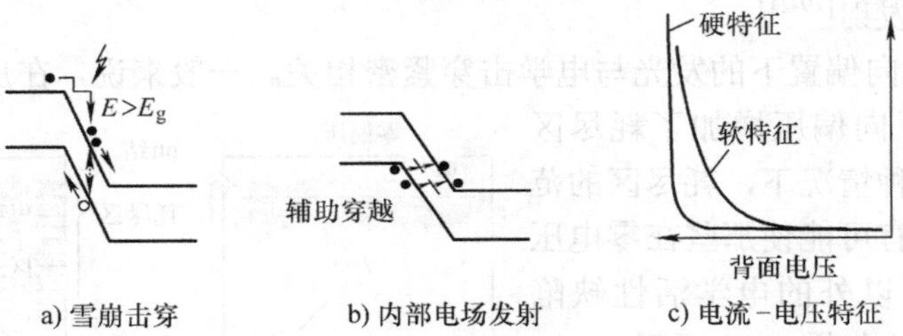


图 6-23　雪崩击穿和内部电场发射的示意图[17]

与此相反，当反向 pn 结的能带有尾态时，电子可以通过量子遂穿机理跳跃到禁带中，这种现象称为内部电场发射。在禁带中的缺陷态相对会增加电子遂穿通过结的概率，导致在非常低的电压就会出现内部电场发射击穿，呈现“软”电流-电压特性。另外，半导体的能隙随着温度而降低，在高温下载流子只需要较少的能量就能够穿过能隙。随着温度的增加，声子密度和遂穿概率增加，导致较低的击穿电压。因此，内部电场发射中的电流温度系数是正的。

## 6.6.2　电致发光测试（EL）

电致发光又称场致发光，是电能直接转换为光能的一类发光现象。具有结型结构的半导体器件在电场作用下发生载流子注入时的发光，又叫载流子注入发光。若在形成了 pn 结的半导体材料上加上正向偏压，正向电压的电场与 pn 结的自建电场方向相反，它削弱了自建电场对晶体中电子扩散运动的阻碍作用，使 n 区中的自由电子在正向电压的作用下，源源不断地通过 pn 结向 p 区扩散。在结区内同时存在着大量导带中的电子和价带中的空穴时，它们将在注入区产生复合。当导带中的电子跃迁到价带时，多余的能量就以光的形式发射出来。这就是半导体场致发光的机理，这种自发复合的发光称为自发辐射。当太阳电池加上正向电流后，太阳电池会像发光二极管一般，发出近红外的光，其光强除正比于输入电流外，也和其缺陷密度有关（缺陷越少的部分，其发光强度越强）。观察电致发光的图像，可以辨别材料瑕疵、烧结与工艺造成的污染。图 6-24 为电致发光成像系统示意图。探针放置在太阳电池的电极上，加上正向电流后，会放出波长为 950～1250nm 的光，中心波长约为 1150nm 的近红外光，选择适当的相机，可取得待测物的电致发光图像[13]。

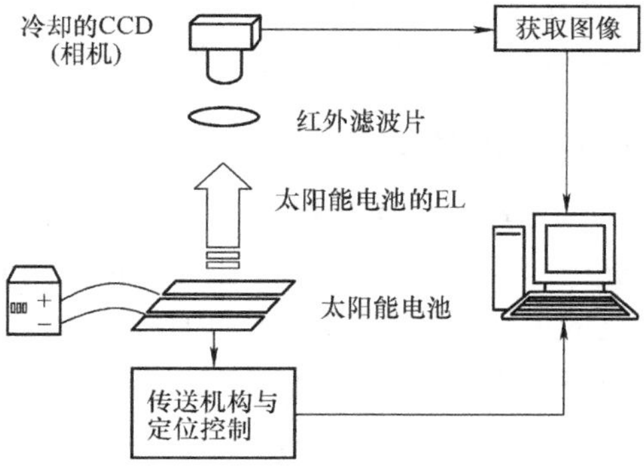


图 6-24　EL 发光的测试原理图

在相机选择方面，可选用一般的可见光（硅基）CCD，或 InGaAs 的近红外相机。一般可见光 CCD 的感光范围最高可达 1100nm，取相时需在相机前端加上一个 IR 滤波片，滤除 950nm 以下的杂散光，可取得 950～1100nm 的近红外光图像。选用可见光 CCD 的优点为价格低并且像素高，但由于其近红外光部分的感光度低，可用冷却系统冷却 CCD 提高图像的信噪比，并缩短曝光时间。

正向偏压下的近红外 EL 主要能够对串联电阻、并联电阻成像，因为 EL 对局域电流和电压灵敏，能够获得载流子扩散长度的信息。在对串联电阻和并联电阻进行定量分析时，很难决定为什么这些区域是黑色的。因为串联电阻高或者并联电阻低，或者少子复合都会导致出现黑色区域。

EL 在反向偏压下的发光处于可见光段，对硅太阳电池施加数值接近于击穿电压的反向电压，用来探测预击穿缺陷。在大的反向偏压下的高能电子会出现以下两种情况：“雪崩”击穿或者“齐纳”击穿和可见光的宽带发射。微等离子体和雪崩击穿会出现局域发亮的点[26]，而齐纳击穿（内电场发射）显示的是大量微小的点[27]。一般都认为引起预击穿的主要是位错[28]、表面损伤（例如摩擦）、电阻率条纹[29]、氧和金属沉淀[30]等。尽管多晶硅中的碱织绒不会在外观上显示缺陷的表面特征，但是其反向的 EL 图与酸织绒的 EL 图一样，也会出现预击穿引起的发光。因此这些预击穿位置直接与体缺陷相关，只是在酸织绒的片子中击穿的电压要低于碱织绒的电池，也就是织绒工艺会影响击穿的电压值[34]。

在测试 EL 时，恒流源连接电池的两个极。整个测试系统处于密封的暗室中。当加上电流之后，相机开始收集信号，然后送到计算机进行分析。计算机显示出 EL 的成像并且给出电池的信息，例如均匀性、暗缺陷等。如图 6-25 中所示，除了栅线的遮光导致的黑线以外，还有许多黑色区域。这些区域来自于晶体硅体内的本征体缺陷。大部分的本征暗的线来自于电学活性的晶界。另外，圆圈圈住的不规则的团簇状的暗线显示存在其他类型的电学活性的晶体缺陷，这些致密的暗线与衬底的电阻率没有特别的关联。但是在反向偏置情况下测试的 EL 则发生了变化，电阻率低的样品在这些黑色的团簇线地方会出现亮点，在这些地方主要的缺陷是位错。

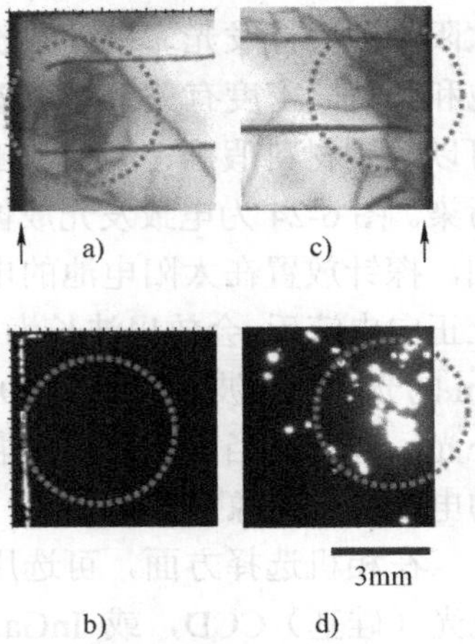


图 6-25　衬底具有不同电阻率的太阳电池的 EL 图对比[31][图 a）和图 b）为电阻率为 1.6Ω · cm 的太阳电池的正向、反向偏压下的 EL 图，图 c）和图 d）为电阻率为 0.8Ω · cm 的太阳电池在正向、反向偏压下的 EL 图（箭头的指向表示电池的边缘）]

### 6.6.3　光致发光测试（PL）

光致发光探测载流子寿命成像。在光致发光中，不需要偏置电压，因此可以应用到未金属化的电池。光的发射强度正比于寿命，可以进行对寿命的定量分析，但不是一种绝对测量，同时需要用已知样品进行校准，校准方式为瞬态方法。同时，由于硅是一种非直接带隙材料，测试时需要高的光强照射。

PL 是物质吸收较高能量的光之后将光再次发射出来。用可见光波段的闪灯或者脉冲激光/LED 激发硅，大部分光生电子将它们的能量以热量的形式释放出去，但是小部分的电子与空穴发生复合发射出光子（辐射复合）。材料中缺陷越多将会有更多的能量转化成热，从而减少发射的光子。硅中的缺陷越少将会导致更强的辐射复合，那么将会有更多的带间复合发射的光子（见图 6-20）。因此 PL 是一种测试样品在受光激发产生过剩载流子的辐射复合。当光产生过剩载流子时，这些载流子的浓度取决于缺陷、杂质以及其他在这个区域的复合机理。PL 谱的强度正比于载流子浓度，因此，一般明亮的区域表示了较高的少子寿命区域，而暗的区域显示了较高的缺陷浓度，因为其少子寿命较低。PL 是一个非接触测试，能够在太阳电池制备中的任何一个工艺进行测试。

PL 测试的典型系统需要与 EL 测试中相同的相机。当将片子放在测量区域时，从时间发生器发送一个触发信号给脉冲光源。光源照射在样品上，在经过合适的时间延迟之后，时间发生器发送第二个触发信号给相机，相机打开光阴极收集从硅片上发射出来的光。PL 系统中也可以使用函数发生器产生触发信号，用锁相放大器控制相机采集信号的时间，然后将记录的图像传输到计算机中进行成像分析。由于脉冲光和相机的快门是在微秒时间范围之内，外界光并不会对结果产生影响，主要需要预防的是人暴露在快速而明亮的闪光下[32]。在相机前面有一系列的光学滤波片将硅片的发射光与发散的激发光分离开。在一个简单的方法中，假定 PL 信号正比于过剩载流子浓度和净掺杂浓度。为了进行定量评估，需要考虑荷电载流子产生率的深度分布和发射光被再吸收。在测试太阳电池的 PL 设备中，与常规的 PL 测试技术的不同之处在于采用 CCD 相机对整个样片成像，而不是单点测试，因此要求激发光源能够均匀地照射到整个样片上。因此聚焦的激光器并不能够满足要求，一般采用高功率的 LED 阵列光源、闪光灯或是激光二极管。光源的波长要小于硅的荧光波长（1150 nm），但是同时要尽量能够入射到太阳电池体内，因此一般采用长波长的光，例如 650 nm[33]或 804 nm。

PL 和 EL 都能够探测到在分流区域发生的非辐射复合中心引起的分流。应用领域包括：

1）PL 成像（发光强度正比于少数载流子浓度）可以在太阳电池的任何一个工艺过程中使用（裸硅片、带着氧化层或者氮化硅层的片子、最终的电池片）。图 6-26 给出了在电池制备各个步骤之后的 PL 谱图。由于表面反射各个谱图的亮度不一样，所以不能够直接对比，但是可以对比每个工艺之后的暗区的相对变化。比如，在做成电池之后，PL 发光的暗区与原始硅片中的小晶粒区域相对应，说明了这些区域存在的缺陷导致的少子复合降低了电池的性能。

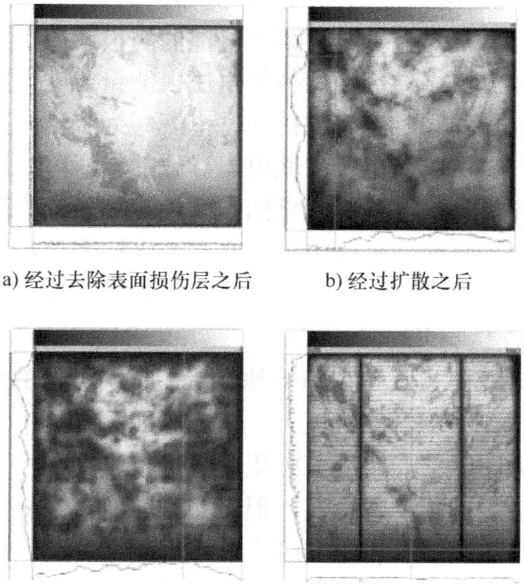

a) 经过去除表面损伤层之后　　b) 经过扩散之后

c) 沉积SiN(没有烧结)　　d) 整个工艺结束后的电池

图 6-26　光致发光测试的结果，有效少子寿命在微秒量级的 5in 多晶硅片[34]

2）在测试 PL 时，加上电阻负载可以进行电池的电阻分布成像，也可以外加电压和电流。

3）EL 成像只能够用到最后完成的电池上，主要是对比扩散长度和开路电压。

4）在各种电压和电流下 EL 成像能够表征二极管理想因子。

EL 和 PL 系统都采用硅基 CCD 相机，热电制冷到−70℃。PL 曝光时间在 10ms

到几秒，甚至分钟之间。PL 在测试钝化的样品和最终电池时的曝光时间一般为 1s 或者几秒。而在测试裸硅片时，未钝化硅片的时间将会更长，可以到几分钟，这取决于表面复合速率。EL 的曝光时间一般在 1s 或者几秒。在 PL 测试中，波长为 810nm 的激光二极管照射在 6in×6in 大小的面积上，当激光功率上升到 60W 时能够达到 1 个太阳的光强。这种方法能够对多种光伏材料进行测试，包括单晶硅、多晶硅、CIGS 薄膜，以及 CdTe 薄膜。将 EL 和 PL 结合起来时，由于 PL 不受串联电阻的影响，因此可以将正向 EL 图与 PL 图进行对比，如果两者都是暗的区域，那么说明了是由并联电阻或者复合导致的，反之则说明了是串联电阻的问题。

对比光致发光和电致发光，两者的优缺点如下：

光致发光的优点：能够直接测试工艺中的片子或者完成的太阳电池，不需要对电池进行电学接触。其缺点主要在于：一般要求脉冲光和门电路探测器；光源和探测器之间的定时很重要；要求均匀的光源以及对非均匀性进行合适的修正，重复性经常较差。

EL 的优点在于：可以不使用门电路探测器，简单的电流源就可以满足要求；具有较好的重复性。其缺点在于：需要在电池的阴极和阳极之间进行连接。

EL 成像和 PL 成像可以通过控制外部电压去测量在硅太阳电池中的串联电阻分布[35, 36]，在 PL 成像的同时采用探针测试电流。为了测量串联电阻的分布，需要从发光光谱中获得局域区域由于串联电阻导致的电压降，因此需要准确并且合理地得到局域区域的电流值。值得注意的是，能够测量的串联电阻有一个最高的极限，因为超过这个极限后在串联电阻非常高的区域即使是短路也将会在结上留下较低的电压，将会导致错误的修正。文献报道的现有 PL 方法获取的串联电阻的最大电阻小于 $16\Omega \cdot cm^2$[36]。

综上所述，EL 和 PL 技术在太阳电池上形成空间分辨的成像，揭示局域的分流、串联电阻以及载流子复合的区域[37]。在 EL 测试过程中，电流的注入引起电池发射波长在近红外附近的光谱。其结果是成像提供了一个可以表示太阳电池能够将光转换成电的能力的可视化分布。但是必须注意，不要给电池加对器件有损害性的电流值。由于 EL 和 PL 技术只工作于近红外区域，因此这两种技术都要求使用制冷近红外探测器。

### 6.6.4　热红外成像测试

红外成像测试（IR）已经有几十年的使用历史，由于这种测试速度相对比较快而且设备的价格也不太高，因此其重要性也越来越明显。IR 相机基本上就是视频设备，但是每个视频都仍然可以理解为温度成像，并且同样可以获得实际的温度数据。标准的太阳电池的热成像可以很快揭示在反向偏压情况下的主要分流缺陷，或者只是观察电池在一般工作情况下的温度分布情况。

标准温度记录仪的灵敏度和热分辨率受到 IR 相机自身探测器灵敏度或者等效噪声温度(NETD)的影响。带有制冷 InSb 探测器的相机的 NETD 大约是 20mK，非制冷微测热辐射计探测器的 NETD 大约为 80mK。只能够看见几个露点区域。由于热扩散（热能随着时间的扩展）以及缺陷自身的热辐射较弱，对较弱的分流点进行定位是非常困难的。

即使是大的缺陷，可见光相机也不会形成清晰的图像，但是与红外成像仪在一起能够提供非常有用的参考点。今天，包含了热成像和可见光成像功能的 IR 相机已经商品化，可以方便地对太阳电池进行快速的稳态测试。在测试过程中为了克服使用“慢”加热或者激发源造成的热扩散对空间分辨率的影响，使用了脉冲或者正弦模拟的电信号或者光。

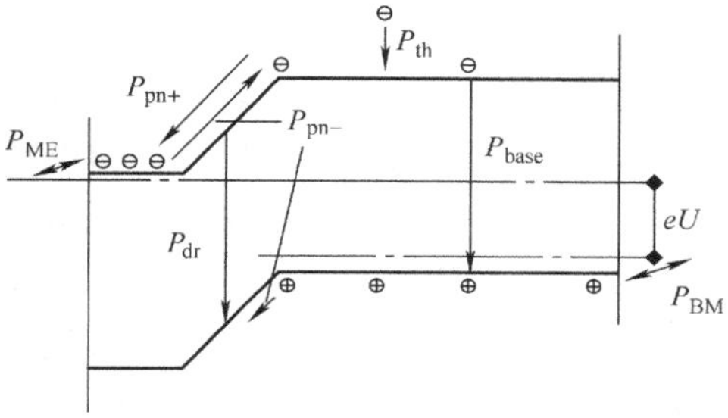

图 6-27　太阳电池中的热来源[38]

图6-27中的所有向下箭头都表示产生热的机理，就像复合或者热化过程，并且所有向上的箭头都表示帕尔帖效应(当有电流通过金属-半导体接触的界面时，将会发热或者制冷)，这种效应对应的是样品冷却状态。例如，$P_{ME}$ 和 $P_{BM}$ 是由于发射极-金属接触和基极-金属接触的功率贡献，这个值可以是正的，也可以是负的，取决于电流的方向。$P_{th}$ 是在基区中的光生载流子的热化。$P_{pn^+}$ 是光生载流子从基区扩散到发射极中的热能，这个过程是一个加热的过程。$P_{pn^-}$ 过程是一个放热过程，主要发生于电池加正向偏压的情况下。$P_{base}$ 和 $P_{dr}$ 是载流子在基区和耗尽区中发生复合放出的热。

## 6.6.5　锁相热成像（LIT）测试

锁相热红外成像（LIT）是采用调制激发的方法来周期性地激发产生载流子或者给样品施加周期性的偏置电压。当给激发源（光或者外加偏置电压）一个特定的触发频率信号时，可以显著地提高红外相机的灵敏度，从而弥补了传统热成像技术在空间分辨率上的不足。这种灵敏度的提高可以使得探测样品中红外辐射或者红外透射信号的微小变化成为可能。因此可以用于：① 探测由大的分流电流引起的样品发热；② 通过探测电子吸收或者发射的红外光子的数量来获知电子浓度（载流子密度成像技术）。其中第二种技术已经在前面少子寿命测试中进行了描述，这里主要介绍锁相热成像在探测分流中的应用，主要包括暗锁相热成像（DLIT）和光照锁相热成像（ILIT）。暗锁相热成像（DLIT）测试是指在测试太阳电池的热成像时，在不加光照情况下给电池加偏置电压，可用于对分流或者短路进行成像分析。这种方法分为两种方式：一种是在反向偏置条件下将电流聚集到分流处；另外一种是在正向偏置电压下探测在电池工作点位置处具有电学活性的分流或者弱二极管。光照锁相热成像（ILIT）用光照代替偏置电压在样品上诱导产生电压，并且驱动电流流过分流区域。

在太阳电池上使用的锁相热成像技术一般的规律为：选择锁相的频率需要在探测灵敏度和空间分辨率这两者之间寻找平衡。在低频率下，信号较强，但是横向的热扩散比较严重，从而导致图像变得更加模糊。另外一方面，较高的频率能够提高空间分辨率，但是信号的强度却会降低。这种现象对于空间均匀比较好的样品更加明显，但是对于较高局域性的信号则是最不明显的。

DLIT 方法取决于叠加原理的正确性：光产生的电流是与偏置电压没有关系的，而光照产生的电流等于暗电流减去短路电流，也就是串联电阻的影响可以忽略。如果这种说法是成立的，那么在无光照的情况下在任意一个偏置电压下的电流都可以对应光照情况下的电流损失。这样就使这种技术对于探测分流非常有用。DLIT 基本的优点在于成像只反映了相关热能量的来源，这就是为什么 DLIT 可以很容易进行定量分析的原因。其基本的不足之处在于会假设在 pn 结两端的电压总是等于在电池两端的电压，但是这种假设只有当金属接触良好并且被研究的电池在低偏置情况下（在这个偏置电压下，正向暗电流在 $0.1I_{sc}$ 量级）才是正确的。例如，不要超过电池的最大功率点（对于硅电池，最大功率点的电压一般为 0.5～0.55V。然而，为了模拟开路电压 $V_{OC}$ 情况，不得不注入等于短路电流值那么大的正向电流到电池中。由于在黑暗情况下电流的方向与光照的电流方向是相反的，那么由串联电阻导致的电压降不能够忽略，因此，通过正向偏压情况下的无光照电池去模拟光照电池是不现实的。到目前为止，一直都是避免 DLIT 在这种高电流工作模式下测试。

暗锁相热成像（DLIT）在测试过程中，InSb 红外相机冷却到−75℃，光谱响应范围为 3.6～5.1μm。锁相探测，类似于从偏置成像中去掉无光照、没有偏置的背底成像。偏置电压频率为 1～30 Hz，总的获取时间大约为 30s。为了探测分流，可以变化偏置电压获得以下信息：欧姆类型分流（线性分流，在暗 *I-V* 曲线中在零电流附近呈现线性），复合诱导的分流（非线性分流，在暗 *I-V* 曲线中类似于二极管特性），预击穿和复合诱导的分流。

为了确定分流是线性的还是非线性的，DLIT 成像一般在 0.5V 正向偏压（靠近硅太阳电池的最大功率点）以及−0.5V 反向偏压下。如果在分流位置的 DLIT 信号在两个图像中都有相同的强度，那么分流是线性的；如果信号的强度是不同的，那么分流是非线性的。当正向偏压大于 0.5V 时，由于在发射极和基区中的扩散电流成为太阳电池中的主要电流，因此在这个偏置电压下测试的图像明暗就反映了少子寿命的信息。在高寿命区域，由于扩散电流比较低，因而图像发暗；在低寿命区域，存在高的扩散电流，这导致局部温度上升，尤其是在多晶硅太阳电池中，在较高电压下信号强度增加的区域一般对应着较差的晶体质量，这些区域也包含着较高浓度的复合中心缺陷。这刚好与 EL 相反。一个典型的 DLIT 例子：在 0.5 和−0.5V 下观察。如图 6-28 所示，如果在两个图中的分流都以相当的亮度成像，那么这种分流就是欧姆类型的分流（线性），而如果只是在正向偏压下才会变得非常明亮，则是一种非线性的（二极管类型的）分流。

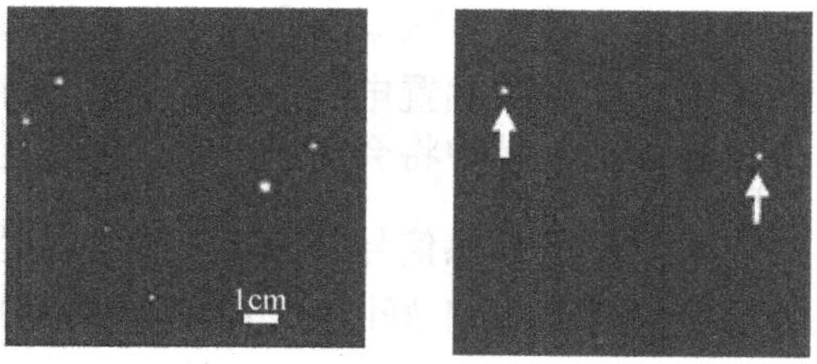

a) b)

图 6-28 单晶硅太阳电池的 DLIT 成像结果（左图为 0.5V 偏压下测试结果，右图为−0.5V 情况下的测试结果，箭头指出的是欧姆分流[6-42]）

值得注意的是 DLIT 也能够在大的反向偏压下进行测试（5～12V）[39]。在这种情况下，除了能够观察到低电压下的分流（漏电）之外，一些在高电场情况下出现的新的分流（漏电）也能够被观察到，例如会出现局域击穿。这对于组件在部分遮光的情形下是非常重要的，因为在这种情况下电池或许是反向偏置的，有可能形成危险的热斑。

在单晶硅太阳电池中，扩散电流经常是各向同性的，在大的正向电压下，DLIT 成像能够被用来探测高串联电阻区域。在这些高串联电阻区域，由于没有或者只有较低的扩散电流流过，图像是暗的。但是这种技术不能够应用到多晶硅太阳电池中，因为在这些电池中高寿命区域也会显示出暗的图像，因此很难区分出高电阻和高寿命区域。

另外一种热红外成像技术是光照 LIT（ILIT），其除了能够获得 DLIT 中给出的分流机理外，还能够给出接触造成的损失。一般来说，它是利用 Xe 灯或者钨灯，或者一个调制的激光器作为激发光源。根据太阳电池电学连接的不同，其工作方式有：电池保持在开路电压状态下（Voc-ILIT）[40]，电池保持在短路状态下（Jsc-ILIT），以及在一个恒定光照射下，脉冲偏置电压从 0 扫描到 0.5 V（这个偏压值接近于最大功率点）Rs-ILIT。在一个太阳强度的光照下，Voc-ILIT 信号不再只受到分流的控制，而且还受到少子寿命不均匀性的影响。因此，在一个太阳光强下测试的 Voc-ILIT 图像与光束诱导电流之间有一个非常好的关联。Voc-ILIT 是一种研究确定开路电压的因素的技术，这种影响参数本质上就是基区的少子寿命。值得注意的是，这种技术只能够对局域寿命的变化量成像，但是不能够获得寿命的绝对值。

如果 ILIT 是在短路情况下用脉冲光照射样品（Jsc-ILIT），偏置电压非常小，那么线性和非线性分流、体中的复合造成的影响几乎可以忽略。那么主要的局域热是横向电流的流动和 pn 结的热化产生的焦耳热（见图 6-27）。在 Jsc-ILIT 中，采用 0° 相成像代替幅度成像能够观察到在发射极中的横向电流的不均匀性[41]。如果电池中的所有区域都具有很好的连接，那么在短路电流状态下，光照射样品的所有区域中的偏置电压都接近于 0。然而，如果发射极-金属之间没有很好接触，那么在这些区域中将会形成一定的偏置电压，造成这些区域 pn 结的热化能 $P_{pn^+}$ 减少，出现较低的热信号。图 6-29a 为单晶硅太阳电池的 Jsc-ILIT 成像示意图，在金属-半导体接触不好区域的暗图像周围则包围着亮环。这些亮环是由在发射极中电流从金属-半导体接触不好区域横向向外移动导致的焦耳热。因此，Jsc-ILIT 并不能够很好地描述金属-半导体接触不好的区域。暗的区域一般是高串联电阻区域，但是明亮区域并不一定是低串联电阻区域。

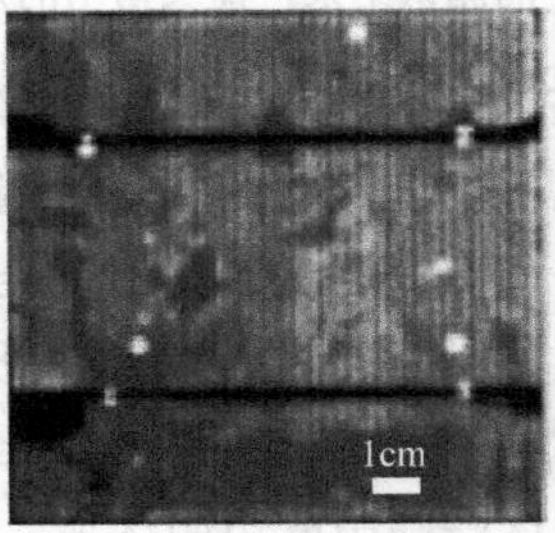

a) Jsc－ILIT

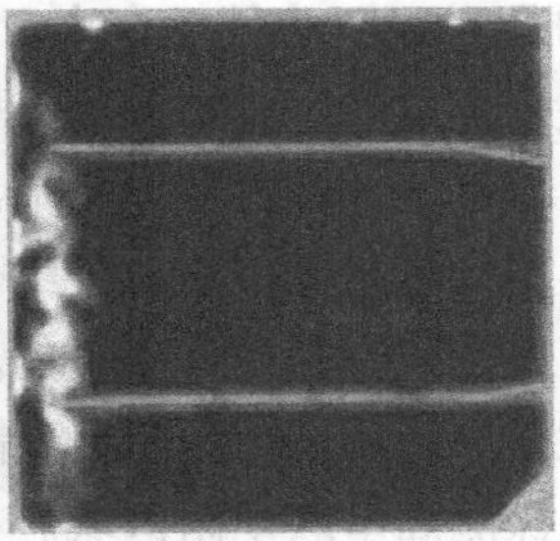
b) Rs－ILIT

图 6-29　Jsc-ILIT 显示的单晶硅电池中的金属-半导体接触不好的图像和 Rs-ILIT 成像[42]（在 Rs-ILIT 结果中，左边大片亮区域反映了高的串联电阻）

为了能够更加可信地探测金属-半导体接触不好区域，发展了一种称为 Rs-ILIT 的特殊技术。这种技术使用恒定光源照射样品，外加脉冲偏置电压从 0（短路电流）扫描到 0.5 V（靠近最大功率点），因此可以对比在不同偏置电压下样品表面的发热情况。研究证明，如果电池保持在短路情况下，即使金属-半导体接触不好，热信号也非常低。但是如果在最大功率点，金属-半导体接触不好区域的信号却是非常强的。另一方面，在短路和最大功率两种情况下从流向金属-半导体接触不好区域的电流引起的焦耳热是类似的，也就是接触不好区域周围会存在亮斑。因此，通过采用锁相关联过程，扣除了在不同偏压下测试中的任何热损失（见图 6-29），同时在他们周围的焦耳热的影响会被剔除，只反映金属-半导体接触差异导致的发热分布。由于 Rs-ILIT 测试采用的都是−90° 成像，因此可以形成正的或者负的信号，接触很好的区域其信号是暗的（负信号），而在金属-半导体接触不好区域的信号则是明亮的（正信号），见图 6-29b。

## 6.7　小结

本章按照在晶体硅太阳电池制备过程中的原材料检测、工艺监控，以及太阳电池最终性能测试和失效分析的类别对几种常用测试方法进行了原理、设备和分析方法的介绍。在原材料和电池制备工艺监控过程中，少子寿命测试方法是一种常用的判断原材料质量和工艺过程中保持高寿命的监测方法，尤其值得重视的是在测试过程中根据测试目的要制备合适结构的样品，特别是表面钝化处理。同时本章还对几种补充或可替代的载流子寿命、载流子浓度测试的方法进行了介绍。光照电流-电压测试是表征太阳电池性能的直接方法，而暗电流-电压特性曲线能够帮助研究者获得电池结特性参数：饱和电流密度，理想二极管因子，以及并联电阻的信息。量子效率测试能够在减反射薄膜设计和制备、发射极和前后表面钝化等方面提供工艺优化指导。本章对它们涉及的光谱、测试设备以及测试过程中的注意事项进行了叙述。通过采用发光辐射技术、热红外技术对最终电池进行失效分析，并给出了电池中存在的串联电阻分布不均匀、分流，以及在体内或者电池边缘发生的复合等信息，这也是提高电池转换效率的一个重要测试分析方法。

## 参 考 文 献


[1] W. W. S.W. Glunz, "High-resolution lifetime mapping using modulated free- carrier absorption," J. Appl. Phys, vol. 77, pp. 3243-3247, 1995.

[2] A. C. Ronald A. Sinton, Appl. Phys. Lett. , vol. 69, p. 2510, 1996.

[3] D.Macdonald and A. Cuevas, "Trapping of minority carrier in multicrystalline silicon Appl. Phys. Lett., vol. 74, pp. 1710-1712, 1999.

[4] Carlos A. S. Ramos, and Manuel Cid Sánchez. Determination of Minority Carrier Lifetimes by Photoconductance Measurements. http://www.lsi.usp.br/~patrick/sbmicro/papers/P241_GWJ79B.pdf.

[5] R. A. Sinton, "Quasi-Steady-state photoconductance, A new method for soalr cell material and device characterization," 25th PVSC, pp. 457-460, 1996.

[6] Jan Schmidt and Armin G. Aberle, "Accurate method for the determination of bulk minority-carrier lifetimes of mono- and multicrystalline silicon wafers " J. Appl. Phys., vol. 81, p. 6186, 1997.

[7] D. K. Schroder, "Surface Voltage and Surface Photovoltage: History, Theory and Applications," Meas. Sci. Technol. , vol. 12, pp. R16-R31, 2001.

[8] S. W. Glunz, Ph.D. Thesis, University of Freiburg, Germany, 1995.

[9] J. Linnros, "Carrier lifetime measurements using free carrier absorption transients. Ⅱ. Lifetime mapping and effects of surface recombination " J. Appl. Phys, vol. 84, p. 284, 1998.

[10] B. L. Sopori, "Principle of a new reflectometer for measuring dielectric film thickness on

substrates of arbitrary characteristics," Rev. Sci. Instrum, vol. 59, p. 725, 1988.

[11] Photon International.2010（10）：170.

[12] R A Bardos, et al., "Trapping artifacts in quasisteady- state photoluminescence and photoconductance lifetime measurements on silicon wafers.," Appl. Phys. Lett., vol. 88, pp. 053504-1 - 053504-3, 2006.

[13] 陳心怡. "太陽能電池板表面瑕疵檢測," 碩士論文, 國立中央大學資訊工程研究所, 2007.

[14] J. B. O. Breitenstein, T. Trupke , R.A. Bardos, "On The Detection of Shunts in Silicon Solar Cells by Photo- and Electroluminescence Imaging," Prog. Photovolt: Res. Appl., vol. 16, pp. 325-330, 2008.

[15] A. G. Chynoweth and K. G. McKay, "Photon Emission from Avalanche Breakdown in Silicon," Phys. Rev. , vol. 102, pp. 369-376, 1956.

[16] G. B. Alers, "Techniques for microelectronics and solar," in 23rd EU PV Sol. Energy Conf., Valencia, Spain, 2008.

[17] K. Bothe, K. Ramspeck, D. Hinken, C. Schinke, J. Schmidt, S. Herlufsen, R. Brendel, J. Bauer, J.-M. Wagner, N. Zakharov, and O. Breitenstein, "Luminescence emission from forward- and reverse-biased multicrystalline silicon solar cells " J. Appl. Phys vol. 106, p. 104510, 2009.

[18] F. Dreckschmidt, T. Kaden, Y. Takahashi, T. Yamazaki, and Y. Uraoka . in Proceedings of the 20th European Photovoltaic Solar Energy Conference, Barcelona, Spain 2005, p. 667.

[19] F. Dreckschmidt, T. Kaden, H. Fiedler, and H. J. Möller, Photoluminescence analysis of intragrain defects in multicrystalline silicon wafers for solar cells, J. Appl. Phys. 102, 054506 (2007)

[20] M. Kasemann, W. Kwapil, M. C. Schubert, H. Habenicht, et al., in Proceedings of the 33rd Photovoltaic Specialists Conference, San Diego _IEEE, New York, 2008.

[21] H. Sugimoto, K. Araki, M. Tajima, et al., "Photoluminescence analysis of intragrain defects in multicrystalline silicon wafers for solar cells". J. Appl. Phys. 102, 054506 (2007 )

[22] N. Akil, V. E. Houtsma, P. LeMinh, et al., "Modeling of light-emission spectra measured on silicon nanometer-scale diode antifuses," J. Appl. Phys. , vol. 88, p. 1916, 2000.

[23] R. Newman, "Vlslble i&t from'a s&on p-n Junction," Phys. Rev., vol. 100, p. 700, 1955.

[24] K. G. McKay,"Avalanche Breakdown in Silicon," Phys. Rev. , vol. 94, p. 877, 1954.

[25] A. G. Chynoweth and K. G. McKay, "Photon emission from avalanche breakdown in silicon," Phys. Rev. , vol. 102, p. 369, 1956.

[26] K Turvey and J W Allen, " Light emission from hot electrons in zinc selenide," J. Phys. C: Solid State Phys, vol. 6, p. 2887, 1973.

[27] P. A. Wolff, "Theory of Electron Multiplication in Silicon and Germanium," Phys. Rev., vol. 95, pp. 1415-1420, 1954.

[28] T. Figielski and A. Torun, in Int. Conf. Phys. Semiconductors, Exeter, 1962, p. 863.

[29] J. N. Achim Woyte, Ronnie Belmans, "Partial shadowing of photovoltaic arrays with different

system configurations: literature review and field test results," Solar Energy vol. 74, pp. 217-233, 2003.

[30] Dominik Lausch, D. Lausch, H. von Wenckstern, M. Grundmann, "Correlation of pre-breakdown sites and bulk defects in multicrystalline silicon solar cells," Phys. Status Solidi RRL, vol. 3, pp. 70-72, 2009.

[31] K. K. Noritaka Usami, Kozo Fujiwara, Ichiro Yonenaga, and Kazuo Nakajima, "Structural Origin of a Cluster of Bright Spots in Reverse Bias Electroluminescence Image of Solar Cells Based on Si Multicrystals," Applied Physics Express, vol. 1, p. 075001, 2008.

[32] B. TRUE, "Photoluminescence and Electroluminescence for Silicon Solar Cell Inspection," Ph.D, APPLICATIONS SCIENTIST, INTEVAC, INC.

[33] L. N. Vázquez, "Experimental setup for carrier lifetime measurement based on photoluminescence response. Design, construction and calibration," upcommons.upc.edu/pfc/bitstream/2099.1/7593/1/PL.pdf.

[34] J. T. D. Macdonald, T. Trupke "Imaging interstitial iron concentration in boron-doped crystalline silicon using photoluminescence," J.Appl.Phys., vol. 103, p. 073710 2008.

[35] R. A. B. T. Trupke, M. D. Abbott, F. W. Chen, J. E. Cotter, and A.Lorenz in Proceedings of the 4th World Conference on Photovoltaic Energy Conversion, Waikoloa, HI, 2006, p. 928.

[36] T. Trupke, R. A. Bardos, R. A. Bardos, and M. D. Abbott "Spatially resolved series resistance of silicon solar cells obtained from luminescence imaging," APPLIED PHYSICS LETTERS, vol. 90, p. 093506, 2007.

[37] Otwin Breitenstein, Martin Langenkamp, Lock-in Thermography - Basics and Use for Functional Diagnostics of Electronic Components: Springer, Berlin, 2003.

[38] O. Breitenstein, J.P. Rakotoniaina, M. Kaes, S. Seren, T. Pernau, G. Hahn, W. Warta, and J. Isenberg, "Lock-in Thermography - a Universal Tool For Local Aalysis of Solar Cells" in 20th European Photovoltaic Solar Energy Conference, Barcelona, Spain, 6-10 June 2005.

[39] O. Breitenstein, J. P. Rakotoniaina, A.S.H. von der Heide, and J. Carstensen "Series Resistance Imaging in Solar Cells by Lock-in Thermography," Prog. Photovolt.: Res. Appl., vol. 13, pp. 645-60, 2005.

[40] S. S. M. Kaes, T. Pernau, G. Hahn, "Light-modulated Lock-in Thermography for Photosensitive pn-Structures and Solar Cells," Prog. Photovolt: Res. Appl. , vol. 12, p. 355, 2004.

[41] Joerg Isenberg and Wilhelm Warta , "Realistic evaluation of power losses in solar cells by using thermographic methods," J. Appl. Phys., vol. 95,, p. 5200 2004.

[42] O. Breitenstein, J. P. Rakotoniaina, A.S.H. von der Heide, and J. Carstensen "Series Resistance Imaging in Solar Cells by Lock-in Thermography," Prog. Photovolt.: Res. Appl., vol. 13, pp. 645-60, 2005.

# 第 7 章 晶体硅太阳电池生产线整体工艺控制技术

在前面各章我们分别讨论了制备太阳电池的各个工艺环节的技术细节。但是在一条完整的太阳电池生产线上各个工艺具有互相的关联性，甚至与生产车间的其他工作环境也有着或多或少的关联，这就使得晶体硅太阳电池生产线的工艺调试变得更加复杂，如果我们在进行工艺调试的时候只注重单一工艺参数的调整，而不考虑其他工序与本工序的关联，则会使得工艺调整变得无法理解，出现许多矛盾的现象。

本章就是对不同工序之间的关系进行描述，从而为生产线的工艺调整提供一些理论上的指导。

## 7.1 晶体硅太阳电池生产工艺中各种影响因素

可以将晶体硅太阳电池生产工艺分成以下七个组成部分：

1）硅片的清洗与织绒，也包括去除磷硅玻璃的二次清洗工艺；

2）扩散制备 pn 结；

3）去除边缘连接；

4）制备减反射的 $Si_3N_4$ 膜；

5）丝网印刷制备前后电极；

6）电极烧结；

7）测试。

通过这些制备工艺的控制与调整将影响到太阳电池以下四个方面的特性：

1）太阳电池的表面钝化特性；

2）太阳电池的结特性；

3）太阳电池的减反射特性；

4）太阳电池的电极接触特性，也就是金属与半导体的接触特性。

这些特性直接影响到太阳电池的性能，这些性能通过 *I-V* 测试的三个参数反映出来，即开路电压（$V_{OC}$），短路电流（$I_{sc}$），填充因子（*FF*）。除了这几个特性参数外，还有几个重要的测量参数也用来评价上述特性：

1）饱和电流；

2）pn 结的方块电阻；

3）太阳电池的串、并联电阻；

4）太阳电池的量子响应曲线；

5）太阳电池的少数载流子寿命；

6）减反射膜的折射率和膜厚。

用来测试这些参数的方法如下：

1）*I-V* 测试，测量电池的电流和电压特性；

2）量子效率（QE）测试，测量电池对各种波长的光的响应特性；

3）少子寿命测试，测量少数载流子寿命或者这些载流子寿命在电池表面各处的分布；

4）四探针测试，测量扩散发射区的电阻特性；

5）椭圆偏振测试，测量减反射膜的折射率；

6）反射率测试，测量减反射膜及表面织构对电池表面反射限制的综合效果；

7）传输线法，测量电池表面电极接触特性。

当然，目前也发展了一系列方法来检测电池片的各种特性和质量，包括光致发光（PL）测试方法等。

在生产实际中，影响到太阳电池质量的除了上述这些制备工艺之外，还有很多其他因素，我们可以统统归结为环境影响因素，包括：

1）净化间的洁净度；

2）硅片清洗用高纯水的纯度，其特性反映为高纯水的电阻率；

3）操作人员对硅片表面的沾污；

4）硅片表面的机械划伤。这往往与机械手使用的多少有着直接的关系。

在前述各章以及本章后面部分的论述将会揭示出上述各个工艺步骤以及各种环境影响因素对太阳电池特性的不同关联程度。现归纳如下：

### 1. 与表面钝化特性主要相关的工艺及环境因素

1）织绒和清洗工艺；

2）制备 $Si_3N_4$ 膜工艺；

3）丝网印刷工艺；

4）烧结工艺（形成背面高低结）；

5）净化间洁净度；

6）水的纯度；

7）表面沾污情况；

8）表面机械划伤情况。

反映表面钝化特性最主要的测量参数为开路电压、短路电流和饱和电流。

2. 与太阳电池结特性相关的工艺及环境因素

1）扩散工艺；

2）烧结（形成背面高低结）。

反映结特性的主要参数为开路电压、短路电流、方块电阻、二极管理想因子。

3. 与太阳电池电极接触特性相关的工艺及环境因素

1）表面织绒；

2）丝网印刷；

3）烧结。

反映电极接触特性的主要参数为填充因子和串、并联电阻。

4. 与太阳电池减反射特性相关联的工艺及环境因素

1）表面织绒；

2）制备 $Si_3N_4$ 膜工艺。

反映减反射特性的主要参数为短路电流、量子响应曲线、膜的折射率、厚度和表面反射率。

从上述这些归纳的结果可以看出，太阳电池某一种特性往往是多个工序的联合作用的结果。因此，各种工序之间本身就存有相互关联。

此外，太阳电池某一特性的改善有可能带来另一个特性的劣化，从而使得各个工序之间存在着一定的制约关系，这也加强了各种工艺之间的联系。

以下就分别论述这些关联性。

## 7.2　与结特性有关的工艺控制技术

在第 1 章、第 3 章及第 5 章已有论述表明，为了使得金属与半导体之间形成很好的欧姆接触，就应该使得半导体一侧具有较重的掺杂。这使得 p 型衬底的太阳电池的发射区掺杂浓度应该达到 $10^{19}$～$10^{20}cm^{-3}$ 数量级。这么高的掺杂浓度使得在发射区的少数载流子的复合以俄歇复合机理为主。在第 1 章中的图 1-17 给出了 p 型硅少子寿命与掺杂浓度的关系。图 7-1 给出了 n 型硅和 p 型硅的少数载流子的少子寿命与掺杂浓度的关系。从图中可以推导出少子寿命 $\tau \propto 1/n^2$，这完全符合俄歇复合的规律。在 n 型区掺杂浓度只有低于 $5\times10^{18}cm^{-3}$，才会偏离俄歇复合的 $1/n^2$ 的规律。同时可看到，由于高掺杂，使得 n 型发射区的少子寿命非常低，达到 $10^{-9}$～$10^{-8}$s 数量级，即 0.001～0.01μs；而基区掺杂浓度为 $10^{16}$～$10^{17}cm^{-3}$，其少子寿命在 20～30μs，显然发射区的少子寿命非常低。

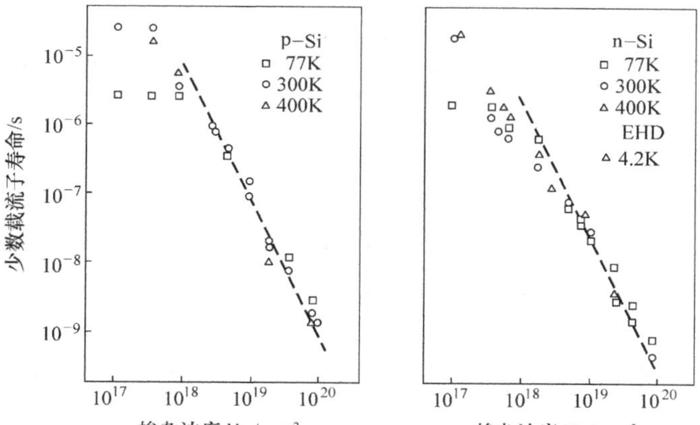


a) P型硅　　b) n型硅

图 7-1 实验的少子寿命和掺杂高质量半导体掺杂浓度的关系
（各□○△点连线后为实验曲线，虚线为理论计算结果）

因此，入射到发射区的光子产生载流子的复合很严重。对于 n 型发射区，少数载流子为空穴。从第 1 章图 1-16 中的少数载流子空穴的迁移率与扩散浓度的关系曲线看出，在高的掺杂浓度下，空穴迁移率也会大大下降，从 400cm²/Vs 下降到 100～200cm²/Vs。通过这样的迁移率和少子寿命可以计算出在 n 型发射区的少子扩散长度。其关系方程式有下述关系决定：

$$L=\sqrt{D\tau} \tag{7-1}$$

$$D=(kT/q)\mu \tag{7-2}$$

式中，$D$ 为扩散系数；$k$ 为波尔兹曼常数；$q$ 为电荷值。将这些参数带入方程，如果 n 型发射区掺杂浓度为 $10^{19}$～$10^{20}$cm$^{-3}$，则计算出的空穴扩散系数 $D_h$ 约为 1～2cm²/s，再由图 7-1 确定的少子寿命为 $10^{-9}$s，则扩散长度为 $10^{-5}$～$10^{-4}$cm，即 0.1～1μm。因此，发射区的厚度应小于 0.5μm，以减小复合速率。

在发射区少子寿命很低的情况下，就要尽量减小发射区的光吸收，使尽可能多的光子透过发射区进入基区，在那里产生电子-空穴对。硅材料对可见光的本征吸收系数为 $\alpha>10^6$m$^{-1}$。图 7-2 是硅材料吸收系数随波长的变化关系。由图可见，发射区的本征吸收在波长小于 0.5μm 的蓝光波段，因此发射区的

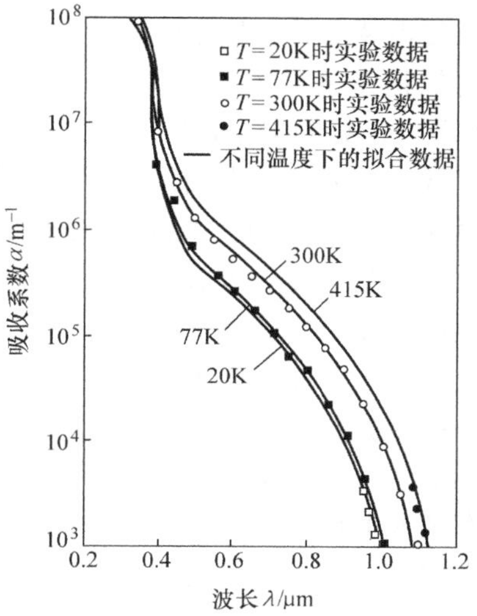


图 7-2 硅的光吸收特性与波长的关系[1]

光吸收不是很强，仍可使足够的光进行入到基区。

从上述分析可以看到，发射区重掺杂带来三个方面的问题，即

1）少子寿命降低；

2）迁移率下降；

3）蓝光吸收增强。

因此，这里产生了一对矛盾：由于要改善金属与半导体接触的欧姆接触特性，要求发射区掺杂较重，但是发射区掺杂较重会减小电池的蓝光波段的光谱响应。

为了解决这一矛盾，人们采取了两种方法：其一是降低发射区掺杂浓度；其二是减小发射区厚度。降低发射区浓度的方法受到电极接触电阻的限制，而减小发射区厚度的方法则受着烧结工艺的限制。

在第 5 章中讨论了烧结工艺的电极形成原理，在高温烧结时银离子会扩散到 pn 结的耗尽区，从而影响到结特性，会使得分流通道增加，使 pn 结的饱和电流增加，反映在 *I-V* 特性上就是并联电阻下降，以及加反向偏压（−12V）时的电流（$I_{rev2}$）增大，如第 5 章图 5-29 给出不同的银浆料在烧结时银原子在发射区分布的情况。可见如果银浆料选择不合适或 pn 结过浅都会造成银原子扩散到耗尽区的情况。

由此，我们又看到了烧结工艺与扩散工艺的制约关系。从发射区的扩散吸收特性来看，应该减小发射区的厚度，可增加光的吸收，增大电流以提高效率；但是这样会增加在烧结工艺中烧穿 pn 结的概率，从而使填充因子下降，使效率反而降低。

因此人们采取了一种改进的发射区磷原子沿深度的分布形状，如图 7-3 所示。分布类型 1 为掺杂浓度较高，但是较浅的结；而类型 2 为掺杂浓度较低，但是较深的结，可以通过调整扩散的工艺参数使得两者的方块电阻一致。这种深而轻掺杂的结一方面减小了银原子烧穿 pn 结的概率，同时由于掺杂浓度低，也减小了少数载流子的复合。虽然由于结较深不能减小对光的吸收，但是只要少数载流子复合减小，也可以使得电流增加。

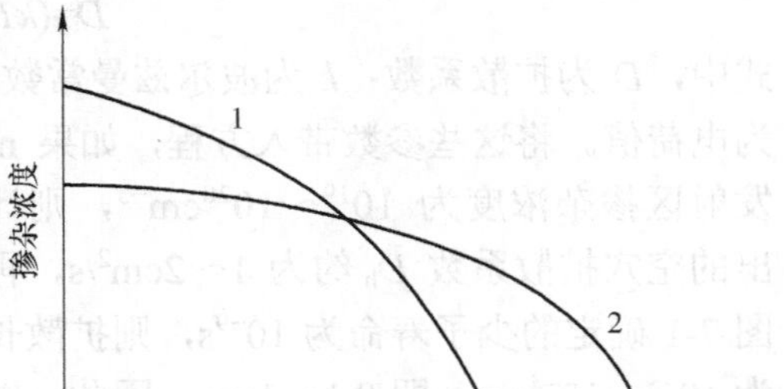


图 7-3 两种不同的发射区分布（1 为掺杂浓度较高，但是较浅的结；2 为掺杂浓度较低，但是较深的结）

对于分布 2 的具体扩散控制方法是：将扩散分成两步，第一步是通源的扩散，第二步是无源的再分布。在无源再分布的过程中，由于在扩散炉管中没有磷源的进入，使得表面的磷原子逐渐进入到体内，而表面杂质浓度开始下降。在整个工艺中为了将结推进得较深需要较长的扩散时间。但是在生产实践中由于提高生产效率的需求，要求减少扩散时间，因此提出了变温扩散的工艺技术。即先进行一段时间温度较低的通源扩散，然后将温度升高到较高温度，再进行短暂

的通源扩散，之后关闭掺杂源在高温下进行再分布。因此将原先的两段扩散变成三段扩散：① 低温通源扩散；② 高温通源扩散；③ 高温无源再分布。通过调整三段扩散的时间比和温度值，可以得到需要的扩散分布特性。

总结上述内容，归纳出两对矛盾。第一对矛盾：发射结掺杂浓度降低而引起的金属-半导体接触电阻增加与载流子复合降低的矛盾，其关系如图 7-4 所示。

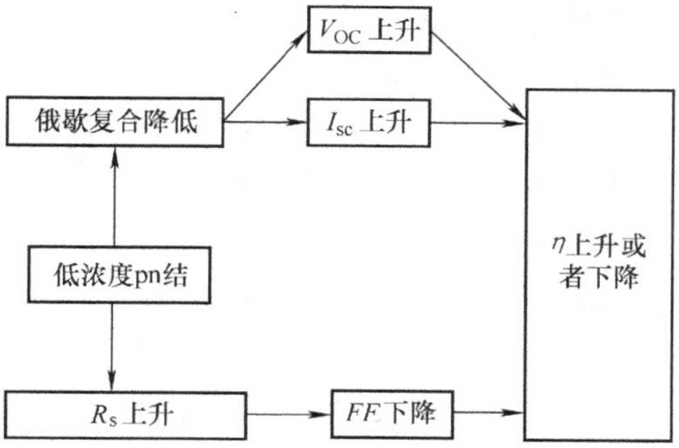

图 7-4　低浓度 pn 结对电池性能影响关系

这对矛盾关联到扩散工艺与烧结工艺的关系，要反复调整两者的关系，达到一定的平衡。

第二对矛盾是与结深度有关的矛盾，即结较深会使烧结工艺中的银离子较难扩散到耗尽区，从而减小漏电，增大并联电阻。但是较深的结也会引起发射区吸收的增强，使载流子复合增加，从而使得电流下降而降低效率。其示意如图 7-5 所示。

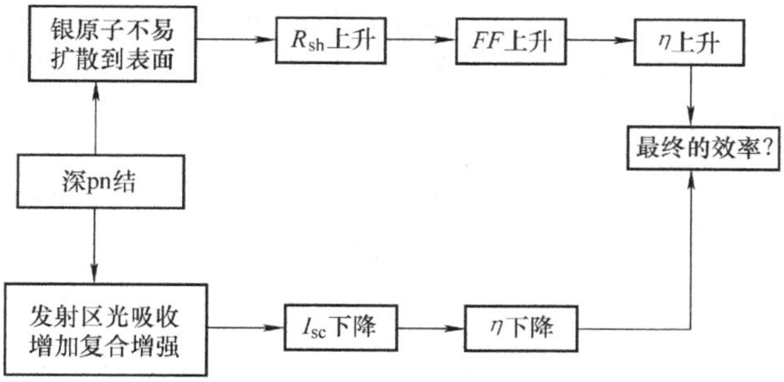

图 7-5　深 pn 结对太阳电池特性影响的关系

第二对矛盾也是由于扩散与烧结工艺的需求很难同时满足而形成，因此也需要反复调节扩散与烧结之间的参数，使之达到某种平衡。虽然可以通过采用两步法的同温扩散，或三步法的变温扩散可以部分地缓解第二对矛盾，但是我们在下一小节中会看到，这里还会引起深结扩散与钝化之间的矛盾。

总而言之，在太阳电池生产工艺中，扩散与烧结具有密切的相关性，需要同时调节。

## 7.3　与表面钝化特性有关的工艺控制技术

在第 4 章中论述了硅片表面复合的机理，以及利用氮化硅膜进行表面钝化的技术。因此可知，在发射区内的俄歇复合很严重，可以与表面复合形成竞争关系。

即在此区域，俄歇复合与表面复合都要降低才能真正减少总的复合概率。

前面小节讲的通过降低发射区的浓度可以减小发射区体内的少数载流子的俄歇复合，当发射结区少子复合降低之后，表面复合就变得更为突出。因此，也必须降低发射区的表面复合。而且，发射区体内少子寿命越高，表面复合对少子寿命的影响越明显。第 1 章中图 1-27 表明，对于低掺杂的发射区，表面复合速率的影响会变得更强烈，即表面复合速率较高的前表面对轻扩散的发射区具有更严重损害，使其少子寿命的下降更剧烈。

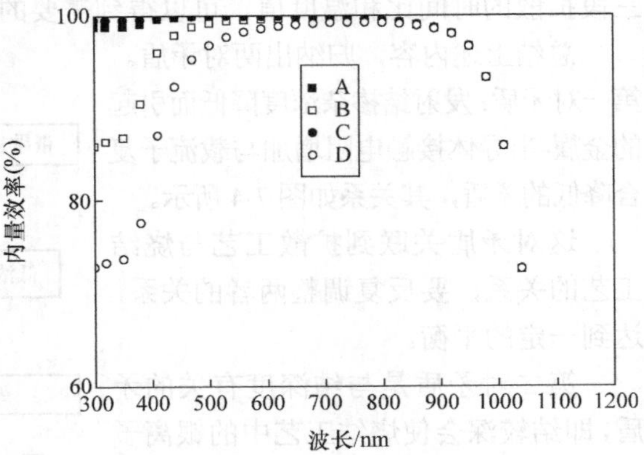


图 7-6　具有不同表面掺杂浓度和结深的发射极在不同表面复合速度下的内量子效率图（四种样品的方块电阻都为 150Ω/□。其中，A 的表面掺杂浓度为 $1.2\times10^{20}/cm^3$，结深为 0.22μm，前表面复合速率为 10cm/s；B 的表面掺杂浓度为 $1.2\times10^{20}/cm^3$，结深为 0.22μm，前表面复合速率为 $10^5$cm/s；C 的表面掺杂浓度为 $3.5\times10^{19}/cm^3$，结深为 0.505μm，前表面复合速率为 10cm/s；D 的表面掺杂浓度为 $3.5\times10^{19}/cm^3$，结深为 0.505μm，前表面复合速率为 $10^5$cm/s。在所有样品中，背表面复合速度都固定为 $10^5$cm/s）

也可以用图 7-6 进一步比较说明。图中给出了 PC1D 拟合计算的两种不同 pn 结杂质分布模式的量子效率曲线。从图中可以看出，表面复合速率对于不同的发射区掺杂分布状况具有不同的影响。图中曲线 A 和 B 具有同样的发射区掺杂浓度（$1.2\times10^{20}/cm^3$）和结深（0.22μm），但表面复合速率不同，可见低表面复合速率的电池短波响应好得多。当比较 A 和 C 及 B 和 D 时，可以看出，当表面复合速率很低时（A 和 C，10cm/s），不论是重掺浅结（A）还是轻掺深结（C）都有较好的短波响应，但表面复合速率很高时（B 和 D，$10^5$cm/s）重掺浅结（B）的短波响应要明显好于较掺深结（D）。由此可得出结论，轻掺杂发射区需要更优异的表面钝化。

进一步地可以从图 7-7 加以说明。对于方块电阻一定的发射区，其太阳电池效率必将随结深的不同而变化。图 7-7 表示了这种变化关系。从图中我们看到，如果表面复合速率越大，随着结深的变化，其效率下降得越快。究其原因，我们在上节已经表明了，对于同样的方块电阻，如果结深越深，表明发射区的掺杂浓度越低，这时发射区本身的复合会降低，发射区少子寿命将会提高，再加上较深的发射区具有较高的短波吸收，因此在发射区将会有较多的电子空穴对，而且这些电子空穴对非常靠近硅片表面。如果表面复合严重，这些少子很容易被表面的陷阱态复合，使得电流和效率都下降。相反，对于浅而重掺杂的发射区，其发射区本身就有很强的复合，较多的载流子已经在发射区复合了，因此表面复合的影响也就不明显了，同时由于发射结较浅，所能吸收的光较弱，使得基区产生较多的载流子，也抵消掉一些发射区的复合。图 7-7 中的结果与第 1 章的图 1-25～图 1-27 中的结果一致，只是将其汇总在一张图上。

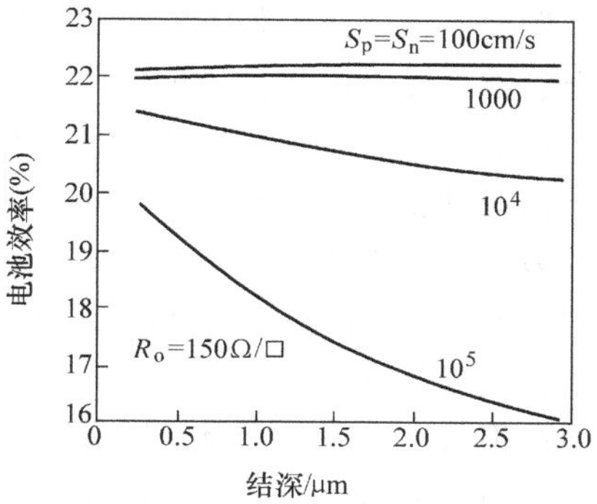


图 7-7　PC1D 计算得出的不同表面复合速率的太阳电池随着结深的变化，其效率的变化关系

由此我们看到了另一对矛盾：制备深结可以使得烧结过程中银原子不容易扩散到耗尽区，减小了漏电的概率，从而提高了并联电阻，提高填充因子。但是结深较深，会在发射区吸收较多的可见光，产生较多的电子空穴对，这些电子空穴对对表面复合很敏感，如果表面复合较严重，就会明显地降低电池的短波响应，并因此降低了电池的效率。因此，其逻辑关系是，为了使得烧结工艺窗口较宽，银原子不容易因烧结而扩散到耗尽区，就需要发射区较深，而这就要求表面钝化特性很好，表面复合速率很低。

而表面复合速率与较多的因素有关：

1）PECVD 钝化膜的特性；

2）表面清洗和织构化的好坏；

3）厂房洁净度是否达标；

4）表面覆盖的金属的面积的大小。

由此我们看到，表面钝化质量受上述各种因素的影响，而它又直接影响到扩散以及烧结的工艺的状态。这样就建立起了扩散、烧结、表面钝化这三者之间的关系。太阳电池生产线的技术控制必须保持这三者之间微妙的平衡关系，任何单独一个工序的调整，都会打破这种微妙的平衡，从而造成太阳电池效率的下降。

我们将这种平衡关系用图 7-8 来表达。为了使得电极中的银原子不致穿透发射区扩散到 pn 结的耗尽区，就要使得发射区较深，这样就增加了烧结工艺的工艺窗口。但这种烧结窗口的增宽在表面钝化方面付出了代价。因为，较深的 pn 结使得发射区的光吸收增加，

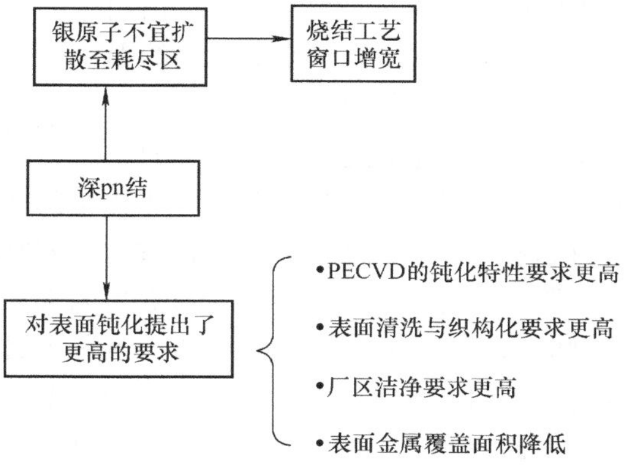


图 7-8　深 pn 结对太阳电池制备工艺中其他环节的影响

产生更多的光生载流子，这些载流子面临两个区域的复合，一种是在发射区掺杂原子的俄歇复合，另一种是在表面陷阱电荷和悬挂键等表面态的复合。我们通过降低发射区掺杂浓度使得发射区俄歇复合降低，而通过表面钝化的加强降低表面复合速率。发射区掺杂浓度的降低带来了表面接触电阻的提高，从而牺牲了填充因子；而表面复合速率的降低使得钝化的要求更严格了。

值得注意的是，在生产实际中我们观察到单晶硅太阳电池和多晶硅太阳电池在扩散方面具有明显的不同。对于单晶硅太阳电池，上述理论和工艺控制原理符合得很好，但是对于多晶硅衬底，如果使用较长的再分布时间或使用高低温扩散，效率会明显降低。究其原因，可能是因为多晶硅具有晶界，磷原子在晶界处的扩散速率很快，因此如果使用较长的推进时间，会造成磷原子进入的非常深，从而增强发射区的吸收，使得效率下降。因此多晶硅较难形成低浓度的发射区，这就使得其短波响应较难提高。

## 7.4 与电极接触特性有关的工艺控制技术

在第 5 章已经对于前后电极的制备进行了全面地论述。电极作为引出电流的导体，必须制备在晶体硅太阳电池的前后表面，在前表面的金属栅线电极对太阳电池有三个方面的影响：① 遮挡了入射光，从而减小了光的注入；② 在前表面引起少数载流子的复合；③ 在前表面形成金属与半导体的接触势垒，从而阻挡载流子的正常流动，形成接触电阻。

与电池工艺密切相关的串联电阻主要是基区电阻 $R_{sb}$、发射区电阻 $R_{se}$、前电极接触电阻 $R_{sc}$、前电极栅线电阻 $R_{sf}$。这四种串联电阻对于总串联电阻的贡献率如图 7-9 所示。由图中可见，发射区电阻具有最重要的影响，其次是前电极栅线电阻，第三位的是前电极接触电阻，影响最小的是基区电阻。其中三个影响最大的电阻全部产生在发射区及与之接触的前电极上。而且这些电阻之间还有着相互的关联性和制约性。

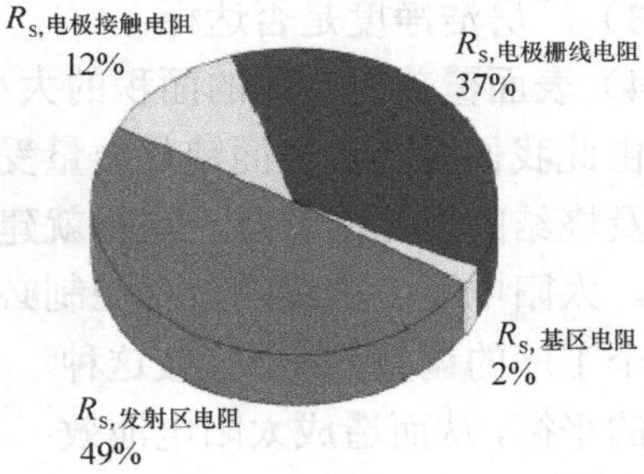


图 7-9　典型工业太阳电池串联电阻的各种影响因素

降低发射区电阻及前电极接触电阻都要求增加发射区掺杂浓度，但是发射区浓度的增加会增加发射区的复合。实际上目前产业化电池技术的要点是增加发射区电阻，由此带来的发射区表面电阻的增加可以用减小电极间距的方式来弥补。而如果栅线宽度不变，则栅线间距的减小又带来金属栅线所占前表面面积百分比的增加，而这会减小前表面对光的吸收，同时增加前表面的载流子复合。因此在减小栅线间距的同时一定要减小栅线的宽度，以维持甚至降低电极栅线所占面积百分比。但是栅线宽度的降低又会增加栅线本身的电阻，为了使栅线电阻降低，目前在工业界采用有三种工艺来解决：① 增加栅线的高度；② 降低栅线的长度（目前对于 156 多晶电池所使用的三主栅设计）；③ 增加栅线的质量密度（目前银栅线的银含量在不断地提高）。

第 5 章的图 5-7 中给出了电极栅线宽度与电池功率损失的关系图，同时还给出了接触电阻率的影响。从图中可看到，对于固定的接触电阻在很大的范围内栅线宽度的降低都带来电池功率损失的降低，但是当栅线宽度降到很低时功率损失反而升高，这主要是由于栅线过细所引起的电极体电阻的增加以及栅线间距增加引起发射区横向电阻的增加所致。而且对于越大的接触电阻这种最佳栅线宽度值越大。对于工业中使用的丝网印刷的接触电阻的典型值为 $10\text{m}\Omega\cdot\text{cm}^2$，其最佳宽度值在 30μm，而目前工业丝网印刷的栅线宽度一般在 80～90μm，远没有达到最佳状态。

值得注意的是，前栅线所占面积百分比的大小不仅影响着电池的总接触电阻值，而且还影响着电池的电流和电压。图 7-10 比较了几种不同的硅表面的表面饱和电流密度，这种电流密度（$J_{0E}$）与表面复合速率直接相关，因此反应了表面钝化的程度。可见被金属覆盖的表面具有最高的饱和电流密度（$4000\text{fA/cm}^2$），甚至比裸露的硅片表面（$1900\text{fA/cm}^2$）还差。这表明被金属覆盖的表面的钝化特性最差，少数载流子复合最严重。其原因主要是金属与半导体接触时会造成表面较多的缺陷能级，形成载流子的陷阱。因此，降低栅线百分比不仅可以减小接触电阻而且可以提高开路电压。图 7-11 是栅线百分比与饱和电流之间的关系。从图中可以看出随着栅线百分比的提高，饱和电流提高很多。对于开路电压有关系

$$V_{\text{OC}}=\frac{kT}{q}\text{In}\left[\frac{J_{\text{sc}}}{J_0}\right]$$

式中，$k$ 为玻尔兹曼常数；$kT/q$=25.7($k$=300K)；假设 $J_{\text{sc}}=44\text{mA/cm}^2$；衬底为理想衬底($J_{0\text{B}}$=0)，则有

无金属电极的 SiN 钝化的 100 Ω/□的电池的开路电压为 689mV；

FM=2%，$V_{\text{OC}}$=674mV；

FM=6%，$V_{\text{OC}}$=658mV；

FM=10%，$V_{\text{OC}}$=648mV（现实丝印技术所能达到的范围）。

根据这些假设条件计算的 $J_{0E}$ 随金属栅线所占前表面面积比的关系如图 7-11 所示。栅线所占面积比越大，饱和电流 $J_{0E}$ 越大，开路电压越低，而且对入射光的遮挡越严重，电流也越小。

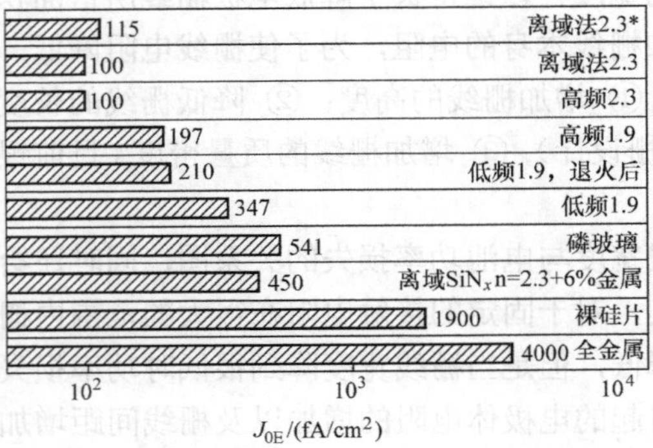


图 7-10　各种不同的硅表面的饱和电流密度

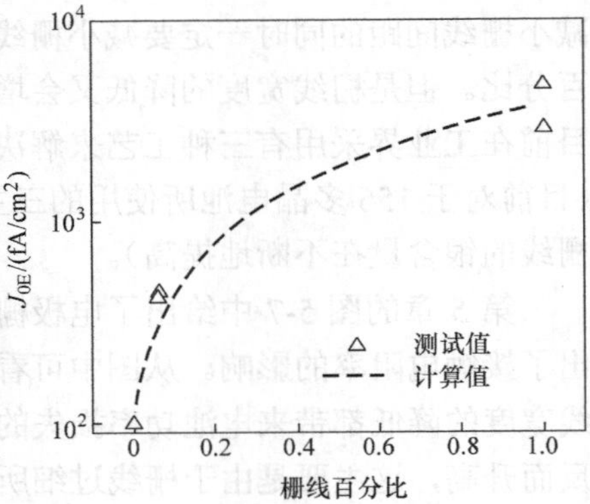


图 7-11　栅线百分比与饱和电流的关系

## 7.5　与减反射有关的工艺控制技术

第 4 章中论述了各种介质膜的表面钝化特性，对于产品上使用的 p 型衬底前表面钝化膜主要是 $SiN_x$ 膜。由于其在前表面，因此不仅要考虑这种膜的钝化特性，同时还要考虑这种薄膜的减反射特性。这种双重功能又产生了矛盾。

由第 4 章可知，$SiN_x$ 折射率的变化反映了其中 Si 与 N 的比例关系，标准 $Si_3N_4$ 化学计量比的薄膜的折射率 $n$=1.9 左右，硅含量逐渐增加会使得折射率逐渐增加。折射率越高，薄膜钝化效果越好（见图 4-38），但是薄膜的自吸收会增加（见图 4-40），并且会增加在空气中的反射率（见图 4-39），当然高折射率对制成玻璃组件后的减反射有好处。因此工艺人员在控制 $SiN_x$ 的制备工艺中必须兼顾钝化和减反射两方面的需求，其矛盾关系如图 7-12 所示。

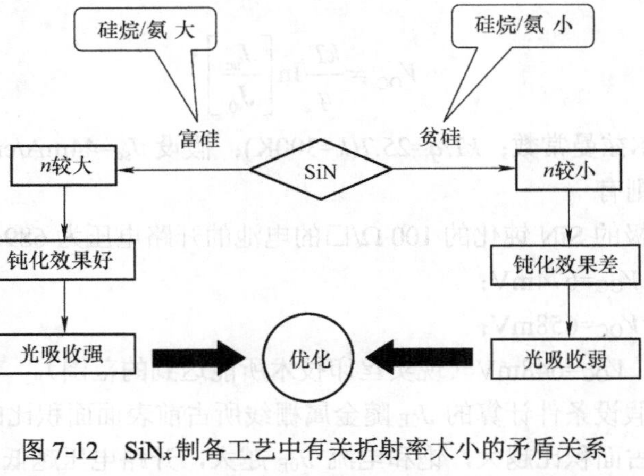


图 7-12　$SiN_x$ 制备工艺中有关折射率大小的矛盾关系

在产业上为了解决这一矛盾采取了双层减反射膜的设计。即在接近硅表面的

$SiN_x$ 层使用高折射率的表面，这层薄膜应小于 20nm。而其余的 $SiN_x$ 薄膜则采用折射率较低的薄膜（如 $n$=1.9～2.0）。这样可以使得与硅接触的 $SiN_x$ 为钝化特性好的富硅薄膜，但是由于 K 心分布最多到 20nm 区域，因此再厚的富硅膜已无意义，反而会增加光的自吸收。其余大约 60nm 的薄膜采用自吸收较低的富氮膜，来降低对光的吸收。这种设计在产业上的应用效果很好。对于低频直接法管式 PECVD 系统，这种镀膜工艺容易实现；但是对于微波离域法的板式 PECVD，此工艺较难控制，最近 Roth&Rau 公司也在其板式 PECVD 上实现了这一功能。

## 7.6　与织构化有关的工艺控制技术

单晶硅表面织构化使用随机金字塔降低反射，而多晶硅使用腐蚀坑降低反射。这里也存在着各种矛盾的关系。

第 2 章中介绍了表面织构化对于减小反射的工艺细节。对单晶硅来说，大而光滑的随机金字塔对于使用 PECVD 制备好的钝化膜是有利的，这点从非晶硅/晶体硅异质结太阳电池的研究中得到充分的反映。但是金字塔在目前太阳电池制造工艺中会在后续的工艺中表面出现磨损，而破坏 pn 结以及钝化膜。因此在单晶硅的表面织构化工艺中偏向小尺寸的金字塔，金字塔高度一般为 2～3μm。

对于多晶硅控制难度较大。多晶硅表面腐蚀使用各向同性的 $HF+HNO_3$ 腐蚀液，这种溶液在调整两种化学试剂的配比时会使表面由抛光变化为深坑腐蚀。大致的趋势是增加 HF 浓度使表面腐蚀坑变深，增加 $HNO_3$ 浓度使腐蚀坑变浅。从减反射的观点来看，深的腐蚀坑反射率更低，但是这是会引起表面出现深的腐蚀坑和腐蚀沟，这种沟在后续的扩散工艺中会增加 pn 结的拐折，在电极烧结后大大降低了并联电阻，反映了局部的漏电。因此为了减小漏电，提高填充因子，增加烧结工艺窗口，就需要较浅的腐蚀坑，而且坑内壁要较为光滑。但是这样一来会增加入射光的反射，甚至会出现多晶硅不同晶向的晶粒表面出现明显的色差。因此要寻找某种平衡。

## 7.7　太阳电池整线工艺调整与优化

总的来看，为了满足提高效率的需求，减低了发射区的扩散浓度，增加发射区方块电阻，这一扩散方面的调整引起了一系列连锁反应：

（1）对表面钝化水平要求更高

1）$SiN_x$ 膜的质量要求高了；

2）清洗工艺要求更高了；

3）净化间要求更高了；

4）操作对于硅片的污染程度要求更严了。

（2）栅线间距的要求更近

1）栅线要求更窄了；

2）栅线要求更高了。

（3）电极烧结深度要浅

1）浆料的触变特性要求更好；

2）浆料在硅中腐蚀深度降低。

我们将晶体硅太阳电池制造工艺的各环节之间的联系绘于图 7-13。因此要求生产线的工艺人员必须对整个产线的工艺有十分深刻的理解，才能对进行各个环节的协调配合，达到整线的优化。

为提高效率，在常规太阳电池结构方面的改进主要是围绕本章所论述的几大矛盾所展开的。

提升效率在电池前表面所能做的所有工作都围绕一个主题，即降低发射区的掺杂浓度，从而提升发射区方块电阻。

提升方块电阻之后遇到的第一个难题就是电极与发射极接触电阻增加的问题。为解决这个问题学术界及产业界采用了以下两种方法：

1）选择性发射区（SE）法；

2）改进前银电极浆料。

选择性发射区概念的思路是将前表面分成两种不同的掺杂区域以满足不同区域对于发射区的要求。在电极接触区要求重掺杂，因此在此区域进行重而深的掺杂；在吸光区域，要减少载流子复合要求轻掺杂，因此在非电极接触区域采用轻掺杂，即“选择性”地进行轻重掺杂，各取所需，其结构如图 7-14 所示。

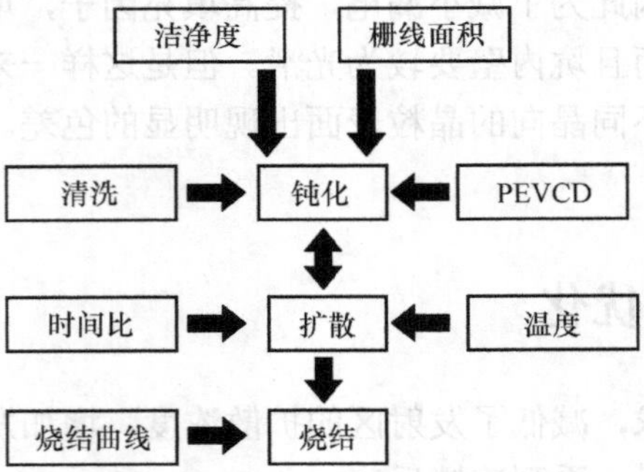


图 7-13　晶体硅太阳电池各制造环节的需求关联性

图 7-14　选择性发射区太阳电池侧抛面示意图

但是这种选择性发射区的产业化工艺实现并不容易，目前主要有以下几种技术方案：

1）掩膜扩散技术：在前表面进行两次扩散：先进行轻度扩散，之后制备氧化硅掩膜，利用丝网印刷腐蚀浆料，打开氧化硅窗口，再进行一次重扩散。之后将前电极通过丝印方法印到重掺杂区域。

2）重掺杂回刻蚀法：先在表面重掺杂，再使用丝网印刷法丝印一层阻挡腐蚀的介质层，再在腐蚀液中将扩散的重结腐蚀下去一层，形成轻掺区，而在浆料保护的区域仍为重掺，最后用丝网印刷工艺将前电极对准印在重掺区。

3）激光掺杂制备选择性发射区：使用激光的高温将掺杂离子驱入硅材料中。按照激光施加方式分成两种：

① 喷涂掺杂剂溶液再进行激光掺杂：在轻掺并制备了钝化膜的外表面喷涂磷酸，烘干后再使用激光烧蚀驱入杂质；

② 利用扩散后表面留下的重掺杂的磷硅玻璃，直接加上激光驱入杂质。后续电极制备又可以分为丝网印刷法和光诱导化学镀两种类型。

4）硅墨水制备选择性发射区：美国 Inovalight 公司发明了一种硅墨水，利用丝网印刷工艺印在硅片表面，然后进入扩散炉，按照轻掺杂发射区的条件进行扩散，在印有硅墨水的地方选择性地重掺杂。最后仍使用丝网印刷技术制备电极。

这些技术在第 10 章中将会进行详细论述。这些技术给电池制备带来了工艺难度，除了局部重掺杂造成的工艺复杂性之外，如何将电极准确地制备在选择性重掺杂区域也是一个挑战。一种主要的选择是仍使用丝网印刷技术，但是这种对准丝印的方法对现有印刷设备及网版提出了更高的要求，为了降低这些要求不得不将选择性扩散区作得比金属栅线宽很多。如德国 Centrotherm 公司的激光掺杂加丝印技术的选择性扩散区宽度为 300μm，而制备在其上的金属栅线宽度仅为 100μm，这就大大降低了选择性发射区带来的好处。为了避免丝印对准的难题，人们采取了自对准的化学镀方法，并且利用电池自身的光生伏特效应进行光诱导化学镀，但是这种方法又面临着低温电极工艺所带来的电极粘附力弱的问题。最重要一点是，在进行了这一系列的改进之后，电池效率提高并不显著，仅比常规工艺电池的绝对效率提高 0.5%左右。

与上述选择性发射区方法并行的另一种改善前表面轻掺杂情况下的电极接触的方法是改进银浆料，这种浆料的改进一直没有发表明确的机理，但是改进确实十分明显的。图 7-15 给出了我国光伏制造业近几年有关方块电阻及浆料的改进的历程。

由图 7-15 可见，在近几年来，常规电池工艺中效率提升的主要动力是前银浆料的改进，前银浆料越来越可以适应更高的发射区方块电阻，使得发射区方块电阻逐年提升。伴随着栅线变得更细，间距更小，使得效率不断提高。截至 2012 年，p 型单晶硅电池的发射区方块电阻已经提高到 70Ω/□，栅线宽度 60μm 左右，栅线间距小于 2μm，效率达到 18.5%～19%。当然这其中同样不能忽视的是最近几年硅片质量的提升所带来的贡献。

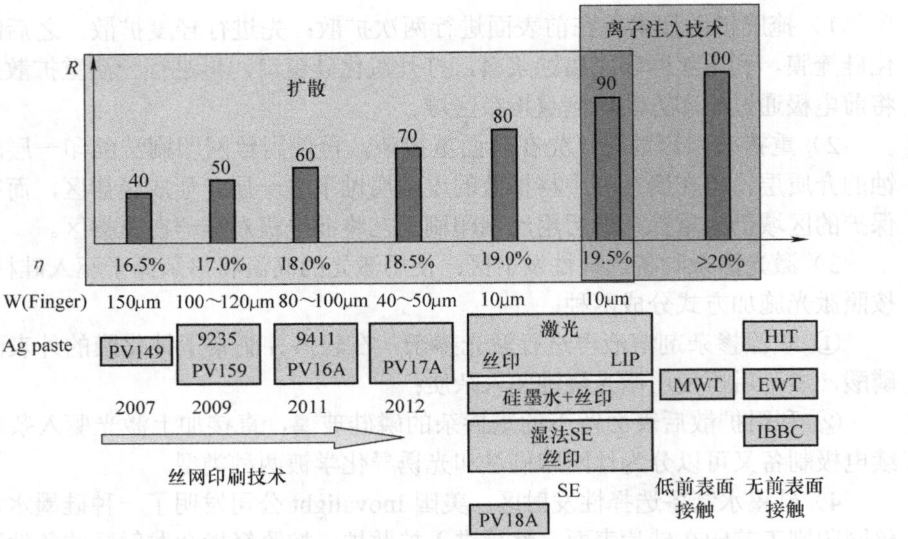


图 7-15　我国光伏产业单晶硅电池制造业电池改进的历程

最近，杜邦公司、贺利氏公司以及韩国三星公司都宣布已经开发出适应发射区方块电阻为 80Ω/□的前银浆料。这样的话，选择性发射区技术已经没有意义了。因为选择性发射区所能提高前表面方块电阻的范围也就在 80～90Ω/□之间，进一步提高方块电阻并不能对电池效率带来很大的改进。因为前表面发射区方块电阻的提高主要是改进短波长的量子响应。目前 400nm 区域的量子效率已经很高，改进余地不大。而且还由于在电池封装成组件后短波光会有一部分被玻璃和 EVA 所吸收，因此前表面的改进已经步入其极限。

再进一步的工艺改进就是将正表面栅线移到背表面，主要有三种：

1）金属环绕技术（MWT）：将前表面主栅线移到背表面，激光穿孔将前发射极中的电流引到背面。

2）发射极环绕技术（EWT）：将正表面所有栅线包括主栅和细栅线全部移到背面，但是发射区还在前表面。

3）背接触电池（IBC）：将前表面的栅线及发射区全部移到背表面，在背表面形成叉指状 pn 结及电极。

这些将栅线的份额越来越多地移到背面的做法与本章论述的发射区方块电阻与电极接触的矛盾的解决是一致的，甚至可以说就是这些矛盾驱使着人们逐步改进前电极的设计，形成了目前全部的技术路线。

总结本章所述内容，太阳电池制造工艺流程的各个环节之间是互相关联的，牵一发而动全身。这为人们提供了两方面的启示：

1）在常规生产线的工艺调试中必须对各个工艺进行整体调整，互相匹配，寻求某种平衡，而不能一味地只改变一种工艺环节的参数。

2）在太阳电池工艺技术的改进思路上也是围绕着改进这些工艺环节中自相矛盾的关系而展开的。

## 参 考 文 献


[1] J. Dziewior and W. Schmid,Auger coeffcient for highly droped and highly excited silion, Applied Physics Letters 31(1977),346-348.

[2] M. A. Green, Solar Cells, Operating Principles, Technology and System Applications.Kensington: University of New South Wales, 1998.

# 第 8 章　组件的制备技术

硅片经多道工序后被制成了具有一定功率的太阳电池片，但是在光伏系统中使用的是组件，即将一定数量的太阳电池片经串联或并联后采用一定工艺封装保护后的产品。没有经过封装保护的电池片无法满足实际应用需要。将一定数量的组件串联或并联起来再加上控制器、逆变器或蓄电池等最终构成光伏发电系统。

组件封装是太阳电池实现应用的必不可少的一步工序，通过封装可以提高电池片的使用寿命。晶体硅电池片薄且易碎，通过封装可以保护电池片在运输和使用过程中不易破碎。另外，在组件封装过程中排除了硅片表面的空气，并且通过封装工艺和封装材料的选择阻止了电池片在使用过程中与外界空气、潮气及灰尘等的直接接触，从而延缓了电池的效率衰减；通过封装也避免了电池片在风、雨、雪、冰雹等的侵袭下的碎裂问题。封装工艺是影响电池组件使用寿命的关键因素，好的封装工艺可以保证组件正常工作 25 年以上，组件寿命越长发电量越多，越有利于光伏发电成本的下降。

对于地面晶体硅太阳电池组件的一般要求是：① 工作寿命 25 年以上，随着封装工艺及封装材料的改进，组件寿命将进一步提升；② 有良好的绝缘和密封性能，绝缘性能保护电池在雷雨天气不被雷电击穿，密封性能保护组件抵抗水汽、潮气等的侵入；③ 有足够的机械强度，能抗击风沙及冰雹，能在运输过程中经受所发生的振动和冲击；④ 紫外辐照下稳定性好；⑤ 封装后效率损失小；⑥ 封装成本低。

## 8.1　组件制备工艺原理与工艺流程

图 8-1 给出了常用的平板式太阳电池组件结构示意图。这种平板式组件结构为目前晶体硅电池最常用的封装结构。对晶体硅光伏组件而言，上盖板多为光伏玻璃，也可用聚合物膜。下盖板多为背板材料，在特殊场合也可用玻璃。密封材料多用 EVA，因 EVA 材料性价比较高。下面以此结构为例对封装工艺流程进行介绍。

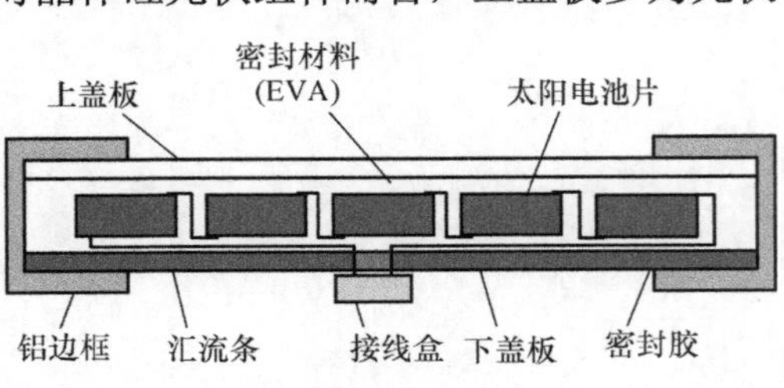

图 8-1　平板式太阳电池组件结构示意图

组件封装的工艺流程如下：

备料⟶电池分选⟶串焊⟶检

验⟶敷设⟶层压⟶检验⟶去毛边⟶装框⟶焊接接线盒⟶组件测试⟶外观检验⟶包装入库。

各个工艺具体如下：

1）备料。备料是组件封装的第一步。需要准备的材料包括电池片、密封材料（现多用乙烯和醋酸乙烯酯的共聚物（EVA）膜）、背板、铝边框、角键、钢化玻璃、硅胶及接线盒。

2）电池分选。即使对生产工艺进行了最严格的控制，生产出来电池的性能也不可能完全一致。尽管电池片在进入封装工序以前已经按效率等参数进行分档打包。但在封装程序中，需要将已分档的电池片按照效率或电流再进行一次分选，以避免有些电池片性能衰减后效率或电流值低于同档其他电池，造成组件的效率损失。所以为了有效地将性能一致或相近的电池组合在一起，应根据其性能参数进行再次分选，以提高组件输出功率。

3）串焊。通过焊接工艺将电池片连接成串。焊接工艺的好坏将对组件的性能产生重要影响。目前焊接工序多采用自动串焊机，采用红外线焊接原理。自动焊接有利于降低组件碎片率、提高焊接可靠性和一致性。

4）敷设。在敷设工序需要将前道工序形成的电池串按设计敷设成组件，有条件的需要进行一次 EL（电致发光）检测，检查电池串是否有漏焊、虚焊、隐裂及黑斑等问题。

5）层压。层压是组件封装中非常关键的一步，对组件寿命起到至关重要的影响。层压机一般包括上室和下室。层压时将敷设好的半成品放入层压机的下室，下室加热，加热温度为 EVA 的固化温度。然后上室下室同时抽真空，达到真空度后上室逐渐充气达到常压。抽真空有两个目的：一个是排出封装材料层与层之间的空气和层压过程中产生的气体，消除组件内的气泡；二是在层压机内部造成一个压力差，产生层压所需要的压力，有利于 EVA 在固化过程中更加紧密。因为 EVA 交联后形成的高分子一般结构比较疏松，压力的存在可以使 EVA 胶膜固化后更加致密，同时也增强 EVA 与其他材料的粘合力。层压工艺的要求是 EVA 的交联度在 75%～85%之间，EVA 与玻璃和背板黏合紧密，剥离强度达到 30N/cm（玻璃与 EVA 之间）和 15N/cm（背板和 EVA）之间。要求电池片无位移，组件无明显气泡。

6）去毛边。层压时 EVA 熔化后由于压力而向外延伸固化形成毛边，所以层压完毕后应将其切除。切除时要注意不要划伤背板。切除毛边后应再次进行 EL 测试，此次检测主要用于检验层压过程中产生的隐裂片和碎片，发现后应立即更换。

7）装框。通过给玻璃组件装铝框可以增加组件的强度，进一步密封电池组件，延长电池的使用寿命。边框和玻璃组件的缝隙用硅酮树脂填充。各边框间用角键连接。

8）焊接接线盒：在组件背面引线处焊接一个接线盒，一方面方便电池组件与其他设备或电池组件间的连接，另一方面也避免了电极与外界直接接触造成的老化。同时在接线盒中安装有旁路二极管，有效地缓解了热斑效应对整个组件性能的造成的影响。

9）组件效率测试。测试的目的是对电池的输出功率进行标定，测试其输出特性，确定组件的质量等级。测试条件需使用标准模拟光源 AM1.5g，光强为 $1000W/m^2$，环境温度为 25℃。

10）高压测试。高压测试是指在组件边框和电极引线间施加一定的电压，测试组件的耐压性和绝缘强度，以保证组件在恶劣的自然条件（雷击等）下不被损坏。

11）电致发光（EL）测试。通过 EL 测试发现封装过程造成的问题使组件满足质量要求。可根据企业需要选择在装框前测试或装框后测试。

在所有封装工序中，层压是出现封装问题最多的环节。层压过程中容易出现的问题及其原因见表 8-1。层压中的真空度需要很好的优化，压力过低或不均匀，会造成气泡产生，甚至脱附；而压力过大会造成碎片或很多层压材料流出。

**表 8-1　组件封装过程中常见问题及原因和解决方法**

| 失效现象 | 可能的原因 |
|---|---|
| EVA 膜中气泡 | • 抽真空不足<br>• 空气被封在膜中，需要有气体通道<br>• 温度升高过快导致从其他材料中形成放气或产生湿气<br>• 固化温度过高<br>• 上腔室过早地充气加压<br>• 上腔室充气加压较弱 |
| 机械力不足 | • 封装胶膜过期或储存不当<br>• 升温速度太慢<br>• 固化时间过短<br>• 固化温度过低 |
| EVA 与背板之间发生滑移 | • 在层压机表面加牺牲层<br>• 降低压力 |
| 硅片破碎 | • 树脂温度过高<br>• 冷却速度过快 |
| 层压过程中封装材料发黄 | • 温度过高<br>• 不均匀的温度梯度 |
| 封装脱层 | • 底胶过多<br>• 玻璃上有油污或杂质<br>• 使用水底胶或焊接部件没有充分干燥<br>• 没有充分固化<br>• 底胶过期 |

胶联的温度及其变温曲线也要依据不同的材料而调整。这是引起封装问题最多的参数。如果温度上升过快，会造成气体来不及从材料中释放出来，形成气泡。如果温度过高，湿气及一些添加物快速从物质中释放出来，也产生气泡。过高的聚合温度会造成热退化，而温度不够高或维持温度时间不够长会影响胶联。

图 8-2 给出了晶体硅组件的照片。晶体硅组件应用范围非常广，目前光伏组件中 80%左右的产品都是晶体硅组件，应用范围包括：大型集中式电站、分布式屋顶电站、光伏水泵、光伏消费品等。图 8-3 给出了晶体硅光伏组件在国家体育馆上的应用。

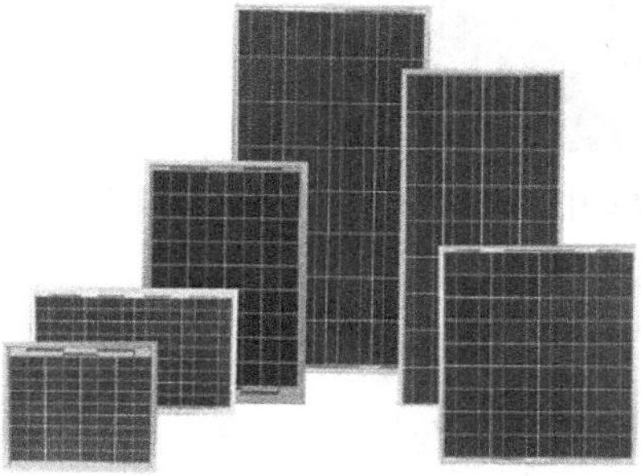

图 8-2 晶体硅光伏组件照片

图 8-3 晶体硅光伏组件在国家体育馆的应用

建筑一体化的光伏组件（BIPV）是一种重要的光伏应用形式。这种组件能同时起到两方面的作用：发电和作为建筑材料，因而可以部分的降低建筑成本。组件可以以不同的方式与建筑集成，晶体硅电池在 BIPV 中较常用的一种形式为半透光的双面玻璃晶体硅组件。

双面玻璃晶体硅组件的结构如图 8-4 所示。它具有美观、透光的优点，广泛应用于太阳能凉亭、太阳能天蓬、玻璃幕墙等。这种组件由玻璃、密封材料、太阳电池、密封材料、玻璃共 5 层组成。与普通太阳电池组件结构相比，双面玻璃

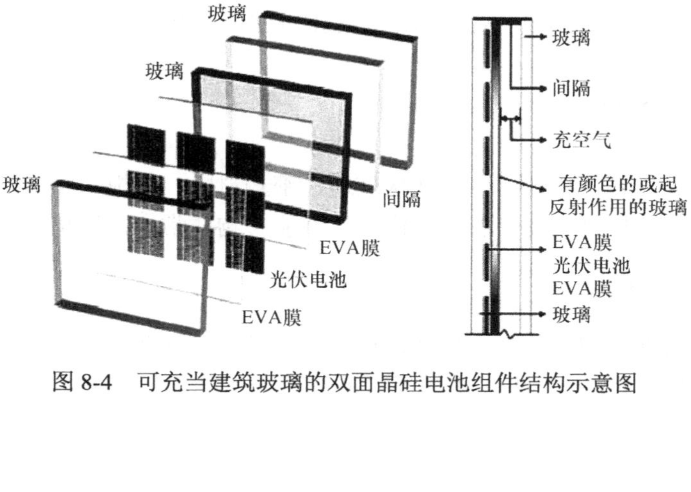


图 8-4 可充当建筑玻璃的双面晶硅电池组件结构示意图

组件利用玻璃代替了背板。图 8-5 给出了双面玻璃晶体硅电池组件充当遮阳篷的实例，图 8-6 给出了这种组件在阳光房中的应用，它们一方面可以遮风挡雨，另一方面允许日光透过，调节了室内光线，同时还能在太阳光的照射下发电。

图 8-5　在美国的加利福尼亚州旧金山梭罗中心，1.25kWp 的光伏遮阳篷

图 8-6　双面晶体硅光伏组件在不同场合的应用

## 8.2　封装材料

光伏组件封装材料主要包括光伏玻璃、密封材料、背板、密封胶及焊带。其中光伏玻璃、密封材料及背板对光伏组件性能影响非常大，这里重点介绍。

### 8.2.1　光伏玻璃

在光伏组件中应用的光伏玻璃，通常需要满足如下要求：

1）阳光透过率高，吸收率和反射率低。光伏玻璃最重要的特性就是对太阳光的高透过率。通常厚度 3mm 的光伏玻璃可见波段透过率需大于 91.5%。常规玻璃因为含铁量较高，往往呈现绿色，透光率较低，不宜用作光伏玻璃。

2）抗冲击性能。对风压、积雪、冰雹、投掷石子等外力和热应力有较高的机械强度。因此，通常采用钢化玻璃。

3）耐腐蚀性能。对雨水和环境中的有害气体具有一定的耐腐蚀性能。此外，需可耐各种清洁剂、酸、碱等的擦拭，玻璃及膜层不受损坏。

4）长期暴露在大气和阳光下，性能无严重恶化。

5）热膨胀系数必须与结构材料相匹配，即膨胀系数要小。

能够同时满足上述条件的只有超白浮法玻璃和超白压延玻璃。超白压延玻璃经钢化处理后，可直接作为光伏盖板玻璃，所以超白压延玻璃是晶硅光伏组件的首选盖板材料。为增加光伏玻璃的透过率，一些新技术逐渐被应用，如在光伏玻璃表面涂覆减反层（如采用溶胶凝胶法在玻璃表面涂覆一层 $SiO_2$ 膜）或在玻璃表面制备不同形貌的绒面。

玻璃中掺入一定量的铈可以阻挡一部分紫外波段的光。图 8-7 显示的是掺铈和不掺铈的玻璃在短波区域的透射谱。由图中可见，无铈掺杂的吸收向短波区域移动了一些，其在 UV-A 段（320～400nm）和 UV-B 段（280～320nm）的紫外光透过得更多。减小紫外波段吸收的作用是为了保护 EVA 膜和太阳电池表面，过多的紫外辐照会加速 EVA 黄变。但是，目前晶体硅太阳电池效率提升的一个重要方面是提高短波区域（例如 400nm 处）的量子响应，如果该波段附近的光被玻璃或 EVA 过度吸收，则对电池在该波段的量子效率改进是一种损失，因此有些短波量子响应改善较大的电池在封装后有较大的短波损失。近年来又在研究提高玻璃在 300～400nm 的短波透过率，一种选项是降低玻璃中的铈杂质。此外，在 EVA 中也要降低对短波光的吸收。但是一个重要的考量是如何在紫外透过增强的情况下降低 EVA 老化速度及太阳电池表面的损伤。

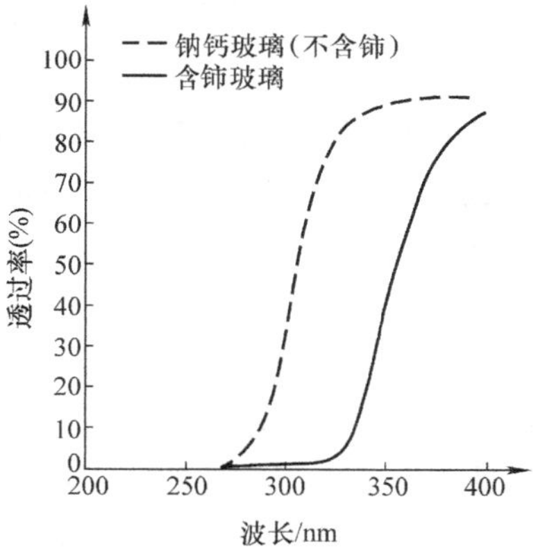


图 8-7　掺杂铈（实线）与不掺杂铈（虚线）玻璃在短波长区域的透过率

## 8.2.2　密封材料

晶硅光伏组件使用的密封材料主要是 EVA。EVA 英文名称为 Ethylene Vinyl Acetate，为乙烯-醋酸乙烯酯共聚物。EVA 的性能对光伏组件的使用寿命及发电特性影响非常大。EVA 作为光伏组件封装材料的老化和衰退特性已经被深入研究[1-9]。EVA 树脂是一种热塑性高分子材料，其结构如图 8-8 所示，它是线性分子结构的高聚物，耐热性差，易延展而弹性差，抗蠕变性差，易产生热胀冷缩导致电池片碎裂。表 8-2 给出了 EVA 材料与光伏组件封装有关的各种物理和化学特性。从图 8-8 可以看出 EVA 是由乙烯和醋酸乙烯酯两个单体分子聚合组成。这两个单体分子的化学键合使得该分子具有两个单体分子的混合特性，例如乙烯单体的聚合分子链会结晶形成脆性的塑料。当这种乙烯与醋酸乙烯酯共聚合时会降低聚合物的结晶性，通过不同的化学配比可以改变共聚物的各种特性以适合实际应用，这些特性包括玻璃态转化温度、熔点、延展性等。

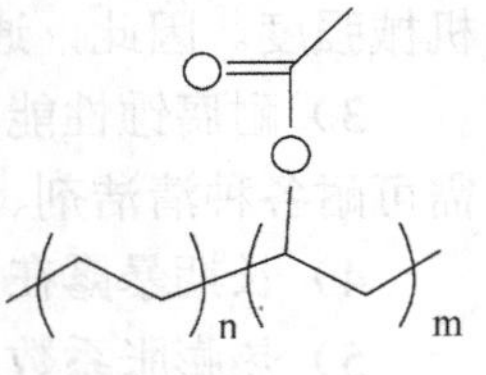

图 8-8　EVA 的分子结构

表 8-2　EVA 的各种与光伏组件封装有关的特性参数[10]

| EVA 特性 | 参　数 | EVA 特性 | 参　数 |
|---|---|---|---|
| 热膨胀系数/$K^{-1}$ | (25～16) ×$10^{-5}$ | 平衡水吸附率（wt%） | 0.13～0.005 |
| 导热率/$W(mK)^{-1}$ | 0.34 | 玻璃态转化点 $T_g$/K | 235～231 |
| 介电常数（1kHz） | 2.8 | 熔化温度 $T_m$/K | 379～318 |
| 水蒸气透过率/（$g/m^2$/天） | 33～37 | 延展到断裂（%） | 850～675 |

典型的 EVA 组分中醋酸乙烯酯的比例在 2%～40%之间，这种脂的含量越低 EVA 会变得越硬越脆。当含 11%的醋酸乙烯酯时，EVA 是一种脆性固体，可作地毯背衬，以及热熔性的黏合物。较高比例醋酸乙烯酯的含量使得 EVA 柔性很强，可作为食品包装袋。光伏应用的 EVA 中醋酸乙烯酯的重量百分比为 33%。

EVA 是一种热熔性塑料，一旦温度达到其熔点后就变成流体。在 20 世纪 70 年代晚期当太阳电池产业寻找封装材料时，当时的 EVA 的熔化点为 70℃，此温度仍处于地面太阳电池的应用温度范围，无法被产业所接受。此外，聚合物的结晶特性降低了其透光性。因此人们开始加入过氧化物添加剂，在工艺过程中，这种过氧化添加剂可以使得聚合物发生胶联形成三维结构的分子，一旦交联发生，在后续的使用过程中就会阻止聚合物分子的再结晶。

但不幸的是，这种交联剂是后续使用中（因此也是可靠性测试中）化学不稳定性的原因。如杜邦公司的一款 EVA 材料 Elvax150 中含有 2,5-二甲基-2,5-双（过氧化叔丁基）己烷㊀ 作为交联剂，在低的紫外辐照和热循环之后发生黄变。此外，在热循环后组件还会产生气泡。这两种情况都与该交联剂的不稳定性有关，有证据显示 Lupersol 101 在退火过程中产生乙烯和乙烷气体。今天 Lupersol 101 已从

㊀ 俗称双二五。

绝大多数的商用 EVA 中去除，而代之以更稳定的过氧化物添加剂。如图 8-9 给出了一款过氧化物交联剂，该交联剂在 EVA 中的比例在 1%～2%。

EVA 也含有紫外稳定剂以提高其室外寿命。Pern 及其合作者发现了紫外吸收剂的缺乏与 EVA 着色有关。特别地，如果缺乏 Cyassorb UV531（一种 UV 吸收剂）和 Tinuvin770（一种 UV 稳定剂），EVA 会黄变。如果完全去除紫外稳定剂，黄色会变成褐色[11, 12]。图 8-10 给出了一款紫外吸收剂苯骈三氮唑（Benzoltriazole）的分子结构，其在 EVA 中的含量为 0.2%～0.35%。大量的研究认为，着色与在 EVA 联状分子中形成着色基团有关。具体地讲着色与链状烯烃有关，这种链状烯烃可描述为沿聚合分子骨架生成的烯链（C=C）[13]。图 8-11 是两种光稳定剂分子结构：受阻胺（含量 0.1%～0.2%）和苯酚亚磷酸脂（含量 0.1%～0.2%），其功能就是分解交联剂的自由基团，以达到光稳定的作用[5, 14]。

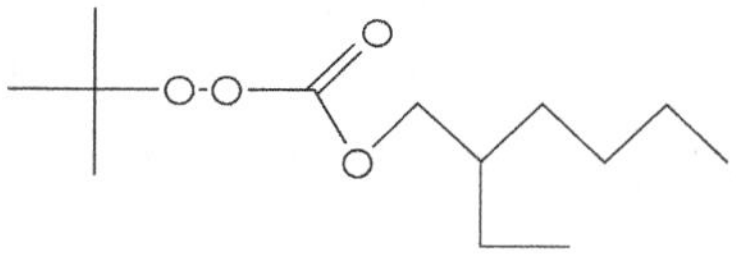


图 8-9　过氧化物交联剂

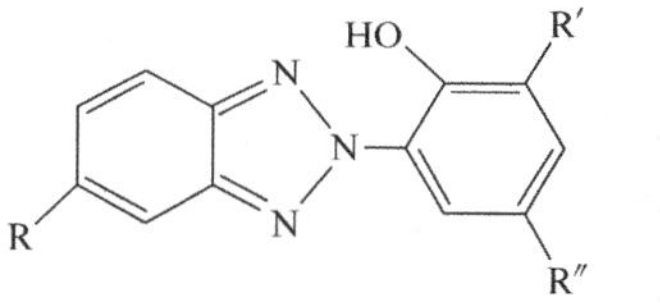


图 8-10　紫外吸收剂 Benzoltriazole（苯骈三氮唑）的分子结构

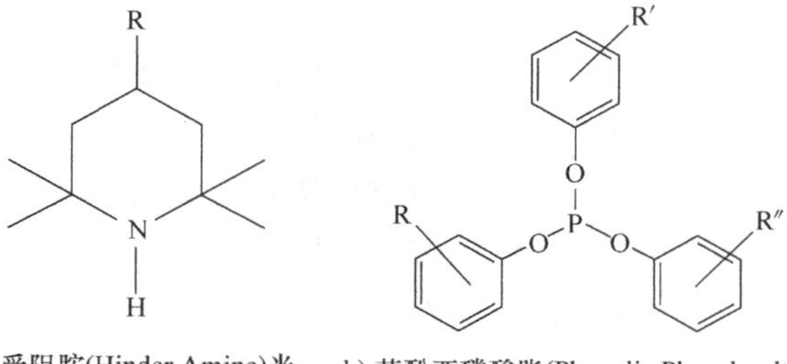


a) 受阻胺(Hinder Amine)光稳定剂，分解过氧化物基团　b) 苯酚亚磷酸脂(Phenolic Phosphonite)，分解过氧化物基团，游离基清除剂

图 8-11　两种光稳定剂的分子结构

EVA 黄变对组件性能的影响的报道有矛盾，有的报道说没有影响，有的说性能下降。但是在最高的温度及太阳辐射最强的地区变色的可能性很大。

如前所述，盖板玻璃对紫外线的透过有直接的影响，如图 8-7 所示，掺入铈会明显降低 UV-B（280～320nm）段的紫外光透过率，这对 EVA 黄变有明显的降低作用。除黄变之外，紫外辐照对 EVA 的力学特性也有影响。经过一种环境试验（60℃，60%相对湿度，2.5×UV suns）100h 后不掺铈玻璃封装的 EVA 的切应力从 10MPa 降为 3MPa，而掺铈玻璃则要到 1000h 才达到这个水平。

为了有效地电绝缘并很好地密封内部的电学部件，从周围环境中浸入的潮气要降到最低水平。内部电学部件的腐蚀是由于水汽与 EVA 合成醋酸所致。因此衬底及背板的水汽透过率（WVTR）应降到最低。

### 8.2.3　背板材料

背板材料应具有以下四个功能：

1）防水汽渗透；

2）抗紫外辐照；

3）绝缘；

4）耐磨及机械硬度。

目前使用的背板材料普遍是采用所谓 TPT 膜，就是 Tedlar®/PET/Tedlar®三层夹芯结构。Tedlar®是杜邦公司注册的商标，就是聚氟乙烯（PVF），分子式为 -[CH2-CHF]-，其分子结构如图 8-12 所示。该材料是一种白色粉末状、部分结晶性聚合物。PVF 是氟塑料中含氟量最低、比重最小、价格也最便宜的一种。PVF 稍重于聚氯乙烯薄膜，具有一般含氟树脂的特性，并以独特的耐候性著称。根据加工条件及制品厚度，有不同透明度，能透过可见光和紫外线、强烈吸收红外线。正常室外气候条件下使用期可达 25 年以上，是一种高介电常数（8.5）、低介电损耗（0.016）的材料。材料收缩率低且性质稳定，具有很好的耐燃性，燃烧速度慢，燃烧后可自熄。密度为 1.39g/cm$^3$，软化点约 200℃，但在 200℃时，15～20min 就开始热分解，若在 235℃经 5min 则激烈分解而最后碳化。PVF 长期使用温度为 −70～110℃。它还有一个特点就是耐挠曲性能好，反复折叠不易开裂。聚氟乙烯薄膜可不受油脂、有机溶剂、碱类、酸类和盐雾的侵蚀，电绝缘性能良好，还具有良好的低温性能、耐磨性和气体阻透性。聚氟乙烯涂料也具有良好的耐候性，对化学药品具有良好的抗腐蚀性，但不耐浓盐酸、浓硫酸、硝酸和氨水。

聚对苯二甲酸乙二酯（PolyEthyleneTerepthalate，PET），又称涤纶树脂。其分子结构如图 8-13 所示。PET 耐蠕变、抗疲劳性、耐摩擦性好，磨耗小而硬度高，具有热塑性塑料中最大的韧性；电绝缘性能好，受温度影响小，但耐电晕性较差。其无毒，耐气候性、抗化学药品稳定性好，吸水率低，耐弱酸和有机溶剂，但不耐热水浸泡，不耐碱。因此，PET 的外面需加一层耐候性更好的 PVF 膜，而 PET 主要起到绝缘的作用。

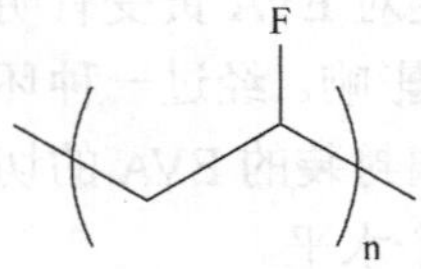

图 8-12　PVF 的分子结构

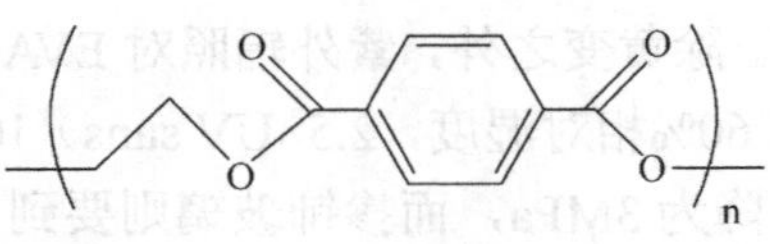

图 8-13　PET 的分子结构

TPT 各层薄膜之间使用特种胶粘连。Tedlar®膜与 EVA 的粘附性并不好，因此需要在 TPT 膜的表面（与 EVA 粘附的一面）使用等离子体轰击以提高表面粗糙度，提高与 EVA 的粘附性。

背板材料决定着组件的寿命，因此有大量的研究和改进以提高其性能，同时 TPT 膜又很贵，因此有一些改进是使用低价产品来代替 TPT 膜。目前对背板膜的改进有如下设计：

1）改性 TPT 膜。使用高氟材料代替 PVF，如 PVDF。膜结构为：PVDF/PET/PVDF。PVDF 的分子式为：-[CH2-HF2]-。其氟含量达 59.5%，而 PVF 氟含量 41.3%，C-F 键的键能高达 485kJ/mol，是所有共价单键中键能最大的化学键，因此该膜的化学特性更稳定。氟原子有较低的极化率，最强的电负性（4.0），较小的范德华半径，耐候性更强。但是 PVDF 不宜粘合，因此需要对 PVDF 膜与其他膜之间的粘胶进行改进才能使用。

2）TPE 膜。采用改性的 EVA 膜来代替内层的 PVF 膜以降低成本。膜结构为：PVF/PET/PE/EVA。这层中 EVA 膜的醋酸乙烯酯的百分比（VA%）应比封装 EVA 的低，以提高其硬度。这样的设计可以降低成本，但是要注意采用 EVA 膜替代后对耐候性的影响。

3）CPC 膜。采用氟涂料取代 PVF。膜结构为氟涂料/PET/氟涂料。

4）CPE 膜。膜结构为氟涂料/PET/PE/EVA。

5）TAT 和 TPAT。在薄膜中加入一层高阻水层，如铝膜。膜结构为 PVF/Al/PVF 和 PVF/PET/Al/PVF。

提高阻水性是背板材料的重要指标。一方面，某些太阳电池材料本身对水汽非常敏感，水解严重，如非晶硅薄膜太阳电池、CdTe 薄膜太阳电池、CIGS 薄膜太阳电池等都要求水汽透过率比晶体硅低一个数量级。阻水性的提高主要是依靠在 TPT 薄膜中加入 Al 膜或 $SiO_2$ 膜来实现。此外，使用双氟的 PVDF 材料代替单氟的 PVF 对阻水性的提高也有益处。Kempe[15]等给出了浸入 EVA 的蒸汽量满足公式：

$$C(t)=C_0\left(1-\mathrm{e}^{-\left(\frac{WVTR_{\mathrm{B,Sat}}}{C_{\mathrm{Sat,EVA}}l_{\mathrm{EVA}}}\right)t}\right)=C_0(1-\mathrm{e}^{-\frac{t}{\tau}}) \tag{8-1}$$

式中，$C(t)$为 $t$ 时间进入 EVA 的水汽；$WVTR_{\mathrm{B,Sat}}$ 为背板的饱和水汽穿透率；$C_{\mathrm{Sat,EVA}}$ 为 EVA 材料饱和水汽含量；$l_{\mathrm{EVA}}$ 是 EVA 膜的厚度；$C_0$ 为 $t$=0 时的 EVA 中水汽含量。定义$\tau_{1/2}$：

$$\tau_{1/2}=0.693\frac{C_{\mathrm{Sat,EVA}}l_{\mathrm{EVA}}}{WVTR_{\mathrm{B,Sat}}}=0.693\frac{\text{EVA所能含的最大水量}}{\text{背板水汽渗透率}} \tag{8-2}$$

对于$\tau_{1/2}$=20 年，$l_{\mathrm{EVA}}$ 一般为 0.45mm，$C_{\mathrm{Sat}}$=0.0022g/cm$^3$，带入上式计算得到

$10^{-4}$g/m$^2$ 天。我们给出了几种材料的 *WVTR* 以及$\tau_{1/2}$。

从表 8-3 中可见，最能降低水汽透过率的方法是加入铝膜，可以使 *WVTR* 降低一个数量级，而其他几种结构的膜的透水性相差不多。此外，不同的环境条件对水汽透过率影响很大。

**表 8-3　各种背板材料的透水性和特征时间**

| | 测试条件 | | *WVTR*/（g/m$^2$ 天） | $\tau_{1/2}$/天 |
|---|---|---|---|---|
| | 温度/℃ | 湿度（%） | | |
| PVF/PET/PVF | 20 | 84 | 0.89 | 0.782 |
| | 83 | 100 | 142.77 | 0.0049 |
| PVF/Al/PVF | 20 | 87 | 0.10 | 6.967 |
| | 85 | 100 | 0.83 | 0.839 |
| TPE | 20 | 83 | 0.63 | 1.106 |
| | 85 | 100 | 94.39 | 0.0074 |
| PEN | 28 | 100 | 1.04 | 0.67 |
| | 85 | 100 | 35.24 | 0.0198 |
| PVDF/PET/PVDF | 38 | 90 | 1.6 | 0.435 |

背板的另一个特性是其电绝缘性。常规的 TPT 的电阻高达（2.7～3.5）× $10^{15}\Omega\cdot$cm，击穿强度达到 18～20kV，局部放电情况下耐压可达 1kV。对于使用 75μm 的 PET 作为夹心的 TPT 膜可达到此要求。对于 TAT 膜，其绝缘性可能降低一个数量级，因此要求在其中加入 PET 膜形成 TPAT 膜，以提高绝缘性。使用 TPE 膜，其绝缘特性还会提高一个数量级。

背板与 EVA 之间要有强的粘附性，剥离强度应达到 4～9N/mm。

## 8.3　组件失配分析

电池片经封装后成为组件。生产厂商一般会提供在标准测试条件下（即 1kW/m$^2$ 光强、AM1.5 光谱和 25℃的电池温度下），组件的一些特征值，如短路电流、开路电压和最大功率。

组件中电池的连接方式有串联和并联，连接方式的选择取决于需要的电压和电流值。原则上，组件的功率等于单片电池功率之和。但是在组件封装中，不可避免地会有失配损失。由于电池制备过程中不可避免地存在电池片性能的分散，所以当大量电池片串联或并联在一起后，就会造成电流或电压损失。这种由电池片性能的分散性造成的组件功率低于单片功率之和的现象被称为失配损失。在组件封装完毕投入使用后由于各个位置不同的辐照强度和工作温度，也仍会造成失配损失。

为了使失配损失降到最低，制备好的电池在工厂里要经过测试和分类。对于串联连接，重要的参数是最大功率点的电流值，通常在封装前要测试在接近最大功率点处的固定电压下的电流值来给电池分类。在每一类中，所有电池的电流在一个限定的范围内以确保当这些电池串联在一起形成组件时，失配损失可以控制在预期范围内。依赖于不同的分类，组件的额定功率也不相同，这也就说明了为什么制造商按完全相同的方法封装的组件却有着不同的功率。

## 8.4 组件现场发电性能

组件的实际工作条件不是标准条件，会随着日升日落和季节的变化而变化。这种变化非常大，导致在绝大多数情况下组件性能比标准测试条件下的低。这种效率损失的来源主要有以下四个方面：

1）入射光角度。因为太阳的运动和辐照成分的漫射，入射光不能垂直照射到组件上，而通常测试效率时入射光是垂直入射的。

2）入射光的光谱成分。在相同的入射能量下，电池电流与入射光波长有关。太阳光谱随着太阳的位置、天气和气候等而变化，并且从来不精确的等于标准的AM1.5。

3）辐照强度。在一定温度下，组件的效率随着辐照强度的减少而减少。辐照强度的降低主要影响电池的短路电流。使用仿真软件计算的组件电流-电压特性和功率输出特性随辐照强度的变化如图 8-14 所示。

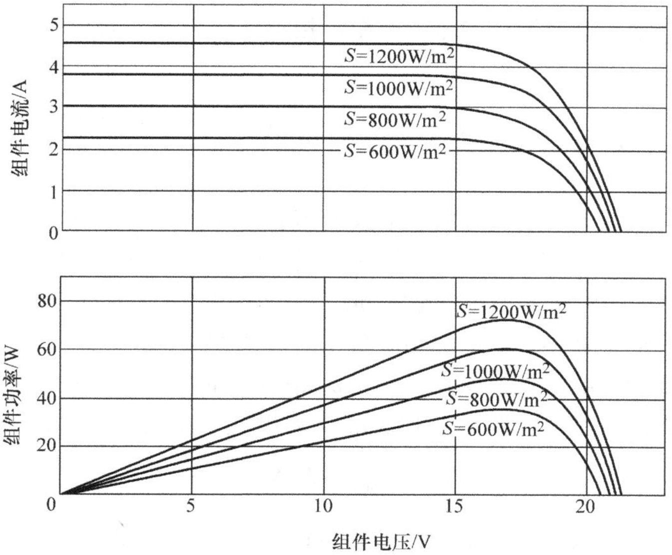


图 8-14 使用软件仿真计算得到的光伏组件的 *I-V* 和 *P-V* 特性随辐照强度的变化关系

4）电池温度。环境温度变化和电池工作中的放热会导致电池工作温度不同于标准测试温度，更高的温度会降低开路电压点附近的电压值，因此使效率降低。仿真结果如图 8-15 所示。

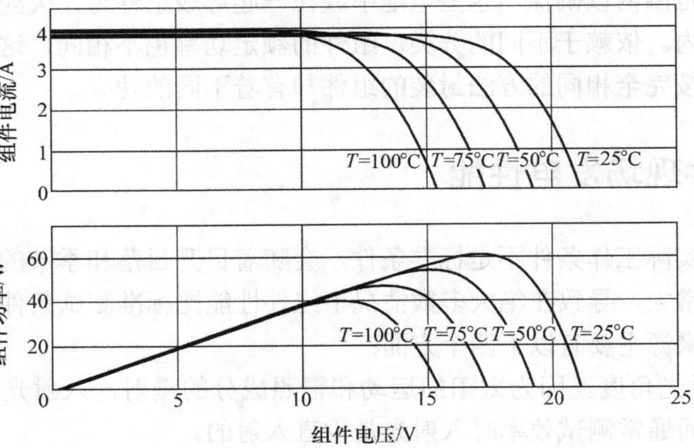


图 8-15　仿真软件得到的光伏组件的 *I-V* 和 *P-V* 特性随组件工作温度的变化关系

但是我们需要能在不同的工作条件下预测组件的响应来正确地评估一个户外光伏系统年发电量。关于温度和辐照对电池性能的影响的物理机理已经非常清楚，所以，原则上来说，组件的输出可以根据物理模型推出来。事实上，已经有非常简便的方法来预测不同工作条件下组件的 *I-V* 特性，并且已经开发出针对产业化组件的标准化程序。这些方法在一定范围的温度和辐照条件下是适用的。目前比较普遍采用的是所谓单二极管模型。根据这个模型，太阳电池的电流可以表述为：

$$I = I_{ph} - I_D - I_{sh} = I_{ph} - I_0\left(e^{\frac{q(V+IR_s)}{A_q kT}} - 1\right) - \frac{(V+IR_s)}{R_{sh}} \tag{8-3}$$

式中，$I_{ph}$ 为光生电流；$I_0$ 为二极管的反向饱和电流；$R_s$ 为光伏电池的串联等效电阻；$R_{sh}$ 为光伏电池的并联等效电阻；$q$ 为电子电荷（$1.6\times10^{-19}$C）；$k$ 是波尔兹曼常数（$1.38\times10^{-23}$J/K）；$T$ 为光伏电池 pn 结表面的温度；$A$q 为二极管的理想因子，该变量用以表现二极管扩散电流与复合电流的比例关系。

辐照强度的影响主要反映在光生电流 $I_{ph}$ 上。而温度会影响光生电流 $I_{PV}$、反向饱和电流 $I_0$。因此可以将光生电流 $I_{ph}$ 与温度的关系表达为[16]：

$$I_{ph} = (I_{ph,n} + K_I \Delta T)\frac{G}{G_n} \tag{8-4}$$

式中，$I_{ph,n}$ 为标准状态（$S$=1000W/m$^2$，$T$=25℃）下的光生电流；$\Delta T=T-T_n$（$T_n$=25℃）；$G$ 为电池板表面接收到的辐照量；$G_n$ 为标准状态下的辐照量；$K_I$ 为电流/温度系

数，一般由生产厂家提供。

而模型中二极管的反向饱和电流的表达式为[16]

$$I_0 = I_{0,n}\left(\frac{T_n}{T}\right)^3 \exp\left[\frac{qE_g}{A_q k}\left(\frac{1}{T_n}-\frac{1}{T}\right)\right] \tag{8-5}$$

式中，$E_g$ 为半导体的带隙（在温度为 25℃时，晶体硅材料的带隙 $E_g$=1.12eV）；$I_{0,n}$ 为标准状态下二极管的饱和电流，其表达式为[16]：

$$I_{0,n} = \frac{I_{sc,n}}{\exp(V_{OC,n}/A_q V_{t,n})-1} \tag{8-6}$$

式中，$I_{sc,n}$ 为标准状态下二极管的短路电流；$V_{OC,n}$ 为光伏电池阵列在标准状态 $T_n$ 时的开路电压，$V_t=kT/q$；$V_{t,n}$ 为标准条件下的 $V_t$。

对于太阳电池表面的温度，一种常用的简化假设是电池和环境的温度差随着辐照强度线性增强，系数与组件的安装方式、风速、环境潮湿度等有关。这些因素对电池工作温度的影响都包含在标准电池工作温度（NOCT）中，NOCT 被定义为环境温度为 20℃时、辐射强度为 0.8kW/cm$^2$，风速为 1m/s 时的电池温度。典型的 NOCT 值为 45℃。对不一样的辐射值 $G$，电池工作温度 $T_{cell}$ 为

$$T_{cell} = T_{ambient} + G\frac{\text{NOTC}-20℃}{0.8\text{kWm}^{-2}} \tag{8-7}$$

式中，$T_{ambient}$ 是环境温度。

当电流的温度系数确定了之后，就可以根据式（8-3）所给出的电流和电压关系推出电压和温度的关系，从而确定电压、填充因子和效率对温度的依赖关系。对于晶体硅电池各种电学参数的温度系数见表 8-4。

**表 8-4　晶体硅太阳电池的各种参数的温度系数**

| | $-V_{OC}$/(ppm/℃) | $I_{sc}$/(ppm/℃) | $-FF$/(ppm/℃) | $-P_{max}$/(ppm/℃) |
|---|---|---|---|---|
| 晶硅电池及组件 | 2400～4500 | 400～980 | 940～1700 | 2600～5500 |

## 8.5　组件衰减与失效分析

晶体硅组件寿命要求达到 25 年，这意味着在这段时间内要保证组件按照不低于初始效率 80%的状态输出功率。两个因素决定组件寿命：可靠性（指产品的过早失效）和耐久性（指缓慢的衰减直到性能降低到不能接受的水平）。组件失效包括了安全性和外观问题。组件发电成本、能量回收和公众对光伏的接受程度都与组件的稳定性和寿命有关。

实际使用中，光伏组件的失效包括以下几种情况：

1）前盖板破裂、损坏；

2）电池的损坏（包括微裂纹、蜗牛痕等）；

3）密封材料或背板的失效（包括变色、性能变化等）；

4）电学失效（包括接触电极的腐蚀、二极管的烧毁等）；

5）异常输出功率损失（包括电位诱导衰减现象、热斑现象等）。

本节将重点介绍微裂纹、蜗牛痕、电位诱导衰减（PID）现象及热斑现象，并对其他常见的组件失效情况进行简单描述。

### 8.5.1　微裂纹

多种原因都能造成微裂纹，可能产生在生产、运输和安装过程中，甚至极端气候变化（暴雪、冰雹）及强烈振动等。目前的共识是无法在生产过程中完全避免微裂纹。为了减少微裂纹的出现，太阳电池必须采用更柔和的安装方式。

如果微裂纹将电池的一部分分隔开，将导致电流不能从栅线流向汇流条。如果所谓的电池断裂达到电池面积的 8%，就会对输出产生影响。换句话说，组件死区越大，输出降低越多。

### 8.5.2　蜗牛痕

一些光伏组件在使用一段时间后在组件表面看到类似蜗牛爬过留下的痕迹，在业界被称为蜗牛痕，如图 8-16 所示。蜗牛痕是某些化学反应的结果，对这种现象的形成原因及其对组件功率输出的影响已经展开了研究。

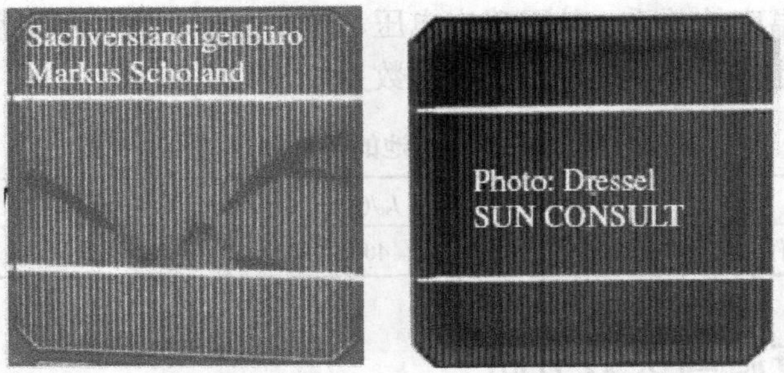


a) 沿着微裂纹的蜗牛痕　　b) 沿着电池边缘的蜗牛痕

图 8-16　蜗牛痕照片

对于蜗牛痕形成的原因还不尽清楚，但基本上认为蜗牛痕的形成与晶体硅片中的微裂纹及封装材料有关，并不是所有蜗牛痕形成的原因都一样。经观察在有蜗牛痕的地方发现了银电极变色。

蜗牛痕与封装用材料有关，不是每种密封材料都会导致蜗牛痕的产生。究竟是哪种化合物导致了蜗牛痕的产生，还没有定论。有一点可以肯定的是化学反应在通过组件背板渗透进来的水或水蒸气的影响下出现。水分子的深入程度与背板质量有关，但不一定都会导致蜗牛痕的形成。有一种情况是水分子从电池边缘迁移到了电池表面，沿着电池边缘形成蜗牛痕。另一种情况是微裂纹的存在会有利于水分子达到电池另一面，从而有利于蜗牛痕的出现。总结蜗牛痕形成方式主要有两种：一种是沿着微裂纹形成的纵横交错的痕迹；一种是沿着电池边缘的一圈痕迹。

蜗牛痕的形成原因还处于猜测阶段。在银电极上的 EVA 膜里发现小颗粒，其中包含了 Ag、S 和 P，因此推测有 $Ag_2S$ 或 $Ag_3PO_4$ 生成。推测银电极变色的过程如图 8-17 所示。空气和水汽从背板进入电池中，绕过电池边缘或经电池微裂纹达到电池正表面并与银相遇。银与氧或水分子反应形成氧化银，氧化银和 EVA 胶膜中的 $Cl^-$ 离子反应形成 AgCl，AgCl 在阳光辐射下分解为非晶态银和氯气。非晶态的银呈黑色。部分非晶态银迁移至 EVA 膜中，与 EVA 膜中的硫和磷的氧化物反应，形成 $Ag_2S$ 或 $Ag_3PO_4$。$Ag_2S$ 为黑色，$Ag_3PO_4$ 见光后变为黑色，因此导致银电极变色。

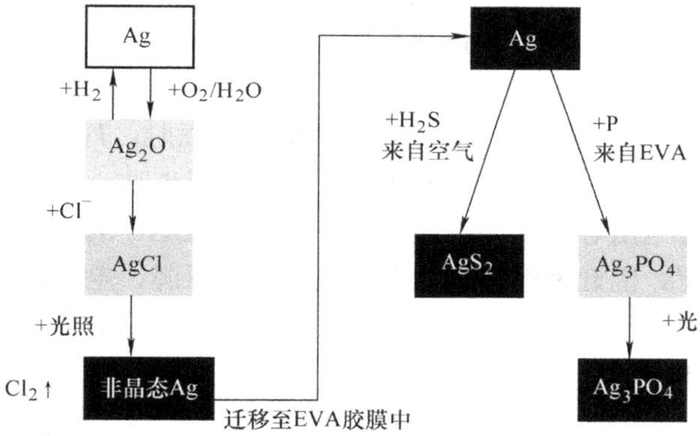


图 8-17　银电极变色机理

这一机理仍处于推测阶段，但很好地解释了蜗牛痕与封装材料及微裂纹的关系。

业界对蜗牛痕的不良影响持一致意见，认为如果是单纯的电极变色，对组件输出功率影响很小。对该类蜗牛痕的组件进行加速老化测试后发现组件输出功率只有轻微的下跌，仍在可接受范围内，并且在测试期间没有出现新的痕迹，没有发现痕迹的扩散。但是，如果与微裂纹有关，则导致后期功率衰减的可能性非常大。

### 8.5.3　热斑效应

由于局部的阴影遮挡或电池失效，某个或某几个电池的电流会远远小于该电池串中其他电池。当组件工作于接近短路状态时，这些电池处于反偏状态，将被迫要流过高于它们的短路电流值的电流，这时不是发出功率而是吸收功率，从而造成组件输出损失。同时这些电池因发热导致组件局部过热，会引起火灾。

有关串联电池的热斑效应的解释如图 8-18 所示。该图中有两个不同 *I-V* 特性的电池（1 和 2）串联组成组件 G。当负载电阻 $R_{cs}$ 变化时，其负载线与 *I-V* 曲线相交的点就是该电池或组件的工作点。从图中可见，当两个不同 *I-V* 特性的子电池串联起来时，具有较差 *I-V* 特性的电池 2 与具有较好 *I-V* 特性的电池 1 的电压在各个工作点相加等于总串的电压，即 $V_G=V_1+V_2$，但是电流是相等的，即 $I_G=I_1=I_2$。当工作点处于开路时，总电池串的工作点处于 d 点；当组串工作点处于 b 点之前时，两子电池的电压都是正的，如 $V_{c1}+V_{c2}=V_{Gc}$，电流都为正。当工作处于 b 点时，$V_{b2}=0$，因此 $V_{Gb}=V_{b1}$，$I_b$ 即为第 2 子电池的短路电流。当负载电阻进一步减小时，第 2 子电池已经工作在负偏置状态，总电压等于 $V_1-|V_2|$，电流也要等于电池 2 的负偏压下的电流。由于电池 2 为负偏置，因此使得总电池串的电压迅速下降，电流也小于第 1 个子电池的电流，使总的电池串性能变差。尤其是电池 2 在反偏状态下的电流较高会使电池发热，以至于烧毁电池。

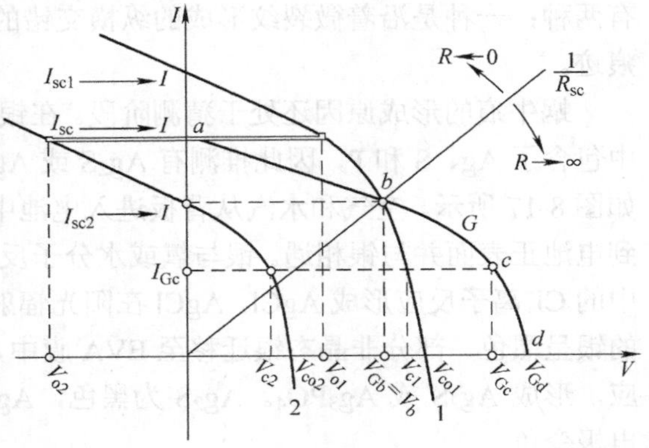


图 8-18　两个具有不同 *I-V* 特性的电池（1 和 2）串联成 G 的 *I-V* 特性（当负载电阻 $R_{sc}$ 变动时子电池 1 和子电池 2 工作在不同的工作点）

图 8-19 假设一个电池串由 18 个电池构成，其中一个电池被阴影遮挡一半。图中的三条 *I-V* 曲线分别对应 17 个正常电池组成的串的 *I-V* 曲线，一个阴影遮挡一半的电池的 *I-V* 曲线，及电池串的 *I-V* 曲线。被阴影遮挡一半的电池其短路电流是其余电池的一半。图中电池串的短路电流用一条水平线标注，可以看出当电池串工作在这种条件下时被阴影遮挡的电池处于很强的反偏状态，并

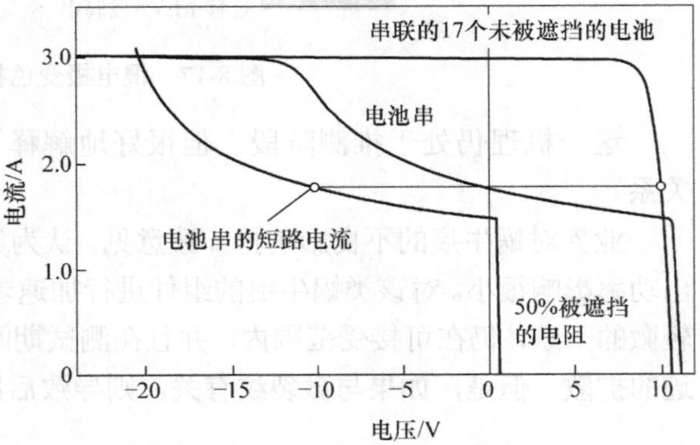


图 8-19　计算机模拟的 50%被遮挡的电池和 17 个完全一样没有被遮挡的串联连接的电池的 *I-V* 曲线，及被遮挡的电池串联连接后电池串的 *I-V* 曲线

且消耗其他没有被遮挡的电池发出的功率。这种效应当然会严重地降低了组件的效率，但是更重要的是组件可能被损坏。

反偏电压大到一定程度会引起雪崩击穿，局部放出的很强的热能导致非常高的温度（热斑）。如果温度到了大约 150℃，封装材料的性能会衰减，组件会不可避免地被损坏。由于电池性能具有分散性，电池串中各电池尽管经过分选但其反向特性也具有很大分散性，所以在有局部阴影的情况下，很难准确预测组件的特性。

可以导致热斑的最小的电池个数 $N$ 值（也就是说可以安全工作的最大 $N$ 值）依赖于一些不确定因素。对采用常规技术制备的硅太阳电池而言，$N$ 值大约在 15～24 之间。

既然通常使用的串联电池数量大于 24，就需要采用一些手段防止热斑的形成，解决的途径是每组电池并联一个二极管（旁路二极管），但是为反向极性。每组中电池的数量按防止热斑的产生来确定。当一个或好几个电池被阴影遮挡，它们仅能反偏到导致二极管被正向导通的程度。二极管流过电流来保持这组电池工作于接近短路状态。

图 8-20 说明了旁路二极管的作用。旁路二极管通过流过必要的电流来保持有阴影遮挡的电池串工作在二极管被导通的反向偏压下，从而阻止在被遮挡的电池上的功耗增加。很明显，旁路二极管使得输出功率显著增加，从而使组件保证输出未受影响的那些电池组串的功率。

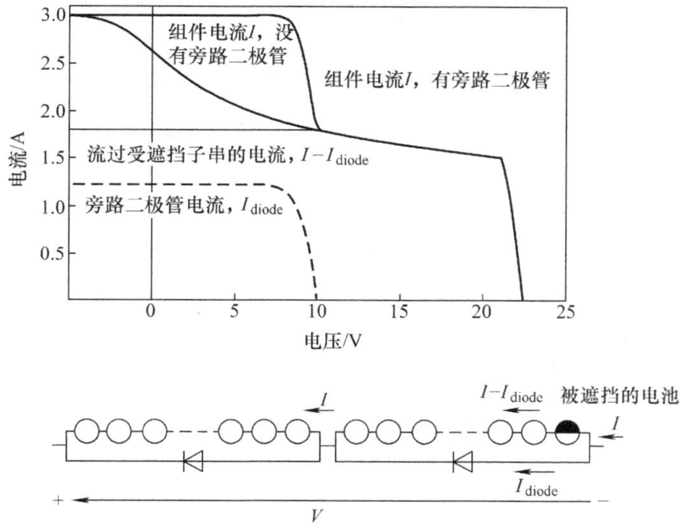


图 8-20　计算机模拟的 36 片电池串联成的串的有和没有两个旁路二极管情况下的 $I$-$V$ 曲线，连接方式如图中下半部分所示，其中一个电池被 50%遮挡。同时给出了有遮挡的子串的电流和它的旁路二极管

每一个二极管负责的电池片数量越少，阴影导致的效率损失就越少，但是这同时也意味着更高的成本和更复杂的安装。

### 8.5.4　PID 效应

1. 电位诱导衰减（PID）现象

在实际应用中发现一些组件的输出功率在清晨或下雨天时出现降低，但中午或晴天又有所缓解。经研究发现这种输出功率衰减与潮湿环境（清晨时有露珠）有关，同时与组件上遭受的高电压有关，且衰减是可逆的，这被称为电位诱导衰减（Potential-Induced Degradation，PID）现象。

图 8-21 给出美国佛罗里达州地区在−600V 电压下，组件在一天内湿度、对地漏电流、日照强度、表面电阻和组件温度的变化。清晨时组件漏电流最大，由于组件表面有露珠，其发电组件表面电阻最低。随着太阳升起，组件表面湿度降低，漏电流也逐渐降低。PID 现象发生时除观察到了很高的漏电流外，还发现组件输出功率的降低，并且在红外（IR）和电致发光（EL）探测下观察到某些或某个电池片异常。如图 8-22 所示，在高热高湿条件件（85℃/85%湿度环境）下，当组件上被施加很高的负电压（−1000V）时，组件的输出功率随时间推移显著降低，同时在 EL 图像中观察到电池发光变暗。

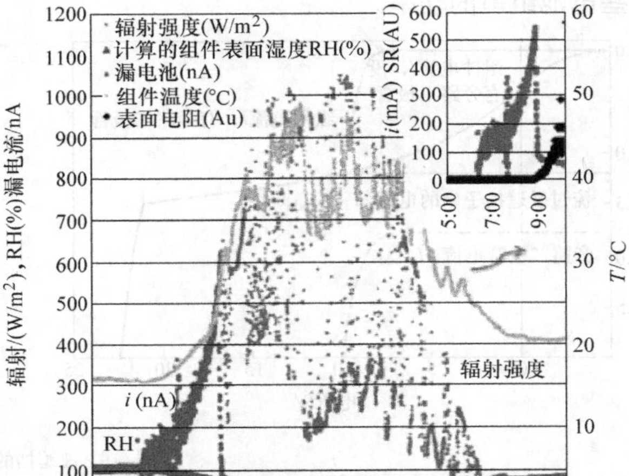


图 8-21　美国佛罗里达州地区运行的组件在−600V 电压下的漏电流、日照强度、计算的组件表面湿度（RH）和组件温度一天里的变化图[17]

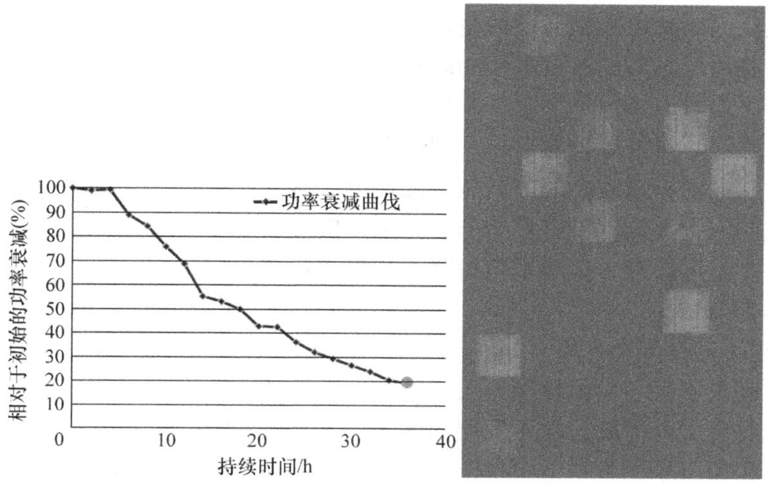


图 8-22　在 85℃/85%湿度环境下，组件上施加−1000V 边框接地条件下，组件输出功率随时间的变化（标准测试条件下）及 35h 时组件对应的 EL 图像

PID 导致的组件输出功率降低程度与环境温度、湿度及组件上施加的电压有关。温度越高、湿度越大及施加的电压越高则组件功率损失越大。

从组件角度分析 PID 现象的发生过程比较清楚。没有装变压器的光伏发电阵列相对于地为负电位。在 p 型电池中，正离子（如 $Na^+$）从玻璃移动到封装材料，然后到达电池并聚集在电池表面，导致电池出现漏电现象——电池中的部分电子没有被电极收集而是流过组件到框架。漏电流可能的流动渠道如图 8-23 所示，其中 $I_{p2}$ 被认为是主要的漏电渠道。n 型电池正好相反，负电荷聚集在电池表面，导致电池中部分空穴没有被收集而移动出组件到框架。

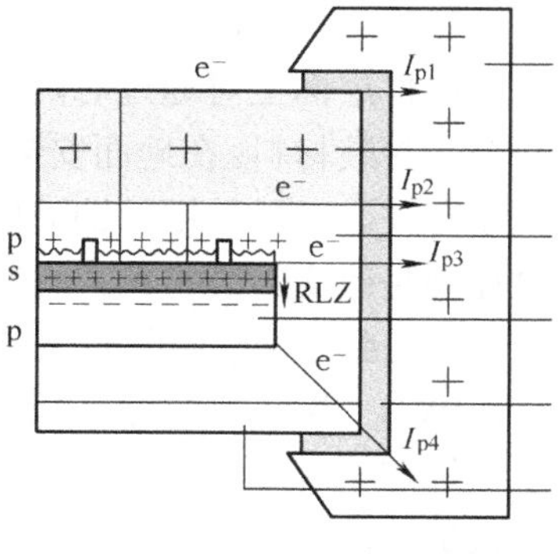


图 8-23　发生 PID 现象的组件的漏电渠道[18]（其中，$I_{p1}$：电子穿过 EVA 膜和穿过玻璃沿玻璃外表面达到框架；$I_{p2}$：电子穿过 EVA 膜，沿玻璃与 EVA 界面达到框架；$I_{p3}$：电子穿过 EVA 膜到达框架；$I_{p4}$：电子穿过 EVA 膜、穿过背板到达框架）

从电池角度对 PID 现象的研究还没有定论。在高电压下（电池上的电压相对于边框是负的，边框接地），正电荷（如 $Na^+$ 离子）开始迁移，$Na^+$ 离子可能来自于前盖板玻璃，穿过密封材料到减反层表面。研究发现在 600V 的负电压下，电池中有 $Na^+$ 离子的地方并联电阻很小，并且这些位置发射极不存在了。通过研究还发现，$Na^+$ 离子聚集在氮化硅层与硅表面的交界面处。因此推测，聚集的 $Na^+$ 离子在其与硅的 $n^+$ 发射区之间吸引或诱导出一层负电荷形

成双层电荷区。负电荷来源不清楚，或许由带正电的氮化硅层产生的，或许与硅发射区与减反层之间的本征氧化物或残留物有关，如钠化合物、$O^{2-}$或$OH^{-}$离子。双层电荷区构成电场，电场驱赶发射区内电子，如果电场足够强，可能导致发射区反型，变成 p 型。这通常发生在两根栅线之间的区域，允许电子从反型后变成的 p 型区流向没有反型的 n 型区。由于反型区与 p 型基区接触，电池发生短路。其机理示意图如图 8-24 所示。

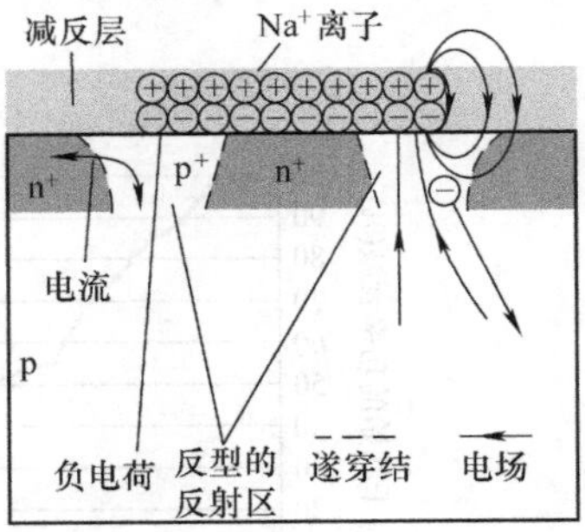

图 8-24 双层电荷区模型，解释电池上的 PID 现象[19]

2. PID 现象解决方案

PID 现象不仅与电池性能有关，还与组件性能及系统配置有关，因此可在不同层面解决。

（1）系统级别的解决方案

如果光伏系统可以安装变压器并且发电阵列的负极接地就可防止在组件表面和框架之间产生电位差。但采用这种方法的缺点是，有变压器的逆变器效率要比没有变压器的低，而且价格更高。如果不使用含变压器的逆变器，则 PID 现象可通过在晚上给组件施加正电压（或者对 n 型电池实施负电压）来恢复组件的性能。

（2）组件层面上的解决方案

组件层面上可通过对两个环节的改进防止 PID 的产生：一是前盖板玻璃；另一个是封装材料。在地面安装系统中，组件前盖板玻璃中释放的钠离子可能与 PID 现象有关。可以使用低钠玻璃或石英玻璃消除钠离子的影响，但成本很高。另一途径则是改变封装材料。封装材料必须能够阻止与 PID 有关的金属离子（$Na^+$离子）运动到电池。组件封装使用的密封材料中，EVA 在高热高湿下的性能衰减显著，PVB（聚乙烯醇缩丁醛树脂）略好，硅烷或离子型聚合物都在测试中表现出了更好的不衰减特性。但对晶体硅电池而言，使用 PVB、硅烷或离子型聚合物都比较贵，因此经济有效的方法是使用高电阻率的 EVA 膜。

（3）电池层面的解决方案

改变电池表面的减反层和发射区特性是有效改善 PID 现象的方法。提高发射区掺杂浓度或更深的掺杂深度可以减缓 PID 现象的发生。这就需要扩散时间更长和/或更高温度，又增加了电池成本。特别重要的是这种发射极会降低太阳电池的效率。因此减反层成了一个关键因素。

现在产业上广泛使用的钝化膜是 $SiN_x$ 薄膜。改变 $SiN_x$ 薄膜性质提高组件抗 PID 现象的途径有：① 尽可能提高 $SiN_x$ 薄膜的折射率，但是这会导致电池及组件转换效率的降低；② 使用多层钝化膜，双层或三层结构，可优化薄膜各层折射率，既保证电池效率又改善 PID 现象，但缺点是为保证电池效率高折射层通常很薄，因此对 PID 现象的改善有限；③ 改变沉积条件或通入其他气氛形成掺杂，掺杂剂可以是磷、碳和/或氧。改善 $SiN_x$ 薄膜特性提高组件抗 PID 现象的机理少有报道，一种机理认为改善 $SiN_x$ 薄膜折射率、改善沉积条件或掺杂可以提高薄膜导电性，从而防止双层电荷区的形成[20]；另一种机理认为提高折射率或改善沉积条件可减少薄膜中的 K 心缺陷，而掺杂提供多余电子占据 K 心缺陷，从而降低 K 心缺陷的活性[21]。

3. PID 现象的恢复

PID 现象可以恢复。恢复方法通常是施加反向电压，如原来组件相对地为负电位，则施加正电位。恢复程度及恢复时间与环境有关，也与受 PID 影响的程度有关，但不一定可以百分之百的恢复。也有研究发现，在一定温度下（如 100℃）下放置也可恢复功率输出，如图 8-25 所示。但较高的温度下对封装材料的性能将造成影响，并对组件后续的稳定性造成隐患，因此一般不使用。

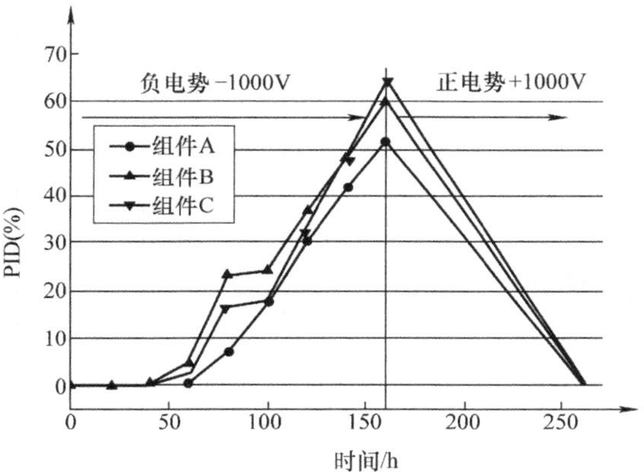


图 8-25 在反向+1000V 电压作用下，组件由 PID 导致的衰减现象逐渐恢复

另外，通过实验发现施加一定反向电压后，组件在标准测试条件下的功率可以恢复，但弱光条件下的功率输出却恢复得较差。这种现象与电池变差的并联特性有关，如图 8-26 所示。组件 1 和组件 2 在标准条件下输出功率可恢复到原始值的 100%，但弱光条件下的功率输出恢复效果很差。

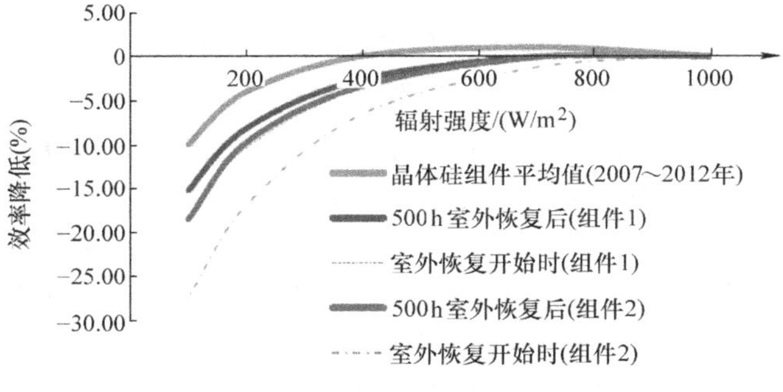


图 8-26 PID 组件输出功率与辐射强度的关系

同时，由于 PID 现象会导致组件输出电流降低，因此易发生 PID 现象的组件相比不易发生 PID 现象的组件更容易发生热斑效应，应尽量避免 PID 现象的发生。

4. PID 现象的测试标准

由于 PID 现象的发生机理至今仍不是很清楚，因此 PID 测试标准仍在开发中。表 8-5 给出了现有的 PID 测试标准，测试电压、温度、湿度、持续时间等条件不尽相同。

**表 8-5　现有 PID 测试标准**

| 开发机构 | 电压 | 温度 | 湿度 | 持续时间 | 其他条件 | 通过测试的标准 |
|---|---|---|---|---|---|---|
| TUV、VDE 测试认证所、德国普德光伏研究所，Fraunhofer 研究所、Q-cell 公司、Solon 公司、Schott 太阳能公司 | −1000V | 25℃ | — | 48h | 必须在前表面有铝箔 | 低于 5%的功率损失（相比 STC 条件） |
| Fraunhofer 研究所 | −1000V | 50℃ | 50% | 48h | 必须有铝箔在前表面 | 低于 2%的功率损失 |
| PI-Berlin | −1000V | 85℃ | 85% | 48h | 框架必须接地 | 低于 5%的功率损失，通过 EL 测试 |
| NREL | 特定的系统电压 | 60℃ | 85% | 96h | 框架必须接地 | 低于 5%的功率损失 |
| IEC 的 PID 标准委员会 | 特定的系统电压 | 58～62℃ | 80%～90% | 96h | 框架必须接地 | 必须通过绝缘测试、功率测试 |

### 8.5.5　其他类型组件失效分析

组件在野外工作条件下要承受静态的或动态的机械载荷、热循环、暴晒、潮气、冰雹、灰尘、阴影、极低或极高气温等各种环境因素的影响，苛刻的工作环境极易导致组件效率的衰减或组件失效。组件输出的衰减主要表现在短路电流和填充因子的降低上，在许多情况下这和 EVA 的老化有关。EVA 与大多数聚合物一样，已经证明在光照下衰减，紫外光辐照导致分子链断裂。一些化学物质因此很容易通过扩散穿过它到达电池表面，造成电池电极氧化、玻璃中的金属钠进入电池发射极等问题。同时 EVA 老化后会出现黄变，黄色或棕色的 EVA 对光学的透过性有影响，进而会降低组件输出电流。EVA 的老化还可能降低组件寿命，老化后的 EVA 与电池粘附性降低甚至脱离（出现分层），每天的热循环加剧了这种现象，分层对光吸收和电池散热带来不利影响。图 8-27 给出了发生在组件正表面的组件老化现象。如图所示，一般常见的组件问题是变色、分层和电池主栅的腐蚀。EVA 变色的三个级别分别是变成黄色、棕色和棕黑色。分层主要发生在四个区域，即主栅附近的气泡、电池中心的气泡、电池边缘的气泡和电池边缘拐角的气泡，如图 8-27a～g 所示。电池主栅的腐蚀也属常见现象，区别是腐蚀程度的不同（见图 8-27h 和 i）。通过对泰国安装的一组运行了 20 年的光伏组件的分析发现，EVA 在中心分层的数量多于在边缘的，87%的光伏组件出现了不同程度的主栅腐蚀，背板边角处的分离和封边变脆开裂。因而，组件封装材料及工艺的优化仍是提高电池组件寿命及性能的关键因素，仍存在大量改进空间。

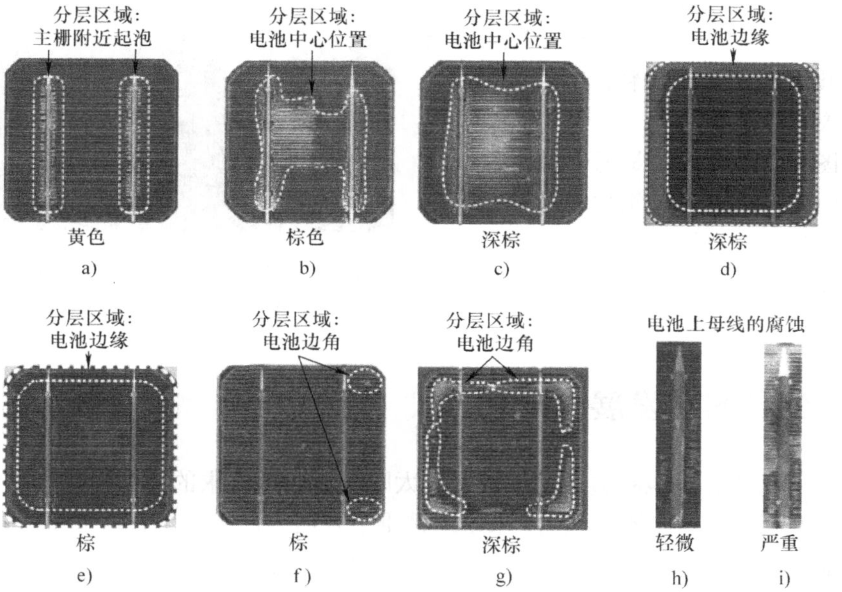


图 8-27　光伏组件的前表面衰减问题[22]

组件长期在野外工作，工作时间长达 25 年以上。在野外的恶劣环境中，各种可能的突发事件都可能发生，组件将经历环境及突发事件的双重考验，一些严重问题的发生不仅会导致组件失效，甚至可能造成严重灾害。图 8-28 给出了组件

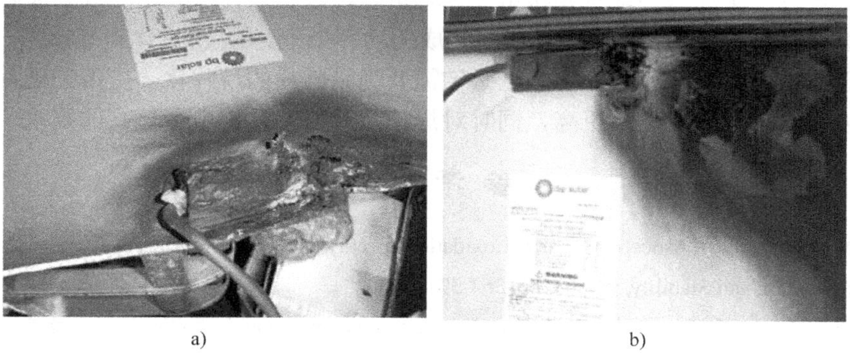

a)　b)

图 8-28　烧毁的组件和起火烧毁的接线盒

接线盒失火后的照片。由于接线盒焊接失误，增加了接触电阻。当太阳光辐照非常强时，问题焊接处变得非常热，导致接触松动，因此形成电弧。根据这种情况的持续时间长短，组件或者停止工作或者继续发电，直到整个接线盒烧毁。当这种烧毁情况严重时，甚至可能点燃其附近的建筑材料，如木头等，造成火灾[23]。

图 8-29 所示的是另一种组件运行过程中出现的问题，组件表面被硬物砸伤，玻璃出现破碎，导致下层 EVA 发黄。这种硬物砸伤导致的组件问题也是野外运行中经常遇到的问题。

图 8-29　组件被硬物砸伤后的表面，玻璃已经碎裂，导致 EVA 失效变黄[23]

## 8.6　组件封装发展方向

随着晶体硅电池制造技术的发展和太阳电池应用需求的增加，晶体硅组件封装技术及材料近些年不断改善。未来组件重点发展方向有几个：① 低成本、轻质、长寿命及环境友好封装材料是发展方向。在上盖板材料方面，希望开发出更轻的性能不亚于超白玻璃的聚合物膜。在密封材料方面，希望开发出紫外截止波长更短并且性能更稳定的封装材料。在背板方面，高性能低成本的材料取代 TPT 的材料是发展方向。在焊带方面，无铅的环境友好型焊带受到广泛关注。在封装技术方面，大体有几个发展方向是长寿命、低成本封装材料的开发。② 更高的生产速率。改善焊接、层压设备提高封装生产速率，或开发新型封装工艺。③ 提高组件运行稳定性。更深入的理解光伏组件衰减机理，改善组件封装工艺或封装材料，提高组件野外工作稳定性，降低由此造成的功率损失。④ 薄片化封装技术。随着晶体硅的薄片化发展，封装技术也必定需要满足硅片的薄片化。更薄的硅片对工艺精度及自动化程度要求更高，同时对焊接及层压工艺提出了更高的要求。

## 参 考 文 献

[1] N.S.Allen, et al., "Aspects of thermal oxidation of ethylene vinyl acetate copolymer," Polymer Degradation and Stability, vol. 68, pp. 363-371, 2000.

[2] N. S. Allen, et al., "Aspects of the thermal oxidation, yellowing and stabilisation of ethylene vinyl acetate copolymer," Polymer Degradation and Stability, vol. 71, 2001.

[3] M.Rodríguez-Vázquez, et al., "Degradation and stabilisation of poly (ethylene-stat-vinyl acetate):

1 - Spectroscopic and rheological examination of thermal and thermo-oxidative degradation mechanisms," Polymer Degradation and Stability, vol. 91, pp. 154-164, 2006.

[4] M.D.Kempe, et al., "Acetic acid production and glass transition concerns with ethylene-vinyl acetate used in photovoltaics devices " Solar Energy Materials and Solar Cells, vol. 91, pp. 315-329, 2007.

[5] P. Klemchuk, et al., "Investigation of the degradation and stabilization of EVA-based encapsulant in field-aged solar energy modules," Polymer Degradation and Stability, vol. 55, pp. 347-365, 1997.

[6] A. W. Czanderna and F. J. Pern, "Encapsulation of PV modules using ethylene vinyl acetate copolymer as a pottant: A critical review," Solar Energy Materials and Solar Cells, vol. 43, pp. 101-181, 1996.

[7] B.Å. Sultan and E. Sörvik, "Thermal degradation of EVA and EBA -a comparison. Ⅰ. Volatile decomposition products," Journal of Applied Polymer Science, vol. 43, pp. 1737-1745, 1991.

[8] B.Å.Sultan and E.Sörvik, "Thermal degradation of EVA and EBA - a comparison. Ⅱ. Changes in unsaturation and side group structure," Journal of Applied Polymer Science, vol. 43, pp. 1747-1759, 1991.

[9] B.Å.Sultan and E.Sörvik, "Thermal degradation of EVA and EBA -a comparison. Ⅲ. Molecular weight changes," Journal of Applied Polymer Science, vol. 43, pp. 1761-1771, 1991.

[10] M. Poliskie, Solar Module Packaging Polymeric Requirements and Selection: CRC Press, 2011.

[11] F. J. Pern, et al., "Weathering Degradation of EVA Encapsulant and the Effect of Its Yellowing on Solar Cell Efficiency," presented at the Conference of the 22nd IEEE PV Specialists Conference, U.S, 1991.

[12] F. J. Pern, "Factors that Affect the EVA Encapsulatant Discoloration Rate upon Acceleration Exposure," Solar Energy Materials and Solar Cells, vol. 41-42, pp. 587-561, 1996.

[13] J. Jin, et al., "UV Aging Behavior of Ethylene-Vinyl Acetate Copoymers(EVA) with Difference Vinyl Acetate Contents," Polymer Degradation and Stability, vol. 95, pp. 725-732, 2010.

[14] F. J. Pern, "Composition and Method for Encapsulating Photovoltaic Devices," 2000.

[15] M. D. Kempe, "Modeling of rates of moisture ingress into photovoltaic modules," Solar Energy Materials and Solar Cells, vol. 90, pp. 2720-2738, 2006.

[16] Maria Carmela Di Oiazza and G. Vitale, Photovoltaic Sources Modeling and Emulation: Springer, 2013.

[17] P. Hacke, et al., "System Voltage Potential-Induced Degradation Mechanisms in PV Modules and Methods for Test," presented at the 37th IEEE Photovoltaic Specialists Conference, Washington, 2011.

[18] Mathias Schiizze, et al., "Investigations of Potential Induced Degradation of Silicon

Photovoltaic moduals," 26th Europen, Hamburg, 2011.

[19] J. Bauer, et al., "On the mechanism of potential-induced degradation in crystalline silicon solar cells," P hys. Status Solidi RRL, vol. 6, pp. 331-333, 2012.

[20] Simon Koch, et al., "POTENTIAL INDUCED DEGRADATION EFFECTS ON CRYSTALLINE SILICON CELLS WITH VARIOUS ANTIREFLECTIVE COATINGS," presented at the 27th European Photovoltaic Solar Energy Conference and Exhibition, Frankurt, 2012.

[21] I. Rutschmann. (2012) power lossess below the surface. Photon International. 136.

[22] C. Dechthummarong, et al., " Physical deterioration of encapsulation and electrical insulation properties of PV modules after long-term operation in Thailand," Solar Energy Materials & Solar Cells, vol. 94, pp. 1347-1440, 2010.

[23] A. Schlumberger and A. Kreutzmann. (2006) Burning problem at BP solar. photon international. 14-16.

# 第 9 章　组件的安全认证

太阳电池组件要在尽可能没有维护的情况下使用 20 年甚至 30 年，必须能够保证长期稳定的性能输出。从安全的角度来看，组件内部的电池片和布线必须与边框、接线盒、封装玻璃等表面隔离，以防止形成高压漏电；而且，组件必须能够承受日常的热循环、紫外光照射、冰雹、风沙和暴雨等环境的冲击。为保证组件安全，很多国家都有专门的认证机构按照各自的标准或国际统一的标准来对太阳电池组件性能进行检测认证。这些认证有些是强制性的，有些是非强制性的。在西方国家，认证已成为产品的质量与安全标志。所以，由第三方机构颁发权威认证证书，证明产品的性能和安全可靠性，已成为产品进入国际市场的必要条件。此外，认证也往往是光伏产品得到融资和政策法规支持的重要条件。比如，很多金融机构对企业进行融资支持时会要求对产品质量进行认证；在英国，只有获得了微型发电产品认证计划委员会（MCS）认证的光伏产品才能获得光伏补贴。

## 9.1　组件的安全认证标准与认证体系

目前，国际光伏产品所需要的认证因市场而异，主要有全球性的 IECEE CB 认证、PV GAP 认证，欧盟 CE 认证，美国 UL、MET、ETL 认证，美国加利福尼亚州 CEC 认证，加拿大 CSA 认证，德国 TÜV 认证，英国 MCS 认证，澳大利亚 SAA 认证，日本 JET 认证，韩国 NRE 认证，中国 CQC、金太阳认证等。

各个光伏市场进行认证的标准也因地区而略有差异，主要标准有全球性的 IEC 标准，欧洲 EN 标准，美国 ANSI/UL 标准，英国 BS/BS EN 标准，澳大利亚 AS 标准，日本 JIS 标准，韩国 KS 标准，中国 GB 标准等。除了美国 UL 标准外，其他标准基本都基于或者等同于 IEC 标准，UL 标准与 IEC 标准也有很多相通之处。所以，各认证机构对晶体硅光伏组件进行认证时，主要执行如下标准：

1）IEC 61215 地面用晶体硅光伏组件-设计鉴定和定型；

2）IEC 61730-1 光伏组件安全鉴定-结构要求；

3）IEC 61730-2 光伏组件安全鉴定-测试要求；

4）UL 1703 平板光伏组件的安全标准。

在特殊环境中应用，比如沿海建立光伏电站时，还要执行标准：IEC 61701 盐雾腐蚀测试。

由于进行认证需要检测的项目繁多，一次认证一般需要 4～6 个月的时间。

值得注意的是，制定认证标准的机构一般并不提供认证服务，而是将认证授权给符合要求的具有认证能力的认证机构。为了获得某一认证机构的认证也不一定必须要到这个机构去进行检测，因为有些认证机构会将认证权授权给其他有检测能力的单位，通过了这些单位检测的产品也能获得相应认证机构颁发的认证标识。比如，如果某一认证机构获得了另一认证机构的授权，则前者可以同时颁发两家的认证标识。

下面对世界上针对光伏产品的主要认证作一下具体介绍：

（1）国际电工委员会 IECEE CB 认证

IEC（International Electrotechnical Commission）成立于 1906 年，至今已有 100 多年的历史。它是世界上成立最早的国际性电工标准化机构，负责有关电气工程和电子工程领域中的国际标准化工作。IEC 标准具有世界权威性。IEC 每年在世界各地召开一百多次国际标准会议，世界各国近 10 万名专家参与 IEC 的标准制订、修订工作。我国于 1957 年加入 IEC。

IEC 的国际电工委员会电工产品合格测试与认证组织（IECEE: IEC System for Conformity Testing and Certification of Electrical Equipment）推行电工产品合格测试与认证的 CB 国际体系。IECEE 各成员国的国家认证机构（NCB）以 IEC 标准为基础对电工产品安全性能进行测试，其测试结果（即 CB 测试报告和 CB 测试证书）在 IECEE 各成员国相互认可。2003 年，IECEE 就把光伏产品纳入了 IECEE CB 体系，在 CB 体系中增加了 PV 产品类别。自 2005 年以来，CB 证书已经成为世界银行资助的光伏项目中直接认可的合格评定证书。

（2）全球光伏认证组织 PV GAP 认证

PV GAP（The Global Approval Program for PV）是全球光伏认证组织获得国际认可的光伏全球认证计划。PV GAP 的参与方包括光伏产业相关国际组织、测试机构、政府机构和私人财团等，汇集了很多国际光伏专家组成技术委员会，制定了大量光伏技术标准，其中有很多标准被 IECEE 采用。PV GAP 标志在世界银行项目中得到普遍认可。PV GAP 所依赖的测试和合格评定体系是 IECEE CB 体系。PV GAP 已经独家授权 IECEE 使用 PV GAP 标志和图章。所以，已经加入了 PV 产品类别的 NCB 在颁发 IECEE PV 合格评定证书的同时，可以直接颁发 PV GAP 标志/图章。光伏企业获得 CB 证书后即可使用 PV GAP 标志/图章，相当于获得了双重质量认证身份。

（3）美国 UL 认证

UL 是美国保险商试验所（Underwriter Laboratories Inc.）的简称，是美国最有权威的也是世界上从事安全试验和鉴定的重要机构。UL 始建于 1894 年，主要从事产品的安全认证和经营安全证明业务。早在 20 世纪 80 年代初就开始了对太阳能光伏产业标准的研究，并相继推出了相关标准 UL1703 和 UL1741。这两套标准已被认可为美国国家标准。同时，UL 也积极推动 IEC 倡导的 CB 体系，协助研发与太阳能产品相关的 IEC 各项标准。UL 拥有北美最大的光伏测试实验室，可对光伏产品同时核发 UL 和 CB 证书。

（4）美国 MET 认证

MET 美国产品认证实验室。1959 年成立于美国马里兰州，并于 1989 年成为美国第一家国家认可实验室（NRTL），MET 认证标志取得了与 UL 同等的认证效力。MET 专注于高科技产品的认证和测试，是替代 UL 的最佳选择，可对多种电子、家用电器、电信设备，医疗设备、电动工具等电气产品进行美国政府和加拿大政府承认的检测和认证。

（5）美国 ETL 认证

ETL 是美国电气测试实验室（Electrical Testing Laboratories）的简称。ETL 试验室是由美国发明家爱迪生在 1896 年一手创立，在美国及世界范围内享有极高的声誉。ETL 可根据 UL 标准或 ANSI 美国国家标准测试核发 ETL 认证标志，也可同时按照 UL 标准或 ANSI 美国国家标准和加拿大 CSA 标准测试核发复合认证标志。右下方 US 表示适用于美国，左下方的 C 表示适用于加拿大，同时具有则在两个国家都适用。ETL 认证和 UL 认证具有同样的北美市场准入效力。

（6）美国加州 CEC 认证

CEC 是美国加利福尼亚州能源委员会（California Energy Commission's）的简称，从 1976 年开始推行加利福尼亚州电器能效法规（Appliance Efficiency Regulation），是美国唯一可以影响非政府消费行为的强制性节能法规，为电器产品规定了最低能效标准，并且定时更新，以便审议和纳入新的能效技术与方法。按该法规要求，电气产品必须由有资质的机构按美国相应标准进行检测，证明符合要求后才可在美国加利福尼亚州销售。能源之星是由美国环保局和能源部共同推广实施的节能产品认证标志，CEC 认证被认为是美国加利福尼亚州能源之星。

（7）加拿大 CSA 认证

CSA 是加拿大标准协会（Canadian Standards Association）的简称，它成立于 1919 年，是加拿大首家专门制定工业标准的非盈利性机构。在北美市场上销售的电子、电器等产品都需要取得安全方面的认证。目前，CSA 是加拿大最大的安全认证机构，也是世界上最著名的安全认证机构之一。经 CSA International 测试和认证的产品，被确定为完全符合标准规定，可以销往美国和加拿大两国市场。CSA 在我国广州、上海、香港等地设有分支机构。

（8）CE 欧盟 CE 认证

CE（CONFORMITE EUROPEENNE）安全认证被视为是打开并进入欧洲市场的护照。凡是贴有“CE”标志的产品可以在欧盟各成员国内销售，无须符合每个成员国的要求。在欧盟市场“CE”标志属强制性认证标志，不论是欧盟内部企业生产的产品，还是其他国家生产的产品，要想在欧盟市场上自由流通，就必须加贴“CE”标志。CE 标志是安全合格标志而非质量合格标志。

（9）TÜV 德国 TÜV 认证

TÜV 是技术监督协会（Technischer überwachüngs-Verein）的缩写，是德国专门测试电子产品安全的研究机构，成立于 1936 年。德国每个州都有一个 TÜV，它们都是独立营运的。在发展过程中，一些州的 TÜV 进行了合并。TÜV 是从事检验、实验、质量保证和认证的国际性检验认证机构，其对元器件产品出具的安全认证，在德国和欧洲被广泛接受。企业可以在申请 TÜV 标志时，合并申请 CB 证书，由此通过转换而取得其他国家的证书。而且，在整机认证的过程中，凡是取得 TÜV 标志的元器件均可免检。在我国开展业务较广的是 TÜV 莱茵、TÜV 南德集团，以及 TÜV 北德集团。

（10）GS 德国 GS 认证

GS 是德语 Geprufte Sicherheit（安全性已认证）的简写。GS 认证以德国产品安全法（SGS）为依据，是一种按照欧盟 EN 标准或德国 DIN 工业标准进行检测的自愿性认证，是欧洲市场公认的德国安全认证标志，也获得了欧洲绝大多数国家的认同。满足 GS 认证的产品也满足欧盟 CE 认证的要求。虽然和 CE 认证不一样，GS 认证并无法律强制要求，但由于安全意识已深入普通消费者，一个有 GS 认证标志的电器在市场上会较一般产品有更大的竞争力。

（11）MCS 英国 MCS 认证

MCS 是 Microgeneration Certification Scheme 的缩写，是英国微型发电产品认证计划的意思。英国 2010 年开始实行如下计划：由英国微型发电产品认证计划委员会来管理光伏补贴发放和光伏税率调整。所以，MCS 是有政府背景的独立机构。用户只有购买拥有 MCS 认证的光伏产品，政府才会提供补贴，并且从 2010 年 4 月起，拥有 MCS 认证的光伏产品的用户还可以将余下的电力卖给国家电网。所以，光伏产品要进入英国市场，获得 MCS 认证标志非常重要。

（12）Certified Product Australian Standard 澳大利亚 SAA 认证

根据澳大利亚标准机构 Standards Association of Australian（SAA）制定的标准进行认证。澳大利亚的标准以“AS”开头，澳大利亚与新西兰的联合标准以“AS/NZS”开头。作为标准制定机构，SAA 从没有颁发过产品认证证书，而是授权专业检测机构进行 SAA 认证。此外，澳大利亚政府针对清洁能源开展注册制度，清洁能源产品进入澳大利亚市场除必须取得 SAA 证书外，还需要在进行清洁能源委员会（CEC）注册列名。

（13）JET 日本 JET 认证

JET 是日本电气安全环境研究所（Japan Electrical Safety and Environment Technology Laboratories）的简写。JET 成立于 1963 年 2 月，一直作为日本通产省

指定的检验机构从事政府指定的检测检验任务。1994 年成为第三方电气产品认证机构，被政府授权实施法律要求的强制性 PSE 认证和 S 标志产品安全认证。1999 年 JET 加入 IECEE CB 体系，可颁发 CB 测试报告和证书，并认可包括日本国家差异的 CB 测试报告和证书。JET 具有针对太阳电池组件的日本 PVm 认证资格，JET PVm 认证对太阳电池组件的性能、信赖性及安全性进行检测，获得认证证书的企业可以享受日本相关政府机构提供的补贴。

（14） 韩国 NRE 认证

韩国新再生能源中心（New & Renewable Energy）简称 NRE，是韩国能源协会（KEMCO）的附属机构，也是 IECEE 指定的韩国国家认证机构。在韩国购买具有 NRE 认证标识的产品可以获得政府补贴。所以，在韩国市场上，对于相同质量的产品，具有 NRE 认证的产品销量远远优于未获得认证的产品。出口韩国的太阳电池组件需要进行 NRE 认证。

（15） 中国 CQC 认证

CQC 是中国质量认证中心的简称。CQC 标志认证是一种自愿性产品认证，以加施 CQC 标志的方式表明产品符合相关的质量、安全、性能、电磁兼容等认证要求。CQC 是中国最大的专业认证机构，代表我国加入了 IECEE，是我国的 CB 体系国家认证机构，可颁发国际 CB 测试证书。企业可利用 CQC 的产品认证证书直接转换成国际 CB 测试证书，或利用 CB 体系内的企业认证机构颁发的 CB 测试证书转换成 CQC 的认证证书。光伏产品获得 CQC 认证后加贴 CQC 金太阳认证标志，已经获得国内光伏市场的认同。

（16） 中国金太阳认证

金太阳认证是由北京鉴衡认证中心（China General Certification Center，CGC）实施的，在太阳能热利用领域及太阳能光伏产品领域的认证标志。鉴衡认证中心是由国家认证认可监督管理委员会（CNCA）批准成立的，专业致力于可再生能源产品标准化和认证的第三方机构。通过金太阳认证的光伏产品可加贴“金太阳认证标志”。金太阳认证最初面向对象是太阳能热利用产品，近来也开始面向光伏产品。可见，这里的“金太阳”与国家“金太阳示范工程”中的“金太阳”并不同源。CGC 金太阳认证同样是光伏产品质量的保证，也已获得国内光伏市场的认同。

此外，世界上有很多专门从事认证服务的公司，可以为光伏行业提供上述某一或某些认证服务，著名的有：

（1） 瑞士通用公证行 SGS 认证

SGS（Société Générale de Surveillance）是世界上最大的第三方检验公司，译为“通用公证行”，创建于 1878 年，拥有 130 多年的专业技术经验和全球服务网络，总部设在瑞士日内瓦，检测认证机构遍布全世界。1991 年，SGS 集团和中国标准技术开发公司在中国建立了合资公司——通标标准技术服务有限公司（SGS-

CSTC）。SGS-CSTC 可签发基于 IEC/EN 标准和美国 UL 标准的两份认证。

（2）法国必维国际检验集团BV 认证

法国必维国际检验集团（Bureau Veritas，BV），成立于 1828 年，总部设在法国巴黎，是全球知名的国际检验、认证集团，其服务领域集中在质量、健康、安全和环境管理以及社会责任评估领域。从成立至今，必维国际检验集团的服务网络覆盖 160 多个国家，拥有 800 多个办事处和实验室，是行业内获得世界各国政府和国际组织认可最多的机构之一。必维国际检验集团下属法国中央电力电器实验室（LCIE）是具有 IECEE 认可的出具 CB 证书和核发 PV GAP 标志资质的国家认可机构（NCB）。LCIE 在上海设有光伏实验室，对光伏产品进行国际认证。

（3）天祥集团 Intertek 认证

Intertek 是世界领先的第三方质量与安全服务机构。Intertek 成立于 1896 年美国爱迪生实验室，现总部在英国伦敦，在 110 多个国家拥有近 900 家实验室及办事处。Intertek 在上海的光伏测试实验室可以颁发 CB 标识、PV GAP 标识、北美市场的 ETL 标志、欧洲市场 CE 标识。

## 9.2 组件认证的性能测试

各认证机构对组件进行性能测试主要依据“IEC 61215：地面用晶体硅光伏组件-设计鉴定和定型”开展。通过外观检查、电性测量、辐照测试、环境测试、机械测试等几个方面来确认晶体硅太阳电池组件的性能[1]。

要完成测试需要 8 个组件，这些组件要按照规定的方法来进行随机抽取，组件上要有清晰的不可擦除的厂家名称与标识、产品型号与序号、以及引出端极性等信息。具体测试流程如图 9-1 所示。在开始试验前，要将组件在开路状态下在实际太阳光或模拟光源下照射，使累计辐射量达到 5kW • h/m$^2$。

1）外观检查。检查组件中任何的外观缺陷，包括外表面有无损伤、开裂，电池片有无裂纹，彼此间或与边框间有无接触，层压有无气泡或脱层，接线有无缺陷，粘合是否结实有效等。对组件定型，不能有如下严重外观缺陷：① 破碎、开裂、或外表面脱附，包括上层、下层、边框和接线盒；② 弯曲、不规整的外表面，包括上层、下层、边框和接线盒的不规整以至于影响到组件的安装和/或运行；③ 一个电池的一条裂缝，其延伸可能导致从组件的电路上减少的面积超过一个电池面积的 10%以上；④ 在组件的边缘和任何一部分电路之间形成连续的气泡或脱层通道；⑤ 丧失机械完整性，导致组件的安装和/或工作受到影响。

2）确定最大功率点。确定组件在各种环境试验前后的最大功率，最大功率测量重复性必须优于±1%。测试时，电池温度在 25～50℃之间，辐照度在 700～1100W/m$^2$之间。

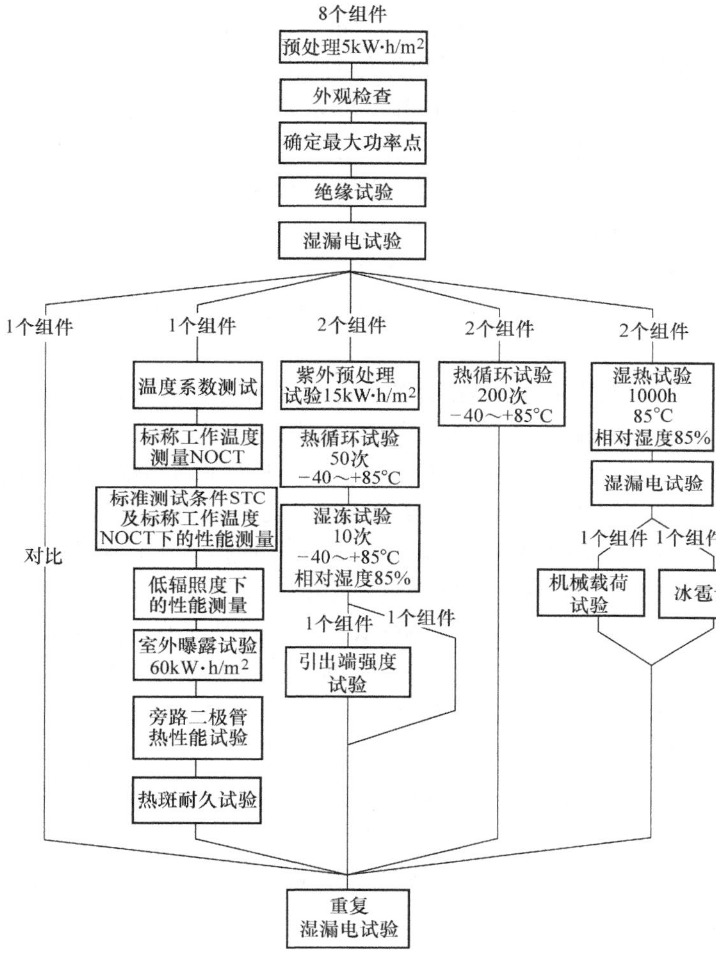


图 9-1　IEC 61215 地面用晶体硅光伏组件性能检测流程 [1]

3）绝缘试验。测定组件中的载流部分与组件边框或外部之间的绝缘是否良好。以不大于 500V/s 的增压速率在电池电极引线和组件外壳之间施加高压两次。一次加压到 1000V 加上两倍的组件最大电压，如果组件电压不大于 50V，则加压为 500V，在此电压下维持 1min 然后放电。放电后第二次加压到 500V 与组件的最大电压之间的大者，并维持 2min，然后测绝缘电阻。要求面积小于 $0.1m^2$ 的组件的绝缘电阻不小于 400MΩ，面积大于 $0.1m^2$ 的组件的绝缘电阻乘以组件面积不小于 $40MΩ \cdot m^2$。

4）湿漏电试验。评价组件在潮湿环境下的绝缘性能。将组件浸入到满足特定要求的水或溶液中，露出引线盒入口，引线入口要用上述溶液彻底喷淋。在组件电极引线与溶液间施加电压，以不超过 500V/s 的增压速度加压到 500V，并保持 2min，测量绝缘电阻。要求面积小于 $0.1m^2$ 的组件的绝缘电阻不小于 400MΩ，面积大于 $0.1m^2$ 的组件，绝缘电阻乘以组件面积应不小于 $40MΩ \cdot m^2$。

5）温度系数测试。测量组件的电流温度系数（$\alpha$）、电压温度系数（$\beta$）和最大功率温度系数（$\delta$）。该测量既可以在自然光下进行，也可以采用模拟光源，但辐照度都必须满足特定的要求。通过绘制短路电流（$I_{sc}$），开路电压（$V_{OC}$）和最大功率（$P_{max}$）与温度的关系图，建造最小二乘法拟合曲线，使曲线穿过每一组数据。从最小二乘法拟合的电流、电压和峰值功率的直线斜率计算出相应的温度系数。相对温度系数可用百分数表示，等于温度系数除以 25℃时的电流、电压和最大功率值。

6）标称工作温度测量。测定组件的标称工作温度（NOCT）。NOCT 定义为组件与水平面夹角 45° 敞开式支架安装时，在辐照度为 800 $W/m^2$，环境温度为 20℃，风速为 1m/s 情况下，开路时的太阳电池的平均平衡结温。太阳电池的结温基本上是环境温度、平均风速和辐照度的函数。而结温与环境温度之间的温度差很大程度上不依赖于环境温度，在 400$W/m^2$ 的辐照度以上，基本上与辐照度成线性正比关系，所以在风速适宜期间，做出结温与环境温度间的温度差和辐照度之间的曲线。从曲线中确定辐照度为 800$W/m^2$ 时的温度差，然后加上 20℃，即可得到初步的 NOCT，最后采用依赖于测试期间的平均温度和风速的一个校正因子，将其修正到环境温度为 20℃，风速为 1 m/s 时的 NOCT 值。

7）标准测试条件和标称工作温度下的性能测量。在标准测试条件（1000$W/m^2$，25℃）和标称工作温度、辐照度为 800 $W/m^2$ 的标准太阳光谱分布条件下，确定组件的 $I$-$V$ 性能。

8）低辐照度下的性能测量。在 25℃，200$W/m^2$ 的辐照度下，测定组件的 $I$-$V$ 性能。

9）室外暴露试验。初步评价组件经受室外条件曝晒的能力，揭示出组件可能的衰减效应。使组件受到的总辐射量达到 60$kW \cdot h/m^2$，然后重新进行外观检查、最大功率测量和绝缘试验，要求组件不出现严重外观缺陷，最大功率衰减不超过暴露前的 5%，绝缘电阻仍然满足初始试验的同样要求。

10）旁路二极管热性能试验。评价旁路二极管的热设计和防止热斑效应的性能可靠性。将组件加热到 75℃±5℃，对组件施加等于标准测试条件下短路电流的电流，准确度控制在± 2 %以内，1h 后测量每个旁路二极管的温度。将通过组件的电流提高到标准测试条件下短路电流的 1.25 倍，同时保持组件的温度在 75℃±5℃，保持电流 1h，验证二极管是否仍能工作。要求确定的二极管结温不超过二极管制造商给出的最高额定结温，组件不产生严重外观缺陷，最大输出功率的衰减不超过试验前测试值的 5%，绝缘电阻应满足初始试验的同样要求，在试验结束后二极管仍然可以工作。

11）热斑耐久试验。确定组件承受热斑加热效应的能力。当组件中的一个电池或一组电池被遮光或损坏时，该电池或电池组的电流降低。由于组件中其他电池的电流比这些电池的电流大，这些电池或电池组被置于反向偏置状态，消耗功率，从而引起发热，称为热斑加热效应。这种效应可能导致焊接熔化或封装性能退化。电池不匹配或裂纹、内部连接失效、局部被遮光或弄脏均会引起这种效应。热斑耐久试验就是人为地制造电池遮挡，验证组件经 5h 曝晒前后的性能变化。要求耐久试验完成后，组件不产生严重外观缺陷，最大输出功率的衰减不超过试验前测试值的 5%，绝缘电阻应满足初始试验同样的要求。

12）紫外预处理试验。确定相关材料及粘接的紫外衰减。首先确保波长在 280～385nm 的紫外光的辐照度不超过 $250W/m^2$（约等于 5 倍的自然光的强度），均匀性控制在±15%。使组件经受波长在 280～385nm 范围的紫外辐射达到 $15kW \cdot h/m^2$，其中波长为 280～320nm 的紫外辐射至少达到 $5kW \cdot h/m^2$。试验过程中维持组件的温度为 60℃±5℃。要求试验完成后，组件不产生严重外观缺陷，最大输出功率的衰减不超过试验前测试值的 5%，绝缘电阻应满足初始试验同样的要求。

13）热循环试验：确定组件承受由于温度重复变化而引起的热失配、疲劳和其他应力的能力。整个检测过程中会进行多次热循环试验，主要有两种不同的试验过程：一种是进行 200 次热循环；另一种是进行 50 次热循环。将组件装入气候室，在 200 次热循环试验中，对组件施加标准测试条件下最大功率点的电流，准确度控制在±2%。仅在组件温度在 25℃之上时保持此电流。在 50 次热循环试验中不要求施加电流。使组件的温度在−40～+85℃之间循环。最高和最低温度之间的温度变化速率不超过 100℃/h，在每个极端温度下，应至少保持稳定 10min。除组件的热容量很大需要更长的循环时间外，一次循环时间不超过 6h。在整个试验过程中，记录组件的温度，并监测通过组件的电流。试验完成后至少恢复 1h。要求在试验过程中无电流中断现象，试验后组件不产生严重外观缺陷，最大输出功率的衰减不超过试验前测试值的 5%，绝缘电阻应满足初始试验同样的要求。

14）湿-冻试验。确定组件承受高温、高湿及随后的低温影响的能力。在气候室内使组件完成−40～+85℃之间的 10 次循环。室温以上各温度下，相对湿度保持在 85%±5%。在整个试验过程中，记录组件的温度。要求组件在 2～4h 的恢复时间后，不产生严重外观缺陷，最大输出功率的衰减不超过试验前测试值的 5%，绝缘电阻应满足初始试验同样的要求。

15）湿-热试验。确定组件承受长期湿气渗透的能力。将组件放入气候室中进行湿热处理，试验温度为 85℃±2℃，相对湿度为 85%±5%，持续时间为 1000h。要求组件经过 2～4h 的恢复后，不产生严重外观缺陷，最大输出功率的衰减不超过试验前测试值的 5%，绝缘电阻应满足初始试验同样的要求。

16）引出端强度试验。确定引出端及其与组件的附着是否能承受正常安装和操作过程中所受的力。依据引出端类型进行拉力和弯曲试验，要求试验后无机械损伤现象，组件最大输出功率的衰减不超过试验前测试值的 5%，绝缘电阻应满足初始试验同样的要求。

17）机械载荷试验。确定组件经受风、雪或覆冰等静态载荷的能力。将组件按照要求的方法固定后，在前表面逐步加载荷到 2400Pa，使其均匀分布，并将此负荷保持 1h。然后在背表面重复此过程。前后表面分别重复三次。若要试验组件承受冰和雪的重压的能力，则本试验最后一次循环，加于组件前表面的负荷应从 2400Pa 增加到 5400Pa。要求在试验过程中无间歇断路现象，试验后组件不出现严重外观缺陷，标准测试条件下最大输出功率的衰减不超过试验前测试值的 5%，绝缘电阻应满足初始试验的同样要求。

18）冰雹试验。验证组件经受冰雹撞击的能力。将符合尺寸大小要求的冰球按照要求的速度垂直发射到室温安装的组件表面上，检查组件碰撞区的损坏情况。要求组件不出现严重外观缺陷，最大输出功率的衰减不超过试验前测试值的 5%，绝缘电阻应满足初始试验的同样要求。

## 9.3 组件认证的安全测试

对组件安全进行的测试依据的主要标准是“IEC 61730-1 光伏组件安全鉴定-结构要求”和“IEC 61730-2 光伏组件安全鉴定-测试要求”。IEC 61730 标准是为了保证太阳电池组件在预期寿命内提供安全的电气与机械操作，并对组件由机械与环境应力所产生的电击、失火与个人伤害的保护措施进行评估。

IEC 61730 将光伏组件的应用等级分成 A、B、C 三级：

A 级：公众可接近的、危险电压、危险功率条件下应用。通过本等级鉴定的组件可用于公众可能接触的、大于直流 50V 或 240W 以上的系统。通过本应用等级鉴定的组件满足安全等级 II 的要求。

B 级：限制接近的、危险电压、危险功率条件下应用。通过本等级鉴定的组件可用于以围栏、特定区划或其他措施限制公众接近的系统。通过本应用等级鉴定的组件只提供了基本的绝缘保护，满足安全等级 0 的要求。

C 级：限定电压、限定功率条件下应用。通过本等级鉴定的组件只能用于公众有可能接触的、低于直流 50V 和 240W 的系统。通过本应用等级鉴定的组件满足安全等级 III 的要求。

上述中的安全等级在 IEC 61140 中规定。IEC 61140 依据所采取的防护措施将电气设备分成4类：

0类设备：这类设备采用基本绝缘作为基本防护措施，没有故障防护措施。

I 类设备：这类设备采用基本绝缘作为基本防护措施，采用保护联结作为故障防护措施。

II 类设备：这类设备采用基本绝缘作为基本防护措施，附加绝缘作为故障防护措施，能提供基本防护和故障防护功能的加强绝缘。

III 类设备：这类设备将电压限制到特低电压值作为基本防护措施，而不具有故障防护措施。

其中，几个名词的定义如下：

基本防护：无故障条件下的电击防护。

故障防护：单一故障条件下的电击防护。

基本绝缘：可提供基本防护的危险带电部分上能够绝缘。

附加绝缘：除了基本绝缘外，用于故障防护附加的单独绝缘。

加强绝缘：危险带电部分上具有相当于双重绝缘的电击防护等级的绝缘。

双重绝缘：既有基本绝缘又有附加绝缘构成的绝缘。

IEC 61730 尽可能详细地说明了光伏组件不同应用等级的基本要求。其中，IEC 61730-1 是对组件的结构要求，具体对组件的金属部件、聚合物材料、玻璃结构材料、内部导线和载流部件、接线、接地、接线盒、导线管等结构都有明确要求。IEC 61730-2 则提出了对光伏组件进行安全鉴定的试验要求。根据 IEC 61730-2 对组件安全进行测试主要按照图 9-2 所示的步骤进行，所要进行的试验包括六大类型：预处理试验、基本检查、电击危险试验、火灾试验、机械应力试验以及部件试验。

1）预处理试验：包括热循环试验（MST 51）、湿冻试验（MST 52）、湿热试验（MST 53）、紫外试验（MST54），依据 IEC 61215 进行。

2）基本检查：依据 IEC 61215 进行外观检查（MST 01）。

3）电击危险试验：评估组件因设计、结构或者环境或操作引起的错误而带电，对人员产生电击伤害的危险程度。包括无障碍试验（MST 11）、划刻试验（MST 12）、接地连续性试验（MST 13）、脉冲电压试验（MST 14）、绝缘试验（MST 16）、湿漏电试验（MST 17）、引出端强度试验（MST 42）。

① 无障碍试验：确定非绝缘电路是否会对操作人员产生电击危险。涉及标准 ANSI/UL 1703。要求测试期间测试夹具和组件电路间的电阻不小于 1 MΩ。

② 划刻试验：测定由聚合材料制作的组件的前后表面是否能经受安装和运行期间的例行操作，并且操作人员没有触电的危险，涉及标准 ANSI/UL 1703。用特定的刀具按要求切划组件表面，检测组件表面有无明显划痕，有无线路暴露，是否影响组件性能。表面为玻璃的组件不需要进行本项试验。

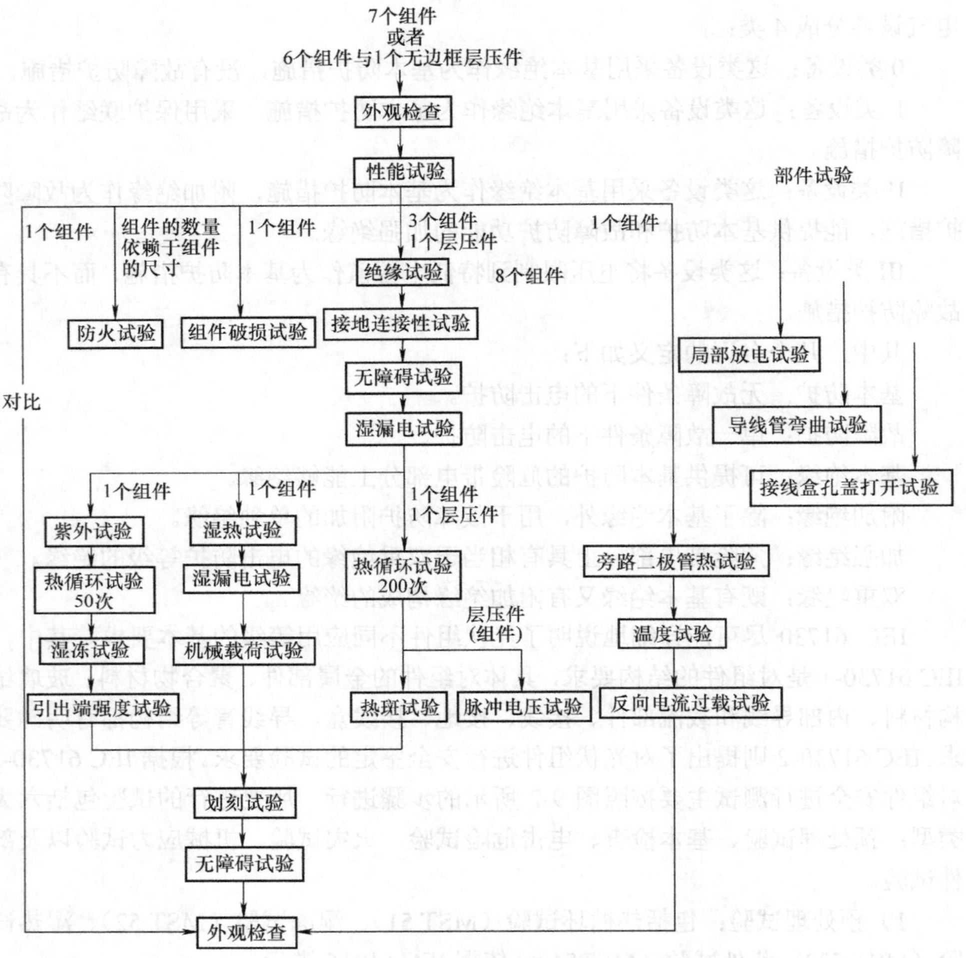


图 9-2　IEC 61730-2 光伏组件安全鉴定检测流程[3]

③ 接地连续性试验：证明在组件的暴露传导表面之间有传导通道，这样在一个光伏组件系统中，暴露的传导表面可以完全接地。只有组件中有暴露的传导部分（如金属边框或金属性质的接线盒）时才要求这个测试。涉及标准 ANSI/UL 1703。要求选定的外露导电部分和组件其他导电部分之间的电阻小于 0.1Ω。

④ 脉冲电压试验：检验组件固体绝缘抵抗大气源过电压的能力，涉及标准 IEC 60664-1。按照试验设定，在组件外壳和组件引线电路间施加特定要求的脉冲电压。要求测试过程中没有明显的绝缘击穿，或组件表面没有破裂现象，测试后组件不产生明显的外观缺陷。

⑤ 绝缘试验、湿漏电试验、引出端强度试验：主要依据 IEC 61215 进行。

4）火灾试验：评估组件由于操作或部件失效而引起潜在火灾的危险程度，

包括温度试验（MST 21）、热斑试验（MST 22）、防火试验（MST 23）、旁路二极管热试验（MST 25）、反向电流过载试验（MST 26）。

① 温度试验：确定构成组件的各个结构部件和材料的最高耐温参考，涉及标准 ANSI/UL 1703。测定在标准辐照度 1000 W/m$^2$ 下组件在开路和短路的情况下时各结构部件和材料的温度。要求测量温度不超过组件表面、材料或结构的温度极限；或要求组件的任何部分应没有开裂、弯曲、烧焦或类似的损伤。一些部件或材料的温度极限见表 9-1。

**表 9-1　一些部件或材料的温度极限 [3]**

| 部件或材料 | 温度极限 |
| --- | --- |
| 绝缘材料 | c |
| 聚合物 | a |
| 纤维 | 90℃ |
| 薄片型酚类聚合物 | 125℃ |
| 模压型酚类聚合物 | 150℃ |
| 现场接线引出端，金属部件 | 环境温度之上 30℃ |
| 现场电缆可能接触的接线盒 | a 与 d 之中的大者，或者 b |
| 带绝缘的导体 | d |
| 支架表面（边框）及其相邻的结构件 | 90℃ |

a. 材料的相对热指数减去 20℃。

b. 如果有标记说明了可以使用的导线的最低额定温度，在接线盒内的引出端的温度可以大于设定值，但不能超过 90℃。

c. 比制定值更高的温度是可以接受的，只要确定更高的温度不会引起火灾或电击危险。

d. 不能超过导体的额定温度。

② 热斑试验：依据 IEC 61215 进行。

③ 防火试验：作为屋顶材料或者安装在屋顶上的光伏组件有可能暴露在大火中，涉及标准 ANSI/UL 790。本项试验确定组件的耐火等级，耐火等级范围从 C 级（最低耐火等级）到 B 级再到 A 级（最高耐火等级）。建筑用组件必须达到最低耐火等级 C 级。为此对组件进行飞火试验和表面延烧试验。

④ 旁路二极管热试验：依据 IEC 61215 进行。

⑤ 反向电流过载试验：组件包含电气传导材料，包裹于绝缘系统。在反向电流的条件下，在起用过电流保护装置中断电路之前，组件的接头和电池以散热的方式释放能量。这个测试是为了确定组件在此条件下点火或燃烧的危险指数，涉及标准 ANSI/UL 1703。将组件按照设定的方式置于粗棉布和薄纱布之间，对组

件施加大小为组件过电流保护等级电流 135%的反向测试电流，并维持 2h。要求测试过程中，组件不燃烧，与组件接触的粗棉布和薄纱布没有燃烧和烧焦，组件仍能达到湿漏电试验的要求。

5）机械应力试验：使机械故障可能引起的组件伤害降到最低。包括组件破损试验（MST 32）与机械载荷试验（MST 34）。

① 组件破损试验：目的是使切割或打孔的伤害减小到最少。涉及标准 ANSI Z97.1。采用特定的撞击物对组件进行撞击试验。要求组件不破裂；或者出现破裂时，没有产生直径 76 mm 的球可以自由通过的裂缝或者开口；当发生破损时，撞击 5min 内收集的 10 块最大的无裂纹碎片的重量总克数不大于样品厚度毫米数的 16 倍，没有产生大于 6.5 $cm^2$ 的碎片。

② 机械载荷试验：依据 IEC 61215 进行。

6）部件试验：包括局部放电试验（MST 15）、导线管弯曲试验（MST 33），接线盒孔盖打开试验（MST 44）。

① 局部放电试验：用在组件上层或基层的聚合物材料，如果不满足 IEC 的绝缘要求，那么必须满足局部放电测试，涉及标准 IEC 60664-1。试验电压从不发生局部放电的较低电压增加时，在试验回路中局部放电量超过规定值时的最低电压，称为局部放电熄灭电压。对 10 个组件进行测试，如果局部放电熄灭电压的平均值减去标准差大于 1.5 倍的厂家所提供的系统电压，则认为组件的固体绝缘性能通过测试。

② 导线管弯曲试验：用于组件接线盒配线系统的导线管，应确保能承受住在组件安装期间和安装后对导线管所施加的压力，涉及标准 ANSI/UL 514C。对规定长度的导线管按照要求固定，依据导线管的规格对其施加规定的弯曲载荷，并维持 60s。要求组件接线盒的外壁没有裂痕或没有与导线管脱离。如果导线管破裂或焊点断开导致接线盒破坏，盒子本身的破损是可接受的。本项试验只针对接线盒要与导线管配合作为配线系统的组件。

③ 接线盒孔盖打开试验：当接线盒壳体上留有开孔，以便于外部电路与接线盒内端子相连时，开孔的盖子应保持在应力条件下，并能在现场安装配线时方便地打开，涉及标准 ANSI/UL 514C。试验中采用特定工具对孔盖垂直加 44.5 N 的力，1h 后测量孔盖与接线盒壳体的移位情况。然后用螺钉旋具或凿子取下孔盖，用螺钉旋具刃沿孔的边缘划一圈，去除留在边上的碎屑。要求孔盖受力后仍保持原位，孔盖和孔之间的距离不超过 0.75mm，并且孔盖可以在不留下任何锋利的边缘或造成接线盒损坏的情况下顺利打开。

针对光伏组件的不同应用等级，对这些试验可以进行选择测试，见表 9-2。如前所述，表中的组件应用等级和耐火等级不是相同的概念。

**表 9-2　光伏组件应用等级及其必需的试验程序**[3]

| 应用等级 A | 应用等级 B | 应用等级 C | 试　验 |
|---|---|---|---|
| | | | 预处理试验： |
| × | × | × | MST 51 热循环试验（50/200 次） |
| × | × | × | MST 52 湿冷试验（10 次） |
| × | × | × | MST 53 湿热试验（1000 次） |
| × | × | × | MST 54 紫外试验 |
| | | | 基本检查： |
| × | × | × | MST 01 外观检查 |
| | | | 电击危险试验： |
| × | × | — | MST 11 无障碍试验 |
| × | × | — | MST 12 划刻试验 |
| × | × | × | MST 13 接地连续性试验 |
| × | ×* | — | MST 14 脉冲电压试验 |
| × | ×* | — | MST 16 绝缘试验 |
| × | × | — | MST 17 湿漏电试验 |
| × | × | × | MST 42 引出端强度试验 |
| | | | 火灾试验： |
| × | × | × | MST 21 温度试验 |
| × | × | × | MST 22 热斑试验 |
| ×** | — | — | MST 23 防火试验 |
| × | × | — | MST 26 反向电流过载试验 |
| | | | 机械应力试验： |
| × | — | × | MST 32 组件破损试验 |
| × | × | × | MST 34 机械载荷试验 |
| | | | 结构试验： |
| × | — | — | MST 15 局部放电试验 |
| × | × | — | MST 33 导线管弯曲试验 |
| × | × | × | MST 44 接线盒孔盖打开试验 |

注：×表示必需的试验，—表示不需要的试验，*表示与等级 A 的要求不同，**表示建筑顶层用组件的最低耐火等级 C 级。

光伏组件在特殊环境中应用（比如沿海建立光伏电站）时，还应该依照 IEC 61701 标准进行盐雾腐蚀测试试验。盐雾试验既可以用于评估金属材料与盐粒子产生的电化学腐蚀效应，也可以用于评估某些非金属材料与盐粒子发生同化作用而产生破坏的现象，但并不能获知试验时间与实际使用寿命间的关系。具体可以采用 IEC 68-2-11 中的试验方法来比较相同结构的组件抵抗盐雾腐蚀的能力。测试

时组件安放的位置要求朝向太阳辐射的倾角在15º～30º之间，测试条件依相关规范之规定进行选择，一般为

盐雾浓度：5%。

试验温度：35℃。

喷雾量：1～2 mL/h/80 $cm^2$

酸碱值：6.5～7.2（温度为35±2℃时的pH值）。

驻留时间：16h，24h，48h，96h，168h，336h，672h。

试验容差：盐雾浓度±1%，试验温度±2℃。

单一的盐雾腐蚀试验并不适用于评估组件是否可在盐雾环境中使用。而IEC 68-2-52 试验方法 $K_b$ 称为循环式盐雾试验，在此试验过程中盐雾与湿气会交互出现，因而能够比较真实的模拟实际的盐雾环境，可以用来测试组件忍受盐雾环境的能力。循环式盐雾试验首先将组件放入盐雾柜中，并在温度为15～35℃，盐雾浓度5%的测试条件下依规定保持2 h。之后迅速将组件转移到温度40℃，相对湿度93%的湿度柜内，并依规定保持一段时间。之后再将组件移入盐雾柜中。如此循环往复，直到满足测试所规定的循环次数。之后按照可能的规范要求将组件清洗吹干，置于标准大气条件下1～2 h 以回复原状。组件清洗并干燥后进行外观检查，在标准条件STC下测试 *I-V* 性能，并依据相关IEC标准进行绝缘测试。要求组件没有发生会影响后续功能的机械损伤和腐蚀，在标准测试条件下最大输出功率的衰减不超过试验前测试值的5%，绝缘电阻应满足初始试验的同样要求。

## 参 考 文 献

[1] IEC 61215 地面用晶体硅光伏组件-设计鉴定和定型.

[2] IEC 61730-1 光伏组件安全鉴定-结构要求.

[3] IEC 61730-2 光伏组件安全鉴定-测试要求.

[4] UL 1703 平板型太阳能光伏组件安全认证.

[5] IEC 61701 盐雾腐蚀测试.

[6] IEC 68-2-11 盐雾试验方法.

[7] IEC 68-2-52 试验方法 $K_b$：循环式盐雾试验.

# 第 10 章　新型晶体硅太阳电池

晶体硅太阳电池的发展方向一是降低制造成本，另外一个就是提高单位面积的转换效率，也就是开发高效太阳电池。理想的最高效晶体硅太阳电池需要满足以下要求：

1）通过理想的光束缚技术实现最大的光吸收和最低的光反射。

2）减少少数载流子复合损失：在硅体内没有任何缺陷，在表面没有少子复合，只存在掺杂引起的俄歇复合。

3）理想的电极结构：金属电极没有遮光和串联电阻的损失。

4）在衬底中消除载流子输运的损失：在一个给定的电压下载流子保持恒定分布，这样能够减少少子复合。

为了取得这种理想的太阳电池，提出了各种工艺和各种结构的晶体硅太阳电池。这些电池结构的特征为在背面增加介质钝化层，从而减少复合和获得较好的光学性能（发射极和背面钝化电池“PERC”概念[1]），减少串联电阻和遮光损失（选择性发射极太阳电池[2]），减少或者完全消除前表面金属化（背接触电池。这些技术包括通过打孔使金属/发射极环绕到电池的背面“MWT/EWT”[3, 4]和背结背接触太阳电池 IBC），以及新型的 pn 结制备技术（非晶硅/晶体硅异质结太阳电池）。

## 10.1　选择性发射极太阳电池

对于常规的丝网印刷电池（见图 10-1），只有发射极的表面掺杂浓度达到一定程度之后其与栅线的接触电阻才有可能低。如果要实现欧姆接触，表面的掺杂浓度需要到达 $1\times10^{19}/cm^3$ 以上[5]。考虑到丝网印刷时，银在发射极表面的结晶颗粒很小，表面掺杂浓度还要比这个值更高，这样就要求发射极必须是重掺的。然而均匀重掺的发射极会带来如下一些不利之处：

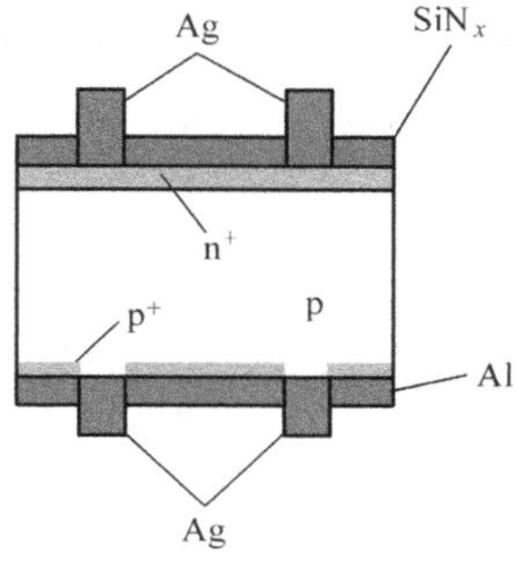

图 10-1　常规丝网印刷电池结构

1）重掺的发射极少子寿命很低，这样使得发射极区所吸收的光（主要是吸收系数较大的蓝光）的量子效率很低，减少了短路电流。

2）在重掺的发射极中，高表面掺杂浓度会造成很大的表面少子复合速率，从而降低开路电压。

3）由于金属栅线下面的硅表面处少子复合速率更大，降低了开路电压。

在众多太阳电池结构中，有一种方法是对发射极进行优化设计，在金属电极所覆盖的区域进行深且重的掺杂，而在其他区域进行浅而轻的掺杂。这样可以减少太阳电池发射极和表面的少子复合，增加了发射极的少子寿命，轻掺区和重掺区还组成了高低结，对发射极区域产生的少子形成势垒，将少子推向pn结，产生类似背场的作用。这样选择性发射极就增加了光电流，降低了暗电流，从而提高了开路电压，其结构如图10-2所示。这种结构被称为“选择性发射极结构(SE)”，具有如此结构的太阳电池则称为“选择性发射极太阳电池”。为了将选择性发射极工艺应用到大规模生产中，必须需要考虑以下几个方面：① 额外增加的步骤应尽量少；② 具有移植到现有电池生产线的可能性；③ 不会造成成品率的下降（也就是具有高的稳定性和可靠性）；④ 较高的转换效率（对于多晶硅也是如此）。

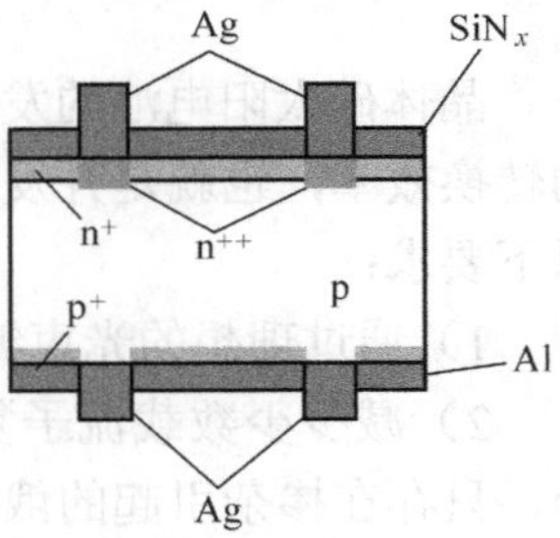

图 10-2 选择性发射极电池结构

在最近几年里，为了能够在大规模生产中实现选择性发射极电池，已经开发了几种技术。本章介绍其中几种已经实现产业化或者接近产业化的技术。典型的几种选择性发射极技术见表10-1。表中丝网印刷掺杂浆料、使用磷硅玻璃作为源的激光掺杂、后腐蚀和离子注入这几种实现选择性发射极电池的技术都需要对位丝网印刷，通过精确地对准来保证丝印的栅线只覆盖在选择性重掺杂区域而没有延伸到邻近的轻掺杂区域。重掺杂区域能否被裸眼观察到取决于硅片表面的织绒状态。由于不同掺杂区域的颜色对比度不高，需要高性能的可视化系统来引导丝印，对于多晶硅来说更是如此。而使用外加源的激光掺杂技术中采用的电镀具有自选择性沉积性能（只有裸露的发射极区域才会镀上金属），因此可以通过激光束斑（束斑大小可以达到十几个微米）大小来调整栅线宽度。

**表 10-1 典型的选择性发射极技术及制备工艺[6]**

| 顺序 \ 工艺名称 | 丝网印刷掺杂浆料 | 激光掺杂：使用磷硅玻璃源的激光掺杂 | 激光掺杂：使用外加源的激光掺杂 | 后腐蚀 | 离子注入 |
|---|---|---|---|---|---|
| 1 | 去损伤层和织构化 | 去损伤层和织构化 | 去损伤层和织构化 | 去损伤层和织构化 | 去损伤层和织构化 |
| 2 | 丝印掺杂源① | 磷扩散 | 磷扩散 | 磷扩散<br>形成掩膜 | 全面注入①<br>掩膜注入① |
| 3 | 磷扩散 | 激光掺杂① | | 发射极后腐蚀 | 氧化气氛下退火 |

（续）

| 顺序 \ 工艺名称 | 丝网印刷掺杂浆料 | 激光掺杂 使用磷硅玻璃源的激光掺杂 | 激光掺杂 使用外加源的激光掺杂 | 后腐蚀 | 离子注入 |
|---|---|---|---|---|---|
| 4 | 去背结和PSG | 去背结和 PSG | 去背结和 PSG | 去背结和 PSG | |
| 5 | 沉积钝化薄膜 | 沉积钝化薄膜 | 沉积钝化薄膜 | 沉积钝化薄膜 | 沉积钝化薄膜 |
| 6 | 丝印背面电极 | 丝印背面电极 | 丝印背面电极 | 丝印背面电极 | 丝印背面电极 |
| 7 | 丝印前面电极 | 丝印前面电极 | | 丝印前面电极 | 丝印前面电极 |
| 8 | 共烧结 | 共烧结 | 共烧结 | 共烧结 | 共烧结 |
| 9 | | | 旋涂或者喷涂掺杂源（LCP 工艺中无此步骤）① | | |
| 10 | | | 激光掺杂① | | |
| 11 | | | 光诱导化学镀/电镀金属电极① | | |
| 12 | | | 烧结（300～500°C） | | |

① 表示在常规晶体硅太阳电池工艺上新增加的步骤。

## 10.1.1　激光掺杂选择性发射极太阳电池

激光掺杂就是应用能量接近衬底熔融阈值的激光脉冲，轰击硅片表面的杂质原子，利用激光的高能量密度，将杂质原子掺杂到硅的电活性区域。掺杂源可以是气体、液体或固体[7]。由于激光具有方向性好、能量集中、非接触性等优点，可以独自处理不同区域的特殊要求。也就是说，可以采用激光按照某种设计图形对硅片进行扫描，在有掺杂源存在的条件下其扫描区域形成重掺杂层，而非扫描区域仍然保持轻的掺杂。这样能够在电池表面的不同区域形成不同的发射极结构，也就是选择性发射极。

图 10-3 中给出了激光掺杂过程中激光与硅之间的相互作用过程[1]。具体描述如下：激光脉冲（脉宽为微秒或纳秒量级）熔融表层的硅衬底，杂质渗透到激光熔融的硅表层。

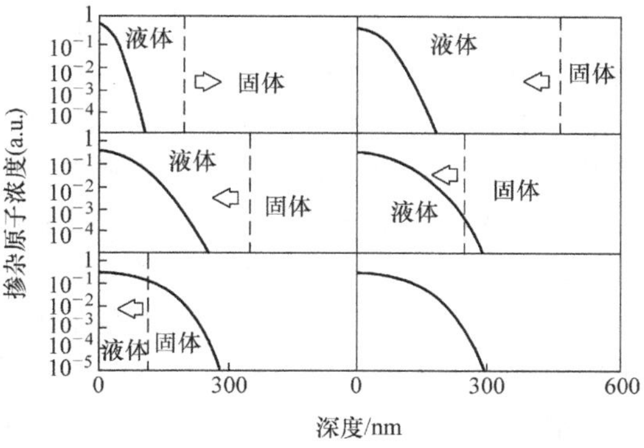


图 10-3　激光掺杂过程中的晶体硅表面和掺杂原子的变化过程（图中的虚线表示固液界面）

经过一个熔化和固化的循环过程，掺杂源进入到硅的熔融区域的前沿。在每一个熔化和固化的循环过程中，熔化前沿都会向硅体中延伸；当激光停止后，有一个快速冷却固化的过程，固-液界面移回表面。固化后，掺杂原子取代硅原子的位置，激活了掺杂区域的导电性。由于磷和硼在液态硅中的扩散系数要比在固态中高几倍，因此发射极的推进能够在几毫秒内实现。可以通过选择合适的激光参数来改变扩散层的深度剖面，这些参数主要是脉冲能量、脉冲宽度和熔融循环次数（激光频率）。

激光掺杂选择性发射极太阳电池的工艺是采用旋涂掺杂源结合快速热退火（RTA）或者标准炉式扩散工艺在硅表面形成轻掺杂层。然后，在硅表面存在掺杂源（可以是磷也可以是硼的掺杂源）的情况下，激光光束选择性地辐照硅表面，使硅表面的二氧化硅或氮化硅薄膜被烧蚀，同时使硅衬底受热区域发生熔融，高浓度的掺杂原子在液相硅中迅速扩散。在激光脉冲过后的再结晶过程中，掺杂原子占据电活性的晶格位置，形成重掺杂的电极区域。

使用磷硅玻璃源的激光掺杂技术是将激光掺杂与丝网印刷技术结合在一起的选择性发射极太阳电池技术。在这种工艺方案中，直接利用磷扩散工艺形成的磷硅玻璃作为激光掺杂源。在这层磷硅玻璃中，包含的磷原子在激光的作用下扩散进入硅体内，从而实现局部的重掺杂。相对于常规的晶体硅太阳电池工艺，只是在扩散之后增加了激光选择性掺杂这一步，并要在丝印前电极栅线时对准选择性发射区。这样制备的电池外观以及使用的浆料都与常规电池相同，不会出现采用电镀工艺制备电极时面临的栅线脱落以及焊接问题，工艺兼容性较强。其缺点是为了在丝印过程中使金属电极对准重掺杂区域，激光掺杂区域要远大于丝印栅线的宽度，这样导致了在重掺区额外的少子复合。

利用外加掺杂源的工艺中有两种不同的途径实现掺杂选择性发射极太阳电池，即干法激光掺杂选择性发射极[8]和激光化学工艺（LCP）选择性发射极[9]。前者主要是在减反射薄膜上沉积含有掺杂原子的掺杂源，沉积方法可以是旋涂或者喷涂，而这层减反射薄膜同时作为激光掺杂之后化学镀或者电镀金属的掩膜。LCP方法与干法激光掺杂选择性发射极之间的差异在于它不需要在减反射层上沉积上磷源，而是用耦合了激光水柱中的磷原子作为掺杂源。LCP 方法是德国 Synova 公司开发的微水激光技术，此技术采用激光束在空气/水界面的全内反射特性，使激光聚焦后导入比头发丝还细的微水柱中，从而引导激光束照射在硅片表面，并冷却工件。因此这种技术一方面不存在传统激光聚焦对准的问题，另一方面消除了传统激光热影响区过大的缺点。Synova 公司通过和 Fraunhofer 研究所合作，将激光耦合到包含磷原子的水柱中，成功地实现了利用激光化学加工方法实现激光掺杂的目的[9]。

利用外加掺杂源的激光掺杂选择性发射极太阳电池的金属栅线一般采用光

诱导（LIP）化学镀或者光诱导电镀技术[10]制备。常用的结构是 Ni/Ag[11]或者 Ni/Cu/Ag(Sn)[12, 13]。其中金属 Ni 与硅具有较小的接触势垒，而且 Ni 具有自对准特性，也就是其只在具有催化活性的硅表面形成金属沉积下来，而在其他介电薄膜掩盖的地方则不会沉积。尽管金属铜的导电性较优越，但是金属铜在硅中具有较大的扩散速率，一旦扩散进入硅中，就会形成少子复合中心，降低器件性能，因此一般都采用 Ni 作为阻挡层。LIP 化学镀的基本工作原理与化学镀镍一样，只是在加光照之后能够提供合适的化学势，同时在硅片表面提供电子，这使得化学镀能够在低温下进行。太阳电池能产生光生电流的特性是光诱导电镀的关键因素。图 10-4 所示为光诱导原理图。当电池被照射时，n 型掺杂的前表面是带负电的，溶液中带正电的金属阳离子则会沉积到带负电的表面上。而阳极上的金属则不断地被氧化，成为金属离子进入溶液中。在阳极和电池背面间加上直流电源，通过施加合适的电压和光照保护背面，抑制金属离子在背面的沉积和背面原有金属的溶解。光诱导电镀相对常规电镀有两个优势，常规电镀在电镀时为了形成一个封闭的电路，电池前表面上必须有一个电学接触，而光诱导电镀由光伏效应的作用提供了电镀的电流，电池前表面并不需要与电镀功率源连接，从而极大地简化了处理工艺。另一个优势是前表面在照射下在整个区域具有相同的电压，使前表面可以均匀的电镀。而常规电镀工艺则有均匀性问题，这一问题是由到接触点距离不同的电动势损失引起。在高效太阳电池生产时，这个效应由于接触层很薄更加显著。

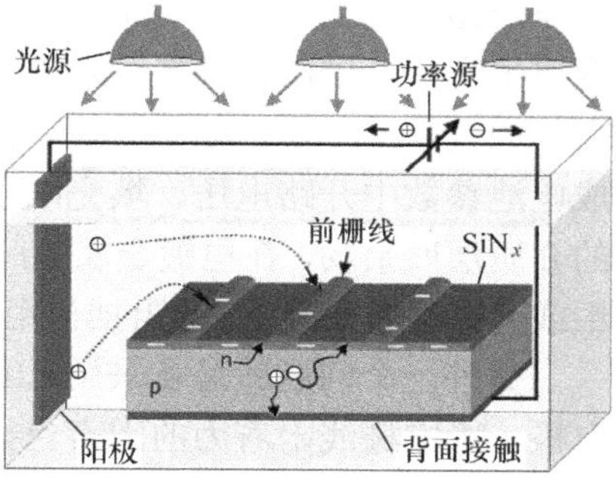


图 10-4 光诱导电镀原理示意图

在采用 LIP 制备电极时，金属电极的图形已经通过激光掺杂得以确定，在金属电极之间是电介质薄膜。为了获得较好的接触以及减少不必要的遮光，要求在激光掺杂形成的凹槽中获得与硅接触良好的、致密的、较厚的金属电极，而且要求这些金属不能够沉积在介电薄膜上。在激光掺杂选择性发射极太阳电池中，金属电极与硅之间形成的合金层直接决定了与硅的接触电阻以及整个电池的串联电阻，同样，金属电极自身的电导率也决定了电池的串联电阻。另外，金属本身存在的应力将会影响其在硅上的附着力。金属的应力是决定金属是否从硅上脱离的一个因素，进而将影响电池的性能和寿命。在激光掺杂制备选择性发射极太阳电池中，面临着两个难点，一个难点是如何获得较好的激光参数以避免对硅衬底或者掺杂原子扩散的负面影响。激光与材料的相互作用取决于几个物理参数：波长、脉冲能量和脉冲时间。当材料吸收了激光束时，自由电子将会从光中吸收能量，发生振荡。这个能量将会传给其他电子和晶格。激光的脉冲宽度与电子冷却时间的差别决定了在激光辐照下的状态。较短的波长，掺杂深度较浅；较长的波长，虽然掺杂较深，但是热效应比较大，容易引起损伤。脉冲宽度决定了熔融的时间，也会影响掺杂过程和周围的热传播。但是材料的吸收特性以及激光的波长等同时也决定了相互作用的多样性，也就是材料对不同波长的光的表面反射，吸收系数都不同，从而导致激光作用之后的掺杂效果的分散。在激光掺杂中，硅的表面结构状态以及掺杂源的类别决定了掺杂效果，例如硅表面是经过制绒处理的绒面结构还是抛光处理的表面对激光的反射会有不同，从而导致进入到硅衬底的激光强度发生变化，进而影响掺杂效果。如果激光参数或掺杂源选择得不合适就会出表面刻蚀较重或不足。如刻蚀较重会在表面形成损伤层，引起表面较大的复合，造成电池参数中开路电压、填充因子等的下降；反之将会使局部仍残留没被刻蚀掉的介质层残余物，在电镀金属 Ni 时不连续，造成串阻增加。在经过退火之后金属银或者铜会在没有 Ni 的阻挡作用下扩散到体硅中破坏 pn 结。

另外一个问题就是在采用 LIP 电镀金属电极时，栅线的附着力低于丝印金属电极。影响栅线附着力的因素包括硅表面形貌和金属镍与硅之间的应力，前者主要受到激光作用的影响。当镍层较厚时，存在的应力更大，因此一般要求厚度小于 500nm。另外，在电镀过程中薄膜的应力还受到电镀环境的影响，例如电镀电流的大小、温度等。烧结工艺不仅能够降低串联电阻，同时也能够提高金属与硅之间的附着力。在沉积金属之后进行烧结能够提高金属-半导体间的接触，尤其是 Ni 在经过烧结之后，可以形成不同相的镍-硅合金，这些合金具有不同的退火温度和电导率。对于 n 型硅，能够形成电阻率最低的合金（NiSi 合金）的烧结温度在 400℃左右，温度越高，接触电阻越小，栅线附着力会更好。表 10-2 给出了不同镍硅合金相的电阻率，表中显示形成最低电阻率的镍硅合金 NiSi 需要在 300～700℃的范围进行退火，但是较高的烧结温度将会导致金属穿透发射极，反而降低了太阳电池的效率。因此电镀工艺和烧结工艺，甚至于前期激光工艺之间的相互匹配是一个难点也是影响电池性能和栅线附着力的重要因素。

**表 10-2 不同 Si/Ni 合金形成温度及电阻率**

| 合金组成 | 形成温度/℃ | 电阻率/μΩ · cm |
|---|---|---|
| $Ni_2Si$ | 200～300 | 25 |
| NiSi | 300～700 | 20 |
| $NiSi_2$ | 700～900 | 35 |

### 10.1.2 丝网印刷掺杂浆料

Innovalight 公司开发了一种利用高掺杂的硅纳米颗粒的技术。利用这种硅颗粒合成的可丝印的掺杂浆料称为硅墨水，它可以在磷扩散之前通过丝网印刷的方式印在硅片表面[14]。硅墨水只沉积在需要制备金属电极的区域。由于纳米颗粒具有较低的熔点，掺杂原子会在表面形成液相扩散，这样有利于形成高掺杂。另外一个优点是纳米颗粒的溶液能够在表面均匀分布，形成较好的外加掺杂源。图 10-5 所示为丝印硅墨水工艺的流程图和发射结结构示意图。在丝印之后进行烘干，去掉其中的有机物，随后按照常规扩散工艺一样进行 $POCl_3$ 扩散，形成选择性发射极结构。这种工艺的要点是：在随后的磷扩散工艺步骤中，没有被硅墨水覆盖的区域形成的发射区方块电阻为 80～100Ω/□，而在印有硅墨水的区域的方块电阻在 30～50Ω/□。这种工艺只是在磷扩散之前增加了一个工艺步骤，在扩散均匀性控制较好的前提下，效率可以提升较高。硅墨水掺杂源与其他掺杂浆料的不同之处在于其他掺杂浆料一般会在高温扩散时发生自扩散（也就是会扩散到非丝印浆料区域），会增加重掺杂区域的宽度，因此会造成转换效率的降低，而硅墨水在扩散过程中这种增宽效应很小甚至没有。通过调整纳米颗粒薄膜（制备硅墨水的原料）中的掺杂浓度，以及热扩散的时间、温度可以在丝印墨水区域形成各种不同的掺杂深度剖面。

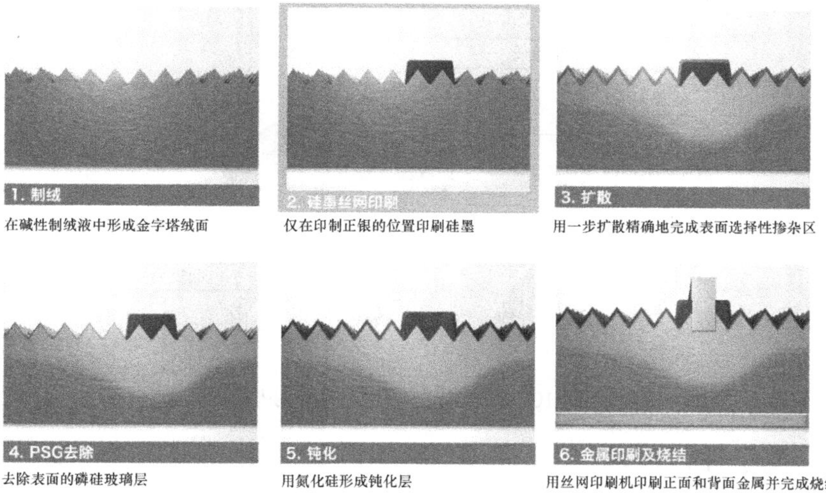


图 10-5　丝网印刷硅墨水工艺流程图

### 10.1.3　后刻蚀（Etch Back）

这种方法是在重掺的发射区上使用丝印或者喷墨印刷技术制备腐蚀阻挡层，将电极区域保护起来，然后将硅片放进酸性腐蚀溶液中形成多孔硅，再用碱性溶液将多孔硅去掉，使表面的磷浓度降低形成轻掺杂区域，而沉积了抗腐蚀阻挡层的金属接触区域由于受到保护不会受到腐蚀，会保持较高的掺杂浓度[12]。通过控制腐蚀时间可以控制发射极深度，得到不同的发射极电阻。这种高效选择性发射极适用于丝网印刷电极工艺，栅线间距可以足够宽而不增加遮光损失[12]。

后刻蚀工艺与掩膜步骤相结合是一种在 p 型硅片上可以实现产业化的路线，这种工艺已经被 Schmid 公司商业化。如图 10-6 所示，先重扩散形成高掺杂深扩散区 $n^{++}$，然后采用喷墨等技术制作阻挡层，接着采用化学腐蚀的方法将没有阻挡层的地方刻蚀成低掺杂浅扩散区 $n^{+}$。通过刻蚀，液态磷源扩散的方块电阻由 20Ω/□增加到 95Ω/□，最大转换效率为 19%[16]。其发射结的结构如图 10-7 所示。

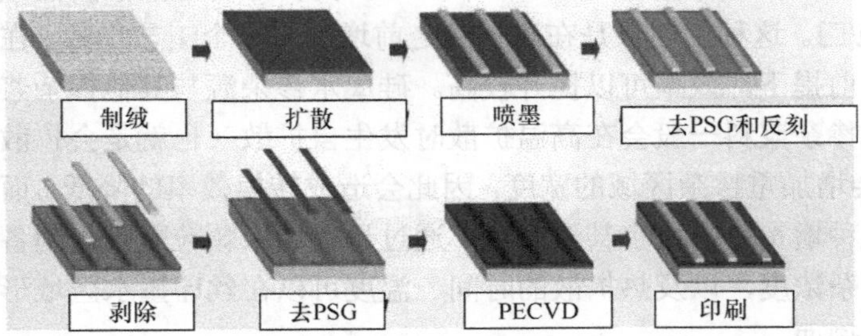


图 10-6　后刻蚀的工艺流程图

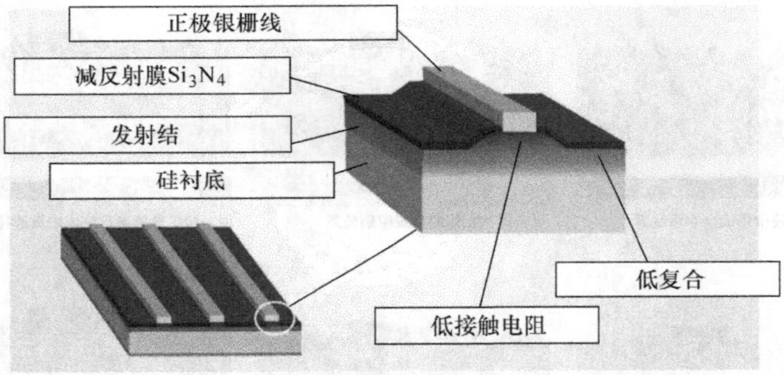


图 10-7　后刻蚀发射结的结构[15]

### 10.1.4　离子注入技术

Varian 公司最近开发了一种利用原位掩膜离子注入方法制备选择性发射极太阳电池的方法。在金属栅线之间的掩膜降低离子的注入剂量[17]，这样一次就形成了重掺区和轻掺区。Rohatigi[18]等用两步原位注入方法制备选择性发射极，首先整个硅片都注入低剂量的原子形成高方块电阻的发射极，然后在不移动样品的情况下在离子束与硅片之间插入一个掩膜，进行第二次注入形成局域重掺杂区。掩膜的开口限定了栅线的图形。通过在氧气氛下退火消除离子注入过程造成的损伤，同时在表面形成的较薄氧化硅层可以起到表面钝化的作用，从而不影响光学效果。由于氧化硅在重掺杂区域的生长速率要高于在轻掺杂区域的生长速率，因此这层氧化硅还有利于后面丝印过程中的图形对准。随后在氧化硅上沉积氮化硅薄膜(氮化硅的厚度应适当从常规的 80nm 左右降低以达到最佳减反射效果），再进行前后金属化工艺。这种方法的优点在于发射极的制备是单面工艺，只有前表面扩散了磷原子，不需要边缘隔离步骤，除此之外，并没有增加工艺步骤。工艺要点是通过控制注入剂量、注入能量以及退火条件去获得预期的轻掺杂方块电阻和栅线区域的重掺杂方块电阻。

离子注入简化了制备高效电池的工艺，但是还面临着很多挑战。在工艺环境、湿化学清洗，以及注入能量、注入剂量与后期退火，掺杂剖面和体寿命之间的关系的控制还需要很好理解和掌握。例如，注入之后掺杂原子没有完全活化或者损伤区域没有完全晶化将会导致较高的饱和电流密度。与传统的 $POCl_3$ 扩散工艺不同，注入磷的扩散并不能够形成有效的吸杂。因此，使用污染的硅片或者在工艺过程中产生的杂质将会对电池产生更大的危害。这种情况对于 p 型硅片来说更为严重，因为相对于 n 型硅来说，p 型硅太阳电池对杂质更加敏感。硼注入面临的问题更多，如会形成硼团簇、不能完全活化、在硅中固溶度低、需要较高的退火温度、会形成富硼层等。此外，对表面经过织构化处理的硼发射极的钝化较难，并且在高温退火过程中需要维持高的硅片体寿命也是一个难点。

以上介绍了当前各种选择性发射极太阳电池技术，表 10-3 给出了各种选择性发射极制备的电池研究单位设设备供应商，以及转换效率（所有的结果都是采用 p 型硅衬底）。

**表 10-3 选择性发射极的制备方法①**

| 研究单位 | 供应商 | 方法 | 效率 | 硅片大小 |
|---|---|---|---|---|
| UKN | Schmid | 采用掩膜方法刻蚀掉掺杂死层 | 19.0/18.5 | 125/156 |
| ISE | Rena | 稀释磷酸引导下的激光束 | 19.0/无 | 156 |
| Innovalight | Innovalight | 丝网印刷掺杂的硅纳米墨水 | 18.9/18.6 | 125 |
| Varian | Varian | 采用掩膜方法的离子注入 | 18.8/18.5 | 156 |
| UNSW | Roth&Rau | 激光掺杂硅片上的磷酸 | 18.8/18.5 | 156 |
| Centrotherm | Centrotherm | 通过薄的氧化硅掩膜扩散 | 18.7/18.6 | 156 |
| IPE | Manz | 激光掺杂磷硅玻璃 | 18.6/18.5 | 156 |
| | Centrotherm | | | |

① 数据引自 Next-Generation High Efficiency Crystalline Si Solar Cell Technology and Market Forecast (2008～2015)，Solar Energy，2011。

## 10.2 背面钝化局域接触太阳电池

背面局域接触太阳电池是一种背面采用介质膜钝化，背面金属电极与硅衬底之间进行局域接触的电池结构，一般称为钝化发射极背面接触电池（PERC）。与传统结构太阳电池相比，这种太阳电池有如下几个优点：介质膜钝化层位于金属层和硅基体之间，避免了两者直接接触，大大降低了背表面复合速率，也可以有效地降低电池片的翘曲；介质膜还具有背反射作用，光子在背表面反射回前表面的过程中还有一次被吸收的机会，从而使在硅能隙附近波长部分的内量子效率增加。

相对于常规的全 Al 背场电池，PERC 电池涉及三个新的步骤。

1. 背表面抛光

对于 PERC 电池，不仅需要去掉在扩散时形成的背面发射极，而且为了优化背面的钝化特性和光束缚特性，还需要抛光背面。背面形貌在制备背面钝化电池中起到非常重要的作用，它在很大程度上影响了表面复合、光束缚和背面局域接触的形成过程。比较理想的背面抛光步骤是与去背发射极步骤结合在一起进行的，但是一般情况下酸性抛光溶液中 HF 和 $HNO_3$ 的浓度都要比去背结溶液中的高很多，另外在去背结过程中会发生反应溶液或者反应气体从背面绕到前表面的现象继而破坏前表面的 pn 结。常用的方法是先将硅片进行抛光处理，然后在背面保护的情况下单面织绒或双面织绒之后、扩散之前进行单面抛光。当刻蚀深度增加时，表面的粗糙度会逐渐减小，但是最终需要控制刻蚀的深度以寻求在光束缚（并不是光滑的表面上光束缚最好）、表面钝化和形成很好的界面接触之间的平衡。

2. 背面沉积钝化薄膜

到目前为止，最好的背表面钝化的结果是在热生长 100nm 厚的 $SiO_2$ 与 2μm 厚的 Al 两层结构上获得。这两层薄膜的厚度都是可以大范围变动的[19, 20]。采用热生长 $SiO_2$，PECVD 以及 PVD 制备氮化硅，PECVD 制备碳化硅，PECVD 制备非晶硅，ALD/PECVD 制备氧化铝以及这些不同介质薄膜的组合作为背面钝化材料的电池已经实现了高于 20%的转换效率。除了成功的 Cz 单晶硅的背面钝化电池之外，Q-Cells 公司报道了在多晶硅片上的优异钝化效果。采用背面钝化薄膜组合（材料处于保密阶段）和激光烧蚀接触（LFC）技术，Engelhart 和其合作者宣布了转换效率达到 19.5%的多晶硅电池和 20.2%的单晶硅电池。这些电池结果清楚地说明了背面钝化不仅对单晶硅太阳电池有效，而且对于由较低质量硅片制备的多晶硅电池也具有明显的优势。

3. 背面局域接触的形成

背面介质薄膜开窗口并在此基础上制备 Al-Si 接触，从而制备背面局域接触太阳电池有多种方式，比如丝网印刷刻蚀浆料、光刻、喷墨打印刻蚀浆料、激光工艺等。其中激光工艺是一种制造背面接触的快速且简单的方法。采用激光方法实现背面局域接触有两种途径。一种是直接烧蚀电介质：首先用激光烧蚀钝化薄膜，然后沉积 Al 层，经过常规烧结炉烧结形成重掺杂的 $p^+$层并与金属接触[21]。激光烧蚀介质膜的要求是在烧蚀掉介质膜的同时对下面的硅衬底不形成损伤，因此采用短波长的激光为好。一般采用脉冲宽度在纳秒量级的激光在 $SiO_2$ 或者氮化硅上开出接触窗口，但是研究结果显示皮秒激光的结果优于纳秒激光。另外，对于不同的介质膜，激光烧蚀的原理也不相同。对于氮化硅薄膜，激光可以将其直接烧蚀而得到局域接触开口。但是对于氧化硅，在烧蚀过程中不对下面的硅衬底造成损伤是具有一定难度的，其原因在于 $SiO_2$ 的能隙为 9.2eV，一直到深紫外波段都是透明的，因此激光无法直接被 $SiO_2$ 吸收而发生融熔，而是由 $SiO_2$ 下面的硅吸收热辐射，熔融的硅发生膨胀使 $SiO_2$ 层被炸开，这种烧蚀原理必然会对硅带来热损伤。

另外一种是激光烧结接触（LFC）。激光烧结接触技术[22, 23]是在背面进行钝化和局域接触的较好办法，它并不需要在接触区域下方形成高扩散区域，或者在钝化膜层上形成局域接触开口。它是在沉积完背面钝化层之后使用丝印或者物理气相沉积技术制备金属 Al 层，使用激光局域照射 Al 层使 Al 穿过钝化层进入硅体内形成 Al 的局域合金化，并在接触区域下面形成高掺杂的 $p^+$区域，这种重掺层及合金层降低了接触电阻以及复合概率[24]。LFC 由于需要将 Al 与硅熔融并再次结晶，因此激光必须能够被 Al 吸收，一般常用红外激光（1064μm）。由于覆盖的金属薄膜对 IR 光有高的吸收，没有必要使用高频激光系统。传统的二极管泵浦的固体激光器，重复频率在 10～30kHz，脉冲能量在 2mJ 范围都能够满足这个工艺。通过选择合适的参数组合：在理想的栅线设计图形下，通过扫描速度和脉冲重复频率的选择，可以形成非常短的单个脉冲。例如，当激光束以 10m/s 的速度在样品上移动，重复频率为 10 kHz 时，在 125mm×125mm 尺寸的硅片上，形成间隔 1mm 的图形，打出大于 15000 个点只需要 2s，对于这种情况非常简单的激光器就能够满足需求。由于 TEM00 激光束的高斯强度分布，在激光束中间区域 Al 与硅形成合金，建立了电学接触。在激光束外部区域仍然有一层非常薄的剩余的 Al，同时也保留了完整的钝化薄膜。这种不理想的接触形状导致在接触的外部区域复合和串联电阻的增加。因此令人满意的激光束的能量分布并不是高斯分布而是均匀的平顶强度分布。

除了上述的背面抛光、沉积钝化薄膜以及形成局域接触之外，对于 PERC 电池，背面的局域电极接触区域尺寸和间距也是一个重要的优化参数。它涉及低接触电阻（狭窄间距和大的接触面积）和低表面复合速度（宽的间距和小的接触面积）之间的平衡。另外，背面浆料的选择和优化是进一步减少接触电阻和形成均匀背场的重要因素。

背表面钝化技术可以与前表面提高效率的技术同时使用，将效率提高的效果叠加起来。比如，局域背场技术可以结合前表面的 SE 技术、MWT 技术等。

## 10.3 背接触太阳电池

背接触太阳电池结构是两种不同极性的金属电极都在太阳电池的背面（发射区电极和基区电极）。背接触太阳电池主要分成以下三类：

1）背接触背结太阳电池，也称作叉指状背接触太阳电池（IBC 电池）：在这种电池中两种不同极性的金属接触和收集结都在电池的背面。在前表面不但没有金属电极，也没有发射极。

2）发射极环绕穿通电池（EWT）：在这种电池中前表面发射极通过激光打的孔与背面叉指状的金属接触相连。前表面没有金属电极，只有发射极。

3）金属环绕穿通电池（MWT）：其前表面的发射极金属栅线通过激光打的孔与背面的互连焊点相连。前表面有发射极，也保留了细栅线，但是主栅线被引导到背表面。

对于所有的背接触结构，最终的要求是通过低价的方法实现大尺寸电池中背面不同极性区域的限定、隔离和相互连接。尤其是在背结电池中，为了保证能够对在背面 pn 结以上区域产生的载流子有高的收集效率，基区接触区域要足够的小[25]。另外，少子从基区到发射极收集区域的电阻损失要求这些接触区域的密度要高。

对基于丝网印刷的电极制备技术，由于在几种金属栅线的制备过程中必须要求精细的宽度和空间间隔，导致制备过程存在一定的复杂性。如果先后在同一个表面形成金属接触区域，第一次丝印金属图案的高度会导致第二次丝印的精准性变差，那么这种复杂性会加重。另外，在基区使用栅线结构代替覆盖整个表面的金属电极会带来串联电阻的增加。为了补偿这种损失要求基区金属电极有足够高的电导率[26]。

背接触电池结构在组件封装时具有先天性的优点。由于两种极性的外部连接都在背面，因此组件的封装密度可以非常高，这进一步增加了背接触电池的性能。对于背接触电池，研究单位或者电池制造商提出了两种组件封装方法：

第一种是从对标准的 H 图形电池的串焊工艺改进而得[27]。根据电池背面互连条的设计和电极接触的布局，需要用电学绝缘层在两个极性相反的互连条之间进行隔离。由于相互连接的电池串放置在已经铺好封装材料的玻璃上，因此随后的制备过程与常规的电池封装步骤一样。

第二种方法是单片式模块封装（Monolithic Module Assembly, MMA）技术[28]。在这种技术中电学互连电路直接由一种连接板提供，该连接板由金属箔与柔性塑料膜键合而成，连接电池背面电极的图形预先制备在金属覆铜板上，在封装组件的过程中，利用机械手将每个电池精确地放置于覆铜板上的相应位置，通过加热将电池背面的金属电极与覆铜板上的电路进行互连。新型的键合技术在覆铜板和电池之间形成低电阻的电学接触。具体步骤为：铺设带电路图形的背板；放置已经做好开口的 EVA；在电池背面丝印导电粘合剂；放置电池；放置 EVA 和玻璃；层压，在层压的过程中就实现了互连。实际上，实现将覆铜板和电池金属电极之间的连接除了丝印导电胶（压敏导电粘合剂或者热丙烯酸基的导电粘合剂或者包含银的导电环氧基树脂）之外，也可以使用焊料。导电胶的优点在于[29]：① 导电胶的工艺温度相对较低，同时具有较低的材料硬度（在互连过程中导致低的应力）；② 与异质结电池的电极焊接温度要求兼容；③ 可以选择在层压的过程中固化导电胶。导电环氧树脂具有完美的电学和力学性能，能够满足认证测试要求，但是价格较贵。丙烯酸导电粘合剂价格较低，尽管它们已经在光伏组件封装中得到应用，但是它们的兼容性还有待进一步验证。焊料在光伏领域中的性价比已经得到充分证实，而且具有高的电导率，适合于在常规串焊基础上改进的背结电池的封装工艺。

### 10.3.1 背接触背结太阳电池（IBC 太阳电池）

背接触背结太阳电池也称作叉指状的背结太阳电池，是由 Schwartz 和 Lammert 提出的，指的是 pn 结和相对应的金属接触电极都在背面，前表面没有金属电极。相对于金属电极在前表面的传统太阳电池，背接触背结太阳电池具有以下主要优点：

1）由于前表面没有金属栅线，所以没有遮光。这会导致太阳电池的短路电流增加。

2）由于前表面并不需要满足低接触电阻的要求，因此可以单纯为了满足优越的光束缚和表面钝化特性而进行优化处理。通过这种方式，可以减少前表面的表面复合和提高光束缚。

3）减少金属栅线的串联电阻。所有的金属栅线都放在电池的背面，因此金属栅线所占比例不会受到遮光的限制。

4）在组件制备过程中，可使用简单和全自动的共面互连技术。最近 Späth 等人开发了一种新的流水线式的封装背接触背结太阳电池技术[30]。

5）在组件中，提高了太阳电池的封装密度，因此增加了组件的转换效率。最近，背接触背结太阳电池的组件转换效率已经达到了 20.1%[31]。

6）最终完成的组件具有一致的外观，因此比较吸引人，这对于建筑一体化尤其重要。

然而，背接触背结太阳电池也具有一些挑战和风险。在背接触背结太阳电池的工艺中经常会涉及一些基区、发射区的多步隔离，这将使工艺步骤变得更加复杂。

1）由于在掩膜过程中带来的错误将会带来 p 和 n 区之间的致命的漏电风险。因此，在掩膜过程中需要较高的定位精准性和分辨率，从而增加了工艺成本。

2）所有的 pn 结都在背面，那么为了保持高的太阳电池效率，就要求基底材料有高的少子寿命。

3）在最终的器件制备过程中，要保持前表面的复合速度比较低。

最早 IBC 太阳电池是为了在高倍聚光条件下使用的，但后期其结构也被优化用于非聚光的条件。在 1985 年，Verlinden 等人研制的 IBC 太阳电池在一倍太阳强度下的效率为 21%[32]。一年以后，Sinton 等人研制的点接触太阳电池面积为 0.15cm$^2$，在一倍太阳强度下的转换效率达到了 21.7%[33]。Sunpower 公司将斯坦福大学研究的高效 IBC 单晶硅太阳电池进行了商业化。中试线上大面积（35cm$^2$）太阳电池的效率达到了 21%[34]。在 2002 年，Sunpower 公司对工艺进行了简化，减少了 1/3 的工艺步骤，工艺的简化导致电池绝对效率下降 0.6%[35]，但成本也随之下降 30%。在 2007 年，Sunpower 新一代的 A-300 IBC 电池的平均效率达到了 22.4%[31]。到目前为止，这是大批量生产的硅太阳电池的最高效率。同时报道了 IBC 太阳电池的组件效率达到了 20.1%。在最近的文献中，Swanson[36]公司宣布了大面积(155.1 cm$^2$)的 IBC 太阳电池的新的纪录 24.2%，这种太阳电池设计和工艺技术的细节并不清楚。

与斯坦福大学和 Sunpower 公司同时进行高效背接触背结太阳电池器件研究的还有其他研究组。新南威尔士大学的 Guo 研发了 IBC 太阳电池的低成本制备方法[37]。叉指状的背面埋栅接触（IBBC）太阳电池不再采用光刻工艺，而是采用激光刻槽埋栅技术。在一倍太阳强度下的最大转换效率达到 19.2%。另外一种非常有前景的低成本 IBC 太阳电池结构是德国 ISFH 研究所开发的[38, 39]，采用无掩膜工艺，通过激光烧蚀蒸发的金属 Al 实现背场，激光烧蚀硅实现隔离，实验室上 4cm$^2$ 大小的电池效率达到 22%。

图 10-8 所示为 IBC 太阳电池的结构示意图，在电池的背面分布着叉指状的磷和硼扩散区域以及相对应的栅线电极区域。一般都是采用高质量的 n 型硅片作为衬底，背面发射极 $p^+$和背场 $n^+$之间是由一个未扩散的区域分开。同时背面并不是金属电极全部与 p+和 n+接触，而是通过钝化薄膜的局域开口与扩散区域局域接触。这种电池结构需要多步掩膜或者激光刻划来实现不同极性区域的隔离和金属电极的隔离：在扩散时，通过掩膜限定硼扩散区域和磷掺杂的背场扩散区域。可以是通过化学腐蚀扩散阻挡层形成扩散窗口，或者是直接通过激光开口形成扩散区域。背面金属电极和半导体之间局域接触区域的开口，方法与前面的 PERC 电池一样可以通过激光也可以通过丝印刻蚀浆料来实现。

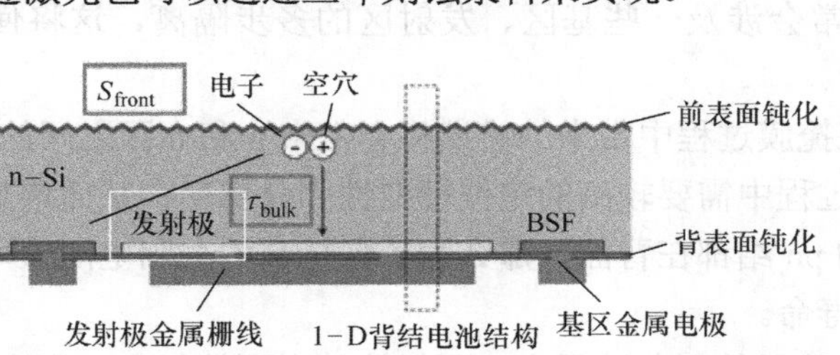


图 10-8　IBC 太阳电池的结构示意图

图 10-9 所示方法为 Sunpower 申请的专利中制备 IBC 电池的工艺过程。在沉积一层薄的金属种子层之后，在其上局域处沉积电镀阻挡层用于分开 $p^+$ 和 $n^+$ 电极。随后通过电镀方法对银或者铜进行加厚。在电镀过程中，被电镀阻挡层覆盖的地方仍然保持较薄的金属膜层，在电镀之后将阻挡层去掉。采用湿化学方法将在电镀加厚金属之间的薄金属层腐蚀掉，由于种子层的厚度一般小于 1μm，因此只有很薄的电镀金属层被腐蚀。

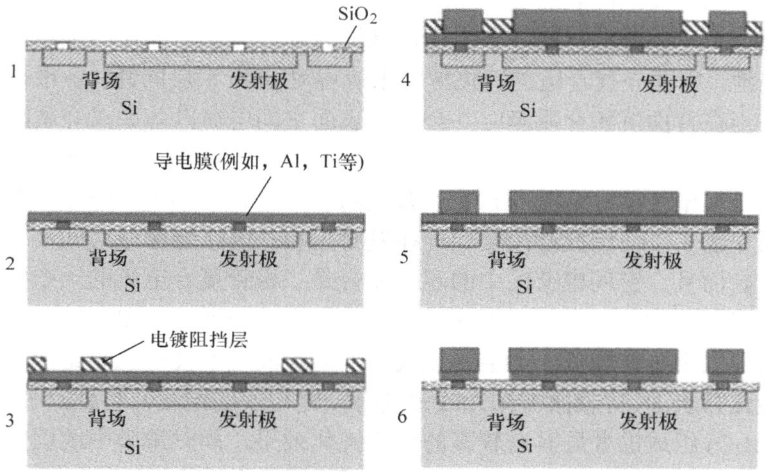


图 10-9　Sunpower 公司采用丝网印刷或者喷墨打印电镀掩膜方法分开金属电极的流程图（电池的背面朝上，背面钝化层已经开口形成了金属局域接触区域）

背接触背结太阳电池结构要求硅片具有高的体少子寿命和低的前表面复合速率。由于在背结电池结构中，pn 结放在电池的背面，因此光生载流子在钝化很差的前表面很容易发生复合损失，而不能到达背面结的地方。即使前表面已经很好地钝化，在体硅内也存在复合的概率。如果材料的体寿命不够高，那么产生的载流子在体内发生复合的概率将增加，因此体寿命和前表面复合速度是一个非常重要的参数。

器件性能对少子扩散长度/硅片厚度的强依赖关系限制了其只能够使用高质量的 FZ 硅片或者使用非常薄的硅片或者是外延生长的薄膜[40]。然而，由于硅对光的吸收系数较低，降低电池的厚度就意味着降低了电池的光学特性，除非使用光束缚结构，例如表面织构。如果在背表面形成较高反射的结构，会将很多到达背面的光子又反射回前表面，这样增加了产生电子-空穴对的额外概率[41]。研究发现在没有重掺杂和没有金属接触的区域发生高反射要比在金属接触区域发生高反射容易得多，因此减小电极接触区域是有利的。背面采用介质薄膜要比金属电极具有更高的反射率[42]。

在地面一倍太阳光强的光照下，表面复合是主要的损失机理[43, 44]。使用钝化膜能够有效地降低表面复合速度，例如高品质的热生长氧化硅[45, 46]、PECVD 法沉积的薄膜氮化硅[47, 48]或者前表面浮结[49]。在未织构化的表面，热氧化硅能够获得低于 2cm/s 的表面复合速率。然而，这层钝化层在光照之下并不稳定[50, 51]，并且很难在织构化的表面获得低的表面复合速率[52]。因此一般都采用介质钝化层结合方块电阻为 150Ω/□左右的浮结方法来钝化前表面。背表面钝化的重要性仅次于前表面，也需要低的表面复合速度。其中较为重要的是少子迁移率与衬底掺杂浓度的比值，可以降低衬底掺杂浓度，这样会降低背表面钝化的影响。对于背接触背结电池，需要寻找合适的钝化薄膜来兼容对 $p^+$和 $n^+$层的钝化。根据电池的设计结构，当在背面沉积介质膜时，会形成表面空间电荷区。如果介质膜中的固定电荷选择得不合适将会造成表面空间电荷区的反型，形成浮结；如果该反型浮结通过背面金属电极与 $p^+$区连接起来，那么将会产生寄生漏电，降低了电池的开路电压和填充因子[53]。因此必须要保证在发射极和基区接触区域之间没有形成表面导电通道。而且，空间电荷区中的表面复合是二极管复合电流的一个组成部分，因此降低了电池的开路电压和填充因子。热氧化硅或者 PECVD 法沉积的致密氧化硅的表面固定电荷较低，不会造成反型，能够满足不会产生浮结的要求，同时也能够钝化背表面（背表面被抛光或者具有一定程度的抛光），另外热 $SiO_2$ 与 ALD 沉积的 $Al_2O_3$ 组成的叠层具有较高的化学钝化效果，同时薄膜中的固定负电荷不足以形成空间电荷区反型，因此对 $n^+$层也具有较好的钝化效果。

## 10.3.2 发射极穿孔卷绕（EWT）太阳电池

EWT 太阳电池的概念首先是由 Gee 提出的[54, 55]。这个概念的基础是扩散发射极在前后表面都存在。前面和背面的发射极之间通过激光烧蚀串通，并在穿孔的内壁也经扩散形成发射极的连通。通过这个机理，EWT 电池的性能在很大范围之内几乎都与电池的厚度和扩散长度的比例无关。激光打孔对于低品质的材料是一种更加通用的方法，因为这种方法不像化学腐蚀形成孔的方法中面临腐蚀速度跟晶体的晶向有关的问题。尽管激光打孔工艺已经证明了具有高效率和高的灵活性，但是机械划线看起来更加适应这个应用。机械划线可以通过在硅片的前表面划很深的线，然后在背面垂直于槽的方向划线，这样相互交叉的地方就形成了孔。在 EWT 电池中，假定互连孔是均匀分布的，为了保证非常低的串联电阻损失，要求孔的密度大于 $100cm^{-2}$。如果孔的密度在一个方向上变得更密，而在另一个方向上变稀疏，那么孔的数量要求在一定程度上得到放松。在极端情况下，这将会导致形成的槽的间隔与传统太阳电池中的栅线间隔相似[56]。其结构如图 10-10 所示。

EWT 与 MWT 相比，主要有以下优点：① 完全消除了前表面金属的遮光损失；② 有平面互连的可能性。另外，EWT 电池与 IBC 电池相比有一个优点，即在前表面和背面都存在 pn 结，少子到达发射极的平均距离明显减少，因此对材料体少子寿命的要求要比 IBC 电池的低。因此在使用低质量硅片的情况下，EWT 太阳电池仍然有可能实现高的转换效率，而这种情况在 IBC 电池中是不可能的。相对于传统的晶体硅太阳电池，制备 EWT 太阳电池需要增加的新工艺包括：激光打孔，在孔中进行磷扩散形成重掺层，在背面形成叉指状的金属电极。使用常规的扩散技术即可实现在孔壁上的扩散[57]。

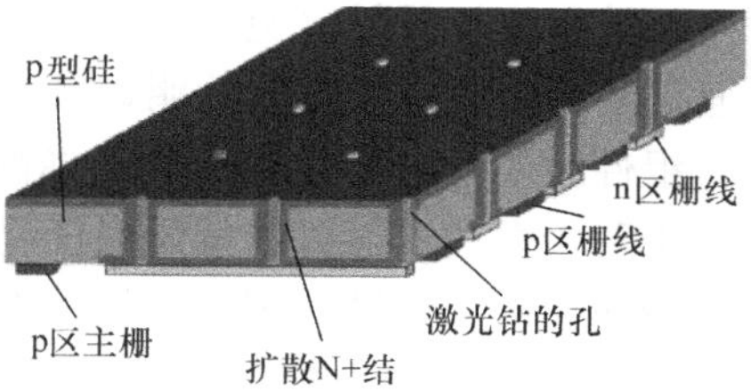


图 10-10 EWT 太阳电池的结构示意图（激光打孔进行扩散，这样将前面发射极和背面发射极连接起来，同时通过背面的发射极上的金属电极收集电流）

目前，小面积（6cm$^2$）EWT 电池的效率达到了 21.4%，这说明了这种电池的潜力[58]。Applied Materials 公司采用低成本工艺制备的大面积单晶硅 EWT 电池的转换效率为 18.4%[59]。组件的封装采用单片式模块封装 MMA（monolithic module assembly）技术， 使封装损失小于 1%，这也说明了这种高效的组件制备技术的可靠性。

Fraunhofer ISE 研究所采用光刻工艺制备的 Cz 单晶硅 EWT 太阳电池的转换效率为 18.7%[60]，FZ 单晶硅 EWT 电池的转换效率为 21.4%[61]。在 ISFH 研究所，发展了大面积的（92 cm$^2$）RISE-EWT（背面叉指状，一次蒸发 Al）电池，电池背面利用局部激光烧蚀技术，将带有氧化硅的背面烧蚀成高低不同、呈叉指状交叉排列的两种区域。这种台阶结构成为 RISE 电池最大的结构特点。背面经磷扩散后，台阶的底面及侧面区域形成电池的发射区。台阶的顶面区域因 $SiO_2$ 薄膜阻挡了磷的扩散，成为电池的基区。随后，在电池背面蒸铝，并采用湿化学腐蚀法除掉沉积在基区与发射区衔接区域的铝，以实现发射区电极与基区电极的分离。最后，利用 LFC 技术用激光熔融金属并烧穿 $SiO_2$ 膜制作基区金属接触点。在 FZ-Si 上，获得了 21.4%的转换效率（面积 10.5cm$^2$）[62]。Q-Cells 公司制备的大面积（92cm$^2$）的多晶硅 EWT 电池的转换效率达到了 17.1%[63]。

### 10.3.3 金属穿孔卷绕（MWT）太阳电池

MWT 电池与常规的晶体硅太阳电池是非常相似的。同样在前表面有发射极和金属栅线。然而，主栅放在电池的背面，前表面金属细栅电极通过激光打的孔与背面的主栅电极相连，这些孔中也填充了金属，这是与 EWT 不同之处。MWT 电池与常规的晶体硅太阳电池相比，优点在于减少了银的消耗量；MWT 电池前面没有主栅，先进的印刷技术（例如点胶和镂空版印刷）尤其适合于 MWT 电池，因为避免了采用点胶和镂空版丝印常规晶体硅太阳电池正电极时需要两次印刷步骤（主栅和细栅分两次印）的问题。此外，该种电池减少了前表面的遮光。由于两种极性的接触都在背面，因此易于实现共面互连。

这种电池设计（见图 10-11）并没有消除前表面栅线的遮光损失，但是没有互连焊接点和焊条，因此明显减少了前表面遮光。背表面焊点的作用只局限于制作组件时的互连[64]，也可以选择性地将延伸到电池背面的发射极区域连接起来。由于背表面的发射区及其焊点仅局限在非常小的区域，基区电极接触仍然覆盖了背表面大部分区域，因此不像在 IBC 和 EWT 电池中那样需要基区金属具有高的电导率，另外也减少了 p 区和 n 区之间的交叉区域，这样就能够用简单的技术进行结隔离。

图 10-11　MWT 太阳电池的结构示意图

MWT 电池的工艺与传统晶硅电池产业化工艺之间的差别很小。只有打孔是新增工艺，该步骤可以在清洗制绒之前进行，也可以在前表面沉积完钝化（减反射）薄膜之后进行。MWT 电池有三种结构：一种是前后表面都有发射极，两者通过孔接起来，孔壁也是发射极，金属电极灌入孔中可以是直接与背面的发射极全接触，也可以在介质钝化膜开口处局域接触。在这种结构中，打孔是在制绒之前进行，随后进行清洗制绒、扩散，背面的基区和发射区之间需要隔离，一般可采用激光划线隔离。第二种是背面没有发射极，只有前表面和孔中扩散形成了发射极（采用单面扩散，或者双面扩散后背面发射极在扩散之后的湿法去边工艺中被腐蚀掉），前表面金属电极通过孔中的金属与背面焊点连接起来。第三种是只有前表面有发射极，孔和背面都没有发射极，激光打孔是在扩散、化学边缘隔离（湿法去边）、沉积减反射层之后进行。通过孔中的浆料连接前表面的栅线和背面的焊点。电极浆料灌入孔中只需使用丝网印刷[56]或者电镀[65]即可，但是为了保证浆料能够进入孔中并连通上下表面，也就是在背面形成接触焊点以及实现前栅线和接触焊点之间的连接，丝印设备需要进行细微的调整。由于在 MWT 电池中，外电路的连接都在电池的背面，因此必须要保证通过孔形成可靠和连续的金属电极，否则高的孔串阻将会导致填充因子降低和低的转换效率。因此，填充通孔的浆料非常重要，尤其是对于那种孔和背面并没有发射极的 MWT 电池，金属浆料直接接触硅衬底材料，必须保证填孔浆料与衬底（比如 p 型衬底）之间的接触在正向偏压下电阻尽量大，而同时在反向偏置下也要有较大的反向击穿电压。

对于 p 型衬底 MWT 电池，背场除了常规的全 Al 背场之外，也可以采用背面钝化膜以进一步提高效率[66]、德国 Fraunhofer 研究所利用一层薄的氧化硅介质膜作为基区（p 型硅衬底）的表面钝化层，背面 Al 金属与硅衬底之间通过激光烧蚀介质膜或者激光烧结来实现局域接触。除此之外，这层介质膜可以作为背面内反射器，提高了太阳电池的光束缚。这种结构实际上是将背面钝化局域接触电池技术与 MWT 电池技术结合起来。相对于常规电池，背钝化 MWT 电池能够使转换效率提升 1%的绝对值[67]。MWT 电池原本是为 p 型晶体硅衬底设计的，但是研究者发现这种结构在 n 型晶体硅衬底中也具有明显的效率优势，当前 Cz n 型单晶硅 MWT 电池（239 $cm^2$）的转换效率接近 20%[68]。与 p 型硅衬底不同，n 型硅衬底的背场不能直接通过丝网印刷 Al 浆料的烧结或者背面钝化局域接触方式来获得。由于还没有合适的金属导电浆料能够在烧结或者通过激光作用之后形成 $n^+$背场，因此需要磷扩散形成连续的掺杂层，致使其工艺相对于 p 型衬底要复杂一些。另外前表面引入选择性发射极结构在 MWT 太阳电池中也是一种提高转换效率的途径。至今为止，多个研究组研发了不同的 MWT 电池结构：在 ECN，发展了 pin-up 组件概念。在这种概念中，多晶硅 MWT 电池（面积 225 $cm^2$）的效率达到了 17.9%，组件效率达到 17%[69]。T. Fellmeth（Fraunhofer, ISE）等采用丝印法制备扩散阻挡层 $SiO_2$，这层氧化层将两种不同极性的半导体和金属电极隔离，AM 1.5G 光谱下单晶硅太阳电池的转换效率达到了 20.1%[70]。

## 10.4　硅球太阳电池

球状硅太阳电池是美国得克萨斯仪器公司的创意。与现有的平面型太阳电池相比，它的优点是经过反射器的聚光之后受光面积增大，对太阳能的利用效率提高，在制作过程中通过反射降低硅材料使用量，并且没有切割硅片的废料损失等。在应用方面，由于硅球直径只有 1mm 左右，固定封装在一定形状的金属碗中，因而在弯折过程中不会破碎，具有薄膜电池才具有的柔性和轻质的特点。其转换效率可以做到与晶体硅太阳电池接近，兼具了晶体硅和薄膜硅优点，可广泛应用于光伏建筑一体化、便携式发电系统、汽车行业、航空业、旅游行业等。

硅球电池的结构示意图如 10-12 所示。一个硅球就是一个独立的具有 pn 结的电池，放置于具有一定聚光倍数的金属反射碗中，采用透明导电薄膜作为 n 区的电极。在传统的平面太阳电池中，入射光以入射角照在硅片平面上。而对于硅球太阳电池来说，入射光一部分直接投射到硅球的迎光面，另一部分照在反射金属碗的内壁上再反射到硅球上。这种聚光设计平面单晶硅太阳电池的短路电流能够达到 28.5mA/cm$^2$，对于没有反射碗的硅球太阳电池则为 26.2 mA/cm$^2$[71]。采用反射器，能够将在球边缘的反射光收集起来，这样增加短路电流。在开路电压方面，由于 pn 结的深度远小于球形硅的直径，因此pn 结的面积可以认为是 $4\pi r^2$，其中 $r$ 是球的半径，是光辐照面积的 4 倍（$\pi r^2$）。传统平面 Si 太阳电池的 pn 结的面积是光辐照面积的 1～2 倍。在硅球太阳电池中，较大的 pn 结面积与光辐照面积的比例本质上会增加饱和电流密度 $J_0$，因此降低了开路电压。一般来说，球形硅太阳电池的开路电压要比平面硅的低 40～60 mV。

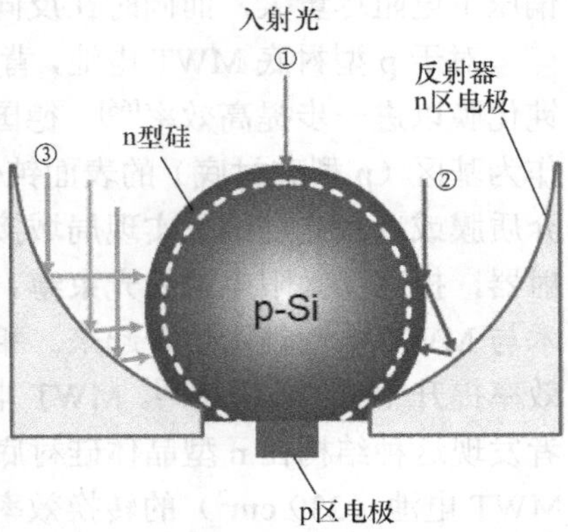

图 10-12　硅球太阳电池的结构示意图

硅球制备的主要步骤包括：① 加热熔融硅；② 将液态的硅从加热容器的一个开口滴落；③ 在重力作用下硅熔滴自由落体下降，在飞行中受表面张力的作用硅熔滴维持球状[72]。熔化硅的加热容器经特殊设计，在容器中的硅材料之间形成温度梯度，在高温区域保持硅处于熔融状态，而在低温区域硅则开始固化。通过控制加热时间的时间周期，控制硅材料的固化比例，使在容器内壁上或者喷嘴附近的硅溶液最先开始固化，同时也可以根据需要使一些固化的硅材料再次熔化。其方法是进行机械搅拌或电磁搅拌，这样就使那些粘附在腔体内壁上的固态硅熔化然后从腔体上脱落。从腔体的上部通入惰性气体（例如，Ar 气），在气体压力下，硅材料从腔体下端的喷嘴处滴落。滴落的硅是半熔融/半固化状态，硅球在滴落过程中，使用激光进行辐照以防止固化速度过快，因此滴落的球滴逐渐从里面向外开始固化，而没有传统制备单晶硅过程中的过度冷却过程。这种设计可以使硅晶化首先从中心部位开始，表面最后固化，可以获得较高质量的多晶硅。在滴落的最后阶段通过含有掺杂原子气氛的通道，直接进行发射极的制备[73, 74]。另外，在获得球形硅之后，可以同样采用制绒和扩散工艺。硅球表面通常采用透明导电薄膜引出电流，因为硅球体积小，不适合像常规晶体硅电池那样丝印或者蒸发金属栅线。这层透明导电膜同时具有减反射的作用[75]。

使用冲压技术在一片铝箔上制备出许多碗装状结构，铝碗内部使用熏蒸法镀银，在上下两层铝箔之间有一层绝缘层。硅球放置在铝碗中，其底端用银胶与铝碗内壁连接，因此铝碗的前表面会导出硅球外表面收集的电流。铝碗中植入硅球后使用层压法熔化一层 EVA 胶膜，将硅球与铝碗封装起来。铝碗与硅球接触的底部被磨平，并用化学腐蚀法腐蚀露出硅球中心部分的 p 型区，然后在 p 型区点上银铝浆，使用激光将该浆料与硅衬底烧结接触。随后将背面的 p 型区的铝电极与双层铝箔的背表面连接。这样中心 p 型区的电流经焊点传导到背面铝箔上。由于双层铝箔之间是绝缘的，前表面导出外表面发射区的电流，背表面导出内芯基区的电流。在后续组件串焊时，只要将一个模块的前铝板与另一个模块的背铝板连接即可。

球型电池经过多年的发展，最新的结构是由日本 CV21 公司开发的，并实现了中试生产。可以对铝碗采取不同的设计，可以是低倍聚光的球型（聚光比为 4.87 倍），也可以是高倍聚光的抛物面型（聚光比为 30 倍）。由于具有聚光特性，这种电池的单位功率用硅量较常规电池低，对于低倍聚光器件其用硅量是 2.2g/W，而对于高倍聚光器件其用硅量为 0.27g/W，而目前常规电池的用硅量为 6.5g/W。

## 10.5　薄膜硅/晶体硅异质结太阳电池

薄膜硅/晶体硅异质结太阳电池是一种可以低成本实现的高效晶体硅太阳电池。所谓异质结就是由不同种材料构成的结。薄膜硅是采用薄膜工艺制备而成的一大类硅材料。制备薄膜硅层的典型方法是等离子体辅助化学气相沉积（PECVD）。PECVD 的基本原理是利用等离子体所提供的能量使反应气体（比如硅烷或者乙硅烷）分解，在较低的温度下沉积到衬底上形成硅薄膜。n 型掺杂靠磷烷分解实现，p 型掺杂靠硼烷分解实现。有关 PECVD 的详细信息，可以参阅参考文献[76]。薄膜硅中的典型代表是非晶硅，非晶硅中的硅原子排布是短程有序、长程无序的，不像晶体硅中那样规则。这样的排布使得非晶硅是准直接带隙的，具有比晶体硅大很多的吸收系数，但同时也造成在非晶硅中存在大量缺陷和悬挂键。所幸的是，PECVD 制备工艺中存在氢（各种气源一方面本身就是氢化物，一方面往往采用氢气作为稀释气体），从而使沉积制备的非晶硅中含有氢原子，这些氢原子可以对缺陷和悬挂键起到钝化作用，在一定程度上改善了非晶硅材料的性能。这样的非晶硅称为氢化非晶硅。这也是 PECVD 能够成为制备薄膜硅材料的主要工艺设备的原因之一。通过调节 PECVD 的制备工艺参数，可以调节薄膜硅的内部结构，使其内部出现长程有序的结晶相。依据结晶相晶粒的尺寸不同，薄膜硅又分为纳米硅、微晶硅等。各种薄膜硅材料内部都是含有氢。薄膜硅材料的内部微结构不同，所呈现出的光电性质也就不同，特别是呈现出的带隙不同。一般的，非晶硅的带隙较大，在 1.72 eV 左右；微晶硅带隙较小，接近单晶硅的带隙 1.12 eV；而纳米硅由于量子限制效应，可以具有比非晶硅还要宽的带隙。但要注意，无论何种薄膜硅材料，与晶体硅相比电学性能都要差得多，电子和空穴的迁移率低、扩散长度短。

薄膜硅/晶体硅异质结太阳电池采用一种掺杂类型的晶体硅衬底作为光吸收区，在其上沉积另一种掺杂类型的薄膜硅层，与硅衬底一起构成异质 pn 结。也就是说，相比于传统的扩散制造太阳电池来讲，薄膜硅/晶体硅异质结的发射极是沉积而成的薄膜硅层。这个薄膜硅发射极层的厚度一般在 20 nm 以下，所以横向电阻很大。为了减少电流收集时的串联电阻，在发射极上需要进一步制作透明导电电极，一般是透明导电氧化物（TCO）层，比如氧化铟锡等。这个透明导电电极层还能起到像晶体硅电池上的氮化硅层那样的减反射作用，所以厚度需要与其折射率匹配，通常只能做到 80～100nm。这样的结果是，掺杂薄膜硅发射极加上透明导电电极的横向电阻仍然偏大，为此，需要在透明导电电极上再进一步制作金属栅线。为进一步提高太阳电池性能，可以在电池背面进一步制作薄膜硅/晶体硅异质结背场，这就是双面异质结太阳电池。通常，在掺杂薄膜硅/晶体硅异质结界面上会存在较多界面态，为了降低这些界面态，在掺杂薄膜硅层与晶体硅之间可以插入一层本征薄膜硅层作为钝化层。图 10-13 所示给出了薄膜硅/晶体硅异质结太阳电池的典型代表，是由日本三洋（Sanyo）公司开发的 HIT(Heterojunction with Intrinsic Thin-layer)太阳电池的结构图。在这种 HIT 太阳电池中，硅衬底采用的是 n 型硅片，与 p 型硅片相比，n 型硅片具有更大的扩散长度；前表面发射极是 p 型非晶硅层，后表面背场层是 $n^+$型非晶硅层，在掺杂非晶硅层与晶体硅之间是本征非晶硅钝化层。

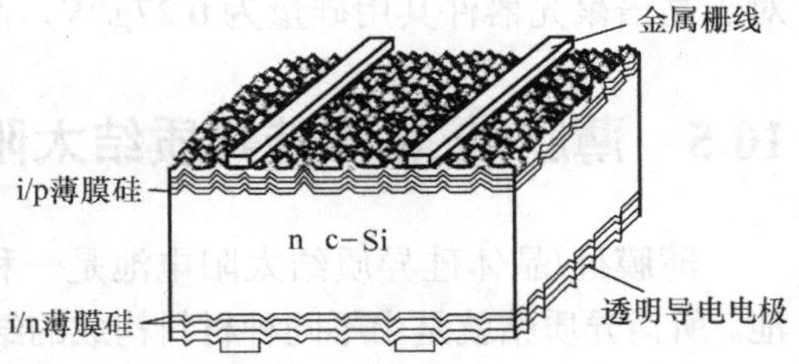

图 10-13　薄膜硅/晶体硅异质结太阳电池结构示意图

薄膜硅/晶体硅异质结太阳电池的优点在于：首先，采用 PECVD 制备薄膜硅层的工艺一般在 200℃左右进行，与传统的靠 800℃以上的高温扩散制备 pn 结的太阳电池相比，消耗能量少，工艺相对简单。其次，薄膜硅/晶体硅异质结太阳电池与传统扩散电池相比，具有更小的温度系数，从而可以在高温条件下产生更高的功率输出。再次，由图 10-14 所示的薄膜硅/晶体硅异质结太阳电池能带结构示意图可以看出，薄膜硅层带隙较宽，从而使得与晶体硅相比，在相同的掺杂浓度

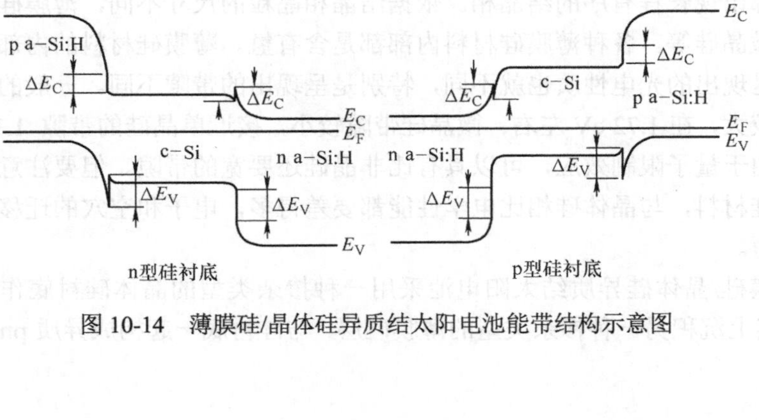

图 10-14　薄膜硅/晶体硅异质结太阳电池能带结构示意图

下，薄膜硅层的费米能级移动幅度较大，在薄膜硅/晶体硅之间容易形成比较大的接触势，这有利于薄膜硅/晶体硅异质结太阳电池获得高的开路电压。进一步讲，在异质结界面处，薄膜硅和晶体硅之间的能带失配主要发生在价带处，价带顶的能带失配（$\Delta E_V$）大约是导带底能带失配（$\Delta E_C$）的 3 倍。由于 $\Delta E_V$ 比较大，上述优势在 n 型晶体硅衬底上会比在 p 型晶体硅衬底上更加明显，这也是三洋 HIT 太阳电池选择 n 型晶体硅衬底的一个原因。

日本三洋公司 1992 年在 HIT 太阳电池研究上取得了突破性的进展，在 1cm$^2$ 面积上实现了 18.1%的转换效率[81]，并于 2009 年在 100 cm$^2$ 的面积上实现了 23%的转换效率，电池的开路电压达到 729 mV，短路电流为 39.5 mA/cm$^2$，填充因子为 80%[80]。三洋在 HIT 太阳电池研究上的成功，激发了其他很多研究机构和企业的兴趣。有别于三洋的全非晶硅工艺，其他研究机构在电池结构中采用了不同的薄膜硅层。比如纳米硅发射极、微晶硅背场等。但从表 10-4 可以看出，与三洋的结果相比，其他机构的电池结果仍有较大差距。应该看到，薄膜硅/晶体硅异质结太阳电池的制备是有较大难度的，图 10-15 给出了近十多年来，三洋 HIT 太阳电池的效率进展情况程。即便是三洋 HIT 太阳电池效率的提高也经历了一个长期的过程。

**表 10-4 世界主要研究机构薄膜硅/晶体硅太阳电池研究结果**

| | 硅衬底 | 面积/cm$^2$ | $V_{OC}$/mV | $J_{sc}$ /(mA/cm$^2$) | $FF$（%） | 效率（%） |
|---|---|---|---|---|---|---|
| 日本 Sanyo[PV [12]] | N CZ | 100 | 39.5 | 750 | 83.2 | 24.7 |
| 德国 Roth & Rau[77] | N FZ | 4 | 37 | 729 | 77.9 | 21 |
| 德国 HMI[78] | N FZ | 1 | 39.3 | 639 | 79 | 19.8 |
| | P FZ | 1 | 36.8 | 634 | 79 | 18.5 |
| 美国 NREL[79] | N FZ | 0.9 | 35.9 | 678 | 78.6 | 19.1 |
| | P FZ | 0.9 | 35.3 | 664 | 74.5 | 17.2 |

薄膜硅/晶体硅异质结太阳电池的制备难点在于：首先，由于薄膜硅/晶体硅异质结界面上存在的能带失配会对载流子输运造成影响，所以电池的填充因子比常规扩散硅电池的填充因子要低，一般低于 80%。其次，由于薄膜硅材料、透明导电电极等的光吸收对电池输出电流没有贡献，这种电池的短波和长波响应较差，从而造成总的电流密度偏低。再次，这种电池对薄膜硅/晶体硅异质结界面的质量要求

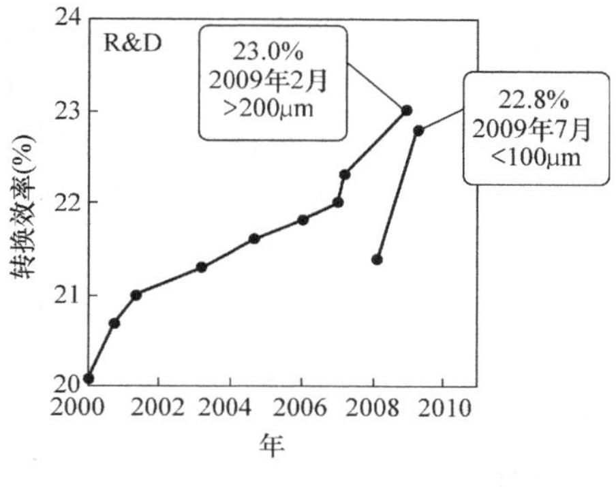

图 10-15 三洋公司 HIT 研发历程[80]

很高，从而提高了对制备工艺参数的要求。而事实上，这也成为限制薄膜硅/晶体硅薄膜太阳电池性能提高的最关键因素。

参考文献[82]指出，必须把异质结的界面态密度降低到 $10^{11}cm^{-2}eV^{-1}$ 以下，才能基本对电池性能没有影响，结果如图 10-16 所示，界面态密度主要导致电池开路电压的迅速下降。这一方面需要优化晶硅表面清洗工艺，一方面需要在薄膜硅制备过程中开发钝化工艺。在 HIT 太阳电池中，插入的本征非晶硅层就起到钝化异质结界面的作用。在进行薄膜硅沉积之前，采用氢等离子体或原子氢对晶硅表面进行处理，也可以有效地降低界面态。此外，必须要注意的是，PECVD 制备薄膜硅的过程中，等离子体轰击有可能带来异质结界面的损伤，从而引入界面态，所以需要调节薄膜硅层特别是钝化薄膜层的制备工艺，将这个可能存在的损伤降到最小。从这方面考虑，热丝 CVD（HWCVD，又称 Cat-CVD）具有替代 PECVD 的优势。在 HWCVD 中，气体靠高温热丝催化分解，在较低温度的衬底上沉积成膜。在此过程中，由于没有等离子体，从而避免了 PECVD 中可能存在的轰击损伤，美国国家可再生能源实验室（NREL）制备薄膜硅/晶体硅异质结太阳电池采用的就是 HWCVD 技术。

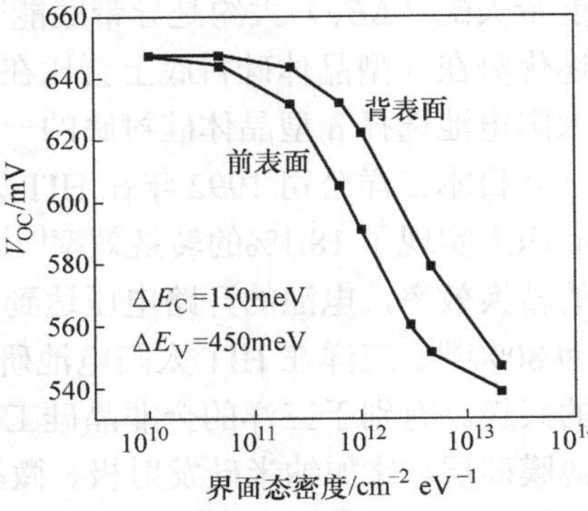


图 10-16　异质结界面态密度对电池开路电压的影响[82]

参考文献[83]进一步研究了 TCO/薄膜硅接触对薄膜硅/晶体硅异质结太阳电池的影响。结果表明，为了获得较好的太阳电池性能，需要对 TCO 功函数（$W_{TCO}$）、薄膜硅掺杂浓度与厚度进行综合优化，必须保证 TCO/薄膜硅肖特基接触势与薄膜硅/晶体硅异质结接触势具有相同的方向，或者 TCO 与薄膜硅之间形成欧姆接触。图 10-17 就给出了针对 p 型硅衬底上的异质结太阳电池，TCO 功函数、薄膜硅发射极厚度以及掺杂浓度($N_e$)的理论优化规律。一般的，在 p 型薄膜硅上需要 TCO 具有较大的功函数，在 n 型薄膜硅上需要 TCO 具有较小的功函数，这种要求如果不能满足，尽管可以通过利用提高薄膜硅的掺杂浓度实现与 TCO 间的欧姆接触的办法来进行一定程度的弥补，但已经丧失了提高效率的潜力。所以，制备薄膜硅/晶体硅异质结太阳电池需要的 TCO 材料，除了要考虑对其透光特性和电导率的需要外，还要根据电池前后表面的不同需求调节它的功函数。此外，TCO 材料一般采用磁控溅射的方法制备，这同样是一种等离子体沉积方法。由于 TCO 下面的薄膜硅层很薄，减少制备过程中等离子体的轰击损伤也是需要考虑的因素。当像 IBC 太阳电池那样，将非晶硅和晶体硅之间的异质结放在背面，这样所有的电极都可以放在电池背面，从而可以使 HIT 电池前面的电流损失在一定程度上得到减少。同时，由于避免了前表面载流子在高掺杂区域的高复合速率的影响，因此也可以将开路电压保持在一个相当高的水平。更多对薄膜硅/晶体硅异质结太阳电池的优化研究，可以查阅参考文献[84-87]。相信通过研究者的不断努力，薄膜硅/晶体硅异质结太阳电池的性能会得到更大程度的提高。

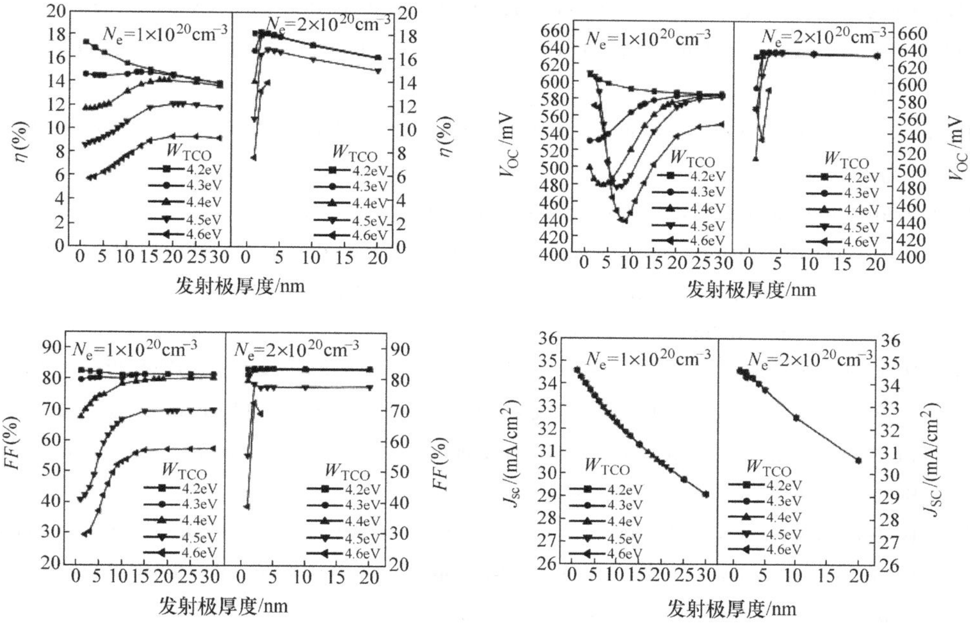


图 10-17　TCO 功函数（$W_{TCO}$）、薄膜硅发射极厚度以及掺杂浓度($N_e$)对 p 型硅衬底上薄膜硅/晶体硅异质结太阳电池性能的影响 [83]

# 参 考 文 献

[1] A. W. Blakers and M.A. Green, 20% efficiency silicon solar cells. Applied Physics Letters, 1986. **vol. 48**: p. pp. 215-7.

[2] S. R. Wenham, C. B. Honsberg, and a.M.A. Green, Buried contact silicon solar cells. Solar Energy Materials and Solar Cells, 1994. **vol. 34**: p. pp. 101-10.

[3] J. M. Gee, W.K.S., and P. A. Basore, Emitter wrap-through solar cell, in presented at Proceedings of the 23rd IEEE Photovoltaic Specialists Conference1993: Louisville, Kentucky, USA.

[4] E. d. W. van Kerschaver and S.Szlufcik, Towards back contact silicon solar cells with screen printed metallisation, in presented at 2nd WCPCEC1998: Vienna.

[5] Sze, S., VLSI technology. Second Edition ed1988, New York: McGraw-Hill New York.

[6] www.appliedmaterials.com Screen printed selective emitter formation and metallization.

[7] 李涛，等. 激光掺杂制备晶体硅太阳电池研究进展[J]. 电工技术学报, 2011, **(12)**:　141-147.

[8] S.R. Wenham and M.A. Green, Self aligning method for forming a selective emitter and metallization in a solar cell, 2002.

[9] Daniel Kray, et al., Laser-doped Silicon Solar Cells by Laser Chemical Processing (LCP) exceeding 20% Efficiency, in 33rd IEEE Photovoltaic Specialist Conference2008: St. Diego, CA.

[10] Mette, A., New Concepts for Front Side Metallization of Industrial Silicon Solar Cells.

[11] M. Alemán, et al., in 22nd European Photovoltaic Solar Energy Conference2007: Milan, Italy. p. 1590-1592.

[12]http://www.pv-magazine.com/news/details/beitrag/panasonic-hits-247-cell-efficiency_100010185/#axzz2POA9zb7h.

[13] Journal of the Korean Physical Society. **Vol. 46**(No. 5).

[14] H. Antoniadis, F. Jiang, and W. Shan and Y. Liu, All Screen Printed Mass Produced Silicon Ink Selective Emitter So-lar Cells, in Proceedings of the 35th IEEE Photovoltaic Solar Energy Conference and Exhibition, 20- 25 June 2010.: Honolulu.

[15] B. Raabe, F. Book，, and A.D.-S.a.G. Hahn, The Development of Etch-Back Processes for Industrial Silicon Solar Cells, in Proceedings of the 25th European Photovoltaic Solar Energy Conference and Exhibition/5th World Conference on Photovoltaic Energy Conversion, 6-10 September 2010: Valencia. p. 1174-1178.

[16] H. Haverkamp, et al., Minimizing the Electrical Losses on the Front Side: De-velopment a Selective Emitter Process from a Single Dif-fusion, in The 33rd IEEE Photovoltaic Solar Energy Con-ference and Exhibition 11-16 May 2008: San Diego.

[17] R. Low, et al., High Efficiency Selec-tive Emitter Enabled through Patterned Ion Implantation, in Proceedings of the 35th IEEE Photovoltaic Solar Energy Conference and Exhibition 20-25 June 2010: Honolulu.

[18] Ajeet Rohatgia, et al., High-Throughput Ion-Implantation for Low-CostHigh-Efficiency Silicon Solar Cells. Energy Procedia 2012. **15**: p. 10-19.

[19] A. Grohe, et al., Boundary conditions of the industrial production of LFC cells, in presented at Proceedings of the 4th World Conference on Photovoltaic Energy Conversion2006: Waikoloa, Hawaii, USA.

[20] S. W. Glunz, et al., Comparison of different dielectric passivation layers for application in industrially feasible high-efficiency crystalline silicon solar cells, in presented at Proceedings of the 20th European Photovoltaic Solar Energy Conference2005: Barcelona, Spain.

[21] Glunz S W, in Proceedings of the 28th IEEE photovoltaic spciallists conference2000. p. 168-171.

[22] Schneiderlöchner, E., Laserstrahlverfahren zur Fertigung kristalliner Silizium-Solarzellen, in in Fakultät für Angewandte Wissenschaften2004: Freiburg: Albert-Ludwigs-Universität. p. pp. 189.

[23] R. Preu, et al., Method of producing a semiconductor-metal contact through a dielectric layer, in U. P. Organization, Ed. US, Europe: Fraunhofer-Gesellschaft zur Förderung der Angewandten Forschung e.V.2006.

[24] Grohe, A., Einsatz von Laserverfahren zur Prozessierung von kristallinen Silicium-Solarzellen, in Fakultät für Physik2008, Universität Konstanz: Konstanz. p. pp. 251.

[25] Mulligan WP and S. RM, High efficiency, one-sun solar cell processing, in Proceedings of the 13th NREL CrystallineSilicon Workshop2003: Vail. p. 30¨C37.

[26] Kress A, Fath P, and b. E, Recent results in low cost back contact solar cells, in Proceedings of the 16th EPVSC2000: Glasgow. p. 1359¨C1361.

[27] H. Wi r th and e. al，. New technologies for back contact module assembly. in Proc. 25th EU PVSEC,. 2010. Valencia，Spain.

[28] Gee, J. 面向下一代 c-Si PV 的背接触式太阳能电池/模块[J]. 半导体科技, 2009(5).

[29] M.W.P.E.Lamers, 17.9% Metal-wrap-through mc-Si cells resulting in module efficiency of 17.0%. Prog. Photovolt.: Res. Appl., 2012. **20**: p. 62-73.

[30] M. Spath, P.C. de Jong, and a.J. Bakker, A novel module assembly line using back contact solar cells, in Technical Digest of the 17th International Photovoltaic Solar Energy Conference2007: Fukuoka, Japan.

[31] D. De Ceuster, et al., Low Cost, high volume production of >22% efficiency silicon solar cells, in in Proceedings of the 22nd European Photovoltaic Solar Energy Conference2007: Milan, Italy.

[32] R.A. Sinton, et al., 27.5-percent silicon concentrator solar cells. IEEE Electron Device Letters, 1986. **EDL-7 (10)**: p. 567-9.

[33] R.A. Sinton, R.M.S., Design criteria for Si point-contact concentrator solar cells. IEEE Transactions on Electron Devices, 1987. **ED-34 (10)**: p. 2116-23.

[34] Sinton, R.A., et al., Large-area 21% efficient Si solar cells, in Proceedings of the 23rd IEEE Photovoltaic Specialists Conference1993: Louisville, Kentucky, USA.

[35] Cudzinovic, M.J. and a.K. McIntosh, in Process simplifications to the Pegasus solar cell - Sunpower's high-efficiency bifacial solar cell, in Proceedings of the 29th IEEE Photovoltaics Specialists Conference2002: New Orleans, Louisiana, USA.

[36] Swanson, R.M., Device physics for backside-contact solar cells, in in Proceedings of the 33rd IEEE Photovoltaic Specialists Conference2008: San Diego, USA.

[37] Guo, J.H., High-efficiency n-type laser-grooved buried contact silicon solar cells, in Dissertation2004: University of New South Wales.

[38] Engelhart, P., et al., Laser structuring for back junction silicon solar cells. Progress in Photovoltaics: Research and Applications, 2006. **15**: p. 237-43.

[39] Engelhart, P., Lasermaterialbearbeitung als Schlüsseltechnologie zum Herstellen rückseitenkon-

taktierter Siliciumsolarzellen, 2007, Universität Hannover.

[40] Nichiporuk O, et al., Realisation of interdigitated back contacts solar cells on thin epitaxially grown silicon layers on porous silicon, in Proceedings of the 19th EPVSC2004: Paris. p. 1127¨C1130.

[41] McIntosh KR, Shaw NC, and C. JE., Light trapping in sunpower's A-300 solar cells, in Proceedings of the 19th EPVSC2004: Paris. p. 844¨C847.

[42] RM.Swanson, Point-contact solar cells: modeling and experiment. Solar Cells, 1986. **17**: p. 85¨C118.

[43] Sinton, R. and R. Swanson, Design criteria for si point-contact concentrator solar cells. IEEE Transactions on Electron Devices, 1987. **ED-34(10)**: p. 2116¨C2123.

[44] Sinton RA and S. RM, An optimisation study of si point-contact concentrator solar cells, in Proceedings of the 19th IEEE PVSEC1987: New Orleans. p. 1201¨C1208.

[45] Garner CM, Nasby RD, and S. FW, An interdigitated back contact solar cell with high-current collection. IEEE Electron Device Letters, 1980. **EDL-1(12)**: p. 256-258.

[46] Garner CM, et al., An interdigitated back contact solar cell with high-current collection, in Proceedings of the 15th IEEE PVSEC1981: Orlando.

[47] Dicker, J., Analyse und Simulation von hocheffizienten Silizium-Solarzellenstrukturen f¨1r industrielle Fertigungstechniken, in Dissertation2003: Universit?t Konstanz.

[48] J. Dicker, et al., Analysis of one-sun monocrystalline rear-contacted silicon solar cells with efficiencies of 22.1%. Journal of Applied Physics, 2002. **91(7)**: p. 4335-43.

[49] Chiang SY, Carbajal BG, and W. GF, Thin tandem junction solar cell, in Proceedings of the 13th IEEE PVSEC1978: Washington DC. p. 1290-1293.

[50] Gruenbaum PE, Sinton RA, and S. RM., Light-induced degradation at the silicon/silicon dioxide interface. Applied Physics Letters, 1988. **52(17)**: p. 1407¨C1409.

[51] Gruenbaum PE, Sinton RA, and S. RM, Stability problems in point contact solar cells, in Proceedings of the 20th IEEE PVSEC1988: Las Vegas. p. 423¨C428.

[52] RM.Swanson, Point contact solar cells: theory and modeling, in Proceedings of the 18th IEEE PVSEC1985: Las Vegas. p. 604¨C610.

[53] Kuhn R, et al., Investigation of the effect of p/n-junctions bordering on the surface of silicon solar cells, in Proceedings of the 2nd WCPSEC1998: Vienna. p. 1390¨C1393.

[54] J.M. Gee, W.K. Schubert, and a.P.A. Basore, Emitter wrap-through solar cell, in in Proceedings of the 23rd IEEE Photovoltaic Specialists Conference1993: Louisville, Kentucky, USA. p. 265-70.

[55] J.M. Gee, et al., Progress on the emitter wrap-through silicon solar cell, in in Proceedings of the 12th European Photovoltaic Solar Energy Conference1994: Amsterdam, The Netherlands.

[56] Van Kerschaver E, DeWolf S, and S. J, Towards back contact silicon solar cells with screen printed metallisation, in Proceedings of the 28th IEEE PVSEC2000: Anchorage. p. 209-212.

[57] Schonecker A, et al., An industrial multi-crystalline EWT solar cell with screen printed metallisation, in Proceedings of the 14th EPVSC1997: Barcelona. p. 796-799.

[58] Schonecker A and e. al., ACE designs: the beauty of rear contact solar cells, in Proceedings of the 29th IEEE PVSEC2002: New Orleans. p. 107-110.

[59] Advisory: Applied Materials Reports Significant Advances in PV Technologies at PVSEC. 2010 September 05, 2010 ]; Available from: http://www.appliedmaterials.com/news/articles/advisory-applied-materials-reports-significant-advances-pv-technologies-pvsec.

[60] D. Kray and e. al., Progress in high-efficiency emitter-wrap-through cells on medium quality substrates, in in Proceedings of the 3rd World Conference on Photovoltaic Energy Conversion2003: Osaka, Japan.

[61] S.W. Glunz and e. al., High-efficiency cell structures for medium-quality silicon, in in Proceedings of the 17th European Photovoltaic Solar Energy Conference2001: Munich, Germany.

[62] S. Hermann and e. al., 21.4 %-efficient emitter wrap-through RISE solar cell on large area and picosecond laser processing of local contact openings, in in Proceedings of the 22nd European Photovoltaic Solar Energy Conference2007: Milan, Italy.

[63] C. Peters and e. al., ALBA ¨C Development of high-efficiency mulit-crystalline Si EWT solar cells for industrial fabrication at Q-Cells, in in Proceedings of the 23rd European Photovoltaic Solar Energy Conference2008: Valencia, Spain.

[64] Van Kerschaver E, DeWolf S, and S. J, Screen printed metallisation wrap through solar cells, in Proceedings of the 16th EPVSC2000: Glasgow. p. 1517¨C1520.

[65] JoossW, et al., 17% back contact buried contact solar cells, in Proceedings of the 16th EPVSC2000: Glasgow. p. 1124¨C1127.

[66] B. Thaidigsmann, Largearea p-type HIP-MWT silicon solar cells with screen printed contacts exceeding 20% efficiency. physica status solidi (RRL), 2011. **5**(8): p. 286-288.

[67] S.Gatz， and e. al, 19.4%-efficient large-area fully screen-printed silicon solar cells. physica status solidi (RRL), 2011. **5**( 4): p. 147-149.

[68] Guillevin, N., et al. Development towards 20% efficient N-type Si MWT solar cells for low-cost Industrial production. in 26th European Photovoltaic Solar Energy Conference and Exhibition 5-9 September 2011. Hamburg, Germany.

[69] Jong, P.C.d. Back contact cell and module technology. Available from: http://www.ecn.nl/units/zon/old/rd-programme/pv-module-technology/back-contact-cell-and-module-technology/.

[70] Tobias Fellmeth, et al., Highly efficient industrially feasible metal wrap through (MWT) silicon

solar cells. Solar Energy Materials & Solar Cells, 2010. **94**: p. 1996-2001.

[71] Takashi Minemoto , et al., Solar Energy Materials & Solar Cells, 2006. **90**: p. 3009¨C3013.

[72] NAGASHIO K, KURIBAYASHI K, and O. H, Production of spherical silicon single-crystal by keeping molten silicon material at temperature and time to partly solidify the material, and dropping the molten silicon material including solidified portion from vessel into gas phase.

[73] S. KUROSAKA and K.SHOEI, Manufacture of spherical semiconductor crystal, involves lowering the semiconductor material by turning the melting part of heater depending on dropping quantity of semiconductor material.

[74] Manufacture of spherical silicon single crystal for semiconductor device - involves coating external circumference of single crystal by oxide film, thermal melting of oxide film followed by recrystallisation, S.C.I.C. LTD, Editor.

[75] Gharghi, M. and S. Sivoththaman, Spherical silicon photovoltaic devices with surface-passivated shallow emitters. Semicond. Sci. Technol, 2008. **23**: p. 105008.

[76] Antonio Luque, et al., Handbook of Photovoltaic Science and Engineering. 2 nd Edition

[77] D. Lachenal, et al., in 25th European Photovoltaic Solar Energy Conference and Exhibition/5th World th World Conference on Photovoltaic Energy Conversion 6-10 September 2010: Valencia, Spain. p. 1272-1275.

[78] M. Schmidt, et al., Thin Solid Films, 2007. **515**: p. 7475-7480.

[79] Q. Wang, et al., The 33rd IEEE Photovoltaic Specialists Conference, 2008: p. 1-5.

[80] Mishima, T. and etal, Solar Energy Materials & Solar Cells, 2011. **95**: p. 18-21.

[81] M. Tanaka, et al., Appl. Phys., 1992. **31**: p. 3518-3522.

[82] R. Stangl, et al., in Proceedings of the 3rd World Conference on Photovoltaic Energy Conversion2003: Osaka, Japan. p. 1005-1008.

[83] L. Zhao, et al., Solar Energy Materials and Solar Cells, 2008. **92**: p. 684-692.

[84] Y. J. Song, et al., Solar Energy Materials and Solar Cells, 2000. **64**: p. 225-240.

[85] L. Korte, et al., Solar Energy Materials and Solar Cells, 2009. **93**: p.905-910.

[86] M. Mikolášeka, et al., Appl. Surf. Sci., 2010. **256**: p. 5662-5666.

[87] Schüttauf, J.W.A., et al., Appl. Phys. Lett. , 2011. **98**: p. 153514.